A. S. Petrow

Einstein-Räume

Mathematische Lehrbücher und Monographien
Herausgegeben von der Akademie der Wissenschaften der DDR
Institut für Mathematik

II. Abteilung
Mathematische Monographien
Band XVI

Einstein-Räume

von A. S. Petrow

Einstein-Räume

von A. S. Petrow

In deutscher Sprache herausgegeben
von
Hans-Jürgen Treder

Unveränderter Nachdruck der 1. Auflage

Akademie-Verlag · Berlin
1985

Петров, А. З.
Пространства Эйнштейна
Erschienen im Staatsverlag für phys.-math. Literatur (Fismatgis), Moskau 1961
Übersetzung aus dem Russischen: Helmut Koch

ISSN 0076-5430

Erschienen im Akademie-Verlag, DDR-1086 Berlin, Leipziger Straße 3—4

Lizenznummer: 202 · 100/419/85
Printed in the German Democratic Republic
Fotomechanischer Nachdruck und buchbinderische Verarbeitung:
VEB Druckerei „Thomas Müntzer", 5820 Bad Langensalza
LSV 1065
Bestellnummer: 763 487 9 (5478)
05400

VORWORT
DES HERAUSGEBERS ZUR DEUTSCHEN AUSGABE

Das Buch von A. S. Petrow über „Einstein-Räume" ist die erste umfassende Monographie, in der die durch die Einsteinschen Gravitationsgleichungen bestimmten vier dimensionalen Riemannschen Mannigfaltigkeiten von der Lorentz-Minkowskischen Signatur von geometrischen Gesichtspunkten aus behandelt werden. Der Schwerpunkt des Buches sind die Kapitel III–V, die zu einem großen Teil über invariante Klassifizierungen der Einsteinschen Räume zu einem großen Teil auf die Forschungen des Verfassers zurückgehen. Die dabei gewonnenen Gesichtspunkte haben sich von großer Bedeutung für die Entwicklung der allgemeinen Relativitätstheorie und insbesondere für die Erforschung der mathematischen Eigenschaften der Gravitationswellen erwiesen. Dementsprechend sind auch in den letzten Jahren eine größere Anzahl von Arbeiten erschienen, die im engen Zusammenhang mit dem Gegenstand des Buches stehen bzw. die hier geschilderten Resultate weiterführen.

Professor Petrow hat selbst für die deutsche Auflage die russische Originalausgabe neu durchgesehen und an verschiedenen Stellen ergänzt. — Als Herausgeber der deutschen Ausgabe habe ich verschiedentlich Noten beigetragen und in einem Anhang eine kurze Übersicht über die Entwicklung des Problems der invariierten Klassifizierung der Einsteinschen Gravitationsfelder seit dem Erscheinen der russischen Ausgabe des Buches „Einstein-Räume" (Moskau 1961) gegeben. Ferner ist das Literaturverzeichnis durch weitere Arbeiten ergänzt worden und umfaßt jetzt über 500 Nummern, so daß wohl der größte Teil aller einschlägigen Arbeiten erfaßt ist.

Meinen Mitarbeitern, den Herren Dipl.-Phys. U. Kasper, Dipl.-Phys. E. Kreisel und Dipl.-Phys. E. Liebscher, danke ich für ihre Hilfe bei der Durchsicht der Korrekturen.

Berlin, im Oktober 1963 Hans-Jürgen Treder

EINLEITUNG

Das vorliegende Buch ist dem Studium der Räume gewidmet, die der allgemeinen Relativitätstheorie und ihrer Verallgemeinerung auf beliebige Dimensionszahl zugrunde liegen.

Da es in der Literatur zur Relativitätstheorie eine Reihe grundlegender Monographien gibt, wie z.B. das Buch von W. A. Fock „Theorie von Raum, Zeit und Gravitation" und das Buch von L. Landau und E. Lifschitz „Feldtheorie", sowie ferner der Enzyklopädie-Artikel von W. Pauli (mit Paulis Ergänzungen) [407] und das Buch von Synge [429] über allgemeine Relativitätstheorie, hat sich der Autor, um Wiederholungen zu vermeiden, bewußt auf einen Kreis von Fragen beschränkt, die in diesen Untersuchungen nicht berührt werden und sowohl für Physiker als auch für Mathematiker von Interesse sind. Daraus erklärt sich die Tatsache, daß sich das vorliegende Buch speziell mit der mathematischen Seite der Fragestellung beschäftigt. Dabei wird den vierdimensionalen Räumen mit einer Signatur vom Lorentz-Minkowskischen Typ besondere Aufmerksamkeit geschenkt.

Gegenwärtig gibt es eine umfangreiche Zeitschriftenliteratur, in der viele neue Ergebnisse zusammengetragen wurden, die den Mathematikern und Physikern, die sich nicht speziell mit Fragen der allgemeinen Relativitätstheorie beschäftigen, unbekannt sind. Ein Teil dieser Ergebnisse wird im vorliegenden Buch behandelt. Bei Fragen, die aus diesem oder jenem Grunde nicht berücksichtigt werden konnten, wird auf die Bibliographie und eine Reihe von Aufgaben verwiesen. Der Autor hat sich bemüht, die Bibliographie nach Möglichkeit vollständig zu machen. Ein Teil der Aufgaben erfordert eine einfache Anwendung der im Buch enthaltenen Ergebnisse, andere dagegen stellen eine wesentliche Bereicherung der Theorie dar.

Um im Rahmen der allgemeinen Relativitätstheorie zu bleiben, werden die verschiedenen Varianten der einheitlichen Feldtheorie nicht betrachtet. Der Autor konzentriert die Aufmerksamkeit des Lesers auf Probleme, die offensichtlich gegenwärtig eine größere Perspektive haben, wie z. B. die Anwendung der Lieschen Gruppen auf die Untersuchung von Gravitationsfeldern, das Cauchy-

Problem, die Verwendung invarianter Methoden bei der Charakterisierung der EINSTEINschen Räume und ähnliches.

Die heutige Entwicklung der Relativitätstheorie führt zu Problemen wie die Gravitationsstrahlung, die Quantlung des Gravitationsfeldes, die Wechselwirkung von Feldern usw. Zur Untersuchung dieser Probleme sind besondere mathematische Methoden erforderlich. Bei der Niederschrift des Buches hat sich der Autor das Ziel gesetzt, den Leser an diese Methoden heranzuführen.

Der Autor spricht dem Redakteur des Buches, A. F. LAPKO, dessen Ratschläge und Bemerkungen einen wesentlichen Einfluß auf die Qualität des Buches hatten, seinen herzlichsten Dank aus.

INHALTSVERZEICHNIS

KAPITEL I

GRUNDLAGEN DER TENSORANALYSIS

Jeder EINSTEINsche Raum ist ein Spezialfall einer sogenannten RIEMANNschen Mannigfaltigkeit. Daher ist es notwendig, zunächst diesen Begriff zu definieren.

§ 1. Riemannsche Mannigfaltigkeiten

Wir betrachten eine Gesamtheit von Objekten, die man eindeutig allen geordneten Systemen von n reellen oder komplexen Zahlen $(x^1, \ldots, x^n)$ zuordnen kann, die den Ungleichungen

$$|x^\alpha - a^\alpha| < \varepsilon^\alpha \tag{1.1}$$

genügen, wobei $a^\alpha\,(\alpha = 1, 2, \ldots, n)$ Konstanten und ε^α positive Zahlen sind. Eine solche Gesamtheit nennen wir ein ***beschränktes Gebiet des n-dimensionalen Raumes*** und die Objekte selbst die ***Punkte*** dieses Gebietes. Je nach der Anwendung und in Abhängigkeit von der Zahl n kann man diese Punkte in verschiedener Weise interpretieren (Terme eines Spektrums, Ereignisse im Raum-Zeit-Kontinuum, der Zustand eines dynamischen Systems, Geraden usw.).

Jede eindeutige Zuordnung zwischen Punkten und Zahlensystemen $(x^1, \ldots, x^n)$ nennen wir ein ***Koordinatensystem.*** Die Zahlen x^α heißen die ***Koordinaten*** des Punktes, dem in diesem Koordinatensystem das Zahlensystem x^α entspricht.

Wenn in einem Gebiet zwei Koordinatensysteme $\{x^\alpha\}$ und $\{x^{\alpha'}\}$ gegeben sind, so gibt es eine eineindeutige stetige Zuordnung zwischen diesen beiden Systemen, sie kann durch die Gleichungen

$$x^\alpha = f^\alpha(x^{1'}, \ldots, x^{n'}), \qquad x^{\alpha'} = \varphi^\alpha(x^1, \ldots, x^{n'}) \tag{1.2}$$

beschrieben werden. Wir sagen, daß diese Gleichungen eine ***Koordinatentransformation*** definieren. Man kann (1.2) auch als eine ***Punkttransformation*** auffassen, wenn man x^α und $x^{\alpha'}$ als Koordinaten verschiedener Punkte in einem Koordinatensystem betrachtet. Jedoch werden wir die Punkttransformation im Unterschied zu (1.2) dadurch beschreiben, daß wir den Kernbuchstaben ändern oder ihn durch das Zeichen „*" hervorheben, ohne die Indizes zu verändern:

$$x^\alpha = x^\alpha(y^1, \ldots, y^n), \qquad \overset{*}{x}{}^\alpha = \overset{*}{x}{}^\alpha(x^1, \ldots, x^n). \tag{1.3}$$

Eine Funktion $f(x^1, \ldots, x^n)$, die stetige partielle Ableitungen der Ordnung r besitzt, nennen wir eine ***Funktion der Klasse C^r.*** Wenn f und φ in (1.2) zur Klasse C^r gehören und die JACOBIschen Determinanten $\left|\frac{\partial f^\alpha}{\partial x^{\beta'}}\right|$, $\left|\frac{\partial \varphi^{\alpha'}}{\partial x^\beta}\right|$ für beliebige Koordinatentransformationen im betrachteten Gebiet verschieden von Null sind, so sagen wir, daß der gegebene *Raum von der Klasse* C^r ist.

Sind $\{x^\alpha\}$ und $\{x^{\alpha'}\}$ zwei Koordinatensysteme in einem Gebiet des n-dimensionalen Raumes, so ändert die JACOBIsche Determinante $J = \left|\frac{\partial x^\alpha}{\partial x^{\alpha'}}\right|$ in diesem Gebiet ihr Vorzeichen nicht. Wir sagen, daß diese Koordinatensysteme *gleich orientiert* sind, wenn das Vorzeichen von J positiv ist, und daß sie *entgegengesetzt orientiert* sind, wenn das Vorzeichen von J negativ ist.

Jetzt können wir den Begriff des *geometrischen Objektes* einführen, mit dessen Hilfe sich fast der gesamte im folgenden anzuwendende mathematische Apparat darstellen läßt.

Wir betrachten im n-dimensionalen Raum ein Gebiet A, in dem zwei Koordinatensysteme $\{x^\alpha\}$ und $\{x^{\alpha'}\}$ definiert sind. Es sei in A ein System von N Funktionen von x^α und außerdem eine Regel (*Transformationsgesetz des Objektes*) gegeben, die angibt, wie man eindeutig ein anderes System von N Funktionen von $x^{\alpha'}$ allein durch die Funktionen des ersten Systems und Ableitungen genügend hoher Ordnung von $x^{\alpha'}$ nach x^α berechnet. Dann sagen wir, daß ein *geometrisches Objekt* gegeben ist und das erste bzw. zweite System von N Funktionen seine Komponenten bezüglich des Koordinatensystems $\{x^\alpha\}$ bzw. $\{x^{\alpha'}\}$ seien. Zum Beispiel ist die Größe mit einer einzigen Komponente $\varphi(x^\alpha)$ und dem Transformationsgesetz

$$\varphi'(x^{\alpha'}) = J^k \varphi(x^\alpha),$$

wobei k eine Zahl ist, ein Objekt, das *skalare Dichte vom Gewicht* k heißt. Insbesondere, wenn $k = 0$ ist, erhalten wir ein Objekt, das *Skalar* heißt, und für welches das Transformationsgesetz die Form

$$\psi'(x^{\alpha'}) = \psi(x^\alpha)$$

hat.

Wir wollen jetzt annehmen, daß in einem Gebiet A des n-dimensionalen reellen Raumes ein Skalar gegeben ist, den man dadurch erhält, daß im Koordinatensystem $\{x^\alpha\}$ eine i. a. *indefinite* quadratische Differentialform

$$ds^2 = g_{\alpha\beta}\, dx^\alpha\, dx^\beta \tag{1.4}$$

gegeben ist, von der wir fordern, daß sie nicht vom Koordinatensystem abhängt. Hierbei wird, wie auch im folgenden, über gleiche untere und obere Indizes summiert (EINSTEIN*sche Regel*). Die $g_{\alpha\beta} = g_{\beta\alpha}(x^\alpha)$ seien Funktionen einer vorgegebenen Klasse C^r, die der Bedingung

$$g = |g_{\alpha\beta}| \neq 0 \tag{1.5}$$

genügen. Mit Hilfe der Form (1.4) kann man in einem Gebiet des n-dimensionalen Raumes eine *Metrik* definieren, durch die man eine RIEMANN*sche Mannigfaltigkeit* erhält. Die Theorie der RIEMANNschen Mannigfaltigkeiten heißt RIEMANN*sche Geometrie*, ihre Grundlagen wurden in der klassischen Arbeit von RIEMANN [1] geschaffen. Diese Mannigfaltigkeiten werden im weiteren mit dem Symbol V_n bezeichnet. Eine sorgfältigere Definition von V_n erfordert die Einführung des

Begriffs der Überdeckung eines topologischen Raumes oder andere Überlegungen (P. K. RASCHEWSKI [188], S. 346—366; YANO und BOCHNER [257], S. 7—9; siehe auch § 38).

Wenn eine Metrik mit Hilfe der Form (1.4) eingeführt wird, so bedeutet dies, daß man ds als Länge des Vektors mit den Komponenten dx^α interpretiert. Da die Form (1.4) indefinit ist, kann die Länge des Vektors größer, kleiner oder gleich Null sein, im letzteren Fall heißt der Vektor *isotrop*.

Wenn die Koordinaten x^α als Funktionen eines reellen Parameters t gegeben sind, bestimmt die Größe

$$s = \int_{t_1}^{t_2} \sqrt{\left| g_{\alpha\beta} \frac{dx^\alpha}{dt} \frac{dx^\beta}{dt} \right|}\, dt \tag{1.6}$$

die Länge des Bogens zwischen den Punkten t_1 und t_2 der Kurve $x^\alpha = x^\alpha(t)$, dabei ist es nicht ausgeschlossen, daß diese Länge gleich Null ist. Im weiteren werden solche *isotropen* Kurven in einer räumlichen Mannigfaltigkeit der relativistischen Gravitationstheorie als *Weltlinien des Lichtes* interpretiert.

Unter den verschiedenen möglichen Objekten sind besonders die *Tensorfelder* wichtig, zu deren Definition man die Regel zu ihrer Berechnung beim Übergang vom Koordinatensystem $\{x^\alpha\}$ zum System $\{x^{\alpha'}\}$ angeben muß. Um eine Vorstellung von diesem Gesetz zu bekommen, betrachten wir die zweite der Formeln (1.2) und schreiben

$$dx^{\alpha'} = \frac{\partial x^{\alpha'}}{\partial x^\beta} dx^\beta, \tag{1.7}$$

wobei wir die obigen Bemerkungen über die Klasse von φ^α beachten.

Ebenso betrachten wir die Komponenten des Skalarfeldes $\psi(x)$. Nach Definition gilt

$$\psi'(x^{\alpha'}) = \psi(x^\alpha),$$

und folglich erhalten wir die partiellen Ableitungen

$$\partial_{\alpha'} \psi = \frac{\partial x^\beta}{\partial x^{\alpha'}} \partial_\beta \psi, \tag{1.8}$$

wobei der Operator $\dfrac{\partial}{\partial x^\alpha}$ mit ∂_α bezeichnet ist. In den Formeln (1.7) und (1.8) ist der Zusammenhang zwischen den alten und neuen Komponenten der Objekte linear. Jedoch treten in diesen linearen Gleichungen zwei verschiedene Koeffizientensysteme auf. Dementsprechend unterscheiden wir zwei Arten von Indizes: *kovariante Indizes*, die (1.8) entsprechen (wir werden sie immer als untere Indizes schreiben), und *kontravariante*, die (1.7) entsprechen (wir werden sie immer als obere Indizes schreiben). In Verallgemeinerung dieser Tatsache werden wir weiterhin Größen betrachten, die sowohl kovariante als auch kontravariante Indizes besitzen. Wenn die Zahl der ersten gleich r, aber die der zweiten gleich s

ist, werden wir von *gemischtvarianten* Größen der Stufe $r+s$ sprechen. Jetzt können wir die folgende allgemeine Definition geben:

Unter einer *Tensordichte vom Gewicht* N und der *Stufe* $r+s$ verstehen wir ein geometrisches Objekt mit n^{r+s} Komponenten

$$T^{\alpha_1 \ldots \alpha_s}{}_{\beta_1 \ldots \beta_r}(x) \qquad (\alpha_1, \ldots, \alpha_s, \beta_1, \ldots, \beta_r = 1, \ldots, n),$$

für das beim Übergang zu einem anderen Koordinatensystem die neuen Komponenten nach der Regel

$$T^{\alpha_1' \ldots \alpha_s'}{}_{\beta_1' \ldots \beta_r'} = J^N T^{\gamma_1 \ldots \gamma_s}{}_{\delta_1 \ldots \delta_r} \frac{\partial x^{\alpha_1'}}{\partial x^{\gamma_1}} \cdots \frac{\partial x^{\alpha_s'}}{\partial x^{\gamma_s}} \frac{\partial x^{\delta_1}}{\partial x^{\beta_1'}} \cdots \frac{\partial x^{\delta_r}}{\partial x^{\beta_r'}} \tag{1.9}$$

berechnet werden. Diese Tensordichte heißt *kovariant der Stufe* r und *kontravariant der Stufe* s. Wenn $N = 0$ ist, sprechen wir einfach von einem *Tensorfeld* oder kürzer von einem *Tensor*.

Bei der Bezeichnung von Objekten benutzen wir die sogenannte Methode der Kernbuchstaben und Indizes ([110], S. 13), bei der eine Koordinatentransformation durch Veränderung der Indizes, eine Transformation des Objektes selbst dagegen durch Änderung des Kernbuchstabens bezeichnet wird. Bei Skalaren bringen wir wegen des Fehlens von Indizes einen Strich an dem Kernbuchstaben an, jedoch läßt sich dies schon in (1.8) nicht mehr machen.

Danach ist das oben definierte *Skalarfeld* oder *Skalar* ein Beispiel für ein Tensorfeld, und zwar für ein Tensorfeld der Stufe $0+0$. Die skalare Dichte hat die Stufe $0+0$ und das Gewicht N.

Unser nächstes Beispiel eines Tensorfeldes ist das *Vektorfeld*: *kovariant*

$$v_{\alpha'} = \frac{\partial x^\beta}{\partial x^{\alpha'}} v_\beta \tag{1.10}$$

und *kontravariant*

$$u^{\alpha'} = \frac{\partial x^{\alpha'}}{\partial x^\beta} u^\beta. \tag{1.11}$$

Speziell definiert (1.7) ein kontravariantes Vektorfeld und (1.8) ein kovariantes, und zwar einen *Gradienten*.

Für RIEMANNsche Mannigfaltigkeiten gilt nach Definition $ds' = ds$ und folglich

$$g_{\alpha\beta}\, dx^\alpha\, dx^\beta = g_{\alpha'\beta'}\, dx^{\alpha'}\, dx^{\beta'}.$$

Daraus erhalten wir wegen (1.7)

$$\left(g_{\alpha'\beta'} - \frac{\partial x^\alpha}{\partial x^{\alpha'}} \frac{\partial x^\beta}{\partial x^{\beta'}} g_{\alpha\beta}\right) dx^{\alpha'}\, dx^{\beta'} = 0$$

und, weil der Vektor $dx^{\alpha'}$ völlig beliebig ist,

$$g_{\alpha'\beta'} = g_{\alpha\beta} \frac{\partial x^\alpha}{\partial x^{\alpha'}} \frac{\partial x^\beta}{\partial x^{\beta'}},$$

d. h. $g_{\alpha\beta}$ ist ein kovariantes Tensorfeld zweiter Stufe. Wegen

$$\frac{\partial x^\alpha}{\partial x^{\beta'}}\frac{\partial x^{\beta'}}{\partial x^\gamma} = \delta^\alpha_\gamma, \qquad \frac{\partial x^{\alpha'}}{\partial x^\beta}\frac{\partial x^\beta}{\partial x^{\gamma'}} = \delta^{\alpha'}_{\gamma'} \tag{1.12}$$

ist die Matrix $\left(\frac{\partial x^{\alpha'}}{\partial x^\beta}\right)$ die Transponierte der inversen Matrix von $\left(\frac{\partial x^\alpha}{\partial x^{\beta'}}\right)$. Hierbei ist δ^α_β das KRONECKER-*Symbol*, das gleich Eins für $\alpha = \beta$ und gleich Null für $\alpha \neq \beta$ ist.

Wir betrachten einen Punkt P der RIEMANNschen Mannigfaltigkeit und führen die Bezeichnung

$$\left(\frac{\partial x^{\alpha'}}{\partial x^\beta}\right)_P = A^{\alpha'}_\beta, \qquad \left(\frac{\partial x^\alpha}{\partial x^{\beta'}}\right)_P = A^\alpha_{\beta'} \tag{1.13}$$

ein. Dann transformieren sich die Komponenten eines kontravarianten Vektors in P nach dem Gesetz

$$\eta^{\alpha'} = A^{\alpha'}_\alpha \eta^\alpha, \qquad \eta^\alpha = A^\alpha_{\alpha'}\eta^{\alpha'}, \qquad |A^{\alpha'}_\alpha| \neq 0, \qquad A^\alpha_{\alpha'}A^{\alpha'}_\beta = \delta^\alpha_\beta. \tag{1.14}$$

Die $A^{\alpha'}_\alpha$ bilden die Gruppe der linearen homogenen Transformationen, d. h. die *zentroaffine Gruppe*, die der KLEIN*schen Geometrie*, der Verallgemeinerung der gewöhnlichen affinen Geometrie auf n Dimensionen, entspricht. Demnach kann man jedem Punkt P einen eigenen *lokalen* zentroaffinen Raum zuordnen, den wir mit dem Symbol E_n bezeichnen. Ein Feld von geometrischen Objekten der RIEMANNschen Mannigfaltigkeit bestimmt in E_n ein Objekt mit konstanten Komponenten, wenn man den Ursprung von E_n mit dem entsprechenden Punkt von V_n identifiziert. Der Axiomatik und Untersuchung affiner Räume wurden eine Reihe von Aufsätzen und Monographien gewidmet (P. A. SCHIROKOW [91]; A. P. NORDEN [170], S. 11–58; P. K. RASCHEWSKI [188], S. 82–144).

Aufgaben

1. Man zeige, daß das KRONECKER-Symbol ein gemischtvariantes Tensorfeld der Stufe $1 + 1$ ist.

2. Wenn die Komponenten einer Tensordichte an einem bestimmten Punkt für ein System $\{x\}$ gleich Null sind, so sind sie an diesem Punkt auch für ein beliebiges anderes System $\{x'\}$ gleich Null. Wenn die Komponenten einer Tensordichte für ein bestimmtes Koordinatensystem gleich Null sind, so sind sie auch für ein beliebiges Koordinatensystem gleich Null.

3. Für ein beliebiges Vektorfeld $u^\alpha(x)$ kann man ein Koordinatensystem $\{x'\}$ bestimmen, so daß

$$u^{\alpha'} = 0, \quad u^{n'} = 1 \qquad (\alpha < n) \tag{1.15}$$

gilt.

4. Man zeige, daß $\partial_\alpha \partial_\beta \varphi$ zusammen mit $\partial_\alpha \varphi$ ein Objekt mit n^2 Komponenten bilden.

§ 2. Tensoralgebra

Wir sagen, daß eine *Tensordichte* von beliebigem Gewicht *gleich Null* ist, wenn alle ihre Komponenten in irgendeinem Koordinatensystem gleich Null sind. In diesem Falle sind sie in einem beliebigen System gleich Null (Aufgabe 2, § 1). In der Tensoralgebra werden Operationen eingeführt, die es erlauben, einer gegebenen Tensordichte neue Tensordichten zuzuordnen.

Addition und Subtraktion von Tensordichten. Wenn man die entsprechenden Komponenten zweier Tensordichten gleichen Gewichts mit gleicher Anzahl von r kovarianten und s kontravarianten Indizes addiert, so erhält man die Komponenten einer Tensordichte vom gleichen Typ. Es sei z. B.

$$M^{\alpha'}_{\beta'} = J^N A^{\alpha'}_{\gamma} A^{\delta}_{\beta'} M^{\gamma}_{\delta}, \qquad N^{\alpha'}_{\beta'} = J^N A^{\alpha'}_{\gamma} A^{\delta}_{\beta'} N^{\gamma}_{\delta},$$

dann ist

$$M^{\alpha'}_{\beta'} + N^{\alpha'}_{\beta'} = J^N A^{\alpha'}_{\gamma} A^{\delta}_{\beta'} (M^{\gamma}_{\delta} + N^{\gamma}_{\delta}).$$

Offensichtlich läßt sich der Beweis für eine beliebige Stufe führen.

Das äußere Produkt von Tensordichten. Wenn man jede Komponente einer Tensordichte vom Gewicht N und der Stufe $k + m$ mit jeder Komponente einer anderen Tensordichte vom Gewicht N' und der Stufe $r + s$ multipliziert, so erhält man die Komponenten einer Tensordichte vom Gewicht $N + N'$ und der Stufe $p + q$. Dabei ist $p = k + r$, $q = m + s$. Den Beweis führt man durch Multiplikation der linken bzw. rechten Seite der Beziehungen, die das tensorielle Transformationsgesetz für die Komponenten dieser beiden Tensordichten ausdrücken.

Beispielsweise erhält man durch Multiplikation einer skalaren Dichte mit einem kovarianten Vektor eine kovariante Vektordichte. Entsprechend ist das Produkt eines kovarianten mit einem kontravarianten Vektor ein Tensor der Stufe $1 + 1$.

Die Verjüngung von Tensordichten. Die Verjüngung von Tensordichten ist eine Operation, die man auf beliebige Tensordichten der Stufe $r + k$ anwenden kann, wobei r und k größer als Null sind. Sie besteht darin, daß man einen kovarianten Index gleich einem kontravarianten Index setzt und die Summe bezüglich dieser Indizes bildet. Dadurch erhält man die Komponenten einer Tensordichte der Stufe $(r - 1) + (k - 1)$. Da beim Beweis dieser Behauptung das Gewicht der Tensordichte und die Werte r und k keine Rolle spielen, genügt es, die Tensordichte

$$M^{\alpha'}{}_{\beta'\gamma'} = A^{\alpha'}_{\alpha} A^{\beta}_{\beta'} A^{\gamma}_{\gamma'} M^{\alpha}{}_{\beta\gamma}$$

zu betrachten. Verjüngen wir sie nach den Indizes α' und β', so erhalten wir

$$M^{\alpha'}{}_{\alpha'\gamma'} = A^{\alpha'}_{\alpha} A^{\beta}_{\alpha'} A^{\gamma}_{\gamma'} M^{\alpha}{}_{\beta\gamma} = \delta^{\beta}_{\alpha} A^{\gamma}_{\gamma'} M^{\alpha}{}_{\beta\gamma} = M^{\alpha}{}_{\alpha\gamma} A^{\gamma}_{\gamma'},$$

d. h. $M^{\alpha}_{\alpha\gamma} = M_{\gamma}$ ist eine Tensordichte, wenn $M^{\alpha}_{\beta\gamma}$ eine Tensordichte ist.

Das innere Produkt von Tensordichten erhält man als Kombination des äußeren Produktes und der Verjüngung. Daher ist es, wie man leicht sieht, eine Tensordichte.

Unter Benutzung dieser Operationen kann man die sogenannte *Teilungsregel* für Tensordichten herleiten, die häufig bei der Untersuchung von Tensorgleichungen angewandt wird. Diese Regel besteht in folgendem: Sei in jedem Koordinatensystem ein System von n^{r+s} Zahlen $M_{\alpha_1 \dots \alpha_r \beta_1 \dots \beta_s}$ so gegeben, daß das System von Zahlen

$$N_{\alpha_1 \dots \alpha_r} = M_{\alpha_1 \dots \alpha_r \beta_1 \dots \beta_s} v^{\beta_1} \cdots v^{\beta_s}$$

bei *beliebiger* Wahl von s kontravarianten Vektoren v eine Tensordichte der Stufe $r + 0$ bestimmt. Dann definiert $M_{\alpha_1 \dots \alpha_r \beta_1 \dots \beta_s}$ einen Tensor der Stufe $(r + s) + 0$. Es genügt, den Beweis für den Fall $s = 1$ zu führen. Wir haben

$$M_{\alpha'_1 \dots \alpha'_r \beta'} v^{\beta'} = v^{\beta'} A^{\beta}_{\beta'} M_{\alpha_1 \dots \alpha_r \beta} A^{\alpha_1}_{\alpha'_1} \dots A^{\alpha_r}_{\alpha'_r} .$$

Da die Wahl von v vollständig beliebig ist, gilt

$$M_{\alpha'_1 \dots \alpha'_r \beta'} = M_{\alpha_1 \dots \alpha_r \beta} A^{\alpha_1}_{\alpha'_1} \dots A^{\alpha_r}_{\alpha'_r} A^{\beta}_{\beta'} ,$$

womit die Behauptung bewiesen ist. Diese Regel läßt sich natürlich auf den Fall verallgemeinern, daß die Zahlen M kontravariante Indizes haben und die v kovariante Vektoren sind. Man kann sie in einem gewissen Sinn auch als inverse Operation zur Multiplikation von Tensordichten auffassen.

Ändern sich die Komponenten eines Tensorfelds bei der Vertauschung von zwei oder mehreren Indizes von gleicher Art nicht, so heißt die Tensordichte *symmetrisch* bezüglich dieser Indizes. Wenn die Vertauschung der Indizes nur zur Veränderung des Vorzeichens der Komponenten führt, heißt die Tensordichte *alternierend* (oder antisymmetrisch) bezüglich dieser Indizes. Es ist klar, daß die Eigenschaft eines Tensors, symmetrisch bzw. alternierend zu sein, invariant gegenüber Koordinatentransformationen ist. Diese beiden häufig anzutreffenden Eigenschaften von Tensordichten bedeuten vor allem, daß eine Tensordichte, die eine dieser Eigenschaften besitzt, sich durch eine geringere Zahl von Komponenten als im allgemeinen Falle definieren läßt.

Zum Beispiel hat ein kovarianter Tensor zweiter Stufe im allgemeinen Falle n^2 Komponenten. Ist er jedoch symmetrisch, so ist er bereits durch $\frac{n(n+1)}{2}$ Komponenten und, wenn er alternierend ist, durch $\frac{n(n-1)}{2}$ Komponenten bestimmt.

Symmetrisierung und Alteration von Tensoren. Wenn eine Tensordichte mehrere Indizes gleicher Art besitzt, kann man aus ihr einen neuen Tensor erhalten, der symmetrisch oder alternierend bezüglich dieser Indizes ist.

Es sei z. B. ein Tensor der Stufe $m + 0$ gegeben: $B_{\alpha_1 \dots \alpha_m}$. Man nehme die $m!$ Komponenten, die man durch alle möglichen Vertauschungen der Indizes $\alpha_1, \dots, \alpha_m$ erhält und addiere sie. Dann ergeben sich die Komponenten eines symmetrischen Tensors, den man folgendermaßen bezeichnet:

$$B_{(\alpha_1 \dots \alpha_m)} = \frac{1}{m!} (B_{\alpha_1 \alpha_2 \dots \alpha_m} + B_{\alpha_2 \alpha_1 \dots \alpha_m} + \cdots).$$

Die *Symmetrisierung* läßt sich nur auf Indizes gleicher Varianz anwenden.

In analoger Weise definieren wir die Operation der *Alteration*, die zu einem alternierenden Tensor führt. Wie oben nehmen wir die $m!$ Komponenten und bilden die Summe, wobei wir jede Komponente mit dem Vorzeichen plus oder minus wählen, je nachdem, ob die Permutation $\begin{pmatrix}\alpha_1 & \alpha_2 & \dots & \alpha_m \\ \alpha_{r_1} & \alpha_{r_2} & \dots & \alpha_{r_m}\end{pmatrix}$ gerade oder ungerade ist. Dadurch erhalten wir einen alternierenden Tensor, den wir durch das Symbol

$$B_{[\alpha_1\alpha_2\dots\alpha_m]} = \frac{1}{m!}\,(B_{\alpha_1\dots\alpha_m} - B_{\alpha_2\alpha_1\dots\alpha_m} + \cdots)$$

bezeichnen.

Die Division durch $m!$ ist nicht notwendig, jedoch vorteilhaft. Wenn es notwendig ist, hervorzuheben, daß die Symmetrisierung oder Alteration auf irgendeinen Index, der sich im Inneren der Klammern ( ) oder [ ] befindet, nicht angewendet werden soll, so werden wir diesen Index durch Striche | | abteilen, z. B.

$$B_{(\alpha|\beta|\gamma)} = \frac{1}{2}\,(B_{\alpha\beta\gamma} + B_{\gamma\beta\alpha}).$$

Auf Grund ihrer Definition läßt sich leicht zeigen, daß die Operationen der Symmetrisierung und Alteration Tensoroperationen sind.

Alle oben betrachteten Operationen sind in keiner Weise mit dem *metrischen Tensor* $g_{\alpha\beta}$ verbunden, dessen Vorhandensein den RIEMANNschen Raum charakterisiert. Sie gelten in einem beliebigen lokal affinen Raum. Bei Metrisierung des Raumes durch Einführung des Tensorfeldes $g_{\alpha\beta}$ können wir eine Reihe neuer Operationen definieren, die für RIEMANNsche Mannigfaltigkeiten charakteristisch sind.

Da nach Definition $g = |g_{\alpha\beta}| \neq 0$ ist, existieren die Minoren $G^{\alpha\beta} = g^{\alpha\beta} g$ von $g_{\alpha\beta} = g_{\beta\alpha}$ und die reduzierten Minoren $g^{\alpha\beta}$. Das System der Zahlen $g^{\alpha\beta} = g^{\beta\alpha}$ genügt in jedem Punkt des Raumes V_n der Gleichung

$$g^{\alpha\beta} g_{\beta\gamma} = \delta^{\alpha}_{\gamma}. \tag{2.1}$$

Wir zeigen, daß $g^{\alpha\beta}$ Komponenten eines symmetrischen kontravarianten Tensors sind. Es seien u^α die Komponenten eines beliebigen Vektors. Dann definiert

$$v_\beta = g_{\beta\gamma} u^\gamma$$

ebenfalls einen Vektor. Aus (2.1) folgt

$$g^{\alpha\beta} v_\beta = g^{\alpha\beta} g_{\beta\gamma} u^\gamma = \delta^{\alpha}_{\gamma} u^\gamma = u^\alpha.$$

Da v_β ein beliebiger Vektor ist, erhalten wir durch Anwendung der Teilungsregel die Behauptung.

Aus (2.1) erhalten wir durch Verjüngung nach α und β

$$g^{\alpha\beta} g_{\alpha\beta} = n. \tag{2.2}$$

Wenn wir die Determinante $|g^{\alpha\beta}|$ durch $\bar{g}$ bezeichnen, so gilt

$$g\bar{g} = \begin{vmatrix} 1 & & & \\ & 1 & & \\ & & \cdot & \\ & & & \cdot \\ & & & & 1 \end{vmatrix} = 1. \tag{2.3}$$

Daraus folgt, daß die reduzierten Minoren von $g^{\alpha\beta}$ die $g_{\alpha\beta}$ sind.

Die Operation des Hinauf- und Hinunterziehens von Indizes. Mit Hilfe des Tensors $g_{\alpha\beta}$ kann man jeder Tensordichte eine andere Tensordichte mit der gleichen Anzahl von Indizes, jedoch von anderer Varianz zuordnen. Wenn z. B. die $B_{\alpha\beta\gamma}$ die Komponenten eines Tensors sind, können wir ihm die Tensoren mit den Komponenten

$$B^{\alpha}{}_{\beta\gamma} = g^{\alpha\lambda} B_{\lambda\beta\gamma}, \qquad B_{\alpha}{}^{\beta}{}_{\gamma} = g^{\beta\lambda} B_{\alpha\lambda\beta}, \qquad B_{\alpha\beta}{}^{\gamma} = g^{\gamma\lambda} B_{\alpha\beta\lambda}$$

zuordnen. Dieser Prozeß ist für alle Tensoren umkehrbar, z. B.

$$B^{\alpha}{}_{\beta\gamma} g_{\alpha\nu} = g_{\alpha\nu} g^{\alpha\lambda} B_{\lambda\beta\gamma} = \delta^{\lambda}_{\nu} B_{\lambda\beta\gamma} = B_{\nu\beta\gamma},$$

d. h., wir erhalten wieder den ursprünglichen Tensor. Wir können daher sagen, daß der Tensor $g_{\alpha\beta}$ in bestimmter Weise den Dualismus zwischen kovarianten und kontravarianten Indizes aufhebt. Von diesem Gesichtspunkt aus ist es natürlich, von ein und demselben Tensor zu sprechen, der mit Hilfe von Komponenten verschiedener Sorte gegeben ist. Wir unterstreichen diese Tatsache, indem wir den Kernbuchstaben bei allen möglichen Indexstellungen festhalten.

Für das Hinauf- und Hinunterziehen der Indizes können wir auch einen anderen Tensor benützen, z. B. einen alternierenden. Dadurch kommt man für einige Fragestellungen zu einer angepaßteren Betrachtungsweise ([170], S. 310). Jedoch darf im Verlauf der Untersuchungen ein solcher Tensor nicht geändert werden.

Der metrische Tensor dient auch zur Definition der *Norm* eines beliebigen Vektors:

$$g_{\alpha\beta} u^{\alpha} u^{\beta} = u_{\alpha} u^{\alpha} = g^{\alpha\beta} u_{\alpha} u_{\beta}.$$

Wenn $g_{\alpha\beta}$ ein indefiniter Tensor ist, gibt es in jedem Punkt des Raumes einen *Kegel der isotropen Richtungen*

$$g_{\alpha\beta} x^{\alpha} x^{\beta} = 0,$$

der das $+$-Gebiet (*das Gebiet reeller Vektoren mit positiver Norm*) vom $-$-Gebiet (*das Gebiet reeller Vektoren mit negativer Norm*) trennt. Die Norm eines isotropen Vektors ist gleich Null. Vektoren mit der Norm ± 1 heißen *Einheitsvektoren.* Unter dem *Betrag* eines Vektors versteht man die positive Quadratwurzel aus dem Absolutbetrag der Norm. In der Relativitätstheorie spricht man von raumartigen und zeitartigen Vektoren, je nachdem, ob die Norm des Vektors negativ oder positiv ist.

Mit Hilfe des metrischen Tensors kann man auch den *Winkel zwischen zwei reellen Vektoren* u^α und v^α definieren, wenn sie beide im $\pm$-Gebiet liegen. Man definiert

$$\cos(u, v) = \frac{\pm u_\alpha v^\alpha}{\left|\sqrt{u_\sigma u^\sigma \cdot v_\tau v^\tau}\right|}. \tag{2.4}$$

Jedoch ist der Winkel nur in dem Fall reell, wenn der von den Vektoren u^α und v^α aufgespannte Vektorraum keine isotropen Vektoren enthält, da dann $|\cos(u, v)| \leqq 1$ ist. Anderenfalls erhält man entweder einen imaginären Winkel oder einen sinnlosen Ausdruck. Wir werden aber in allen Fällen die Vektoren u^α und v^α *orthogonal* nennen, wenn

$$u_\alpha v^\alpha = 0 \tag{2.5}$$

ist. Die *isotropen Vektoren* und nur diese sind *zu sich selbst orthogonal.*

Wir stellen fest, daß aus dem Transformationsgesetz für den metrischen Tensor

$$g_{\alpha'\beta'} = A^\alpha_{\alpha'} A^\beta_{\beta'} g_{\alpha\beta}$$

folgt:

$$g' = g J^2, \tag{2.6}$$

d. h., g ist eine skalare Dichte vom Gewicht zwei.

Aufgaben

1. Wenn eine Tensordichte bezüglich der Indizes α_k und α_l symmetrisch und bezüglich der Indizes α_l und α_m alternierend ist, ist sie gleich Null.

2. Man zeige, daß für eine beliebige Tensordichte die Beziehungen

$$S_{\alpha\beta} = S_{(\alpha\beta)} + S_{[\alpha\beta]},$$

$$\Omega_{\alpha\beta\gamma} = \Omega_{(\alpha\beta\gamma)} + \Omega_{[\alpha\beta\gamma]} + \frac{2}{3}\left(\Omega_{[\alpha\beta]\gamma} + \Omega_{[\gamma\beta]\alpha}\right) + \frac{2}{3}\left(\Omega_{(\alpha\beta)\gamma} - \Omega_{\gamma(\alpha\beta)}\right)$$

gelten.

3. Wenn für beliebige u^α $\varphi = S_{\alpha\beta} u^\alpha u^\beta$ ein Skalar ist, so ist $S_{\alpha\beta}$ ein Tensor. Ist $\varphi = 0$, so ist $S_{(\alpha\beta)} = 0$.

4. Wenn die Tensordichte $A_{\alpha\beta\gamma}$ (bei beliebigen u^α) den Beziehungen $A_{\alpha\beta\gamma} u^\alpha u^\beta u^\gamma = 0$ und $A_{[\alpha\beta]\gamma} = 0$ genügt, gilt $A_{\alpha\beta\gamma} + A_{\beta\gamma\alpha} + A_{\gamma\alpha\beta} = 0$.

5. Wenn die Tensordichte $T_{\alpha\beta\gamma\delta}$ bei beliebigen Vektoren u^α und v^α der Beziehung $T_{\alpha\beta\gamma\delta} u^\alpha v^\beta u^\gamma v^\delta = 0$ genügt, dann gilt

$$T_{\alpha\beta\gamma\delta} + T_{\gamma\beta\alpha\delta} + T_{\alpha\delta\gamma\beta} + T_{\gamma\delta\alpha\beta} = 0. \tag{2.7}$$

Wenn der Tensor T außerdem den Gleichungen

$$T_{\alpha\beta\gamma\delta} + T_{\beta\alpha\gamma\delta} = 0, \quad T_{\alpha\beta\gamma\delta} + T_{\alpha\beta\delta\gamma} = 0,$$

$$T_{\alpha\beta\gamma\delta} + T_{\beta\gamma\alpha\delta} + T_{\gamma\alpha\beta\delta} = 0$$

genügt, ist er gleich Null.

6. Wenn $A_{[\alpha\beta]\gamma} = 0$ ist, gilt

$$A_{(\alpha\beta)\gamma} = \frac{1}{3}\,(A_{\alpha\beta\gamma} + A_{\beta\gamma\alpha} + A_{\gamma\alpha\beta}). \tag{2.8}$$

Ist $B_{(\alpha\beta)\gamma} = 0$, so gilt

$$B_{[\alpha\beta\gamma]} = \frac{1}{3}\,(B_{\alpha\beta\gamma} + B_{\beta\gamma\alpha} + B_{\gamma\alpha\beta}). \tag{2.9}$$

7. Wenn für den Tensor $T_{\alpha\beta}$ die Gleichung

$$a\,T_{\alpha\beta} + b\,T_{\beta\alpha} = 0$$

bezüglich irgendeines Koordinatensystems gilt, ist sie immer richtig. Wenn $T_{\alpha\beta} \neq 0$ ist, gilt $a = \pm b$ ([77], S. 16).

8. Wenn für einen Tensor $T_{\alpha\beta\gamma}$ in einem Koordinatensystem die Gleichung

$$a\,T_{\alpha\beta\gamma} + b\,T_{\beta\gamma\alpha} + c\,T_{\gamma\alpha\beta} = 0$$

erfüllt ist, gilt sie in einem beliebigen Koordinatensystem. Ist $T_{\alpha\beta\gamma} \neq 0$, so gilt $a + b + c = 0$ oder $a = b = c$.

9. Man zeige, daß

$$A_{[\alpha\beta\ldots\gamma]}B^{\alpha\beta\ldots\gamma} = A_{\alpha\beta\ldots\gamma}B^{[\alpha\beta\ldots\gamma]} = A_{[\alpha\beta\ldots\gamma]}B^{[\alpha\beta\ldots\gamma]}$$

gilt.

10. Man beweise die Gleichung

$$\underset{1}{v}^{[\alpha_1}\ldots\underset{k}{v}^{\alpha_k]} = \underset{[1}{v}^{[\alpha_1}\ldots\underset{k]}{v}^{\alpha_k]} = \underset{[1}{v}^{\alpha_1}\ldots\underset{k]}{v}^{\alpha_k}.$$

11. Der Rang der Matrix, die aus den Komponenten des Tensors $u_\alpha u_\beta$ besteht, ist gleich Eins. Der Rang der Matrix, die aus den Komponenten des Tensors $u_{(\alpha}v_{\beta)}$ besteht, ist gleich Zwei, wenn $u_\alpha \neq \lambda v_\alpha$.

12. Man zeige, daß

$$T_{\alpha[[\beta\gamma]\delta]} = T_{\alpha[\beta\gamma\delta]}.$$

§ 3. Kovariante Differentiation

Der Vorteil der Tensorrechnung besteht vor allem in der Möglichkeit, die Tensorgleichungen in invarianter Form, d. h. unabhängig von der Wahl des Koordinatensystems, zu schreiben. Zur Einführung der Tensoranalysis ist es zunächst notwendig, die Differentiation eines Tensors mit einer Operation von Tensorcharakter zu verbinden. Wir setzen in diesem Paragraphen voraus, daß die Klasse der Funktionen der Differentiationsordnung entspricht. Die Formel (1.8) ist ein Beispiel, wie man aus einem beliebigen Tensor der Stufe $0 + 0$ einen Tensor der Stufe $1 + 0$ erhält. Dieses Ergebnis läßt sich nicht ohne weiteres verallgemeinern. Die partiellen Ableitungen eines Vektors z. B. bestimmen keine Tensordichte. Eine Operation von Tensorcharakter, welche die gewöhnliche Differentiation verallgemeinert, läßt sich nicht in eindeutiger Weise einführen.

Wir führen in diesem Paragraphen die *kovariante Differentiation* in formaler Weise ein. Ihr tensorieller Charakter wurde zuerst von CHRISTOFFEL ([2], S. 56) bemerkt. Ihr geometrischer Sinn wird im Paragraphen 5 erklärt.

Der Gesamtheit der partiellen Ableitungen der Komponenten des metrischen Tensors $\partial_\gamma g_{\alpha\beta}$ $\left(\equiv \dfrac{\partial g_{\alpha\beta}}{\partial x^\gamma}\right)$ entspricht eindeutig das System der Funktionen

$$\Gamma_{\alpha,\beta\gamma} = \frac{1}{2}\left(\partial_\beta g_{\alpha\gamma} + \partial_\gamma g_{\alpha\beta} - \partial_\alpha g_{\beta\gamma}\right), \tag{3.1}$$

die man als CHRISTOFFEL-*Symbol erster Art bezeichnet.* In der Tat gilt

$$\Gamma_{\alpha,\beta\gamma} + \Gamma_{\beta,\alpha\gamma} = \partial_\gamma g_{\alpha\beta}, \tag{3.2}$$

d. h., die Zuordnung ist eineindeutig. Mit Hilfe des metrischen Tensors und der CHRISTOFFEL-Symbole erster Art kann man die CHRISTOFFEL-Symbole zweiter Art einführen:

$$\Gamma^\alpha_{\beta\gamma} = g^{\alpha\sigma}\Gamma_{\sigma,\beta\gamma}. \tag{3.3}$$

Aus dieser Definition folgt

$$\Gamma_{\alpha,\beta\gamma} = \Gamma_{\alpha,\gamma\beta}, \qquad \Gamma^\alpha_{\beta\gamma} = \Gamma^\alpha_{\gamma\beta}. \tag{3.4}$$

Die CHRISTOFFEL-Symbole erster und zweiter Art sind keine Tensoren. Z. B. sind sie im dreidimensionalen euklidischen Raum bezüglich eines kartesischen Koordinatensystems gleich Null, während in Zylinderkoordinaten einige von ihnen verschieden von Null sind.

Die CHRISTOFFEL-*Symbole zweiter Art bilden ein Objekt, die* CHRISTOFFEL-*Symbole erster Art bilden zusammen mit dem metrischen Tensor ebenfalls ein Objekt.*

Wir betrachten das Transformationsgesetz des metrischen Tensors

$$g_{\alpha'\beta'} = A^\sigma_{\alpha'} A^\tau_{\beta'} g_{\sigma\tau}. \tag{3.5}$$

Wegen $g_{\sigma\tau} = g_{\sigma\tau}(x)$ gilt $\partial_{\gamma'} g_{\sigma\tau} = A^\varrho_{\gamma'}\partial_\varrho g_{\sigma\tau}$ und

$$\partial_{\gamma'} g_{\alpha'\beta'} = A^\sigma_{\alpha'} A^\tau_{\beta'} A^\varrho_{\gamma'} \partial_\varrho g_{\sigma\tau} + g_{\sigma\tau}\left(\partial_{\gamma'} A^\sigma_{\alpha'} A^\tau_{\beta'} + A^\sigma_{\alpha'}\partial_{\gamma'} A^\tau_{\beta'}\right).$$

Addieren bzw. subtrahieren wir die Ausdrücke, die man aus letzterem durch die Permutation der Indizes $\begin{pmatrix}\alpha' & \beta' & \gamma' \\ \gamma' & \alpha' & \beta'\end{pmatrix}$ bzw. $\begin{pmatrix}\alpha' & \beta' & \gamma' \\ \beta' & \gamma' & \alpha'\end{pmatrix}$ erhält, und berücksichtigt man

$$\partial_{\beta'} A^\sigma_{\alpha'} = \frac{\partial^2 x^\sigma}{\partial x^{\beta'}\,\partial x^{\alpha'}} = \partial_{\alpha'} A^\sigma_{\beta'},$$

so erhält man

$$\Gamma_{\alpha',\beta'\gamma'} = A^\sigma_{\alpha'} A^\tau_{\beta'} A^\varrho_{\gamma'} \Gamma_{\sigma,\varrho\tau} + g_{\sigma\tau} A^\tau_{\alpha'}\partial_{\beta'} A^\sigma_{\gamma'}. \tag{3.6}$$

Damit ist der zweite Teil des Satzes bewiesen. Überschiebt man (3.6) mit $g^{\alpha'\delta'}$ und berücksichtigt (1.14), so erhält man

$$\Gamma^{\delta'}_{\beta'\gamma'} = A^{\delta'}_{\omega} A^{\tau}_{\beta'} A^{\varrho}_{\gamma'} \Gamma^{\omega}_{\varrho\tau} + A^{\delta'}_{\omega} \partial_{\beta'} A^{\omega}_{\gamma'}, \tag{3.7}$$

woraus die erste Behauptung folgt.

Wir definieren nun den Begriff der *kovarianten Ableitung eines Vektors.* Die partiellen Ableitungen der kovarianten Komponenten eines Vektors definieren keinen Tensor, da

$$\partial_{\gamma'} \lambda_{\alpha'} = \partial_{\gamma'} (A^{\sigma}_{\alpha'} \lambda_{\sigma}) = \partial_{\gamma'} A^{\sigma}_{\alpha'} \lambda_{\sigma} + A^{\sigma}_{\alpha'} \partial_{\gamma'} \lambda_{\sigma} = \partial_{\gamma'} A^{\sigma}_{\alpha'} \lambda_{\sigma} + A^{\sigma}_{\alpha'} A^{\tau}_{\gamma'} \partial_{\tau} \lambda_{\sigma}$$

gilt. Wenn man jedoch die Differenz dieser Gleichung und

$$\Gamma^{\sigma'}_{\alpha'\gamma'} \lambda_{\sigma'} = (A^{\sigma'}_{\tau} \partial_{\alpha'} A^{\tau}_{\gamma'} + A^{\mu}_{\alpha'} A^{\nu}_{\gamma'} A^{\sigma'}_{\tau} \Gamma^{\tau}_{\mu\nu}) A^{\varrho}_{\sigma'} \lambda_{\varrho}$$

nimmt, so erkennt man, daß die Größe

$$\partial_{\gamma'} \lambda_{\alpha'} - \Gamma^{\sigma'}_{\alpha'\gamma'} \lambda_{\sigma'} = A^{\tau}_{\gamma'} A^{\sigma}_{\alpha'} (\partial_{\tau} \lambda_{\sigma} - \Gamma^{\nu}_{\sigma\tau} \lambda_{\nu})$$

ein Tensor ist. Der Ausdruck in der Klammer, der linear von der partiellen Ableitung der Komponenten des Vektors und von den Komponenten selbst abhängt, wobei die Koeffizienten dieser linearen Abhängigkeit durch die Metrik des Raumes V_n bestimmt sind, heißt *kovariante Ableitung des Vektors* λ_{α} und wird mit

$$\lambda_{\alpha,\gamma} \equiv \partial_{\gamma} \lambda_{\alpha} - \Gamma^{\sigma}_{\alpha\gamma} \lambda_{\sigma} \tag{3.8}$$

bezeichnet.

Die analoge Operation für die kontravarianten Komponenten eines Vektors führt zur Definition der kovarianten Ableitung. In diesem Fall setzen wir

$$\lambda^{\alpha}{}_{,\gamma} \equiv \partial_{\gamma} \lambda^{\alpha} + \Gamma^{\alpha}_{\sigma\gamma} \lambda^{\sigma}. \tag{3.9}$$

Aus (3.8) und (3.9) folgt in natürlicher Weise die Definition der kovarianten Ableitung eines Tensors beliebiger Stufe[1])

$$T^{\alpha_1 \dots \alpha_p}{}_{\beta_1 \dots \beta_q, \gamma} = \partial_{\gamma} T^{\alpha_1 \dots \alpha_p}{}_{\beta_1 \dots \beta_q} + \sum_{\sigma=1}^{p} T^{\alpha_1 \dots \alpha_{\sigma-1} \tau \alpha_{\sigma+1} \dots \alpha_p}{}_{\beta_1 \dots \beta_q} \Gamma^{\alpha_\sigma}_{\tau\gamma}$$
$$- \sum_{\sigma=1}^{q} T^{\alpha_1 \dots \alpha_p}{}_{\beta_1 \dots \beta_{\sigma-1} \tau \beta_{\sigma+1} \dots \beta_q} \Gamma^{\tau}_{\beta_\sigma \gamma}. \tag{3.10}$$

Daher ist die kovariante Ableitung eines differenzierbaren Tensors ein Tensor, dessen kovariante Stufe um Eins größer ist als die Stufe des ursprünglichen Tensors.

---

[1]) Man denke sich die Tensoren als Summe von Produkten von Vektoren geschrieben und fordere die Gültigkeit der LEIBNIZschen Regel auch für das kovariante Differenzieren. (Anm. d. Red.)

Da man — anstelle der $g_{\alpha\beta}$ — auch jeden anderen nichtausgearteten symmetrischen Tensor der Stufe $0+2$ zur Definition der kovarianten Differentiation verwenden kann, muß man, wenn man zwei verschiedene Differentiationen zu betrachten hat, diese durch verschiedene Bezeichnungen unterscheiden, z. B. bezeichnen wir eine Differentiation mit einem Komma und die andere mit einem Semikolon usw. Als Symbol kovarianter Ableitung benutzt man oft ebenfalls das Zeichen ∇ („Nabla"): $\lambda_{\alpha,\gamma} \equiv \nabla_\gamma \lambda_\alpha$. Dem Begriff „kovariante Ableitung", der von Ricci ([3], S. 1—11) eingeführt wurde, begegnet man als Operation für Riemannsche Räume schon bei Christoffel [2].

Für die kovariante Ableitung der Summe, des äußeren und inneren Produkts gelten bei einmaliger Differentiation die gewöhnlichen Regeln

$$(\lambda_\alpha \pm \nu_\alpha)_{,\beta} = \lambda_{\alpha,\beta} \pm \nu_{\alpha,\beta}, \tag{3.11}$$

$$(\lambda_\alpha \nu_\beta)_{,\gamma} = \lambda_{\alpha,\gamma}\nu_\beta + \lambda_\alpha \nu_{\beta,\gamma}, \tag{3.12}$$

$$(T_\alpha{}^\beta{}_\gamma \nu_\beta \omega^\gamma)_{,\delta} = T_\alpha{}^\beta{}_{\gamma,\delta}\nu_\beta\omega^\gamma + T_\alpha{}^\beta{}_\gamma \nu_{\beta,\delta}\omega^\gamma + T_\alpha{}^\beta{}_\gamma \nu_\beta \omega^\gamma{}_{,\delta}. \tag{3.13}$$

Der Beweis dieser Formeln folgt unmittelbar aus (3.10). Für Skalare stimmt die kovariante Ableitung mit der partiellen Ableitung überein:

$$\varphi_{,\alpha} = \partial_\alpha \varphi. \tag{3.14}$$

Die Formeln (3.10)—(3.14) lassen sich leicht auf Tensordichten ausdehnen, wenn man fordert, daß sich *das Gewicht bei kovarianter Differentiation nicht ändert.* So erhält man z. B. für die skalare Dichte vom Gewicht k

$$\theta_{,\alpha} = \partial_\alpha \theta - k\theta \Gamma^\sigma_{\alpha\sigma}. \tag{3.15}$$

Für eine Tensordichte $\Pi^\alpha_{\beta\gamma}$ der Stufe $1+2$ vom Gewicht p hat die kovariante Ableitung die Form

$$\Pi^\alpha_{\beta\gamma,\delta} = \partial_\delta \Pi^\alpha_{\beta\gamma} + \Gamma^\alpha_{\sigma\delta}\Pi^\sigma_{\beta\gamma} - \Gamma^\sigma_{\beta\delta}\Pi^\alpha_{\sigma\gamma} - \Gamma^\sigma_{\gamma\sigma}\Pi^\alpha_{\beta\sigma} - p\Pi^\alpha_{\beta\gamma}\Gamma_\delta, \tag{3.16}$$

wobei

$$\Gamma_\delta = \Gamma^\sigma_{\delta\sigma}$$

ist. Man kann nach Definition die kovariante Ableitung bilden, wenn nur die Komponenten des Objekts $\Gamma^\alpha_{\beta\gamma}(x)$, die sogenannten *Koeffizienten* des affinen Zusammenhanges, bekannt sind, unabhängig davon, ob dieses Objekt mit dem metrischen Tensor verbunden ist oder nicht. Daher ist es möglich, die kovariante Differentiation mit einem beliebigen Objekt der Form $\Gamma^\alpha_{\beta\gamma}$ zu definieren. Das führt zur Theorie der *affin zusammenhängenden Räume*, von der die Mannigfaltigkeit V_n ein Spezialfall ist (T. Y. Thomas [92]; A. P. Norden [170]; P. K. Raschewski [188]). Hierbei ist es natürlich, keine Symmetrie des Objektes $\Gamma^\alpha_{\beta\gamma}$ bezüglich der unteren Indizes vorauszusetzen. Dadurch wird man zu einem Raum mit *Torsion* geführt.

Im weiteren nennen wir einen Tensor *kovariant konstant*, wenn seine kovariante Ableitung gleich Null ist. Der folgende Satz besagt, daß derartige Tensoren im

Raum V_n existieren: *Die Tensoren $g_{\alpha\beta}$, $g^{\alpha\beta}$, δ^α_β sind kovariant konstant.* Diese Behauptung folgt aus (2.1), (3.1), (3.2), (3.3), (3.4). Infolgedessen sind die *Operationen der Verjüngung* und der *kovarianten Differentiation* vertauschbar, z. B.

$$g^{\alpha\beta}(u_\alpha v_\beta)_{,\gamma} = g^{\alpha\beta}(u_{\alpha,\gamma} v_\beta + u_\alpha v_{\beta,\gamma}) = u^\beta_{,\gamma} v_\beta + u^\beta v_{\beta,\gamma} = (u^\beta v_\beta)_{,\gamma} = (g^{\alpha\beta} u_\alpha v_\beta)_{,\gamma}.$$

Die kovariante Differentiation erlaubt die Einführung der *Rotation* eines Vektors

$$\lambda_{i,j} - \lambda_{j,i} \equiv \partial_j \lambda_i - \partial_i \lambda_j \left(\partial_j \equiv \frac{\partial}{\partial x^j}\right); \tag{3.17}$$

die *Divergenz* eines Vektors oder einer Tensordichte bezüglich $g_{\alpha\beta}$ wird durch die entsprechenden Ausdrücke

$$\lambda^\alpha_{,\alpha}, \quad a^{\alpha\beta}{}_{,\beta}, \quad b^\beta{}_{,\beta}$$

definiert. Die *skalaren Operatoren*

$$\left.\begin{aligned} \Delta_1 \varphi &= g^{\alpha\beta} \varphi_{,\alpha} \varphi_{,\beta} \equiv g^{\alpha\beta} \partial_\alpha \varphi \partial_\beta \varphi, \\ \Delta_1(f, \varphi) &= g^{\alpha\beta} f_{,\alpha} \varphi_{,\beta}, \\ \Delta_2 \varphi &= g^{\alpha\beta} f_{,\alpha\beta} \end{aligned}\right\} \tag{3.18}$$

heißen BELTRAMI*sche Differentialparameter erster und zweiter Art.*

Aufgaben

1. Ein kovarianter Vektor λ_α ist genau dann ein Gradient, wenn seine erste kovariante Ableitung symmetrisch ist: $\lambda_{\alpha,\beta} = \lambda_{\beta,\alpha}$.

2. Wenn λ_{ij} gleich der Rotation eines Vektors ist, gilt $\lambda_{ij,k} + \lambda_{jk,i} + \lambda_{ki,j} = \partial_k \lambda_{ij} + \partial_i \lambda_{jk} + \partial_j \lambda_{ki} = 0$ (EISENHART [77], S. 44).

3. Man zeige, daß $\partial_\gamma \Delta_1 \varphi = 2 g^{\alpha\beta} \varphi_{,\alpha} \varphi_{,\beta\gamma}$ und $\lambda^\alpha_{,\alpha} = \frac{1}{\sqrt{g}} \partial_\alpha (\sqrt{g}\, \lambda^\alpha)$ gilt.

4. Man zeige, daß die Divergenz eines Tensors $a^{\alpha\beta}$ bezüglich $g_{\alpha\beta}$, d. h. der Tensor $a^{\alpha\beta}{}_{,\beta}$, sich in der Form $a^{\alpha\beta}{}_{,\beta} = \frac{1}{\sqrt{g}} \partial_\beta (a^{\alpha\beta} \sqrt{g}) + a^{\beta\gamma} \Gamma_{\beta\gamma}$ schreiben läßt. Wenn $a^{\alpha\beta}$ ein alternierender Tensor ist, verschwindet der zweite Summand.

5. Man zeige $\Gamma_\alpha \equiv \Gamma^\sigma_{\alpha\sigma} = \partial_\alpha \ln \sqrt{g}$.

6. Man zeige, daß $\lambda_\alpha{}^\beta{}_{,\beta} = \frac{1}{\sqrt{g}} \partial_\beta (\lambda_\alpha{}^\beta \sqrt{g}) + \frac{1}{2} \lambda_{\sigma\tau} \partial_\alpha g^{\sigma\tau}$, wenn $\lambda^{[\alpha\beta]} = 0$ ist (EINSTEIN [36], S. 769).

§ 4. Parallelverschiebung im Raum V_n

Wir nennen den Raum V_n *eben* und bezeichnen ihn mit dem Symbol R_n, wenn es für ihn ein Koordinatensystem gibt, in dem die Komponenten des metrischen Tensors konstant sind: $g_{\alpha\beta} = \text{const}$. Im folgenden Paragraphen geben wir eine invariante. Charakterisierung eines ebenen Raumes. Wenn außerdem die Form $ds^2 = g_{\alpha\beta}\,dx^\alpha\,dx^\beta$ positiv definit ist, bezeichnet man R_n als *gewöhnlichen* Raum. Ein Beispiel für einen gewöhnlichen Raum R_n ist der dreidimensionale euklidische Raum. V_n ist eine Verallgemeinerung von R_n in dem Sinne, daß die Existenz eines Koordinatensystems, in dem g_{ij} konstant ist, nicht vorausgesetzt wird.

Ein grundlegender Begriff der euklidischen Geometrie ist der Begriff des *Parallelismus*. Beim Aufbau der Geometrie des Raumes V_n ist es natürlich, die Frage nach dem Parallelismus in einer solchen Mannigfaltigkeit zu stellen. Dazu ist es notwendig, Vektoren an verschiedenen Punkten des gegebenen Raumgebietes miteinander vergleichen zu können. Wenn diese Punkte durch eine Kurve verbunden sind, kann man vom Vergleich der Vektoren an verschiedenen Punkten der Kurve sprechen. Im weiteren werden wir uns davon überzeugen, daß man den Begriff des Parallelismus in V_n nicht von der Kurve trennen kann, längs derer man die Vektoren untersucht. Wir stellen daher die Frage nach der *Parallelverschiebung von Vektoren längs einer gegebenen Kurve in* V_n.

Dieser Begriff muß notwendig definiert werden, und wenn man nicht zusätzliche Forderungen stellt, wird seine Definition nicht eindeutig sein. Um die Parallelverschiebung von Vektoren in V_n in natürlicher Weise zu definieren, führen wir einige Überlegungen durch, die übrigens vom formalen Gesichtspunkt aus nicht notwendig sind. Zu diesem Zweck betrachten wir den Parallelismus im gewöhnlichen R_3, um Eigenschaften zu finden, die wir als Vorbild bei der Definition des Parallelismus in V_n benützen können.

Es seien im R_3 krummlinige Koordinaten gegeben; dann existieren an jedem Punkt des Raumes Koordinatenvektoren $\underset{\alpha}{\tilde l}$. Die kovariante Koordinaten eines beliebigen Vektors sind gleich $v_\alpha = \tilde v \underset{\alpha}{\tilde l}$, wobei $\tilde v$, $\underset{\alpha}{\tilde l}$ nichtindizierte Bezeichnungen der Vektoren sind. Man überzeugt sich leicht, daß die v_α tatsächlich die Komponenten eines Vektors sind. Dazu verifiziere man das Transformationsgesetz dieser Größen bei Koordinatentransformation. Wenn man einen Vektor $\tilde u$ im R_3 längs einer Kurve $x^\alpha = x^\alpha(t)$ parallel verschiebt, ist $\frac{d\tilde u}{dt} = 0$. Dann sind auch die Komponenten des Vektors gleich Null:

$$\frac{d\tilde u}{dt}\underset{\alpha}{\tilde l} = \frac{d}{dt}(\tilde u \underset{\alpha}{\tilde l}) - \tilde u \frac{d\underset{\alpha}{\tilde l}}{dt} = \frac{du_\alpha}{dt} - u_\sigma \overset{\sigma}{\tilde l} \frac{d\underset{\alpha}{\tilde l}}{dt}$$

$$= \frac{du_\alpha}{dt} - u_\sigma \overset{\sigma}{\tilde l}\, \partial_\beta \underset{\alpha}{\tilde l}\, \frac{dx^\beta}{dt} = \frac{du_\alpha}{dt} - P^\sigma_{\alpha\beta} u_\sigma \frac{dx^\beta}{dt} = 0,$$

d. h., es gilt die folgende Eigenschaft:

(α) $\frac{du_\alpha}{dt}$ *ist eine lineare Funktion von* u_σ *und* $\frac{dx^\beta}{dt}$.

Hierbei bezeichnet $\overset{\sigma}{l}$ das zu $\underset{\alpha}{\tilde l}$ inverse Vektorensystem, das durch die Bedingung

$$\overset{\sigma}{\tilde l}\underset{\tau}{\tilde l} = \delta^\sigma_\tau$$

definiert ist. Das inverse System existiert bekanntlich immer, wenn die Vektoren $\underset{\alpha}{\tilde{l}}$ voneinander linear unabhängig sind. Es ist natürlich zu fordern, daß die Eigenschaft (α) im Raum V_n erhalten bleibt. Wenn wir diese Überlegung für kontravariante Komponenten wiederholen, kommen wir ersichtlich zum gleichen Ergebnis.

Unter der Voraussetzung, daß (α) für die Parallelverschiebung in V_n längs der Kurve $x^\alpha(t)$ gilt, erhalten wir

$$\frac{du^\alpha}{dt} = - A^\alpha_{\beta\gamma}\, u^\beta \frac{dx^\gamma}{dt}. \tag{4.1}$$

Wir fordern weiter, daß ebenso wie in R_3 folgende Eigenschaft gilt:

(β) *Die Norm eines Vektors bleibt bei Parallelverschiebung in V_n erhalten:*

$$\frac{d}{dt}\,(g_{\alpha\beta} u^\alpha u^\beta) = 0.$$

Mit Hilfe von (4.1) erhalten wir dann

$$\partial_\gamma g_{\alpha\beta} u^\alpha u^\beta \frac{dx^\gamma}{dt} + g_{\alpha\beta}\left(\frac{du^\alpha}{dt} u^\beta + u^\alpha \frac{du^\beta}{dt}\right)$$

$$\Rightarrow (\partial_\gamma g_{\alpha\beta} - A_{\alpha,\beta\gamma} - A_{\beta,\alpha\gamma})\, u^\alpha u^\beta \frac{dx^\gamma}{dt} = 0,$$

wobei $A_{\alpha,\beta\gamma} = g_{\alpha\sigma} A^\sigma_{\beta\gamma}$ ist. Gilt das für beliebige Vektoren u^α einer beliebigen Kurve, muß der Ausdruck in der Klammer, symmetrisiert bezüglich α und β, gleich Null sein. Da dieser Ausdruck bereits bezüglich α und β symmetrisch ist, gilt

$$\partial_\gamma g_{\alpha\beta} = A_{\alpha,\beta\gamma} + A_{\beta,\alpha\gamma} = g_{\alpha\tau} A^\tau_{\beta\gamma} + g_{\beta\tau} A^\tau_{\alpha\gamma}. \tag{4.2}$$

Daher fordern wir

(γ) $$A^\alpha_{[\beta\gamma]} = A_{\alpha,[\beta\gamma]} = 0.$$

Der geometrische Sinn der Forderung (γ) besteht in folgendem: Wir betrachten einen Punkt des Raumes V_n und zwei durch ihn hindurchgehende Kurven. Die Berührungsvektoren seien durch die Vektoren dx^α und δx^α definiert. Wir verschieben den Vektor δx^α längs der Kurve, die durch den Vektor dx^α bestimmt ist, und umgekehrt. Wenn wir dann unendlich kleine Größen von höherer als zweiter Ordnung vernachlässigen, wird bei der ersten Verschiebung sich das Ende des verschobenen Vektors im Punkte $x^\alpha + dx^\alpha + \delta x^\alpha - A^\alpha_{\beta\gamma}\, dx^\beta \delta x^\gamma$ befinden, während sich bei der zweiten Verschiebung das Ende des verschobenen Vektors im Punkte $x^\alpha + \delta x^\alpha + dx^\alpha - A^\alpha_{\beta\gamma} \delta x^\beta\, dx^\gamma$ befinden wird. Der „Spielraum" zwischen diesen Punkten wird demnach durch die Größe $A^\alpha_{[\beta\gamma]}\, dx^\beta\, \delta x^\gamma$ ausgedrückt. Die Bedingung (γ) führt daher zu der Forderung, *daß in jeder zweidimensionalen Richtung unendlich kleine Parallelogramme existieren* (bis auf unendlich kleine Größen dritter Ordnung). Ein andere Deutung gibt Cartan ([59], S. 593 bis 595, [83]).

Auf Grund der Bedingung (γ) folgt aus (4.2): $A^\alpha_{\beta\gamma} = \Gamma^\alpha_{\beta\gamma}$. Demnach erkennen wir, daß unter den Bedingungen (α), (β), (γ) für die Parallelverschiebung des Vektors u^α längs einer gegebenen Kurve

$$\frac{du^\alpha}{dt} = - \Gamma^\alpha_{\beta\gamma} u^\beta \frac{dx^\gamma}{dt} \tag{4.3}$$

gilt. Die Gleichung (4.3) stimmt in ihrer Form mit dem Gesetz der Parallelverschiebung im R_3 überein. Jedoch ist der Parallelismus im R_3 auf Grund seiner Definition von vornherein invariant, während die Invarianz von (4.3) im V_n noch bewiesen werden muß. Ein solcher Beweis muß sich auf das Transformationsgesetz des Objektes $\Gamma^\alpha_{\beta\gamma}$ stützen.

Wegen $u^{\alpha'} = A^{\alpha'}_\sigma u^\sigma$ erhält man aus (4.3)

$$du^{\alpha'} = \partial_\beta A^{\alpha'}_\sigma u^\sigma dx^\beta + A^{\alpha'}_\sigma du^\sigma = (\partial_\sigma A^{\alpha'}_\tau - A^{\alpha'}_\lambda \Gamma^\lambda_{\tau\sigma}) u^\tau dx^\sigma,$$

wobei auf Grund des Transformationsgesetzes für das Objekt $\Gamma^\alpha_{\beta\gamma}$ (siehe (3.7)) der Ausdruck in den Klammern sich durch $\Gamma^{\alpha'}_{\beta'\gamma'}$ ausdrücken läßt. Daher gilt

$$du^{\alpha'} = - A^{\gamma'}_\tau A^{\nu'}_\sigma \Gamma^{\alpha'}_{\gamma'\nu'} u^\tau dx^\sigma = - \Gamma^{\alpha'}_{\lambda'\nu'} u^{\lambda'} dx^{\nu'},$$

womit die *Invarianz von* (4.3) *bei Koordinatentransformation* bewiesen ist.

Wenn eine Kurve $x^\alpha = x^\alpha(t)$ gegeben ist, wobei x^α stetig von t abhängt, so ist $\Gamma^\tau_{\beta\gamma} = \Gamma^\tau_{\beta\gamma}(x^\alpha(t))$, und die Gleichungen (4.3) definieren ein normales System von n linearen gewöhnlichen Differentialgleichungen mit Koeffizienten, die in einem gewissen Intervall stetig sind. Wegen des Existenz- und Eindeutigkeitssatzes erhält man für jedes System von Anfangsbedingungen

$$t = t_0, \quad u^\alpha = \overset{0}{u}{}^\alpha \quad (\alpha = 1, \ldots, n)$$

eine eindeutige Lösung des Gleichungssystems.

Durch die Gleichungen $x^\alpha = x^\alpha(t)$ und $\bar{x}^\alpha = \bar{x}^\alpha(t)$ seien zwei Kurven im V_n definiert, die beide durch zwei Punkte A und B gehen. Für den Parameterwert t_0 mögen beide Kurven durch den Punkt A, für den Wert t_1 durch den Punkt B gehen. Außerdem wollen wir voraussetzen, daß A und B zusammen mit ihren Verbindungskurven zu einem Gebiet des Raumes V_n gehören, in welchem die Voraussetzungen für den Existenz- und Eindeutigkeitssatz des Systems (4.3) erfüllt sind. Dann erhalten wir, wenn in A ein und derselbe Vektor $\overset{0}{u}{}^\alpha$ gegeben ist, entsprechend den zwei Kurven zwei verschiedene Gleichungssysteme (4.3). In Punkt B erhalten wir zwei verschiedende Vektoren, die Ergebnisse der Parallelverschiebungen von $\overset{0}{u}{}^\alpha$ längs der beiden Kurven. *Also läßt sich die Parallelverschiebung nach dem Gesetz* (4.3) *nur längs eines vorgegebenen Weges eindeutig ausführen, die Verschiebung hängt vom Weg ab.* Es versteht sich, daß diese Behauptungen lokalen Charakter haben, da sie nur in einem Gebiet richtig sind, in dem der Existenz- und Eindeutigkeitssatz für das System (4.3) gilt.

Multiplizieren wir (4.3) mit dt, bringen alle Glieder auf die linke Seite und bezeichnen den erhaltenen Ausdruck mit δu^α, so erhalten wir

$$\delta u^\alpha = (\partial_\gamma u^\alpha + \Gamma^\alpha_{\beta\gamma} u^\beta)\, dx^\gamma = u^\alpha_{,\gamma}\, dx^\gamma = 0\,.$$

Der Ausdruck δu^α heißt *absolutes Differential* des Feldes u^α. Das absolute Differential hat nur dann einen Sinn, wenn eine Richtung definiert ist, die durch Differentiale dx^α festgelegt ist. Folglich *wird ein Feld u^α längs einer Kurve $x^\alpha = x^\alpha(t)$ parallel verschoben, wenn das absolute Differential von u^α bei unendlich kleiner Verschiebung längs dieser Kurve gleich Null ist.*

Wir verallgemeinern diese Tatsache für eine beliebige Tensordichte und führen den Begriff des absoluten Differentials einer Tensordichte

$$\delta T^{\alpha_1 \ldots \alpha_p}{}_{\beta_1 \ldots \beta_q} = T^{\alpha_1 \ldots \alpha_p}{}_{\beta_1 \ldots \beta_q, \gamma}\, dx^\gamma \tag{4.4}$$

längs einer Kurve ein. Wir sagen, *daß die Tensordichte längs der Kurve $x^\alpha = x^\alpha(t)$ parallel verschoben wird, wenn ihr absolutes Differential längs dieser Kurve gleich Null ist.*

Die Parallelverschiebung einer Tensordichte ist unmittelbar mit der kovarianten Differentiation verknüpft. Sie trägt die Bezeichnung *Parallelverschiebung im Sinne von* Levi-Civita, der diesen Begriff eingeführt und definiert hat ([39], S. 173—205). Er wurde in letzter Zeit in verschiedener Hinsicht verallgemeinert. Man kann den Begriff der Parallelverschiebung in V_n auch in anderer zu der obigen äquivalenten Weise definieren (J. A. Schouten und D. J. Struik [110], S. 75—91; P. K. Raschewski [188], S. 429—450).

Aufgaben

1. Im euklidischen Raum seien eine Kugeloberfläche und ein Kreiskegel gegeben, der die Kugel in einer kleinen Umgebung (l) berührt. Man zeige, daß jede Menge von Vektoren, die parallel längs (l) bezüglich der Kugeloberfläche ist, gleichzeitig Vektoren bestimmt, die parallel längs (l) bezüglich des Kegels sind. Wenn der Kegel in eine Ebene ausartet, gehen diese Vektoren in Vektoren über, die parallel im euklidischen Sinn sind.

2. Die Tangenten an die Kurve $x^2 = \text{const}$ im Raum V_2 sind genau dann parallel längs einer Kurve (l), wenn diese Kurve (l) Integralkurve der Gleichung $\Gamma^2_{1\alpha} dx^\alpha = 0$ ist.

3. Bei Parallelverschiebung der Vektoren $\underset{1}{u^\alpha}, \ldots, \underset{n}{u^\alpha}$ längs einer Kurve bleiben lineare Abhängigkeiten zwischen ihnen erhalten.

§ 5. Der Krümmungstensor des Raumes V_n

Die gewöhnlichen partiellen Ableitungen und die kovarianten Ableitungen erster Ordnung genügen gleichen Regeln. Aber schon für die Ableitungen zweiter Ordnung gibt es einen nicht zu beseitigenden Unterschied. Dieser Unterschied läßt sich am einfachsten darstellen, wenn man eine grundlegende Frage löst, die bei der Untersuchung von Gleichungen in kovarianten Ableitungen auftaucht, die Frage nach den Integrabilitätsbedingungen. Während man für gewöhnliche partielle Ableitungen die Reihenfolge der Differentiationen ändern kann, ist diese Eigenschaft für kovariante Ableitungen nicht erfüllt. Es sei ein Vektorfeld $u_\alpha(x)$ gegeben. Die kovariante Ableitung ist

$$u_{\alpha,\beta} = \partial_\beta u_\alpha - \Gamma^\sigma_{\alpha\beta} u_\sigma . \tag{5.1}$$

Wenn wir noch einmal differenzieren, erhalten wir wegen (5.1)

$$u_{\alpha,\beta\gamma} = \partial_\gamma u_{\alpha,\beta} - \Gamma^\lambda_{\alpha\gamma} u_{\lambda,\beta} - \Gamma^\lambda_{\beta\gamma} u_{\alpha,\lambda} .$$

Da es in einer RIEMANNschen Mannigfaltigkeit keine Torsion gibt (§ 3): $\Gamma^\sigma_{[\alpha\beta]} = 0$, erhält man durch Alteration dieser Gleichung bezüglich β und γ

$$u_{\alpha,[\beta\gamma]} = (\partial_{[\beta}\Gamma^\sigma_{\gamma]\alpha} + \Gamma^\tau_{\alpha[\gamma}\Gamma^\sigma_{\beta]\tau}) u_\sigma .$$

Auf der linken Seite befindet sich ein Tensor, u_σ ist ein Vektor, und daher ist auf Grund der Teilungsregel für Tensoren der Ausdruck in den Klammern ebenfalls ein Tensor der Stufe $1 + 3$. Wir führen die Bezeichnung

$$\frac{1}{2} R^\sigma{}_{\alpha\beta\gamma} = \partial_{[\beta}\Gamma^\sigma_{\gamma]\alpha} + \Gamma^\tau_{\alpha[\gamma}\Gamma^\sigma_{\beta]\tau} \tag{5.2}$$

ein und erhalten so die Gleichung

$$u_{\alpha,[\beta\gamma]} = \frac{1}{2} R^\sigma{}_{\alpha\beta\gamma} u_\sigma , \tag{5.3}$$

in der sich der Unterschied zwischen partiellen und kovarianten Ableitungen ausdrückt.

Der Tensor $R^\sigma_{\alpha\gamma\beta}$ heißt *Krümmungstensor* (auch RIEMANN-Tensor) des Raumes und spielt eine grundlegende Rolle für die Charakterisierung des V_n.

Wenn wir (5.3) mit $g^{\alpha\tau}$ multiplizieren und berücksichtigen, daß der metrische Tensor kovariant ist, erhalten wir

$$u^\tau{}_{,[\beta\gamma]} = \frac{1}{2} g^{\alpha\tau} R^\sigma{}_{\alpha\beta\gamma} u_\sigma = \frac{1}{2} R_\sigma{}^\tau{}_{\beta\gamma} u^\sigma = -\frac{1}{2} R^\tau{}_{\sigma\beta\gamma} u^\sigma . \tag{5.4}$$

Überhaupt gilt für eine Tensordichte beliebiger Stufe:

$$\begin{aligned} \mathfrak{S}^{\alpha_1 \dots \alpha_p}{}_{\beta_1 \dots \beta_q, [\gamma\delta]} = {} & \frac{1}{2} \sum_{k=1}^{q} \mathfrak{S}^{\alpha_1 \dots \alpha_p}{}_{\beta_1 \dots \beta_{k-1}\sigma\beta_{k+1} \dots \beta_q} R^\sigma{}_{\beta_k\gamma\delta} \\ & - \frac{1}{2} \sum_{r=1}^{p} \mathfrak{S}^{\alpha_1 \dots \alpha_{r-1}\sigma\alpha_{r+1} \dots \alpha_p}{}_{\beta_1 \dots \beta_q} R^{\alpha_r}{}_{\sigma\gamma\delta} . \end{aligned} \tag{5.5}$$

Diese Beziehung wurde von RICCI gefunden und trägt die Bezeichnung RICCI-*Identität* ([13], S. 143). Wenn man statt gewöhnlicher partieller Ableitungen kovariante anwendet, kann man diese Identität als Integrabilitätsbedingung benützen. Da der Krümmungstensor vollständig bestimmt ist, wenn das Objekt $\Gamma^\alpha_{\beta\gamma}$ gegeben ist, läßt er sich auch in affin zusammenhängenden Räumen mit Torsion (§ 3) definieren. Der Sinn der Identität (5.5) besteht darin, daß im Raum V_n (einem affin zusammenhängenden Raum) ein Tensorfeld mit Komponenten der Klasse C^r $(r \geqq 2)$ nicht willkürlich vorgegeben werden kann, da es wegen (5.5) mit der Metrik des Raumes zusammenhängt (mit den Zusammenhangskoeffizienten).

In V_n kann man den Krümmungstensor mit kovarianten Komponenten

$$R_{\alpha\beta\gamma\delta} = g_{\alpha\sigma} R^\sigma{}_{\beta\gamma\delta} \tag{5.6}$$

definieren. Es ist vorteilhaft, seine Eigenschaften in dieser Form zu untersuchen.

Wir wollen die kovarianten Komponenten des Krümmungstensors in expliziter Form schreiben. Wegen

$$g_{\alpha\sigma}\Gamma^\sigma_{\beta\gamma} = g_{\alpha\sigma}g^{\sigma\tau}\Gamma_{\tau,\beta\gamma} = \Gamma_{\alpha,\beta\gamma}$$

und, da sich $\partial_\gamma g_{\alpha\beta}$ durch die CHRISTOFFEL-Symbole nach (3.2) ausdrücken läßt, gilt

$$g_{\alpha\sigma}\partial_\beta\Gamma^\sigma_{\gamma\delta} = \partial_\beta(g_{\alpha\sigma}\Gamma^\sigma_{\gamma\delta}) - \Gamma^\sigma_{\gamma\delta}\partial_\beta g_{\alpha\sigma} = \partial_\beta\Gamma_{\alpha,\gamma\delta} - \Gamma^\sigma_{\gamma\delta}(\Gamma_{\alpha,\sigma\beta} + \Gamma_{\sigma,\alpha\beta})$$

und folglich

$$\begin{aligned} R_{\alpha\beta\gamma\delta} &= \partial_\gamma\Gamma_{\alpha,\beta\delta} - \partial_\delta\Gamma_{\alpha,\beta\gamma} + \Gamma^\sigma_{\beta\gamma}\Gamma_{\sigma,\alpha\delta} - \Gamma^\sigma_{\beta\delta}\Gamma_{\sigma,\alpha\gamma} \\ &= \frac{1}{2}(\partial_{\beta\gamma}g_{\alpha\delta} + \partial_{\alpha\delta}g_{\beta\gamma} - \partial_{\beta\delta}g_{\alpha\gamma} - \partial_{\alpha\gamma}g_{\beta\delta}) \\ &\qquad + g^{\sigma\tau}(\Gamma_{\sigma,\alpha\delta}\Gamma_{\tau,\beta\gamma} - \Gamma_{\sigma,\alpha\gamma}\Gamma_{\tau,\beta\delta}). \end{aligned} \tag{5.7}$$

Aus diesem Ausdruck für die kovarianten Komponenten des Krümmungstensors folgen unmittelbar die Identitäten

$$\left.\begin{aligned} &(\alpha) \quad R_{\alpha\beta\gamma\delta} = -R_{\beta\alpha\gamma\delta} = -R_{\alpha\beta\delta\gamma}, \\ &(\beta) \quad R_{\alpha\beta\gamma\delta} = R_{\gamma\delta\alpha\beta}, \\ &(\gamma) \quad R_{\alpha\beta\gamma\delta} + R_{\alpha\gamma\delta\beta} + R_{\alpha\delta\beta\gamma} = 0. \end{aligned}\right\} \tag{5.8}$$

Unter dem ***vollständigen System von Identitäten*** für einen Tensor verstehen wir die Gesamtheit der Identitäten, die alle algebraischen Beziehungen zwischen den Komponenten dieses Tensors bestimmen. Folglich läßt sich jede Identität, der die Komponenten des Tensors genügen, aus dem vollständigen System erhalten. Man kann beweisen (THOMAS [92], § 49), daß für die Komponenten des Krümmungstensors $R_{\alpha\beta\gamma\delta}$ das vollständige System von Identitäten durch die Identitäten (α) und (γ) bestimmt ist. Man überzeugt sich leicht, daß (β) eine Folge von (α) und (γ) ist.

Wir wollen nun die Anzahl der unabhängigen Komponenten des Krümmungstensors bestimmen. Unter den Komponenten $R_{\alpha\beta\alpha\beta}$ mit nur zwei verschiedenen Indizes gibt es wegen (α) nur C_n^2 verschiedene Komponenten, wobei C_n^2 die Zahl der Kombinationen von n Elementen zur zweiten Klasse ist. Unter den Komponenten mit drei verschiedenen Indizes gibt es wegen (α) und (γ) $3C_n^3$ verschiedene Komponenten. Endlich findet man unter den Komponenten mit vier verschiedenen Indizes $2C_n^4$ unabhängige. Folglich ist die Anzahl der unabhängigen Komponenten durch

$$N = C_n^2 + 3C_n^3 + 2C_n^4 = \frac{1}{12}\, n^2(n^2 - 1) \tag{5.9}$$

gegeben. Speziell entspricht V_2 die Zahl $N = 1$, V_3 die Zahl $N = 6$ und V_4 die Zahl $N = 20$.

Wegen der Wichtigkeit des durch den metrischen Tensor $g_{\alpha\beta}$ definierten Krümmungstensors im Raum V_n ist es nützlich, sich klar zu machen, welche Tensoren man aus dem Krümmungstensor durch Überschieben mit $g^{\alpha\beta}$, d. h. durch Verjüngen erhält. Die erste Verjüngung bestimmt bis aufs Vorzeichen nur einen Tensor

$$R_{\alpha\beta} = R^{\sigma}{}_{\alpha\sigma\beta} = \partial_\sigma \Gamma^\sigma_{\alpha\beta} - \partial_{\alpha\beta} \ln \sqrt{g} - \Gamma^\tau_{\alpha\sigma}\Gamma^\sigma_{\tau\beta} + \Gamma^\sigma_{\alpha\beta}\partial_\sigma \ln \sqrt{g}, \tag{5.10}$$

wie aus (5.2) und Aufgabe 5, §3 folgt. Die Verjüngung bezüglich eines alternierenden Paars von Indizes ergibt natürlich Null. Der Tensor $R_{\alpha\beta}$ (symmetrisch wegen (5.10)) heißt nach seinem Entdecker Ricci-*Tensor*. Er ist von grundlegender Bedeutung für die Einsteinschen Räume und insbesondere für die Relativitätstheorie.

Die zweite Verjüngung definiert einen Skalar

$$R = R^{\alpha}{}_{\alpha},$$

der *skalare Krümmung des Raumes* V_n genannt wird.

Als erstes Beispiel für die Anwendung des Krümmungstensors beweisen wir folgenden Satz: *Ein Raum ist genau dann eben, wenn der zugehörige Krümmungstensor gleich Null ist.* Es sei ein ebener Raum mit einem Koordinatensystem, bei dem die Komponenten des metrischen Tensors $g_{\alpha\beta} = \text{const}$ sind, gegeben. Dann ist in diesem Koordinatensystem und somit auch in einem beliebigen $R_{\alpha\beta\gamma\delta} = 0$. Umgekehrt setzen wir voraus, daß in einem Raum V_n $R_{\alpha\beta\gamma\delta} = 0$ ist. Wir betrachten den metrischen Tensor $g_{\alpha\beta}$ und zeigen, daß eine nicht ausgeartete Koordinatentransformation $x^\alpha = x^\alpha(x^{\beta'})$ existiert, so daß im System $\{x^{\alpha'}\}$ die Komponenten $g^{\alpha'\beta'}$ konstant sind. Das ist äquivalent zu der Forderung, daß

$$\Gamma_{\alpha',\beta'\gamma'} = \Gamma^{\alpha'}_{\beta'\gamma'} = 0,$$

oder wegen der Gleichungen (3.7), welche die Transformation des Objektes $\Gamma^\alpha_{\beta\gamma}$ ausdrücken,

$$\Gamma^\alpha_{\beta\gamma} A^{\alpha'}_\alpha A^\beta_{\beta'} A^\gamma_{\gamma'} + \partial_{\beta'} A^\omega_{\gamma'} A^{\alpha'}_\omega = 0$$

gilt. Durch Überschieben dieser Gleichung mit $A^\lambda_{\alpha'}$ können wir sie wegen (1.14) in die äquivalente Form

$$\partial_{\beta'} A^\lambda_{\gamma'} = -\Gamma^\lambda_{\beta\gamma} A^\beta_{\beta'} A^\gamma_{\gamma'}, \qquad \partial_{\sigma'} x^\alpha = A^\alpha_{\sigma'} \tag{5.11}$$

überführen. Damit ist die Frage zurückgeführt auf die Lösbarkeit des Gleichungssystems (5.11) unter den Bedingungen

$$g_{\alpha\beta} A^{\alpha}_{\alpha'} A^{\beta}_{\beta'} = g_{\alpha'\beta'} = \text{const} \tag{5.12}$$

mit unbekannten Funktionen $A^{\alpha}_{\alpha'}$ und x^{α} der unabhängigen Veränderlichen $x^{\alpha'}$. Die Integrabilitätstheorie (Goursat [53], S. 103) führt zu folgendem Ergebnis: Wenn die Integrabilitätsbedingungen von (5.11) identisch erfüllt sind, d. h. für alle Werte $A^{\alpha}_{\alpha'}$ und x^{α}, und wenn $A^{\alpha}_{\alpha'}$ in einer gewissen Umgebung von $\overset{0}{x}{}^{\alpha}, (A^{\alpha}_{\alpha'})_0$ regulär ist, existiert genau ein Lösungssystem, das in dieser Umgebung regulär ist und für $x^{\alpha} = \overset{0}{x}{}^{\alpha}$ die Werte $(A^{\alpha}_{\alpha'})_0$ annimmt. Die Bedingungen (5.12) benötigt man, wenn die Integrabilitätsbedingungen identisch erfüllt sind, nur zur Wahl der Anfangsbedingungen $(A^{\alpha}_{\alpha'})_0$. Wenn wir die Integrabilitätsbedingungen für die zweite Gruppe der Gleichungen (5.11) aufschreiben, erhalten wir

$$\partial_{[\sigma'\tau']} x^{\alpha} = \partial_{[\tau'} A^{\alpha}_{\sigma']}.$$

Wegen der ersten Gruppe von Gleichungen (5.11) gilt

$$\partial_{[\tau'} A^{\alpha}_{\sigma']} = -\Gamma^{\alpha}_{\beta\gamma} A^{\beta}_{[\tau'} A^{\gamma}_{\sigma']} = -\Gamma^{\alpha}_{[\beta\gamma]} A^{\beta}_{\tau'} A^{\gamma}_{\sigma'} \equiv 0.$$

Die Integrabilitätsbedingungen für die erste Gruppe der Gleichungen (5.11) haben die Form

$$\begin{aligned}\partial_{[\beta'\tau']} A^{\lambda}_{\gamma'} &= -\Gamma^{\lambda}_{\beta\gamma} (\partial_{[\tau'} A^{\beta}_{\beta']} A^{\gamma}_{\gamma'} + A^{\beta}_{[\beta'} \partial_{\tau']} A^{\gamma}_{\gamma'}) - A^{\gamma}_{\gamma'} A^{\beta}_{[\beta'} A^{\nu}_{\tau']} \partial_{\nu} \Gamma^{\lambda}_{\beta\gamma} \\ &= -A^{\gamma}_{\gamma'} A^{\beta}_{\beta'} A^{\nu}_{\tau'} (\partial_{[\nu} \Gamma^{\lambda}_{\beta]\gamma} + \Gamma^{\sigma}_{\gamma\beta} \Gamma^{\lambda}_{\sigma\nu} - \Gamma^{\sigma}_{\gamma\nu} \Gamma^{\lambda}_{\sigma\beta}) = -A^{\gamma}_{\gamma'} A^{\beta}_{\beta} A^{\nu}_{\tau'} R^{\lambda}{}_{\gamma\nu\beta}\end{aligned}$$

und sind auf Grund der Voraussetzung ebenfalls identisch erfüllt. Die Anfangsbedingungen von (5.11) erfordern die Vorgabe von $n + n^2$ Konstanten, welche die Anfangswerte von x^{α} und $A^{\alpha}_{\alpha'}$ unter den Bedingungen (5.12) festlegen. Das ergibt $\frac{n(n+1)}{2}$ Bedingungen. Folglich erhält die gesuchte Koordinatentransformation im gegebenen Fall $\frac{n(n-1)}{2}$ beliebige Konstanten. Mit Hilfe dieser freien Parameter kann man die Beziehung $g_{\alpha'\beta'} = \text{const}$ noch vereinfachen, indem man durch eine reelle Transformation ds^2 in die Form $\sum_{\alpha=1}^{n} l_{\alpha} dx^{\alpha^2}$ transformiert, wobei die $l_{\alpha} = \pm 1$ sind und die Signatur der Metrik des ebenen Raumes bestimmen.

Zur Untersuchung des Raumes V_n ist es ntowendig, außer dem Krümmungstensor auch den Tensor $R_{\alpha\beta\gamma\delta,\lambda}$ zu betrachten, der aus dem Krümmungstensor durch kovariante Ableitung hervorgeht. Es ist wichtig, die algebraischen Beziehungen zwischen den Komponenten dieses Tensors aufzustellen. Das führt zu den sogenannten Bianchi-*Identitäten*, die speziell diese Frage beantworten.

Wir betrachten ein beliebiges Vektorfeld u_α und das Feld $u_{\alpha,\beta}$. Wenden wir darauf die RICCI-Identität (5.5) an, so erhalten wir

$$u_{\alpha,[\beta\gamma]} = \frac{1}{2} R^\sigma{}_{\alpha\beta\gamma} u_\sigma, \tag{5.13}$$

$$u_{\alpha,\beta[\gamma\delta]} = \frac{1}{2} (R^\sigma{}_{\alpha\gamma\delta} u_{\sigma,\beta} + R^\sigma{}_{\beta\gamma\delta} u_{\alpha,\sigma}). \tag{5.14}$$

Differenzieren wir (5.13) noch einmal, so ergeben sich die Gleichungen

$$u_{\alpha,[\beta\gamma]\delta} = \frac{1}{2} (R^\sigma{}_{\alpha\beta\gamma,\delta} u_\sigma + R^\sigma{}_{\alpha\beta\gamma} u_{\sigma,\delta}). \tag{5.15}$$

Durch Alteration von (5.14) und (5.15) bezüglich der Indizes $\beta\gamma\delta$ lassen sich die inneren Klammern beseitigen (siehe Aufgabe 12, § 2). Folglich erhalten wir durch Gleichsetzen der linken Seiten

$$R^\sigma{}_{\alpha[\gamma\delta} u_{|\sigma|,\beta]} + R^\sigma{}_{[\beta\gamma\delta]} u_{\alpha,\sigma} - R^\sigma{}_{\alpha[\beta\gamma,\delta]} u_\sigma - R^\sigma{}_{\alpha[\beta\gamma} u_{|\sigma|,\delta]} = 0 .$$

Der erste und letzte Summand unterscheiden sich nur durch das Vorzeichen, der zweite Summand ist wegen (5.8) gleichNull, daher gilt

$$R^\sigma{}_{\alpha[\beta\gamma,\delta]} u_\sigma = 0 .$$

Da u_α ein beliebiges Vektorfeld ist, folgt daraus

$$R^\sigma{}_{\alpha[\beta\gamma,\delta]} = R_{\sigma\alpha[\beta\gamma,\delta]} = 0$$

oder in expliziter Form (siehe Aufgabe 6, § 2)

$$R_{\sigma\alpha\beta\gamma,\delta} + R_{\sigma\alpha\gamma\delta,\beta} + R_{\sigma\alpha\delta\beta,\gamma} = 0 . \tag{5.16}$$

Diese Beziehung heißt BIANCHI-*Identität* ([14], S. 361).

Durch Differentiation der Identitäten (α) und (γ) aus (5.8) erhalten wir

$$\left.\begin{aligned} R_{\alpha\beta\gamma\delta,\lambda} &= - R_{\beta\alpha\gamma\delta,\lambda} = - R_{\alpha\beta\delta\gamma,\lambda}, \\ R_{\alpha\beta\gamma\delta,\lambda} &+ R_{\alpha\gamma\delta\beta,\lambda} + R_{\alpha\delta\beta\gamma,\lambda} = 0 . \end{aligned}\right\} \tag{5.17}$$

Es läßt sich beweisen, daß (5.16) und (5.17) ein vollständiges System algebraischer Identitäten für $R_{\alpha\beta\gamma\delta,\lambda}$ sind (THOMAS [92], § 49). Aus diesen Identitäten erhält man durch Verjüngung die Beziehungen

$$R^\sigma{}_{\alpha\beta\gamma,\sigma} + 2 R_{\alpha[\beta,\gamma]} = 0 , \tag{5.18}$$

$$R^\sigma{}_{\beta,\sigma} - \frac{1}{2} R_{,\beta} = 0 . \tag{5.19}$$

Im Fall $n = 4$ stellt (5.19) den Energie-Impuls-Satz für relativistische Gravitationsfelder dar.

Der Krümmungstensor eines Raumes spielt eine überragende Rolle beim Aufbau der Theorie RIEMANNscher Räume und in den physikalischen Anwendungen, bei denen er physikalisch interpretierbar ist (siehe [229, 253, 285, 293, 297, 247]).

Aufgaben

1. Man zeige, daß in den Formeln (5.8) die Beziehung (β) aus (α) und (γ) folgt.

2. $g_{\alpha\beta}$ und $\overset{*}{g}_{\alpha\beta}$ seien die Komponenten zweier symmetrischer nichtausgearteter Tensoren und $\Gamma^{\alpha}_{\beta\gamma}$ sowie $\overset{*}{\Gamma}{}^{\alpha}_{\beta\gamma}$ die entsprechenden CHRISTOFFEL-Symbole. Man zeige, daß $\Omega^{\alpha}_{\beta\gamma} = \overset{*}{\Gamma}{}^{\alpha}_{\beta\gamma} - \Gamma^{\alpha}_{\beta\gamma}$ ein Tensor ist. Die Krümmungstensoren, die diesen CHRISTOFFEL-Symbolen entsprechen, genügen der Beziehung

$$\overset{*}{R}{}^{\alpha}{}_{\beta\gamma\delta} = R^{\alpha}{}_{\beta\gamma\delta} + 2\Omega^{\sigma}{}_{\beta[\delta,\gamma]} + 2\Omega^{\sigma}{}_{\beta\,[\delta}\Omega^{\alpha}{}_{|\sigma|\,\gamma]},$$

wobei die Differentiation bezüglich der Metrik $g_{\alpha\beta}$ ausgeführt ist.

3. Man zeige, daß in V_3 die Beziehung

$$R_{\alpha\beta\gamma\delta} = -\, g_{\alpha\delta}R_{\beta\gamma} + g_{\alpha\gamma}R_{\beta\delta} - g_{\beta\gamma}R_{\alpha\delta} + g_{\beta\delta}R_{\alpha\gamma} + \frac{R}{2}\,(g_{\alpha\delta}\,g_{\beta\gamma} - g_{\alpha\gamma}g_{\beta\delta})$$

gilt.

4. Im Raum V_3 sei ein rechtwinkliges Koordinatensystem gegeben. Man zeige, daß die skalare Krümmung genau dann gleich Null ist, wenn

$$\sum_{1=i}^{3} \frac{1}{g_{ii}} \left[\sum_j{}' \frac{1}{\sqrt{g_{jj}}}\,\partial_{ii}\sqrt{g_{jj}} - \partial_i \ln \sqrt{g_{ii}}\, \sum_j{}'\, \partial_i \ln \sqrt{g_{jj}} + \partial_i \ln \sqrt{g_{jj}}\, \partial_i \ln \sqrt{g_{kk}}\right] = 0$$

gilt, wobei $\sum_j{}'$ die Summierung über $j \neq i$ und $i, j, k \neq$ bedeutet (EISENHART [292]).

5. Man zeige, daß sich, wenn man $\sqrt{g_{11}} = x_1^{a_1}x_2^{b_1}x_3^{c_1}$, $\sqrt{g_{22}} = x_2^{a_2}x_3^{b_2}x_1^{c_2}$, $\sqrt{g_{33}} = x_3^{a_3}x_1^{b_3}x_2^{c_3}$ setzt, wobei a, b und c Konstanten sind, die Bedingungen der Aufgabe 4 erfüllen lassen, wenn man

1. $a_i = c_i = 0$ $(i = 1, 2, 3)$, $b_i = 1$ bei $g_{11} = x_2^2$, $g_{22} = x_3^2$, $g_{33} = x_1^2$,

2. $a_i = 0$, $c_2 = b_3$, $c_3 = b_1$, $c_1 = b_2$, $c_i = \frac{2}{3}$, $b_i = \frac{2}{3}$ bei $g_{11} = (x_2x_3)^{4/3}$, $g_{22} = (x_1x_3)^{4/3}$, $g_{33} = (x_1x_2)^{4/3}$ setzt.

§ 6. Geodätische Linien

Eine *Gerade* kann man im euklidischen Raum definieren 1. als Kurve, deren Tangentenvektoren zueinander parallel sind, oder 2. als kürzeste Verbindung zweier Punkte oder 3. als Linie mit verschwindender Krümmung.

Im V_n kann man Kurven definieren, die in entsprechender Weise verallgemeinerten aber analogen Eigenschaften genügen. Diese Kurven heißen *geodätische Linien* des Raumes V_n.

Wir nennen eine Kurve im V_n, deren Tangentenvektoren zueinander parallel im Sinne von LEVI-CIVITA sind, eine *geodätische Linie*. $x^{\alpha}(t)$ sei eine Funktion der

Klasse $C^r (r \geqq 2)$ und bestimme die Gleichung einer Geodätischen $x^\alpha = x^\alpha(t)$. Der Tangentenvektor an die Kurve multipliziert sich bei stetig differenzierbarer und umkehrbarer Parametertransformation $t = t(\tau)$ mit $\frac{dt}{d\tau}$:

$$\frac{dx^\alpha}{d\tau} = \frac{dx^\alpha}{dt}\frac{dt}{d\tau},$$

d. h. er ist in jedem Punkt bis auf einen Zahlenfaktor definiert. Es sei λ^α ein Vektor, der sich längs der Geodätischen parallel verschieben läßt, dann ist

$$\frac{dx^\alpha}{dt} = \sigma\lambda^\alpha.$$

Das *absolute Differential* $\delta\lambda^\alpha$ längs der Geodätischen ist gleich Null. Folglich gilt

$$\frac{\delta}{dt}\left(\frac{dx^\alpha}{dt}\right) = \frac{d\sigma}{dt}\lambda^\alpha = \nu\frac{dx^\alpha}{dt}, \tag{6.1}$$

da $\frac{dx^\alpha}{dt} \neq 0$ ist. Es läßt sich immer ein neuer Parameter τ so einführen, daß der Vektor $\frac{dx^\alpha}{d\tau}$ längs der Geodätischen parallel verschoben wird, d. h., daß der rechte Teil dieser Gleichung gleich Null wird und der linke die gleiche Form behält. Es sei $\tau = \tau(t)$. Dann läßt sich (6.1) in der Form

$$\frac{\delta}{d\tau}\left(\frac{dx^\alpha}{d\tau}\right)\frac{d\tau}{dt} = \left(\nu - \frac{d^2\tau}{dt^2}\Big/\frac{d\tau}{dt}\right)\frac{dx^\alpha}{dt}$$

schreiben. Wenn wir für $\tau(t)$ das Integral der Gleichung

$$\frac{d^2\tau}{dt^2} = \nu\frac{d\tau}{dt}$$

wählen, erhalten wir für den *kanonischen Parameter* τ die Gleichung für die Geodätische in der Form

$$\left(\frac{dx^\alpha}{d\tau}\right)_{,\gamma}\frac{dx^\gamma}{d\tau} = 0 \tag{6.2}$$

oder explizit

$$\frac{d^2x^\alpha}{d\tau^2} + \Gamma^\alpha_{\beta\gamma}\frac{dx^\beta}{d\tau}\frac{dx^\gamma}{d\tau} = 0. \tag{6.3}$$

In dem Gebiet des Raumes V_n, in dem für das System (6.3) die Bedingungen des Existenz- und Eindeutigkeitssatzes erfüllt sind, entspricht jedem gegebenen Punkt und Anfangswert $\left(\frac{dx^\alpha}{d\tau}\right)_0$ eine eindeutige Lösung des Systems. Folglich *geht durch jeden Punkt und jede gegebene Richtung genau eine Geodätische.*

Wenn die Metrik des Raumes V_n indefinit ist, kann die Geodätische sowohl eine isotrope als auch eine nichtisotrope Kurve sein.

Längs einer beliebigen Geodätischen ist in der kanonischen Parameterdarstellung

$$g_{\alpha\beta} \frac{d x^\alpha}{d\tau} \frac{d x^\beta}{d\tau} = \varepsilon = \text{const}, \tag{6.4}$$

da längs der Kurve (6.2)

$$\partial_\gamma \left(g_{\alpha\beta} \frac{d x^\alpha}{d\tau} \frac{d x^\beta}{d\tau}\right) \frac{d x^\gamma}{d\tau} = \left(g_{\alpha\beta} \frac{d x^\alpha}{d\tau} \frac{d x^\beta}{d\tau}\right)_{,\gamma} \frac{d x^\gamma}{d\tau} = 2 g_{\alpha\beta} \frac{d x^\alpha}{d\tau} \left(\frac{d x^\beta}{d\tau}\right)_{,\gamma} \frac{d x^\gamma}{d\tau} = 0$$

gilt.

Mit anderen Worten: *Die Norm des Tangentenvektors* $\frac{d x^\alpha}{d\tau}$ *ändert sich längs der Geodätischen nicht, speziell ist eine Geodätische, die in einem Punkt isotrop ist, überall isotrop.* Offensichtlich ist jedoch nicht jede isotrope Kurve eine Geodätische.

Im Fall des gewöhnlichen R_3, in dem es keine isotropen Kurven gibt, ist der Vektor $\frac{d^2 x^\alpha}{d s^2} = \mu^\alpha$ in kartesischen Koordinaten der *Hauptnormalenvektor* der Kurve. Führt man jedoch in R_3 krummlinige Koordinaten ein, so ist μ^α gleich der linken Seite von (6.3), wenn man τ durch die Länge des Bogens s ausdrückt. In Verallgemeinerung nennen wir

$$\mu^\alpha = \frac{d^2 x^\alpha}{d\tau^2} + \Gamma^\alpha_{\beta\gamma} \frac{d x^\beta}{d\tau} \frac{d x^\gamma}{d\tau} \tag{6.5}$$

einen *Hauptnormaelnvektor der Kurve im Raum* V_n, wenn τ der kanonische Parameter ist. Dann ist es natürlich,

$$\frac{1}{\varrho} = \sqrt{|g_{\alpha\beta}\, \mu^\alpha \mu^\beta|}$$

die *erste Krümmung einer Kurve des Raumes* V_n zu nennen und die Frage nach der Bestimmung der Kurven im Raum V_n mit verschwindender erster Krümmung zu stellen, d. h.

$$g_{\alpha\beta}\, \mu^\alpha \mu^\beta = 0 .$$

Wenn der Raum V_n eine definite Metrik besitzt, haben nur die Geodätischen eine verschwindende erste Krümmung. Wenn die Metrik des Raumes V_n indefinit ist, sind diese Kurven entweder Geodätische oder Kurven mit isotropen Hauptnormalenvektoren. Dieses Ergebnis verallgemeinert die Eigenschaft 3. für Geraden im gewöhnlichen R_n.

Ist in (6.4) $\varepsilon \neq 0$, so ist die geodätische Kurve nicht isotrop, und man kann als kanonischen Parameter die Länge des Bogens dieser Kurve nehmen, was $\varepsilon = \pm 1$ bedeutet. Dann sind die anderen möglichen kanonischen Parameter bis auf zwei freie Parameter bestimmt.

Die *nichtisotropen Geodätischen* kann man auch als Linien kürzesten Abstandes zwischen zwei Punkten A und B im Raum V_n definieren. Das führt zu folgender Aufgabe der Variationsrechnung: Gesucht wird die Extremale, für die das Integral

$$\int_A^B ds = \int_{t_0}^{t_1} \sqrt{g_{\alpha\beta} \frac{dx^\alpha}{dt} \frac{dx^\beta}{dt}}\, dt$$

einen stationären Wert annimmt. Wenn wir den Ausdruck unter dem Integral mit φ bezeichnen, gilt

$$\sqrt{g_{\alpha\beta} \frac{dx^\alpha}{dt} \frac{dx^\beta}{dt}} = \varphi = \frac{ds}{dt} \equiv \dot{s},$$

und φ muß den EULERschen Gleichungen genügen (M. A. LAWRENTJEW und L. A. LJUSTERNIK [95], S. 30):

$$\frac{d}{dt}\left(\frac{\partial \varphi}{\partial \dot{x}^\alpha}\right) - \frac{\partial \varphi}{\partial x^\alpha} = 0.$$

Wegen

$$\frac{\partial \varphi}{\partial \dot{x}^\alpha} = \frac{g_{\alpha\beta}\dot{x}^\beta}{\dot{s}}, \qquad \frac{\partial \varphi}{\partial x^\alpha} = \frac{\partial_\alpha g_{\sigma\beta} x^\sigma \dot{x}^\beta}{2\dot{s}}$$

läßt sich die EULERsche Gleichung in der Form

$$g_{\alpha\beta}\ddot{x}^\beta - g_{\alpha\beta}\dot{x}^\beta \frac{\ddot{s}}{\dot{s}} + \Gamma_{\alpha,\sigma\beta}\dot{x}^\sigma x^\beta = 0$$

schreiben. Durch Überschieben mit $g^{\alpha\gamma}$ erhält man daraus

$$\ddot{x}^\gamma + \Gamma^\gamma_{\sigma\beta}\dot{x}^\sigma \dot{x}^\beta = \frac{\ddot{s}}{\dot{s}}\dot{x}^\gamma.$$

Durch Einführung des kanonischen Parameters $\tau = s$ ergibt sich (6.3). Die Lösung dieser Aufgabe hängt, wie man sieht, wesentlich von der Voraussetzung ab, daß die Geodätische nicht isotrop ist. Dieses Ergebnis verallgemeinert Eigenschaft 2. der Geraden im euklidischen Raum.

Da der Parallelismus ein Begriff der affin zusammenhängenden Räume ist, lassen sich die Geodätischen auch in diesen Mannigfaltigkeiten definieren ([170], S. 148–149). Das ist unmittelbar aus Gleichung (6.3) zu sehen, die nur von den Zusammenhangskoeffizienten abhängt.

Aufgaben

1. Man zeige, daß das Zusammenhangsobjekt $\Gamma^\alpha_{\beta\gamma}$ die gleichen Geodätischen definiert wie das Objekt $\Gamma^\alpha_{[\beta\gamma]}$.

2. Man zeige, daß im MINKOWSKI-Raum, der durch die Metrik

$$ds^2 = -dx^{1^2} - dx^{2^2} - dx^{3^2} + dx^{4^2}$$

definiert ist, jede isotrope Kurve die Form

$$x^1 = \int \varrho \cos\varphi \cos\psi \, ds, \qquad x^2 = \int \varrho \cos\varphi \sin\psi \, ds,$$

$$x^3 = \int \varrho \sin\varphi \, ds, \qquad x^4 = \int \varrho \, ds$$

hat, wobei ϱ, φ, ψ Funktionen von s sind. Wann sind diese Kurven Geodätische?

§ 7. Spezielle Koordinatensysteme im Raum V_n

Im folgenden erweist es sich bei der Definition verschiedener EINSTEINscher Räume als zweckmäßig, die Koordinatensysteme zu spezialisieren. In diesem Paragraphen werden einige Koordinatensysteme betrachtet, die sich in einem beliebigen Raum V_n einführen lassen. Die Grundlage dafür ist ein Satz, der schon von RIEMANN [1] ausgesprochen wurde und behauptet, *daß man durch Koordinatentransformation n Komponenten des metrischen Tensors in beliebig vorgegebene Funktionen überführen kann.* Da die Metrik im Raum V_n, wie auch die zulässigen Transformationen, nicht ausgeartet sind, kann die Wahl von solchen beliebigen Funktionen nicht zur Ausartung der Metrik führen. Die unten betrachteten Koordinatensysteme sind verschiedene mögliche Realisierungen dieses Satzes.

Koordinaten, die in einem Punkt geodätisch sind. Da im allgemeinen der Krümmungstensor im Raum V_n von Null verschieden ist, ist es unmöglich, mit Hilfe von Koordinatentransformationen das Objekt des RIEMANNschen Zusammenhangs $\Gamma^\alpha_{\beta\gamma}$ in einem Gebiet zum Verschwinden zu bringen. Jedoch läßt sich das Koordinatensystem so spezialisieren, daß in einem vorgegebenen Punkt P dieses Objekt gleich Null wird: $(\Gamma^\alpha_{\beta\gamma})_P = 0$. Ein solches Koordinatensystem heißt *geodätisch im Punkt P.*

Es sei im V_n das Koordinatensystem x^α gegeben und der Punkt P durch die Koordinaten $\overset{0}{x}{}^\alpha$ definiert. Wir führen neue Koordinaten mit Hilfe der Formel

$$x^{\alpha'} = C^{\alpha'}_\beta (x^\beta - \overset{0}{x}{}^\beta) + \frac{1}{2} C^{\alpha'}_\lambda \Gamma^\lambda_{\beta\gamma}(\overset{0}{x})(x^\beta - \overset{0}{x}{}^\beta)(x^\gamma - \overset{0}{x}{}^\gamma) \tag{7.1}$$

ein, wobei die $C^{\alpha'}_\beta$ Konstanten sind, die der Bedingung $|C^{\alpha'}_\beta| \neq 0$ genügen, aber im übrigen beliebig sind. Man kann speziell $C^{\alpha'}_\beta = \delta^{\alpha'}_\beta$ setzen. Differenziert man (7.1) erst einmal und dann zweimal nach x^α und berechnet diese Ableitungen im Punkt P, so erhält man

$$\left(\frac{\partial x^{\alpha'}}{\partial x^\beta}\right)_P = C^{\alpha'}_\beta, \quad \left(\frac{\partial^2 x^{\alpha'}}{\partial x^\beta \, \partial x^\gamma}\right)_P = C^{\alpha'}_\lambda \Gamma^\lambda_{\beta\gamma}(\overset{0}{x}{}^\alpha). \tag{7.2}$$

Nach (3.7) ist bei dieser Transformation $(\Gamma^{\alpha'}_{\beta'\gamma'})_P = 0$ genau dann, wenn

$$(A^{\alpha'}_\omega A^\tau_{\beta'} A^\varrho_{\gamma'} \Gamma^\omega_{\varrho\tau} + A^{\alpha'}_\omega \partial_{\beta'} A^\omega_{\gamma'})_P = 0$$

gilt. Durch Verjüngung mit $A_{\lambda}^{\beta'} A_{\nu}^{\gamma'}$ und unter Berücksichtigung von

$$A_{\beta}^{\sigma'} A_{\sigma'}^{\lambda} = \delta_{\beta}^{\lambda}, \quad \frac{\partial}{\partial x^{\lambda}} \left(\frac{\partial x^{\omega}}{\partial x^{\gamma'}} \right) \frac{\partial x^{\alpha'}}{\partial x^{\omega}} = - \frac{\partial}{\partial x^{\lambda}} \left(\frac{\partial x^{\alpha'}}{\partial x^{\omega}} \right) \frac{\partial x^{\omega}}{\partial x^{\gamma'}}$$

erhalten wir die äquivalente Beziehung

$$(A_{\omega}^{\alpha'} \Gamma_{\lambda\nu}^{\omega}) = \left(\frac{\partial^2 x^{\alpha'}}{\partial x^{\lambda} \partial x^{\nu}} \right)_P ,$$

die wegen (7.2) eine Identität ist. Statt (7.1) hätte man auch ein Polynom von beliebiger Ordnung, in dem die Koeffizienten der Glieder dritter, vierter usw. Ordnung beliebig sind, einführen können. Folglich gibt es unendlich viele verschiedene Möglichkeiten, ein im Punkt P geodätisches Koordinatensystem einzuführen. Diese Willkür kann man zur weiteren Spezialisierung der Koordinaten ausnützen.

Man kann z. B. ein Korodinatensystem einführen, das *längs einer vorgegebenen Kurve geodätisch* ist (Fermi [60], S. 21–23). Aus (7.2) folgt, daß sich die ganze oben durchgeführte Konstruktion buchstäblich wiederholen läßt, wenn man einen affin zusammenhängenden Raum *ohne Torsion* betrachtet (siehe § 3). Für einen solchen Raum kann man ebenfalls Koordinatensysteme einführen, die längs einer vorgegebenen Kurve geodätisch sind (L. Eisenhart [80], S. 64; P. K. Raschewski [188], S. 410). Der Sinn von Koordinaten, die in einem Punkt geodätisch sind, besteht darin, daß in einer hinreichend kleinen Umgebung des Punktes P diese Koordinaten sich den affinen Koordinaten des Raumes R_n nähern, da die Formel für die Parallelverschiebung in P in diesen Koordinaten die Form $d\xi^{\alpha} = 0$ hat. Das heißt, die Koordinaten des parallel verschobenen Vektors sind in diesem Punkt stationär und erhalten folglich bei Verschiebung aus dem Punkt P einen Zuwachs $\Delta \xi^{\alpha}$, der unendlich klein von höherer Ordnung ist. Eine lineare Transformation dieser Koordinaten führt wieder zu Koordinaten, die im gegebenen Punkt geodätisch sind, da sich *das Zusammenhangsobjekt bei einer solchen Transformation wie ein Tensor verhält* (siehe (3.7)).

Riemann*sche und Normalkoordinaten.* Die angeführte Möglichkeit, die in einem Punkt geodätischen Koordinaten noch weiter zu spezialisieren, kann man in Form sogenannter Riemann*scher Koordinaten*, die von Riemann [1] eingeführt wurden, im Raum V_n realisieren. Die Besonderheit dieses Koordinatensystems besteht darin, daß in ihm die Gleichung einer durch den Koordinatenanfang gehenden Geodätischen die gleiche Form hat wie die Gleichung einer durch den Anfangspunkt eines kartesischen Koordinatensystems im euklidischen Raum gehenden Geraden.

Wir betrachten einen Raum V_n mit beliebigem Koordinatensystem, fixieren einen Punkt P als Koordinatenursprung und legen durch P Geodätische nach allen Richtungen. Die Gleichung jeder Geodätischen sei mit dem kanonischen Parameter geschrieben. Da zwei beliebige kanonische Parameter durch die lineare Abhängigkeit $\overset{*}{\tau} = a\tau + b$ verbunden sind, können wir den Parameter τ so wählen, daß für jede Geodätische dem Punkt P der Parameterwert $\tau = 0$ entspricht. Dadurch wird der Parameter bis auf einen konstanten Faktor festgelegt.

Eine beliebige Geodätische, die durch den Punkt P geht, ist vollständig durch ihren Tangentenvektor im Punkt P $\xi^\alpha = \left\{\frac{dx^\alpha}{dt}\right\}_P$ bestimmt. Ein Punkt A auf der Geodätischen ist durch den Parameterwert τ bestimmt.

Es ist klar, daß diese Behauptungen nur in einer Umgebung von P gelten, in der die Bedingungen des Existenz- und Eindeutigkeitssatzes für die Differentialgleichungen, welche die Geodätische definieren, erfüllt sind. Nur in einem solchen Gebiet kann man von der Konstruktion RIEMANNscher Koordinaten sprechen. Wenn der Punkt A im ursprünglichen Koordinatensystem die Koordinaten x^α $(\alpha = 1, \ldots, n)$ hatte, so kann man diesem Punkt jetzt n Zahlen

$$y^\alpha = \xi^\alpha \tau \tag{7.3}$$

zuordnen, die *RIEMANNschen Koordinaten des Punktes A*. Folglich ist

$$x^\alpha = x^\alpha(y^1, \ldots, y^n). \tag{7.4}$$

In dieser Formel bezeichnen wir von der Tradition abweichend die RIEMANNschen Koordinaten nicht mit $x^{\alpha'}$, sondern mit neuem Kernbuchstaben y^α. Im ursprünglichen Koordinatensystem hängen die Funktionen x^α auf den Geodätischen von den Anfangsbedingungen und dem Parameter τ ab: $x^\alpha = x^\alpha(\tau, \overset{0}{x}{}^\alpha, \xi^\alpha)$. Aus der Theorie der Differentialgleichungen (W. W. STEPANOW [101], S. 275) ist bekannt, daß dabei die x^α stetige differenzierbare Funktionen aller ihrer Argumente von der gleichen Klasse wie die Komponenten des Objektes $\Gamma^\alpha_{\beta\gamma}$ des RIEMANNschen Zusammenhangs sind. Daher sind die x^α stetig differenzierbare Funktionen der y^α. Um die eindeutige Beziehung zwischen x^α und y^α in einem Gebiet um den Ursprung zu klären, bemerken wir, daß im Punkte P

$$\left(\frac{dx^\alpha}{d\tau}\right)_P = \xi^\alpha = \left(\frac{\partial x^\alpha}{\partial y^\beta}\frac{\partial y^\beta}{\partial \tau}\right)_P = \left(\frac{\partial x^\alpha}{\partial y^\beta}\right)_P \xi^\beta$$

gilt. Folglich ist

$$\left\{\frac{\partial x^\alpha}{\partial y^\beta}\right\}_P = \delta^\alpha_\beta,$$

und die JACOBIsche Determinante $\left|\frac{\partial(x)}{\partial(y)}\right|_P$ ist ungleich Null, d. h. sie unterscheidet sich von Null in einer Umgebung des Koordinatenursprungs. In dieser Umgebung ist die Beziehung zwischen x^α und y^α eindeutig. Geometrisch bedeutet das, daß in dieser Umgebung durch die Punkte P und A sich nur eine Geodätische legen läßt.

Wird das ursprüngliche Koordinatensystem in ein anderes Koordinatensystem transformiert, so gehen die dazugehörigen RIEMANNschen Koordinaten auseinander durch eine lineare homogene Transformation hervor, da die Vektoren ξ^α in dem ebenen, V_n im Punkte P berührenden Raum sich nach diesem Gesetz transformieren.

Es lassen sich verschiedene notwendige und hinreichende Kriterien dafür angeben, daß das Koordinatensystem in V_n ein RIEMANNsches Koordinatensystem ist. Diese Kriterien unterscheiden sich in der Form, sind jedoch untereinander äquivalent, z. B.:

α) *Die Gleichungen der Geodätischen haben die Form* (7.3), *wenn man* $\xi^\alpha = \text{const}$ voraussetzt.

β) *Die Komponenten des Objektes des* RIEMANN*schen Zusammenhangs genügen der Beziehung*

$$\Gamma^\alpha_{\beta\gamma} y^\beta y^\gamma = 0. \tag{7.5}$$

Die Notwendigkeit von α) folgt aus der Definition der RIEMANNschen Koordinaten. Daß α) auch hinreichend ist, folgt daraus, daß längs der Geodätischen $\frac{dy^\alpha}{d\tau} = \xi^\alpha = \text{const}$ ist, d. h. es gilt in P

$$\left(\frac{dy^\alpha}{d\tau}\right)_0 = \xi^\alpha, \tag{7.6}$$

und ξ^α ist Berührungsvektor im Ursprung. Es liegen also RIEMANNsche Koordinaten vor. Unter der Voraussetzung α) bestimmt (7.3) bei konstanten ξ^α Integralkurven der Gleichung (6.3). Das führt zu der Beziehung

$$\Gamma^\alpha_{\beta\gamma} \xi^\beta \xi^\gamma = 0,$$

die nach Multiplikation mit τ^2 mit (7.5) übereinstimmt. Daraus folgt die Notwendigkeit von β). Wenn umgekehrt (7.5) gilt, so genügen die Kurven $y^\alpha = \xi^\alpha t$ bei $\xi^\alpha = \text{const}$ der Gleichung (6.3), sind daher geodätisch mit dem kanonischen Parameter t und gehen durch den Koordinatenursprung, d. h. es gilt α).

Wenn man für nichtisotrope Geodätische als kanonischen Parameter die Kurvenlänge wählt und für isotrope Geodätische einen beliebigen kanonischen Parameter, so gilt

$$\overset{0}{g}_{\alpha\beta} \xi^\alpha \xi^\beta = \varepsilon. \tag{7.7}$$

Dabei ist $\varepsilon = \pm 1$ für nichtisotrope und Null für isotrope Geodätische. $\overset{0}{g}_{\alpha\beta}$ ist der metrische Tensor im Ursprung eines normalen Koordinatensystems. Durch Multiplikation von (7.7) mit s^2 erhalten wir

$$\overset{0}{g}_{\alpha\beta} y^\alpha y^\beta = \varepsilon s^2, \tag{7.8}$$

wodurch das Quadrat des geodätischen Abstandes vom Koordinatenursprung bei beliebigem ε ausgedrückt ist. Setzen wir hierbei $s = \text{const}$, so erhalten wir bei $\varepsilon \neq 0$ die Gleichung für die *konzentrischen geodätischen Hypersphären von imaginärem oder reellem Radius.*

$\varepsilon = 0$ entspricht ein Hyperkegel, der von den isotropen Geodätischen gebildet wird. Für $\varepsilon \neq 0$ kann man ein Kriterium für RIEMANNsche Koordinaten angeben, das von α) und β) verschieden ist ([188], S. 540).

Die RIEMANN*schen Koordinaten sind geodätisch bezüglich ihres Ursprungs.*

In der Tat erhält man durch Division von (7.5) durch s^2 im Koordinatenursprung

$$\overset{0}{\Gamma}{}^\alpha_{\beta\gamma} \xi^\beta \xi^\gamma = 0.$$

Da ξ^α ein beliebiger Vektor ist, gilt $\overset{0}{\Gamma}{}^\alpha_{(\beta\gamma)} = \overset{0}{\Gamma}{}^\alpha_{\beta\gamma} = 0$, womit die Behauptung bewiesen ist.

Die Komponenten des metrischen Tensors $\overset{0}{g}_{\alpha\beta}$ im Ursprung eines RIEMANNschen Koordinatensystems sind Konstanten, die der Bedingung $|\overset{0}{g}_{\alpha\beta}| \neq 0$ genügen. Daher läßt sich immer eine nicht ausgeartete, reelle, lineare und homogene Transformation mit konstanten Koeffizienten $y^{\alpha'} = C^{\alpha'}_\beta y^\beta$ finden, durch die $\overset{0}{g}_{\alpha\beta}\, dy^\alpha\, dy^\beta$ in die Form

$$\sum_{\sigma=1}^{n} l_\sigma\, dy^{\sigma^2} \tag{7.9}$$

übergeht. Dabei ist $l_\sigma = \pm 1$ entsprechend der *Signatur* der quadratischen Form $g_{\alpha\beta}\, dy^\alpha\, dy^\beta$. Bei einer solchen Transformation geht das RIEMANNsche Koordinatensystem wieder in ein RIEMANNsches Koordinatensystem mit dem gleichen Koordinatenursprung über, so daß bei dieser Transformation die Bedingung α) gültig bleibt. Die so spezialisierten RIEMANNschen Koordinaten heißen *Normalkoordinaten* mit dem Ursprung in dem gegebenen Punkt. Sie wurden zuerst von VEBLEN ([61], S. 192—197) eingeführt, auf die Relativitätstheorie und die Theorie der Räume V_n angewandt und dann durch eine Reihe von Autoren für affin zusammenhängende Räume verallgemeinert ([66; 67], S. 551—560; [78], S. 44—62; [93], S. 1—72).

Wenn man voraussetzt, daß die Komponenten des metrischen Tensors $g_{\alpha\beta}(y)$ in einer Umgebung des Ursprungs eines normalen Koordinatensystems analytische Funktionen sind, kann man $g_{\alpha\beta}$ in eine Reihe nach Potenzen von y^α entwickeln. Dabei sind die Koeffizienten dieser Reihe durch den Krümmungstensor und seine kovarianten Ableitungen im Koordinatenursprung bestimmt. Wir betrachten ein Tensorfeld $W\alpha_1 \ldots \alpha_p(x)$, dessen Komponenten in einer Umgebung des Ursprungs eines normalen Koordinatensystems analytische Funktionen sind. Dann gilt

$$W\alpha_1\ldots\alpha_p = \overset{0}{W}\alpha_1\ldots\alpha_p + \left(\frac{\partial W\alpha_1\ldots\alpha_p}{\partial y^\nu}\right)_0 y^\nu + \frac{1}{2!}\left(\frac{\partial^2 W\alpha_1\ldots\alpha_p}{\partial y^\mu\,\partial y^\nu}\right)_0 y^\mu y^\nu + \cdots \tag{7.10}$$

Man kann das Koordinatensystem so wählen, daß sich die Koeffizienten dieser Reihe durch die kovarianten Ableitungen von $\overset{0}{W}$, die Komponenten des Krümmungstensors und seiner kovarianten Ableitungen im Koordinatenursprung ausdrücken lassen. Nachdem ein solches System bestimmt ist, läßt sich zeigen, daß es normal ist.

Die Formel für die Transformation des Zusammenhangsobjektes und die Folge, die man daraus durch fortgesetztes Differenzieren erhält, führt zu einer Reihe von Beziehungen:

$$\left.\begin{aligned} \Gamma^{\alpha'}_{\lambda'\mu'} A^\nu_{\alpha'} &= A^\sigma_{\lambda'} A^\tau_{\mu'} \Gamma^\nu_{\sigma\tau} + \partial_{\lambda'} A^\nu_{\mu'}, \\ \partial_{\omega'} \Gamma^{\alpha'}_{\lambda'\mu'} A^\nu_{\alpha'} + \Gamma^{\alpha'}_{\lambda'\mu'} \partial_{\omega'} A^\nu_{\alpha'} &= \partial_{\omega'} A^\sigma_{\lambda'} A^\tau_{\mu'} \Gamma^\nu_{\sigma\tau} + A^\sigma_{\lambda'} \partial_{\omega'} A^\tau_{\mu'} \Gamma^\nu_{\sigma\tau} \\ &\quad + A^\sigma_{\lambda'} A^\tau_{\mu'} A^\gamma_{\omega'} \partial_\gamma \Gamma^\nu_{\sigma\tau} + \partial_{\lambda'\omega'} A^\nu_{\mu'}, \\ \ldots\ldots&\ldots\ldots \end{aligned}\right\} \tag{7.11}$$

Wir betrachten die Koordinatentransformation, die durch die Formeln

$$x^\nu = \overset{0}{x}{}^\nu + \sum_{k=1}^{\infty} \frac{1}{k!} \left(\frac{\partial^k x^\nu}{\partial y^{\lambda_1} \ldots \partial y^{\lambda_k}}\right)_0 y^{\lambda_1} \ldots y^{\lambda_k} \tag{7.12}$$

gegeben ist, wobei die Koeffizienten der Reihe (7.12) in folgender Weise wählen:

$$\left(\frac{\partial x^\nu}{\partial y^{\lambda_1}}\right)_0 = \delta^\nu_{\lambda_1}, \quad \left(\frac{\partial^2 x^\nu}{\partial y^{\lambda_1} \partial y^{\lambda_2}}\right)_0 = - \overset{0}{\Gamma}{}^\nu_{\lambda_1 \lambda_2}, \quad \left(\frac{\partial^3 x^\nu}{\partial y^{\lambda_1} \partial y^{\lambda_2} \partial y^{\lambda_3}}\right)_0$$

$$= 2 \overset{0}{\Gamma}{}^\nu_{\alpha(\lambda_3} \overset{0}{\Gamma}{}^\alpha_{\lambda_1 \lambda_2)} - \partial_{(\lambda_3} \overset{0}{\Gamma}{}^\nu_{\lambda_1 \lambda_2)}, \ldots \tag{7.13}$$

Dann gilt wegen (7.11)

$$\overset{0}{\Gamma}{}^{\nu'}_{\lambda_1' \lambda_2'} = 0, \quad \partial_{(\lambda_3'} \overset{0}{\Gamma}{}^{\nu'}_{\lambda_1' \lambda_2')} = 0, \quad \ldots, \quad \partial_{(\lambda_3' \ldots \lambda_r'} \overset{0}{\Gamma}{}^{\nu'}_{\lambda_1' \lambda_2')} = 0. \tag{7.14}$$

Stellt man sich die Aufgabe, die Koeffizienten der Reihe (7.10) bis zur r-ten Ordnung auszudrücken, so kann man sich in (7.14) auf die angegebenen Bedingungen beschränken. Nun erhält man im neuen Koordinatensystem wegen (7.14) aus dem Ausdruck (5.2) für den Krümmungstensor und seine durch fortgesetzte Differentiation entstehende Folge:

$$\left.\begin{aligned} \{\partial_{(\beta} \Gamma^\nu_{\alpha)\mu}\}_0 &= \frac{1}{3} \overset{0}{R}{}^\nu_{(\alpha\beta)\mu}, \\ \{\partial_{(\gamma\beta} \Gamma^\nu_{\alpha)\mu}\}_0 &= -\frac{1}{2} \overset{0}{R}{}_{\mu(\gamma}{}^\nu{}_{\beta,\alpha)}, \\ &\ldots\ldots\ldots\ldots\ldots\ldots \end{aligned}\right\} \tag{7.15}$$

Da das so eingeführte Koordinatensystem geodätisch bezüglich des Ursprungs ist, kann man, wenn man den Tensor $W\alpha_1 \ldots \alpha_p$ kovariant differenziert, die partiellen Ableitungen durch die kovarianten ausdrückt und das Ergebnis auf den Koordinatenursprung bezieht, die Summanden fortlassen, die das Objekt $\overset{0}{\Gamma}{}^\alpha_{\beta\gamma}$ enthalten. Wenn in diesem Ausdruck für eine Ableitung Summanden auftreten, die $\partial_{(\gamma \ldots \nu} \Gamma^\alpha_{\beta)\delta}$ enthalten, ersetzen wir sie durch die rechte Seite der entsprechenden Formeln aus (7.15). Setzen wir diese Ausdrücke in (7.10) ein, so erhalten wir für den Tensor W eine Entwicklung der Form

$$\begin{aligned} W_{\alpha_1 \ldots \alpha_p} &= \overset{0}{W}_{\alpha_1 \ldots \alpha_p} + \overset{0}{W}_{\alpha_1 \ldots \alpha_p, \mu} y^\mu \\ &+ \frac{1}{2!} \left\{ \overset{0}{W}_{\alpha_1 \ldots \alpha_p, \mu\omega} - \frac{1}{3} \sum_{k=1}^{p} \overset{0}{R}{}^\nu{}_{\mu\alpha_k\omega} \overset{0}{W}_{\alpha_1 \ldots \alpha_{k-1} \nu \alpha_{k+1} \ldots \alpha_p} \right\} y^\mu y^\omega \\ &+ \frac{1}{3!} \left\{ \overset{0}{W}_{\alpha_1 \ldots \alpha_p, \mu\omega\sigma} - \sum_{k=1}^{p} \overset{0}{R}{}^\nu{}_{\mu\alpha_k\omega} \overset{0}{W}_{\alpha_1 \ldots \alpha_{k-1} \nu \alpha_{k+1} \ldots \alpha_p, \sigma} \right. \\ &\left. - \frac{1}{2} \sum_{k=1}^{p} \overset{0}{R}{}^\nu{}_{\mu\alpha_k\omega, \sigma} \overset{0}{W}_{\alpha_1 \ldots \alpha_{k-1} \nu \alpha_{k+1} \ldots \alpha_p} \right\} y^\mu y^\omega y^\sigma + \cdots. \end{aligned} \tag{7.16}$$

Die Koeffizienten dieser Reihe lassen sich beliebig weit berechnen. Diese Formel, die für sich selbst interessant ist, läßt sich auf eine beliebige Tensordichte, die in kovarianten Komponenten gegeben ist, anwenden.

Wenden wir sie speziell auf den metrischen Tensor $g_{\alpha\beta}$ an, für den sämtliche kovarianten Ableitungen gleich Null sind, so erhalten wir aus (7.16)

$$g_{\alpha\beta} = \overset{0}{g}_{\alpha\beta} - \frac{1}{3} \overset{0}{R}_{\alpha\mu\beta\lambda} y^\mu y^\lambda - \frac{1}{3!} \overset{0}{R}_{\alpha\gamma\beta\lambda,\mu} y^\lambda y^\mu y^\gamma$$
$$+ \frac{1}{5!} \left\{ - 6 \overset{0}{R}_{\alpha\delta\beta\gamma,\lambda\mu} + \frac{16}{3} \overset{0}{R}_{\lambda\beta\mu}{}^{\varrho} \overset{0}{R}_{\gamma\alpha\delta\varrho} \right\} y^\lambda y^\mu y^\gamma y^\delta + \cdots. \tag{7.17}$$

Wir wollen zeigen, daß das Koordinatensystem in dem (7.17) gilt, normal ist. Es ist klar, daß man von vornherein die Metrik im Koordinatenursprung in der Form (7.9) annehmen kann: $\overset{0}{g}_{\alpha\beta} = \delta^\alpha_\beta l_\alpha$. In der Tat kann man in V_n eine nichtausgeartete lineare Transformation durchführen, die im vorgesehenen Ursprung des normalen Koordinatensystems die Komponenten des metrischen Tensors $g_{\alpha\beta}$ in $\delta^\alpha_\beta l_\alpha$ überführt. Durch Überschieben von (7.17) mit y^β erhält man

$$g_{\alpha\beta} y^\beta = \overset{0}{g}_{\alpha\beta} y^\beta, \tag{7.18}$$

da in allen übrigen Summanden, wie man leicht sieht, der Index β alternierend zumindest bezüglich eines der Summationsindizes $\lambda, \mu, \nu, \ldots$ ist. Differenziert man (7.18) nach y^γ, so erhält man

$$\partial_\gamma g_{\alpha\beta} y^\beta + g_{\gamma\alpha} = \overset{0}{g}_{\gamma\alpha}.$$

Daraus erhält man unter Berücksichtigung von (7.18) zwei Gleichungen, wenn man mit y^α und y^γ überschiebt,

$$\partial_\gamma g_{\alpha\beta} y^\alpha y^\beta = \partial_\gamma g_{\alpha\beta} y^\gamma y^\beta = 0. \tag{7.19}$$

Nimmt man die erste Gleichung mit dem Minuszeichen und fügt die beiden Gleichungen hinzu, die man aus der zweiten durch Vertauschung der Indizes erhält, so ergibt sich $\Gamma_{\alpha,\beta\gamma} y^\beta y^\gamma = 0$. Daraus folgt die Bedingung β), die ein normales Koordinatensystem definiert.

Die Formel (7.17) nimmt in dem Spezialfall, daß die kovarianten Ableitungen des Krümmungstensors $R_{\alpha\beta\gamma\delta,\lambda}$ gleich Null sind, eine besonders einfache Form an. Solche Räume V_n heißen *symmetrisch*, und es gilt für sie der folgende Satz: *Für einen symmetrischen Raum V_n gilt in einem normalen Koordinatensystem*

$$g_{\alpha\beta} = \overset{0}{g}_{\alpha\beta} + \frac{1}{2} \sum_{m=1}^{\infty} \frac{(-1)^m 2^{2m+2}}{(2m+2)!} m^{\sigma_1}_\alpha m^{\sigma_2}_{\sigma_1} \ldots m_{\sigma_{m-1}\beta}, \tag{7.20}$$

wobei

$$m_{\alpha\beta} = \overset{0}{R}_{\alpha\lambda\beta\mu} y^\lambda y^\mu \tag{7.21}$$

und

$$\overset{0}{g}_{\alpha\beta} = \begin{Bmatrix} \pm 1, & \alpha = \beta \\ 0, & \alpha \neq \beta \end{Bmatrix}$$

ist. $\overset{0}{R}_{\alpha\beta\gamma\delta}$ *bezeichnet die Komponenten des Krümmungstensors im Ursprung des Koordinatensystems.*

Der Beweis von (7.20) läßt sich folgendermaßen führen: Die Struktur der Formel folgt unmittelbar aus (7.17). Die Zahlenkoeffizienten stimmen ebenfalls mit denen der angegebenen Glieder in (7.17) überein. Man kann nun leicht zeigen, daß unter der Voraussetzung (7.21) eine vollständige Induktion zu (7.20) führt.

Die Normalkoordinaten lassen in der allgemeinen Relativitätstheorie physikalisch deuten (Pirani [258]) und sind für viele Fragen der Geometrie und Physik vorteilhaft.

Gausssche Koordinaten (auch semigeodätische Koordinaten genannt) sind die Verallgemeinerung der Gaussschen Koordinaten für Flächen im dreidimensionalen euklidischen Raum. Sie werden dort durch das Netz einer einparametrigen Schar von Geodätischen und der Schar der orthogonalen Trajektorien definiert ([55], S. 185). Im V_n werden diese Koordinaten durch eine Schar von Geodätischen und die Schar der Hyperebenen, die zu diesen Geodätischen orthogonal sind, definiert. Jedoch ist bei indefiniter Signatur von ds^2 der Fall isotroper geodätischer Linien möglich, der kein Analogon in der euklidischen Geometrie hat.

Wir geben eine vorläufige Definition einer Fläche im Raum V_n: *Unter einer m-dimensionalen Fläche im* V_n *verstehen wir die Menge der Punkte, die durch die Gleichungen*

$$x^\alpha = x^\alpha(u^i) \qquad (\alpha = 1, \ldots, n;\, i = 1, \ldots, m)$$

gegeben ist, wobei die u^i *unabhängige* Parameter sind und der Rang der Matrix $\left(\frac{\partial x^\alpha}{\partial u^i}\right)$ gleich m ist. Offensichtlich ist diese Bedingung invariant bezüglich beliebiger nichtausgearteter Koordinatentransformationen x^α im Raum V_n. Die Rangbedingung verhindert das Auftreten singulärer Punkte auf der Fläche und die Ausartung der Fläche in ein geometrisches Gebilde geringerer Dimensionszahl. Diese Definition ist ihrem Wesen nach *lokal*; es wird nur ein „Stück" der Fläche definiert. Bei $m = 1$ erhalten wir eine Kurve, bei $m = n - 1$ eine Hyperfläche des Raumes V_n. Sind auf der m-Fläche Funktionen $u^i(t)$ einer gewissen Klasse C^r gegeben, so sprechen wir von *Kurven der entsprechenden Klasse auf dieser m-Fläche.* Da man auf diese Weise eine Kurve des Raumes V_n erhält, ist der Tangentenvektor gleich

$$\frac{dx^\alpha}{dt} = \frac{\partial x^\alpha}{\partial u^i}\frac{du^i}{dt}. \tag{7.22}$$

Wir sprechen von einem *Raumvektor* $\frac{dx^\alpha}{dt}$ und einem *Flächenvektor* $\frac{du^i}{dt}$. Beide sind verbunden durch die Bezeichnung (7.22). Wir untersuchen nur solche Punkte der Kurve, in welchen nicht gleichzeitig alle $\frac{du^i}{dt}$ gleich Null sind; anderenfalls wäre der Tangentenvektor nicht definiert. Dann sind wegen der Rangbedingung für die m-Fläche auch die $\frac{dx^\alpha}{dt}$ nicht alle gleich Null. Für beliebige Kurven auf der m-Fläche erhält man bei willkürlicher Parametrisierung beliebige Vektoren $\xi^i = \frac{du^i}{dt}$. Daher bestimmen die Vektoren

$$\xi^\alpha = \frac{\partial x^\alpha}{\partial u^i} \xi^i \qquad (7.23)$$

einen *linearen Raum*, der von m linear unabhängigen Vektoren $\underset{k}{u^\alpha} = \frac{\partial x^\alpha}{\partial u^k}$ $(k = 1, \ldots, m)$ aufgespannt wird. Die Vektoren ξ^α bestimmen in ihrer Gesamtheit den m-dimensionalen *Berührungsraum* A_m im gegebenen Punkt der m-Fläche.

Unter *Koordinatenlinien* der m-Fläche versteht man Linien, längs derer sich nur einer der Parameter u^i verändert. Die m linear unabhängigen Vektoren $\underset{k}{u^\alpha}$ sind Tangentenvektoren an die Koordinatenlinien der m-Fläche. Also gibt es in jedem Punkt der m-Fläche ein *lokales m-Bein.*

Wir betrachten das Differential des Bogens bei beliebiger unendlich kleiner Verschiebung der Kurve auf der m-Fläche: $dx^\alpha = \frac{\partial x^\alpha}{\partial u^i} du^i = \underset{i}{u^\alpha} du^i$. Dann ist das Quadrat des Bogenelements dieser Kurve

$$ds^2 = g_{\alpha\beta} dx^\alpha \, dx^\beta = \overset{*}{g}_{ij} \, du^i \, du^j, \qquad (7.24)$$

wobei

$$\overset{*}{g}_{ij}(u) = g_{\alpha\beta} \frac{\partial x^\alpha}{\partial u^i} \frac{\partial x^\beta}{\partial u^j} = g_{\alpha\beta} \underset{i}{u^\alpha} \underset{j}{u^\beta}, \qquad \overset{*}{g}_{ij} = \overset{*}{g}_{ji} \qquad (i, j = 1, \ldots, m)$$

die Skalarprodukte der Koordinatenvektoren auf der Fläche sind. Die $\overset{*}{g}_{ij}(u)$ definieren also eine quadratische Differentialform auf der m-Fläche.

Wenn $|\overset{*}{g}_{ij}| \neq 0$ ist, liegt eine *metrisierte* m-Fläche vor, d. h. ein Riemannscher Raum V_m. In diesem Fall heißt die Fläche *nichtisotrop.* Ist dagegen $|\overset{*}{g}_{ij}| = 0$, so erhalten wir eine *isotrope* m-Fläche, die in der Relativitätstheorie ($n = 4$, $m = 3$) eine wichtige physikalische Interpretation bei der Untersuchung von Wellenprozessen zuläßt. Solche Flächen können nur bei Räumen V_n mit indefiniter Metrik vorkommen.

Wir nennen den Vektor n^α des Raumes V_n *normal* zur m-Fläche, wenn er orthogonal zu allen m Koordinatenvektoren $\underset{k}{u^\alpha}$ $(k = 1, \ldots, m;\ \alpha = 1, \ldots, n)$ ist:

$$g_{\alpha\beta} \, n^\alpha \underset{k}{u^\beta} = 0 \qquad (k = 1, \ldots, m). \qquad (7.25)$$

Da die Ränge der Matrizen $(g_{\alpha\beta})$ und $(\underset{k}{u^\beta})$ gleich n bzw. m sind, ist der Rang der Matrix $(g_{\alpha\beta} \underset{k}{u^\beta})$ gleich m, und das bezüglich der Unbekannten n^α homogene Gleichungssystem (7.25) hat $n-m$ linear unabhängige Lösungen. *In jedem Punkt des Raumes V_n existieren $n-m$ unabhängige Vektoren, die zu V_m normal sind.*

Wir betrachten den Fall *isotroper Hyperflächen*, zu deren Charakteristik der folgende Satz grundlegende Bedeutung hat: *Eine Normale zur Hyperfläche ist genau dann isotrop, wenn die Hyperfläche selbst isotrop ist.*

Aus (7.24) und aus der Determinantentheorie (KOWALEWSKI [21], S. 77) folgt

$$\overset{*}{g} = |\overset{*}{g}_{ij}| = \sum_n \underset{n}{\Delta}\, \underset{n}{\omega},$$

wobei $\underset{n}{\Delta}$ und $\underset{n}{\omega}$ die entsprechenden Determinanten m-ter Ordnung der beiden Matrizen $\left(g_{\alpha\beta}\,\frac{\partial x^\alpha}{\partial u^i}\right)$ und $\left(\frac{\partial x^\alpha}{\partial u^j}\right)$ sind. Andererseits zeigen (7.25) und die Gleichung $n_\beta \underset{k}{u}^\beta = 0$, die aus (7.25) folgt, daß $\underset{n}{\Delta}$ und $\underset{n}{\omega}$ proportional zu n^α und n_α sind. Folglich erhalten wir

$$\overset{*}{g} = k_1 k_2 n_\alpha n^\alpha,$$

wobei k_1 und k_2 von Null verschiedene Proportionalitätsfaktoren sind. Wenn die Fläche isotrop ist, gilt $\overset{*}{g} = 0$, und der Normalenvektor ist isotrop. Die umgekehrte Behauptung ist ebenfalls richtig.

Jetzt können wir das GAUSSsche *Koordinatensystem* einführen. Dabei gehen wir von einer *nichtisotropen* Hyperfläche $\varphi(x^\alpha) = 0$, die in jedem Punkt eines gewissen Gebietes eine nichtisotrope Normale

$$\Delta_1 \varphi = g^{\alpha\beta} \varphi_{,\alpha} \varphi_{,\beta} = n_\alpha n^\alpha \neq 0$$

hat, aus.

Da für einen beliebigen Tangentenvektor dx^α der Hyperfläche $\varphi_{,\alpha}\, dx^\alpha = 0$ gilt, so ist klar, daß man als Normale an die Hyperfläche den Vektor $n^\alpha = g^{\alpha\sigma} \varphi_{,\sigma}$ nehmen kann. Wenn wir durch jeden Punkt der Hyperfläche in der Richtung der Normalen eine Geodätische legen, die auf Grund von (6.4) ebenfalls nichtisotrop ist, können wir auf folgende Weise ein neues Koordinatensystem definieren: Fordern wir, daß die Gleichung der Hyperfläche die Form $x^1 = 0$ hat, so sollen die Geodätischen mit den Koordinatenlinien x^1 zusammenfallen. Dabei ist x^1 gleich der Bogenlänge s, wenn die Normale eine Norm größer Null hat, und ist gleich is, wenn die Norm der Normalen kleiner Null ist; die Bogenlänge ist in der gegebenen Richtung von der Hyperfläche $x^1 = 0$ aus zu berechnen. Wenn man dann den Ausdruck für das Linienelement bei unendlich kleiner Verschiebung längs der geodätischen Linie x^1 berechnet, erhält man $ds^2 = g_{11} dx^{1^2}$ und folglich $g_{11} = l = \pm 1$ in Abhängigkeit vom Vorzeichen der Norm des Normalvektors.

Setzen wir in den Gleichungen für die Geodätischen (6.3) $\tau = x^1 = s$ oder gleich is, so erhalten wir $\partial_1 g_{1\alpha} = 0$, d. h. $g_{1\alpha}$ ist unabhängig von x^1. Da (für $\alpha \neq 1$) $g_{1\alpha} = 0$ für $x^1 = 0$ gilt, ist bei beliebigem x^1 ebenfalls $g_{1\alpha} = 0$. Folglich läßt sich die *Metrik in einem* GAUSS*schen Koordinatensystem* in der Form

$$ds^2 = l\,dx^{1^2} + g_{ij}\, dx^i\, dx^j \qquad (i, j = 2, \ldots, n) \qquad l = \pm 1 \tag{7.26}$$

schreiben. Daraus folgt, daß man, wenn man $x^1 = c$ setzt, Hyperflächen erhält, die ebenfalls orthogonal zu den Geodätischen x^1 sind. Diese Flächen heißen *geodätisch parallel* zur Hyperfläche $x^1 = 0$.

Die GAUSSschen Koordinaten lassen sich in der Relativitätstheorie physikalich deuten (LANDAU und LIFSCHITZ [156], S. 301; KERES [269], S. 12—25) und werden bei verschiedenen Untersuchungen angewandt.

Ein GAUSSsches Koordinatensystem kann man auch dann konstruieren, wenn die Hyperfläche in eine m-Fläche ausgeartet ist, $m < n - 1$. Dann lege man durch jeden Punkt der m-Fläche Geodätische in die zur m-Fläche normalen Richtungen. Diese Geodätischen hängen wie oben von $n - 1$ Parametern ab. Trägt man auf den Geodätischen Abschnitte gleicher Länge ab, so erhält man Hyperflächen, die geodätisch parallel zur m-Fläche sind. Setzt man speziell $m = 0$, so kann man ausgehend von einem Punkt ein GAUSSsches Koordinatensystem konstruieren. Die geodätisch parallelen Hyperflächen sind dann geodätische Hypersphären, deren Zentrum der gegebene Punkt ist. Diese Konstruktion definiert ein GAUSSsches Koordinatensystem in einem Gebiet, das in einem gewissen Hyperkegel enthalten ist und den gegebenen Punkt nicht enthält.

Wir setzen jetzt voraus, daß die Ausgangshyperfläche $f(x^\alpha) = 0$ *isotrop* ist und infolgedessen die Normalen zur Hyperfläche ebenfalls isotrop sind. Dann ist $\Delta_1 f = 0$, und daher sind die Hyperflächen $f(x^\alpha) = \text{const}$ ebenfalls isotrop wie auch ihre Normalen. Wir betrachten das Differentialgleichungssystem $\Delta_1(f, \varphi) = g^{\alpha\beta} f_{,\alpha} \varphi_{,\beta} = 0$. Dieses System hat $n - 1$ unabhängige Lösungen (STEPANOW [101], S. 295), die wir mit $\varphi^i(x^\alpha)$ $(i = 2, \ldots, n)$ bezeichnen. Wir führen ein neues Koordinatensystem mit Hilfe der Transformationsformeln

$$x^{1'} = \psi(x^\alpha), \quad x^{2'} = \varphi^2(x^\alpha), \quad \ldots, \quad x^{n'} = \varphi^n(x^\alpha) \equiv f(x^\alpha)$$

ein, wobei ψ eine Funktion ist, die der Ungleichung $\dfrac{D(\psi, \varphi^2, \ldots, \varphi^n)}{D(x^1, \ldots, x^n)} \neq 0$ genügt. In diesem Koordinatensystem gilt

$$g^{2'n'} = g^{3'n'} = \cdots = g^{n'n'} = 0, \qquad g^{1'n'} = g^{\alpha\beta} \psi_{,\alpha} f_{,\beta},$$

wobei $g^{1'n'} \neq 0$ ist, da ψ funktional unabhängig von f und $\varphi^k (k < n)$ ist und keine Lösung der Gleichung $\Delta_1(f, \psi) = 0$ sein kann. Man kann $\psi(x^\alpha)$ immer so wählen, daß $g^{1'n'} = 1$ ist. Daraus folgt, daß $g_{1'i'} = 0$ $(i = 1, \ldots, n - 1)$, $g_{1'n'} = 1$ ist und die Metrik des Raumes sich in der Form

$$ds^2 = 2dx^1\,dx^n + g_{ij}(x^\alpha)\,dx^i\,dx^j \qquad (i, j = 2, \ldots, n; \alpha = 1, \ldots, n) \tag{7.27}$$

darstellen läßt. Die geometrische Deutung dieses Systems läßt sich auch mit den geodätischen Linien in Zusammenhang bringen: Sie ist nicht so einfach wie für nichtiosotrope Hyperflächen. Wir nennen dieses System *isotropes* GAUSS*sches Koordinatensystem*. Es läßt sich nur für Räume V_n mit indefiniter Metrik einführen.

Ein derartiges Koordinatensystem ist besonders vorteilhaft für die Untersuchung von Räumen V_n, die eine auf isotrope dreidimensionale Mannigfaltigkeiten wirkende Bewegungsgruppe gestatten (siehe Kapitel IV, V). Es läßt sich ebenfalls in der allgemeinen Relativitätstheorie physikalisch interpretieren.

Harmonische Koordinaten. Dieses Koordinatensystem realisiert den RIEMANNschen Satz durch Koordinatenbedingungen

$$\frac{1}{\sqrt{-g}} \partial_{\beta'} \left(\sqrt{-g'}\, g^{\alpha'\beta'} \partial_{\alpha'}\right) x^{\sigma'} \equiv \Box\, x^{\sigma'} = 0 \qquad (\sigma = 1, \ldots, n), \tag{7.28}$$

wobei $\Box$ der *verallgemeinerte* D'ALEMBERT-*Operator* ist. Man hat daher für die Definition der harmonischen Koordinaten x^α im gegebenen System die Gleichung

$$\Box\,\varphi = 0$$

zu betrachten. Bezeichnen $\varphi^1, \ldots, \varphi^n$ die n unabhängigen Lösungen dieser Gleichung, so hat die gesuchte Transformation die Form

$$x^{\alpha'} = \varphi^\alpha(x^\sigma).$$

Die Wahl der n Funktionen φ^β läßt sich durch Bedingungen in Form von Ungleichungen noch genauer festlegen, wodurch das Koordinatensystem bis auf eine LORENTZ-Transformation bestimmt wird. Dieses in Arbeiten von DONDER [54] und LANCZOS [68] eingeführte Koordinatensystem wurde in Arbeiten von FOCK und seinen Mitarbeitern (siehe V. A. FOCK [111], S. 225; N. M. PETROWA [164]) physikalisch interpretiert und auf die Relativitätstheorie angewandt. Eine Diskussion der physikalischen Bedeutung eines solchen Koordinatensystems als ein ausgezeichnetes System findet sich in den Arbeiten [189, 195, 201, 226, 253, 254, 259, 306]. Ein Beispiel für ein harmonisches System ist das kartesische Koordinatensystem in ebenen Räumen. Sein Vorzug besteht darin, daß die Gleichungen des Gravitationsfeldes in diesem System eine für die Untersuchung günstige Form annimmt (siehe Kapitel II).

Nichtholonome Koordinaten. Wir betrachten ein Koordinatensystem in V_n, z. B. eines der oben eingeführten. In einem beliebigen Punkt des Raumes V_n definieren wir für jedes α *Koordinatenhyperflächen* durch die Gleichungen $x^\alpha =$ const und *Koordinatenlinien* durch die Gleichungen $x^\beta =$ const für $\beta \neq \alpha$. Wir betrachten die zum Index α gehörende Koordinatenlinie. Man kann annehmen, daß x^α der Kurvenparameter ist. Daher läßt sich der Tangentenvektor an die Koordinatenlinie mit kontravarianten Komponenten $\underset{\alpha}{l}{}^\sigma (\sigma = 1, \ldots, n)$ (α ist die Nummer des Vektors) in der Form

$$\underset{\alpha}{l}{}^\sigma = \frac{\partial x^\sigma}{\partial x^\alpha} = \delta^\sigma_\alpha \tag{7.29}$$

definieren.

Es lassen sich also in jedem Punkt n *unabhängige Koordinatenvektoren* $\underset{\alpha}{l}{}^\sigma$ definieren. Jedem System von n unabhängigen Vektoren kann man *eindeutig* das System der zueineinder unabhängigen *inversen* Vektoren $\overset{\alpha}{l}_\sigma$ zuordnen, wobei α die Nummer und $\sigma (= 1, \ldots, n)$ der kovariante Index des Vektors ist. Im gegebenen Fall hat das inverse System wegen (7.29) die Form

$$\overset{\alpha}{l}_\sigma = \frac{\partial x^\alpha}{\partial x^\sigma} = \delta^\alpha_\sigma.$$

Folglich gilt

$$\partial_{[\gamma} \overset{\alpha}{l}_{\sigma]} = 0,$$

d. h., *das zu den Koordinatenvektoren inverse System ist ein System von Gradientenvektoren.*

Umgekehrt entsprechen einem System funktional unabhängiger Skalarfelder $\overset{\sigma}{\varphi}$ Gradientenfelder $\overset{\sigma}{\varphi}_{,\alpha}$, die man als Felder von Koordinatenvektoren betrachten kann. Die Koordinatenvektoren sind durch ihre kovarianten Vertreter im neuen Koordinatensystem gegeben, das durch die Koordinatentransformation

$$x^{\alpha'} = \overset{\alpha}{\varphi}(x^\sigma) \tag{7.30}$$

definiert ist.

Ist das Feld u_α kein Gradientenfeld ($\partial_{[\gamma} u_{\alpha]} \neq 0$), jedoch ein *Gradientenfeld bis auf einen skalaren Faktor:* $u_\alpha = \omega(x^\alpha)\, v_\alpha$, wobei $\partial_{[\gamma} v_{\alpha]} = 0$ ist, so läßt sich ein solches Feld nach Division durch einen Skalar ebenfalls als Koordinatenfeld wählen. Wie bekannt ([110], S. 74), existiert ein solches Feld genau dann, wenn

$$u_{[\alpha} \partial_\beta u_{\gamma]} = 0 \tag{7.31}$$

gilt.

Wenn die Koordinatenvektoren ein Gradientenfeld sind, nennen wir das Koordinatensystem *holonom*. Alle oben betrachteten Koordinatensysteme sind holonom.

Jedoch ist es sehr häufig wünschenswert, in jedem Punkt des Raumes V_n Koordinatenvektoren $\overset{\sigma}{v}_\alpha$ einzuführen, die von Punkt zu Punkt ein Vektorfeld mit Komponenten aus der Klasse C^r bilden, das jedoch *kein Gradientenfeld* ist: $\partial_{[\gamma} \overset{\sigma}{v}_{\alpha]} \neq 0$. Diese Vektoren bilden in jedem Punkt des Raumes V_n ein *nichtholonomes n-Bein*, bestehend aus n unabhängigen Vektoren, die daher ein Koordinatensystem definieren. Aber es ist unmöglich für ein *Gebiet, das sich nicht auf einen Punkt reduziert*, ausgehend von dem gegebenen Feld $\overset{\sigma}{v}_\alpha$ die Transformation (7.30) zu definieren. Ein solches Koordinatensystem nennen wir *nichtholonom*. Die folgende Aufgabe ist ein Beispiel für die Einführung eines nichtholonomen Koordinatensystems: Wir untersuchen einen symmetrischen Tensor $h_{\alpha\beta}$, dessen Eigenvektoren zueinander orthogonal sind. Wählt man diese Vektoren als Koordinatenvektoren, so nimmt $h_{\alpha\beta}$ eine besonders einfache Gestalt an, aber das Koordinatensystem ist von Punkt zu Punkt nichtholonom. Hierbei haben wir ein Beispiel für ein *nichtholonomes orthogonales Koordinatensystem im Raum* V_n. Ein *holonomes* orthogonales Koordinatensystem gibt es im Raum V_n (für $n > 3$) überhaupt nicht.

Wir nehmen an, daß ein holonomes Koordinatensystem $\{x^\alpha\}$ gegeben ist und betrachten die Größen

$$\Omega^{\alpha'}_{\beta'\gamma'} = A^\sigma_{\beta'} A^\tau_{\gamma'}\, \partial_{[\sigma} \overset{\alpha'}{l}_{\tau]}. \tag{7.32}$$

Das *Koordinatensystem*, das von den Vektorfeldern $\overset{\alpha'}{l}_\tau$ gebildet wird, *ist genau dann holonom, wenn alle Komponenten von* $\Omega^{\alpha'}{}_{\beta'\gamma'}$ *gleich Null sind.* Durch Verifikation des Transformationsgesetzes von Ω überzeugt man sich leicht, daß Ω ein Objekt ist. Es wird *Nichtholonomitätsobjekt* genannt (Schouten und van Dantzig [87], S. 646). Jedes nichtholonome Koordinatensystem läßt sich auf der Basis eines holonomen Systems definieren. Während ein von Null verschiedenes geometrisches Objekt in einem speziellen Bezugssystem gleich Null sein kann, ist das für Tensoren nicht möglich. Bei der Benutzung von nichtholonomen Koordinaten ist daher die folgende offensichtliche Tatsache von grundlegender Bedeutung: Wenn ein Tensor bezüglich eines nichtholonomen n-Beins in jedem Punkt eines Gebietes des Raumes V_n gleich Null ist, so ist er in jedem Koordinatensystem in diesem Gebiet gleich Null. Die umgekehrte Behauptung gilt ebenfalls.

Aufgaben

1. Wenn in einem Koordinatensystem die Metrik des Raumes V_n die Form

$$ds^2 = l\,dx^{1^2} + g_{ij}(x^\alpha)\,dx^i\,dx^j$$

$$(l = \pm 1;\; i, j = 2, \ldots, n;\; \alpha = 1, \ldots, n)$$

hat, sind die Linien x^1 Geodätische, welche die Hyperflächen $x^1 = c$ orthogonal schneiden. Diese Hyperflächen sind geodätisch parallel zu $x^1 = 0$.

2. Wie ist der Zusammenhang zwischen den RIEMANNschen Koordinaten mit dem Ursprungspunkt P und den GAUSSschen Koordinaten, die von geodätisch parallelen, konzentrischen Hypersphären mit dem Zentrum im gleichen Punkt P gebildet werden?

3. Man zeige, daß in einem normalen Koordinatensystem

$$g = |g_{\alpha\beta}| = \pm 1 + \frac{1}{3}\overset{0}{R}_{\alpha\beta}y^\alpha y^\beta + \frac{1}{3!}\overset{0}{R}_{\alpha\beta,\gamma}y^\alpha y^\beta y^\gamma$$

$$+ \frac{1}{4!}\left(\frac{4}{3}\overset{0}{R}_{\alpha\beta}\overset{0}{R}_{\gamma\delta} + \frac{4}{15}\overset{0}{R}_{\alpha\varrho\beta}{}^{\lambda}\overset{0}{R}_{\gamma\lambda\delta}{}^{\varrho} + \frac{6}{5}\overset{0}{R}_{\gamma\delta,\alpha\beta}\right) y^\alpha y^\beta y^\gamma y^\delta + \ldots$$

gilt und daher

$$g = \pm 1 - \frac{1}{90}\overset{0}{R}_{\alpha\lambda\beta}{}^{\mu}\,\overset{0}{R}_{\gamma\mu\delta}{}^{\lambda}\,y^\alpha y^\beta y^\gamma y^\delta + \cdots,$$

wenn der RICCI-Tensor $R_{\alpha\beta} = 0$ ist. Das heißt, in diesem Falle ist in einer Umgebung des Ursprungs eines normalen Koordinatensystems

$$g = \pm 1$$

bis auf unendlich kleine Glieder vierter Ordnung.

4. Ein normales Koordinatensystem mit fixiertem Ursprung ist bis auf eine lineare Transformation mit konstanten Koeffizienten, welche die Form $\overset{0}{g}_{\alpha\beta}dy^\alpha dy^\beta$ invariant läßt, bestimmt (LORENTZ-Transformation bei $n = 4$ und Signatur $---+$).

5. Man zeige, daß sich im V_3 immer ein *orthogonales* Koordinatensystem einführen läßt, für das $ds^2 = \sum_{\alpha=1}^{3} g_{\alpha\alpha}(dx^\alpha)^2$ gilt, wobei $g_{\alpha\alpha} = g_{\alpha\alpha}(x^1, x^2, x^3)$ ist (COTTON [10], S. 385—438).

6. Man zeige, daß sich im V_n ein Koordinatensystem definieren läßt, für das $g = \pm 1$ in einem Gebiet gilt, das sich nicht auf einen Punkt reduziert. In diesem System läßt sich die Divergenz eines Vektors genauso wie in der Vektoranalysis des gewöhnlichen R_3 beschreiben.

7. Für ein triorthogonales System im V_3 gilt

$$R_{ij} = \frac{1}{g_{kk}}R_{ikjk}, \qquad R_{ii} = \frac{1}{g_{jj}}R_{ijij} + \frac{1}{g_{kk}}R_{ikik} \quad (ij, k \neq), \qquad R = \sum_{ij}\frac{1}{g_{ii}\,g_{jj}}R_{ijij}.$$

8. Der Krümmungstensor in jedem Raum V_3 (siehe Aufgabe 3 §, 5) ist gleich

$$R_{\alpha\beta\gamma\delta} = g_{\alpha\gamma} L_{\beta\delta} - g_{\alpha\delta} L_{\beta\gamma} + g_{\beta\delta} L_{\alpha\gamma} - g_{\beta\gamma} L_{\alpha\delta},$$

wobei $L_{\alpha\beta} = R_{\alpha\beta} + \frac{R}{4} g_{\alpha\beta}$ ist.

9. Wenn $R_{\alpha\beta} = 0$ im V_4 ist und ein Unterraum V_3 mit nichtisotropen Normalen existiert und auf V_3 außerdem

$$R_{\alpha\beta\gamma\delta} = 0$$

ist, so gilt $R_{\alpha\beta\gamma\delta} = 0$ im V_4 [296].

§ 8. Riemannsche Krümmung im Raum V_n. Räume konstanter Krümmung

Die einfachste Deutung des Krümmungstensors im Raum V_n erhält man im Fall eines *gewöhnlichen* V_2, betrachtet als Fläche, die in einem euklidischen dreidimensionalen Raum eingebettet ist.

Wenn $n = 2$ ist, hat der Krümmungstensor nur eine wesentliche Komponente, daher kann man

$$R_{\alpha\beta\gamma\delta} = K(g_{\alpha\gamma} g_{\beta\delta} - g_{\alpha\delta} g_{\beta\gamma}) = K\varphi_1$$

setzen. Die innere Geometrie der Fläche definiert einen Raum V_2 mit positiv definiter Metrik. Wenn diese Fläche durch die Gleichung $z = f(x, y)$ gegeben ist und der Ursprung der Raumkoordinaten in der Berührungsebene an die Fläche liegt, dann gilt

$$ds^2 = (1 + p^2)\, dx^{1^2} + 2pq\, dx^1\, dx^2 + (1 + q^2)\, dx^{2^2}$$

mit $x = x^1$ und $y = x^2$. Infolgedessen sind alle CHRISTOFFEL-Symbole im Ursprung gleich Null und $\overset{0}{R}_{1212} = rt - s^2 = \varphi_2$. Daraus folgt, daß $K = \frac{\varphi_2}{\varphi_1}$ die GAUSSsche Krümmung der Fläche ist und φ_1, φ_2 die erste und zweite Form der Fläche sind ([155], S. 148).

Im Fall $n > 2$ ist eine ähnliche Interpretation in Verbindung mit einer zweidimensionalen Richtung im V_n möglich. Wir führen im V_n ein normales Koordinatensystem ein. Im Koordinatenursprung wählen wir zwei Vektoren $\underset{1}{i}^\alpha$ und $\underset{2}{i}^\alpha$, bilden den Raum, der von diesen Vektoren aufgespannt wird, und legen in die Richtung jedes Vektors dieser zweidimensionalen Ebene eine Geodätische. Ihre Gesamtheit definiert eine *zweidimensionale Fläche, die geodätisch im Koordinatenursprung* ist.

Die Gleichung dieser Fläche ist

$$y^\alpha = u^1 \underset{1}{i}^\alpha + u^2 \underset{2}{i}^\alpha, \tag{8.1}$$

wobei $u^\alpha = \underset{\alpha}{k}\tau$ und τ ein kanonischer Parameter ist, den man im Falle einer nichtisotropen Geodätischen gleich der Bogenlänge wählen kann. Aus (8.1) folgt

$$dy^a = \underset{\alpha}{i^\alpha}\, du^a \qquad (a = 1, 2),$$

$$ds^2 = g_{\alpha\beta}\, dy^\alpha\, d\gamma^\beta = \overset{*}{g}_{ab}\, du^a\, du^b, \qquad \overset{*}{g}_{ab} = g_{\alpha\beta}\underset{a}{i^\alpha}\underset{b}{i^\beta}, \tag{8.2}$$

wobei also $\overset{*}{g}_{ab}$ der metrische Tensor der im Punkt geodätischen Fläche ist. Wir betrachten den Fall, daß die zweidimensionale Fläche nichtisotrop ist $(|\overset{*}{g}_{ab}| \neq 0)$ und daher einen Raum V_2 bildet. Da das Koordinatensystem normal ist, d. h.

$$(\partial_c \overset{*}{g}_{ab})_0 = \left(\partial_\gamma g_{\alpha\beta} \frac{\partial y^\gamma}{\partial u^c} \underset{a}{i^\alpha}\underset{b}{i^\beta}\right)_0 = 0$$

ist, gilt $(\overset{*}{\Gamma}_{a,bc})_0 = 0$, und die einzige wesentliche Komponente des Krümmungstensors des V_2 hat die Form

$$(\overset{*}{R}_{1212})_0 = \{\partial_1 \overset{*}{\Gamma}_{1,22} - \partial_2 \overset{*}{\Gamma}_{1,12}\}_0.$$

Die CHRISTOFFEL-Symbole im Raum V_2 sind $\Gamma_{\alpha,\beta\gamma}\underset{a}{i^\alpha}\underset{b}{i^\beta}\underset{c}{i^\gamma} = \overset{*}{\Gamma}_{a,bc}$, also ist der Krümmungstensor gleich

$$(R_{1212})_0 = R_{\beta\alpha\gamma\delta}\underset{1}{i^\alpha}\underset{2}{i^\beta}\underset{1}{i^\gamma}\underset{2}{i^\delta}.$$

Andererseits gilt in jedem V_2

$$K\overset{*}{g} = K(\overset{*}{g}_{11}\overset{*}{g}_{22} - \overset{*}{g}{}^2_{12}) = K(g_{\alpha\gamma}g_{\beta\delta} - g_{\alpha\delta}g_{\beta\gamma})\underset{1}{i^\alpha}\underset{2}{i^\beta}\underset{1}{i^\gamma}\underset{2}{i^\delta},$$

also

$$K = \frac{R_{\alpha\beta\gamma\delta}\underset{1}{i^\alpha}\underset{2}{i^\beta}\underset{1}{i^\gamma}\underset{2}{i^\delta}}{(g_{\alpha\gamma}g_{\beta\delta} - g_{\alpha\delta}g_{\beta\gamma})\underset{1}{i^\alpha}\underset{2}{i^\beta}\underset{1}{i^\gamma}\underset{2}{i^\delta}}, \tag{8.3}$$

wobei $\underset{1}{i^\alpha}$ und $\underset{2}{i^\alpha}$ zwei beliebige Vektoren sind, die eine zweidimensionale Ebene definieren.

Die Größe K heißt die RIEMANN*sche Krümmung des Raumes in der zweidimensionalen Richtung* $\{\underset{1}{i^\alpha}\underset{2}{i^\alpha}\}$. Wenn V_2 ein gewöhnlicher Raum ist, ist K die GAUSS*sche Krümmung der im gegebenen Punkt geodätischen Fläche des Raumes* V_n. Ist die zweidimensionale Fläche isotrop, so wird der Nenner in (8.3) gleich Null, und die Deutung verliert ihren Sinn. Jedoch kann man auch in diesem Falle (siehe Kapitel III) unter der Voraussetzung, daß $K(x^\alpha)$ eine stetige Funktion ist, eine Deutung von K geben.

In einem gewöhnlichen Raum V_n ist die Formel (8.3) immer sinnvoll.

K ist nach der Formel (8.3) eine homogene Funktion nullten Grades des *Bivektors* $\underset{[1}{\xi^\alpha}\underset{2]}{\xi^\beta}$, der durch die zweidimensionale Ebene definiert ist, und verändert sich in Abhängigkeit vom Bivektor. V_n heißt *Raum konstanter Krümmung*, wenn K nicht von der Wahl der zweidimensionalen Ebene abhängt. Wir führen die Bezeichnung

$$S_{\alpha\beta\gamma\delta} = R_{\alpha\beta\gamma\delta} - K \begin{vmatrix} g_{\alpha\gamma} g_{\alpha\delta} \\ g_{\beta\gamma} g_{\beta\delta} \end{vmatrix}$$

ein. Aus (8.3) ergibt sich nun

$$S_{\alpha\beta\gamma\delta} \underset{1}{i^\alpha} \underset{2}{i^\beta} \underset{1}{i^\gamma} \underset{2}{i^\delta} = 0$$

bei beliebiger Wahl der Vektoren $\underset{1}{i^\alpha} \underset{2}{i^\alpha}$. Das bedeutet

$$S_{\alpha\beta\gamma\delta} + S_{\gamma\beta\alpha\delta} + S_{\alpha\delta\gamma\beta} + S_{\gamma\delta\alpha\beta} = 0 .$$

Da außerdem für den Tensor S die Eigenschaften (α), (β), (γ) des Krümmungstensors gelten, ist $S_{\alpha\beta\gamma\delta} = 0$ (siehe Aufgabe 5, § 2). *Die notwendige und hinreichende Bedingung dafür, daß V_n ($n > 2$) ein Raum konstanter Krümmung ist, besteht darin, daß der Krümmungstensor die Form*

$$R_{\alpha\beta\gamma\delta} = K \begin{vmatrix} g_{\alpha\gamma} & g_{\alpha\delta} \\ g_{\beta\gamma} & g_{\beta\delta} \end{vmatrix} \tag{8.4}$$

hat.

Diese Bedingung ist sehr scharf, da darin K als eine Punktfunktion auftritt, aber nicht als Funktion der Richtung eines Bivektors, wie das eben der Fall war. Aus ihr folgt: *Die RIEMANNsche Krümmung eines Raumes mit konstanter Krümmung ist konstant* (bei $n > 2$) (SCHUR [4], S. 563). In der Tat folgt aus (8.4)

$$R_{\alpha\beta\gamma\delta,\lambda} = K_{,\lambda} (g_{\alpha\gamma} g_{\beta\delta} - g_{\alpha\delta} g_{\beta\gamma}),$$

und, wenn wir unter Anwendung der BIANCHI-Identität nach den Indizes β und γ verjüngen, erhalten wir

$$(n - 2) (g_{\alpha\lambda} K_{,\delta} - g_{\alpha\delta} K_{,\lambda}) = 0 .$$

Ist $n > 2$, so erhalten wir durch Verjüngung nach den Indizes α und λ $(n - 1) K_{,\delta} = 0$, d. h. $K = \text{const.}$ Ist aber $n = 2$, so ist V_2 nur dann ein Raum konstanter Krümmung, wenn $K = \text{const}$ ist. Die Bedingung (8.4) ist in diesem Falle immer erfüllt. Aus (8.4) folgt, daß $R_{\alpha\beta\gamma\delta}$ und K zugleich verschwinden. Daher ist jeder ebene Raum ein Raum verschwindender RIEMANNscher Krümmung. Für $K < 0$ erhalten wir eine Geometrie, die eine Verallgemeinerung der LOBATSCHEWSKI-BOLYAIschen Geometrie ist. $K > 0$ entspricht eine Geometrie, die zur sphärischen Geometrie analog ist. Einen *Raum konstanter Krümmung* bezeichnen wir bei beliebiger Signatur der metrischen Form mit S_n.

Wir sagen, zwei n-dimensionale RIEMANNsche Räume seien *isometrisch*, wenn eine nichtausgeartete reelle Transformation existiert, welche die Metrik des einen Raumes in die Metrik des anderen überführt. Für S_n gilt der folgende Satz:

Zwei Räume S_n mit gleichen RIEMANN*schen Krümmungen und gleichen Signaturen sind isometrisch.* Jeder Raum S_n ist ein symmetrischer Raum V_n. Wenn daher in S_n ein normales Koordinatensystem gegeben ist, ist wegen (7.20) seine Metrik vollständig durch die Werte $\overset{0}{R}_{\alpha\beta\gamma\delta}$ der Komponenten des Krümmungstensors im Koordinatenursprung bestimmt. Aus (8.4) folgt jedoch, daß für ein orthonormiertes n-Bein der Krümmungstensor $\overset{0}{R}_{\alpha\beta\gamma\delta}$ nur von K und der Signatur der Metrik abhängt. Also sind bei Übereinstimmung von Signatur und Krümmung K die Räume S_n isometrisch.

Daraus folgt, daß man die allgemeine Form der Metrik eines beliebigen S_n in einem speziellen Koordinatensystem kennt, wenn es gelingt, irgendeine Metrik zu finden, die der Bedingung (8.4) bei beliebiger Signatur und Krümmung K genügt. Wir versuchen, eine solche Metrik unter der Annahme zu bestimmen, daß sie sich nur um einen Skalarfaktor von der Metrik des ebenen Raumes unterscheidet (*konform-ebene Räume V_n*):

$$ds^2 = \frac{1}{\sigma^2} \sum_{\alpha=1}^{n} l_\alpha \, dx^{\alpha 2}, \qquad \sigma = \sigma(x^\alpha), \qquad l_\alpha = \pm 1, \qquad n > 2, \tag{8.5}$$

d. h. $g_{\alpha\alpha} = \frac{l_\alpha}{\sigma^2}$, $g_{\alpha\beta} = 0$ $(\alpha \neq \beta)$. Berechnen wir die Komponenten des Krümmungstensors nach der Formel (5.7) und schreiben die Bedingung (8.4) auf, so erhalten wir das Gleichungssystem

$$\partial_{\alpha\beta}\, \sigma = 0, \qquad \sigma\{l_\alpha \partial_{\beta\beta}\sigma + l_\beta \partial_{\alpha\alpha}\sigma\} = l_\alpha l_\beta \Big\{K + \sum_\alpha l_\tau\, (\partial_\tau \sigma)^2\Big\}, \qquad \alpha \neq \beta.$$

Eine Lösung dieses Systems ist

$$\sigma = 1 + \frac{K}{4} \sum_\sigma l_\sigma x^{\sigma 2}. \tag{8.6}$$

Da die Signatur von (8.5) unter der Bedingung (8.6) ebenso wie die Krümmung K beliebig ist, *stellt (8,5) unter der Bedingung (8.6) die Metrik eines beliebigen Raumes S_n dar.* Aus (8.5) folgt, daß *jeder Raum S_n ein konform-ebener Raum V_n ist.*

Aufgaben

1. Wenn es in V_n ein Vektorfeld φ_α gibt, das der Beziehung

$$\varphi_{\alpha,\beta} = \varrho g_{\alpha\beta}$$

mit $\varrho \neq 0$ genügt, gibt es in V_n ein Koordinatensystem, in dem

$$ds^2 = g_{11}\, dx^{12} + \frac{1}{g_{11}} \bar{g}_{pq}(x^2, \ldots, x^n)\, dx^p\, dx^q$$

gilt, wobei

$$g_{11} = \frac{1}{2\int \varrho(x^1)\, dx^1 + C}$$

ist und ϱ, $\bar{g}_{pq}(p, q \neq 1)$ beliebige Funktionen von x^1 bzw. $x^2, \ldots, x^n$ sind (N. S. SINJUKOW [274]).

2. Wenn der Raum in Aufgabe 1 (bei $n > 2$) symmetrisch ist ($R_{\alpha\beta\gamma\delta,\lambda} = 0$), ist er ein Raum konstanter Krümmung.

3. Wenn der RIEMANNsche Raum V_n mit dem CHRISTOFFEL-Symbol Γ^k_{ij} sich punktweise auf einen Raum V_n mit dem CHRISTOFFEL-Symbol $\tilde{\Gamma}^k_{ij}$ abbilden läßt, wobei Geodätische in Geodätische übergehen, so gilt

$$\tilde{\Gamma}^k_{ij} = \Gamma^k_{ij} + \delta^k_i \psi_j + \delta^k_j \psi_i,$$

$$\tilde{R}^p{}_{ijk} = R^p{}_{ijk} + \delta^p_k \psi_{ij} - \delta^p_j \psi_{ik}.$$

Dabei ist ψ_i ein Gradient und $\psi_{ij} = \psi_{i,j} - \psi_i \psi_j$.[1])

4. Wenn der Raum V_n (bei $n > 2$ und $\psi_i \neq 0$) sich geodätisch auf einen symmetrischen Raum V_n abbilden läßt, ist er ein Raum konstanter Krümmung (N. S. SINJUKOW [274]).

§ 9. Satz über die Hauptachsen eines Tensors

Für das Weitere ist es notwendig, die folgende Frage zu beantworten: Läßt sich ein Paar quadratischer Formen mit beliebigen Signaturen unter der Voraussetzung, daß eine dieser Formen nicht ausgeartet ist, über dem Körper der reellen Zahlen auf die kanonische Form transformieren? In den Büchern über lineare Algebra wird diese Frage gewöhnlich übergangen. Die Autoren beschränken sich darauf, die Transformation auf die kanonische Form in dem Falle durchzuführen, daß die nichtausgeartete quadratische Form positiv definit ist, oder beschäftigen sich mit der Transformation eines Paares von Formen über den Körper der komplexen Zahlen. Dadurch vereinfacht sich die Frage wesentlich. Der erste, der die gestellte Frage vollständig gelöst hat, war DICKSON ([27], S. 357–358). Jedoch muß man bemerken, daß die von ihm angewandte Methode ziemlich umständlich ist und daß die als Ergebnis erhaltenen kanonischen Formen nicht die einfachsten sind: Man kann bei beliebigem n für sie eine symmetrischere Form finden (n bezeichnet die Dimension des Raumes). Da man außerdem eine rein geometrische Lösung des Problems geben kann und für das folgende gerade die geometrische Betrachtung nützlich ist, wollen wir in diesem Paragraphen die Lösung dieser Frage behandeln (A. S. PETROW [165], S. 37–51).

Es sei R_n ein Raum mit einem *definiten* metrischen Tensor g_{ij} und a_{ij} ein *reeller* Tensor in R_n. Dann behauptet der *Satz über die Hauptachsen eines Tensors* ([110], S. 27) bekanntlich, daß man r zueinander orthogonale Vektoren $\overset{\sigma}{\lambda}{}^i$ ($\sigma = 1, \ldots, r$) bestimmen kann, die der Beziehung $a_{ij} = \sum_{\sigma=1}^{r} \overset{\sigma}{\alpha} \overset{\sigma}{\lambda}_i \overset{\sigma}{\lambda}_j$ genügen, wobei $\overset{\sigma}{\alpha}$ Invarianten sind und r der Rang von a_{ij} ist. Die Vektoren $\overset{\sigma}{\lambda}_i$ ($\sigma = 1, \ldots, r$) werden als Hauptachsen des Tensors a_{ij} bezeichnet. Dieser Satz ist eine Folgerung aus der Elementarteilertheorie (D. MUTH [9], S. 118–125; F. R. GANTMACHER und M. G. KREIN [126], S. 48–50), aus der auch folgt, daß die Hauptachsen genau dann eindeutig bestimmt sind, wenn die von Null verschiedenen Wurzeln der charakteristischen Gleichung $|a_{ij} - \lambda g_{ij}| = 0$ einfach sind. Einer p-fachen

---

[1]) Zusammenhänge dieser Art heißen „projektive Transformationen der Affinität" (EISENHART [80]). (Anm. d. Red.)

Wurzel entspricht eine p-dimensionale Ebene, in der p beliebige zueinander orthogonale Vektoren ein System von p Hauptachsen des Tensors a_{ij} bilden. Demnach lassen sich die Matrizen den Tensoren g_{ij}, a_{ij} ($|g_{ij}| \neq 0$) gleichzeitig auf die Diagonalform transformieren.

Wenn g_{ij} *indefinit* ist, gilt ein solcher Satz nicht. Die Ursache dafür liegt darin, daß die Elementarteiler der λ-Matrix $A = (a_{ij} - \lambda g_{ij})$ i. a. nicht einfach sind, und die Wurzeln der entsprechenden charakteristischen Gleichung komplexe Zahlen sind. Wird die Aufgabe über dem Körper der komplexen Zahlen gestellt, so sind zwei Paare von Tensoren $\{a_{ij}, g_{ij}\}$ und $\{\overset{*}{a}_{ij}, \overset{*}{g}_{ij}\}$ genau dann äquivalent, wenn die Elementarteiler der Matrizen gleich sind (M. Bocher [90], S. 274—275). Auf Grund der Ergebnisse von Weierstrass bezüglich der Theorie der Elementarteiler kann man kanonische Formen von g_{ij} und a_{ij} immer bestimmen, aber nicht eindeutig. Wenn man sich jedoch auf reelle Darstellungen von g_{ij} und a_{ij} und auf reelle Koeffizienten der zulässigen linearen Transformationen beschränkt, ist es möglich, daß diese Paare von Matrizen nicht äquivalent sind, obgleich sie übereinstimmende Elementarteiler haben. Im folgenden brauchen wir gerade die Transformation von Tensorpaaren in die kanonische Form *auf reellem Wege.*

Wir betrachten im Raum R_n zwei Formen: $\varphi = g_{ij} x^i x^j$ und $\psi = a_{ij} x^i x^j$ mit konstanten reellen Koeffizienten und $|g_{ij}| \neq 0$. Zur Definition der *Eigenvektoren* von a_{ij} (Hauptachsen von a_{ij}), die durch die Gleichungen $[a_{ij} - \lambda g_{ij}] \lambda^i = 0$ bestimmt sind, ist es notwendig, die Wurzeln der Gleichung $|a_{ij} - \lambda g_{ij}| = 0$ sowie die Elementarteiler der Matrix $(a_{ij} - \lambda g_{ij})$ zu untersuchen. Für indefinites g_{ij} ist es möglich, daß die Wurzeln komplex und die Elementarteiler *nicht einfach* sind (P. A. Schirokow [91], S. 43—54).

Es sei (T^i_j) die reelle lineare Transformation $A = G^{-1} T = (T^i_j)$, wobei $G = (g_{ij})$ und $T = (a_{ij})$ ist. Auf Grund des Satzes von Hamilton-Caley (P. A. Schirokow [91], S. 174—179; F. Klein [112], S. 378—387) kann man mit Hilfe von reellen Transformationen neue Koordinaten $\overset{*}{x}^i$ einführen, so daß die Formen φ und ψ in eine Summe von k Formen zerfallen: $\varphi = \sum\limits_1^k \varphi_i$, $\psi = \sum\limits_1^k \psi_i$, wobei φ_j und ψ_i nur Veränderliche $\overset{*}{x}^j$ ($j = j_1, \ldots, j_i$) enthalten. Wenn man die Matrizen der Form φ_s und ψ_s mit $\overset{*}{G}_s$ und $\overset{*}{T}_s$ bezeichnet, erhält die charakteristische Gleichung der linearen Transformation $\overset{*}{A} = \overset{*}{G}{}_s^{-1} \overset{*}{T}_s$ die Form $(\underset{s}{\lambda} - \lambda)^{n_s} = 0$.

Mit anderen Worten, wir können neue Koordinatenvektoren $\overset{*}{\underset{p}{\lambda}}{}^i = c^q_p \underset{q}{\lambda}{}^i$ einführen, so daß

$$\overset{*}{G} = \begin{pmatrix} \overset{*}{G}_{n_1} & & & \\ & \ddots & & \\ & & \ddots & \\ & & & \overset{*}{G}_{n_k} \end{pmatrix}, \quad \overset{*}{T} = \begin{pmatrix} \overset{*}{T}_{n_1} & & & \\ & \ddots & & \\ & & \ddots & \\ & & & \overset{*}{T}_{n_k} \end{pmatrix},$$

$$\overset{*}{A} = \begin{pmatrix} \overset{*}{A}_{n_1} & & & \\ & \ddots & & \\ & & \ddots & \\ & & & \overset{*}{A}_{n_k} \end{pmatrix}$$

gilt, wobei $\overset{*}{G}_{n_i}$, $\overset{*}{T}_{n_i}$, $\overset{*}{A}_{n_i}$ quadratische Matrizen mit n_i Zeilen sind. Also ist

$$\overset{*}{a}_{ij} = \overset{*}{g}_{ij} = \overset{*}{a}{}^i_j = 0, \tag{9.1}$$

wenn die n Indizes i, j zwei verschiedenen auf der Hauptdiagonalen stehenden Matrizen entsprechen und die Koordinatenvektoren in k ***zueinander orthogonale Bündel*** zerfallen. Vektortransformationen *innerhalb* eines Bündels heißen *innere Transformationen*. Dann gilt bei beliebiger innerer Transformation die Bedingung (9.1).

Betrachten wir den Fall *reeller Wurzeln*. Mit Hilfe von reellen inneren Transformationen führen wir die Matrizen $\overset{*}{A}_{n_i}$ in die JORDANsche Form über (P. A. SCHIROKOW [91], S. 180—185):

$$\overset{*}{A}_{n_i} = \begin{pmatrix} B_{s_1} & & \\ & \ddots & \\ & & B_{s_i} \end{pmatrix}, \quad \sum_{l=1}^{i} s_l = n_i, \quad B_{s_l} = \begin{pmatrix} \lambda_i & 1 & & \\ & \lambda_i & \ddots & \\ & & \ddots & 1 \\ & & & \lambda_i \end{pmatrix}. \tag{9.2}$$

Im folgenden lassen wir überall das Zeichen „*" fort.

Jetzt können wir die Matrizen G_{n_i} und T_{n_i} bestimmen. Ohne Beschränkung der Allgemeinheit können wir annehmen, daß sich A_{n_i} in der linken oberen Ecke der Matrix A befindet und nur zwei Untermatrizen der Form B_{s_l} enthält. Das bedeutet, daß der charakteristischen Gleichung $(\lambda - \lambda_1)^{n_1} = 0$ zwei invariante Bündel der Dimension m_1 und m_2 entsprechen, wobei $m_1 + m_2 = n_1$ ist.

Wir erhalten für die Matrix A_n

$$\alpha^i_j \underset{h}{\lambda^j} = \lambda_1 \underset{h}{\lambda^i} + \underset{h}{\Delta} \underset{h-1}{\lambda^i} \qquad (h = 1, \ldots, h_i;\ i, j = 1, \ldots, n), \tag{9.3}$$

wobei $\underset{h}{\Delta} = 0$ für $h = 1, m_1 + 1$ und $\underset{h}{\Delta} = 1$ im anderen Fall ist.

Wegen $\underset{h}{\lambda^i} = \delta^i_h$ gilt $a_{ij} = \lambda_1 g_{ij} + \underset{j}{\Delta} g_{i,j-1}$. Unter Benutzung der Symmetrie der Tensoren g_{ij} und a_{ij} erhalten wir $\underset{i}{\Delta} g_{j,i-1} = \underset{j}{\Delta} g_{i,j-1}$. Demnach ist

$$G_{n_i} = \left(\begin{array}{cccc|cccc} & & & \alpha_1 & & & & \gamma_1 \\ & & \iddots & \vdots & & & \iddots & \vdots \\ & \iddots & & \vdots & & \iddots & & \vdots \\ \alpha_1 & \cdots & \cdots & \alpha_{m_1} & \gamma_1 & \cdots & \cdots & \gamma_{m_1} \\ \hline & & & \gamma_1 & & & & \beta_1 \\ & & \iddots & \vdots & & & \iddots & \vdots \\ & \iddots & & \vdots & & \iddots & & \vdots \\ \gamma_1 & \cdots & \cdots & \gamma_{m_2} & \beta_1 & \cdots & \cdots & \beta_{m_2} \end{array}\right).$$

In jedem Elementarbündel, das einer JORDANschen Zelle entspricht, kann man eine beliebige Transformation ausführen, welche die Beziehung (9.3) invariant läßt. Unter diesen Transformationen existieren reelle Transformationen, welche die Koeffizienten α_i, β_i für $i > 1$ und γ_i $(i = 1, \ldots, m)$ in Null überführen (A. S. PETROW [165], 41—42). *Wegen* $(a_{ij}) = (g_{ik})(a^k_j)$ *kann man für reelle Wurzeln die Matrizen der Formen* $g_{ij}\, x^i\, x^j$ und $a_{ij}\, x^i\, x^j$ *im Reellen in die Form*

$$(g_{ij}) = \begin{pmatrix} G_{m_1} & & & \\ & \ddots & & \\ & & \ddots & \\ & & & G_{m_k} \end{pmatrix}, \quad (a_{ij}) = \begin{pmatrix} T_{m_1} & & & \\ & \ddots & & \\ & & \ddots & \\ & & & T_{m_k} \end{pmatrix},$$

$$G_{m_i} = \begin{pmatrix} & & & l_i \\ & & \cdot & \\ & \cdot & & \\ l_i & & & \end{pmatrix}, \quad T_{m_i} = \begin{pmatrix} & & & l_i \lambda_i \\ & & \cdot & l_i \\ & \cdot & \cdot & \\ l_i \lambda_i & l_i & & \end{pmatrix}, \quad l_i = \pm 1 \tag{9.4}$$

überführen. Dabei gilt $\Sigma\, m_i = n$, die λ_{m_i} sind die Wurzeln des charakteristischen Polynoms, und k ist die Zahl der invarianten Bündel, d. h. die Zahl der Elementarteiler der Matrix. Die Transformation auf die Matrizen (9.4) ist nicht zwangsläufig im Sinne der Elementarteiler, jedoch sind sie durch diese Matrizen vollständig bestimmt. Aus (9.4) folgt, *daß einfachen Elementarteilern nichtisotrope Eigenrichtungen von* a_{ij} *entsprechen und umgekehrt.*

Gehen wir zum Fall *komplexer Wurzeln* über. Ist ein Teil der Wurzeln der Gleichung $|a_{ij} - \lambda g_{ij}| = 0$ komplex, so führt der oben dargestellte Prozeß (ohne Transformation von α, β in $\pm$ 1) zu Matrizen der Form (9.2) mit dem Unterschied, daß ihre Elemente i. a. komplexe Zahlen sind. Man kann aber auch in diesem Fall ein reelles Koordinatensystem wählen, derart, daß man für g_{ij} und a_{ij} reelle Matrizen erhält, die *kanonisch* genannt werden.

Da a_{ij} und g_{ij} reelle Zahlen sind, entspricht jeder komplexen Wurzel eine konjugiert komplexe. Es sei ein System von komplexen Vektoren gewählt, für das die Matrix (a^i_j) die JORDANsche Form hat und daher den Bedingungen (9.3) genügt. Dann gibt es in einem konjugierten Bündel, das einer konjugierten Wurzel entspricht, ein System von Vektoren, das konjugiert komplex bezüglich des gegebenen ist, ebenfalls (9.3) genügt und daher eine JORDANsche Zelle der gleichen Art und Dimension bestimmt.

Mit anderen Worten, wenn der p-fachen Wurzel der Form $\alpha + \beta i$ ein Elementarteiler der Form $(\lambda - \alpha - i\beta)^q$ $(q \leq p)$ entspricht, hat die Wurzel $\alpha - \beta i$

ebenfalls die Vielfachheit p und entspricht dem Elementarteiler $(\lambda - \alpha + \beta i)^q$. Durch Änderung der Reihenfolge der Vektoren läßt es sich immer erreichen, daß zwei solche Untermatrizen unmittelbar hintereinander stehen. Es genügt, zwei derartige Untermatrizen G_s und $\overline{G}_s$ zu betrachten, von denen wir annehmen können, daß sie in der oberen Ecke von g_{ij} stehen. Wir bezeichnen ihre Gesamtheit mit G_{2s} und nehmen an, daß G_{2s} dem Elementarteiler $(\lambda - \alpha \pm \beta i)^s$ entspricht. Dann ist

$$G_{2s} = \begin{pmatrix} B & 0 \\ 0 & \overline{B} \end{pmatrix}, \quad B = \begin{pmatrix} & & K \\ & \cdot & \\ K & & \end{pmatrix}. \tag{9.5}$$

Die ein variantes Bild bildenden Vektoren, die der Matrix G_s entsprechen, seien von der Form

$$\underset{1}{\lambda^j} = \underset{1}{u^j} + i\underset{1}{v^j}, \ \ldots, \ \underset{s}{\lambda^j} = \underset{s}{u^j} + i\underset{s}{v^j}.$$

Dann entsprechen der Matrix $\overline{G}_s$ die Vektoren

$$\underset{s+1}{\lambda^j} = \underset{1}{u^j} - i\underset{1}{v^j}, \ \ldots, \ \underset{2s}{\lambda^j} = \underset{s}{u^j} - i\underset{s}{v^j}.$$

Daraus folgt, daß $K = 2(p + iq)$, $\overline{K} = 2(p - iq)$ ist, wobei p und q reelle Zahlen sind, und g_{kj} gleich $2(p + iq)$, wenn $k + j = s + 1$, gleich $2(p - iq)$, wenn $k + j = 3s + 1$ und gleich Null in den übrigen Fällen ist.

Wie nehmen die $2s$ reellen Vektoren $\underset{1}{u^j}, \ldots, \underset{s}{u^j}, \underset{1}{v^j}, \ldots, \underset{s}{v^j}$ als Koordinatenvektoren und numerieren sie neu, indem wir den Vektoren u einen ungeraden und den Vektoren v einen geraden Index zuordnen. Dann nehmen die Matrizen G_{2s} und B_{2s} die folgende Gestalt an:

$$G_{2s} = \begin{pmatrix} & & & p & q \\ & & & q & -p \\ & & \cdot & & \\ & \cdot & & & \\ p & q & & & \\ q & -p & & & \end{pmatrix}, \quad B_{2s} = \begin{pmatrix} \alpha & \beta & 1 & 0 & & \\ -\beta & \alpha & 0 & 1 & & \\ & & \cdot & & & \\ & & & \cdot & & \\ & & & & \alpha & \beta \\ & & & & -\beta & \alpha \end{pmatrix}.$$

Unter Benutzung der Transformationen

$$x^1 = c_1 \overset{*}{x}{}^1 - c_2 \overset{*}{x}{}^2, \quad x^3 = c_1 \overset{*}{x}{}^3 - c_2 \overset{*}{x}{}^4, \ldots,$$

$$x^2 = c_2 \overset{*}{x}{}^1 + c_1 \overset{*}{x}{}^2, \quad x^4 = c_2 \overset{*}{x}{}^3 + c_1 \overset{*}{x}{}^4, \ldots,$$

können wir nun die Zahlen p und q in Eins überführen, so daß man die Matrix $T_{2s} = G_{2s} \cdot B_{2s}$ in die Form

$$G_{2s} = \begin{pmatrix} & & & 1 & 1 \\ & & & 1 & -1 \\ & & \cdot^{\cdot^{\cdot}} & & \\ 1 & 1 & & & \\ 1 & -1 & & & \end{pmatrix},$$

$$T_{2s} = \begin{pmatrix} & & & & \alpha-\beta & \alpha+\beta \\ & & & \cdot^{\cdot^{\cdot}} & \alpha+\beta & -\alpha+\beta \\ & & & \cdot^{\cdot^{\cdot}} & 1 & 1 \\ & & \cdot^{\cdot^{\cdot}} & & 1 & -1 \\ & \cdot^{\cdot^{\cdot}} & & \cdot^{\cdot^{\cdot}} & & \\ \alpha-\beta & \alpha+\beta & 1 & 1 & & \\ \alpha+\beta & -\alpha+\beta & 1 & -1 & & \end{pmatrix} \tag{9.6}$$

bringen kann, wobei α und β im allgemeinen für jedes s verschiedene Werte annehmen.

Damit ist der folgende Satz bewiesen: *Die Matrizen der reellen symmetrischen Tensoren g_{ij} und a_{ij} mit $|g_{ij}| \neq 0$ lassen sich durch eine reelle lineare Koordinatentransformation in die Form*

$$(g_{ij}) = \begin{pmatrix} G_1 & & \\ & \ddots & \\ & & G_r \end{pmatrix}, \quad (a_{ij}) = \begin{pmatrix} T_1 & & \\ & \ddots & \\ & & T_r \end{pmatrix} \tag{9.7}$$

überführen. Dabei sind G_i und T_i für reelle Wurzeln durch die Formeln (9.4) *und für jedes Paar konjugiert komplexer Wurzeln durch* (9.6) *definiert.*

Hierbei bezeichnet r die Zahl der invarianten Bündel des Tensors a_{ij}, die gleich der Zahl der reellen Elementarteiler plus der halben Anzahl der komplexen Elementarteiler der λ-Matrix $(a_{ij} - \lambda g_{ij})$ ist.

Die Zahlen l_i, λ_i, α, β in den Formeln (9.4) und (9.6) hängen i. a. vom Index des Bündels ab und können für verschiedene Matrizen T_i gleich sein, wenn zwei oder mehrere entsprechende Elementarteiler gleiche Basen haben.

In den Büchern über lineare Algebra beschränkt sich die Darstellung auf den Fall, daß die Elementarteiler einfach sind, d. h. daß alle Jordanschen Zellen eindimensional sind, oder die Transformation wird über dem Körper der komplexen Zahlen durchgeführt. Dann läßt sich das Ergebnis im Rahmen der Formeln (9.4) beschreiben.

Aufgaben

1. Man zeige, daß die Matrix jedes *kovariant konstanten* gemischten Tensors S^α_β in einem gewissen holonomen Koordinatensystem auf die kanonische Jordansche Form gebracht werden kann. Mit anderen Worten, es existiert ein holonomes Koordinatensystem, bezüglich dessen alle Komponenten von S^α_β konstant sind (A. P. Schirokow [235]).

2. In jedem Punkt des Raumes V_4 kann man einen Bivektor (alternierenden Tensor) $v_{\alpha\beta}$ und einen nicht ausgearteten Tensor $g_{\alpha\beta}(|g_{\alpha\beta}| \neq 0)$ gleichzeitig durch komplexe, lineare homogene Koordinatentransformationen in die kanonische Form überführen. Wenn ξ^α_p die kovarianten Vertreter der Koordinatenvektoren sind, so gilt in dieser kanonischen Darstellung

$$g_{\alpha\beta} = \sum_\sigma \underset{\sigma}{\xi_\alpha}\,\underset{\sigma}{\xi_\beta},$$

und der Bivektor $v_{\alpha\beta}$ läßt sich bis auf einen Skalarfaktor auf eine der folgenden Formen transformieren:

I. $$\frac{1}{2} v_{\alpha\beta} = \sqrt{-\lambda_1}\,\underset{[1}{\xi_\alpha}\,\underset{2]}{\xi_\beta} \pm \sqrt{-\lambda_2}\,\underset{[3}{\xi_\alpha}\,\underset{4]}{\xi_\beta}$$

(der Bivektor ist genau dann isotrop, wenn $\lambda_1 + \lambda_2 = 0$ gilt);

II. $$\frac{1}{2} v_{\alpha\beta} = a(\underset{[1}{\xi_\alpha}\,\underset{2]}{\xi_\beta} \pm \underset{[3}{\xi_\alpha}\,\underset{4]}{\xi_\beta}) + b(\underset{[1}{\xi_\alpha}\,\underset{4]}{\xi_\beta} \pm \underset{[2}{\xi_\alpha}\,\underset{3]}{\xi_\beta}) + c(\underset{[2}{\xi_\alpha}\,\underset{4]}{\xi_\beta} \pm \underset{[3}{\xi_\alpha}\,\underset{1]}{\xi_\beta})$$

(der Bivektor ist genau dann isotrop, wenn $a^2 + b^2 + c^2 = 0$ ist, in diesem Fall ist er auch einfach);

III. $$\frac{1}{2} v_{\alpha\beta} = \underset{[1}{\xi_\alpha}\,\underset{4]}{\xi_\beta} \pm i\underset{[3}{\xi_\alpha}\,\underset{2]}{\xi_\beta}$$

(der Bivektor ist einfach und isotrop);

IV. $$\frac{1}{2} v_{\alpha\beta} = i(\underset{[1}{\xi_\alpha}\,\underset{4]}{\xi_\beta} + \underset{[2}{\xi_\alpha}\,\underset{3]}{\xi_\beta}) + \underset{[2}{\xi_\alpha}\,\underset{4]}{\xi_\beta} - \underset{[3}{\xi_\alpha}\,\underset{1]}{\xi_\beta}$$

(der Bivektor ist nichtisotrop) (A. S. Petrow [171]).

10. Liesche Gruppen im Raum V_n

Im weiteren werden wir durch Gravitationsfelder definierte Räume V_n nach den zulässigen Bewegungsgruppen klassifizieren. Dazu benötigen wir Kenntnisse aus der Theorie der stetigen Transformationsgruppen (Liesche Gruppen). In diesem Paragraphen werden die grundlegenden Definitionen und Tatsachen über Liesche Gruppen sowie einige Sätze, die wir im folgenden brauchen, behandelt.

Es sei X_n ein n-dimensionaler Raum mit den Koordinaten $\{x^\alpha\}$ $(\alpha = 1, \ldots, n)$ und G_r der r-dimensionale Parameterraum $\{a^k\}$ $(k = 1, \ldots, r)$. Dann bestimmen die Gleichungen

$$\overset{*}{x}{}^\alpha = f^\alpha(x^1, \ldots, x^n, a^1, \ldots, a^r) \equiv f^\alpha(x, a) \tag{10.1}$$

bei festen Werten a^k eine Transformation, die den Punkt $M(x)$ aus X_n in den Punkt $\overset{*}{M}(\overset{*}{x})$ überführt. Hierbei nehmen wir an, daß f^α Funktionen einer gewissen Klasse C^s und a^k *wesentliche* Parameter sind, d. h. sie können nicht durch eine kleinere Zahl unabhängiger Parameter ausgedrückt werden. Hierfür ist bekanntlich (EISENHART [147], S. 17) notwendig und hinreichend, daß die Funktionen f^α keiner Gleichung der Form

$$\sum_s \varphi_s \frac{\partial f^\alpha}{\partial a^s} = 0$$

genügen.

G_r bildet eine Gruppe, wenn es r hinreichend oft stetig differenzierbare Funktionen $\varphi^i(a^s, b^t)$ $(i, s, t = 1, \ldots, r)$ gibt, so daß

$$f^\alpha(f(x, a)b) = f^\alpha(x, \varphi(a, b))$$

gilt und in G_r ein Punkt e^s $(s = 1, \ldots, r)$ existiert, für den

$$f^\alpha(x, e) = x^\alpha$$

ist. Dabei wird angenommen, daß die Funktionen φ^i in der Umgebung des Punktes e^s definiert sind und den folgenden Gruppenaxiomen genügen:

1. $\varphi^i(a, \varphi(b, c)) = \varphi^i(\varphi(a, b), c)$,

2. $\varphi^s(a, e) = a^s$,

3. $\varphi^s(a, a^{-1}) = \varphi^s(a^{-1}, a) = e^s$.

Die Unabhängigkeit dieser drei Axiome wurde von einer Reihe von Autoren unter verschiedenen Gesichtpunkten untersucht (DICKSON [22], S. 198—204; N. G. TSCHEBOTARJOW [120], S. 46; H. WEYL [148], S. 258; L. S. PONTRJAGIN [205], S. 285).

Wenn nur die Axiome 1 und 2 erfüllt sind, erhält man eine sogenannte *Halbgruppe*. Axiom 1 definiert das *Assoziativgesetz*, Axiom 2 sichert die Existenz des *Einelements e^s der Gruppe* und Axiom 3 bedeutet die Existenz des *Inversen* für jedes Element a der Gruppe.

Unter einer *eindimensionalen Untergruppe* G_1, der Gruppe G_r verstehen wir eine Kurve $a^s = a^s(t)$ des Parameterraumes, die durch das Einheitselement e^s der Gruppe geht, wobei für beliebige Punkte der Kurve

$$\varphi^s(a(t_1), a(t_2)) = a^s(t_3)$$

gilt. Jedem Punkt dieser Kurve, der infinitesimal von e^s entfernt ist, entspricht im Raum X_n eine infinitesimale Transformation

$$\overset{*}{x}{}^\alpha = x^\alpha + \xi^\alpha(x)\,\delta t, \tag{10.2}$$

der wir daher den Operator

$$X = \xi^\alpha(x)\,\partial_\alpha \qquad \left(\partial_\alpha \equiv \frac{\partial}{\partial x^\alpha}\right) \tag{10.3}$$

zuordnen können.

Aus (10.2) folgt, daß die Trajektorie einer eindimensionalen Untergruppe im Raum X_n, die durch einen gegebenen Punkt $P(\overset{0}{x}{}^\alpha)$ geht, als Integralkurve ein gewöhnliches Differentialgleichungssystem

$$\frac{dx^\alpha}{dt} = \xi^\alpha(x) \qquad (\alpha = 1, \ldots, n) \tag{10.4}$$

mit den Anfangswerten $x^\alpha(0) = \overset{0}{x}{}^\alpha,\ a^s = e^s\ (\alpha = 1, \ldots, n;\ s = 1, \ldots, r)$ gegeben ist. Jeder eindimensionalen Untergruppe der Gruppe G_r kann man eineindeutig bis auf einen konstanten Faktor einen Operator zuordnen. Unter den Operatoren der Gruppe gibt es genau r linear unabhängige Operatoren $X_1, \ldots, X_r$ (die *Basis* der Gruppe). Ein beliebiger Operator der Gruppe läßt sich als Linearkombination mit konstanten Koeffizienten der Basisoperatoren darstellen.

Aus der Theorie simultaner Differentialgleichungssysteme folgt, daß r Operatoren $X_1, \ldots, X_r$ einer Gruppe genau dann eine Basis der Gruppe bilden, wenn die Operatoren

$$[X_i\, X_j] = (\underset{i}{\xi^\sigma}\partial_\sigma \underset{j}{\xi^\beta} - \underset{j}{\xi^\sigma}\partial_\sigma \underset{i}{\xi^\beta})\,\partial_\beta, \tag{10.5}$$

die *Kommutatoren* heißen, Operatoren aus G_s sind. Daher müssen die Kommutatoren die Form

$$[X_i X_j] = C^s_{ij} X_s \tag{10.6}$$

haben, wobei C^s_{ij} die sogenannten *Strukturkonstanten* der Gruppe G_r sind. Hierin besteht der Inhalt des sogenannten *zweiten* Lie*schen Hauptsatzes* ([147], S. 67 bis 69). Sind speziell die Konstanten C^s_{ij} gleich Null, so sind alle Kommutatoren gleich Null, und die Gruppe heißt *abelsch*.

Die Gesamtheit der Transformationen aus der Gruppe G_r, die einen Punkt $P(\overset{0}{x}{}^\alpha)$ festlassen, bilden eine Untergruppe H_m der Gruppe G_r, die *stationäre Untergruppe* genannt wird ([147], S. 81). Per definitionem gilt für einen beliebigen Operator aus H_m die Gleichung

$$\xi^\alpha(\overset{0}{x}) = 0. \tag{10.7}$$

Wenn sich zwei beliebige Punkte aus X_n ineinander durch eine Transformation der Gruppe G_r überführen lassen, so heißt G_r *transitiv*. Im entgegengesetzten Fall heißt die Gruppe *nichttransitiv* und zerlegt X_n in die Gesamtheit der *Transitivitätsflächen*, auf denen die Gruppe transitiv ist. So ist z. B. die Drehungsgruppe des gewöhnlichen R_3 nichttransitiv, dagegen die Translationsgruppe transitiv.

Unter den transitiven Gruppen begegnet man Gruppen, für die man eine Familie von Mannigfaltigkeiten finden kann (deren Vereinigung gleich dem ganzen Raum ist), so daß bei den Transformationen dieser Gruppe ein Punkt dieser

Mannigfaltigkeit in einen Punkt einer anderen übergeht und alle Punkte der ersten Mannigfaltigkeit in gewisse Punkte der zweiten transformiert werden. Das gilt z. B. für die transitive Translationsgruppe des dreidimensionalen euklidischen Raumes. Solche transitiven Gruppen heißen *imprimitiv*, und die angegebenen Familien von Mannigfaltigkeiten nennt man *Imprimitivitätsfamilien*. Im entgegengesetzten Fall ist die Gruppe *primitiv*. So ist die Bewegungsgruppe der euklidischen Ebene offensichtlich primitiv.

Eine Gruppe ist genau dann transitiv, wenn $r \geqq n$ und der Rang der Matrix $(\underset{s}{\xi^\alpha})$ gleich $n (\alpha = 1, \ldots, n; s = 1, \ldots, r)$ ist ([147], S. 88). Wenn $r = n$ ist, so heißt die Gruppe *einfach-transitiv*, wenn $r > n$ ist, *mehrfach-transitiv*.

Zwei Gruppen G_r und $\overset{*}{G}_r$, die durch die endlichen Gleichungen

$$(\alpha) \quad \overset{*}{x}^\alpha = f^\alpha(x^\sigma, a^s), \qquad (\beta) \quad \tilde{x}^\alpha = \tilde{f}^\alpha(x^\sigma, \tilde{a}^s)$$

$$(\alpha = 1, \ldots, n; \; s = 1, \ldots, r),$$

definiert sind, heißen *ähnlich*, wenn es ein System von r unabhängigen Funktionen $\omega^a(a^s)$ gibt, so daß man eine nichtausgeartete Koordinatentransformation erhält, die (β) in (α) überführt, indem man $\tilde{a}^a = \omega^a(a^s)$ setzt. Die Frage nach den ähnlichen Gruppen wird von dem folgenden Satz beantwortet, der von Lie bewiesen wurde (Lie und Engel [5], S. 354): Zwei r-parametrige Gruppen von gleicher Struktur mit der gleichen Anzahl von Veränderlichen, für welche die allgemeinen Ränge der Matrizen $(\underset{s}{\xi^\alpha})$ und $(\underset{s}{\overset{*}{\xi}{}^\alpha})$ kleiner als r sind, sind genau dann ähnlich, wenn 1. die Ränge der Matrizen $(\underset{s}{\xi^\alpha})$ und $(\underset{s}{\overset{*}{\xi}{}^\alpha})$ gleich q sind, 2. ein beliebiges Paar sich entsprechender Minoren der Ordnung q gleichen Rang hat, 3. aus

$$\underset{p}{\overset{*}{\xi}{}^\alpha} = \overset{*}{\varphi}{}_p^h \underset{h}{\overset{*}{\xi}{}^\alpha} \qquad (p = q + 1, \ldots, n)$$

folgt, daß das Gleichungssystem

$$\overset{*}{\varphi}{}_p^h(\overset{*}{x}) = \varphi_p^h(x)$$

verträglich ist und zu keinen Beziehungen zwischen den Veränderlichen einer der beiden Gruppen führt.

Haben jedoch die Matrizen $(\underset{s}{\xi^\alpha})$ und $(\underset{s}{\overset{*}{\xi}{}^\alpha})$ den Rang r, so sind zwei *nichttransitive* Gruppen mit der gleichen Anzahl der Erzeugenden ähnlich, wenn ihre Strukturen übereinstimmen. Zwei einfach-transitive Gruppen mit übereinstimmenden Strukturen und der gleichen Zahl von Erzeugenden sind ähnlich.

Der Gesamtheit von Linearkombinationen von Kommutatoren einer Gruppe (die *lineare Hülle der Kommutatoren*) entspricht eine Untergruppe G_{r_1}, die *Kommutatorgruppe von* G_r heißt. Entsprechend bestimmt die lineare Hülle der Kommutatoren von G_{r_1} die Kommutatorgruppe G_{r_2} usw. Durch Fortsetzung dieses Verfahrens erhält man eine Folge von Gruppen

$$G_r \supset G_{r_1} \supset G_{r_2} \supset \ldots .$$

Dabei gibt es zwei Möglichkeiten: 1. $r > r_1 > r_2 > \cdots > r_k = 0$, in diesem Fall heißt die Gruppe *auflösbar*. 2. $r > r_1 > \cdots > r_k = r_{k+1} = \cdots > 0$, dann erhält man eine *nichtauflösbare* Gruppe.

Im folgenden hat man stetige Transformationsgruppen in Riemannschen Räumen V_n zu betrachten: die *Bewegungsgruppen, welche die Metrik von V_n fest lassen.* Nach einer Tranformation aus der Bewegungsgruppe drückt sich der metrische Tensor durch die gleichen Funktionen in den neuen wie in den alten unabhängigen Veränderlichen aus:

$$g_{\alpha\beta}(\overset{*}{x}^1, \ldots, \overset{*}{x}^n) d\overset{*}{x}^\alpha d\overset{*}{x}^\beta = g_{\alpha\beta}(x^1, \ldots, x^n) dx^\alpha dx^\beta. \qquad (10.8)$$

G_r ist genau dann eine Bewegungsgruppe von V_n, wenn für *jeden* Operator der Gruppe die sogenannten Killing-*Gleichungen* erfüllt sind ([6], S. 167). Um diese Gleichungen zu erhalten, benutzen wir den Begriff der *Lieschen Ableitung.* Es sei ein Objekt $\Omega^{(\alpha)}_{(\beta)}$ gegeben (die Anzahl der Indizes spielt bei dieser Frage keine Rolle, wir bezeichnen sie daher mit einem Buchstaben in Klammern). Wir betrachten einen Punkt $P(x^\alpha)$ in V_n und den Wert des Objektes $\Omega^{(\alpha)}_{(\beta)}(x^\alpha)$ in diesem Punkt.

Wir *verschieben* nun das Koordinatensystem um $v^\alpha\, dt$, d. h. wir transformieren das Koordinatensystem, so daß der Punkt

$$x^\alpha = v^\alpha\, dt$$

die Koordinaten x^α erhält. Dann bekommt der Punkt ξ^α die Koordinaten

$$\xi^\alpha - v^\alpha\, dt.$$

Hierauf kehren wir zum ursprünglichen Koordinatensystem zurück. Wenn der ursprüngliche Wert des Objektes im Punkt x^α gleich $\Omega^{(\alpha)}_{(\beta)}$ war, so ist der Wert im gleichen Punkt nach der Verschiebung gleich

$$\Omega^{(\alpha)}_{(\beta)} - \underset{L}{\delta} \Omega^{(\alpha)}_{(\beta)}.$$

Das Objekt $\underset{L}{\delta} \Omega^{(\alpha)}_{(\beta)}$ heißt nach einem Vorschlag von van Dantzig *Liesches Differential.* Aus der Definition folgt, daß das Liesche Differential nicht von den Zusammenhangskoeffizienten des Raumes abhängt und in einem holonomen Koordinatensystem in der *Richtung des Vektorfeldes* ξ^α für die kovarianten und kontravarianten Komponenten eines Vektors u die Form

$$\left.\begin{aligned} \underset{L}{\delta} u^\alpha &= (\xi^\sigma \partial_\sigma u^\alpha - u^\sigma \partial_\lambda \xi^\alpha) dt, \\ \underset{L}{\delta} u_\alpha &= (\xi^\sigma \partial_\sigma u_\alpha + u_\sigma \partial_\alpha \xi^\sigma) dt \end{aligned}\right\} \qquad (10.9)$$

hat. Wenn wir den Faktor *dt* fortlassen, erhalten wir die sogenannte Liesche *Ableitung.*

Für einen Tensor höherer Stufe wird das Liesche Differential nach der gleichen Regel für jeden Index berechnet in Abhängigkeit davon, ob der Index kovariant oder kontravariant ist.

Die Killing-Gleichungen sind eine notwendige und hinreichende Bedingung dafür, daß die Verschiebung $\xi^\alpha dt$ in V_n eine Bewegung darstellt; d. h. eine Verschiebung von V_n in sich, bei der (10.8) gilt. Das bedeutet, daß der *verschobene* Wert des Feldes $g_{\alpha\beta}$ im Punkt

$$x^\alpha + \xi^\alpha\, dt$$

gleich dem ursprünglichen Wert des Tensorfeldes $g_{\alpha\beta}(x)$ ist. Mit anderen Worten, das LIEsche Differential von $g_{\alpha\beta}$ ist bei der Verschiebung $\xi^\alpha\, dt$ gleich Null.

Folglich definiert der Vektor ξ^α genau dann eine Bewegung in V_n, wenn in der Richtung ξ^α

$$\underset{L}{\delta} g_{\alpha\beta} = 0 \tag{10.10}$$

gilt, was sich in expliziter Form entsprechend (10.9) folgendermaßen ausdrücken läßt:

$$\xi^\sigma \partial_\sigma g_{\alpha\beta} + g_{\alpha\sigma} \partial_\beta \xi^\sigma + g_{\beta\sigma} \partial_\alpha \xi^\sigma \equiv \xi_{\alpha,\beta} + \xi_{\beta,\alpha} = 0 . \tag{10.11}$$

In diesem Fall heißt ξ^α KILLING-*Vektor.*

Auf Grund der Definition der Bewegung und der LIEschen Ableitung schließen wir, daß bei einer Bewegung in V_n auch der RIEMANNsche Zusammenhang erhalten bleibt:

$$\underset{L}{\delta} \Gamma^\alpha_{\beta\gamma} = 0. \tag{10.12}$$

Hieraus folgt (durch Einsetzen des expliziten Ausdrucks für $\delta \Gamma^\alpha_{\beta\gamma}$)

$$\xi^\alpha_{,\beta\gamma} + \xi^\sigma R_{\sigma\gamma}{}^\alpha{}_\beta = 0 . \tag{10.13}$$

Da der metrische Tensor eines Raumes vollständig bestimmt ist, wenn die Komponenten des Krümmungstensors und seine kovarianten Ableitungen bekannt sind, müssen bei den Bewegungen, die durch den Operator ξ^α definiert sind, auch die folgenden Bedingungen in der Richtung von ξ^α gelten:

$$\left.\begin{array}{l} \underset{L}{\delta} R_{\alpha\beta\gamma\delta} = 0 , \\ \underset{L}{\delta} R_{\alpha\beta\gamma\delta,\lambda} = 0 , \\ \cdot\ \cdot\ \cdot\ \cdot\ \cdot\ \cdot\ \cdot \\ \underset{L}{\delta} R_{\alpha\beta\gamma\delta,\lambda_1\ldots\lambda_p} = 0, \\ \cdot\ \cdot\ \cdot\ \cdot\ \cdot\ \cdot\ \cdot \end{array}\right\} \tag{10.14}$$

Diese Gleichungen stellen die Integrabilitätsbedingungen für die KILLING-Gleichungen dar sowie abgeleitete Gleichungen aus ihnen, die man durch fortgesetzte kovariante Differentiation unter Benützung der Bedingungen (10.11) und (10.13) erhält. Natürlich kann man sie auch unmittelbar erhalten als Verträglichkeitsbedingungen der Gleichungen (10.11) (siehe z. B. [147], S. 257—259).

Die Untersuchung der Gleichungen (10.14) spielt eine entscheidende Rolle bei der Bestimmung der Ordnung r der Bewegungsgruppe G_r von V_n. Man erhält den folgenden Satz als Folgerung von allgemeinen Sätzen über die Verträglichkeit eines Differentialgleichungssystems ([147], § 6):

G_r ist genau dann Bewegungsgruppe in V_n, wenn der Rang der Matrix des homogenen algebraischen Gleichungssystems (10.14) *bis zu einer gewissen Nummer k bezüglich der Unbekannten ξ_α und $\xi_{\alpha,\beta}$ unter den Bedingungen* (10.11) *gleich*

$$\frac{n(n+1)}{2} - r$$

ist, und die Hinzufügung neuer Gleichungen aus (10.14) *mit der Nummer $k+1$ diesen Rang nicht ändert.*

Jede Klassifikation der Räume V_n nach Bewegungsgruppen ist zwangsläufig mit der Bestimmung der Struktur der zu untersuchenden Gruppen verbunden, d. h. mit anderen Worten, der Strukturkonstanten für irgendeine kanonische Basis der Gruppe. Wenn man die Struktur der Gruppe kennt, kann man das einfachste mit dieser Struktur zusammenhängende holonome Koordinatensystem sowie die Operatoren der Gruppe bezüglich dieses Koordinatensystems bestimmen. Danach läuft die Bestimmung der Räume V_n mit gegebener Gruppe auf die Integration der Killing-Gleichungen mit unbekannten Funktionen $g_{\alpha\beta}$ hinaus.

Bei der Anwendung auf Räume, die durch die Gravitationsfelder bestimmt werden, interessieren uns nur reelle Bewegungsgruppen und reelle Strukturen. Für $r = 2,3$ wurde die Klassifikation nach reellen nichtisomorphen Strukturen von Bianchi [44], für $r = 4$ (unter Ausschluß des Falles einer Gruppe G_4 mit einer abelschen Untergruppe G_3) von Krutschkowitsch [(203], S. 9; [260], S. 209) durchgeführt, wobei letzterer von der Klassifikation nichtisomorpher Strukturen der Gruppen G_4 im komplexen Gebiet ausging, die von Lie ([7], § 137) durchgeführt wurde. Diese Klassifikation ergibt folgende Strukturen:

$$r = 2$$

$$\left.\begin{array}{l} \text{I. } [X_1 X_2] = 0,\ G_2 \text{ abelsch,} \\ \text{II. } [X_1 X_2] = X_1,\ G_2 \text{ nichtabelsch.} \end{array}\right\} \quad (10.15)$$

$$r = 3$$

$$\left.\begin{array}{llll} \multicolumn{4}{l}{\text{Auflösbare Gruppen}} \\ \text{I.} & [X_i X_j] = 0\ (i, j = 1, 2, 3),\ G_3 \text{ abelsch,} & & \\ \text{II.} & [X_1 X_2] = 0, & [X_2 X_3] = X_1, & [X_3 X_1] = 0, \\ \text{III.} & [X_1 X_2] = 0, & [X_2 X_3] = 0, & [X_3 X_1] = -X_1, \\ \text{IV.} & [X_1 X_2] = 0, & [X_2 X_3] = X_1 + X_2, & [X_3 X_1] = -X_1, \\ \text{V.} & [X_1 X_2] = 0, & [X_2 X_3] = X_2, & [X_3 X_1] = -X_1, \\ \text{VI.} & [X_1 X_2] = 0, & [X_2 X_3] = q X_2, & [X_3 X_1] = -X_1\ (q \neq 0, 1), \\ \text{VII.} & [X_1 X_2] = 0, & [X_2 X_3] = -X_1 + q X_2, & [X_3 X_1] = -X_2\ (q^2 < 4). \\ \multicolumn{4}{l}{\text{Nichtauflösbare Gruppen}} \\ \text{VIII.} & [X_1 X_2] = X_1, & [X_2 X_3] = X_3, & [X_3 X_1] = -2X_2, \\ \text{IX.} & [X_1 X_2] = X_3, & [X_2 X_3] = X_1, & [X_3 X_1] = X_2. \end{array}\right\} \quad (10.16)$$

Die Zahl nichtisomorpher Strukturen über dem Körper der komplexen Zahlen ist kleiner (die Typen VI und VII fallen ebenso wie VIII und IX zusammen).

$r = 4$

G_4 auflösbar, G_4 enthält keine abelsche Untergruppe G_3

I. $[X_1X_2] = 0, \quad [X_2X_3] = X_1, \quad [X_3X_1] = 0,$

$[X_1X_4] = cX_1, \quad [X_2X_4] = X_2, \quad [X_3X_4] = (c-1)X_3$

(c ist eine beliebige reelle Zahl),

II. $[X_1X_2] = 0, \quad [X_2X_3] = X_1, \quad [X_3X_1] = 0,$

$[X_1X_4] = 2X_1, \quad [X_2X_4] = X_2, \quad [X_3X_4] = X_2 + X_3,$

III. $[X_1X_2] = 0, \quad [X_2X_3] = X_1, \quad [X_3X_1] = 0,$

$[X_1X_4] = qX_1, \quad [X_2X_4] = X_3, \quad [X_3X_4] = -X_2 + qX_3 \, (q^2 < 4),$

IV. $[X_1X_2] = 0, \quad [X_2X_3] = X_2, \quad [X_3X_1] = 0,$

$[X_1X_4] = X_1, \quad [X_2X_4] = 0, \quad [X_3X_4] = 0,$ (10.17)

V. $[X_1X_2] = 0, \quad [X_2X_3] = X_2, \quad [X_3X_1] = -X_1,$

$[X_1X_4] = X_2, \quad [X_2X_4] = -X_1, \quad [X_3X_4] = 0.$

G_4 auflösbar, G_4 enthält eine abelsche Untergruppe G_3

VI. $[X_iX_j] = 0, \quad [X_iX_4] = C_i^k X_k \; (i, j = 1, 2, 3; \; k = 1, 2, 3, 4).$

G_4 nicht auflösbar

VII. $[X_1X_2] = X_1, \quad [X_2X_3] = X_3, \quad [X_3X_1] = -2X_2, \quad [X_iX_4] = 0$

$(i = 1, 2, 3),$

VIII. $[X_1X_2] = X_3, \quad [X_2X_3] = X_1, \quad [X_3X_1] = X_2, \; [X_iX_4] = 0$

$(i = 1, 1, 3).$

Im komplexen Gebiet stimmen die Strukturen I und II sowie IV und VIII überein.

Untersuchen wir die Struktur von VI, die bei dieser Klassifikation nicht betrachtet wurde. Wir wenden auf die Operatoren der abelschen Untergruppe G_3 eine nichtausgeartete reelle lineare Transformation

$$Y_i = A_i^j X_j, \qquad Y_4 = X_4, \qquad |A_i^j| \neq 0$$

an. Dann ist $[Y_i Y_j] = 0 \; (i, j = 1, 2, 3)$ und

$$[Y_i Y_4] = A_i^j [X_j X_4] = A_i^j C_j^s X_s + C_i^4 X_4 = \overset{*}{C}{}_i^s Y_s + C_i^4 X_4,$$

wobei $\overset{*}{C}{}_i^k = A_i^j C_j^s \overset{*}{A}{}_s^k$ und $\overset{*}{A}{}_j^k$ die zu A_j^k inverse Transformation ist. Also gilt

$$\overset{*}{C} = ACA^{-1}, \; |A| \neq 0.$$

Betrachten wir C^i_j als lineare Funktion im dreidimensionalen euklidischen Raum, so ergibt sich die Aufgabe, C mit Hilfe von nichtausgearteten *reellen* Transformationen in eine kanonische Form überzuführen. In diesem Fall gibt es genau vier nichtisomorphe Typen (P. A. Schirokow [91], S. 187, 201):

$$(1)\; C = \begin{pmatrix} \lambda_1 & 0 & 0 \\ 0 & \lambda_2 & 0 \\ 0 & 0 & \lambda_3 \end{pmatrix}, \quad (2)\; C = \begin{pmatrix} \lambda_1 & 1 & 0 \\ 0 & \lambda_1 & 0 \\ 0 & 0 & \lambda_2 \end{pmatrix},$$

$$(3)\; C = \begin{pmatrix} \lambda_1 & 1 & 0 \\ 0 & \lambda_1 & 1 \\ 0 & 0 & \lambda_2 \end{pmatrix}, \quad (4)\; C = \begin{pmatrix} \alpha & \beta & 0 \\ -\beta & \alpha & 0 \\ 0 & 0 & \lambda \end{pmatrix}, \quad \beta \neq 0,$$

wobei λ_i, α, β reelle Zahlen sind.

Die durch diese Matrizen definierten C^i_j und C^4_i sind genau dann Strukturkonstanten, wenn sie den Jacobischen Bedingungen

$$\left.\begin{aligned} &C^l_{ab} = -C^l_{ba}, \\ &C^l_{ab} C^j_{lc} + C^l_{bc} C^j_{la} + C^l_{ca} C^j_{lb} = 0 \end{aligned}\right\} \tag{10.18}$$

genügen ([147], S. 35). Wenden wir auf C^i_j diese Bedingungen an, ergibt sich folgendes: *Wenn G_4 eine abelsche Untergruppe G_3 enthält, hat sie eine der folgenden nichtisomorphen reellen Strukturen:*

$$\left.\begin{aligned}
&\mathrm{VI}_1.\quad [X_i X_j] = 0\ (i, j = 1, 2, 3),\ [X_1 X_4] = aX_1 + bX_4, \\
&\qquad [X_2 X_4] = cX_2 + dX_4,\ [X_3 X_4] = eX_3 + fX_4, \\
&\textit{wobei nur die Fälle} \\
&1.\ a = b = c = d = e = f = 0, \qquad 2.\ a = c = e = f = 0, b = d = 1, \\
&3.\ a = c = e = 0,\ b = d = f = 1, \quad 4.\ c = d = e = f = 0, a = b = 1, \\
&5.\ b = d = f = 0, a = 1; \\
&\mathrm{VI}_2.\quad [X_i X_j] = 0\ (i, j = 1, 2, 3),\ [X_1 X_4] = kX_1 + X_2, \\
&\qquad [X_2 X_4] = kX_2,\ [X_3 X_4] = \varepsilon X_3, \\
&\mathrm{VI}_3.\quad [X_i X_j] = 0\ (i, j = 1, 2, 3),\ [X_1 X_4] = kX_1 + X_2, \\
&\qquad [X_2 X_4] = kX_2 + X_3,\ [X_3 X_4] = \varepsilon X_3, \\
&\mathrm{VI}_4.\quad [X_i X_j] = 0\ (i, j + 1, 2, 3),\ [X_1 X_4] = kX_1 + X_2, \\
&\qquad [X_2 X_4] = -X_1 + kX_2,\ [X_3 X_4] = lX_3,\ l = \text{const}
\end{aligned}\right\} \tag{10.19}$$

wesentlich sind. Hierbei ist $\varepsilon = 0$ oder 1 und k eine reelle Zahl. Diese Überlegungen lassen sich offensichtlich auf beliebiges r verallgemeinern.

Aufgaben

1. Man beweise, daß V_n genau dann eine unendlich kleine Bewegung gestattet, wenn ein Koordinatensystem existiert, in dem die Koeffizienten $g_{\alpha\beta}$ eine der Koordinaten x^γ nicht enthalten. In diesem Fall sind die Koordinatenkurven x^γ Trajektorien der Bewegung ([147], S. 252).

2. Bei Bewegungen von V_n gehen Geodätische in Geodätische über.

3. Sind die $\underset{s}{\xi}^\alpha$ KILLING-Vektoren, so ist auch $c^s \underset{s}{\xi}^\alpha$ ($c^s = \text{const}$) ein KILLING-Vektor.

4. Wenn V_n eine nichttransitive Bewegungsgruppe G_r gestattet und eine nichtisotrope Hyperfläche V_{n-1} Transitivitätshyperfläche ist, so besitzen die zu V_{n-1} geodätisch parallelen Hyperflächen die gleiche Eigenschaft.

5. Wenn die nichtisotropen Transitivitätsflächen einer Bewegungsgruppe G_r die Dimension $n - 1$ haben, so sind sie geodätisch parallel.

6. Die Bewegungen, deren Trajektioren Geodätische sind, heißen Parallelverschiebungen oder Translationen. Man beweise, daß der KILLING-Vektor ξ^α genau dann eine Parallelverschiebung definiert, wenn $g_{\alpha\beta}\xi^\alpha\xi^\beta = \text{const}$ ist. In diesem Fall werden alle Punkte um die gleiche Länge verschoben.

7. Man beweise, daß die Vektoren der Bewegungsgruppen G_1 konstante Winkel mit einer beliebigen nichtisotropen Geodätischen bilden.

8. BIANCHI formulierte folgenden Satz: Die Trajektorien zweier Gruppen G_1 von Parallelverschiebungen schneiden sich unter konstantem Winkel ([44], S. 167). Man zeige, daß diese Behauptung nur dann richtig ist, wenn die kleinste, beide Gruppen G_1 enthaltende Gruppe transitiv ist (P. A. SCHIROKOW [105]).

9. Ein Raum V_n mit konstanter Krümmung gestattet eine Bewegungsgruppe G_r mit $r = \dfrac{n(n+1)}{2}$. Jeder Raum V_n mit einer Bewegungsgruppe dieser Ordnung hat konstante Krümmung.

10. Im Raum V_2 gibt es genau dann eine Parallelverschiebung, wenn seine Krümmung verschwindet.

11. Ein homogener RIEMANNscher Raum $V_n(ds^2 > 0)$ gestattet keine Gruppe, die einer größeren als der Bewegungsgruppe ähnlich ist, mit Ausnahme des Falles, daß V_n euklidisch ist (GU TSCHAO-CHAO [307]).

12. Wir betrachten die Größen $\varepsilon_{i_1 i_2 \ldots i_n} = \varepsilon^{i_1 i_2 \ldots i_n}$, die per definitionem gleich Null sind, wenn sie zwei oder mehrere gleiche Indizes enthalten und gleich 1 oder -1 je nachdem sind, ob man die Folge der Indizes $i_1, i_2, \ldots, i_n$ aus der natürlichen Reihe $1, 2, \ldots, n$ mit Hilfe einer geraden oder ungeraden Zahl von Transpositionen erhält. Man zeigt: 1. Eine beliebige Determinante $a = |a^i_j|$ (der Index i bezeichnet die Nummer der Spalte und j die Nummer der Zeile; $i, j = 1, \ldots, n$) läßt sich in einer der zwei Formen $a = \varepsilon_{i_1 \ldots i_n} a^{i_1}_1 \ldots a^{i_n}_n = \varepsilon^{i_1 \ldots i_n} a^1_{i_1} \ldots a^n_{i_n}$ schreiben. 2. Die Größen $\sqrt{g}\,\varepsilon_{i_1 \ldots i_n}$ sind die Komponenten eines kovarianten Tensors (*Diskriminantentensors*), wenn $g = |g_{\alpha\beta}|$ die Determinante des metrischen Tensors ist. Die kontravarianten Komponenten dieses Tensors sind $\dfrac{1}{\sqrt{g}}\,\varepsilon^{i_1 \ldots i_n}$. 3. Der Diskriminantentensor ist kovariant konstant.

KAPITEL II

EINSTEINSCHE RÄUME

In diesem Kapitel werden die grundlegenden Tatsachen der speziellen und allgemeinen Relativitätstheorie betrachtet, die zum Begriff der vierdimensionalen EINSTEINschen Räume und ihrer Verallgemeinerung auf Räume beliebiger Dimension führen.

§ 11. Grundlagen der speziellen Relativitätstheorie. Lorentz-Transformation

Um den Rahmen dieser Darstellung nicht zu sprengen, geben wir nur einen kurzen Abriß der Grundlagen der speziellen Relativitätstheorie unter Betonung der mathematischen Seite. Die von GALILEI und NEWTON begründete klassische Mechanik, die allgemeine Anerkennung gefunden hat, konnte im Laufe der Entwicklung der Physik neu auftauchende Tatsachen nicht mehr in befriedigender Weise erklären. Das bezog sich vor allem auf die Theorie des Lichtes und des Elektromagnetismus.

Fast zur gleichen Zeit wurden auf der Grundlage der klassischen Mechanik zwei Theorien des Lichtes, die *Korpuskulartheorie* von NEWTON und die *Wellentheorie* von HUYGENS, geschaffen. Fast hundert Jahre lang gab man der ersten von ihnen den Vorzug.

Danach begannen sich jedoch unter dem Druck der experimentellen Ergebnisse (Interferenz und Beugung des Lichtes) die Mehrheit der Physiker der Wellenhypothese zuzuneigen, die das Licht als einen Schwingungszustand eines Mediums betrachtet. Als Träger dieser Schwingungen nahm man ein besonderes Medium, den Äther, an, dem viele ungewöhnliche Eigenschaften zugeschrieben wurden, die rätselhaft blieben. Andererseits war die Theorie der elektromagnetischen Erscheinungen, die durch die MAXWELLschen Gleichungen beschrieben wird und durch ein umfangreiches experimentelles Material gesichert ist, nicht invariant vom Standpunkt der klassischen Mechanik. Um eine Theorie aufzubauen, die der tatsächlichen Lage der Dinge in stärkerem Maße als die klassische Mechanik gerecht wird, mußte man von den experimentell begründeten Tatsachen ausgehen. Solche durch Experimente fast offensichtlichen Tatsachen sind die folgenden zwei Annahmen: 1. Beliebige Vorgänge in einem sich bewegenden System sind prinzipiell unabhängig von der Bewegung dieses Systems im ganzen. 2. Die *Lichtgeschwindigkeit* ist *unabhängig von der Bewegung der Lichtquelle* (und ist gleich $c = 300000$ km/sec). Die Annahme 1 bedeutet genauer, daß es ∞^3 sich *gleichförmig* und *geradlinig* gegeneinander bewegende Bezugssysteme gibt, in denen die Vorgänge in gleicher Weise ablaufen. Solche Bezugssysteme nennen wir *Inertialsysteme.* Wenn man sich auf mechanische Vorgänge beschränkt, die von der klassischen Mechanik betrachtet werden, so fällt die Annahme 1 mit dem GALILEI*schen Relativitätsprinzip* zusammen. Die Annahme 2 läßt sich jetzt folgendermaßen formulieren: *Die Lichtgeschwindigkeit ist im leeren Raum konstant und gleich c in einem beliebigen Intertialsystem.* Natürlich gilt für Bezugssysteme, die nicht Intertialsysteme sind, 2 nicht.

In der klassischen Mechanik drückt sich das GALILEIsche Relativitätsprinzip in der Tatsache aus, daß die Formulierung der Gesetze sich beim Übergang von einem Intertialsystem zu einem anderen nicht ändert. Eine solche Koordinatentransformation wird im einfachsten Fall, wenn die Koordinaten y und z fest bleiben, bekanntlich durch die Formeln

$$x' = x - vt, \quad y' = y, \quad z' = z \tag{11.1}$$

beschrieben, wobei außerdem die *Unabhängigkeit des Zeitintervalls vom Bezugssystem* gefordert wird:

$$t' = t. \tag{11.2}$$

Die Transformationen (11.1) und (11.2) werden als GALILEI-*Transformationen* bezeichnet. Um das Wesen der Frage zu klären, genügt es, diesen Spezialfall der Bewegung von Inertialsystemen gegeneinander zu betrachten. Wenn man fordert, daß das Prinzip 1 auch für die Elektrodynamik gelten soll, führen die GALILEI-Transformationen zu einem Widerspruch.

Es ergibt sich also die Frage, wie zwei Inertialsysteme bei der Beobachtung der Erscheinungen 1 und 2 voneinander abhängen. Zu dem gleichen Problem kommt man, wenn man fordert, daß die MAXWELL-Gleichungen bei den gesuchten Transformationen von einem Inertialsystem in ein anderes invariant sind. Jedoch sind die Annahmen 1 und 2 zur eindeutigen Lösung der Frage noch nicht hinreichend. Um die gesuchten Transformationen, die sogenannten LORENTZ-*Transformationen*, zu erhalten, hat man daher noch zusätzliche Annahmen zu machen. Als erster beschäftigte sich LARMOR ([12], S. 167—177) mit diesem Problem. Er erhielt die Formeln bei der Untersuchung der Längenkontraktion eines bewegten Körpers und der Veränderung des Zeitmaßstabes. Jedoch blieb diese Arbeit unbeachtet.[1]) Es folgten zwei Arbeiten von LORENTZ ([15], § 64; [19], S. 809, 986), in der ersten nahm er noch die Existenz des Äthers an, machte aber eine Reihe wertvoller Bemerkungen. In der zweiten Arbeit erhielt er die gesuchten Transformationen als Transformationen, welche die MAXWELL-Gleichungen invariant lassen, wenn man den Raum ohne Ladungen betrachtet. Die Kontraktion der Körper wird hier als kausal bedingte Erscheinung verstanden. In den danach erscheinenden zwei Veröffentlichungen von POINCARÉ ([23], S. 1504; [25], S. 129) wurden die in den Arbeiten von LORENTZ erhaltenen formalen Lücken ausgefüllt. Die Bezeichnungen „LORENTZ-Transformation" tauchen zum erstenmal in diesen Arbeiten von POINCARÉ auf. Zum erstenmal wird das Relativitätsprinzip als ein allgemeines Prinzip ausgesprochen. Die Konstanz der zur Bewegungsrichtung senkrechten

---

[1]) Noch früher (1887) gab VOIGT eine zur LORENTZ-Gruppe konforme Transformationsgruppe an, ohne daß jedoch aus VOIGTs Arbeit weitergehende Schlüsse gezogen wurden (Anm. d. Red.).

Abmessungen des Körpers wird aus der Hypothese abgeleitet, daß die gesuchte Transformationsgruppe die gewöhnliche Drehungsgruppe als Untergruppe enthält. POINCARÉ konnte eine bezüglich der gegebenen Gruppe invariante Theorie des Elektrons aufbauen.

Gleichzeitig erschienen die Arbeiten EINSTEINS, die alle wesentlichen Ergebnisse der oben genannten Untersuchungen enthielten (siehe [24], S. 89) und außerdem das Problem von einem neuen Gesichtspunkt aus behandelten. Er gewann seine Ergebnisse aus 1 und 2, wobei er auch andere Annahmen („Homogenität" des Raumes usw.) benützte. In den Arbeiten von EINSTEIN erhielt die spezielle Relativitätstheorie bis zu einem gewissen Grade ihre endgültige Form. Die experimentell begründeten Annahmen 1 und 2 fanden im folgenden eine glänzende Bestätigung (S. I. WAWILOW [84]).

Die formale Axiomatik fesselt auch weiterhin das Interesse. Wenn man die folgenden Axiome zugrunde legt, erhält man die Formeln für die Transformationen bis auf das Vorzeichen und die physikalische Deutung der Konstanten (IGNATOWSKI [29], S. 972; [31], S. 779; FRANK und ROTHE [32], S. 825; MIE [33], S. 750): 1. Die gesuchten Transformationen bilden eine einparametrige homogene lineare Gruppe. 2. Die Geschwindigkeit des Systems S bezüglich S' ist mit dem umgekehrten Vorzeichen gleich der Geschwindigkeit von S' bezüglich S. 3. Die Verkürzungen des Maßstabes in S' im Sinne von S und die des Maßstabes in S im Sinne von S' sind gleich.

CATTANEO [290] betrachtet ein der klassischen und relativistischen Kinematik gemeinsames Axiomensystem, aus dem man durch zusätzliche Forderungen die GALILEI- oder die LORENTZ-Transformation erhält. Statt der Axiome von CATTANEO lassen sich andere Forderungen stellen (V. A. FOCK [225], S. 31; A. D. ALEXANDROW [190], S. 103; A. D. ALEXANDROW, W. W. OWTSCHINNIKOW [191], S. 95; MATSUMOTO [227], S. 55—58).

Die Frage nach einem strengen Aufbau der speziellen Relativitätstheorie wurde in Arbeiten von A. D. ALEXANDROW ([317], S. 80—83) behandelt. Sie gründet sich auf die folgenden Annahmen: 1. Das Raum-Zeit-Kontinuum ist die Mannigfaltigkeit aller Ereignisse, betrachtet nur vom Standpunkt ihrer durch das System der Kausalitätsbeziehungen bestimmten Struktur unter Vernachlässigung aller anderen Eigenschaften. 2. Das Raum-Zeit-Kontinuum ist eine vierdimensionale Mannigfaltigkeit. 3. Das Raum-Zeit-Kontinuum ist maximal homogen, d. h. die Gruppe der Transformation, die alle Kausalitätsbeziehungen erhalten, ist die maximale unter allen möglichen. 4. Sowohl die Mannigfaltigkeit, die das Raum-Zeit-Kontinuum darstellt, als auch die in 3 genannten Transformationen sind differenzierbar. Wir erhalten die LORENTZ-Transformationen unter folgenden Voraussetzungen: Es gelten die Annahmen 1 und 2 und außerdem 3'. die Transformationen sind linear. 4'. Die Maßstäbe in der zur Bewegungsrichtung senkrechten Ebene bleiben ungeändert. 5. Die Anzeige zweier Uhren, die sich in der Ebene $O'y'z'$ befinden, stimmt bezüglich des Systems S überein.

Das Bezugssystem S (bestehend aus Koordinatenachsen mit einem Maßstab und einer Uhr) lege Ort und Zeit eines Ereignisses durch die Zahlen $x^1 = x$, $x^2 = y, x^3 = z$ und $x^4 = ct$ fest. Die entsprechenden Koordinaten des Ereignisses im System S' seien $x^{1'}$, $x^{2'}$, $x^{3'}$, $x^{4'}$. Setzen wir dann voraus, daß die Systeme S und S' bei $x^4 = t = 0$ zusammenfallen, so lassen sich auf Grund von 3' die gesuchten Transformationen in der Form

$$x^{\alpha'} = c_\beta^{\alpha'} x^\beta \qquad (\alpha, \beta = 1, 2, 3, 4)$$

schreiben.

Das Inertialsystem S' bewege sich bezüglich S mit konstanter Geschwindigkeit v so, daß die Achsen Ox und $O'x'$ zusammenfallen. Dann gilt wegen 4'

$$x^{2'} = x^2, \qquad x^{3'} = x^3.$$

Aus 5 folgt, daß $x^{1'}$ und $x^{4'}$ nicht von x^2 und x^3 abhängen. Daher muß die Transformation die Gestalt

$$x^{1'} = \alpha x^1 + \beta x^4, \qquad x^{2'} = x^2, \qquad x^{3'} = x^3, \qquad x^{4'} = \gamma x^1 + \delta x^4 \tag{11.3}$$

haben. Wir nehmen an, daß im Zeitpunkt $ct = x^4 = 0$ sich ein Lichtsignal von dem in diesem Augenblick gemeinsamen Koordinatenursprung der Systeme S und S' mit der Geschwindigkeit c ausbreitet. Wegen 2 gilt für das Signal nach einem Zeitintervall t im Bezugssystem S

$$\sum_1^3 x^{i^2} - x^{4^2} = 0. \tag{11.4}$$

Unter nochmaliger Anwendung von 2 erhalten wir

$$\sum_1^3 x^{i'^2} - x^{4'^2} = 0. \tag{11.5}$$

Ersetzen wir in (11.5) x^α durch die Ausdrücke in den Formeln (11.3), so müssen wir zu (11.4) äquivalente Gleichungen erhalten, d. h. im gegebenen Fall, daß die Gleichungen bis auf einen Faktor übereinstimmen. Da $x^{2'} = x^2$, $x^{3'} = x^3$ ist, muß dieser Faktor gleich Eins sein. Daraus folgt

$$\alpha^2 - \gamma^2 = 1, \qquad \alpha\beta - \gamma\delta = 0, \qquad \delta^2 - \beta^2 = 1,$$

d. h.

$$\alpha = \operatorname{ch}\varphi, \qquad \beta = \operatorname{sh}\varphi, \qquad \gamma = \operatorname{sh}\varphi, \qquad \delta = \operatorname{ch}\varphi.$$

Bezüglich S' erhält man die Bewegung des Koordinatenursprungs von S, indem man $x = 0, y = 0, z = 0$ setzt. Das ergibt

$$x^{1'} = \operatorname{sh}\varphi x^4, \qquad x^{2'} = x^{3'} = 0, \qquad x^{4'} = \operatorname{ch}\varphi x^4$$

und folglich

$$\frac{x^{1'}}{x^{4'}} = \frac{x'}{ct'} = -\frac{v}{c} = \operatorname{th}\varphi, \qquad \operatorname{th}\varphi = -\frac{v}{c}.$$

Daher läßt sich (11.3) in der Form

$$x^{1'} = \frac{1}{\sqrt{1-\frac{v^2}{c^2}}}(x^1 - v x^4), \qquad x^{2'} = x^2,$$

$$x^{3'} = x^3, \qquad x^{4'} = \frac{1}{\sqrt{1-\frac{v^2}{c^2}}}\left(-\frac{v}{c}x^1 + x^4\right) \tag{11.6}$$

schreiben.

Im Sinne des formalen Standpunktes, den wir schon oben bei der Einführung der Bezeichnungen eingenommen haben, können wir von einem vierdimensionalen Raum mit den Koordinaten x^α ($\alpha = 1, \ldots, 4$) sprechen, dessen Geometrie einer Transformationsgruppe vom Typ (11.6) entspricht. Wir bemerken, daß die Form

$$ds^2 = -dx^{1^2} - dx^{2^2} - dx^{3^2} + dx^{4^2} \qquad (x^4 = ct) \tag{11.7}$$

bezüglich dieser Transformationen invariant ist. Sucht man umgekehrt die Transformationen vom Typ (11.3), die (11.7) invariant lassen, so kommt man zu (11.6). Die Form (11.7) definiert die Metrik eines ebenen Raumes mit einer Signatur vom Typ $(- - - +)$, der als MINKOWSKI-*Raum* bezeichnet wird. MINKOWSKI wies als erster auf die Nützlichkeit einer solchen Interpretation hin [26].

Es seien zwei ebene Räume R_n und $\overset{*}{R}_n$ von gleicher Dimension und Signatur gegeben. R_n und $\overset{*}{R}_n$ heißen *isomorph*, wenn es eine eindeutige, reelle Abbildung der Punkte von R_n auf die Punkte von R_n^* gibt, die den folgenden Eigenschaften genügt: 1. Wenn den Punkten A, B des Raumes R_n die Punkte $\overset{*}{A}$, $\overset{*}{B}$ des Raumes $\overset{*}{R}_n$ entsprechen, so ist dem Vektor $\overset{*}{A}\overset{*}{B}$ aus $\overset{*}{R}_n$ der Vektor AB aus R_n zugeordnet. 2. Wenn der Vektor X^α aus R_n auf den Vektor $\overset{*}{X}{}^\alpha$ aus $\overset{*}{R}_n$ abgebildet wird, wird der Vektor aX^α aus R_n auf den Vektor $a\overset{*}{X}{}^\alpha$ aus $\overset{*}{R}_n$ abgebildet, dabei bezeichnet a eine Zahl. 3. $g_{\alpha\beta}u^\alpha u^\beta = g_{\alpha\beta}\overset{*}{u}{}^\alpha \overset{*}{u}{}^\beta$, wenn u^α auf $\overset{*}{u}{}^\alpha$ abgebildet wird.

Wenn die isomorphen Räume R_n und $\overset{*}{R}_n$ übereinstimmen, sprechen wir von *Automorphismen* oder *Bewegungen im ebenen Raum*. Fordert man statt 3. die Invarianz von (11.7) bei Abbildungen, so erhält man offensichtlich Automorphismen. *Die Geometrie des* MINKOWSKI-*Raumes ist also die Geometrie der* LORENTZ-*Gruppe.*

Wegen der Gleichberechtigung der Koordinaten x^1, x^2, x^3 gibt es zwei Analoga zur Transformation (11.6). Außerdem bleibt offensichtlich die Form (11.7) bei gewöhnlichen Drehungen und Translationen (mit $x^4 = x^{4'}$) sowie *zeitlichen Verschiebungen* $x^{4'} = x^4 + \overset{0}{x}{}^4$ invariant. Folglich gibt es eine lineare reelle Transformationsgruppe, die eine Automorphismengruppe des MINKOWSKI-Raumes ist und von zehn freien Parametern abhängt. Sie enthält drei LORENTZ-Drehungen, drei Raumdrehungen und vier Translationen längs der Achsen. Es ist wohlbekannt (siehe Aufgabe 9, § 10), daß die Zahl freier Parameter bei Bewegungen in einem beliebigen Raum V_4 maximal gleich zehn sein kann. Hierbei sehen wir von Spiegelungen der Form $x^{\alpha\prime} = -x^{\alpha}$, die ebenfalls (11.7) invariant lassen und daher die Zahl der verschiedenen Transformationen vergrößern, ab ([188], S. 208).[1])

Das Wesen der speziellen Relativitätstheorie besteht in der Darstellung des Zusammenhangs zwischen Raum und Zeit. Die formalen Ausdrücke hierfür sind sowohl die Formeln (11.6) als auch die Einführung des vierdimensionalen MINKOWSKI-Raumes.

Die Bewegung eines materiellen Punktes kann man beschreiben, wenn für jeden Zeitpunkt die Lage des Punktes gegeben wird:

$$x^i = x^i(x^4) \qquad (i = 1, 2, 3). \tag{11.8}$$

Dadurch wird im MINKOWSKI-Raum eine Kurve definiert. Speziell werden die Funktionen x^i von x^4 für eine gleichförmige und geradlinige Bewegung *linear* und definieren daher im vierdimensionalen Raum eine Gerade. Wenn sich der Punkt mit der Lichtgeschwindigkeit c bewegt, wird die Form (11.7) identisch gleich Null. Folglich ist die vierdimensionale Trajektorie eines solchen Punktes eine *isotrope* Gerade.

Stellt man sich, wie es in der geometrischen Optik üblich ist, die Ausbreitung des Lichtes im leeren Raum als Bewegung von Teilchen vor, so erhält man im MINKOWSKI-Raum ebenfalls isotrope Geraden. Ein Lichtsignal breitet sich von einem gegebenen Punkt aus auf einem isotropen Hyperkegel, der seine Spitze im gegebenen Punkt hat. Aus (11.6) folgt, daß die Geschwindigkeit eines materiellen Teilchens nicht größer als c sein kann. Daher sind im Falle einer Geschwindigkeit kleiner als c die vierdimensionalen Trajektorien von materiellen Punkten Kurven, deren Tangentenrichtungen in jedem Punkt des Raumes innerhalb dieses Kegels verlaufen.[2])

§ 12. Die Feldgleichungen der relativistischen Gravitationstheorie

Die spezielle Relativitätstheorie beschreibt den Zusammenhang zwischen Raum und Zeit als den Existenzformen der Materie. Jedoch betrachtet sie nicht die Abhängigkeit der Geometrie des Raum-Zeit-Kontinuums von der Verteilung und Bewegung der Materie. Das Raum-Zeit-Kontinuum wird als homogen vorausgesetzt. Eine solche Abhängigkeit, deren Möglichkeit schon LOBATSCHEWSKI (siehe [199], S. 10—18) vorausgesehen hat, wird von der relativistischen Gravitationstheorie aufgestellt. In dieser Theorie wird angenommen, daß die Geometrie der speziellen Relativitätstheorie nur *im Infinitesimalen*, d. h. in einem Gebiet, in dem man das Gravitationsfeld vernachlässigen kann, gilt. Hingegen hängt in Gebieten, in denen das nicht möglich ist, die Metrik des Raum-Zeit-Kontinuums von der Verteilung und Bewegung der Materie ab.

Die allgemeine Relativitätstheorie ist eine Theorie von der Abhängigkeit des Raum-Zeit-Kontinuums von der Bewegung und Verteilung der Materie im weitesten Sinn des Wortes.

---

[1]) Die Spiegelungen sind im Gegensatz zur kontinuierlichen LORENTZ-Gruppe diskrete Transformationen. (Anm. d. Red.)

[2]) Man sagt, daß diese Trajektorien „zeitartig“ sind. (Anm. d. Red.)

In der relativistischen Gravitationstheorie lassen sich die geometrischen Eigenschaften des Raum-Zeit-Kontinuums nicht im Rahmen der Geometrie eines ebenen Raumes beschreiben, zu dieser Beschreibung ist vielmehr die RIEMANNsche Geometrie erforderlich. Wenn die Metrik eines Raumes V_4 durch das Linienelement

$$ds^2 = g_{\alpha\beta}\, dx^\alpha\, dx^\beta \tag{12.1}$$

definiert ist, hängen die Komponenten des metrischen Tensors $g_{\alpha\beta}(x^1, \ldots, x^4)$ von der Verteilung und Bewegung der Materie ab.

Daher nennt man $g_{\alpha\beta}(x)$ auch die *Potentiale* des Gravitationsfeldes.[1]

Um die grundlegende Aufgabe der Feldtheorie, die Bestimmung des Feldes in Abhängigkeit von der Verteilung und Bewegung der Materie, zu lösen, ist es notwendig, Feldgleichungen aufzustellen. Sie wurden von EINSTEIN im Jahre 1915 in der Form

$$R_{\alpha\beta} - \frac{1}{2} R g_{\alpha\beta} = -\lambda T_{\alpha\beta} \tag{12.2}$$

erhalten (EINSTEIN [35], S. 778).

EINSTEIN fand diese Gleichungen erst nach langem Suchen, wobei er verschiedene Hypothesen untersuchte. So ging er im Jahre 1914 von der Voraussetzung $R_{\alpha\beta} = \lambda T_{\alpha\beta}$ aus ([34], S. 1030). Gleichzeitig (im Jahre 1915) und abhängig von EINSTEIN fand HILBERT ([41], S. 395) die Gleichungen (12.2) mit Hilfe eines Variationsprinzips. Jedoch leitete er die Gleichungen nicht für beliebige materielle Systeme ab, sondern ging von der MIEschen Theorie der Materie aus ([33], S. 512). Diese Methode, die Feldgleichungen zu erhalten, wurde von KLEIN ([40], S. 469; [45], S. 235) vervollkommnet. KLEIN benutzte Variationen der Koordinaten, die an den Integrationsgrenzen nicht verschwinden (zur Zeit LAGRANGES wurde diese Methode häufig in der klassischen Mechanik angewandt), dabei erhalten viele Beziehungen eine einfachere Form (PAULI [149], S. 104—107; 285; LANDAU und LIFSCHITZ [156], S. 309—313; FOCK [225], S. 273, 278; WEYL [69], S. 205—206; BERGMANN [152]).

Außer den Gleichungen (12.2) muß der metrische Tensor, wenn er einer wirklichen Materieverteilung entsprechen soll, der folgenden Bedingung genügen: $g_{\alpha\beta}$ läßt sich in jedem Punkt des Raum-Zeit-Kontinuums durch eine nichtausgeartete reelle lineare Transformation in die Form

$$(g_{\alpha\beta})_P = \begin{pmatrix} -1 & 0 & 0 & 0 \\ 0 & -1 & 0 & 0 \\ 0 & 0 & -1 & 0 \\ 0 & 0 & 0 & 1 \end{pmatrix} \tag{12.3}$$

überführen, d. h. in jedem Punkt P gilt im Berührungsraum R_4 die MINKOWSKI-Geometrie.[2]) Durch die linke Seite von (12.2) ist die Geometrie des Raum-Zeit-

---

[1]) Die NEWTONsche Gravitationstheorie folgt als Spezialfall für schwache Felder und kleine Geschwindigkeiten aus der allgemeinen Relativitätstheorie, die also die geometrische Theorie des Gravitationsfeldes ist. (Anm. d. Red.)

[2]) Vgl. aber auch EINSTEIN und ROSEN [375], TREDER [470]. (Anm. d. Red.)

Kontinuums vollständig bestimmt. Die rechte Seite enthält eine Konstante λ und den Energie-Impuls-Tensor $T_{\alpha\beta}$, der die Verteilung und Bewegung der Materie beschreibt. Daher bedeutet (12.2), daß die Materie die Geometrie des Raum-Zeit-Kontinuums festlegt und umgekehrt die Bewegung der Massen durch den metrischen Tensor des nicht ebenen Raumes bestimmt ist. Die Bedingung (12.3) beschreibt die physikalische Behauptung, daß in einem unendlich kleinen Gebiet des Raumes während eines infinitesimalen Zeitintervalls die Geometrie der speziellen Relativitätstheorie gilt.

Die Übereinstimmung der aus (12.2) abgeleiteten Folgerungen mit der Erfahrung (T. A. TICHOW [102], S. 7; A. F. BOGORODSKI [121], S. 3; S. I. WAWILOW [84]) im Rahmen der erreichbaren Genauigkeit und des Fehlens von Tatsachen, die mit (12.2) unvereinbar sind, spricht für die Richtigkeit dieser Gleichungen für bekannte Experimente und Beobachtungen.

Die grundlegende Voraussetzung, von der EINSTEIN bei der Aufstellung der Feldgleichungen (12.2) ausging, läßt sich folgendermaßen formulieren: 1. Bei Vorhandensein von Gravitation ist die Geometrie des Raum-Zeit-Kontinuums gleich der Geometrie eines RIEMANNschen V_4. 2. Die Verteilung und Bewegung von Energie und Impuls wird durch den symmetrischen Tensor $T_{\alpha\beta}(x^1, x^2, x^3, x^4)$ beschrieben. $T_{\alpha\beta}$ genügt dem *Erhaltungsgesetz*

$$T^{\alpha\beta}{}_{,\alpha} \equiv 0. \tag{12.4}$$

3. Die Feldgleichungen sollen Tensorcharakter haben. 4. Sie sollen linear bezüglich der zweiten partiellen Ableitungen der Potentiale $g_{\alpha\beta}(x)$ sein. 5. Der Energie-Impuls-Tensor soll die Geometrie des Raumes V_4 bestimmen.

Hieraus folgen die Gleichungen (12.2) unter Berücksichtigung einiger Grenzbedingungen eindeutig. Umgekehrt erhält man aus der Voraussetzung, daß die Gleichungen des Gravitationsfeldes die Form (12.2) haben, alle diese Annahmen als Folgerung.

Die Herleitung von (12.2) mit Hilfe eines Variationsprinzips stützt sich auf folgende Annahmen: 1. Die Gleichungen des Gravitationsfeldes erhält man durch Variation der Summe der Wirkung von Feld und Materie. 2. Die Variation der Wirkung des Feldes führt zu den EULER-LAGRANGEschen Gleichungen des HAMILTONschen Prinzips. Im Vakuum ist die Variationsaufgabe für ein Integral

$$I = \int_A R\sqrt{-g}\, dx^1\, dx^2\, dx^3\, dx^4, \qquad \delta I = 0,$$

das über ein vierdimensionales Gebiet A erstreckt wird, zu lösen. Dabei ist R die skalare Krümmung des Raumes V_4. 3. Ω sei eine Funktion von gewissen Größen q, die ein abgeschlossenes System bilden, und den Ableitungen dieser Größen nach den Raum- und Zeitkoordinaten. Dann wird die Wirkung der Materie durch das Integral

$$S = \int \Omega\left(q, \frac{\partial q}{\partial x^\alpha}\right) dx^1\, dx^2\, dx^3\, dx^4$$

ausgedrückt und der Energie-Impuls-Tensor ist

$$T_{\alpha\beta} = \frac{2}{\sqrt{-g}} \frac{\delta \Omega}{\delta g^{\alpha\beta}}$$

und erfüllt von selbst die Bedingung (12.4). Außerdem sind einige andere Voraussetzungen bezüglich der Grenzbedingungen notwendig.

Die Hypothese 2 ist mit einer Reihe anderer Hypothesen gleichwertig und die Ableitung von (12.2) aus ihnen hat mehr heuristischen Charakter.[1]) Jedenfalls erhält man die Feldgleichungen bei den meisten gegenwärtig bekannten Varianten der einheitlichen Feldtheorie aus einem Variationsprinzip.

Die physikalische Bedeutung von (12.2) läßt sich nur auf experimentellem Wege erweisen.

§ 13. Einsteinsche Räume

Im Vakuum, wo der Energie-Impuls-Tensor $T_{\alpha\beta}$ gleich Null ist (z. B. außerhalb der Punktmassen, wenn die Materie durch Punktmassen dargestellt wird), haben die Gleichungen (12.2) die Form

$$R_{\alpha\beta} = 0, \tag{13.1}$$

da man unter dieser Voraussetzung durch Verjüngung bezüglich $\alpha\beta$ für die skalare Krümmung des Raumes $R = 0$ erhält. Die Lösung der Feldgleichungen (13.1) ist in gewissen Sinne analog zur Lösung der Laplace-Gleichungen in der klassischen Feldtheorie. Sie bestimmen die Geometrie des Raum-Zeit-Kontinuuums in Gebieten, die frei von Massen sind. Diesen Räumen wurde eine große Menge Untersuchungen gewidmet. Neben den Gleichungen (13.1) kann man die Feldgleichungen

$$R_{\alpha\beta} = \varkappa g_{\alpha\beta} \tag{13.2}$$

betrachten, wobei $\varkappa$ (für $n > 2$) eine konstante Größe ist, was unmittelbar aus (13.2) und (5.19) folgt. Diese Gleichungen lassen sich als die Feldgleichungen (12.2) in dem Fall ansehen, daß der Energie-Impuls-Tensor $T_{\alpha\beta}$ sich nur um einen konstanten Faktor vom metrischen Tensor $g_{\alpha\beta}$ unterscheidet. Ein physikalisches Modell für ein derartiges Feld ist ein nach allen Richtungen homogener Raum, dessen Materiedichte im ganzen Raum konstant ist ([156], S. 343; [225], S. 447). Bei einer „scharfen" Verteilung der Materie kann man von der „inneren" und „äußeren" Aufgabe bei der Integration der Feldgleichungen sprechen. In diesem Fall bestimmt (13.1) die Lösungen der „äußeren" Aufgabe.

Unabhängig von der Gravitationstheorie begegnet man Räumen V_n, die den Gleichungen (13.2) genügen, bei vielen geometrischen Fragen. Auch bei fast allen gegenwärtig bekannten Varianten der einheitlichen Feldtheorie ergeben sich

---

[1]) Immerhin ist die obige Form von I die einfachste, die mit den allgemeinen Voraussetzungen der allgemeinen Relativitätstheorie vereinbar ist. (Anm. d. Red.)

Räume V_n von diesem Typ. Wir werden im folgenden *derartige* RIEMANN*sche Mannigfaltigkeiten, die der Bedingung* (13.2) *genügen, bei beliebigem n* (*Dimension des Raumes*) *und beliebiger Signatur der Metrik* EINSTEIN*sche Räume nennen und mit dem Symbol G_n bezeichnen.* In dem Fall, daß $n = 4$ und die Signatur von G_4 von der Form $(- - - +)$ ist, werden wir das Symbol $\overset{*}{T}$ verwenden. Ist außerdem $\varkappa = 0$, d. h. es gilt (13.1), so gebrauchen wir das Symbol T.[1]) Das Gravitationsfeld wird also im Vakuum durch die Geometrie des Raumes T beschrieben.

Statt durch (13.2) läßt sich der Raum G_n auch anders definieren. Wir betrachten im V_n einen Punkt P und die Gesamtheit der von P ausgehenden Richtungen, die den Beziehungen

$$R_{\alpha\beta}\, dx^\alpha\, dx^\beta = 0$$

genügen. Die Hauptrichtungen dieses Kegels zweiter Ordnung heißen nach RICCI die *Hauptrichtungen* des Raumes V_n im gegebenen Punkt. Durch die Gleichung

$$(R_{\alpha\beta} - \varkappa g_{\alpha\beta})\, \xi^\alpha \xi^\beta = 0$$

ist im Berührungsraum des Punktes P eine Fläche zweiter Ordnung mit dem Zentrum in P gegeben. Die Hauptrichtungen dieser Fläche, die mitunter als EINSTEIN*sche Indikatrix* bezeichnet wird, sind die RICCIschen Hauptrichtungen. Dann sind die Gleichungen (13.2) äquivalent zu der Forderung, daß diese Richtungen unbestimmt sind, d. h. in jedem Punkt des Raumes V_n soll die EINSTEIN*sche Indikatrix eine Hypersphäre* sein.

Eine andere Charakterisierung von G_n im Fall einer *positiv-definierten Metrik* wurde von THOMAS ([107], S. 331—340) angegeben. Man erhält sie, indem man einen Skalar, der von THOMAS „quadratische Krümmung" des Raumes V_n genannt wird, gleich Null setzt. Er zeigte, *daß ein Raum V_n mit positiv-definierter Metrik genau dann gleich einem Raum G_n ist, wenn die Bedingung*

$$n R_{\alpha\beta} R^{\alpha\beta} - R^2 = 0 \tag{13.3}$$

erfüllt ist.

Die Forderung, daß die Metrik definit ist, ist hierbei wesentlich. Die Möglichkeit, die $\frac{n(n+1)}{2}$ Bedingungen (13.2) durch eine Gleichung zu ersetzen, erklärt sich dadurch, daß eine Gleichung der Form $\Sigma\, a_i^2 = 0$ bei reellen a_i dem System $a_i = 0$ $(i = 1, 2, \ldots)$ äquivalent ist.

Es existiert auch eine Definition des Raumes G_n, die sich auf den Begriff der Krümmung nicht in einer zweidimensionalen, sondern in einer m-dimensionalen Richtung des Raumes V_n stützt (CARTAN [98], S. 199—200; WRONA [150], S. 234).

Im Fall $n = 4$ gilt der folgende Satz: *Wenn in V_4 eine der Bedingungen*

$$\left.\begin{aligned} &\alpha)\ R_{\alpha\beta} = \varkappa g_{\alpha\beta}, \\ &\beta)\ 3 g_{[\alpha[\nu} R_{\beta\gamma]\lambda\mu]} = 2\varkappa g_{[\lambda[\alpha} g_{\mu\beta} g_{\nu]\gamma]} \end{aligned}\right\} \tag{13.4}$$

erfüllt ist, gilt auch die andere.

[1]) Man spricht dann auch von einem „Speziellen EINSTEINschen G_4". (Anm. d. Red.)

In der Bedingung β) sind zwei Alterationen enthalten: eine bezüglich $\alpha\beta\gamma$ und die andere bezüglich $\lambda\mu\nu$. Zum Beweis führen wir in jedem Punkt des Raumes V_4 ein möglicherweise imaginäres, nichtholonomes orthonormiertes 4-Bein ein, für das

$$g^{\alpha\alpha} = g_{\alpha\alpha} = 1, \qquad g_{\alpha\beta} = g^{\alpha\beta} = 0 \qquad (\alpha \neq \beta)$$

gilt. Für jedes dieser orthonormierten 4-Beine werden die Bedingungen α) und β) durch zwei bis auf lineare Kombinationen äquivalente Gleichungssysteme in den Komponenten des Krümmungstensors beschrieben. Daraus folgt die Behauptung.

Da der Krümmungstensor in jedem Raum V_3 vollständig durch den RICCI-Tensor und den metrischen Tensor bestimmt ist (siehe Aufgabe 8, § 7):

$$\left.\begin{aligned} R_{\alpha\beta\gamma\delta} &= g_{\alpha\gamma} L_{\beta\delta} - g_{\alpha\delta} L_{\beta\gamma} + g_{\beta\delta} L_{\alpha\gamma} - g_{\beta\gamma} L_{\alpha\delta}, \\ L_{\alpha\beta} &= R_{\alpha\beta} + \frac{R}{4} g_{\alpha\beta}, \end{aligned}\right\} \tag{13.5}$$

erhält man, wenn (13.2) gilt, für $R_{\alpha\beta\gamma\delta}$ den Ausdruck (8.4). *Jeder* EINSTEIN*sche Raum* V_3 *ist daher ein Raum konstanter Krümmung.*

Für beliebiges n erhält man die Bedingungen (13.2) durch Verjüngung von (8.4). *Daher ist jeder* RIEMANN*sche Raum konstanter Krümmung ein* EINSTEIN*scher Raum.*

Wir wollen noch bemerken, daß die Geometrie des vierdimensionalen Raumes der allgemeinen Relativitätstheorie eine interessante Interpretation in der nichtholonomen Geometrie von LAGUERRE gestattet, wodurch sich diese Mannigfaltigkeit unter einem neuen Gesichtpunkt betrachten läßt [216].

Aufgaben

1. Jeder Raum V_2 ist ein EINSTEINscher Raum G_2.

2. G_n sei einem ebenen Raum konform, dann ist G_n ein Raum S_n konstanter Krümmung (SCHOUTEN und STRUIK [55], S. 214).

3. Man zeige, daß ein Raum V_n mit positiv definiter Metrik genau dann ein EINSTEINscher Raum G_n ist, wenn (13.3) gilt.

4. Im V_n sind genau dann alle geodätischen Hypersphären gleich einem Raum G_{n-1}, wenn V_n ein Raum S_n konstanter Krümmung ist (P. A. SCHIROKOW [72], S. 53).

5. Wir nennen die Invariante

$$H = \frac{g_{\alpha\alpha_1\beta\beta_1} R^{\alpha}{}_{\gamma\delta\lambda} R^{\alpha_1}{}_{\gamma_1\delta_1\lambda_1} u^{\beta\gamma} u^{\delta\lambda} u^{\beta_1\gamma_1} u^{\delta_1\lambda_1}}{(g_{\alpha\gamma\delta\lambda} u^{\alpha\gamma} u^{\delta\lambda})^2}$$

quadratische Krümmung des Raumes V_n, dabei ist $g_{\alpha\gamma\delta\lambda} \equiv g_{\alpha[\delta} g_{\lambda]\gamma}$ und $u^{\alpha\beta} = \xi^{[\alpha}\eta^{\beta]}$ ein *einfacher* Bivektor. Wenn H nicht von der Wahl von $u^{\alpha\beta}$ abhängt, so nennen wir V_n einen Raum *konstanter quadratischer Krümmung*. Man zeige: 1. Die Größe des parallel zu den Grenzen eines gewöhnlichen Flächenelementes $u^{\alpha\beta}\Delta\sigma$ abgetragenen Bivektors $u^{\alpha\beta}$ charakterisiert die Invariante H, wenn man Größen vernachlässigt, die von höherer als vierter Ordnung klein sind ($\Delta\sigma = O(\delta^2)$). 2. Jeder Raum S_n ist ein Raum konstanter quadratischer Krümmung. 3. Ein Raum V_3 von konstanter quadratischer Krümmung ist gleich einem Raum S_3. 4. Ein

Raum V_4 konstanter quadratischer Krümmung ist gleich einem Raum G_4 (A. S. PETROW [157], S. 211–214).

6. Man zeige unter Benutzung der RICCI-Identität (5.5), daß die Konstante $\varkappa$ in (13.2) durch ein beliebiges nichtisotropes Vektorfeld a^α ausgedrückt werden kann:

$$\varkappa = a^\sigma (a^\tau_{,\sigma\tau} - a^\tau_{,\tau\sigma})/a^\nu a_\nu .$$

Wenn $\varkappa = 0$ ist, genügt im EINSTEIN-Raum ein beliebiges Vektorfeld mit Komponenten der Klasse C^2 der Gleichung $a^\tau_{,\sigma\tau} - a^\tau_{,\tau\sigma} = 0$.

§ 14. Einige Lösungen der Gravitationsgleichungen

Die Untersuchung des Gravitationsfeldes von T (oder $\overset{*}{T}$) führt zu einem System von zehn Differentialgleichungen mit partiellen Ableitungen zweiter Ordnung mit zehn unbekannten Funktionen $g_{\alpha\beta}(x)$ von vier unabhängigen Veränderlichen $x^\alpha (\alpha = 1, 2, 3, 4)$. Die Gleichungen sind linear bezüglich der höchsten Ableitungen, jedoch sind bei diesen die Koeffizienten veränderlich.[1]) Durch Einführung eines speziellen Koordinatensystems (siehe § 7) für einen beliebigen Raum V_n lassen sich immer n Komponenten des metrischen Tensors in vorgegebene Funktionen überführen. Folglich läßt sich das System der Feldgleichungen in ein System von zehn Gleichungen mit sechs unbekannten Funktionen überführen, d. h. wir haben den Fall eines überbestimmten Systems.

Da die Feldgleichungen sehr kompliziert sind, wurden sie ausgehend von bestimmten physikalischen Forderungen, die sich aus der Gravitationstheorie ergeben, unter dieser oder jener zusätzlichen Beschränkung gelöst, wodurch man Lösungen in geschlossener Form erhält. Man hat z. B. das zeitlich *konstante* Gravitationsfeld untersucht. Für ein konstantes Feld existiert ein Koordinatensystem, bezüglich dessen alle Größen und speziell der metrische Tensor unabhängig von der *Zeitkoordinate* x^4 sind. Beispiele für derartige Felder sind die sogenannten *statischen* Felder, für die alle Körper in Bezugssystemen, in denen $g_{\alpha\beta}$ nicht von der Zeit x^4 abhängt, ruhen und folglich $g_{i4} = 0$ ist. — Felder dieser Art sind dadurch charakterisiert, daß in einem gewissen Koordinatensystem $\partial_4 g_{\alpha\beta} = 0$ gilt. Daraus folgt, daß konstante Felder eine Geometrie definieren, welche diese oder jene Bewegungsgruppe der Ordnung $r \geqq 1$ gestattet, da die Metrik den Operator $X = \delta_4^\alpha \partial_\alpha$ gestattet.

Als erstes zeitunabhängiges Feld wurde das *zentralsymmetrische* Gravitationsfeld untersucht, bei dem der Ausdruck für das Linienelement ds^2 für alle Punkte, die gleich weit vom Zentrum entfernt sind, gleich ist.

Ein solches Feld wird von einer zentralsymmetrischen Verteilung der Materie erzeugt, wobei die Bewegung der Materie in jedem Punkt radial verläuft (zentralsymmetrische Pulsierung). Es wurden auch Felder mit *Achsensymmetrie* betrachtet.

Seit dem Erscheinen der grundlegenden Arbeit von EINSTEIN im Jahre 1915 wurden viele spezielle Lösungen des Problems hergeleitet. Einige dieser Lösungen waren Verallgemeinerungen oder Wiederholungen von früher gefundenen Resul-

[1]) Die Koeffizienten sind die Feldfunktionen $g^{\alpha\beta}$ selbst. (Anm. d. Red.)

taten. Das letztere erklärt sich entweder daraus, daß die Literatur nicht bekannt war, oder aber dadurch, daß das Problem der Äquivalenz quadratischer Differentialformen, das längst gelöst ist (CHRISTOFFEL [2], S. 60), manchmal in konkreten Fällen zu umfangreichen Rechnungen führt.

Wir wollen einige in der Literatur bekannte Mannigfaltigkeiten T und $\overset{*}{T}$ in chronologischer Reihenfolge betrachten:

1. Ausgehend von physikalischen Überlegungen fand SCHWARZSCHILD ([37], S. 195) den Raum T mit der Metrik

$$\left.\begin{aligned} g_{44} &= -g_{11}^{-1} = 1 + \frac{c}{x^1}, \qquad g_{22} = -x^{1^2}, \\ g_{33} &= -x^{1^2}\sin^2 x^2, \qquad g_{ij} = 0\ (i \neq j), \end{aligned}\right\} \tag{14.1}$$

wobei c eine beliebige Konstante ist. (14.1) gilt in einem polaren Koordinatensystem. Dieser Raum T entspricht, wie von HILBERT [41] und BIRKHOFF [66] streng bewiesen wurde, der allgemeinsten zentralsymmetrischen Massenverteilung. Mit anderen Worten: Wenn die Komponenten der Metrik kugelsymmetrisch sind, erhält man bei geeigneter Koordinatenwahl immer (14.1) durch Integration von (13.1).[1])

2. KOTTLER ([46], S. 401—462) betrachtete den Raum $\overset{*}{T}$, die Verallgemeinerung der SCHWARZSCHILDschen Lösung. In einem polaren Koordinatensystem hat der metrische Tensor folgende Komponenten:

$$\left.\begin{aligned} g_{44} &= -g_{11}^{-1} = 1 + \frac{a}{3}x^{1^2} + \frac{c}{x^1}, \qquad g_{22} = -x^{1^2}, \\ g_{33} &= -x^{1^2}\sin^2 x^2, \qquad g_{ij} = 0 \qquad (i \neq j), \end{aligned}\right\} \tag{14.2}$$

wobei a, c beliebige Konstanten sind.[2]) Für $a = 0$ erhält man die Lösung (14.1), für $c = 0$ ergibt sich ein Raum S_4 konstanter Krümmung. Sowohl (14.1) als auch (14.2) gehören zu den Räumen V_4, deren Metrik in einem gewissen Koordinatensystem die Form

$$ds^2 = g_{11}(x^1)\,dx^{1^2} - x^{1^2}\,dx^{2^2} - x^{1^2}\sin^2 x^2\,dx^{3^2} + g_{44}(x^1)\,dx^{4^2}$$

hat. Man kann sich durch eine direkte Rechnung überzeugen, daß man aus den Gleichungen (13.2) für eine derartige Metrik (14.2) erhält.

3. WEYL ([42], S. 117; [56], S. 112) und LEVI-CIVITA ([47], S. 177—183, 220 bis 230) gelang es, die statische Lösung in dem Falle zu finden, in dem das Feld axial-, aber nicht sphärischsymmetrisch ist. Diese Lösung, welche die Feldgleichungen (13.1) befriedigt, ist durch die folgenden Komponenten des metrischen Tensors gegeben:

$$g_{44} = -g_{11}^{-1} = -g_{22}^{-1} = e^{\mu}, \qquad g_{33} = -e^{\nu-\mu}, \qquad g_{ij} = 0\ (i \neq j), \tag{14.3}$$

---

[1]) Insbesondere gibt es also immer ein Koordinatensystem, in dem für kugelsymmetrischen $g_{\alpha\beta}$ gilt: $\partial_0 g_{\alpha\beta} = 0$. (Anm. d. Red.)

[2]) (14.2) wird manchmal auch WEYL-TREFFTZsche Metrik genannt. (Anm. d. Red.)

wobei die Funktionen μ und ν nur von zwei Veränderlichen x^3 und $\varrho = \sqrt{x^{1^2} + x^{2^2}}$ abhängen und dem Gleichungssystem genügen.

$$f_1 \equiv \frac{\partial^2 \mu}{\partial \varrho^2} + \frac{1}{\varrho} \frac{\partial \mu}{\partial \varrho} + \partial_{33}\mu = 0,$$

$$f_2 \equiv \frac{\partial \nu}{\partial \varrho} - \frac{\varrho}{2}\left[\left(\frac{\partial \mu}{\partial \varrho}\right)^2 - (\partial_3 \mu)^2\right] = 0,$$

$$f_3 \equiv \partial_3 \nu - \varrho \frac{\partial \mu}{\partial \varrho} \partial_3 \mu = 0,$$

$$-\partial_3 f_2 - \frac{\partial f_3}{\partial \varrho} = \varrho f_1 \partial_3 \mu.$$

Man überzeugt sich unmittelbar, daß zwischen den drei ersten dieser Gleichungen eine Identität besteht, die man durch Verjüngung der BIANCHI-Identitäten erhält. Die Aufgabe wurde unter der Voraussetzung, daß μ und ν im Unendlichen gleich Null sind, gelöst.

4. BACH ([62], S. 119—134) ging von der Voraussetzung aus, daß der metrische Tensor durch eine Matrix

$$(g_{\alpha\beta}) = \begin{pmatrix} \alpha & \omega & 0 & 0 \\ \omega & \beta & 0 & 0 \\ 0 & 0 & \gamma & 0 \\ 0 & 0 & 0 & \delta \end{pmatrix}$$

definiert ist, wobei die Funktionen α, β, γ, δ, ω nur von den Veränderlichen x^3 und x^4 abhängen. Seine Lösungen sind nicht streng, es lassen sich jedoch unter einigen zusätzlichen Bedingungen Näherungen finden mit Fehlern, die klein von vorgegebener Ordnung sind. Auf diese Weise erhält BACH drei Lösungen in Form von Polynomen von x^3 und x^4. Das war einer der ersten Versuche, Näherungslösungen der Feldgleichungen zu finden. Diese Methode für die Gewinnung von Näherungslösungen wurde in Arbeiten von EINSTEIN, INFELD und FOCK weiterentwickelt.

5. BRINKMANN ([73], S. 126) bewies in seiner Arbeit über Räume, die sich konform auf EINSTEINsche Räume abbilden lassen, den folgenden Satz: Ein EINSTEINscher Raum läßt sich genau dann auf einen anderen EINSTEINschen Raum konform abbilden,

$$g^{\alpha\beta} = e^{2\sigma} \overset{*}{g}{}^{\alpha\beta}$$

mit

$$\Delta_1 \sigma \equiv g^{\alpha\beta} \partial_\alpha \sigma \partial_\beta \sigma \neq 0,$$

wenn die Metrik sich in die Form

$$ds^2 = f g_{\alpha\beta}\, dx^\alpha\, dx^\beta + f^{-1}\, dx^{n^2} \qquad (\alpha, \beta = 1, \ldots, n-1) \qquad (14.4)$$

überführen läßt, wobei

$$f = \frac{1}{n(n-1)} (R x^{n^2} + 2 a x^n + b)$$

gilt. Dabei sind a und b Konstanten, $g_{\alpha\beta}$ hängt nicht von x^n ab, und die Metrik $\varphi = g_{\alpha\beta}\, dx^\alpha\, dx^\beta$ ist die Metrik eines $(n-1)$-dimensionalen EINSTEINschen Raumes. Demnach definiert dieses Ergebnis einen besonderen Typ von n-dimensionalen EINSTEINschen Räumen. Wir bemerken, daß die Form φ, wenn $n = 4$ ist, einen Raum S_3 definiert, da jeder dreidimensionale EINSTEINsche Raum ein Raum konstanter Krümmung ist. Also erhalten wir

$$ds^2 = \frac{f}{\psi^2} \sum_1^3 dx^{i^2} + \frac{1}{f} dx^{4^2},$$

wobei

$$\psi = 1 + \frac{K}{4} \sum_1^3 x^{i^2}, \qquad f = -\varkappa x^{4^2} + a x^4 + b$$

gilt. Hiernach kann man sich leicht davon überzeugen, daß $\overset{*}{T}$ gleich einem Raum S_4 ist.[1])

6. KASNER ([57], S. 219) suchte einen Raum T unter den Voraussetzungen, daß 1. sich die Metrik auf Orthogonalform bringen läßt, 2. der Raum sich in einen $n + k$-dimensionalen ebenen Raum einbetten läßt und 3.

$$ds^2 = \sum_{i=1}^n f_i\, dx^{i^2}$$

gilt, wobei f_i von einer oder zwei Veränderlichen abhängt und ein Polynom ist. Auf diesem Wege bestimmte KASNER die Metrik

$$ds^2 = x^{1^{2a_1}} dx^{1^2} + x^{1^{2a_2}} dx^{2^2} + x^{1^{2a_3}} dx^{3^2} + x^{1^{2a_4}} dx^{4^2},$$

wobei die Konstanten a_i den Beziehungen

$$-a_1 + a_2 + a_3 + a_4 = 1, \qquad -(a_1 + 1)^2 + a_2^2 + a_3^2 + a_4^2 = 0$$

sowie Metriken der Form

$$ds^2 = \mathrm{I}\,(x^1, x^2) + \mathrm{II}\,(x^3, x^4)$$

genügen, wobei I und II *binäre* Differentialformen sind, d. h. der Raum *zerlegbar* ist.

7. *Symmetrische* RIEMANN*sche Mannigfaltigkeiten mit kovariant konstantem Krümmungstensor* $R_{\alpha\beta\gamma\delta,\lambda} = 0$. Die Untersuchung solcher Räume führt zum Studium von *nichtzerlegbaren* Räumen $V_p (p < n)$, die eine wesentliche Rolle bei der Untersuchung sogenannter *halbeinfacher* Gruppen spielen ([81], S. 133—141). Mit der-

[1]) Dieser S_4 ist dann mit der „DE SITTERschen Welt" äquivalent, nämlich mit derjenigen Form von (14.2), bei der $c = 0$ ist. (Anm. d. Red.)

artigen Räumen beschäftigen sich P. A. Schirokow ([108], S. 9—27; [72], S. 111; [204], S. 71—82), E. Cartan ([166]), S. 118—149, B. A. Rosenfeld [169, 158] und viele andere Autoren. Unter diesen Räumen lassen sich die Einsteinschen Räume in natürlicher Weise auszeichnen. Die Klassifikation und Bestimmung aller symmetrischen Räume T werden wir im Kapitel VIII durchführen.

8. Mitter ([86], S. 110—114) betrachtete die Räume V_4 unter der Bedingung (13.1) mit der Metrik

$$ds^2 = -e^\lambda\, dz^2 - e^\mu\, dr^2 - r^2\, d\theta^2 + e^\nu\, dt^2,$$

dabei bezeichnen z, r, θ, t Zylinderkoordinaten und λ, μ, ν Funktionen von r. Das führt zum Aufsuchen der statischen, bezüglich der z-Achse symmetrischen statischen Lösungen. Der Untersuchung einer analogen Lösung von (13.1) ist auch die Arbeit [88] gewidmet. Diese Untersuchungen führen zu den Ergebnissen von Weyl und Levi-Civita.

9. Delsarte [94] betrachtete einen Raum T mit einem Linienelement der Form

$$ds^2 = \varphi^2\, \overset{*}{d}s^2 + f^2\, d\sigma^2,$$

den er „binär“ nannte. Hierbei ist

$$\overset{*}{d}s^2 = \overset{*}{d}s^2\,(u^1, \ldots, u^p), \qquad d\sigma^2 = d\sigma^2\,(v^1, \ldots, v^q),$$

$$f = f\,(u^1, \ldots, u^p), \qquad \varphi = \varphi\,(v^1, \ldots, v^q), \qquad p + q = 4.$$

Delsarte wählte als Ausgangspunkt die Annahme, daß der Raum achsensymmetrisch ist und ein vierfach orthogonales Koordinatensystem hat; dann erhielt er eine Lösung in der Form

$$ds^2 = \frac{1}{\{\wp\,(u) - \wp(v)\}^2}\,\{du^2 - d\gamma^2 + \wp'^2\,(u)\, dy^2 + \wp'^2\,(v)\, dz^2\}, \qquad (14.5)$$

wobei $\wp$ die elliptische Weierstrass-Funktion in krummlinigen Koordinaten ist. Zu den gleichen Ergebnissen kommt Yang [143], der außerdem die Frage untersucht, wann die Differentialform von T_4 sich in die Form

$$ds^2 = \{p\,(x^k, t)\}^2\, dt^2 + g_{ij}\,(x^k)\, dx^i\, dx^j, \qquad \partial_t p \neq 0 \qquad (k = 1, 2, 3)$$

oder

$$ds^2 = \{\sigma\,(x^k, t)\}^2\, dt^2 + \{p\,(x^k, t)\}^2\, g_{ij}(x^k)\, dx^i\, dx^j$$

bringen läßt, wobei vorausgesetzt wird, daß die Form $g_{ij}\, dx^i\, dx^j$ negativ-definit ist. Setzt man bei dem ersten Element $\partial_t p = 0$, so erhält man die Lösung von Delsarte. Die notwendigen und hinreichenden Bedingungen dafür, daß sich das Linienelement in eine derartige Form überführen läßt, drückt der Autor in Form von Differentialbedingungen aus.

10. Chou ([103], S. 754—763) untersuchte die Lösung von (13.1) für den Fall, daß V_4 ein *statischer und isotroper* Raum ist, unter der Voraussetzung, daß

$$ds^2 = u^2\, dt^2 + g_{ij}\, dx^i\, dx^j \qquad (i, j = 1, 2, 3)$$

gilt, wobei u und g_{ij} nicht von t abhängen,

$$\partial_{ij}\, u = \frac{64}{ct^{4^2}} \left(\partial_i u\, \partial_j u - \frac{1}{3} \Delta_1 u g_{ij}\right), \qquad \Delta_1 u = g^{ij}\, \partial_i u\, \partial_j u$$

ist und $g_{ij}\, dx^i\, dx^j$ die Metrik des dreidimensionalen, konformeuklidischen Raumes ist (die Bedingung „*Isotropie*" des Raumes ist im Sinne der Terminologie des Autors zu verstehen). Für $c = 0$ erhält man die Lösung von Kasner, für $c < 0$ die Schwarzschildsche Lösung und für $c > 0$

$$ds^2 = \operatorname{ctg}^2 \left(\frac{x^1}{2}\right) dt^2 - \frac{\sin^4\left(\frac{x^1}{2}\right)}{4 K^2 x^{2^2}} [x^{2^2}\, dx^{1^2} + dx^{2^2} + dx^{3^2}]. \tag{14.6}$$

11. Wenn T ein *zerlegbarer* Raum ist, d. h. seine Metrik sich in Form von zwei oder mehreren quadratischen Formen, die keine gemeinsamen Veränderlichen und Differentiale haben, darstellen läßt, so definieren diese quadratischen Formen, wie man leicht sieht, ebenfalls Räume $G_q\,(q < 4)$. Daher erhält man, wenn man den Trivialfall S_4 fortläßt, nur zwei Typen:

$$ds^2 = -dx^{1^2} - \cos^2 \frac{x^1}{a}\, dx^{2^2} - \cos^2 \frac{x^4}{a}\, dx^{3^2} + dx^{4^2}, \tag{14.7}$$

wenn $K = \frac{1}{a^2} > 0$ ist, wobei K die Gausssche Krümmung der Flächen konstanter Krümmung, in die V_4 zerfällt, ist und

$$ds^2 = dx^{1^2} - \operatorname{ch}^2 \frac{x^1}{a}\, dx^{2^2} - \operatorname{ch}^2 \frac{x^4}{a}\, dx^{3^2} + dx^{4^2}, \tag{14.8}$$

wenn die Gausssche Krümmung $K = -\frac{1}{a^2} < 0$ ist.

12. Takeno ([127], S. 125—136) zeigte, daß die Lösungen der Gleichungen $R_{\alpha\beta,\gamma} = 0$ mit sphärischer Symmetrie zur Schwarzschildschen oder Kottlerschen Lösung führen.

13. Es gilt auch der folgende Satz (A. S. Petrow [146], S. 8—12): Die Metrik

$$ds^2 = \sum_{i=1}^{n-1} g_i\,(x^n)\, dx^{i^2} + dx^{n^2}$$

definiert einen Einsteinschen Raum mit der Signatur $(--\cdots-+)$ bei folgender

Wahl der Funktionen g_j: Wenn in (13.2) $\varkappa > 0$ ist, gilt

$$g_i = -\sin^{\frac{2}{n-1}}(ax^4)\operatorname{tg}^{\frac{2\alpha_i}{\alpha}}\left(\frac{ax^4}{2}\right), \quad g_n = 1 \; (i = 1, \ldots, n-1). \tag{14.9}$$

Ist $\varkappa < 0$, so gilt

$$g_i = -\sin^{\frac{2}{n-1}}(\beta x^n)\operatorname{th}^{\frac{2\beta_i}{\beta}}\left(\frac{\beta x^n}{2}\right), \quad g_n = 1. \tag{14.10}$$

Bei $\varkappa = 0$ erhält man entweder S_n oder

$$g_i = -(x^n)^{c_i}, \qquad g_n = 1, \qquad \sum c_i = \sum c_i^2 = 1. \tag{14.11}$$

Wenn in den Lösungen (14.9), (14.10) $\varkappa = 0$ ist, werden die Konstanten α_i und β_i ebenfalls gleich Null, und der Raum $\overset{*}{T}_n$ artet in einen ebenen Raum aus. Als spezielle Lösung erhält man bei $\varkappa = 0$ den LOBATSCHEWSKI-Raum. Für derartige Räume $\overset{*}{T}_n$ wird die Frage nach der Bewegungsgruppe durch den folgenden Satz gelöst: Wenn $g_i \neq g_j$ ist, gestattet der Raum nur das triviale System von Operatoren $\xi^i = \text{const}$, $\xi^\mu = 0$, $x_i f = p_i (i < n)$. Ist jedoch $g_i = g_j$, so erhält man für jedes derartige Paar einen Drehungsoperator.

14. NARLIKAR und KARMAKAR ([144], S. 69) erhielten die Lösungen (14.11) in einem anderen Koordinatensystem in der Form

$$ds^2 = dt^2 - v^p\,dx^2 - v^q\,dy^2 - v^r\,dz^2, \qquad v = 1 + kt, \tag{14.12}$$

wobei $k = \text{const}$ und q, p, r Konstanten sind, die den Beziehungen $p + q + r = 2$, $pq + qr + rp = 0$ genügen.[1])

15. Bei der Untersuchung der Frage nach der Einbettung von EINSTEINschen Räumen in ebene Räume und Räume konstanter Krümmung (FIALKOW [109], S. 30—34) treten zerlegbare Räume auf (siehe Kapitel V).

16. EINSTEIN und ROSEN ([104], S. 43—54) kamen bei der Suche nach einer Lösung (13.1) für Zylinderwellen zu einer Metrik, die in einem orthogonalen Koordinatensystem die Form

$$\left.\begin{aligned} -g_{11} = g_{44} = A, \quad -g_{22} = B, \quad -g_{33} = C, \\ g_{\alpha\beta} = 0 \; (\alpha \neq \beta), A, B, C(x^1, x^4) \end{aligned}\right\} \tag{14.13}$$

hat, wobei A, B und C durch ein System von Differentialgleichungen definiert sind, das sich, wenn man $\alpha = \ln A$, $\beta = \frac{1}{2}\ln\left(\frac{B}{C}\right)$, $\gamma = \frac{1}{2}\ln(BC)$ setzt, in

1) Die allgemeinste Form der eindimensionalen Felder, d. h. eines EINSTEIN-Raumes $R_{\alpha\beta} = 0$, bei dem $g_{\mu\nu} = g_{\mu\nu}(x^1)$ erreicht werden kann, wurde neuerdings von PAPAPETROU und TREDER [457, 471] bestimmt. (Anm. d. Red.)

der Form

$$2\partial_{44}\alpha + \frac{1}{2}[(\partial_4\beta)^2 + 3(\partial_4\gamma)^2 + (\partial_1\beta)^2 - (\partial_1\gamma)^2 - \partial_1\alpha\partial_1\gamma - 2\partial_4\alpha\partial_1\gamma] = 0,$$

$$2(\partial_{11}\alpha - \partial_{44}\gamma) + 2(\partial_{11}\gamma - \partial_{44}\alpha) + [(\partial_1\beta)^2 + (\partial_1\gamma)^2 - (\partial_4\beta)^2 - (\partial_4\gamma)^2] = 0,$$

$$\partial_{11}\beta - \partial_{44}\beta + \partial_1\beta\partial_1\gamma - \partial_4\beta\partial_4\gamma = 0,$$

$$2\partial_{11}\gamma + \frac{1}{2}[(\partial_1\beta)^2 + 3(\partial_1\gamma)^2 + (\partial_4\beta)^2 - (\partial_4\gamma)^2 + 2(\partial_1\alpha\partial_1\gamma - \partial_4\alpha\partial_4\gamma)] = 0,$$

$$2\partial_{14}\gamma + \partial_1\beta\partial_4\beta + \partial_1\gamma\partial_4\gamma - 2(\partial_1\alpha\partial_4\gamma + \partial_4\alpha\partial_1\gamma) = 0$$

schreiben läßt. Dieses Ergebnis, das aus formalen Überlegungen erhalten wurde, läßt sich physikalisch deuten.

Gravitationswellen hat man als Raum mit wesentlich zeitabhängiger Metrik zu betrachten. Im Jahre 1954 untersuchte ROSEN den Fall, daß

$$A = e^{2(\gamma-\psi)}, \quad B = e^{-2\psi}\varrho^2, \quad C = e^{2\psi}$$

gilt, wobei

$$\psi = \psi(p, t), \quad \gamma = \gamma(\varrho, t)$$

mit unabhängigen Veränderlichen ϱ, Φ, z, t ist ([206], S. 328). Die ebenen Wellenlösungen werden auch von TAKENO ([242], S. 15—25) behandelt, der von den alten EINSTEIN-Ideen zur Auffindung von ebenen Wellen ausgeht, jedoch ohne die Voraussetzung eines schwachen Feldes. Die so gefundenen Wellenfelder, die sich nicht durch Transformationen beseitigen lassen, können aber nur im Komplexen beschrieben werden.[1])

17. Bei der Untersuchung von statischen Lösungen der Gleichungen (13.1) führt BUCHDAHL den Begriff der *inversen* Lösungen für eine gegebene statische Lösung ein. So hat die zur SCHWARZSCHILDschen Lösung inverse Lösung die Form

$$ds^2 = -\gamma^2(\gamma^{-1}\,dz^2 + r^2\,dt^2 + r^2\sin^2\theta\,d\varphi^2) + p^{-1}\,dt^2, \tag{14.14}$$

wobei $p = 1 - \frac{2m}{r}$ ist. Im gegebenen Fall kann man sich davon überzeugen (siehe Kapitel IV), daß sich (14.14) nur in trivialer Weise von (14.1) unterscheidet.

18. Zu verschiedenen Zeiten wurden Lösungen unterschiedlicher Natur von (13.1) untersucht ([157], S. 87—94; [176], S. 179—186; [178], S. 149—152; [181], S. 27—32; [182], S. 35—47; [228]; [243]; [244]; [261]), die weiter unten betrachtet werden.

---

[1]) Die EINSTEINschen ebenen Wellen linearer Näherung [366] führen in der zweiten Näherung zu divergierenden Termen (vgl. [410]). Strenge „ebene Wellen" werden unter (27.1) angegeben. (Anm. d. Red.)

19. VERMA und ROY ([246], S. 129—137) bestimmten die folgenden Lösungen der Gleichungen

$$ds^2 = -A(dx^2 + dy^2 + dz^2) + dt^2, \tag{14.15}$$

wobei

$$A^{\frac{1}{2}} = \frac{F(t)}{c^1(x^2 + y^2 + z^2) + p_2 x + p_3 y + c_4 z + c_5},$$

$$c = \text{const}, \quad \frac{d}{dz}(F^2) = \frac{1}{3\lambda F^2} + \alpha, \alpha = -4c_1c_5 + c_2^2 + c_3^2 + c_4^2$$

gilt.

Die Aufzählung von derartigen Lösungen könnte man nach Belieben fortsetzen. Das erscheint jedoch zur Erreichung des Zieles, das sich dieses Buch gesteckt hat, nicht notwendig zu sein.[1])

Bis jetzt war die Rede von Lösungen der Feldgleichungen in geschlossener Form im Vakuum oder von den Gleichungen (13.2). Betrachtet man aber die allgemeinen Feldgleichungen, so hat man außer den unbekannten Potentialen $g_{\alpha\beta}$ noch die Komponenten des Energie-Impuls-Tensors zu bestimmen. Das System ist *unterbestimmt*. Wie schon bemerkt, ist es nicht linear bezüglich $g_{\alpha\beta}$. Da andererseits die lineare NEWTONsche Theorie existiert, die mit einem großen Genauigkeitsgrad einige Gravitationsprozesse beschreibt (z. B. in der Himmelsmechanik), ist es natürlich zu fordern, daß man erstens diese lineare Theorie aus der EINSTEINschen Theorie als erste, aber gute Näherung erhält und daß zweitens wenigstens für die Aufgaben, bei denen die NEWTONsche Theorie gute Ergebnisse im Sinne der Übereinstimmung mit dem experimentellen Befund liefert, die Gravitationsfelder auf Grund ihrer nicht linearen Zusatzglieder zu Effekten zweiter Ordnung führen. Diese Überlegungen sind der Ausgangspunkt für die Methode der „Linearisierung" der Feldgleichungen, die tatsächlich die Ableitung der NEWTONschen Gravitationstheorie als Näherung der Gleichungen (12.2) gestatten.

Diese Methode wurde in Arbeiten von EINSTEIN und seinen Mitarbeitern einerseits [167] und FOCK [111] und PAPAPETROU [238] andererseits entwickelt.

Wir werden diesen Fragenkreis, dem z. B. die Arbeiten [225], [238] gewidmet sind, nicht berühren.

---

[1]) Nur wenigen der in der Literatur angegebenen strengen Lösungen von (12.2) konnte eine physikalisch befriedigende Interpretation gegeben werden, Sehr viele bekannte Lösungen haben zu spezielle mathematische Eigenschaften, um überhaupt physikalisch sinnvolle Felder beschreiben zu können. (Anm. d. Red.)

KAPITEL III

ALLGEMEINE KLASSIFIKATION DER GRAVITATIONSFELDER

Die in § 14 dargestellte historische Übersicht führt zu dem Gedanken, daß eine allgemeine Klassifikation der EINSTEINschen Räume notwendig ist. Eine solche Klassifikation muß invarianten Charakter haben. In diesem Kapitel wird eine Methode der Klassifikation der Gravitationsfelder angewandt, die sich auf die Untersuchung der algebraischen Struktur des Krümmungstensors und des Energie-Impuls-Tensors gründet.

§ 15. Sechsdimensionale Klein-Räume

Die Klassifikation der EINSTEINschen Räume verbinden wir mit der Untersuchung der algebraischen Struktur des Krümmungtensors. Da die Komponenten des Krümmungstensors den Identitäten (5.8)

$$R_{\alpha\beta\gamma\delta} = -R_{\beta\alpha\gamma\delta} = -R_{\alpha\beta\delta\gamma}, \qquad R_{\alpha[\beta\gamma\delta]} = 0 \tag{15.1}$$

genügen, die ein vollständiges System algebraischer Identitäten für $R_{\alpha\beta\gamma\delta}$ bestimmen, soll sich die Klassifikation auf (15.1) stützen. Die algebraische Untersuchung des Tensors $R_{\alpha\beta\gamma\delta}$ kann man in einem gegebenen Punkt des Raumes V_n durchführen. In diesem Punkt interessieren uns nur Tensoren spezieller Art. Wir wollen beweisen, daß die Gesamtheit aller dieser Tensoren sich auf die Menge aller Tensoren eines gewissen anderen Raumes abbilden läßt, so daß wir die Untersuchung im letzteren Raum durchführen können.

Betrachten wir alle Tensoren, die den folgenden zwei Bedingungen genügen: 1. Die Summe der kovarianten und kontravarianten Stufen ist gerade. 2. Die kovarianten und kontravarianten Indizes lassen sich in disjunkte *Paare* zerlegen, für die der Tensor *alternierend* ist. Ein Beispiel für Tensoren dieser Art sind die *Bivektoren* (alternierende Tensoren zweiter Stufe), die durch ihre Komponenten $V^{\alpha\beta}$ oder $V_{\alpha\beta}$ gegeben sind. Ein zweites Beispiel ist der Krümmungstensor, wenn er durch seine Komponenten $R_{\alpha\beta\gamma\delta}$ oder $R^{\alpha\beta}{}_{\gamma\delta}$ oder $R_{\alpha\beta}{}^{\gamma\delta}$ gegeben ist. Im weiteren nennen wir diese Tensoren *Bitensoren*.

Die Menge aller Tensorfelder von dieser Art im V_n nennen wir *bivektoriell* und ihre Darstellung in einem gegebenen Punkt eine *lokale bivektorielle Menge*. Wir betrachten einen Tensor, der zu einer lokalen bivektoriellen Menge gehört, und vereinigen jedes alternierende Indexpaar $\alpha\beta$ zu einem *Doppelindex*. Dabei fixieren wir eines der zwei möglichen Paare, z. B. $\alpha\beta$. Die Komponenten des entsprechenden Tensors mit den Indizes $\beta\alpha$ unterscheiden sich von den Komponenten des ursprünglichen Tensors nur durch das Vorzeichen. Wir werden sie daher im weiteren nicht berücksichtigen. Alle Doppelindizes seien in irgendeiner Weise numeriert, dabei ist die Zahl der Doppelindizes gleich $N = \frac{n(n-1)}{2}$.

Betrachten wir die Transformation der Komponenten $\Pi^{\alpha\beta}$ eines Bivektors im Raum V_n. Sie hat die Form

$$\Pi^{\alpha'\beta'} = A^{\alpha'}_{\alpha} A^{\beta'}_{\beta} \Pi^{\alpha\beta} = A^{\alpha'}_{[\alpha} A^{\beta'}_{\beta]} \Pi^{\alpha\beta}$$

oder mit Doppelindizes

$$\Pi^{a'} = A^{a'}_{a} \Pi^{a}, \tag{15.2}$$

wobei $a = 1, \ldots, N$,

$$A^{a'}_{a} \to A^{\alpha'}_{[\alpha} A^{\beta'}_{\beta]} \tag{15.3}$$

ist.

Die Transformation der Bivektoren in V_n hat also die Form einer Transformation von Vektoren in einem Raum E_N. Jedoch sind nicht alle linearen, nichtausgearteten Transformationen von E_N zulässig, sondern nur eine Untergruppe der zentroaffinen Gruppe, die durch die Bedingungen (15.3) definiert ist. Das ist die Realisierung eines von Gurewitsch ([172], S. 463—469) bewiesenen Satzes.

Die Gesamtheit der Bivektoren im gegebenen Punkt des Raumes V_n mit kontravarianten Komponenten definiert die Gesamtheit der Vektoren mit Doppelindizes mit kontravarianten Komponenten, von denen jeder N Komponenten hat. Wenn man diese Vektoren mit den Punkten einer N-dimensionalen Mannigfaltigkeit identifiziert, kann man behaupten, daß sie genau dann eine *affine Mannigfaltigkeit* E_N ist, wenn in ihr die Kleinsche Geometrie mit der Gruppe

$$\left.\begin{array}{ll} \eta^{a'} = A^{a'}_{a} \eta^{a} & \eta^{a} = A^{a}_{a'} \eta^{a'}, \\ |A^{a'}_{a}| \neq 0, & A^{a}_{b'} A^{b'}_{c} = \delta^{a}_{c} \end{array}\right\} \tag{15.4}$$

gilt. Dabei hat $A^{a}_{a'}$ die (15.3) entsprechende spezielle Form, und E_N ist folglich ebenfalls von spezieller Form.

Die ersten zwei Bedingungen in (15.4) folgen unmittelbar aus (15.2), die dritte Bedingung folgt daraus, daß die Determinante

$$C = |A^{\alpha'}_{\beta} A^{\gamma'}_{\delta}| = |A^{\alpha'}_{\alpha}|^{2n} \qquad (\alpha, \alpha' = 1, \ldots, n)$$

ist (W. F. Kagan [64], S. 410) und sich C andererseits mit Hilfe von Vertauschungen und Linearkombinationen von Zeilen und Spalten in der Form

$$C = p\,|A^{a'}_{a}| \qquad (a, a' = 1, \ldots, N)$$

darstellen läßt, d. h. aus $|A^{\alpha'}_{\alpha}| \neq 0$ folgt $C \neq 0$. Die vierte Bedingung in (15.4) folgt leicht aus den ersten beiden. Also gilt (15.4), und der Raum E_N existiert. *Jede lokale bivektorielle Menge V_n läßt sich auf den zentroaffinen Raum $E_N \left(N = \frac{n(n-1)}{2}\right)$ abbilden.* Aus der Definition dieser Abbildung folgt, daß sie ein *Isomorphismus* bezüglich der Addition, Subtraktion und Multiplikation (ohne Verjüngung) der Tensoren ist. Die Multiplikation mit Verjüngung muß ausgeschlossen werden, da sie zu Tensoren führen kann, für die eine derartige Abbildung nicht möglich ist.

Folglich läßt sich jedem Punkt des V_n ein lokaler Raum E_N mit der Gruppe (15.4) zuordnen. Wir bezeichnen E_N als KLEIN-Raum. Ein Tensor des V_n im gegebenen Punkt mit den oben angegebenen Eigenschaften definiert in E_N einen Tensor mit halb so großer Stufe.

Jetzt können wir den KLEIN-Raum metrisieren. In V_n existiere ein Tensorfeld $T_{\alpha\beta\gamma\delta}$ mit

$$T_{\alpha\beta\gamma\delta} = T_{\gamma\delta\alpha\beta} = -T_{\beta\alpha\gamma\delta} = -T_{\alpha\beta\delta\gamma}.$$

Dann läßt sich in jedem Raum E_N, der zu einem Punkt eines Gebietes des V_n gehört, in dem das Tensorfeld definiert ist, ein metrischer Tensor

$$T_{ab} \to T_{\alpha\beta\gamma\delta}$$

einführen, falls $|T_{ba}| \neq 0$ ist. Im übrigen ist die Wahl eines derartigen Tensors beliebig, jedoch ist es am natürlichsten, die Metrik in E_N mit der Metrik in V_n in Verbindung zu bringen. Daher führen wir den metrischen Tensor

$$g_{ab} \to g_{\alpha\beta\gamma\delta} \equiv g_{\alpha\gamma} g_{\beta\delta} - g_{\alpha\delta} g_{\beta\gamma} \tag{15.5}$$

ein, wobei $g_{\alpha\beta}$ der metrische Tensor des V_n ist und die Doppelindizes die alternierenden Paare

$$\alpha\beta \to a, \qquad \gamma\delta \to b$$

sind.

Der Tensor g_{ab} $(a, b = 1, \ldots, N)$ ist *symmetrisch* und *nichtausgeartet*: $|g_{ab}| \neq 0$. Um sich davon zu überzeugen, genügt es, in einem gegebenen Punkt des Raumes V_n den Tensor $g_{\alpha\beta}$ auf die Diagonalform zu bringen und g_{ab} nach der Formel (15.5) zu berechnen. Ist $g_{\alpha\beta}$ ein positiv- oder negativ-definierter Tensor, so ist g_{ab} ebenfalls *definit*. Wenn $g_{\alpha\beta}$ indefinit ist, kann die Metrik g_{ba} indefinit mit einer gewissen Signatur sein, die von der Signatur von $g_{\alpha\beta}$ abhängt. Statt des Zeichens $\to$ in (15.5) hätte man zur Bezeichnung der Abbildung auch *Verbindungsgrößen* benutzen können:

$$g_{ab} = B_a^{\alpha\beta} B_b^{\gamma\delta} (g_{\alpha\gamma} g_{\beta\delta} - g_{\alpha\delta} g_{\gamma\delta}),$$

wobei die B, die Verbindungsgrößen, einen kovarianten Vektor im E_N und einen kontravarianten Bivektor im R_n darstellen, R_n bezeichnet den Berührungsraum des V_n im gegebenen Punkt.

Wir bemerken, daß die Matrix (g_{ab}) bezüglich $(g_{\alpha\beta})$ eine sogenannte *abgeleitete* Matrix ist. Stellt man sich nämlich auf den Standpunkt, daß die Verjüngungsoperation $g_{\alpha\beta} V^\alpha$ im affinen Raum eine lineare Vektorfunktion definiert, die dem Punkt V^α die bezüglich der Hyperquadrik $g_{\alpha\beta} x^\alpha x^\beta = 1$ polar konjugierte Hyperebene zuordnet, so wird ein *einfacher* Polyvektor

$$V^{a_1 \ldots a_p} \equiv V^{[a_1} \ldots V^{a_p]}$$

durch Anwendung dieser Vektorfunktion auf die Vektoren V^k, aus denen $V^{\alpha_1 \dots \alpha_p}$ als alternierendes Produkt entsteht, in einen Polyvektor

$$V_{\beta_1 \dots \beta_p} = g_{\beta_1 \dots \beta_p \alpha_1 \dots \alpha_p} V^{\alpha_1 \dots \alpha_p}$$

transformiert. Dabei definiert der Tensor

$$g_{\beta_1 \dots \beta_p \alpha_1 \dots \alpha_p} = p!\, g_{[\alpha_1 [\beta_1} g_{\alpha_2 \beta_2} \cdots g_{\alpha_p] \beta_p]}$$

die zugehörige *abgeleitete* Form. Für $p = 2$ ist dieser Tensor gleich g_{ab}. Durch die Einführung des Tensors g_{ab} wird der affine KLEIN-Raum E_N ein *metrischer* Raum R_N.

§ 16. Klassifikation der Einsteinschen Räume

Mit Hilfe der in § 15 eingeführten Begriffe können wir die algebraische Struktur des Krümmungstensors in einem beliebigen RIEMANNschen Raum untersuchen (A. S. PETROW [171], S. 207). Wenn wir den Krümmungstensor $R_{\alpha\beta\gamma\delta}$ des Raumes V_n auf den metrischen KLEIN-Raum R_N abbilden, erhalten wir wegen (15.1) in R_N einen symmetrischen Tensor $R_{ab}(a, b = 1, \dots, N)$, dem man eine λ-Matrix

$$(R_{ab} - \lambda g_{ab}) \tag{16.1}$$

zuordnen kann. Indem wir diese λ-Matrix *auf reellem Wege* (siehe § 9) in die kanonische Form überführen, erhalten wir eine Klassifikation der Räume V_n für gegebenes n. Der *Typ* des Raumes wird durch die *Charakteristik* der λ-Matrix definiert und bleibt invariant in den Gebieten, in denen sich diese Charakteristik nicht ändert.

Dem Punkt P des Raumes V_n entspreche die λ-Matrix (16.1) mit dem Elementarteilersystem

$$\begin{array}{lll} (\lambda - \lambda_1)^{m_1}, & (\lambda - \lambda_2)^{m'_1}, & (\lambda - \lambda_3)^{m''_1}, \dots, \\ (\lambda - \lambda_1)^{m_2}, & (\lambda - \lambda_2)^{m'_2}, & (\lambda - \lambda_3)^{m''_2}, \dots, \\ \dots & \dots & \dots \end{array}$$

Dann gehört zu dieser λ-Matrix die *Charakteristik*

$$[(m_1, m_2, \dots)\,(m'_1, m'_2, \dots)\,(m''_1, m''_2, \dots) \dots], \tag{16.2}$$

die den Typ des Raumes in dem Gebiet A definiert, in dem sie sich nicht ändert. Die Invarianten λ_i, die *Basen* der Elementarteiler, sind gleichzeitig Wurzeln der charakteristischen Gleichung

$$|R_{ab} - \lambda g_{ab}| = 0. \tag{16.3}$$

Jedoch können im Gebiet A auf gewissen *k-dimensionalen* Mannigfaltigkeiten die Elementarteilerbasen $\lambda_i(x)$ zusammenfallen. Diese k-Flächen werden durch

Gleichungen der Form

$$\lambda_i(x) - \lambda_j(x) = 0$$

beschrieben.

Betrachten wir also die Hyperfläche, die durch die Gleichung

$$\lambda_1(x) - \lambda_2(x) = 0$$

definiert ist, und nehmen an, daß sie zum Gebiet A gehört, in dem i. a. $\lambda_1 \neq \lambda_2$ ist und die Elementarteiler die Form $(\lambda - \lambda_1)^p$, $(\lambda - \lambda_2)^q$ haben. Dann hat die Charakteristik in A die Form $[p, q, \ldots]$ und auf der angegebenen Hyperfläche $[(p, q) \ldots]$. Wir wollen sagen, daß dieses Zusammenfallen von Elementarteilerbasen *den Typ von V_n im gegebenen Gebiet nicht ändert.* Bei der Bestimmung des Typs der λ-Matrix des Raumes V_n hat man den Tensor R_{ab} durch die Bedingungen (15.1) und nur durch diese einzuschränken.

Wir wollen annehmen, daß V_n ein EINSTEINscher Raum ist. Dann genügt der Krümmungstensor außer (15.1) noch den Beziehungen

$$R_{\alpha\beta} = \varkappa g_{\alpha\beta}. \tag{16.4}$$

Wir führen in einem gegebenen Punkt des Raumes V_n ein orthogonales nichtholonomes n-Bein $\underset{\sigma}{\xi^\alpha}\ (\sigma, \alpha = 1, \ldots, n)$ ein, so daß

$$(g_{\alpha\alpha})_p = e_\alpha = \pm 1, \quad (g_{\alpha\beta})_p = 0 \quad (\alpha \neq \beta) \tag{16.5}$$

gilt, wobei e_α durch die Signatur der Form $g_{\alpha\beta}\, dx^\alpha\, dx^\beta$ definiert ist. Dann ist

$$g_{aa} = e_\alpha e_\beta, \quad g_{ab} = 0 \quad (a, b = 1, \ldots, N;\ a \neq b), \tag{16.6}$$

und der Krümmungstensor wird auf einen symmetrischen Tensor R_{ab} abgebildet, dem im Punkt P des Raumes G_n ein Krümmungstensor entspricht, dessen *orthogonalen* Komponenten durch die Beziehungen

$$\left.\begin{aligned} &R_{\alpha\beta\gamma\delta} = -R_{\beta\alpha\gamma\delta} = -R_{\alpha\beta\delta\gamma}, \qquad R_{\alpha[\beta\gamma\delta]} = 0, \\ &\sum_\sigma e_\sigma R_{\sigma\alpha\sigma\alpha} = \varkappa e_\alpha, \qquad \sum_\sigma e_\sigma R_{\sigma\alpha\sigma\beta} = 0\ (\alpha \neq \beta) \end{aligned}\right\} \tag{16.7}$$

verknüpft sind. Wenn wir (16.7) mit Doppelindizes schreiben, erhalten wir ein *vollständiges System* algebraischer Identitäten für R_{ab} in R_N, nach denen der Typ des Raumes durch die Charakteristik der λ-Matrix (16.3) zu bestimmen ist. Die Zahl der möglichen Typen von V_n nimmt mit wachsendem n schnell zu und hängt von den möglichen Signaturen der Metrik, d. h. von der Wahl von e_α, ab. Im weiteren geben wir eine ausführliche Klassifikation für den in der physikalischen Anwendung interessanten Fall $n = 4$.

Wir illustrieren die oben eingeführten Begriffe an dem einfachen Beispiel der Räume konstanter Krümmung S_n. Wenn V_n ein Raum S_n ist, gilt

$$R_{\alpha\beta\gamma\delta} = K(g_{\alpha\gamma} g_{\beta\delta} - g_{\alpha\delta} g_{\beta\gamma}), \tag{16.8}$$

und folglich haben die λ-Matrizen die Form

$$\left((K - \lambda) g_{ab}\right).$$

Durch die Einführung eines orthonormierten n-Beins (16.5) im Punkte P führen wir diese Matrix in die Diagonalform über. Daher sind alle Elementarteiler *einfach* (vom Grade Eins), ihre Basen sind K, und die Charakteristik ist $[(1, \ldots, 1)]$. Hat umgekehrt die Charakteristik eine solche Form, so ist (siehe § 9)

$$g_{ab} = \sum_\sigma e_\sigma \underset{\sigma}{\xi_a} \underset{\sigma}{\xi_b}, \qquad R_{ab} = \sum_\sigma e_\sigma \underset{\sigma}{\lambda} \underset{\sigma}{\xi_a} \underset{\sigma}{\xi_b} = K g_{ab} \qquad (\underset{\sigma}{\lambda} = K),$$

d. h. es gilt (16.8) und (für $n > 2$) hat der Raum konstante RIEMANNsche Krümmung. *Also ist V_n bei $n > 2$ genau dann ein Raum konstanter Krümmung, wenn die Charakteristik der λ-Matrix* (16.1) *die Form* $[(1, \ldots, 1)]$ *hat.* V_n ist speziell ein ebener Raum, wenn die Basen der Elementarteiler gleich Null sind.

Aufgabe

1. Wenn die Anzahl der Elementarteiler der λ-Matrix gleich p ist und der Rang der Matrix (R_{ab}) gleich r, gilt $r \geqq \frac{n(n-1)}{2} - p$ [261].

§ 17. Stationäre Krümmungen

Die Elementarteilerbasen λ_i der λ-Matrizen lassen für einen beliebigen Raum V_n eine einfache geometrische Deutung zu ([261], S. 34—40).

Betrachten wir die RIEMANNsche Krümmung des Raumes V_n in einer zweidimensionalen Richtung, die durch einen einfachen Bivektor $V^{\alpha\beta} = \underset{[1}{V^\alpha} \underset{2]}{V^\beta}$ definiert ist:

$$K = \frac{R_{\alpha\beta\gamma\delta} V^{\alpha\beta} V^{\gamma\delta}}{g_{\alpha\beta\gamma\delta} V^{\alpha\beta} V^{\gamma\delta}}. \tag{17.1}$$

Dabei hat $g_{\alpha\beta\gamma\delta}$ die Form (15.5). Wir wollen die Invariante K in (17.1) in einem verallgemeinerten Sinne verstehen, indem wir annehmen, daß der *Bivektor $V^{\alpha\beta}$ nicht unbedingt einfach* zu sein braucht. Unter dieser Voraussetzung nennen wir die durch (17.1) definierte Invariante K die *bivektorielle Krümmung V_n in der Richtung des gegebenen Bivektors.* Durch Abbildung auf den KLEIN-Raum R_N erhalten wir

$$K = \frac{R_{ab} V^a V^b}{g_{ab} V^a V^b} \qquad (a, b = 1, \ldots, N). \tag{17.2}$$

Wir stellen uns die Aufgabe, die kritischen Werte von K zu bestimmen, wenn man diese Invariante als homogene Funktion nullten Grades von V^a betrachtet. Das ist gleichbedeutend mit der Auffindung derjenigen Vektoren V^a, für die K einen kritischen Wert annimmt. Wir nennen die kritischen Werte von K *stationäre Krümmungen* des Raumes V_n im gegebenen Punkt und die Vektoren des V_n, die den kritischen Werten von K entsprechen, *stationäre Vektoren* von R_N (oder stationäre mehrfache Bivektoren im V_n im gegebenen Punkt). Entspricht speziell einer stationären Krümmung ein Vektor V^a, der im V_n einen einfachen Bivektor $V^{\alpha\beta}$ definiert, so stimmt diese stationäre Krümmung mit der RIEMANNschen Krümmung des V_n in der durch $V^{\alpha\beta}$ definierten zweidimensionalen Richtung überein.

Je nachdem, ob wir fordern, daß der Bivektor einfach sein soll oder nicht, erhalten wir verschiedene Aufgaben. Versteht man K im Sinne von RIEMANN, so ergibt sich die Aufgabe, die *bedingt-stationären Richtungen* zu bestimmen. Hat man aber die *bivektorielle* Krümmung im Auge, so wird man auf die Frage nach den *unbedingt-stationären* V^a geführt. In diesem Fall ist V^a genau dann stationär, wenn die Gleichungen

$$\frac{\partial}{\partial V^a} K = 0 \tag{17.3}$$

erfüllt sind. Man hat dabei vorausszusetzen, daß K eine *stetig differenzierbare* Funktion von V^a ist. Es ist notwendig, zu beachten, daß es bei *indefiniter* Metrik des Raumes V_n *isotrope* stationäre Richtungen gibt:

$$g_{ab} V^a V^b = 0. \tag{17.4}$$

Wir schließen diesen Fall zunächst aus und kehren weiter unten zu ihm zurück. Setzen wir in (17.3) für K den Ausdruck (17.2) ein, so erhalten wir

$$(R_{ab} - K g_{ab}) V^b = 0, \tag{17.5}$$

d. h. es ergeben sich die Gleichungen, welche die Eigenrichtungen des Tensors R_{ab} im R_N bestimmen. Dabei fallen die stationären Krümmungen mit den charakteristischen Werten der Gleichung (16.3) zusammen, d. h. die Werte von λ sind die *stationären Krümmungen* des V_n. Für $n > 3$ entsprechen den stationären Richtungen im V_n i. a. mehrfache Bivektoren.

Nun setzen wir voraus, daß (17.4) gilt. Uns interessieren nur die Richtungen V^a, für die sich K stetig ändert. Daher folgt aus (17.4) die Beziehung

$$R_{ab} V^a V^b = 0 \tag{17.6}$$

für *isotrope* stationäre Bivektoren V^a.

Unter Berücksichtigung der stetigen Differenzierbarkeit von K nach V^a läßt sich der Wert von K für eine isotrope stationäre Richtung mit Hilfe der Beziehung

$$K(V^a) = \lim_{dV^a \to 0} K(V^a + d V^a)$$

berechnen. Wir führen die Bezeichnung

$$\varphi = g_{ab} V^a V^b, \qquad \psi = R_{ab} V^a V^b$$

ein, dann erhalten wir

$$K(V^a) = \lim_{dV^a \to 0} \frac{\psi(V^a + dV^a) - \psi(V^a)}{\varphi(V^a + dV^a) - \varphi(V^a)} = \lim \frac{\left(\sum \frac{\partial}{\partial V^c}\psi\right) dV^c + \cdots}{\left(\sum \frac{\partial}{\partial V^c}\varphi\right) dV^c + \cdots}.$$

Da dieser Grenzwert unabhängig von der Wahl der Nullfolge ist, gilt

$$K(V^a) = \frac{\frac{\partial}{\partial V^c}\psi}{\frac{\partial}{\partial V^c}\varphi} = \frac{R_{cb} V^b}{g_{cb} V^b} \qquad (b, c = 1, \ldots, N),$$

d. h. wir erhalten wieder (17.5): Ein isotroper stationärer Bivektor bestimmt ebenfalls eine Richtung von R_{ab}, und die entsprechende stationäre Krümmung ist gleich der Basis eines mehrfachen Elementarteilers (siehe § 9). Also stimmen die *stationären Richtungen des V_n mit den Hauptrichtungen von R_{ab} im R_N und die stationären Krümmungen mit den Basen der Elementarteiler überein, ihre Anzahl ist folglich* $\leqq N = \frac{n(n-1)}{2}$. Wenn die Metrik von V_n indefinit ist, sind die stationären Krümmungen und die ihnen entsprechenden stationären Bivektoren in V_n i. a. *komplex*.

§ 18. Klassifikation der Einsteinschen Räume im Fall $n = 4$

Für vierdimensionale EINSTEINsche Räume über dem Körper der reellen Zahlen gibt es drei wesentlich verschiedene Typen von Signaturen (bis auf Multiplikation von ds^2 mit -1):

$$\left.\begin{array}{l} (\alpha)\ + + + +, \\ (\beta)\ - - - +, \\ (\gamma)\ - - + +. \end{array}\right\} \qquad (18.1)$$

Betrachten wir jede der drei Möglichkeiten. Im Fall (α) liegt eine *positiv-definite Metrik vor.* Man kann daher im gegebenen Punkt ein nichtholonomes orthogonales 4-Bein einführen, bezüglich dessen $g_{\alpha\alpha} = 1, g_{\alpha\beta} = 0$ und folglich

$$g_{aa} = 1, \quad g_{ab} = 0 \quad (a, b \neq)$$

gilt. Dann hat die λ-Matrix nur einfache Elementarteiler mit reellen stationären Krümmungen (siehe § 9). Die Charakteristik muß also die Form [111, 111] haben. Demnach gibt es *im Fall der Signatur* $(+ + + +)$ *nur einen* EINSTEIN*schen Raumtyp.*

Gehen wir zur Betrachtung von (β), d. h. der Signatur des MINKOWSKI-*Raumes,* über. In diesem Falle läßt sich in jedem Punkt P des durch ein Gravitationsfeld definierten Raumes T (oder $\overset{*}{T}$) ein *reelles* nichtholonomes orthonormiertes 4-Bein einführen, für das

$$(g_{\alpha\beta})_p = \begin{pmatrix} -1 & 0 & 0 & 0 \\ 0 & -1 & 0 & 0 \\ 0 & 0 & -1 & 0 \\ 0 & 0 & 0 & 1 \end{pmatrix} \tag{18.2}$$

gilt. Dann erhalten wir bezüglich des orthonormierten 4-Beins (18.2) im Klein-Raum R_6 wegen (15.5)

$$(g_{ab}) = \begin{Vmatrix} -1 & 0 & 0 & 0 & 0 & 0 \\ 0 & -1 & 0 & 0 & 0 & 0 \\ 0 & 0 & -1 & 0 & 0 & 0 \\ 0 & 0 & 0 & 1 & 0 & 0 \\ 0 & 0 & 0 & 0 & 1 & 0 \\ 0 & 0 & 0 & 0 & 0 & 1 \end{Vmatrix}, \tag{18.3}$$

d. h. g_{ab} definiert eine indefinite Metrik. Ein für allemal führen wir für $n = 4$ die folgende *Numerierung* der *Doppelindizes* in R_6 ein:

$$14 \to 1,\ 24 \to 2,\ 34 \to 3,\ 23 \to 4,\ 31 \to 5,\ 12 \to 6. \tag{18.4}$$

Wir beweisen nun den Satz: *Die Matrix* (R_{ab}) *für das orthonormierte 4-Bein* (18.2) *ist doppelsymmetrisch.*

Die Feldgleichungen sind durch $R_{\alpha\beta} = \varkappa g_{\alpha\beta}$ beschrieben. Da die kontravarianten und kovarianten Komponenten des metrischen Tensors für das orthonormierte 4-Bein (18.2) übereinstimmen, erhalten wir zwei Gleichungsgruppen:

$$\text{(I)} \sum_\sigma \underset{\sigma}{e} R_{\alpha\sigma\beta\sigma} = 0 \qquad (\alpha \neq \beta),$$

$$\text{(II)} \sum_\sigma \underset{\sigma}{e} R_{\alpha\sigma\alpha\sigma} = \varkappa e_\alpha, \qquad e_\alpha = \pm 1.$$

Setzen wir in den Gleichungen (I) $\alpha, \beta = 1, 2, 3, 4$ und schreiben die Doppelindizes (18.4), so gilt

$$R_{12} + R_{45} = R_{13} + R_{46} = R_{23} + R_{56} = R_{15} - R_{24} = R_{16} - R_{34} = R_{26} - R_{35} = 0. \tag{18.5}$$

Das System (II) schreibt sich in *Doppelindizes*

$$R_{11} + R_{44} = R_{22} + R_{55} = R_{33} + R_{66} = 0, \quad R_{11} + R_{22} + R_{33} = -\varkappa. \tag{18.6}$$

Außerdem hat man die Identität $R_{\alpha[\beta\gamma\delta]} = 0$ zu berücksichtigen, die die einzige Beschränkung ist, welcher der Tensor R_{ab} genügen muß. Das ergibt in *Doppel-*

indizes

$$R_{14} + R_{25} + R_{36} = 0. \tag{18.7}$$

Wenn wir die Beziehungen

$$R_{ab} = m_{ab}, \quad R_{a,\, b+3} = n_{ab}, \quad a, b \leqq 3 \tag{18.8}$$

einführen, folgt aus (18.5) und (18.7)

$$(R_{ab}) = \left(\begin{array}{c|c} M & N \\ \hline N & -M \end{array}\right), \tag{18.9}$$

wobei M und N zwei *symmetrische* quadratische Matrizen dritter Ordnung sind:

$$M = (m_{ab}), \ N = (n_{ab}), \ m_{ab} = m_{ba}, \ n_{ab} = n_{ba} \ (a, b = 1, 2, 3). \tag{18.10}$$

Dabei gelten die Beziehungen

$$\sum_{s=1}^{3} m_{ss} = -\varkappa, \qquad \sum_{s=1}^{3} n_{ss} = 0; \tag{18.11}$$

womit der Satz bewiesen ist. Wir bemerken, daß KAGAN ([79], S. 1—24) bei der Untersuchung der LORENTZ-Gruppe die doppelsymmetrischen Matrizen allerdings unter der *zusätzlichen Bedingung der Orthogonalität* fand. Mit der Untersuchung derartiger Matrizen unter der gleichen Orthogonalitätsvoraussetzung beschäftigen sich auch DUBNOW ([82], S. 33—54) und LOPSCHIZ ([85], S. 186—187).

Differenzieren wir die Gleichungen (13.2) k-mal kovariant, so erhalten wir

$$R_{\alpha\beta,\, \lambda_1 \ldots \lambda_k} = 0.$$

Wenn man wie oben in das orthogonale 4-Bein (18.2) Doppelindizes einführt (für die vor dem Komma stehenden *alternierenden Paare*), kann man alle Überlegungen wiederholen nur mit dem einzigen Unterschied, daß $\varkappa = 0$ zu setzen ist und die Komponenten m_{ab}, n_{ab} mit den zusätzlichen Indizes $\lambda_1, \ldots, \lambda_k$ zu versehen sind. Folglich *hat die Matrix* $(R_{ab,\, \lambda_1 \ldots \lambda_k})$ *für eine beliebige fixierte Indexkombination* $\lambda_1, \ldots, \lambda_k (\lambda_1, \ldots, \lambda_k = 1, 2, 3, 4)$ *bezüglich des orthonormierten 4-Beins* (18.2) *doppelsymmetrische Form*:

$$(R_{ab,\, \lambda_1 \ldots \lambda_k}) = \left(\begin{array}{c|c} M_{,\, \lambda_1 \ldots \lambda_k} & N_{,\, \lambda_1 \ldots \lambda_k} \\ \hline N_{,\, \lambda_1 \ldots \lambda_k} & -M_{,\, \lambda_1 \ldots \lambda_k} \end{array}\right), \tag{18.12}$$

wobei

$$\sum_{a=1}^{3} m_{aa,\, \lambda_1 \ldots \lambda_k} = \sum_{a=1}^{3} n_{aa,\, \lambda_1 \ldots \lambda_k} = 0 \tag{18.13}$$

und

$$m_{ab,\, \lambda_1 \ldots \lambda_k} = m_{ba,\, \lambda_1 \ldots \lambda_k}, \qquad n_{ab,\, \lambda_1 \ldots \lambda_k} = n_{ba,\, \lambda_1 \ldots \lambda_k}$$
$$(a, b = 1, \ldots, 6; \ \lambda_i = 1, 2, 3, 4; \ i = 1, 2, \ldots)$$

gilt.

Jetzt können wir den grundlegenden Satz beweisen, der die Frage nach der allgemeinen Klassifikation vierdimensionaler EINSTEINscher Räume mit der Signatur $(- - - +)$ im Sinne der algebraischen Struktur des Krümmungstensors beantwortet.

Satz. *Es gibt genau drei durch Gravitationsfelder* $(R_{\alpha\beta} = \varkappa g_{\alpha\beta})$ *definierte Raumtypen mit der Signatur* $(- - - +)$.

Da sich für (18.2) (g_{ab}) in der Form

$$(g_{ab}) = \begin{pmatrix} -\varepsilon & 0 \\ 0 & \varepsilon \end{pmatrix}$$

schreiben läßt, wobei ε die dreidimensionale Einheitsmatrix ist, läßt sich die λ-Matrix folgendermaßen schreiben:

$$(R_{ab} - \lambda g_{ab}) = \left(\begin{array}{c|c} M + \lambda\varepsilon & N \\ \hline N & -M - \lambda\varepsilon \end{array}\right).$$

Wir benutzen sogenannte *elementare Transformationen*, welche die Elementarteiler und die Charakteristiken der λ-Matrizen nicht ändern ([91], S. 34). Addieren wir zu den Matrizen der ersten Spalte die mit i multiplizierten Matrizen der zweiten Spalte, so erhalten wir

$$\left(\begin{array}{c|c} M + iN + \lambda\varepsilon & N \\ \hline -i(M + iN + \lambda\varepsilon) & -M - \lambda\varepsilon \end{array}\right).$$

Addieren wir zu den Matrizen der zweiten Zeile die entsprechenden mit i multiplizierten Matrizen der ersten Zeile, so erhalten wir die Matrix in der Form

$$\left(\begin{array}{c|c} M + iN + \lambda\varepsilon & N \\ \hline 0 & -M + iN - \lambda\varepsilon \end{array}\right).$$

Multiplizieren wir die Matrizen der ersten Spalte mit $i/_2$, addieren sie zu den entsprechenden Matrizen der zweiten Spalte und führen dann die gleiche Operation mit den Zeilen durch, so erhalten wir die folgende Matrix, die bis auf elementare Transformationen zur ursprünglichen λ-Matrix äquivalent ist:

$$\left(\begin{array}{c|c} M + iN + \lambda\varepsilon & 0 \\ \hline 0 & M - iN + \lambda\varepsilon \end{array}\right) \equiv \begin{pmatrix} Q(\lambda) & 0 \\ 0 & \overline{Q}(\lambda) \end{pmatrix}. \tag{18.14}$$

Die Aufgabe ist damit auf die Untersuchung zweier dreidimensionaler λ-Matrizen $Q(\lambda)$ und $\overline{Q}(\lambda)$, deren entsprechende Elemente konjugiert komplex sind, zurückgeführt. Daraus folgt, daß die Elementarteiler dieser Matrizen ebenfalls konjugiert komplex sind und ihre Charakteristiken folglich die gleiche Gestalt haben. Also zerfällt die Charakteristik unserer λ-Matrix in *zwei sich wiederholende Teile.*

Eine dreidimensionale Matrix $Q(\lambda)$ kann nur eine der drei Charakteristiktypen haben: 1°. [111], 2°. [21], 3°. [3]. Dabei lassen wir die Fälle beiseite, daß einige Elementarteiler gleiche Basis haben und deshalb einige der in den eckigen Klammern stehenden Zahlen in runde Klammern einzuschließen sind (z. B. [(11)1], [(21)], usw.), da dies nur Spezialfälle sind. Die Matrix $Q(\overline{\lambda})$ hat entsprechend die gleiche Charakteristik. Dann kann die ursprüngliche λ-Matrix nur eine der folgenden Charakteristiken haben:

$$1^\circ.\ [111,\ \overline{111}],\qquad 2^\circ.\ [21,\ \overline{21}],\qquad 3^\circ.\ [3,\ 3].$$

Der Strich über der zweiten Hälfte der Charakteristik bedeutet, daß zu dieser Hälfte Elementarteiler mit Basen gehören, die zu den Basen der Elementarteiler der ersten Hälfte der Charakteristik konjugiert komplex sind. Im dritten Typ fehlt der Strich, da in diesem Fall die Elementarteiler immer reelle Basen haben, wie im folgenden Paragraphen gezeigt wird. Im nächsten Kapitel bringen wir Beispiele für Räume aller drei Typen, so daß keine dieser Typen eine leere Menge ist. Damit ist ein Satz bewiesen, den der Autor im Jahre 1949 gefunden hat und der 1950 vorveröffentlicht wurde [171, 176, 178]. Im Jahre 1954 gab der Autor eine andere Beweisvariante an, die oben dargelegt wurde [207]. Gleichzeitig gab Norden [208] eine dritte Variante an, wobei er von den von ihm untersuchten biplanaren Räumen ausging. Im Jahre 1957 gab Géhéniau ([262], S. 723—724), eine vierte Beweisvariante (für $\varkappa = 0$) an. Physikalische Anwendungen dieses Satzes finden sich bei Pirani [258] und anderen Autoren [308, 321, 322, 324.]

Im weiteren werden wir den Raum T (wenn $R_{\alpha\beta} = 0$ ist) und $\overset{*}{T}$ (wenn $R_{\alpha\beta} = \varkappa g_{\alpha\beta}$ ist) mit Indizes versehen, die den Typ dieses Raumes bezeichnen: T_i, $\overset{*}{T}_i$ ($i = 1, 2, 3$).

Betrachten wir nun den Fall (γ), bei dem die Signatur der Metrik vom Typ $(- - - +)$ ist.

Für eine Metrik mit dieser Signatur läßt sich die Matrix $(g_{\alpha\beta})$ in einem Punkt auf die Form

$$(g_{\alpha\beta}) = \begin{pmatrix} -1 & 0 & 0 & 0 \\ 0 & -1 & 0 & 0 \\ 0 & 0 & 1 & 0 \\ 0 & 0 & 0 & 1 \end{pmatrix} = (g^{\alpha\beta}) \tag{18.15}$$

bringen, und folglich gilt

$$(g_{ab}) = \begin{Vmatrix} -1 & 0 & 0 & 0 & 0 & 0 \\ 0 & -1 & 0 & 0 & 0 & 0 \\ 0 & 0 & 1 & 0 & 0 & 0 \\ 0 & 0 & 0 & -1 & 0 & 0 \\ 0 & 0 & 0 & 0 & -1 & 0 \\ 0 & 0 & 0 & 0 & 0 & 1 \end{Vmatrix}. \tag{18.16}$$

Schreiben wir für die Metrik (18.15) die Gleichungen $R_{\alpha\beta} = \varkappa g_{\alpha\beta}$ bezüglich dieses nichtholonomen orthonormierten 4-Beins, so erhalten wir für die Matrix (R_{ab})

bei Benützung der Bezeichnungen (18.8) den Ausdruck

$$(R_{ab}) = \left(\begin{array}{ccc|ccc} m_{11} & m_{12} & m_{13} & n_{11} & n_{12} & n_{13} \\ m_{21} & m_{22} & m_{23} & n_{21} & n_{22} & n_{23} \\ m_{31} & m_{32} & m_{33} & -n_{31} & -n_{32} & n_{33} \\ \hline n_{11} & n_{12} & -n_{13} & m_{11} & m_{12} & -m_{13} \\ n_{21} & n_{22} & -n_{32} & m_{21} & m_{22} & -m_{23} \\ n_{31} & n_{32} & n_{33} & -m_{31} & -m_{32} & m_{33} \end{array}\right). \tag{18.17}$$

Hierbei gilt

$$m_{\alpha\beta} = m_{\beta\alpha}, \qquad n_{\alpha\beta} = n_{\beta\alpha}$$

und

$$\left.\begin{aligned} -m_{11} - m_{22} + m_{33} &= \varkappa, \\ n_{11} + n_{22} + n_{33} &= 0. \end{aligned}\right\} \tag{18.18}$$

Daher schreibt sich wegen (18.16) die λ-Matrix $(R_{ab} - \lambda g_{ab})$, welche die Struktur des Raumes bestimmt, in der Form

$$= \left(\begin{array}{ccc|ccc} m_{11}+\lambda & m_{12} & m_{13} & n_{11} & n_{12} & n_{13} \\ m_{21} & m_{22}+\lambda & m_{23} & n_{21} & n_{22} & n_{23} \\ m_{31} & m_{32} & m_{33}-\lambda & -n_{31} & -n_{32} & n_{33} \\ \hline n_{11} & n_{12} & -n_{13} & m_{11}+\lambda & m_{12} & -m_{13} \\ n_{21} & n_{22} & -n_{23} & m_{21} & m_{22}+\lambda & -m_{23} \\ n_{31} & n_{32} & n_{33} & -m_{31} & -m_{32} & m_{33}-\lambda \end{array}\right). \tag{18.19}$$

Wir wenden auf diese λ-Matrix *nacheinander* die folgenden Operationen an: 1. Wir multiplizieren die ersten drei Spalten mit einer Zahl e und addieren sie zu den entsprechenden drei letzten Spalten. 2. Wir multiplizieren die ersten drei Zeilen mit der Zahl e und addieren sie zu den drei entsprechenden letzten Zeilen. 3. Wir addieren die mit $\frac{e}{2}$ multiplizierten drei letzten Zeilen zu den entsprechenden drei ersten Zeilen. 4. Wir addieren die mit $-\frac{e}{2}$ multiplizierten drei ersten Spalten zu den letzten drei. 5. Wir teilen Zeilen und Spalten durch einen von Null verschiedenen Zahlenfaktor. Wenn man dann *fordert, daß*

$$e^2 = 1$$

gilt, und die sogenannten *doppelten* Zahlen $a + eb$ betrachtet (B. A. ROSENFELD [229], S. 441–444), wobei a und b reelle Zahlen sind, so folgt

$$(R_{ab} - \lambda g_{ab}) \approx \begin{pmatrix} \mathrm{P}(\lambda) & 0 \\ 0 & \overline{P}(\lambda) \end{pmatrix}.$$

Dabei ist

$$P(\lambda) = \begin{pmatrix} m_{11} + e n_{11} + \lambda & m_{12} + e n_{12} & m_{13} - e n_{13} \\ m_{21} + e n_{21} & m_{22} + e n_{22} + \lambda & m_{23} - e n_{23} \\ m_{31} - e n_{31} & m_{32} - e n_{32} & m_{33} - e n_{33} - \lambda \end{pmatrix}$$

mit

$$m_{\alpha\beta} = m_{\beta\alpha}, \qquad n_{\alpha\beta} = n_{\beta\alpha}.$$

$\bar{P}(\lambda)$ ist die *doppelt konjugierte* Matrix, die man dadurch erhält, daß man in allen Elementen von $P(x)$ e durch $-e$ ersetzt. Die Algebra der doppelten Zahlen hat die besondere Eigenschaft, daß es in ihr von Null verschiedene Elemente z gibt, deren „Modul" gleich $z\bar{z} = 0$ ist. Diese Elemente haben kein Inverses und heißen *Nullteiler*. Doppelte Zahlen wurden zuerst von CLIFFORD ([65], S. 203—221) und von A. P. KOTELNIKOW [8, 11] systematisch auf die Geometrie angewandt.

Die Algebra der doppelten Zahlen ist abgesehen von (18.19) analog zur Algebra der komplexen Zahlen. Speziell gilt für eine rationale Funktion $f(z_1, z_2, \ldots, z_n)$ die Beziehung $f(\bar{z}_1, \bar{z}_2, \ldots, \bar{z}_n) = \bar{f}(z_1, z_2, \ldots, z_n)$. Daher sind die Elementarteiler von $P(\lambda)$ und $\bar{P}(\lambda)$ doppelt konjugiert, so daß ihre Charakteristiken übereinstimmen. Es gilt also der folgende Satz: *Im Sinne der Struktur des Krümmungstensors gibt es genau drei Typen von* EINSTEIN*schen Räumen mit einer Signatur der Form* $(--++)$. *Diese werden durch die Charakteristiken der λ-Matrix* $(R_{ab} - \lambda g_{ab})$ bestimmt:

$$1^\circ.\,[1\,1\,1, \overline{1\,1\,1}], \qquad 2^\circ.\,[2\,1, \overline{2\,1}], \qquad 3^\circ.\,[3, 3].$$

Die vierdimensionalen EINSTEINschen Räume mit den Signaturen $(---+)$ und $(--++)$ sind analog bezüglich der Anzahl verschiedener Typen, jedoch wird die λ-Matrix für eine MINKOWSKI-Signatur mit Hilfe von (18.14) auf einen *dreidimensionalen metrischen komplexen Raum* abgebildet, während sich die λ-Matrix für die zweite Signatur auf einen *dreidimensionalen metrischen Raum doppelter Zahlen* abbilden läßt.

Über dem Körper der komplexen Zahlen wird die Matrix (18.19) nicht doppelsymmetrisch.

19. Die kanonische Form der Matrizen (R_{ab}) für die Räume T_i und $\overset{*}{T}_i$

Da die Zahl der unabhängigen Komponenten des Krümmungstensors im Raum V_n gleich $\frac{n^2(n^2-1)}{12}$ ist, erhält man für $n = 4$ zwanzig wesentliche Komponenten. Die zehn Feldgleichungen für die Räume $\overset{*}{T}_i$ erniedrigen diese Zahl auf zehn. Jedoch bleiben zu unserer Verfügung noch sechs beliebige Parameter, die durch sechs Freiheitsgrade in der Wahl der orthonormierten 4-Beine bestimmt sind. Geometrisch lassen sich diese Parameter als drei räumliche und drei LORENTZ-Drehungen, die bei der Wahl des orthonormierten 4-Beins zulässig sind, deuten. Demnach *ist der Krümmungstensor in jedem Punkt des Raumes $\overset{*}{T}$ durch Vorgabe* *von nicht mehr als vier Parametern vollständig bestimmt* (dabei ist der Parameter $\varkappa$ des Raumes $\overset{*}{T}$ nicht einberechnet). Wir untersuchen die Abhängigkeit der Komponenten von diesen Parametern im Zusammenhang mit den Raumtypen. Dabei können wir uns auf Räume $\overset{*}{T}_i$ beschränken, da wir das entsprechende Ergebnis für T_i erhalten, wenn wir $\varkappa = 0$ setzen.

1. *Räume $\overset{*}{T}_1$ mit der Charakteristik* $[1\,1\,1, \overline{1\,1\,1}]$. Da in diesem Fall die Charakteristik von einfachem Typ ist, hat der Tensor $R_{ab}\,(a, b = 1, \ldots, 6)$ im KLEIN-Raum sechs nichtisotrope zueinander orthogonale Richtungen (siehe § 9). Diese Richtungen im gegebenen Punkt des Raumes R_6 definieren im Berührungsraum Bivektoren von spezieller Bauart.

Wir bezeichnen die Komponenten eines reellen orthonormierten 4-Beins in einem Punkt von $\overset{*}{T}_1$ mit $\underset{\alpha}{\xi}{}^{\sigma}\,(\alpha, \sigma = 1, 2, 3, 4)$ und die *einfachen* Bivektoren $\underset{[\alpha}{\xi}{}^{\sigma}\underset{\beta]}{\xi}{}^{\tau}$, welche die durch die Koordinatenvektoren dieses nichtholonomen orthonormierten 4-Beins gebildeten zweidimensionalen Ebenen definieren, bezeichnen wir mit $\underset{\alpha\beta}{\xi}{}^{\sigma\tau}$. In R_6 bestimmen diese *einfachen* Bivektoren sechs unabhängige, reelle, nichtisotrope, zueinander orthogonale Koordinatenvektoren $\underset{c}{\xi}{}^{a} = \delta^{a}_{c}$. Ein beliebiger Vektor in R_6 (speziell die Eigenvektoren von R_{ab}) läßt sich nach den Vektoren $\underset{c}{\xi}{}^{a}$ zerlegen. Wir wollen zeigen, daß man als Eigenvektoren (sie sind genau dann eindeutig bestimmt, wenn die Wurzeln der Gleichung $|R_{ab} - \lambda g_{ab}| = 0$ verschieden sind) die Vektoren der Form

$$W^a = \sigma(\underset{1}{\xi}{}^{a} \pm i\underset{4}{\xi}{}^{a}) + \mu(\underset{2}{\xi}{}^{a} \pm i\underset{5}{\xi}{}^{a}) + \nu(\underset{3}{\xi}{}^{a} \pm i\underset{6}{\xi}{}^{a}) \qquad (a = 1, \ldots, 6) \tag{19.1}$$

wählen kann. In der Tat, die Bedingung dafür, daß W^a Eigenvektor von R_{ab} ist, läßt sich in der Form

$$(R_{ab} - \lambda g_{ab})\, W^b = 0 \tag{19.2}$$

schreiben. Dieses System von sechs Gleichungen läßt sich wegen der Doppelsymmetrie der λ-Matrix auf drei Gleichungen

$$\sigma(m_{a1} \pm i n_{a1} + \lambda\delta_{a1}) + \mu(m_{a2} \pm i n_{a2} + \lambda\delta_{a2}) + \nu(m_{a3} \pm i n_{a3} \pm \lambda\delta_{a3}) = 0$$
$$(a = 1, 2, 3)$$

zurückführen, wie aus (18.8) und (18.9) folgt. σ, μ, ν sind genau dann von Null verschiedene Lösungen *dieses* Systems, wenn λ eine Wurzel der Gleichung $Q(\lambda) = 0$ oder $\overline{Q}(\lambda) = 0$ ist, d. h. Wurzel der charakteristischen Gleichung, wie zu beweisen war.

Dem Vektor W^a im gegebenen Punkt von $\overset{*}{T}_1$ entspricht ein Bivektor vollen Ranges

$$W^{\alpha\beta} = \sigma(\underset{14}{\xi}{}^{\alpha\beta} \pm i\underset{23}{\xi}{}^{\alpha\beta}) + \mu(\underset{24}{\xi}{}^{\alpha\beta} \pm i\underset{31}{\xi}{}^{\alpha\beta}) + \nu(\underset{34}{\xi}{}^{\alpha\beta} \pm i\underset{12}{\xi}{}^{\alpha\beta}). \tag{19.3}$$

Man überzeugt sich leicht, daß sich $W^{\alpha\beta}$ bei beliebiger orthogonaler Transformation in einen Bivektor der gleichen Struktur transformiert und σ, μ, ν in $\overset{*}{\sigma}, \overset{*}{\mu}, \overset{*}{\nu}$ übergehen, wobei die Norm des Vektors invariant ist:

$$\sigma^2 + \mu^2 + \nu^2 = \overset{*}{\sigma}{}^2 + \overset{*}{\mu}{}^2 + \overset{*}{\nu}{}^2.$$

Den Wurzeln $\underset{s}{\lambda}(s = 1, 2, 3)$ der Gleichung $|R_{ab} - \lambda g_{ab}| = 0$ mögen die Eigenvektoren $\underset{s}{W^a}$ entsprechen. Dann entsprechen den Wurzeln $\underset{s+r}{\lambda}$ Eigenvektoren mit konjugiert komplexen Komponenten $\overline{\underset{s}{W^a}}$.

Wir stellen den Bivektor $\underset{1}{W^{\alpha\beta}}$ in Form einer Kombination zweier reeller Bivektoren dar:

$$\underset{1}{W^{\alpha\beta}} = \underset{1}{V^{\alpha\beta}} + i \underset{1}{\overset{*}{V}{}^{\alpha\beta}}.$$

Dann ist

$$\underset{4}{W^{\alpha\beta}} = \underset{1}{V^{\alpha\beta}} - i \underset{1}{\overset{*}{V}{}^{\alpha\beta}}.$$

Setzen wir $\sigma = \underset{1}{a} + i\underset{1}{b}, \mu = \underset{2}{a} + i\underset{2}{b}, \nu = \underset{3}{a} + i\underset{3}{b}$, wobei $\underset{s}{a}$ und $\underset{s}{b}$ $(s = 1, 2, 3)$ reelle Zahlen sind, so ergibt sich

$$\underset{1}{V^{\alpha\beta}} = \underset{1}{a}\underset{14}{\xi^{\alpha\beta}} + \underset{2}{a}\underset{24}{\xi^{\alpha\beta}} + \underset{3}{a}\underset{34}{\xi^{\alpha\beta}} - \underset{1}{b}\underset{23}{\xi^{\alpha\beta}} - \underset{2}{b}\underset{31}{\xi^{\alpha\beta}} - \underset{3}{b}\underset{12}{\xi^{\alpha\beta}},$$

$$\underset{1}{\overset{*}{V}{}^{\alpha\beta}} = \underset{1}{b}\underset{14}{\xi^{\alpha\beta}} + \underset{2}{b}\underset{24}{\xi^{\alpha\beta}} + \underset{3}{b}\underset{34}{\xi^{\alpha\beta}} + \underset{1}{a}\underset{23}{\xi^{\alpha\beta}} + \underset{2}{a}\underset{31}{\xi^{\alpha\beta}} + \underset{3}{a}\underset{12}{\xi^{\alpha\beta}};$$

da $\underset{1}{W^a}$ ein nichtisotroper Vektor in R_6 ist (siehe § 9), so kann man immer annehmen, daß $\underset{1}{W^a}$ ein Einheitsvektor ist: $g_{ab} \underset{1}{W^a} \underset{1}{W^b} = 1\,(a, b = 1, \ldots, 6)$. Daraus folgt

$$\sum_{s=1}^{3} \underset{s}{a}\underset{s}{b} = 0, \qquad \sum_{s=1}^{3}(\underset{s}{b}{}^2 - \underset{s}{a}{}^2) > 0. \tag{19.4}$$

Wir wollen die Begriffe des *Parallelitäts-* und *Orthogonalitätsgrades* zweier Bivektoren und entsprechende Bezeichnungen einführen. Es seien zwei i. a. *mehrfache* Bivektoren gegeben, die also (bei $n = 4$) zu ebenen Bündeln einer Dimension ≤ 4 gehören. Wenn die Bündel, in denen die Bivektoren liegen, k gemeinsame Richtungen haben, so sagen wir, der Parallelitätsgrad dieser Bivektoren sei gleich $\frac{k}{s}$, wobei s gleich der kleineren der Dimensionen der zwei Bündel ist. Entsprechend sagen wir, daß diese Bivektoren $\frac{p}{s}$-*orthogonal* sind, wenn sie in den ebenen Bündeln ε_p und ε_q $(p \leq q)$ liegen und wenn in ε_p s unabhängige Richtungen existieren, die zu ε_q orthogonal sind (d. h. zu allen Richtungen von ε_q).

Zunächst wollen wir zeigen, daß die Bivektoren $\underset{1}{V}^{\alpha\beta}$ und $\underset{1}{\overset{*}{V}}{}^{\alpha\beta}$ *einfach* sind, d. h. in einem zweidimensionalen ebenen Bündel liegen. Ein alternierender Tensor $u^{\alpha\beta}$ (Bivektor) ist *einfach*, d. h. gleich dem alternierenden Produkt zweier Vektoren $\eta^{[\alpha}\gamma^{\beta]}$ genau dann (im Falle $n = 4$), wenn die Bedingung

$$u^{14}u^{23} + u^{24}u^{31} + u^{34}u^{12} = 0 \tag{19.5}$$

gilt. Entwickeln wir die Determinante

$$\begin{vmatrix} \underset{1}{u}^1 & \underset{1}{u}^2 & \underset{1}{u}^3 & \underset{1}{u}^4 \\ \underset{2}{u}^1 & \underset{2}{u}^2 & \underset{2}{u}^3 & \underset{2}{u}^4 \\ \underset{1}{u}^1 & \underset{1}{u}^2 & \underset{1}{u}^3 & \underset{1}{u}^4 \\ \underset{2}{u}^1 & \underset{2}{u}^2 & \underset{2}{u}^3 & \underset{2}{u}^4 \end{vmatrix} \equiv 0$$

nach den Minoren der ersten zwei Zeilen, so erhalten wir (19.5). Wenn umgekehrt (19.5) gilt, so lassen sich immer zwei Vektoren η^α und γ^α derart finden, daß $u^{\alpha\beta} = \eta^{[\alpha}\gamma^{\beta]}$ ist. Für $n = 4$ läßt sich das unmittelbar verifizieren. Wegen der ersten Bedingung in (19.4) gilt (19.5) für die Bivektoren $\underset{1}{V}^{\alpha\beta}$ und $\underset{1}{\overset{*}{V}}{}^{\alpha\beta}$: Die Bivektoren $\underset{1}{V}^{\alpha\beta}$ und $\underset{1}{\overset{*}{V}}{}^{\alpha\beta}$ liegen in einem zweidimensionalen ebenen Bündel.

Wir wollen zeigen, daß diese Bivektoren $\frac{0}{2}$-*parallel* sind. Sie können nicht $\frac{2}{2}$-parallel sein, da in diesem Falle ihre Komponenten proportional und die Bivektoren selbst also gleich Null wären. Sie können auch nicht $\frac{1}{2}$-parallel sein, da $W^{\alpha\beta}$ ein einfacher Bivektor sein würde und sich so ein Widerspruch zwischen den Bedingungen (19.5) und (19.4) ergeben würde. Es bleibt also nur die Möglichkeit, daß $\underset{1}{V}^{\alpha\beta}$ und $\underset{1}{\overset{*}{V}}{}^{\alpha\beta}$ $\frac{0}{2}$-parallel sind.

Die Bivektoren sind $\frac{2}{2}$-orthogonal, d. h. ein beliebiger Vektor, der in der Ebene von $\underset{1}{V}^{\alpha\beta}$ liegt, ist zu einem beliebigen, in der Ebene des Bivektors $\underset{1}{\overset{*}{V}}{}^{\alpha\beta}$ liegenden Vektors orthogonal. Dafür ist notwendig und hinreichend, daß bei beliebigem α und δ die Gleichung

$$\underset{1}{V}_{\alpha\beta}\,\underset{1}{\overset{*}{V}}{}^{\beta\delta} = 0$$

gilt (siehe Aufgabe 6, § 19). Man sieht leicht, daß diese Bedingung aus (19.4) folgt.

Betrachten wir den einfachen Bivektor $\underset{1}{V}^{\alpha\beta}$. Seine Norm ist nach (19.4) gleich

$$g_{ab}\underset{1}{V}^a\underset{1}{V}^b = \sum_1^3 (b_s^2 - a_s^2) > 0\,.$$

In der Ebene dieses reellen Bivektors lassen sich immer zwei reelle, orthogonale und nichtisotrope Vektoren η^α, γ^α finden. Die Norm des Bivektors läßt sich dann in der Form $2\eta_\sigma\eta^\sigma\gamma_\tau\gamma^\tau$ ausdrücken. Folglich haben die Normen dieser beiden Vektoren gleiches Vorzeichen. Da die Signatur des Raumes die Form $(---+)$ hat und bei reellen Transformationen *fest* bleibt, sind die Normen beider Vektoren kleiner als Null. Wenn wir diese zwei Vektoren umnormieren, können wir sie als Vektoren $\underset{2}{\xi^\alpha}$ und $\underset{3}{\xi^\alpha}$ eines orthonormierten 4-Beins benützen.

Ebenso definieren wir in der Ebene von $\overset{*}{\underset{1}{V}}{}^{\alpha\beta}$ zwei orthogonale, reelle und nichtisotrope Vektoren, jedoch wegen $g_{ab}\overset{*}{\underset{1}{V}}{}^a\overset{*}{\underset{1}{V}}{}^b < 0$ mit Normen von entgegengesetztem Vorzeichen. Diese Vektoren bezeichnen wir mit $\underset{1}{\xi^\alpha}$ und $\underset{4}{\xi^\alpha}$. In diesem nichtholonomen Bezugssystem gilt

$$\underset{1}{W}{}^{\alpha\beta} = \underset{14}{\xi}{}^{\alpha\beta} + i\underset{23}{\xi}{}^{\alpha\beta}, \qquad \underset{4}{W}{}^{\alpha\beta} = \underset{14}{\xi}{}^{\alpha\beta} - i\underset{23}{\xi}{}^{\alpha\beta}.$$

Wir bemerken, daß das orthonormierte 4-Bein $\{\underset{\sigma}{\xi^\alpha}\}$ nur bis auf eine Drehung in der Ebene $\{\underset{2}{\xi}\underset{3}{\xi}\}$ und eine LORENTZ-Drehung in der Ebene $\{\underset{1}{\xi}\underset{4}{\xi}\}$ bestimmt ist. Da $\underset{2}{W}{}^{\alpha\beta}$ zu $\underset{1}{W}{}^{\alpha\beta}$ orthogonal sein muß (siehe § 9), gilt

$$\underset{2}{W}{}^{\alpha\beta} = \mu_2(\underset{24}{\xi}{}^{\alpha\beta} + i\underset{31}{\xi}{}^{\alpha\beta}) + \nu_2(\underset{34}{\xi}{}^{\alpha\beta} + i\underset{12}{\xi}{}^{\alpha\beta}).$$

Benutzen wir die oben angegebene Freiheit in der Wahl von $\{\underset{\sigma}{\xi^\alpha}\}$, so kann man immer ν_2 in Null und μ_2 in Eins überführen, ohne die Form von $\underset{1}{W}{}^{\alpha\beta}$ und $\underset{2}{W}{}^{\alpha\beta}$ zu ändern (siehe Aufgabe 1 dieses Paragraphen). Berücksüchtigt man, daß $\underset{3}{W}{}^{\alpha\beta}$ zu den ersten zwei Bivektoren (in R^6) orthogonal ist, so erhält man

$$\underset{1}{W}{}^{\alpha\beta} = \underset{14}{\xi}{}^{\alpha\beta} + i\underset{23}{\xi}{}^{\alpha\beta}, \qquad \underset{2}{W}{}^{\alpha\beta} = \underset{24}{\xi}{}^{\alpha\beta} + i\underset{31}{\xi}{}^{\alpha\beta}, \qquad \underset{3}{W}{}^{\alpha\beta} = \underset{34}{\xi}{}^{\alpha\beta} + i\underset{12}{\xi}{}^{\alpha\beta}$$

und folglich die konjugiert-komplexen Größen

$$\underset{4}{W}{}^{\alpha\beta} = \underset{1}{\overline{W}}{}^{\alpha\beta}, \qquad \underset{5}{W}{}^{\alpha\beta} = \underset{2}{\overline{W}}{}^{\alpha\beta}, \qquad \underset{6}{W}{}^{\alpha\beta} = \underset{3}{\overline{W}}{}^{\alpha\beta}.$$

Schreiben wir jetzt die Bedingung (19.2) für alle diese Bivektoren und berücksichtigen, daß $\underset{p}{\xi^a} = \delta^a_p (a, p = 1, \ldots, 6)$ ist, so findet man leicht

$$m_{ss} = \alpha_s, \qquad m_{st} = n_{st} = 0 \; (s, t \neq), \qquad n_{ss} = \beta_s, \qquad (s = 1, 2, 3),$$

wobei α_s und β_s die Real- und Imaginärteile der stationären Krümmungen von $\overset{*}{\underset{1}{T}}$ sind (die Wurzeln der charakteristischen Gleichung). Folglich *hat die Matrix* (R_{ab}) $(a, b = 1, \ldots, 6)$ *in einem Raum vom Typ* $\overset{*}{T}_1$ *bezüglich eines gewissen nicht-*

holonomen orthonormierten 4-Beins die folgende kanonische Form

$$(R_{ab}) = \begin{pmatrix} M & N \\ N & -M \end{pmatrix}, \quad M = \begin{pmatrix} \alpha_1 & 0 & 0 \\ 0 & \alpha_2 & 0 \\ 0 & 0 & \alpha_3 \end{pmatrix}, \quad N = \begin{pmatrix} \beta_1 & 0 & 0 \\ 0 & \beta_2 & 0 \\ 0 & 0 & \beta_3 \end{pmatrix}, \tag{19.6}$$

wobei

$$\sum_1^3 \alpha_s = -\varkappa, \qquad \sum_1^3 \beta_s = 0 \tag{19.7}$$

ist. In diesem Fall gibt es vier unabhängige Parameter, die in *invarianter Weise* die Struktur des Raumes bestimmen. Diese Zahl ist maximal, da es für $\overset{*}{T}_2$ und $\overset{*}{T}_3$ weniger unabhängige Parameter gibt.

2. *Die Räume $\overset{*}{T}_2$ mit der Charakteristik* $[21, \overline{21}]$ *der λ-Matrizen.* Wie oben gezeigt wurde, kann man für die Eigenvektoren und invarianten Bündel der λ-Matrix die Eigenvektoren und invarianten Bündel der Matrizen $Q(\lambda)$ und $\overline{Q}(\lambda)$ wählen. Daraus folgt, daß es z. B. genügt, die λ-Matrix $Q(\lambda)$ mit der Charakteristik [21] und komplexen Elementen zu untersuchen. Bei dieser Charakteristik hat der Tensor

$$p_{ij} = m_{ij} + i n_{ij}$$

eines dreidimensionalen Raumes (siehe § 9) eine *nichtisotrope* Eigenrichtung

$$(p_{ij} - \underset{1}{\lambda} g_{ij}) \underset{1}{W}^j = 0, \tag{19.8}$$

eine zu $\underset{1}{W}^j$ *orthogonale isotrope* Eigenrichtung $\underset{2}{W}^i$

$$(p_{ij} - \underset{2}{\lambda} g_{ij}) \underset{2}{W}^j = 0, \tag{19.9}$$

und außerdem gibt es einen *isotropen* Vektor $\underset{3}{W}^j$, der zu $\underset{1}{W}^j$, aber nicht zu $\underset{2}{W}^j$ orthogonal ist, und zusammen mit $\underset{2}{W}^j$ ein *invariantes* Bündel $\{\underset{2}{W}, \underset{3}{W}\}$ des Tensors p_{ij} bildet, was durch die Beziehung

$$(p_{ij} - \underset{2}{\lambda} g_{ij}) \underset{3}{W}^j = \varrho \underset{2}{W}_i \tag{19.10}$$

ausgedrückt ist. Dabei ist ϱ ein *von Null verschiedener* Skalar (sonst würde $\underset{3}{W}$ eine Eigenrichtung bestimmen). Die Wahl von ϱ ist im übrigen beliebig. Diese Willkür ist eine Folge der Tatsache daß man die isotropen Vektoren $\underset{2}{W}^i$ und $\underset{3}{W}^i$ mit einer beliebigen, von Null verschiedenen Zahl multiplizieren kann, ohne die Norm zu ändern.

Jede Eigenrichtung und jedes invariante Bündel des Tensors p_{ij} ist durch eine Eigenrichtung und ein invariantes Bündel von R_{ab} im Raum R_6 bestimmt. Alle diese Vektoren haben die Struktur (19.3), wie zu Anfang dieses Paragraphen gezeigt wurde.

Der Wurzel $\underset{1}{\lambda}$ entspricht ein einfacher Elementarteiler $\lambda - \underset{1}{\lambda}$ der λ-Matrix und eine Eigenrichtung, die vom Bivektor $\underset{1}{W}^{\alpha\beta}$ bestimmt ist. Da dieser Bivektor *nichtisotrop* ist, lassen sich auf ihn alle Überlegungen anwenden, die wir oben für den Vektor $\underset{1}{W}$ im Raum $\overset{*}{T}_1$ angestellt haben. Folglich läßt sich ein reelles orthonormiertes 4-Bein wählen, das bis auf eine Drehung in der zweidimensionalen Ebene $\{\underset{2}{\xi}\underset{3}{\xi}\}$ und eine LORENTZ-Drehung in $\{\underset{1}{\xi}\underset{4}{\xi}\}$ bestimmt ist und bezüglich dessen

$$\underset{1}{W}^{\alpha\beta} = \underset{14}{\xi}^{\alpha\beta} + i\underset{23}{\xi}^{\alpha\beta}$$

gilt. Da $\underset{1}{W}$ zu $\underset{2}{W}$ und $\underset{3}{W}$ orthogonal ist, erhalten wir

$$\underset{s}{W}^{\alpha\beta} = \mu_s(\underset{24}{\xi}^{\alpha\beta} = i\underset{31}{\xi}^{\alpha\beta}) + \nu_s(\underset{34}{\xi}^{\alpha\beta} + i\underset{12}{\xi}^{\alpha\beta}) \qquad (s = 2, 3).$$

Die Isotropiebedingung für diese Bivektoren führt zu der Beziehung

$$\nu_2 = e_2 i\mu_2, \qquad \nu_3 = e_3 i\mu_3,$$

wobei e_2 und e_3 gleich ± 1 sind. Da $\underset{2}{W}$ und $\underset{3}{W}$ nicht orthogonal sind, muß $e_1 = -e_2$ gelten. Also kann man z. B.

$$\underset{2}{W}^{\alpha\beta} = \underset{24}{\xi}^{\alpha\beta} + i\underset{31}{\xi}^{\alpha\beta} + i\underset{34}{\xi}^{\alpha\beta} - \underset{12}{\xi}^{\alpha\beta},$$

$$\underset{3}{W}^{\alpha\beta} = \sigma\{\underset{24}{\xi}^{\alpha\beta} + i\underset{31}{\xi}^{\alpha\beta} - i\underset{34}{\xi}^{\alpha\beta} + \underset{12}{\xi}^{\alpha\beta}\}$$

setzen, wobei σ ein beliebiger, von Null verschiedener Faktor ist. Stellen wir die zu (19.8), (19.9) und (19.10) analogen Bedingungen für den Tensor R_{ab} im R_6 auf, so erhalten wir

$$\left.\begin{aligned} (R_{ab} - \underset{1}{\lambda} g_{ab})\underset{1}{W}^b = 0, \qquad (R_{ab} - \underset{2}{\lambda} g_{ab})\underset{2}{W}^b = 0, \\ (R_{ab} - \underset{2}{\lambda} g_{ab})\underset{3}{W}^b = \sigma g_{ab}\underset{2}{W}^b. \end{aligned}\right\} \qquad (19.11)$$

Um die isotropen Vektoren vollständig festzulegen, kann man z. B. $\sigma = 1$ setzen. Danach ist das *kanonische* orthonormierte 4-Bein eindeutig bestimmt. Wegen $\underset{\mu\nu}{\xi}^{\alpha\beta} \to \underset{b}{\xi}^a = \delta^a_b$ und weil der Tensor g_{ab} die Form (18.3) hat, erhält man, wenn man in (19.11) $a = 1, \ldots, 6$ setzt, ein Differentialgleichungssystem, aus dem man ohne Schwierigkeiten die Komponenten von R_{ab} bestimmen kann. Sie werden durch die Real- und Imaginärteile der stationären Krümmungen ausgedrückt:

$$\underset{1}{\lambda} = \alpha_1 + i\beta_1, \qquad \underset{2}{\lambda} = \alpha_2 + i\beta_2 \qquad (\underset{2}{\lambda} \equiv \underset{3}{\lambda}).$$

Damit ist bewiesen, *daß die kanonische Form der Matrix* (R_{ab}) *in einem Raum* $\overset{*}{T}_2$ durch

$$\left.\begin{aligned} (R_{ab}) &= \begin{pmatrix} M & N \\ N & -M \end{pmatrix}, \\ M = \begin{pmatrix} \alpha_1 & 0 & 0 \\ 0 & \alpha_2 + 1 & 0 \\ 0 & 0 & \alpha_2 - 1 \end{pmatrix}&, \quad N = \begin{pmatrix} \beta_1 & 0 & 0 \\ 0 & \beta_2 & 1 \\ 0 & 1 & \beta_2 \end{pmatrix} \end{aligned}\right\} \tag{19.12}$$

dargestellt werden kann, wobei

$$\alpha_1 + 2\alpha_2 = -\varkappa, \qquad \beta_1 + 2\beta_2 = 0 \tag{19.13}$$

gilt.

3) *Räume* $\overset{*}{T}_3$ *mit der Charakteristik* [3, 3]. Bei dieser Charakteristik hat der Tensor p_{ij} eine Eigenrichtung $\underset{1}{W^j}$ und außerdem ein dreidimensionales, *invariantes* Bündel, das durch die Vektoren $\{\underset{1}{W}, \underset{2}{W}, \underset{3}{W}\}$ definiert ist. Die Vektoren müssen der Bedingung

$$\left.\begin{aligned} (p_{ij} - \underset{1}{\lambda} g_{ij})\underset{1}{W^j} = 0, \qquad (p_{ij} - \underset{1}{\lambda} g_{ij})\underset{2}{W^j} = \sigma g_{ij}\underset{1}{W^j}, \\ (p_{ij} - \underset{1}{\lambda} g_{ij})\underset{3}{W^j} = \tau g_{ij}\underset{2}{W^j} \end{aligned}\right\} \tag{19.14}$$

genügen siehe (§ 9), wobei σ und τ beliebige, von Null verschiedene Zahlen sind und $i, j = 1, 2, 3$ ist. Der Vektor $\underset{2}{W^j}$ ist nichtisotrop, $\underset{3}{W^j}$ dagegen isotrop. Außerdem ist $\underset{1}{W^j}$ orthogonal zu $\underset{2}{W^j}$, aber nicht zu $\underset{3}{W^j}$, $\underset{2}{W^j}$ ist orthogonal zu $\underset{3}{W^j}$.

Da $\underset{2}{W^{\alpha\beta}}$ ein nichtisotroper Bivektor ist, kann man, wenn man wie in den beiden schon behandelten Fällen ein 4-Bein mit zwei Freiheitsgraden wählt, $\underset{2}{W^{\alpha\beta}}$ in der Form

$$\underset{2}{W^{\alpha\beta}} = \underset{24}{\xi^{\alpha\beta}} + i\underset{31}{\xi^{\alpha\beta}}$$

schreiben. Verwenden wir die oben angegebenen Orthogonalitäts- und Isotropiebedingungen für die Bivektoren $\underset{1}{W^{\alpha\beta}}$ und $\underset{3}{W^{\alpha\beta}}$, so erhalten wir für diese die Ausdrücke

$$\underset{1}{W^{\alpha\beta}} = \underset{14}{\xi^{\alpha\beta}} + i\underset{23}{\xi^{\alpha\beta}} + i\underset{34}{\xi^{\alpha\beta}} - \underset{12}{\xi^{\alpha\beta}}, \qquad \underset{3}{W^{\alpha\beta}} = \varrho\{\underset{14}{\xi^{\alpha\beta}} + i\underset{23}{\xi^{\alpha\beta}} - i\underset{34}{\xi^{\alpha\beta}} + \underset{12}{\xi^{\alpha\beta}}\},$$

wobei ϱ eine beliebige, von Null verschiedene Zahl ist. Weiter verläuft die Untersuchung nach dem gleichen Schema wie bei den schon behandelten Raumtypen $\overset{*}{T}_1$ und $\overset{*}{T}_2$. Wir schreiben nun die zu (19.14) analogen Bedingungen auf, jedoch im reellen Raum R_6, unter Berücksichtigung, daß $\underset{1}{W^a}$ Eigenvektor von R_{ab} und die Vektoren $\underset{2}{W^a}$ und $\underset{3}{W^a}$ zusammen mit $\underset{1}{W^a}$ das *invariante Bündel* des Tensors R_{ab} definieren. Es ergibt sich

$$\left.\begin{aligned} (R_{ab} - \lambda g_{ab}) \underset{1}{W^b} = 0, \qquad (R_{ab} - \underset{1}{\lambda} g_{ab}) \underset{2}{W^b} = \sigma g_{ab} \underset{1}{W^b}, \\ (R_{ab} - \underset{1}{\lambda} g_{ab}) \underset{3}{W^b} = \tau g_{ab} \underset{2}{W^b}, \end{aligned}\right\} \tag{19.15}$$

wobei σ und τ von Null verschiedene Zahlen sind.

Da dem Bivektor $\underset{\sigma\tau}{W^{\alpha\beta}}$ im gegebenen Punkt von $\overset{*}{T}_3$ ein Vektor $\underset{p}{W^a}$ in R_6 entspricht und für das orthonormierte 4-Bein in R_6 die Zuordnung $\underset{\nu\lambda}{\xi^{\alpha\beta}} \leftrightarrow \underset{p}{\xi^a} = \delta^a_p$ zu treffen ist, erhalten wir, wenn wir (19.15) für $a, b = 1, \ldots, 6$ schreiben, ein System, das nur aus neun unabhängigen Gleichungen besteht, welche die Form

$$\left.\begin{aligned} m_{11} + i m_{11} + i m_{13} - n_{13} &= -\lambda, \\ m_{12} + i n_{12} + i m_{23} - n_{23} &= 0, \\ m_{13} + i n_{13} + i m_{33} - n_{33} &= -i\lambda, \\ m_{12} + i n_{12} &= -\sigma, \\ m_{22} + i n_{22} &= -\lambda, \\ m_{23} + i n_{23} &= -i\sigma, \\ m_{11} + i n_{11} - i m_{13} + n_{13} &= -\lambda, \\ m_{12} + i n_{12} - i m_{23} + n_{23} &= -\tau, \\ m_{13} + i m_{13} - i m_{33} + n_{33} &= i\lambda \end{aligned}\right\} \tag{19.16}$$

haben, wobei R_{ab} durch m_{ij} und n_{ij} ausgedrückt ist und $\lambda = a + i\beta$ eine der konjugiert-komplexen Wurzeln der Gleichung $|R_{ab} - \lambda g_{ab}| = 0$ ist. σ und τ sind beliebige von Null verschiedene Zahlen. Diese Freiheit ergibt sich aus der Willkür in der Wahl von ϱ, die daraus folgt, daß die Vektoren $\underset{1}{W^a}$ und $\underset{3}{W^a}$ isotrop sind. Um das orthonormierte 4-Bein eindeutig zu definieren, kann man z. B. $\sigma = \pm 1$ setzen.

Lösen wir hiernach das System (19.16) und berücksichtigen dabei, daß $\sum_{s=1}^{3} m_{ss} = -\varkappa$, $\sum_{s=1}^{3} n_{ss} = 0$ gilt, so erhalten wir

$$\tau = 2, \qquad \beta = 0, \qquad \alpha = \frac{\varkappa}{3}.$$

Die *kanonische Form der Matrix* (R_{ab}) *im Raum* $\overset{*}{T}_3$ *ist also durch*

$$\left.\begin{aligned} (R_{ab}) &= \begin{pmatrix} M & N \\ N & -M \end{pmatrix}, \\ M = \begin{pmatrix} -\frac{\varkappa}{3} & 1 & 0 \\ 1 & -\frac{\varkappa}{3} & 0 \\ 0 & 0 & -\frac{\varkappa}{3} \end{pmatrix}, &\quad N = \begin{pmatrix} 0 & 0 & 0 \\ 0 & 0 & -1 \\ 0 & -1 & 0 \end{pmatrix} \end{aligned}\right\} \tag{19.17}$$

gegeben. Die einzige, *immer reelle*, Wurzel der Gleichung $|R_{ab} - \lambda g_{ab}| = 0$ ist gleich $-\frac{\varkappa}{3}$. Daraus folgt die im vorigen Paragraphen gemachte Bemerkung, daß die Wurzeln und Elementarteilerbasen im Raum $\overset{*}{T}_3$ immer reell sind.

Wir fassen die erhaltenen Ergebnisse in dem folgenden Satz zusammen: *Für jeden der drei möglichen Raumtypen* $\overset{*}{T}_i (i = 1, 2, 3)$ *gibt es ein reelles orthonormiertes 4-Bein, für das die Komponenten des Krümmungstensors durch die kanonische Form der Matrix* (R_{ab}) *bestimmt sind, die für* $\overset{*}{T}_1$ *die Form* (19.6) *unter den Bedingungen* (19.7), *für* $\overset{*}{T}_2$ *die Form* (19.12) *unter den Bedingungen* (19.13) *und für* $\overset{*}{T}_3$ *die Form* (19.17) *haben. Das orthonormierte 4-Bein ist in allen drei Fällen eindeutig bestimmt.*

Bei der Ableitung dieses Ergebnisses wurde nirgends vorausgesetzt, daß $\varkappa \neq 0$ ist. Setzen wir also $\varkappa = 0$, so erhalten wir automatisch das entsprechende Ergebnis für die Räume, die durch $R_{\alpha\beta} = 0$ definiert sind. Daher gilt auch der folgende Satz: T_i *sei ein Raum, der durch Gravitationsfelder im freien Raum bestimmt ist. Die kanonische Form der Matrix* (R_{ab}), *welche die orthogonalen Komponenten des Krümmungstensors von* T_i *bestimmt, hat dann die Gestalt*

$$(R_{ab}) = \begin{pmatrix} M & N \\ N & -M \end{pmatrix},$$

wobei für

$$M = \begin{pmatrix} \alpha_1 & 0 & 0 \\ 0 & \alpha_2 & 0 \\ 0 & 0 & \alpha_3 \end{pmatrix}, \quad N = \begin{pmatrix} \beta_1 & 0 & 0 \\ 0 & \beta_2 & 0 \\ 0 & 0 & \beta_3 \end{pmatrix}, \tag{19.18}$$

$$\Sigma\alpha_i = \Sigma\beta_i = 0$$

für

$$M = \begin{pmatrix} \alpha_1 & 0 & 0 \\ 0 & \alpha_2 + 1 & 0 \\ 0 & 0 & \alpha_2 - 1 \end{pmatrix}, \quad N = \begin{pmatrix} \beta_1 & 0 & 0 \\ 0 & \beta_2 & 1 \\ 0 & 1 & \beta_2 \end{pmatrix}, \tag{19.19}$$

$$\alpha_1 + 2\alpha_2 = \beta_1 + 2\beta_2 = 0$$

und für

$$M = \begin{pmatrix} 0 & 1 & 0 \\ 1 & 0 & 0 \\ 0 & 0 & 0 \end{pmatrix}, \qquad N = \begin{pmatrix} 0 & 0 & 0 \\ 0 & 0 & -1 \\ 0 & -1 & 0 \end{pmatrix} \tag{19.20}$$

gilt.

Die hier erhaltenen kanonischen Formen bilden den konkreten Inhalt des in § 18 bewiesenen Hauptsatzes. Sie spielen eine grundlegende Rolle bei der *invarianten* Charakterisierung der EINSTEINschen Räume im Fall $n = 4$ und der Signatur $(- - - +)$. Die drei angegebenen Typen lassen sich offensichtlich weiter klassifizieren, je nachdem ob mehrfache Wurzeln oder rein imaginäre Wurzeln usw. vorliegen. Das wird im folgenden nach Bedarf durchgeführt.

Bezüglich der Beweismethode kann man folgende Bemerkung machen: Da die Charakteristik von $\overset{*}{T}_i$ bekannt ist, scheint es auf den ersten Blick möglich zu sein, durch Anwendung des allgemeinen Satzes in § 9 sogleich die kanonische Form der Matrizen (R_{ab}) hinzuschreiben. Das ist jedoch unmöglich, da man als zulässige lineare Transformationen nur diejenigen nehmen kann, die durch Matrizen

$$(A_a^{a'}) \to 2(A_{[\alpha}^{\alpha'} A_{\beta]}^{\beta'})$$

definiert sind, wobei $A_a^{a'}$ die Koeffizienten einer reellen orthogonalen Transformation im gegebenen Punkt P des Raumes $\overset{*}{T}_i$ sind. Daher kann man nur die Transformationen einer gewissen Untergruppe der Gruppe aller orthogonalen, reellen Transformationen des sechsdimensionalen metrischen Raumes mit der Signatur $(- - - + + +)$ benutzen.

Die Analyse der früher bekannten Beispiele EINSTEINscher Räume (siehe Kapitel IV) zeigt, daß sie fast alle vom Typ T_1 sind. Erst in der letzten Zeit wurden bei der Untersuchung von Räumen T_i, die diese oder jene Bewegungruppe gestatten (Kapitel IV), Räume T_2 und T_3 definiert und nun systematisch erforscht. Mit diesen Räumen hängen interessante physikalische Theorien zusammen, wie z. B. das Problem der Gravitationsstrahlung und andere (siehe [177, 263, 265, 271, 291, 323, 293, 294, 296, 297, 300, 321, 324, 342, 343, 344, 353, 354, 362]).

Aufgaben

1. Man zeige, daß es im Fall $T_2(R_{\alpha\beta} = 0)$ ein Vektorfeld l^α mit

$$l^\alpha R_{\alpha\beta\gamma\delta} = 0, \qquad l_\alpha R_{\beta\gamma\lambda\mu} + l_\beta R_{\gamma\alpha\lambda\mu} + l_\gamma R_{\alpha\beta\lambda\mu} = 0$$

gibt (BEL [291]).

2. Man zeige, daß es für einen Raum $T_3(R_{\alpha\beta} = 0)$ ein Vektorfeld l^α gibt, das der Beziehung

$$R_{\alpha\beta\gamma\delta} l^\beta l^\delta = e_{\alpha\beta\sigma\tau} R^{\sigma\tau}_{\ \ \gamma\delta} l^\beta l^\delta = 0$$

genügt, wobei $e_{\alpha\beta\sigma\tau}$ der Diskriminantentensor des Raumes ist.[1]) Das Feld l^α bestimmt eine isotrope geodätische Linie des Raumes

$$l^\alpha_{,\sigma} l^\sigma = \varphi l^\alpha$$

(Bel [299]).

3. Man zeige, daß für einen Raum $T_3(R_{\alpha\beta} = 0)$ außer dem in Aufgabe 2 definierten Feld l_α noch Vektorfelder h^α, k^α und r^α existieren, die zusammen mit l^α ein System unabhängiger Vektoren bilden, die den Beziehungen

$$l^\alpha l_\alpha = r^\alpha r_\alpha = l^\alpha h_\alpha = l^\alpha k_\alpha = h^\alpha k_\alpha = h^\alpha r_\alpha = k^\alpha r_\alpha = 0,$$

$$h^\alpha h_\alpha = k^\alpha k_\alpha = -l^\alpha r_\alpha = -1$$

genügen. Diese Felder erfüllen die Gleichungen

$$R_{\alpha\beta\gamma\delta} l^\beta h^\delta = l_\alpha l_\gamma, \qquad R_{\alpha\beta\gamma\delta} l^\beta k^\delta = 0, \qquad R_{\alpha\beta\gamma\delta} l^\beta r^\delta = l_\alpha h_\gamma,$$

$$R_{\alpha\beta\gamma\delta} h^\beta h^\delta = 0, \qquad R_{\alpha\beta\gamma\delta} h^\beta k^\delta = -k_\alpha l_\gamma,$$

$$R_{\alpha\beta\gamma\delta} h^\beta r^\delta = -(l_\alpha r_\gamma + k_\alpha k_\gamma), \qquad R_{\alpha\beta\gamma\delta} k^\beta k^\delta = l_\alpha h_\gamma + h_\alpha l_\gamma,$$

$$R_{\alpha\beta\gamma\delta} k^\beta r^\delta = h_\alpha k_\gamma, \qquad R_{\alpha\beta\gamma\delta} r^\beta r^\delta = -(h_\alpha r_\gamma + h_\gamma r_\alpha).$$

4. Man zeige, daß im Falle $T_3(R_{\alpha\beta} = 0)$ die Vektoren $\bar{l}$, $\bar{h}$, $\bar{k}$, $\bar{r}$ für ein durch die Formeln (19.20) definiertes Koordinatensystem die Komponenten

$$l^\alpha(0, 1, 0, 1), \qquad h^\alpha(1, 0, 0, 0), \qquad k^\alpha(0, 0, 1, 0),$$

$$r^\alpha\left(0, \; -\frac{1}{2}, \; 0, \; \frac{1}{2}\right)$$

haben. Als Folgerung erhält man den Ausdruck

$$R_{\alpha\beta\gamma\delta} = -4\,(l_{[\alpha} h_{\beta]} l_{[\gamma} r_{\delta]} + l_{[\alpha} r_{\beta]} l_{[\gamma} h_{\delta]} + l_{[\alpha} k_{\beta]} k_{[\gamma} h_{\delta]} + k_{[\alpha} h_{\beta]} l_{[\gamma} k_{\delta]}).$$

5. Wenn die Bedingungen der Aufgaben 3 und 4 erfüllt sind, ist die Divergenz eines isotrop-geodätischen Vektorfeldes l^α gleich Null:

$$l^\sigma_{,\sigma} = 0.$$

6. Man zeige, daß einfache Bivektoren genau dann $\frac{2}{2}$-orthogonal sind, wenn

$$\underset{1}{V}_{\alpha\beta} \underset{2}{V}^{\beta\delta} = 0$$

gilt ([91], S. 391).

[1]) In der Literatur wird $e_{\alpha\beta\sigma\tau}$ auch Fundamentaltensor von Ricci und Levi-Civita genannt. (Anm. d. Red.)

7. Man zeige, daß für den Raum T_2 mit $\alpha_i = \beta_i = 0$ die zweiparametrige Gruppe $x^\alpha = C^\alpha_{\alpha'} x^{\alpha'}$, wobei

$$(C^\alpha_{\alpha'}) = \begin{pmatrix} \frac{1}{2}(\alpha^2+\beta^2-2) & e\beta & e\alpha & -\frac{1}{2}(\alpha^2+\beta^2) \\ -\beta & -e & 0 & \beta \\ -\alpha & 0 & -e\alpha & \alpha \\ \frac{1}{2}(\alpha^2+\beta^2) & e\beta & e\alpha & -\frac{1}{2}(\alpha^2+\beta^2+2) \end{pmatrix} \quad (e = \pm 1)$$

gilt, 1. die LORENTZ-Gruppe ist und 2. die Matrix (19.19) festläßt.

20. Klassifikation der Gravitationsfelder allgemeiner Art

Die Sätze über die Existenz von drei Typen EINSTEINscher Räume mit der Signatur $(- - - +)$ und die Existenz kanonischer Formen für die Komponenten des Krümmungstensors für ein gewisses nichtholonomes orthonormiertes 4-Bein, das in allen drei Fällen eindeutig definiert ist, wurden im Jahre 1949 bewiesen. Dieses Ergebnis wurde vor allem bei der Untersuchung von *freien* Räumen, für die der Energie-Impuls-Tensor $T_{\alpha\beta}$ gleich Null ist, physikalisch angewandt [258, 263, 299, 265]. Dabei blieb die Frage offen, was man im allgemeinen Fall, wenn $T_{\alpha\beta} \neq \sigma g_{\alpha\beta}$ ist, aussagen kann. Wir wollen jetzt diesen allgemeinen Fall betrachten [287]. Es ist natürlich anzunehmen, daß eine derartige Klassifikation des allgemeinen Falls erstens bei der Spezialisierung $T_{\alpha\beta} \to \sigma g_{\alpha\beta}$ zu den Ergebnissen von § 18, § 19 führen muß und zweitens nicht nur die algebraische Struktur des Krümmungstensors sondern auch die algebraische Struktur des Energie-Impuls-Tensors berücksichtigen muß. Im weiteren bezeichen wir die Räume, die den Graviationsfeldern allgemeiner Art entsprechen, mit dem Symbol $\tilde{T}$.

Betrachten wir die Geometrie des Raumes $\tilde{T}$, der durch eine vorgegebene Verteilung und Bewegung der Materie definiert ist, wobei der metrische Tensor $g_{\alpha\beta}(x)$ den EINSTEINschen Feldgleichungen

$$R_{\alpha\beta} - \frac{1}{2} R g_{\alpha\beta} = \lambda T_{\alpha\beta} \tag{20.1}$$

genügt. Dabei ist λ eine Konstante und $T_{\alpha\beta}$ der Energie-Impuls-Tensor der Materie. Durch Verjüngung der Formel (20.1) erhält man eine Beziehung zwischen R und T:

$$\lambda T = -R. \tag{20.2}$$

Wir konstruieren einen vierstufigen Tensor

$$S_{\alpha\beta\gamma\delta} \overset{\text{def}}{=} \frac{\lambda}{2} (g_{\alpha\gamma} T_{\beta\delta} - g_{\alpha\delta} T_{\beta\gamma} + g_{\beta\delta} T_{\alpha\gamma} - g_{\beta\gamma} T_{\alpha\delta}), \tag{20.3}$$

der per definitionem den Eigenschaften

$$S_{\alpha\beta\gamma\delta} = -S_{\beta\alpha\gamma\delta} = -S_{\alpha\beta\delta\gamma} = S_{\gamma\delta\alpha\beta} \tag{20.4}$$

und

$$S_{\alpha[\beta\gamma\delta]} = 0 \tag{20.5}$$

genügt, die mit den bekannten Eigenschaften des Krümmungstensors eines Raumes V_n übereinstimmen. Verjüngen wir (20.3) bezüglich der Indizes β, δ, so erhalten wir

$$S_{\alpha\gamma} = \lambda T_{\alpha\gamma} + \frac{\lambda}{2} T g_{\alpha\beta} = \lambda T_{\alpha\gamma} - \frac{R}{2} g_{\alpha\gamma}. \tag{20.6}$$

Wir definieren nun einen neuen vierdimensionalen Tensor

$$P_{\alpha\beta\gamma\delta} \overset{\text{def}}{=} R_{\alpha\beta\gamma\delta} - S_{\alpha\beta\gamma\delta} + \sigma(g_{\alpha\gamma} g_{\beta\delta} - g_{\alpha\delta} g_{\beta\gamma}), \tag{20.7}$$

den wir *Raum-Materie-Tensor* nennen. Er genügt den folgenden Eigenschaften:

1. Aus den Eigenschaften (20.4) und (20.5), denen auch der Krümmungstensor genügt, folgt

$$P_{\alpha\beta\gamma\delta} = -P_{\beta\alpha\gamma\delta} = -P_{\alpha\beta\delta\gamma} = P_{\gamma\delta\alpha\beta} \tag{20.8}$$

und

$$P_{\alpha[\beta\gamma\delta]} = 0. \tag{20.9}$$

2. Die Verjüngung von $P_{\alpha\beta\gamma\delta}$ bezüglich der Indizes β, δ führt wegen (20.6) zu der Beziehung

$$P_{\alpha\gamma} = R_{\alpha\gamma} - \lambda T_{\alpha\gamma} + \frac{R}{2} g_{\alpha\gamma} + 3\sigma g_{\alpha\gamma},$$

d. h. wegen der Feldgleichungen (20.1) gilt

$$P_{\alpha\gamma} = (R + 3\sigma) g_{\alpha\gamma}. \tag{20.10}$$

3. Wenn die Verteilung und Bewegung der Materie, d. h. der Energie-Impuls-Tensor $T_{\alpha\beta}$ und der Raum-Materie-Tensor, gegeben sind, ist die Raumkrümmung bis auf einen Skalar bestimmt.

4. Durch den metrischen Tensor, den Skalar σ und den Tensor $P_{\alpha\beta\gamma\delta}$ ist der Energie-Tensor eindeutig bestimmt.

5. Wenn der Energie-Impuls-Tensor $T_{\alpha\beta}$ und σ gleich Null sind, bestimmt $P_{\alpha\beta\gamma\delta}$ die Krümmung des freien Raum-Zeit-Kontinuums.

6. Der Tensor $P_{\alpha\gamma}$ genügt Gleichungen, die zu den Feldgleichungen für Einsteinsche Räume ($R_{\alpha\beta} = \varkappa g_{\alpha\beta}$) analog sind. In diesem Sinne ist $P_{\alpha\gamma}$ analog zum Ricci-Tensor.

Der Raum-Materie-Tensor (20.7) enthält als ersten Summanden die Raumkrümmung und als zweiten den Ausdruck für die Verteilung und Bewegung der Materie. Wir verbinden die Klassifikation der Gravitationsfelder mit der Klassifikation der algebraischen Struktur des Raum-Materie-Tensors.

Da $P_{\alpha\beta\gamma\delta}$ den Eigenschaften (20.8), (20.9) und (20.10) genügt, können wir diese Aufgabe unter Benutzung der bei der Klassifikation EINSTEINscher Räume in § 18 und § 19 verwandte Methode lösen. In der Tat spielt die Frage nach den differentiellen Eigenschaften des Tensors $P_{\alpha\beta\gamma\delta}$ hierbei keine Rolle, da in § 18 und § 19 nur die algebraische Struktur untersucht wurde. So wie der Tensor $P_{\alpha\beta\gamma\delta}$ den *algebraischen* Eigenschaften des Krümmungstensors genügt, gelten die Eigenschaften des RICCI-Tensors $R_{\alpha\beta}$ für eine Verjüngung $P_{\alpha\gamma}$. Daher lassen sich die in diesem Paragraphen erhaltenen Ergebnisse automatisch auf einen beliebigen *Bitensor* übertragen, der den Eigenschaften (20.8), (20.9) und (20.10) genügt, speziell also auf den Tensor $P_{\alpha\beta\gamma\delta}$. Dazu genügt, es in den Formeln (19.6), (19.7), (19.12), (19.13), (1917) $\varkappa$ durch $\omega = R + 3\sigma$ zu ersetzen.

Man erhält also mit Hilfe der in § 18 und § 19 bewiesenen Ergebnisse die folgenden Sätze, welche die Frage nach der Klassifikation der Gravitationsfelder allgemeiner Art im Sinne der algebraischen Struktur des Raum-Materie-Tensors lösen [287].

Satz 1. *Für ein beliebiges orthonormiertes 4-Bein in einem Punkt des durch ein Gravitationsfeld definierten Raumes $\tilde{T}$ ist die Matrix (P_{ab}) im KLEIN-Raum doppelsymmetrisch:*

$$\left.\begin{aligned} (P_{ab}) &= \begin{pmatrix} M & N \\ N & -M \end{pmatrix}, \\ M = (m_{ij}), \qquad N &= (n_{ij}) \qquad (i, j = 1, 2, 3). \end{aligned}\right\} \tag{20.11}$$

Dabei sind die dreidimensionalen Matrizen M und M symmetrisch

$$m_{[ij]} = n_{[ij]} = 0 \tag{20.12}$$

und genügen den Bedingungen

$$\sum_{i=1}^{3} m_{ii} = -\omega, \qquad \sum_{i=1}^{3} n_{ii} = 0. \tag{20.13}$$

Mit Hilfe von drei LORENTZ- und drei Raumdrehungen zeigen wir, wie in § 19, daß auch die folgenden zwei Sätze gelten.

Satz 2. *Es gibt im Sinne der algebraischen Struktur des Raum-Materie-Tensors genau drei Typen von Gravitationsfeldern allgemeiner Art. Diese Typen entsprechen den drei möglichen Typen der Charakteristik der λ-Matrix $(P_{ab} - \lambda g_{ab})$ im KLEIN-Raum:*

$$(1)\ \tilde{T}_1\,[111, \overline{111}], \qquad (2)\ \tilde{T}_2[21, \overline{21}], \qquad (3)\ \tilde{T}_3[(3, 3)].$$

Die Gravitationsfelder $\tilde{T}_1$ sind durch die Existenz von *einfachen* Elementarteilern, denen sechs *nichtisotrope Bivektoren* $\underset{s}{W}^{\alpha\beta} \leftrightarrow \underset{s}{W}^{a}$ (zwei konjugiert-komplexe Tripel) entsprechen, charakterisiert. Diese Bivektoren sind *zueinander orthogonal* und sind die Eigenvektoren von P_{ab} in R_6:

$$P_{ab} \underset{s}{W^b} = \lambda \underset{s\,s}{W_a}, \qquad \underset{c}{\lambda} = \alpha_s \pm i\beta_s \qquad (s = 1, \ldots, 6).$$

Im Fall eines Feldes vom Typ $\tilde{T}_2$ gibt es zwei *mehrfache* Eigenwerte der λ-Matrix $(P_{ab} - \lambda g_{ab})$ mit konjugiert-komplexen Elementarteilern $(\lambda - \lambda_s)^2$ und $(\lambda - \bar{\lambda}_s)^2$, denen konjugiert-komplexe, zueinander orthogonale, *isotrope* $(\underset{s}{W_a} \underset{s}{W^a} = 0)$ Eigenvektoren $\underset{1}{W^a}$, $\underset{4}{W^a}$ und zwei *nichtisotrope*, konjugiert-komplexe Eigenvektoren $\underset{2}{W^a}$, $\underset{5}{W^a}$, die zueinander und zu den Vektoren $\underset{1}{W^a}\, \underset{4}{W^a}$ orthogonal sind, entsprechen. Es gilt also

$$P_{ab} \underset{s}{W^b} = \lambda \underset{s\,s}{W_a} \qquad (s = 1, 2, 4, 5)$$

und

$$\underset{s}{\lambda} = \alpha_s \pm i\beta_s, \qquad \underset{i}{\lambda} = \underset{i+3}{\bar{\lambda}} \qquad (i = 1, 2).$$

Im Falle eines Feldes $\tilde{T}_3$ endlich gibt es nur zwei mehrfache Elementarteiler $(\lambda - \underset{1}{\lambda})^3$, $(\lambda - \underset{1}{\lambda})^3$ mit der gleichen *reellen* Basis $\lambda_1 = -\dfrac{\omega}{3}$. Diesen Elenentarteilern entsprechen zwei zueinander orthogonale, *isotrope* Eigenvektoren.

Satz 3. *Für Gravitationsfelder $\tilde{T}_1$ hat die Matrix (P_{ab}) für ein gewisses nichtholonomes, orthogonales, eindeutig definiertes Koordinatensystem die Form*

$$\left.\begin{aligned} (P_{ab}) &= \begin{pmatrix} M & N \\ N & -M \end{pmatrix}, \\ M = \begin{pmatrix} \alpha_1 & 0 & 0 \\ 0 & \alpha_2 & 0 \\ 0 & 0 & \alpha_3 \end{pmatrix}&, \qquad N = \begin{pmatrix} \beta_1 & 0 & 0 \\ 0 & \beta_2 & 0 \\ 0 & 0 & \beta_3 \end{pmatrix}, \end{aligned}\right\} \qquad (20.14)$$

wobei

$$\sum_{i=1}^{3} \alpha_i = -\omega, \qquad \sum_{i=1}^{3} \beta_i = 0 \qquad (20.15)$$

gilt, für Felder $\tilde{T}_2$

$$M = \begin{pmatrix} \alpha_1 & 0 & 0 \\ 0 & \alpha_2 + 1 & 0 \\ 0 & 0 & \alpha_2 - 1 \end{pmatrix}, \qquad N = \begin{pmatrix} \beta_1 & 0 & 0 \\ 0 & \beta_2 & 1 \\ 0 & 1 & \beta_2 \end{pmatrix} \qquad (20.16)$$

mit

$$\alpha_1 + 2\alpha_2 = -\omega, \qquad \beta_1 + 2\beta_2 = 0 \qquad (20.17)$$

und für Felder $\tilde{T}_3$

$$M = \begin{Vmatrix} -\frac{\omega}{3} & 1 & 0 \\ 1 & -\frac{\omega}{3} & 0 \\ 0 & 0 & -\frac{\omega}{3} \end{Vmatrix}, \qquad N = \begin{pmatrix} 0 & 0 & 0 \\ 0 & 0 & -1 \\ 0 & -1 & 0 \end{pmatrix}. \tag{20.18}$$

Die kanonische Form für die Komponenten des Krümmungstensors der EINSTEINschen Räume (19.6), (19.7), (19.12), (19.13) bzw. (19.17) erhält man aus (20.14), (20.15), (20.16), (20.17) bzw. (20.18), wenn der Energie-Impuls-Tensor die Form $T_{\alpha\beta} = \sigma g_{\alpha\beta}$ hat. In diesem Sinne kann man diese Komponenten als einen *Grenzfall* betrachten. Ist insbesondere $T_{\alpha\beta} = 0$ und $\sigma = 0$, so erhält man die entsprechende Klassifikation für Gravitationsfelder des *freien* Raumes. Dazu hat man nur in (20.14), (20.16) und (20.18) $\omega = 0$ zu setzen.

Die hier erhaltenen kanonischen Formen stellen den konkreten Inhalt von Satz 2 dar und müssen offensichtlich eine Rolle bei der *invarianten* Charakterisierung der Gravitationsfelder der realen Welt spielen.

Die drei angegebenen Typen von Gravitationsfeldern $\tilde{T}_i$ lassen sich offenbar weiter klassifizieren. Man kann z. B. eine Einteilung nach *vielfachen* oder *reellen* Wurzeln λ_s durchführen, oder man kann zusätzlich die λ-Matrix $(T_{\alpha\beta} - \lambda g_{\alpha\beta})$ klassifizieren und den logischen Durchschnitt beider Klassifikationen bilden. Eine derartige Klassifikation läßt sich mit Hilfe der Ergebnisse von § 9 durchführen.

Zu der oben gegebenen Klassifikation machen wir folgende Bemerkung.

Bei der Konstruktion des Raum-Materie-Tensors $P_{\alpha\beta\gamma\delta}$ wurde σ als *beliebiger* Skalar vorausgesetzt. Offensichtlich hat man σ von physikalischen Überlegungen ausgehend noch genauer festzulegen. Setzt man speziell

$$\sigma = -\frac{1}{3} R,$$

so hat man in (20.14) ω durch 0 zu ersetzen und erhält Formen, die zu den Formen für den *freien* Raum (19.18), (19.19) und (19.20) analog sind.[1])

Da man mit Hilfe der Feldgleichungen $T_{\alpha\beta}$ durch $R_{\alpha\beta}$ und $g_{\alpha\beta}$ ausdrücken kann, läßt sich der Tensor $P_{\alpha\beta\gamma\delta}$ ebenfalls durch den RICCI-Tensor und $g_{\alpha\beta}$ darstellen. Speziell läßt sich der Raum-Materie-Tensor $P_{\alpha\beta\gamma\delta}$ bei entsprechender Wahl von σ und λ in den WEYLschen Tensor der konformen Krümmung

$$C_{\alpha\beta\gamma\delta} \equiv R_{\alpha\beta\gamma\delta} + \frac{1}{n-2} (g_{\alpha\gamma} R_{\beta\delta} - g_{\alpha\delta} R_{\beta\gamma} + g_{\beta\delta} R_{\alpha\gamma} - g_{\beta\gamma} R_{\alpha\delta}) + \frac{R}{(n-1)(u-2)} (g_{\alpha\delta} g_{\beta\gamma} - g_{\alpha\gamma} g_{\beta\delta}),$$

überführen (siehe Aufgabe 3 dieses Paragraphen).

[1]) Man legt dann der Klassifikation den WEYLschen Tensor $C_{\alpha\beta\gamma\delta}$ zugrunde (s. unten). (Anm. d. Red.)

Da in einem *materieerfüllten* Raum ($T_{\alpha\beta} \neq 0$) der Energie-Impuls-Tensor die Hauptrolle spielt, erscheint es natürlich und notwendig, bei einer Klassifikation von Feldern mit Hilfe der Untersuchung der algebraischen Eigenschaften Tensoren, den Krümmungstensor des Raumes und einen Tensor, der den Tensor $T_{\alpha\beta}$ enthält, wie z. B. den Tensor $P_{\alpha\beta\gamma\delta}$, zu berücksichtigen.

Aufgaben

1. Man bestimme den Raumtyp im Innern einer inkompressiblen Flüssigkeitskugel mit der Metrik

$$ds^2 = -dx^{1^2} - dx^{2^2} - dx^{3^2} - \frac{(x^1\,dx^1 + x^2\,dx^2 + x^3\,dx^3)^2}{a^2 - r^2} + \left(\frac{3h - h_0}{2\,h h_0}\right)^2 dx^{4^2},$$

wobei $a = r_0 \sqrt{\frac{r_0}{2\,m}}$, h_0 der Wert von h auf der Kugeloberfläche und $h^2 = 1 - \frac{2\,m}{r - 2m}$ ist. Der Energie-Impuls-Tensor sei in der Form

$$T_{\alpha\beta} = \left(\mu_0 + \frac{p}{c^2}\right) u_\alpha\, u_\beta + p g_{\alpha\beta}$$

gegeben.

2. Man betrachte das äußere Problem unter den Bedingungen der vorhergehenden Aufgabe.

3. Bei welchen Werten von σ und λ fällt der Tensor $P_{\alpha\beta\gamma\delta}$ mit dem Weylschen Tensor (20.19) zusammen?

§ 21. Die komplexe Darstellung der Tensoren im Minkowski-Raum

In § 19 und § 20 haben wir durch die Abbildung des Klein-Raumes auf eine dreidimensionale, metrische, komplexe, ebene Mannigfaltigkeit kanonische Formen für die orthogonalen Komponenten des Krümmungstensors und des Raum-Materie-Tensors erhalten. Die verwendete Abbildung ist von selbständigem Interesse, da sie gestattet, an die Untersuchung eines größeren Problemkreises heranzugehen.

Auf diesem Wege kann man z. B. die Frage nach der algebraischen Klassifikation beliebiger Bitensoren im Klein-Raum stellen und auch die Lösung anderer Probleme versuchen.

In den Arbeiten [208] und [316] wurden derartige Fragen untersucht und sogenannte *biplanare* Räume eingeführt, die im wesentlichen mit den Klein-Räumen übereinstimmen, wie unten gezeigt wird. Daher verläuft die Untersuchung in diesen Arbeiten bei einer etwas anderen Terminologie ebenso wie oben. Die dabei erhaltenen Ergebnisse werden in diesem Paragraphen kurz dargelegt.

Wir nennen einen Vektorraum B_{2n} von gerader Dimension *biplanar*, wenn in ihm ein Tensor ε_a^b gegeben ist, der durch die sogenannte *absolute Involution* definiert ist, die den Bedingungen

$$\varepsilon_a^c\,\varepsilon_c^b = -\delta_a^b \tag{21.1}$$

und einer charakteristischen Gleichung der Form

$$\varepsilon^2 + 1 = 0, \qquad \varepsilon^a_a = 0$$

mit den n-fachen Wurzeln $i, -i$ genügt. Mit Hilfe dieses Tensors kann man jedem Tensor einen *konjugierten* Tensor zuordnen, den wir vom gegebenen durch eine Überstreichung unterscheiden:

$$\bar{x}^b = \varepsilon^b_a x^a, \qquad \bar{\xi}_b = \varepsilon^a_b \xi_a, \qquad \bar{a}_{ab} = \varepsilon^c_a \varepsilon^d_b a_{cd}.$$

Man kann immer Vektoren a_α so wählen, daß sie zusammen mit ihren Konjugierten eine Basis unabhängiger Vektoren bilden, die wir im weiteren als *kanonische* Basis bezeichnen. Wir betrachten die folgenden komplexen Kombinationen

$$\Delta^b_a = \frac{1}{2}\,(\delta^b_a + i\varepsilon^b_a), \qquad \bar{\Delta}^b_a = \frac{1}{2}\,(\delta^b_a - i\varepsilon^b_a),$$

die, wie man leicht sieht, den Beziehungen

$$\Delta^b_a \varepsilon^c_b = -i\Delta^c_a, \qquad \bar{\Delta}^b_a \varepsilon^c_b = i\bar{\Delta}^c_a,$$

$$\Delta^b_a \Delta^c_b = \Delta^c_a, \qquad \bar{\Delta}^b_a \bar{\Delta}^c_b = \bar{\Delta}^c_a$$

genügen. Diese komplexen Konstruktionen kann man als Verbindungsgrößen bei der Abbildung der Bitensoren des Raumes B_{2n} auf einen komplexen n-dimensionalen Raum benutzen. Gerade zu diesem Zweck wurde eine derartige Konstruktion in der Arbeit ([261], S. 247) angewandt, wo der Tensor $p^{ab} = g^{ab} \pm \pm i\varepsilon^{ab}$ in den KLEIN-Raum R_6 eingeführt wird. Dieser Tensor fällt im B_6 mit dem Tensor $\Delta^{ab} = g^{bc}\Delta^a_c$ zusammen. Die Abbildung von a^b auf einen komplexen linearen n-dimensionalen Raum wird durch

$$A^a = \Delta^a_b a^b, \qquad \bar{A}^a = -iA^a$$

definiert. Um sich davon zu überzeugen, daß der komplexe Raum, auf den B_{2n} abgebildet wird, von der Dimension n ist, genügt es, zu bemerken, daß aus einer Abhängigkeit zwischen den Vektoren von B_{2n}

$$\sum_{k=1}^{m} \lambda^k \underset{k}{a^c} + \sum_{k=1}^{m} \mu^k \underset{k}{\bar{a}^c} = 0$$

nach der Abbildung eine Beziehung

$$\sum_{k=1}^{m} (\lambda^k - i\mu^k)\, \underset{k}{A^c} = 0$$

folgt. Sind $\underset{k}{a}, \underset{k}{\bar{a}}$ die Vektoren einer kanonischen Basis, so sind sie ebenso wie die ihnen entsprechenden Vektoren $\underset{k}{A}$ unabhängig. Daraus folgt, daß beliebige $n+1$

komplexe Vektoren $\underset{k}{A}$ abhängig sind und B_{2n} folglich auf einen n-dimensionalen komplexen Raum abgebildet wird, den wir A_n nennen.

Mit Hilfe von Δ_b^a kann man jedem Tensor $t_{ab\ldots}^{c\ldots}$ des Raumes B_{2n} einen Tensor $T_{ba\ldots}^{c\ldots}$ in A_n zuordnen:

$$T_{ab\ldots}^{c\ldots} = \Delta_a^h \Delta_b^f \ldots \Delta_g^c \ldots t_{hf\ldots}^{g\ldots}.$$

Ersetzt man in dieser Formel die eine oder andere Verbindungsgröße Δ_b^a durch $\bar{\Delta}_b^a$, so wird dem Tensor $t_{b\,c\ldots}^{a\ldots}$ eine Größe zugeordnet, die man als zu den konjugierten Räumen A_n und $\bar{A}_n$ gehörige Verbindungsgrößen betrachten kann. Diese Größen werden im weiteren *hermitesche* Tensoren genannt wegen ihrer Ähnlichkeit mit hermiteschen Formen im Sinne des Transformationsgesetzes.

Demnach kann man jedem Tensor aus B_{2n} einen Tensor und einen Satz hermitescher Tensoren aus A_n zuordnen. Speziell erhält man für einen Tensor zweiter Stufe das *Tensorbild*

$$A_{ab} = \frac{1}{2}\,\Delta_a^c(a_{cb} - \bar{a}_{cb})$$

und das *hermitesche Bild*

$$A'_{a\bar{b}} = \frac{1}{2}\,\Delta_a^c(a_{bc} + \bar{a}_{cb})$$

in A_n, wobei

$$\bar{a}_{cb} = \varepsilon_c^l \varepsilon_b^f a_{lf}$$

gilt.

Ein Tensor heiße *Protensor*, wenn sein hermitesches Bild bei der Abbildung gleich Null ist. Dazu ist notwendig und hinreichend, daß

$$a_{ab} = -\bar{a}_{ab}$$

gilt. Ist jedoch das Tensorbild gleich Null, so sprechen wir von einem *prohermiteschen* Tensor mit der notwendigen und hinreichenden Bedingung

$$a_{ab} = \bar{a}_{ab}.$$

Betrachten wir nun den Minkowski-Raum mit der Signatur $(+++-)$ oder $(---+)$, der durch die Bedingung

$$e_{ijkl}\, e_{pqrs} = -\begin{vmatrix} g_{ip} & g_{jp} & g_{kp} & g_{lp} \\ g_{iq} & g_{jq} & g_{kq} & g_{lq} \\ g_{ir} & g_{jr} & g_{kr} & g_{lr} \\ g_{is} & g_{js} & g_{ks} & g_{ls} \end{vmatrix} \qquad (i, j = j\ 1, 2, 3, 4)$$

charakterisiert ist, die eine Beziehung zwischen den Komponenten des alternierenden Diskriminantentensors e_{ijkl} mit der einzigen wesentlichen Komponente $e_{1234} = \sqrt{|g|}$ herstellt.

Die in § 18 definierte Abbildung einer beliebigen bivektoriellen Größe des MINKOWSKI-Raumes auf einen Vektor des lokalen KLEIN-Raumes R_6 läßt sich, wie schon bemerkt, mit Hilfe von Verbindungsgrößen beschreiben:

$$u^a = \eta^a_{ij} u^{ij} \; (a = 1, \ldots, i; \, i, j = 1, \ldots, n), \qquad \eta^a_{ij} = -\eta^a_{ij}.$$

Da diese Abbildung umkehrbar eindeutig ist, gilt

$$u^{ij} = \eta^{ij}_a u^a$$

mit

$$\eta^{ij}_a \eta^b_{ij} = \delta^b_a, \qquad \eta^{ij}_a \eta^a_{kl} = \delta^{ij}_{kl} = \delta^i_{[k}\delta^j_{l]}.$$

Den metrischen KLEIN-Raum R_6 erhält man durch Einführung eines Tensors (siehe § 18)

$$g_{ab} = \eta^{ij}_a \eta^{kl}_b g_{ijkl}, \qquad g_{ijkl} = g_{[i[kgl]j]},$$

und e_{ijkl} entspricht der Bitensor

$$2\varepsilon_{ab} = 2\varepsilon_{ba} = \eta^{ij}_a \eta^{hl}_b e_{ijkl}.$$

Wegen

$$\varepsilon^b_a \varepsilon^c_b = -\delta^c_a$$

kann man ε^a_b als Tensor der absoluten Involution in R_6 auffassen. Jetzt ist es klar, daß der Raum B_{2n} mit dem oben eingeführten KLEIN-Raum übereinstimmt, wobei

$$\varepsilon^c_a \varepsilon^d_b g_{cd} = -g_{ab}, \qquad \bar{g}_{ac} = -g_{ac}$$

gilt, d. h. der metrische Tensor ist ein Protensor. Das Tensorbild

$$G_{ab} = \Delta^c_a \Delta^d_b g_{cd}$$

von g_{ab} betrachten wir als metrischen Tensor des Raumes A_3, der damit zu einem komplexen Raum R_3 wird.

Für jeden Bitensor a_{ijkl} des MINKOWSKI-Raumes läßt sich das Konjugierte konstruieren, und man kann zeigen, daß die Identität

$$a_{pqij} + \bar{a}_{ijpq} = 4 \overset{0}{a}_{[p[i} g_{j]q]} \tag{21.2}$$

mit

$$\overset{0}{a}_{pi} = a_{pi} - \frac{1}{4} g_{pi} a^q{}_q, \qquad a_{pi} = a^q{}_{pqi}, \qquad \overset{0}{a}{}^r{}_r = 0 \tag{21.3}$$

gilt. Ist $\overset{0}{a}_{jp} = 0$, so folgt aus (21,2)

$$\bar{a}_{ijpq} = -a_{pqij}.$$

Jede dieser Bedingungen charakterisiert Bitensoren, die wir im weiteren als *isotrope* Bitensoren bezeichnen werden. Einen Bitensor, welcher der Bedingung

$$a_{pqij} = \bar{a}_{ijpq}$$

genügt, nennen wir *einfach*, und die Bedingungen

$$a_{ijkl} = a_{klij}, \qquad a_{ijkl} = -a_{klij}$$

definieren einen *symmetrischen* bzw. *alternierenden* Bitensor.

Bei der Abbildung auf den KLEIN-Raum sind symmetrische, alternierende, isotrope, einfache Bitensoren, Protensoren und prohermitesche Tensoren durch die entsprechenden Gleichungen

$$a_{ab} = a_{ba}, \quad a_{ab} = -a_{ba}, \quad a_{ab} = -\bar{a}_{ba},$$

$$a_{ab} = \bar{a}_{ba}, \quad a_{ab} = -\bar{a}_{ab}, \quad a_{ab} = \bar{a}_{ab}$$

charakterisiert. Das gestattet uns, den Zusammenhang zwischen diesen Eigenschaften mit Hilfe der folgenden eleganten Formulierung zu beschreiben: *Wenn ein Bitensor Bedingungen genügt, die in zwei Zeilen einer Spalte der Tabelle stehen,*

symmetrisch		*alternierend*		
einfach	*isotrop*	*einfach*	*isotrop*	(21.4)
prohermitescher Tensor	*Protensor*	*Protensor*	*prohermitescher Tensor*	

so genügt er auch der dritten Bedingung derselben Spalte.

Betrachten wir den RIEMANNschen Krümmungstensor eines Raumes mit lokaler MINKOWSKI-Metrik, so sehen wir, daß er ein symmetrischer Bitensor ist. Ist jedoch V_4 außerdem ein EINSTEINscher Raum, so ist $R_{ij} = \frac{1}{4} R_k^k g_{ij}$, d.h. wegen (21.3) ist der Bitensor R_{ijkl} isotrop. Aus (21.4) erhält man also mit Hilfe der angegebenen Regel das folgende Ergebnis: *Ein Raum V_4 mit* MINKOWSKI-*Metrik in jedem Punkt ist genau dann* EINSTEIN*scher Raum, wenn der Krümmungstensor ein Protensor ist,* d. h. sich auf einen zweistufigen symmetrischen Tensor des komplexen Raumes R_3 abbilden läßt.

Demnach läßt die Frage nach der Überführung des Krümmungstensors eines EINSTEINschen Raumes in die kanonische Form, außer der in § 19 angegebenen, die folgende Interpretation zu. Der Krümmungstensor $R_{\alpha\beta\gamma\delta}$ und der Tensor $g_{\alpha\gamma}g_{\beta\delta} - g_{\alpha\delta}g_{\beta\gamma}$ werden zunächst auf die entsprechenden Tensoren R_{ab} und G_{ab} des komplexen Raumes R_3 abgebildet. R_{ab} und G_{ab} werden dann in die kanonische Form übergeführt, wobei man die wohlbekannte Klassifikation ([90], S. 280) benutzen kann. Danach lassen sich die zwei Formen

$$\psi = G_{ab}x^a x^b, \qquad \varphi = R_{ab}x^a x^b,$$

von denen die erste nicht ausgeartet ist, auf eine der drei Formen transformieren:

$$\text{I.}\ \psi = x^{1^2} + x^{2^2} + x^{3^2}, \qquad \varphi = a x^{1^2} + b x^{2^2} + c x^{3^2},$$

$$\text{II.}\ \psi = 2x^{1^2} + x^{2^2} + x^{3^2}, \qquad \varphi = 2a x^1 x^2 + b x^{2^2} + c x^{3^2},$$

$$\text{III.}\ \psi = 2x^{1^2} + x^{2^2} + x^{3^2}, \qquad \varphi = 2a x^1 x^2 + x^{3^2} + 2a x^1 x^3 .$$

Sodann hat man die inverse Abbildung von R_3 in R_6 auszuführen. Dadurch erhält man kanonische Formen, die abgesehen von LORENTZ-Transformationen und dreidimensionalen Drehungen, die in R_6 gewisse lineare Transformationen induzieren, mit den kanonischen Formen von § 19 übereinstimmen.

Aufgaben

1. Man zeige, daß die der Transformationsgruppe von B_{2n} entsprechende Transformationsgruppe von A_n die volle affine Gruppe des n-dimensionalen komplexen Raumes ist.

2. Man zeige, daß der Einheitstensor δ_a^b wegen (21.1) ein Protensor ist. Der entsprechende Tensor Δ_a^b im Raum A_n ist ebenfalls der Einheitstensor von A_n [316].

3. Man zeige mit Hilfe der Definition des konjugierten Tensors die Gültigkeit der Identität (21.2).

§ 22. Die Basis des vollständigen Invariantensystems zweiter Ordnung im Raum V_4

Eine skalare rationale Funktion der Komponenten des metrischen Tensors $g_{\alpha\beta}$ und seiner Ableitungen $\partial_{\gamma_1} g_{\alpha\beta}, \ldots, \partial_{\gamma_1 \ldots \gamma_k} g_{\alpha\beta}$ bis einschließlich der k-ten Ableitung nennen wir *Invariante k-ter Ordnung*. Bei der Untersuchung von Gravitationsfeldern allgemeiner Art ist die Frage nach der Charakterisierung der Felder durch derartige Invarianten von Interesse. Jedoch hat man für diese Problemstellung bisher keine Lösung erhalten. Die erste Etappe einer Lösung dieser Aufgabe besteht in der Bestimmung einer Basis des vollständigen Systems der Invarianten zweiter Ordnung. Dabei hat man natürlich vorauszusetzen, daß die Komponenten des metrischen Tensors und die zulässigen Transformationen zur Klasse C^2 gehören. Diese Aufgabe wurde in der gemeinsamen Arbeit von GEHENIAU und DEBEVER ([250], S. 114—123) und davon unabhängig von P. I. PETROW [270] gelöst. Die Arbeit [318] enthält eine methodische Verbesserung, die bei der folgenden Behandlung der Frage berücksichtigt wurde, dabei wird vorausgesetzt, daß die Struktur der Metrik die Form $(- - - +)$ hat.

Wir betrachten einen Punkt des Raumes V_4 und den entsprechenden KLEIN-Raum R_6. Den Tensoren $g_{\alpha\gamma} g_{\beta\delta} - g_{\alpha\delta} g_{\beta\gamma}$, $R_{\alpha\beta\gamma\delta}$ und $e_{\alpha\beta\gamma\delta}$ ordnen wir im Raum R_6 die Tensoren g_{ab}, R_{ab} und e_{ab} zu. Dabei ist $e_{\alpha\beta\gamma\delta}$ der Diskriminantentensor des Raumes V_4. Diesen Größen des Raumes R_6 kann man die entsprechenden Größen des dreidimensionalen komplexen Raumes R_3 zuordnen. Diese Abbildung läßt sich auf zweierlei Weisen realisieren. Man erhält sie besonders einfach, wenn man einen Tensor des Raumes V_4 benutzt ([261], S. 247–250):

$$\Delta^{\alpha\beta\gamma\delta} = g^{\alpha[\gamma} g^{\beta]\delta} \pm i e^{\alpha\beta\gamma\delta};$$

den gemischten Komponenten dieses Tensors entsprechen in R_6 die Tensoren

$$\Delta_a^c \overset{\text{def}}{=} \frac{1}{2} (\delta_a^c + i e_a^c), \qquad \bar{\Delta}_a^c \overset{\text{def}}{=} \frac{1}{2} (\delta_a^c - i e_a^c). \tag{22.1}$$

Mit Hilfe des Tensors Δ_a^c kann man jedem Tensor a_{ab} $(a_{ab} = 1, \ldots, 6)$ sein *Tensorbild*

$$A_{ab} \overset{\text{def}}{=} \Delta_a^c \Delta_b^d a_{cd} = \frac{1}{2} \Delta_c^a (a_{cb} - \bar{a}_{cb}) \tag{22.2}$$

und sein *hermitesches Bild*

$$A_{a\bar{b}} \overset{\text{def}}{=} \Delta_a^c \bar{\Delta}_b^d a_{cd} = \frac{1}{2} \Delta_a^c (a_{cb} + \bar{a}_{cb}) \tag{22.3}$$

zuordnen, wobei

$$\bar{a}_{cb} = e_c^d e_b^l a_{dl} \tag{22.4}$$

gilt. Der Tensor Δ_a^c ist der Einheitstensor des komplexen Raumes R_3. Wir erinnern, daß (siehe § 21) ein Bitensor *isotrop* (oder *Protensor*) heißt, wenn er die Bedingung

$$a_{\alpha\beta\gamma\delta} = a_{\gamma\delta\alpha\beta} \tag{22.5}$$

erfüllt und sein hermitesches Bild $A_{a\bar{b}}$ gleich Null ist. Wir nennen einen Bitensor *einfach*, wenn neben (22.4) die Bedingung $A_{ab} = 0$ gilt. Ein beliebiger Bitensor läßt sich in invariante Teile zerlegen, wenn man ihn in der Form einer Summe

$$a_{\alpha\beta,\gamma\delta} = \overset{*}{a}_{\alpha\beta,\gamma\delta} + \overset{0}{a}_{\alpha\beta,\gamma\delta} \tag{22.6}$$

eines einfachen und eines isotropen Bitensors darstellt. Dabei ist jeder Summand vollständig charakterisiert durch die Bedingungen

$$\overset{*}{a}{}^{\alpha}{}_{\beta\alpha\gamma} = \frac{R}{4} g_{\beta\gamma} \tag{22.7}$$

oder

$$\overset{*}{A}_{ab} = \Delta_a^c a_{cb} \tag{22.8}$$

und

$$\overset{0}{a}_{\alpha\beta,\gamma\delta} = 2 \overset{0}{a}_{[\alpha[\beta} g_{\gamma]\delta]}, \tag{22.9}$$

wobei $\overset{0}{a}{}_c^c = 0$, folglich $\overset{0}{a}{}^{\alpha}{}_{\beta\alpha\gamma} = \overset{0}{a}_{\beta\gamma}$ und

$$\overset{0}{A}_{ab} = \Delta_a^c a_{cb} \tag{22.10}$$

gilt. Die untersuchte Basis muß aus Invarianten bestehen, die man durch vollständige Verjüngung eines Tensors mit dem metrischen Tensor und dem Diskriminantentensor des Raumes V_4 erhält.

Betrachten wir zunächst Größen des KLEIN-Raumes a_{ab} und b_{ab}, die symmetrische, isotrope oder einfache Tensoren sind. In R_3 entsprechen ihnen Tensoren A_{ab}, B_{ab} oder hermitesche Bilder $A_{\bar{a}b}$, $B_{a\bar{b}}$. Wegen (22.8) gilt

$$A_{ab} B^f_c = \Delta^e_a \Delta^h_c a_{eb} b^f_h .$$

Daher wird der Bitensor

$$C_{\alpha\beta,\gamma\delta} = a_{\alpha\beta,\sigma\tau} b_{\gamma\delta}{}^{\sigma\tau} ,$$

wenn a und b isotrope Bitensoren sind, in R_3 auf den Tensor

$$C_{ab} = A_{ac} B^c_b \tag{22.11}$$

abgebildet. Entsprechend erhält man in dem Fall, daß a und b einfache Tensoren sind und daher hermitesche Tensoren in R_3 abgebildet werden, das Tensorbild von $C_{\alpha\beta,\gamma\delta}$ in R_3:

$$C_{ab} = A_{a\bar{c}} B^{\bar{c}}_b . \tag{22.12}$$

Unter Benützung der Formel (22.9) kann man schreiben

$$C_{\alpha\beta,\gamma\delta} = 2 a_{\sigma[\alpha} g_{\beta]\tau} b^{\sigma\tau}{}_{\gamma\delta} = 2 a_{\sigma[\alpha} b^{\sigma}{}_{\beta]\gamma\delta} . \tag{22.13}$$

Da aber

$$b^{\sigma}{}_{\alpha\beta\gamma} = 2 \delta^{[\sigma}{}_{[\dot{\beta}} b^{\tau]}{}_{\gamma]} g_{\tau\alpha}$$

gilt, folgt

$$C_{\alpha\beta,\gamma\delta} = 4 a^{\sigma}_{\alpha} b_{[\gamma[\sigma} g_{\beta]\delta]} \qquad [\alpha\beta] , \tag{22.14}$$

wobei das Symbol $[\alpha\beta]$ bedeutet, daß das Endergebnis bezüglich der Indizes α und β zu alterieren ist.

Setzt man außerdem $a_{\alpha\beta} = b_{\alpha\beta}$ voraus, so gilt

$$C_{\alpha\beta,\gamma\delta} = 2 (a_{[\alpha|\sigma|} a^{\sigma}{}_{[\gamma} g_{\delta]\beta]} + a_{\alpha[\gamma} a_{\delta]\beta}) . \tag{22.15}$$

Wir betrachten jetzt (siehe Aufgabe 1) den hermiteschen Tensor

$$\overset{2}{A}_{c\bar{c}} \overset{\text{def}}{=} \varepsilon_{abc} \varepsilon_{\bar{a}\bar{b}\bar{c}} A^{a\bar{a}} A^{b\bar{b}} , \tag{22.16}$$

den man durch Verjüngung des Trivektors $\varepsilon_{abc} \overset{\text{def}}{=} \Delta^f_a l_{fbc}$ aus dem Raum R_3 und des konjugiert-komplexen Trivektors $\varepsilon_{\bar{a}\bar{b}\bar{c}}$ mit dem hermiteschen Tensor $A^{a\bar{b}}$ erhält. Mit Hilfe von Aufgabe 1 und Formel (22.10) erhalten wir, daß das Urbild von $\overset{2}{A}_{c\bar{a}}$ in V_4 die Form

$$\overset{2}{a}_{\alpha\beta,\bar{\alpha}\bar{\beta}} = g_{\alpha\beta,\gamma\delta,\sigma\tau} \bar{g}_{\bar{\alpha}\bar{\beta},\bar{\gamma}\bar{\delta},\bar{\sigma}\bar{\tau}} a^{\gamma\delta,\bar{\gamma}\bar{\delta}} a^{\sigma\tau,\bar{\sigma}\bar{\tau}}$$

oder

$$\overset{2}{a}_{\alpha\beta,\bar{\alpha}\bar{\beta}} = a_{\bar{\alpha}}{}^{\bar{\sigma}}{}_{\nu[\alpha}\, a_{\beta]}{}^{\nu}{}_{\bar{\alpha}\bar{\beta}} \tag{22.17}$$

hat. Der erhaltene Bitensor ist einfach, da er Urbild eines hermiteschen Tensors ist, und zu seiner Berechnung nach Formel (22.9) genügt es, den Tensor $\overset{2}{a}_{\beta\bar{\beta}}$ zu berechnen:

$$\overset{2}{a}_{\beta\bar{\beta}} = \overset{2}{a}{}^{\alpha}{}_{\beta,\alpha\bar{\beta}} = \frac{1}{2}\left(a^{\alpha\bar{\tau}}{}_{\sigma\alpha}\, a^{\sigma}{}_{\beta\bar{\tau}\bar{\beta}} - a^{\alpha\bar{\tau}}{}_{\sigma\beta}\, a^{\sigma}{}_{\alpha,\bar{\tau}\bar{\beta}}\right) = -\frac{1}{4}\left(a_{\sigma\bar{\tau}}\, a^{\sigma\bar{\tau}}{}_{\beta\bar{\beta}} + a_{\alpha\bar{\beta}}\, a^{\alpha}{}_{\beta}\right).$$

Wegen

$$a_{\sigma\alpha}\, b^{\sigma}{}_{\beta,\gamma\delta} = \frac{1}{2}\, a_{\sigma\alpha}\left(b^{\sigma}{}_{\gamma}\, g_{\delta\beta} - b^{\sigma}{}_{\delta}\, g_{\gamma\beta} - b_{\beta\gamma}\, \delta^{\sigma}_{\delta} + b_{\delta\beta}\, \delta^{\sigma}_{\gamma}\right) \tag{22.18}$$

überzeugt man sich leicht, daß

$$a_{\sigma\bar{\alpha}}\, a^{\sigma}{}_{\beta}{}^{\bar{\alpha}}{}_{\bar{\beta}} = a_{\alpha\bar{\beta}}\, a^{\alpha}{}_{\beta} - \frac{1}{2}\, g_{\beta\bar{\beta}}\, a_{\sigma\tau}\, a^{\lambda\tau}$$

und endlich

$$\overset{2}{a}_{\beta\bar{\beta}} = -\frac{1}{2}\left(a_{\beta\sigma}\, a^{\sigma}{}_{\bar{\beta}} - \frac{1}{4}\, a_{\sigma\tau}\, a^{\sigma\tau}\, b_{\beta\bar{\beta}}\right) \tag{22.19}$$

gilt. Mit Hilfe der Formel (22.19) kann man nun ein System von Invarianten bestimmen, welche die gesuchte Basis bilden.

Wir betrachten den Krümmungstensor des Raumes und zerlegen ihn in einen isotropen und einen einfachen Teil:

$$R_{\alpha\beta,\gamma\delta} = \overset{*}{R}_{\alpha\beta,\gamma\delta} + \overset{0}{R}_{\alpha\beta,\gamma\delta}. \tag{22.20}$$

Im Klein-Raum entspricht dem Krümmungstensor der symmetrische Tensor R_{ab}, mit dessen Hilfe man nach den Formeln (22.2) und (22.3) im komplexen Raum R_3 das Tensorbild B_{ab} und das hermitesche Bild $S_{a\bar{b}}$ erhält. Der metrische Tensor g_{ab} von R_6 ist isotrop und bestimmt in R_3 nur das Tensorbild G_{ab}. Betrachten wir nun die Größen B_{ab}, $S_{a\bar{b}}$, G^{ab} und ε_{abc} und bilden durch vollständige Verjüngung dieser Größen ein System von Invarianten

$$\left.\begin{aligned}
&B_1 = B^a_a, \quad B_2 = \overset{2}{B}{}^a_a, \quad B_3 = B^a_b\, \overset{2}{B}{}^b_a, \\
&S_2 = \overset{2}{S}{}^a_a, \quad S_3 = \varepsilon_{abc}\, \varepsilon_{\bar{a}\bar{b}\bar{c}}\, S^{a\bar{a}} S^{b\bar{b}} S^{c\bar{c}}, \quad S_4 = \overset{2}{S}{}^a_b\, \overset{2}{S}{}^b_a, \\
&T_1 = B^a_b\, \overset{2}{S}{}^b_a, \quad T_2 = \overset{2}{B}{}^a_b\, \overset{2}{S}{}^b_a, \quad T_3 = B^a_b\, \overset{2}{S}{}^b_c\, \overset{2}{S}{}^c_a,
\end{aligned}\right\} \tag{22.21}$$

wobei

$$\overset{2}{B}{}^a_b = B^a_c B^c_b, \quad \overset{2}{S}{}^a_b = S^a_{\bar{c}}\, S^{\bar{c}}_b$$

ist und die hinaufgezogenen Indizes mit Hilfe des Tensors G^{ab} oder des konjugiert-komplexen Tensors $G^{\bar{a}\bar{b}}$ gebildet sind. Wie man leicht sieht, sind die Invarianten S_2, S_3, S_4 im System (22.21) reell, da sie beim Überstreichen der Indizes, d. h. beim Übergang zu den konjugiert-komplexen Größen, in sich selbst übergehen. Die Invariante B_1 ist ebenfalls reell, wie wir im folgenden sehen werden. Die 5 übrigen Invarianten sind komplex, und wenn man noch die konjugiert-komplexen Invarianten hinzufügt, erhält man also 14 Invarianten.

Man hat noch die Unabhängigkeit dieser Invarianten zu zeigen. Hierbei müssen wir allerdings eine Einschränkung machen: Die Zahl der unabhängigen Invarianten des Raumes V_4 läßt sich immer mit den Elementarteilerbasen der λ-Matrix $(R_{ab} - \lambda g_{ab})$ im KLEIN-Raum in Verbindung bringen, die i. a. nicht doppelsymmetrisch ist. Legen wir der Klassifikation von V_4 die verschiedenen möglichen Charakteristiken der λ-Matrix zugrunde, so sieht man leicht, daß man neben dem Fall [1 1 1, 1 1 1], welcher der *Maximalzahl unabhängiger Invarianten entspricht*, auch Charakteristiken erhält, die *mehrfachen* Elementarteilern entsprechen, z. B. [21111] usw. Letztere kann man *nicht als Spezialfälle eines Raumes V_4 mit einer Charakteristik einfachen Typs betrachten*. Es liegen wesentlich verschiedene Raumtypen vor. Diese Überlegung wird besonders durchsichtig im Fall von EINSTEINschen Räumen. Offensichtlich gibt es jedoch in einem Raum V_4 mit einer Charakteristik *mehrfachen Typs* weniger als 14 unabhängige Invarianten zweiter Ordnung. Daher betrachten wir die Frage nach der Vollständigkeit nur für Räume V_4 mit *maximaler* Zahl unabhängiger Invarianten.

Die Größen (22.21) sind algebraische Funktionen der 20 wesentlichen Komponenten der Tensoren B_{ab}, $\bar{B}_{ab}$, $S_{a\bar{b}}$. Um ihre Unabhängigkeit im Falle maximaler Anzahl von Parametern zu beweisen, genügt es, die JACOBIsche Matrix dieser Funktionen in einem Raum zu untersuchen, dessen Punktkoordinaten durch die Werte der Komponenten der Tensoren B_{ab}, $\bar{B}_{ab}$, $S_{a\bar{b}}$ definiert sind. Wenn sich ein Punkt finden läßt, in dem eine Determinante 14ter Ordnung von Null verschieden ist, gibt es in der Umgebung dieses Punktes immer einen anderen Punkt, in dem die Determinante ebenfalls verschieden von Null ist. Daher ist die Unabhängigkeit bewiesen, wenn man zeigt, daß eine der Determinanten 14ter Ordnung in einem Punkt von Null verschieden ist. Es ist nicht schwer, tatsächlich eine derartige Determinante anzugeben (siehe Aufgabe 2). Daher ist (22.21) die gesuchte Basis.

Um die Invarianten im Raum V_4 aufzustellen, benützen wir folgende Formeln, von deren Richtigkeit man sich leicht überzeugt (siehe Aufgabe 3):

$$\left.\begin{aligned} B^a_b &\sim \overset{*}{R}{}^{\alpha\beta}{}_{\gamma\delta}\,, \\ \overset{2}{B}{}^a_b &\sim \overset{*}{R}{}^{\alpha\beta}{}_{\sigma\tau}\,\overset{*}{R}{}^{\sigma\tau}{}_{\gamma\delta}\,, \\ \overset{2}{S}{}^a_b &\sim \overset{0}{R}{}_{\alpha\beta}{}^{\sigma}\,\overset{0}{R}{}_{\sigma}{}^{\gamma\delta} = 4\,\overset{0}{R}{}^{\sigma}_{\alpha}\,\overset{0}{R}{}^{[\gamma}_{[\sigma}\,\delta^{\delta]}_{\beta]}\,. \end{aligned}\right\} \tag{22.22}$$

Dabei bezeichnet „$\sim$" die Zuordnung der Größen aus R_3 und der Größen im vorgegebenen Punkt des Raumes V_4. Weiter entsprechen der Invariante C^a_a in R_3

zwei Invarianten im vorgegebenen Punkt des Raumes V_4:

$$C^a_a \sim C^{\alpha\beta}_{\alpha\beta} + i e^{\alpha\beta}_{\sigma\tau} C^{\sigma\tau}_{\alpha\beta}. \tag{22.23}$$

Der Real- und Imaginärteil dieses Ausdrucks unterscheidet sich dadurch, daß im ersten Falle die Verjüngung mit Hilfe des metrischen Bitensors und im zweiten mit Hilfe eines Quadrivektors durchgeführt wird. Durch Anwendung der Formel (22.23) auf (22.22) erhält man eine Basis des Invariantensystems in der folgenden Form:

$$\left.\begin{aligned} &B_1 = \overset{*}{R}{}^{\sigma\tau}{}_{\sigma\tau}, \quad B_2 = \overset{*}{R}{}^{\alpha\beta}{}_{\gamma\delta} \overset{*}{R}{}^{\gamma\delta}{}_{\alpha\beta}, \quad B_3 = \overset{*}{R}{}^{\alpha\beta}{}_{\gamma\delta} \overset{*}{R}{}^{\gamma\delta}{}_{\sigma\tau} \overset{*}{R}{}^{\sigma\tau}{}_{\alpha\beta}, \\ &B^1_2 = e^{\alpha\beta}{}_{\gamma\delta} \overset{*}{R}{}^{\gamma\delta}{}_{\sigma\tau} \overset{*}{R}{}^{\sigma\tau}{}_{\alpha\beta}, \quad B^1_3 = e^{\alpha\beta}{}_{\gamma\delta} \overset{*}{R}{}^{\gamma\delta}{}_{\sigma\tau} \overset{*}{R}{}^{\sigma\tau}{}_{\lambda\nu} \overset{*}{R}{}^{\lambda\nu}{}_{\alpha\beta}, \end{aligned}\right\} \quad (\alpha)$$

$$S_2 = \overset{0}{R}{}^{\alpha}{}_{\beta} \overset{0}{R}{}^{\beta}{}_{\alpha}, \quad S_3 = \overset{0}{R}{}^{\alpha}{}_{\beta} \overset{0}{R}{}^{\beta}{}_{\gamma} \overset{0}{R}{}^{\gamma}{}_{\alpha}, \quad S_4 = \overset{0}{R}{}^{\alpha}{}_{\beta} \overset{0}{R}{}^{\beta}{}_{\gamma} \overset{0}{R}{}^{\gamma}{}_{\delta} \overset{0}{R}{}^{\delta}{}_{\alpha}, \quad (\beta)$$

$$\left.\begin{aligned} &T_1 = \overset{*}{R}{}^{\alpha\beta}{}_{\gamma\delta} \overset{0}{R}{}^{\gamma}{}_{\alpha} \overset{0}{R}{}^{\delta}{}_{\beta}, \quad T_2 = \overset{*}{R}{}^{\alpha[\beta}{}_{\gamma\delta} \overset{0}{R}{}^{\sigma]}{}_{\alpha} \overset{*}{R}{}^{\gamma\delta}{}_{\sigma\tau} \overset{0}{R}{}^{\tau}{}_{\beta}, \\ &T^1_1 = e^{\alpha\beta}{}_{\gamma\delta} \overset{*}{R}{}^{\gamma\delta}{}_{\sigma\tau} \overset{0}{R}{}^{\sigma}{}_{\alpha} \overset{0}{R}{}^{\tau}{}_{\beta}, \quad T^1_2 = e^{\alpha[\beta}{}_{\gamma\delta} \overset{0}{R}{}^{\nu]}{}_{\alpha} \overset{*}{R}{}^{\gamma\delta}{}_{\sigma\tau} R^{\sigma\tau}{}_{\nu\lambda} \overset{0}{R}{}^{\lambda}{}_{\beta}, \\ &T^1_3 = e^{\alpha\beta}{}_{\sigma\tau} \overset{*}{R}{}^{\sigma\tau}{}_{\gamma\delta} A^{\gamma\delta}{}_{\alpha\beta}, \end{aligned}\right\} \quad (\gamma)$$

wobei

$$A^{\gamma\delta}{}_{\alpha\beta} \overset{\text{def}}{=} 4 \overset{0}{R}{}^{\gamma}{}_{\sigma} \overset{0}{R}{}^{\sigma}{}_{\tau} \overset{0}{R}{}^{\tau}{}_{\alpha} \overset{0}{R}{}^{\delta}{}_{\beta} + 3 \overset{0}{R}{}^{\gamma}{}_{\sigma} \overset{0}{R}{}^{\sigma}{}_{\alpha} \overset{0}{R}{}^{\delta}{}_{\tau} \overset{0}{R}{}^{\tau\beta}$$

ist.

In diesem Schema fehlt die Invariante $B^1_1 = e^{\sigma\tau}{}_{\lambda\nu} \overset{*}{R}{}^{\lambda\nu}{}_{\sigma\tau}$, da sie auf Grund der Ricci-Identität gleich Null ist. Die Invarianten T^1_1 und T^1_3 enthalten noch Summanden der Form $e^{\alpha\beta}{}_{\sigma\tau} \overset{*}{R}{}^{\sigma\tau}{}_{\alpha\lambda} \overset{0}{R}{}^{\delta}{}_{\beta} \overset{0}{R}{}^{\lambda}{}_{\delta}$ und $e^{\alpha\beta}{}_{\gamma\delta} \overset{*}{R}{}^{\gamma\delta}{}_{\alpha\sigma} \overset{0}{R}{}^{\tau}{}_{\beta} \overset{0}{R}{}^{\lambda}{}_{\tau} \overset{0}{R}{}^{\nu}{}_{\lambda} \overset{0}{R}{}^{\sigma}{}_{\nu}$, die ebenfalls wegen der gleichen Identität verschwinden. Die Invarianten T_1 und T_3 vereinfachen sich auch, da sie Summanden enthalten, in denen der Tensor $\overset{*}{R}{}^{\alpha}{}_{\beta}$ vorkommt, der sich wegen (22.7) durch $R\delta^{\alpha}_{\beta}$ ausdrücken läßt, wobei R die skalare Krümmung ist. Daher lassen sich diese Glieder durch Invarianten kleineren Grades ausdrücken. Die gesuchte Basis ist durch die 14 Invarianten (α), (β), (γ) gegeben.

Aufgaben

1. Man zeige, daß der metrische Tritensor

$$g_{\alpha\beta,\gamma\delta,\lambda\nu} \overset{\text{def}}{=} g_{[\alpha[\gamma} g_{\delta]\lambda} g_{\nu]\beta}$$

sich in R_6 auf einen Trivektor l_{abc} und in R_3 auf einen Trivektor

$$\varepsilon_{abc} = \Delta^f_a l_{fbc}$$

abbilden läßt.

2. Man zeige die Unabhängigkeit des Systems (22.21) durch Berechnung der Determinante 14ter Ordnung, deren Zeilen die Werte S_2, S_3, S_4, B_1, B_2, $\overline{B}_3$, $\overline{B}_2$, B_3, T_1, T_2, T_3, $\overline{T}_1$, $\overline{T}_2$, $\overline{T}_3$ und deren Spalten die Werte $\overline{B}_{12}$, $\overline{B}_{13}$, $\overline{B}_{23}$, R_{12}, R_{13}, R_{23}, B_{11}, $\overline{B}_{22}$, $\overline{B}_{11}$, B_{22}, B_{33}, $S_{1\bar{1}}$, $S_{2\bar{2}}$, $S_{3\bar{3}}$ annehmen. Dabei ist $B_{12} = B_{13} = B_{23} = 0$ ([318], S. 181).

3. Man beweise die Formeln (22.22) und (22.23) ([318], S. 181).

4. Man zeige, daß im Falle eines Einsteinschen Raumes die einfachste Basis von dem Invariantensystem B_2, B_2^1, B_3^1, B_3 gebildet wird. Man vergleiche mit den Resultaten von § 19!

5. Man zeige, daß für einen konform-euklidischen Raum eine Basis von den Invarianten B_1, S_2, S_3, S_4 gebildet wird. Wenn ein Raum konstanter Krümmung vorliegt, reduziert sich die Basis auf eine konstante Invariante, z. B. R.

KAPITEL IV

BEWEGUNGEN IM FREIEN RAUM

In diesem Kapitel geben wir eine Klassifikation der Gravitationsfelder im Vakuum mit Hilfe von Bewegungsgruppen. Die Theorie der LIEschen Gruppen gestattet eine invariante Behandlung dieses wichtigen Spezialfalls.

§ 23. Klassifikation von T_4 nach Bewegungsgruppen

Wir betrachten ein Gravitationsfeld im Vakuum, d. h. in einem Gebiet, in dem der Energie-Impuls-Tensor verschwindet. Die Geometrie eines solchen Feldes wird durch die Komponenten des metrischen Tensors $g_{\alpha\beta}(x)$, der bezüglich eines Koordinatensystems gegeben ist, bestimmt. Dabei beschreibt $g_{\alpha\beta}(x)$ aber nicht nur die physikalischen Eigenschaften des Raum-Zeit-Kontinuums, sondern hängt auch von der speziellen Wahl des Bezugssystems ab. Verschiedene Versuche „Inertialsysteme" einzuführen, die nach Absicht der Autoren die Abhängigkeit vom Koordinatensystem beseitigen sollen ([225], S. 441; [259]), haben noch keine allgemeine Anerkennung gefunden.

Daher ist es natürlich, die Untersuchung der Gravitationsfelder mit den invarianten Eigenschaften der Metrik zu verbinden, d. h. mit Eigenschaften, die vom Bezugssystem unabhängig sind.

Die in einem gewissen Koordinatensystem definierte Metrik gestatte eine LIEsche Gruppe G_r von stetigen Transformationen, d. h. die Metrik bleibe bei der Anwendung einer Transformation aus G_r invariant. Dann gilt das gleiche, wenn die Metrik in einem beliebigen anderen Koordinatensystem gegeben ist. Jede Transformation dieser Gruppe bildet den Raum auf sich ab. Die Abbildungen des Raumes auf sich nennen wir *Automorphismen*. Die Transformationen, welche die Metrik fest lassen, heißen *Bewegungen* im V_n. In diesem Sinne entspricht jedem Gravitationsfeld eine Automorphismengruppe. Offensichtlich ist $0 \leqq r \leqq \frac{n(n+1)}{2}$ ($r \leqq 10$ bei $n = 4$). G_0 ist die Gruppe, die nur aus dem Einheitselement (der identischen Transformation) besteht. Wenn r maximal ist, liegt ein Raum konstanter Krümmung vor (MINKOWSKI-Raum im Falle $n = 4$ mit der Signatur $(- - - +)$ und verschwindender skalarer Krümmung).

Die Idee einer Charakterisierung der Felder durch ihre Automorphismengruppen ist von verschiedenen Autoren vorgetragen worden. Die Frage führt auf das Problem der tatsächlichen Bestimmung der möglichen Bewegungsgruppen und der entsprechenden Raum-Zeit-Kontinua. Diese Überlegungen gelten natürlich nicht nur für das Vakuum, sondern auch für Gravitationsfelder allgemeiner Art (siehe Kapitel V). In diesem Kapitel betrachten wir aber Räume V_4 mit der Signatur $(- - - +)$, die den Feldgleichungen $R_{\alpha\beta} = 0$ ([261], Kapitel II; [180]) genügen.

Neben den Untersuchungen des Raum-Zeit-Kontinuums vom Standpunkt der Bewegungsgruppen aus gibt es Untersuchungen, in denen infinitesimale, konforme Transformationen, welche die gegebene Mannigfaltigkeit in sich überführen [233, 236,] oder Holonomiegruppen betrachtet werden [325, 328, 461, 462, 466].[1])

Der Raum $T_i (i = 1, 2, 3)$ gestatte eine Bewegung mit dem Operator $X = \xi^\alpha \delta_\alpha$. Dazu ist notwendig und hinreichend, daß ξ^α den KILLING-Gleichungen

$$\underset{L}{\delta} g_{\alpha\beta} = \xi_{\alpha,\beta} + \xi_{\beta,\alpha} = 0 \tag{23.1}$$

genügt (siehe § 10). Der V_n gestattet genau dann die Bewegungsgruppe G_r, wenn der Matrizenrang des homogenen algebraischen Gleichungssystems (10.14) bis zur Nummer k bezüglich der Unbekannten ξ_α und $\xi_{\alpha,\beta}$ unter der Bedingung (23.1) gleich $\frac{n(n+1)}{2} - r$ ist und die Hinzufügung der Gleichung mit der Nummer $k + 1$ aus (10.14) diesen Rang nicht ändert (§ 10).

Bei der Klassifikation von $T_i (i = 1, 2, 3)$ nach Bewegungsgruppen ergeben sich vor allem zwei Fragen: 1. T_i gestatte die Bewegungsgruppe G_r. Welche Werte kann r bei der Vorgabe von i annehmen! 2. Wie sieht die Struktur der Gruppe aus, wenn i und r gegeben sind?

Die Frage nach der oberen Grenze für r beantwortet der folgende Satz: *Wenn die Krümmung des Raumes $T_i (i = 1, 2, 3)$ nicht konstant ist, existiert keine zulässige Bewegungsgruppe G_r mit $r \geqq 7$.*

Zum V_n kann keine Bewegungsgruppe G_r mit $r > \frac{n(n+1)}{2}$ gehören (bei $n = 4$ ist $r \leqq 10$). Wenn $r = 10$ ist, erhält man einen Raum konstanter Krümmung, der im gegebenen Fall ein ebener MINKOWSKI-Raum ist. Dieser Raum ist immer vom Typ T_1. Man erhält ihn aus (19.18), wenn man $\alpha_i = \beta_i = 0$ setzt. Diesen Trivialfall wollen wir von der Betrachtung ausschließen. Der Fall $r = 9$ kann wegen eines allgemeinen Satzes von FUBINI ([16], S. 270) nicht auftreten. Der Satz von FUBINI besagt, daß die Ordnung der vollen Bewegungsgruppe des V_n bei $n > 2$ ungleich $\frac{n(n+1)}{2} - 1$ ist. Die Ordnung r der vollen Gruppe kann auch nicht gleich 8 sein, wie von JEGOROW ([230], S. 202) für einen Raum V_4 mit der Signatur $(- - - +)$ gezeigt wurde. Wir wollen beweisen, daß für $T_i (i = 1, 2, 3)$ auch der Fall $r = 7$ nicht eintreten kann.

Wenn $r = 7$ wäre, müßte der Matrizenrang des Systems

$$\underset{L}{\delta} R_{\alpha\beta\gamma\delta} = 0 \tag{23.2}$$

[1]) Für die invariante Darstellung der „Feinstruktur" von Feldern mit geringer Symmetrie ist es naheliegend, die verschiedenen Standpunkte zu kombinieren. (Anm. d. Red.)

oder ausführlicher von

$$\delta R_{\alpha\beta\gamma\delta} \equiv B^{\sigma\tau}{}_{\gamma\delta\alpha\beta}\, \xi_{\sigma,\tau} + A^{\sigma}{}_{\gamma\alpha\beta\delta}\, \xi_{\sigma} = 0, \tag{23.3}$$

d. h. des Systems homogener algebraischer Gleichungen mit den Unbekannten $\xi_{\alpha,\beta}$ und ξ_α unter der Bedingung (23.1), gleich drei sein. Dabei ist

$$A^{\sigma}{}_{\gamma\alpha\beta\delta} \equiv R_{\beta\gamma\alpha\delta,}{}^{\sigma}, \quad B^{\sigma\tau}{}_{\gamma\delta\alpha\beta} \equiv 2\delta^{\sigma}_{[\delta} R^{\tau}{}_{\gamma]\alpha\beta.} + 2\delta^{\sigma}_{[\beta} R^{\tau}{}_{\alpha]\gamma\delta}. \tag{23.4}$$

Betrachten wir die Matrix, die aus den Koeffizienten A und B besteht, in einem orthonormierten Koordinatensystem, für das die Komponenten des Krümmungstensors durch die Formeln (19.18), (19.19), (19.20) definiert sind. Im Falle (19.18) erhalten wir, wenn wir die Zeilen, die wegen der Doppelsymmetrie der Matrizen (R_{ab}) und $(R_{ab,\lambda})$ gleich sind, fortlassen, die Matrix

$$(T_1) \quad \begin{pmatrix} 0 & 0 & 0 & 0 & 0 & 0 & R_{1414,\sigma} \\ 0 & 0 & \beta_1 - \beta_2 & 0 & 0 & \alpha_1 - \alpha_2 & R_{1424,\sigma} \\ 0 & \beta_3 - \beta_1 & 0 & 0 & \alpha_3 - \alpha_1 & 0 & R_{1434,\sigma} \\ 0 & 0 & 0 & 0 & 0 & 0 & R_{1423,\sigma} \\ 0 & 0 & \alpha_2 - \alpha_1 & 0 & 0 & \beta_1 - \beta_2 & R_{1431,\sigma} \\ 0 & \alpha_1 - \alpha_3 & 0 & 0 & \beta_3 - \beta_1 & 0 & R_{1412,\sigma} \\ 0 & 0 & 0 & 0 & 0 & 0 & R_{2424,\sigma} \\ \beta_2 - \beta_3 & 0 & 0 & \alpha_2 - \alpha_3 & 0 & 0 & R_{2434,\sigma} \\ 0 & 0 & 0 & 0 & 0 & 0 & R_{2431,\sigma} \\ \alpha_3 - \alpha_2 & 0 & 0 & \beta_2 - \beta_3 & 0 & 0 & R_{2412,\sigma} \end{pmatrix}. \tag{23.5}$$

Hierbei entsprechen die ersten sechs Spalten den Werten 14, 24, ... von $\sigma\tau$ in (23,4), und die letzte Spalte steht für vier Spalten, die den Werten $\delta = 1$ entsprechen. Jede Determinante vierter Ordnung von (23.5) müßte nun gleich Null sein. Betrachten wir z. B. die Determinante, die aus den Zeilen 2, 3, 5, 6 und den gleichen Spalten besteht, so erhalten wir

$$[(\alpha_1 - \alpha_2)^2 + (\beta_1 - \beta_2)^2]\,[(\alpha_1 - \alpha_3)^2 + (\beta_1 - \beta_3)^2] = 0$$

oder, wenn wir $\alpha_s + i\beta_s = K_s (s = 1, 2, 3)$ setzen,

$$(K_1 - K_2)\,(\overline{K}_1 - \overline{K}_2)\,(K_1 - K_3)\,(\overline{K}_1 - \overline{K}_3) = 0.$$

Dabei ist $\overline{K}_s = \alpha_s - i\beta_s$ und folglich

$$(K_1 - K_2)\,(K_1 - K_3) = 0.$$

Wegen der Gleichberechtigung von K_1, K_2, K_3 ist es nicht notwendig, andere Determinanten zu betrachten. Es genügt, in den letzten Gleichungen eine Indexpermutation auszuführen. Dadurch erhalten wir

$$(K_3 - K_1)(K_1 - K_2) = (K_2 - K_3)(K_3 - K_1) = (K_1 - K_2)(K_2 - K_3) = 0\,.$$

Daraus folgt, wenn man noch die Bedingungen $\Sigma\alpha_i = \Sigma\beta_i = \Sigma K_i = 0$ berücksichtigt, daß K_s gleich Null für $(s = 1, 2, 3)$ ist, d. h. wir erhalten einen MINKOWSKI-Raum.

Im Falle T_2 ergibt sich aus (19.19) die Matrix

$$(T_2)\quad \left(\begin{array}{ccccccc}
0 & 0 & 0 & 0 & 0 & 0 & R_{1414,\sigma} \\
0 & -1 & \beta_2-\beta_1 & 0 & 0 & \alpha_2-\alpha_1+1 & R_{1424,\sigma} \\
0 & \beta_1-\beta_2 & 1 & 0 & \alpha_1-\alpha_2+1 & 0 & R_{1434,\sigma} \\
0 & 0 & 0 & 0 & 0 & 0 & R_{1423,\sigma} \\
0 & 0 & \alpha_1-\alpha_2-1 & 0 & -1 & \beta_2-\beta_1 & R_{1431,\sigma} \\
0 & \alpha_1-\alpha_2-1 & 0 & 0 & \beta_1-\beta_2 & 1 & R_{1412,\sigma} \\
2 & 0 & 0 & 0 & 0 & 0 & R_{2424,\sigma} \\
0 & 0 & 0 & -2 & 0 & 0 & R_{2434,\sigma} \\
0 & 0 & 0 & 2 & 0 & 0 & R_{2431,\sigma} \\
2 & 0 & 0 & 0 & 0 & 0 & R_{2412,\sigma} \\
-2 & 0 & 0 & 0 & 0 & 0 & R_{3434,\sigma} \\
0 & 0 & 0 & -2 & 0 & 0 & R_{3412,\sigma}
\end{array}\right). \tag{23.6}$$

Wie man leicht sieht, erhält man einen Widerspruch, wenn man alle Determinanten vierter Ordnung gleich Null setzt.

Für T_3 ergibt sich aus (19.20) die Matrix

$$(T_3)\quad \left(\begin{array}{ccccccc}
0 & 0 & 0 & 0 & 0 & 2 & R_{1424,\sigma} \\
0 & -1 & 0 & 0 & 0 & 0 & R_{1424,\sigma} \\
0 & 0 & 1 & -1 & 0 & 0 & R_{1434,\sigma} \\
0 & 0 & -2 & 0 & 0 & 0 & R_{1423,\sigma} \\
0 & 0 & 0 & 0 & -1 & 0 & R_{1431,\sigma} \\
1 & 0 & 0 & 0 & 0 & 1 & R_{1412,\sigma} \\
2 & 0 & 0 & 0 & 0 & -2 & R_{2424,\sigma} \\
0 & 0 & 0 & 0 & 1 & 0 & R_{2424,\sigma} \\
0 & 0 & 2 & 2 & 0 & 0 & R_{2431,\sigma} \\
0 & -1 & 0 & 0 & 0 & 0 & R_{2412,\sigma} \\
-2 & 0 & 0 & 0 & 0 & 0 & R_{3434,\sigma} \\
0 & 0 & 0 & -2 & 0 & 0 & R_{3412,\sigma}
\end{array}\right). \tag{23.7}$$

Diese Matrix enthält offensichtlich eine Determinante sechster Ordnung, die von Null verschieden ist, d. h. es gilt $r < 7$. Damit ist der Satz bewiesen.

Mit Hilfe der oben angegebenen Matrizen (23.5), (23.6), (23.7) läßt sich die Ordnung der vollen Bewegungsgruppe für alle drei Typen T_i noch genauer berechnen. Es gilt der Satz: *Wenn T_1 eine Bewegungsgruppe G_r mit $r > 4$ gestattet, so gestattet er auch die Bewegungsgruppe G_{10} und ist der Raum der speziellen Relativitätstheorie* (MINKOWSKI-*Raum*). *Für T_2 ist die maximale Beweglichkeit $r = 6$, und für T_3 ist $r \leqq 4$.*

Der Kürze halber führen wir die Indizes des KLEIN-Raumes aus § 15 ein und schreiben statt $R_{\alpha\beta\gamma\delta,\sigma}$ den Tensor $R_{ab,\sigma}(a, b = 1, \ldots, 6; \sigma = 1, 2, 3, 4)$. Weiter sei

$$R_{ab,\sigma} + i R_{ab+3,\sigma} = \Pi_{ab,\sigma} \quad (a, b \leqq 3). \tag{23.8}$$

Wenn man dann die aus (5.13) folgende Doppelsymmetrie von $R_{ab,\sigma}$ berücksichtigt, kann man die BIANCHI-Identitäten (5.16) und die Beziehung (23.8) in Form von 12 Identitäten

$$\left.\begin{aligned} &\Pi_{1a,1} + \Pi_{2a,2} + \Pi_{3a,3} = 0, \\ &\Pi_{3a,1} - \Pi_{1a,3} + i\Pi_{2a,4} = 0, \\ &\Pi_{2a,1} - \Pi_{1a,2} - i\Pi_{3a,4} = 0, \\ &\Pi_{3a,2} - \Pi_{2a,3} - i\Pi_{1a,4} = 0 \end{aligned} \quad (a = 1, 2, 3) \right\} \tag{23.9}$$

schreiben. Aus (5.13) folgt außerdem

$$\Pi_{11,\sigma} + \Pi_{22,\sigma} + \Pi_{33,\sigma} = 0. \tag{23.10}$$

Wir wollen annehmen, daß T_1 eine Bewegungsgruppe G_5 gestattet. Dann müssen alle Determinanten sechster Ordnung in der Matrix (23.5) gleich Null sein. Unter den Determinanten vierter Ordnung, die aus den ersten sechs Spalten gebildet sind, kommt mindestens eine von Null verschiedene Determinante vor, da T_1 sonst eben wäre. Da α_i und β_i für die verschiedenen Werte $i = 1, 2, 3$ gleichberechtigt sind, kann man ohne Beschränkung der Allgemeinheit annehmen, daß die Determinante, die aus der zweiten, dritten, fünften, sechsten Zeile und Spalte besteht, von Null verschieden ist. Diese Determinante ist gleich

$$[(\alpha_1 - \alpha_3)^2 + (\beta_1 - \beta_3)^2]\,[(\alpha_1 - \alpha_2)^2 + (\beta_1 - \beta_2)^2].$$

Weil die übrigen Elemente dieser Zeilen und Spalten, soweit sie zu den ersten sechs Spalten der Matrix gehören, gleich Null sind, müssen alle Minoren zweiter Ordnung der Matrix, die von den Elementen $R_{1414,\sigma}$, $R_{1423,\sigma}$, $R_{2424,\sigma}$, $R_{2431,\sigma}$, $R_{3434,\sigma}$, $R_{3412,\sigma}$ $(\sigma = 1, 2, 3, 4)$ gebildet wird, gleich Null sein. Das gleiche gilt für die Minoren zweiter Ordnung der Matrix

$$\begin{pmatrix} \beta_2 - \beta_3 & \alpha_2 - \alpha_3 & R_{2434,\sigma} \\ \alpha_3 - \alpha_2 & \beta_2 - \beta_3 & R_{2412,\sigma} \end{pmatrix} \quad (\sigma = 1, 2, 3, 4). \tag{23.11}$$

Kombiniert man die Zeilen dieser Matrizen zu je zweien nach der Regel (23.8), so findet man, daß alle Minoren zweiter Ordnung der Matrix

$$\begin{Vmatrix} \Pi_{11,\sigma} & 0 \\ \Pi_{22,\sigma} & 0 \\ \Pi_{33,\sigma} & 0 \\ \Pi_{23,\sigma} & K_2-K_3 \end{Vmatrix} \quad (\sigma = 1, 2, 3, 4) \tag{23.12}$$

gleich Null sind. Daraus folgt unter Berücksichtigung von (23.10), daß $\Pi_{aa,\sigma} = 0$ $(a = 1, 2, 3)$ ist, unabhängig davon, ob K_2-K_3 gleich Null ist oder nicht. Betrachten wir die Größen $\Pi_{23,\sigma}$. Wenn $K_2 \neq K_3$ ist, folgt aus (23.11), daß $\Pi_{23,\sigma}$ gleich Null ist, und aus den BIANCHI-Identitäten (23.9) folgt weiter, daß alle $\Pi_{ab,\sigma}$ gleich Null sind, d. h. alle kovarianten Ableitungen der Komponenten des Krümmungstensors sind gleich Null: Der Raum ist *symmetrisch*.

Wenn dagegen $K_2 = K_3$ ist, schreiben wir die Gleichungen $\underset{L}{\delta} R_{\alpha\beta\gamma\delta} = 0$ in einem orthonormierten Koordinatensystem und führen die Bezeichnungen

$$\left.\begin{aligned} \underset{s}{W_1} = -i(\underset{s}{\xi_{1,4}} + i\underset{s}{\xi_{2,3}}), \quad \underset{s}{W_2} = -i(\underset{s}{\xi_{2,4}} + i\underset{s}{\xi_{3,1}}), \\ \underset{s}{W_3} = -i(\underset{s}{\xi_{3,4}} + i\underset{s}{\xi_{1,2}}) \end{aligned}\right\} \tag{23.13}$$

ein. Wir erhalten zwölf verschiedene Gleichungen, die wir nach der Regel (23.8) kombinieren. Dann ergibt sich

$$\left.\begin{aligned} &\underset{s}{\xi^\sigma}\Pi_{11,\sigma} = 0, \quad \underset{s}{\xi^\sigma}\Pi_{12,\sigma} = (K_1 - K_2)\underset{s}{W_3}, \\ &\underset{s}{\xi^\sigma}\Pi_{13,\sigma} = (K_3 - K_1)\underset{s}{W_2}, \quad \underset{s}{\xi^\sigma}\Pi_{22,\sigma} = 0, \\ &\underset{s}{\xi^\sigma}\Pi_{23,\sigma} = (K_2 - K_3)\underset{s}{W_1}, \quad \underset{s}{\xi^\sigma}\Pi_{33,\sigma} = 0 \ (\sigma = 1, 2, 3, 4), \end{aligned}\right\} \tag{23.14}$$

woraus

$$\underset{s}{\xi^\sigma}\Pi_{23,\sigma} = 0$$

folgt.

Wir nehmen zunächst an, daß die Bewegungsgruppe G_5 von T_1 nichttransitiv ist. Dann zerlegt G_5 den Raum in transitive Hyperflächen. Wenn diese Hyperflächen isotrop wären, könnte man die Metrik des Raumes V_4 auf die Form

$$ds^2 = 2dx^1\,dx^4 + g_{22}(x^4)\,dx^{2^2} + 2g_{23}(x^4)\,dx^2\,dx^3 + g_{23}(x^4)\,dx^{3^2}$$

bringen ([260], S. 219). Berechnet man aber für diese Metrik die λ-Matrix $(R_{ab} - \lambda g_{ab})$, so überzeugt man sich leicht, daß diese Matrix mehrfache Elementarteiler enthält und folglich zu keinem Raum T_1 gehören kann. Sind dagegen die Hyperflächen nichtisotrop, so gestatten sie mit G_5 auch eine Gruppe G_6, da die Gruppe G_5 für einen Raum V_3 nicht die volle Bewegungsgruppe sein kann.

Dann läßt sich V_4 in ein System geodätisch paralleler, transitiver Hyperebenen mit konstanter Krümmung zerlegen. Nimmt man diese Hyperebenen als Koordinatenebenen, so erhält man, wie man leicht sieht, einen ebenen MINKOWSKI-Raum.

Wenn die Gruppe G_5 transitiv ist, gibt es unter den Vektoren $\underset{s}{\xi^\alpha}$ vier linear unabhängige, daher kann man $\underset{s}{\xi^\alpha} = \delta^\alpha_s$ setzen. Dann folgt aus (23.14) wieder $\Pi_{23,\sigma} = 0$, d. h. auch in diesem Falle liegt ein *symmetrischer* Raum T_1 vor.

Wir wollen nun die Integrabilitätsbedingungen für das Gleichungssystem

$$R_{\alpha\beta\gamma\delta,\lambda} = 0, \tag{23.15}$$

das einen symmetrischen Raum V_n charakterisiert, untersuchen. Durch kovariante Differentiation und Alteration von (23.15) erhält man

$$R_{\alpha\beta\gamma\delta,[\lambda\nu]} = R_{\sigma\lambda\nu[\alpha}R^\sigma{}_{\beta]\gamma\delta} + R_{\sigma\lambda\nu[\gamma}R^\sigma{}_{\delta]\alpha\beta} = 0 .$$

Schreibt man diese Gleichung für ein orthonormiertes Koordinatensystem, so ergeben sich die Beziehungen

$$\alpha_1\beta_2 + \alpha_2\beta_1 - \alpha_1\beta_3 - \alpha_3\beta_1 = 0, \qquad \alpha_1\alpha_2 - \alpha_1\alpha_3 - \beta_1\beta_2 + \beta_1\beta_3 = 0$$

und weitere vier Gleichungen, die man durch zyklische Permutation der Indizes 1, 2, 3 erhält. Daher gilt

$$K_1(K_2 - K_3) = K_2(K_3 - K_1) = K_3(K_1 - K_2) = 0 .$$

Wegen $\Sigma K_s = 0$ folgt $K_s = 0 (s = 1, 2, 3)$, und der untersuchte Raum T_1 ist eben, gestattet also die Bewegungsgruppe G_{10}. Im weiteren werden wir zeigen, daß es tatsächlich einen Raum T_1 mit der Bewegungsgruppe G_4 gibt. In der Verteilung der Ordnungen der *vollen* Gruppen G_r gibt es also zwischen $r = 4$ und $r = 10$ eine „Lücke", wobei $r = 4$ und $r = 10$ die genauen Begrenzungen dieser Lücke sind.

Was die Räume T_2 betrifft, so werden wir zeigen, daß es einen Raum T_2 mit der Bewegungsgruppe G_6 gibt. Da T_2 keine Gruppe G_r mit $r > 6$ gestattet, ist also $r = 6$ die größtmöglichste Beweglichkeit eines Raumes vom Typ T_2. *Die Räume T_2 und T_3 können nicht Räume mit konstanter Krümmung sein.*

Betrachten wir endlich die Räume T_3. Wenn $r > 4$ wäre, müßte jede Determinante der Ordnung $\frac{n(n+1)}{2} - r + 1 = 11 - r \leqq 6$ in der Matrix (23.7) gleich Null sein. Das ist aber nicht der Fall. Daher gilt für alle Räume T_3 $r \leqq 4$. Damit ist der Satz bewiesen.

Aus dem Satz folgt, daß man für T_1 und T_3 nur Gruppen G_r mit $r \leqq 4$ und für T_2 nur Gruppen mit $r \leqq 6$ zu betrachten hat.

Bei der tatsächlichen Bestimmung der Bewegungsgruppen muß man sich zunächst überlegen, welche Gruppenstrukturen wirklich als Bewegungsgruppe eines Raumes T_i auftreten können. Wir werden im weiteren sehen, daß nur einige Strukturen (10.16), (10.17), (10.19) Bewegungsgruppen eines Raumes

T_i sind. Dabei ist die Frage nach den stationären Untergruppen der Bewegungsgruppen von T_i wesentlich. Bei der Lösung dieser Frage spielt der folgende Satz eine wichtige Rolle [228]: *Wenn der Raum T_1 eine Bewegungsgruppe mit stationärer Untergruppe H_p gestattet, gilt* 1. $p = 0$, *wenn* K_1, K_2, K_3 *untereinander verschieden sind*, 2. $p \leqq 2$, *wenn* $K_1 = K_2 \neq K_3$, 3. $p = 6$, *wenn* $K_1 = K_2 = K_3$ ist. *Für T_2 gilt* 1. $p = 0$, *wenn K_1 und K_2 verschieden von Null sind*, 2. $p \leqq 2$, *wenn* $K_1 = K_2 = 0$ *ist. Für T_3 ist immer* $p = 0$.

Dabei ist $K_s = \alpha_s + i\beta_s$ durch die Formeln (19.18), (19.19) definiert.

Wir führen in T_i ein *normales* Koordinatensystem ein (§ 6), wobei wir einen gewissen Punkt als Koordinatenursprung fixieren. Dann läßt sich die Matrix in der Form

$$ds^2 = \left\{\overset{0}{g}_{\alpha\beta} - \frac{1}{2}\overset{0}{R}_{\lambda\alpha\mu\beta}x^\lambda x^\mu + \dots\right\} dx^\alpha dx^\beta \tag{23.16}$$

darstellen.

Aus der Definition der Bewegung folgt, daß die Koeffizienten dieser Reihe bei Bewegungen invariant sind. Die Invarianz des ersten Koeffizienten zeigt, daß eine stationäre Untergruppe gleichzeitig Untergruppe der Lorentz-Gruppe ist, welche die Form $-dx^{1^2} - dx^{2^2} - dx^{3^2} + dx^{4^2}$ fest läßt.

Die Invarianz des zweiten Koeffizienten zeigt, daß jede Gruppe H_p die Koeffizienten $\overset{0}{R}_{\alpha(\beta\gamma)\delta}$ fest läßt. Wegen (5.8) folgt daraus, daß die Komponenten dieses Tensors bei den Transformationen von H_p invariant sind. Die Lorentz-Gruppe ist isomorph zur Drehungsgruppe des komplexen, dreidimensionalen, euklidischen Raumes (L. S. Pontrjagin [205], S. 423).

Da (R_{ab}) doppelsymmetrisch ist, bleibt $\overset{0}{R}_{\alpha\beta\gamma\delta}$ fest, wenn Π_{ab} bei einer Drehung des komplexen R_3 invariant ist. Es ergibt sich also die Aufgabe, die orthogonalen, komplexen Transformationen zu bestimmen, die zwei Formen in R_3

$$\varphi = \sum_1^3 z^{i^2} \quad \text{und} \quad \psi = \sum \Pi_{ij} z^i z^j$$

in sich überführen.

Für T_1 folgt aus (19.18), daß $\psi = \sum\limits_1^3 K_i z^{i^2}$ ist. Wenn die K_i $(i = 1, 2, 3)$ untereinander verschieden sind, gibt es offenbar keine orthogonale nichtausgeartete Transformation, die von der identischen Transformation verschieden ist und diese beiden Formen festläßt. Wenn $K_1 = K_2 \neq K_3$ ist, gibt es derartige Transformationen, die von einem Parameter abhängen. Wegen $\Sigma K_s = 0$ sieht man, wenn man $K_1 = K_2 = \lambda$, $K_3 = 2\lambda$, $\lambda \neq 0$ setzt, daß eine Drehung in der Ebene $\{z^1, z^2\}$ zulässig ist. Aus einem komplexen Parameter erhält man zwei reelle und folglich ist $p \leqq 2$. Wenn $K_1 = K_2 = K_3$ ist, ergibt sich der Trivialfall eines ebenen Raumes T_1.

Für T_2 folgt aus (19.19): $\psi = K_1 z^{1^2} + (K_2 + 1) z^{2^2} + (K_2 - 1) z^{3^2} + 2iz^1 z^2$, wobei $K_1 + 2K_2 = 0$ gilt. Wenn K_1 und K_2 verschieden von Null sind, reduziert sich H_p auf die identische Transformation. Für $K_1 = K_2 = 0$ erhält man eine einparametrige Transformation, woraus im Reellen $p \leqq 2$ folgt.

Für T_3 ergibt sich aus (19.20) $\psi = 2z^2(z^1 - iz^3)$, und man überzeugt sich leicht, daß H_p immer gleich der Gruppe, die nur aus dem Einselement besteht, ist.

§ 24. Nichtisomorphe Bewegungsgruppen in freien Räumen

Zwei Gruppen sind *isomorph*, wenn bei einer gewissen Basiswahl die Strukturen dieser Gruppen übereinstimmen.

Die Bestimmung der Struktur von stetigen Gruppen ist gewöhnlich mit einem großen rechnerischen Aufwand verbunden. Für Bewegungsgruppen von Gravitationsfeldern T_i läßt sich jedoch ein Satz beweisen, der die Berechnung dieser Strukturen wesentlich vereinfacht. Der Satz besagt, *daß ein Raum* $T_i\,(i = 1, 2, 3)$ *nur solche Bewegungsgruppen* G_r *gestattet, die Untergruppen der vollen Gruppe des Raumes* T_i *mit maximaler Beweglichkeit und dem gleichen Index* $i\,(i = 1, 2, 3)$ *sind.*

Die Gruppe G_r besteht im allgemeinen Fall aus stationären Transformationen und *Translationen*. Sie bewirkt eine *punktweise* Abbildung des Raumes auf sich: $\overset{*}{x}{}^\alpha = f(x^\alpha)$. Jeden Punkt des Raumes T_i kann man kanonische orthonormierte 4-Beine zuordnen. Diese Zuordnung ist im allgemeinen Fall eindeutig, kann aber nicht eindeutig sein, wenn gewisse stationäre Krümmungen zusätzlichen Beziehungen genügen (z. B. gleich Null sind). Jedenfalls sind die Vektoren $\underset{s}{i}{}^\alpha$ des orthonormierten 4-Beins Funktionen der Koordinaten $\underset{s}{i}{}^\alpha = \underset{s}{i}{}^\alpha(x)$. Diese Funktionen lassen sich durch den folgenden Algorithmus definieren. Wir betrachten die λ-Matrix $(R_{ab} - \lambda g_{ab})$ $(a, b = 1, \ldots, 6)$ im KLEIN-Raum und bestimmen allein durch rationale Operationen aus dem Gleichungssystem

$$(R_{ab} - \underset{\sigma}{\lambda} g_{ab}) \underset{\sigma}{W}{}^b = \underset{\sigma}{\varrho}\, g_{ab} \underset{\sigma-1}{W}{}^b \tag{24.1}$$

die Vektoren $\underset{\sigma}{W}{}^b(\sigma, b = 1, \ldots, 6)$. Diesen Vektoren entsprechen im Raum T_i i. a. *mehrfache* Bivektoren $\underset{\alpha\beta}{W}{}^{\gamma\delta}(x)$ (siehe § 19). Diese Bivektoren hängen in eindeutig bestimmter Weise von den Koordinatenvektoren $\underset{s}{i}{}^\alpha$ des kanonischen orthonormierten 4-Beins ab. Daraus erhält man dann die Vektoren $\underset{s}{i}{}^\alpha$ wiederum allein durch rationale Operationen als rationale Funktionen der Komponenten des Krümmungstensors und des metrischen Tensors. Die Skalare $\underset{\sigma}{\varrho}$ in den Gleichungen (24.1) sind gleich Null oder ± 1 in Abhängigkeit von dem Index σ und dem *Raumtyp*. Für T_1 gilt (siehe § 19)

$$\underset{\sigma}{\varrho} = 0 \; (\sigma = 1, \ldots, 6),$$

für T_2

$$\underset{1}{\varrho} = \underset{4}{\varrho} = 0, \quad \underset{2}{\varrho} = \underset{5}{\varrho} = 0, \quad \underset{3}{\varrho} = \underset{6}{\varrho} = 1$$

und für T_3

$$\underset{1}{\varrho} = \underset{4}{\varrho} = 0, \quad \underset{2}{\varrho} = \underset{3}{\varrho} = \underset{5}{\varrho} = \underset{6}{\varrho} = \pm 1.$$

Die Komponenten des metrischen Tensors sich durch

$$g^{\alpha\beta} = \sum_{\sigma=1}^{4} e_\sigma \underset{\sigma}{i^\alpha} \underset{\sigma}{i^\beta}, \qquad e^\sigma = \pm 1 \tag{24.2}$$

gegeben. Diese Formel gilt in einem beliebigen Koordinatensystem.

Wir betrachten einen Raum $T_i (i = 1, 2, 3)$, der eine Bewegungsgruppe G_1 gestattet. G_1 ist durch den KILLINGschen Vektor $\xi^\alpha(x)$ bestimmt. Das bedeutet, daß die LIEsche Ableitung des metrischen Tensors in der Richtung des Feldes ξ^α verschwindet: $\underset{\xi}{\delta} g^{\alpha\beta} = 0$. Außerdem betrachten wir einen Raum T_i von maximaler Beweglichkeit mit dem gleichen Index i und zeigen, daß in diesem Raum für ein gewisses Koordinatensystem der Vektor ξ^α ebenfalls ein KILLINGscher Vektor ist. Es sei zunächst $i = 1$. Die Komponenten von $\underset{s}{i^\alpha}$ hat man sowohl für T_1 als auch für T_1' mit Hilfe der Gleichung (24.1) zu bestimmen. In beiden Fällen ist $\underset{\sigma}{\varrho} = 0$ $(\sigma = 1, \ldots, 6)$. Für T_1' gilt $R_{ab} = \underset{\sigma}{\lambda} = 0$, denn T_1' ist der MINKOWSKI-Raum. Wegen der sich daraus ergebenden Willkür in der Wahl des orthonormierten 4-Beins kann man in (24.2) $g^{\alpha\beta} = \mathrm{const}$ setzen oder dem 4-Bein andere Bedingungen auferlegen. Das orthonormierte 4-Bein für T_1 ist in der Menge der T_1' entsprechenden orthonormierten 4-Beine enthalten. Jenes ergibt sich, wenn man an die für T_1' definierten Vektoren $\underset{s}{i^\alpha}(x)$ gewisse Bedingungen stellt. Bezeichnen wir die Vektoren, die diesen Bedingungen genügen, mit $\underset{s}{\overset{*}{i^\alpha}}$, so gilt $\underset{\xi}{\delta} g^{\alpha\beta}(\underset{s}{\overset{*}{i^\alpha}}) = 0$. Betrachtet man $\underset{s}{\overset{*}{i^\alpha}}$ ohne die zusätzlichen Bedingungen, die wir durch das Zeichen „*" ausgedrückt haben, so bleiben für $g^{\alpha\beta}$ alle Eigenschaften von $g^{\alpha\beta}(\underset{s}{\overset{*}{i^\alpha}})$ erhalten. Daher gelten auch die Gleichungen $\underset{\xi}{\delta} g^{\alpha\beta} = 0$ für Räume T_1' von maximaler Beweglichkeit, d. h. T_1' gestattet die Bewegungsgruppe G_1. Es ist klar, daß die Gültigkeit dieser Gleichungen eine Spezialisierung des Koordinatensystems bedingt, da die konkrete Vorgabe eines KILLINGschen Vektors $\underset{s}{\xi^\alpha}$ mit Bedingungen für das Koordinatensystem verknüpft ist.

Betrachten wir nun den Fall $i = 2$. Für einen Raum T_2' mit maximaler Beweglichkeit gilt die oben angegebene spezielle Wahl von ϱ und die der Gruppe G_6 entsprechende Bedingung $\underset{\sigma}{\lambda} = 0$ $(\sigma = 1, \ldots, 6)$ (siehe § 23). Das T_2 entsprechende orthonormierte 4-Bein ist unter den T_2' entsprechenden orthonormierten 4-Beinen enthalten. Die weiteren Überlegungen sind buchstäblich dieselben wie im Fall $i = 1$. Das gleiche gilt für den Fall $i = 3$. Damit ist die am Anfang des Paragraphen ausgesprochene Behauptung bewiesen.

Zur Bestimmung der möglichen nichtisomorphen Bewegungsgruppen von Räumen T_i hat man also nur die Untergruppen der vollen Bewegungsgruppe von Räumen mit maximaler Beweglichkeit für $i = 1, 2, 3$ zu bestimmen.

Der Raum T_i gestatte die Bewegungsgruppe G_r, und der Rang der aus den KILLING-Vektoren bestehenden Matrix $(\underset{s}{\xi^\alpha})$ sei gleich $r < 4$. Dann ist die Gruppe G_r nichttransitiv (siehe § 10) und wirkt auf r-dimensionale Transitivitätsflächen.

Wir wollen den r-dimensionalen Berührungsraum R_r einer solchen Fläche an einem Punkt P betrachten. Jeder Vektor von R_r ist eine Linearkombination von r linear unabhängigen KILLING-Vektoren ξ^{α}. Der metrische Tensor des r-dimensionalen Berührungsraumes läßt sich für das kanonische orthonormierte 4-Bein im Punkte P immer in der Form

$$g_{ij} = \sum_{k=1}^{r} \underset{k}{\xi_i} \overset{k}{\xi_j}, \qquad \underset{k}{\xi_i} \overset{k}{\xi^j} = \delta_i^j$$

darstellen ([91], S. 347), wobei $\overset{k}{\xi_j}$ das zu den Vektoren $\underset{s}{\xi_i}$ *komplementäre* Vektorsystem ist. $\overset{k}{\xi_j}$ ist im orthonormierten 4-Bein vollständig bestimmt, wenn die Komponenten $\underset{s}{\xi_i}$ bekannt sind. Daher ist die Determinante $|\overset{*}{g}_{ij}|$ vollständig durch die KILLING-Vektoren $\underset{s}{\xi^{\alpha}}$ bestimmt. Betrachten wir nun den entsprechenden Raum T'_i mit maximaler Beweglichkeit. Man erhält diesen Raum, wenn auf T_i außer den Vektoren $\underset{s}{\xi^{\alpha}}$ noch zusätzlich KILLING-Vektoren wirken, die zusammen mit den $\underset{s}{\xi^{\alpha}}\,(s = 1, \ldots, r)$ die volle Gruppe von T'_i definieren. Wir haben oben schon bemerkt, daß unter den T'_i entsprechenden orthonormierten 4-Beinen im Punkt P das orthonormierte 4-Bein von T_i im Punkt P enthalten ist. Daher stimmt die Determinante $|\overset{*}{g}_{ij}|$ in T_i und T'_i überein: *Wenn einer Untergruppe G_r der vollen Bewegungsgruppe eines Raumes mit maximaler Beweglichkeit isotrope oder nichtisotrope Transitivitätsflächen entsprechen, gilt das gleiche für einen Raum T_i, der die Gruppe G_r gestattet.*

Im folgenden Paragraphen werden wir zeigen, daß der Raum T'_1 mit maximaler Beweglichkeit ein ebener Raum mit der zehnparametrigen LORENTZ-Gruppe ist. Die zehn erzeugenden Bewegungen setzen sich zusammen aus drei LORENTZ-Drehungen, drei gewöhnlichen Drehungen und vier Translationen. Der T'_2 ist ein Raum mit einer Metrik von der Form der ebenen Gravitationswellen, welche in einem speziellen Koordinatensystem die allgemeine Form

$$ds^2 = 2dx^1\,dx^4 + g_{22}\,dx^{2^2} + 2g_{23}\,dx^2\,dx^3 + g_{33}\,dx^{3^2} \quad \text{mit} \quad g_{uv} = g_{uv}(x^4) \qquad (24.3)$$

haben, wobei die g_{uv} noch den in § 25 angegebenen Bedingungen genügen müssen. Der T'_2 gestattet die transitive Bewegungsgruppe G_6, wie in § 25 gezeigt wird.

Für den Raum T'_3 mit maximaler Beweglichkeit müssen wir zunächst die Ordnung der Bewegungsgruppe bestimmen. T'_3 gestatte die Bewegungsgruppe G_r. Jedem Punkt ist nach den Ergebnissen von § 19 eindeutig ein kanonisches orthonormiertes 4-Bein zugeordnet, für das die Matrix $(R_{ab} - \lambda g_{ab})$ $(a, b = 1, \ldots, 6)$ durch die kanonischen Formeln (19.20) bestimmt ist. Die Koordinatenvektoren jedes orthonormierten 4-Beins sind Funktionen der Punktkoordinaten von $T'_3 : \underset{s}{i^{\alpha}} = \underset{s}{i^{\alpha}}(x)$. Aus (24.1) folgt, daß sich das orthonormierte 4-Bein nicht ändert, wenn man statt der λ-Matrix $(R_{ab} - \lambda g_{ab})$ die Matrix $\nu(R_{ab} - \lambda g_{ab})$ betrachtet, wobei ν eine möglicherweise komplexe Konstante ist.

Die Bewegungsgruppe von T'_3 enthält keine stationäre Untergruppe. Jede von der Identität verschiedene Bewegung von T'_3 bildet also einen Punkt P der

Mannigfaltigkeit auf einen anderen Punkt ab, zu dem ein anderes orthonormiertes 4-Bein gehört. Bilden wir dieses 4-Bein auf das orthonormierte 4-Bein im Punkte P ab, so ist damit jeder Bewegung eine Drehung des 4-Beins im Punkte P zugeordnet. Bilden wir jetzt alle diese orthonormierten 4-Beine und die ihnen entsprechenden Bitensoren auf den dreidimensionalen, komplexen, metrischen ebenen Raum ab, so kommen wir zu dem folgenden Ergebnis: *Die Bewegungsgruppe von T_3' ist der Gruppe linearer homogener Transformationen der dreidimensionalen komplexen Ebene, welche die Formen*

$$\varphi = \sum_1^3 z^{i2}, \qquad \psi = 2z^2(z^1 - iz^3)$$

(bis auf einen beliebigen komplexen Faktor ν für die Form ψ) in sich überführen, isomorph (siehe § 23).

Man sieht unmittelbar, daß eine derartige Transformation höchstens einen willkürlichen komplexen Parameter (nämlich den Faktor ν), d. h. zwei reelle Parameter, enthält.

Daher kann der Raum T_3' höchstens eine zweiparametrige Bewegungsgruppe gestatten. Wäre die Gruppe abelsch, so müßten die den zwei Parametern entsprechenden Transformationen kommutieren. Wegen $\nu \neq i\bar{\nu}$ ist das nicht der Fall, d. h. die Gruppe ist *nichtabelsch.*

Ein Raum T_1 ist, wenn er eine Bewegungsgruppe G_r mit $r > 4$ gestattet, eben. Daher hat man die Strukturen der folgenden Gruppen G_r zu bestimmen: $r = 1, 2, 3, 4$ für T_1, $r = 1, \ldots, 6$ für T_2 und $r = 1, 2$ für T_3.

Diese unbekannten Strukturen lassen sich mit Hilfe des folgenden Algorithmus bestimmen: Wir haben die Untergruppen G_r der vollen Gruppe des Raumes T_i' maximaler Beweglichkeit mit der Basis $X_1, \ldots, X_{r_i}$ aufzusuchen, wobei $r_1 = 10$, $r_2 = 6$ und $r_3 = 2$ ist. Die Operatoren der unbekannten Untergruppe seien von der Form

$$Y_j = \sum_{k=1}^{r_i} C_j^k X_k, \qquad C_j^k = \text{const.}$$

Berücksichtigt man die Struktur der vollen Gruppe $[X_i, X_j] = C_{ij}^k X_k$ und beschreibt alle möglichen Strukturgleichungen (10.17), (10.18), (10.19), so kann man in jedem speziellen Fall feststellen, wann die Strukturgleichungen verträglich sind, und auf diese Weise die Strukturkonstanten finden. Geht man mit Hilfe einer nichtausgearteten, linearen Transformation zu einer anderen Basis über, so erhält man eine andere Untergruppe von der gleichen Struktur. Für die Gruppen G_5 wurden die reellen Strukturen nicht explizit aufgestellt. Daher hat man in diesem Falle die Jacobischen Bedingungen (10.18) zu benutzen.

Das Problem läßt sich auch auf andere Weise lösen. Im folgenden Kapitel wird die Frage nach der Klassifikation der Räume V_4 mit einer Metrik, deren Signatur in jedem Punkt vom Minkowskischen Typ $(- - - +)$ ist, betrachtet. Diese Frage führt auf Metriken in speziellen Koordinatensystemen, die den verschiedenen möglichen Bewegungsgruppen entsprechen.

Um die Räume $T_i (i = 1, 2, 3)$ mit gegebenem Index i und gegebener Bewegungsgruppe aufzusuchen, genügt es, den entsprechenden Raum V_4 zu nehmen, dessen Metrik den Feldgleichungen ($R_{\alpha\beta} = 0$) genügen muß, und im Klein-Raum die λ-Matrix $(R_{ab} - \lambda g_{ab})$ $(a, b = 1, \ldots, 6)$ zu berechnen, wodurch man feststellen kann, ob die Charakteristik des Raumes von dem Typ ist, der dem gegebenen Index i entspricht.

Diese der Idee nach einfache Methode hat folgende Mängel: 1. Sie führt schon im ersten Schritt bei der Behandlung der Feldgleichungen zu umfangreichen Rechnungen. 2. Die Bedingungen für den *Raumtyp* schreiben sich wie die Feldgleichungen als Differentialgleichungen zweiter Ordnung, sind jedoch bezüglich der zweiten Ableitungen *nichtlinear*. Diese Schwierigkeiten sind besonders im Falle von Räumen mit kleiner Beweglichkeit (G_r mit $r = 1, 2$) spürbar. Die Untersuchung dieser Bedingungen ist aber unumgänglich, da es i. a. (und besonders im Falle $r = 1, 2$) Räume verschiedenen Typs mit isomorphen Bewegungsgruppen gibt (siehe § 52). Daher ist eine dritte Methode vorzuziehen, die für einen vorgegebenen Raum $T_i (i = 1, 2, 3)$ die möglichen Strukturen von G_r aufsucht, wobei die Bedingungen für den Raumtyp unmittelbar bei der Bestimmung der Gruppenstruktur benutzt werden.

Diese Methode besteht im folgenden: T_i gestatte eine Gruppe $G_r (r \geqq 2)$. Wegen (10.6) müssen die KILLING-Vektoren den Strukturgleichungen

$$\underset{p}{\xi^\sigma} \partial_\sigma \underset{q}{\xi^\alpha} - \underset{q}{\xi^\sigma} \partial_\sigma \underset{p}{\xi^\alpha} = C^s_{pq} \underset{s}{\xi^\alpha}$$

genügen. Da ein RIEMANNscher Raum *keine Torsion* hat ($\Gamma^\alpha_{[\beta\gamma]} = 0$), lassen sich diese Gleichungen auch in der invarianten Form

$$\underset{p}{\xi^\sigma} \underset{q}{\xi^\alpha}{}_{,\sigma} - \underset{q}{\xi^\sigma} \underset{p}{\xi^\alpha}{}_{,\sigma} = C^s_{pq} \underset{s}{\xi^\alpha} \tag{24.4}$$

schreiben. Da bei einer Bewegung die RIEMANNsche Metrik fest bleibt, ändern sich auch die Zusammenhangskoeffizienten nicht. Mit anderen Worten, die LIEschen Ableitungen der Zusammenhangskoeffizienten müssen für einen beliebigen KILLING-Vektor der Gruppe G_r gleich Null sein:

$$\underset{L}{\delta} \Gamma^\alpha_{\beta\gamma} = \xi^\alpha{}_{,\beta\gamma} + \xi^\sigma R^\alpha{}_{\beta\sigma\gamma} = 0. \tag{24.5}$$

Differenziert man (24.8) kovariant und berücksichtigt (24.7) und die RICCI-Identität (5.8), so erhält man

$$\underset{p}{\xi_\alpha}{}^{,\sigma} \underset{q}{\xi_{\beta,\sigma}} - \underset{p}{\xi_\beta}{}^{,\sigma} \underset{q}{\xi_{\alpha,\sigma}} + \underset{p}{\xi^\sigma} \underset{q}{\xi^\tau} R_{\sigma\tau\alpha\beta} = C^s_{pq} \underset{s}{\xi_{\alpha,\beta}}. \tag{24.6}$$

Differenziert man (24.8) kovariant, so erhält man mit Hilfe von (24.5) noch eine Beziehung

$$\begin{aligned} R_{\sigma\alpha\tau\gamma} (\underset{q}{\xi_\beta}{}^{,\sigma} \underset{p}{\xi^\tau} - \underset{p}{\xi_\beta}{}^{,\sigma} \underset{q}{\xi^\tau}) + R_{\sigma\beta\tau\gamma} (\underset{p}{\xi_\alpha}{}^{,\sigma} \underset{q}{\xi^\tau} - \underset{q}{\xi_\alpha}{}^{,\sigma} \underset{p}{\xi^\tau}) \\ + (R_{\sigma\alpha\tau\beta} - R_{\sigma\beta\tau\alpha}) (\underset{p}{\xi^\sigma}{}_{,\gamma} \underset{q}{\xi^\tau} + \underset{q}{\xi^\tau}{}_{,\gamma} \underset{p}{\xi^\sigma}) \\ + \underset{p}{\xi^\sigma} \underset{q}{\xi^\tau} (R_{\sigma\alpha\tau\beta,\gamma} - R_{\sigma\beta\tau\alpha,\gamma}) = - C^s_{pq} \underset{s}{\xi^\sigma} R_{\sigma\gamma\alpha\beta}. \end{aligned} \tag{24.7}$$

Die Formeln (24.4), (24.6), (24.7) gelten in einem beliebigen holonomen Koordinatensystem. Betrachten wir speziell im T_i ein normales Koordinatensystem, in dessen Ursprung die Komponenten von $R_{\alpha\beta\gamma\delta}$ die kanonische Form haben, so erhalten wir ein Gleichungssystem für die Bestimmung der Strukturkonstanten, in dem die Komponenten des Krümmungstensors die durch (19.18), (19.19), (19.20) gegebene Form haben. Weiter hat man die Werte von $\underset{s}{\overset{0}{\xi}}{}^{\alpha}$, $\underset{s}{\overset{0}{\xi}}{}_{\alpha,\beta}$ und C^s_{pq} für die Gleichungen (24.7) zu bestimmen. Außerdem muß man $\overset{0}{R}_{\alpha\beta\gamma\delta,\lambda}$ bestimmen oder aus (24.7) eleminieren. Schreibt man die Gleichungen (23.3) für jeden Killing-Vektor und eleminiert mit ihrer Hilfe $\overset{0}{R}_{\alpha\beta\gamma\delta,\lambda}$ aus (24.7), so erhält man eine Identität, d. h. man kann statt (24.7) die Gleichungen (23.3) betrachten.

Außerdem hat man folgendes zu berücksichtigen: 1. Es ist eine beliebige Linearkombination der Vektoren $\underset{s}{\overset{0}{\xi}}{}^{\alpha}$ mit konstanten Koeffizienten zulässig, daher kann man von vornherein r Komponenten von $\underset{s}{\overset{0}{\xi}}{}^{\alpha}$ in Null oder Eins überführen. 2. Für einen beliebigen Killing-Vektor kann nicht für alle Komponenten gleichzeitig $\underset{s}{\overset{0}{\xi}}{}^{\alpha} = \underset{s}{\overset{0}{\xi}}{}_{\alpha,\beta} = 0$ gelten, da sonst $\underset{s}{\xi}{}^{\alpha} = 0$ in einem beliebigen Koordinatensystem gelten würde ([147], S. 80, 260). 3. Wenn die Gruppe eine stationäre Untergruppe H_p hat, sind p Vektoren $\underset{s}{\overset{0}{\xi}}{}^{\alpha} (s = 1, \ldots, p)$ gleich Null.

Man erhält also folgenden Algorithmus: 1. Unter Benutzung der oben gemachten Bemerkungen führe man zunächst einige der Komponenten $\underset{s}{\overset{0}{\xi}}{}^{\alpha}$ oder $\underset{s}{\overset{0}{\xi}}{}_{\alpha,\beta}$ in Null oder Eins über. 2. Man löse das Gleichungssystem (24.4), (24.6). 3. Wenn notwendig, ergänze man dieses Gleichungssystem durch (24.7), indem man $\overset{0}{R}_{\alpha\beta\gamma\delta,\lambda}$ vorher eleminiert hat, und verifiziere für die erhaltenen Konstanten die Jacobischen Bedingungen (10.18).

Wir bemerken, daß nicht nur die Struktur der Gruppe, sondern auch der Rang der Matrix $(\underset{s}{\overset{0}{\xi}}{}^{\alpha})$ und andere geometrische Eigenschaften des Operators wichtig sind. Entscheidend bei der Untersuchung von $\underset{s}{\overset{0}{\xi}}{}^{\alpha}$ und $\underset{s}{\overset{0}{\xi}}{}_{\alpha,\beta}$ ist insbesondere die Frage, ob die Transitivitätsflächen *isotrop* sind oder nicht. Die Bestimmung der Anfangsbestimmungen $\underset{s}{\overset{0}{\xi}}{}^{\alpha}$ und $\underset{s}{\overset{0}{\xi}}{}_{\alpha,\beta}$ ist also ebenso wichtig wie die Auffindung der Strukturkonstanten.

Aus der unmittelbaren Betrachtung der möglichen nichtisomorphen, reellen Strukturen der Gruppen G_3, G_4, G_5 folgt, daß jede Gruppe G_5 eine Untergruppe G_4 und jede Gruppe G_4 eine Untergruppe G_3 hat. Dagegen hat die Drehungsgruppe („nichtauflösbare Gruppen G_3 IX" in der Klassifikation (10.17)) keine Untergruppe G_2. Andere Gruppen G_3 mit dieser Eigenschaft gibt es nicht. Weiter wende man den Algorithmus zunächst auf die Bestimmung der Stukturen für Gruppen

G_3 an. Man hat dann nur noch Gruppen G_4 zu untersuchen, die schon gefundene nichtisomorphe reelle Strukturen G_3 enthalten usw.

Die Grundlage des beschriebenen Algorithmus bildet die Existenz der kanonischen Formen (19.18), (19.19), (19.20) für die drei Typen von Gravitationsfeldern T_i. Um zu umfangreiche Erörterungen zu vermeiden und da, wie oben angegeben, alle möglichen Räume $T_i (i = 1, 2, 3)$ unter den Mannigfaltigkeiten V_4 vorkommen, die im folgenden Kapitel behandelt werden, beschränken wir uns auf die interessantesten Räume T_1 und T_2, die entweder unmittelbar zu in der Literatur bekannten Lösungen führen oder prinzipiell neue Lösungen der Feldgleichungen darstellen. Für T_3 ist die Klassifikation vollständig.

Wendet man den oben angegebenen Algorithmus an, so erhält man folgende Strukturen:

Räume vom Typ T_1

$$r = 2$$

Es sind abelsche wie auch nichtabelsche Gruppen möglich:

$$1.\quad [X_1 X_2] = 0, \qquad 2.\quad [X_1 X_2] = X_1.$$

$$r = 3$$

In Abhängigkeit von der Vielfachheit der stationären Krümmungen K_i $(i = 1, 2, 3)$ erhält man folgende Möglichkeiten: Wenn $K_1 = K_2 = K_3$ ist, ergibt sich ein ebener Raum (siehe § 19), der eine zehnparametrige Bewegungsgruppe gestattet. Im Fall $K_1 = K_2 \neq K_3$ sind folgende Strukturen möglich:

$$1. \qquad [X_1 X_2] = X_3, \quad [X_2 X_3] = e X_1, \quad [X_3 X_1] = X_2, \quad e = \pm 1, \tag{24.8}$$

d. h. es ergeben sich die *nichtauflösbaren* Gruppen VIII und IX der Klassifikation (10.16). Außerdem ist bis auf die Numerierung $\overset{0}{\underset{1}{\xi}}{}^\alpha = 0$, $\overset{0}{\underset{2}{\xi}}{}^\alpha = \delta_1^\alpha$ und $\overset{0}{\underset{3}{\xi}}{}^\alpha = \delta_2^\alpha$ oder δ_4^α.

Danach kann man den metrischen Tensor der zweidimensionalen Ebene bestimmen, der von den von Null verschiedenen Vektoren $\overset{0}{\underset{2}{\xi}}{}^\alpha$, $\overset{0}{\underset{3}{\xi}}{}^\alpha$ aufgespannt wird, und so die Signatur der Metrik für die Transitivitätsflächen berechnen. Daher gibt es eine *einparametrige stationäre Untergruppe* und *zweidimensionale Transitivitätsflächen*, die *nichtisotrop mit einer Metrik der Signatur* $(--)$ *oder* $(-+)$ sind.

$$2. \qquad [X_1 X_2] = 0, \quad [X_1 X_3] = X_2, \quad [X_2 X_3] = -X_1, \tag{24.9}$$

d. h. es liegt eine auflösbare Gruppe vom Typ VII mit den gleichen Bedingungen wie oben vor.

3. Abelsche Gruppe $[X_i X_j] = 0 (i, j = 1, 2, 3)$ mit den Anfangswerten

$$\left.\begin{aligned}
&\overset{0}{\underset{1}{\xi}}{}^{\alpha} = \delta_2^\alpha, \quad \overset{0}{\underset{2}{\xi}}{}^{\alpha} = \delta_3^\alpha, \quad \overset{0}{\underset{3}{\xi}}{}^{\alpha} = \delta_4^\alpha, \\
&\overset{0}{\underset{1}{\xi}}{}_{\alpha,\beta} = \begin{cases} k & \alpha\beta = 12, \\ 0, \end{cases} \quad \overset{0}{\underset{2}{\xi}}{}_{\alpha,\beta} = \begin{cases} -a & \alpha\beta = 13, \\ -b & \alpha\beta = 13, \\ 0, \end{cases} \\
&\overset{0}{\underset{3}{\xi}}{}_{\alpha,\beta} = \begin{cases} a & \alpha\beta = 14, \\ b & \alpha\beta = 14, \\ 0. \end{cases}
\end{aligned}\right\} \tag{24.10}$$

Es gibt also *keine stationäre Untergruppe*. Die Gruppe ist gleich ihrem Zentrum. Der Rang der Matrix $(\underset{s}{\xi}{}^{\alpha})$ ist gleich der Ordnung der Gruppe. Daher sind die *Transitivitätsflächen dreidimensional und nichtisotrop.*

$$K_1, K_2, K_3 \neq 0. \tag{24.11}$$

4. Abelsche Gruppe mit den Anfangsbedingungen

$$\overset{0}{\underset{1}{\xi}}{}^{\alpha} = \delta_1^\alpha, \quad \overset{0}{\underset{2}{\xi}}{}^{\alpha} = \delta_2^\alpha - \delta_3^\alpha, \quad \overset{0}{\underset{3}{\xi}}{}^{\alpha} = \delta_4^\alpha, \tag{24.12}$$

d. h. es gibt *nichtisotrope Transitivitätshyperflächen mit indefiniter Metrik.*

5. Gruppe mit einer Struktur vom Typ VII

$$\left.\begin{aligned}
&[X_1X_2] = 0, \quad [X_1X_3] = -\frac{K}{2} X_1 - \frac{K\sqrt{3}}{2} X_2, \\
&[X_2X_3] = \frac{K\sqrt{3}}{2} X_1 - \frac{K}{2} X_2 \quad (K \neq 0),
\end{aligned}\right\} \tag{24.13}$$

die auf Transitivitätshyperflächen vom Typ $(- - +)$ wirkt.

$$r = 4$$

1. $[X_1X_2] = X_3, \ [X_2X_3] = X_1, \ [X_3X_1]X_2, \ [X_iX_4] = 0 \ (i = 1, 2, 3),$ (24.14)

2. $[X_1X_2] = X_3, \ [X_2X_3] = -X_1, \ [X_3X_1] = X_2, \ [X_iX_4] = 0 \ (i = 1, 2, 3),$ (24.15)

3. $$\left.\begin{aligned}
&[X_1X_2] = X_3, \quad [X_1X_3] = X_2, \quad [X_2X_3] = KX_1, \\
&[X_1X_4] = 0, \quad [X_2X_4] = \varepsilon X_2, \quad [X_3X_4] = \varepsilon X_3,
\end{aligned}\right\} \tag{24.16}$$

wobei $\varepsilon = 0$ ist und die Bedingungen

$$\overset{0}{\underset{4}{\xi}}{}^{\alpha} = p\delta_1^\alpha + q\delta_2^\alpha, \quad \overset{0}{\underset{4}{\xi}}{}_{\alpha,\beta} = \begin{cases} 2 & \alpha\beta = 12 \\ 0 \end{cases}$$

gelten.

4. $[X_i X_j] = 0 \quad (i, j = 1, 2, 3), \quad [X_1 X_4] = -\frac{K}{2} X_1 - \frac{K\sqrt{3}}{2} X_3,$

$$[X_2 X_4] = K X_2, \quad [X_3 X_4] = \frac{K\sqrt{3}}{2} X_1 - \frac{K}{2} X_3, \quad K \neq 0.$$

Der Rang der Matrix $(\underset{s}{\xi}{}^{\alpha})$ ist gleich vier, d. h. die Gruppe ist *einfach-transitiv.*

Räume vom Typ T_2

Für die Räume vom Typ T_2 kann man die Gruppenstrukturen mit den oben angegebenen Hilfsmitteln aufsuchen, indem man unmittelbar alle möglichen Untergruppen der vollen 6parametrigen Gruppe untersucht. Dasselbe Ergebnis erhält man auch mit der dritten Methode ziemlich schnell.

$$r = 2$$

In diesem Fall gibt es abelsche und nichtabelsche Bewegungsgruppen:

$$1.\ [X_1 X_2] = 0, \quad 2.\ [X_1 X_2] = X_1.$$

$$r = 3$$

1. Eine abelsche Gruppe, die auf isotrope Transitivitätshyperflächen wirkt.

$$[X_i X_j] = 0 \quad (i, j = 1, 2, 3). \tag{24.17}$$

Da bei dieser nichttransitiven Gruppe der Rang der Matrix gleich der Gruppenordnung ist, kann man als Operatoren beliebige Operatoren nehmen, die der Struktur genügen. Die Gruppe ist damit bis auf *Ähnlichkeiten* bestimmt. Die Operatoren kann man in der Form $X_i = p_i$ wählen. Die einzige stationäre Untergruppe dieser Gruppe G_3 ist die Einheitsgruppe.

2. Die Gruppe G_3 vom Typ II mit der Struktur

$$[X_1 X_2] = 0, \quad [X_1 X_3] = 0, \quad [X_2 X_3] = X_1, \tag{24.18}$$

die auf *isotrope* Hyperflächen wirkt. Die Operatoren kann man folgendermaßen wählen:

$$X_1 = p_1, \quad X_2 = p_2 + p_3, \quad X_3 = x^2 p_1 - \operatorname{cth} x^4 p_2. \tag{24.19}$$

3. Die Gruppe G_3 vom gleichen Typ II, die auf *isotrope zweidimensionale* Transitivitätsflächen wirkt. Die Operatoren dieser Gruppe lassen sich immer in der Form

$$X_1 = p_1, \quad X_2 = p_2, \quad X_3 = x^2 p_1 - \operatorname{cth} x^4 p_2 \tag{24.20}$$

wählen.

4. Die Gruppe G_3 vom Typ III mit der Struktur

$$[X_1 X_2] = 0, \quad [X_1 X_3] = X_1, \quad [X_2 X_3] = 0, \tag{24.21}$$

die auf *nichtisotrope* Transitivitätsflächen V_3 wirkt. Die Operatoren kann man z. B. folgendermaßen wählen:

$$\left.\begin{aligned} X_1 &= x^2 p_1 + (1 - \operatorname{cth} x^4) p_2, \quad X_2 = p_1, \\ X_3 &= \frac{1}{2}(x^{2^2} + x^{3^2}) p_1 - x^2 \operatorname{cth} x^4 p_2 - x^3 \operatorname{ctg} x^4 p_3 + p_4. \end{aligned}\right\} \tag{24.22}$$

Damit sind die möglichen Strukturen G_3, welche die Metrik eines Raumes vom Typ T_2 festlassen, für $r \leqq 3$ erschöpft. Die Strukturen G_4 und G_5 geben wir hier nicht an, da sie sich bequemer mit Hilfe von anderen Überlegungen aufsuchen lassen.

Für die Räume T_3 haben wir oben schon gezeigt, daß nur nichtabelsche Bewegungsgruppen G_2 II mit der Struktur $[X_1 X_2] = X_1$ möglich sind.

Nach den Überlegungen dieses Paragraphen ist es notwendig, sich einen Überblick über die Räume maximaler Beweglichkeit für jeden der möglichen Raumtypen $T_i (i = 1, 2, 3)$ zu verschaffen.

Für T_1 ist die Lösung des Problems trivial, während sie für T_2 schwieriger und für T_3 rechnerisch und prinzipiell kompliziert ist. Das erklärt sich aus der geringen Beweglichkeit in freien Räumen vom Typ drei. Die im folgenden Paragraphen dargestellte Lösung definiert freie Räume dieses Typs neu.[1])

§ 25. Räume maximaler Beweglichkeit T_1, T_2, T_3

Die Frage nach den *Räumen maximaler Beweglichkeit* wird von dem folgenden Satz beantwortet:

1. *Für T_1 ist der einzige Raum mit maximaler Beweglichkeit der* Minkowski-*Raum.*

2. *Für T_2 hat die Metrik der Räume mit 6parametriger auflösbarer, transitiver Bewegungsgruppe in einem speziellen Koordinatensystem die Form*

$$ds^2 = 2dx^1\,dx^4 + g_{22}\,dx^{2^2} + 2g_{23}\,dx^2\,dx^3 + g_{33}\,dx^{3^2},$$

wobei die Koeffizienten g_{22}, g_{23}, g_{33} den Bedingungen (25.10), (25.17), (25.20), (25.21) *oder den Bedingungen* (25.10), (25.22) *genügen.*

---

[1]) Später wurden Lösungen vom Typ T_3 u. a. in [423, 425] und [462] angegeben. (Anm. d. Red.)

3. *Für T_3 haben die Räume, die die nichtabelsche Bewegungsgruppe G_2 gestatten, in einem Koordinatensystem die Metrik*

$$ds^2 = e(\alpha\, dx^{1^2} + dx^{2^2}) + 2dx^3\, dx^4 + \lambda dx^{4^2},$$

wobei $e = \pm 1$ *ist und die Funktionen* α, λ *durch* (25.10) *gegeben sind.*

Zum Beweis dieser Behauptungen betrachten wir hintereinander die drei möglichen Raumtypen.

Der Raum T_1

In diesem Falle ist das Problem, wie schon oben bemerkt, trivial, da zu den Mannigfaltigkeiten T_1 der ebene Minkowski-Raum gehört und umgekehrt jeder Raum T_1 mit der Signatur $(- - - +)$, der eine Bewegungsgruppe G_{10} gestattet, gleich dem Raum-Zeit-Kontinuum der speziellen Relativitätstheorie ist.

Der Raum T_2

T_2 gestattet eine Bewegungsgruppe maximaler Ordnung G_6. Wäre die Gruppe G_6 in V_4 nichttransitiv, so wäre V_4 ein sogenannter Kaganscher subprojektiver Raum [363], d. h. eine konform-euklidische Mannigfaltigkeit. Da ein konform-euklidischer Einsteinscher Raum immer eben ist (siehe Aufgabe 2, § 13), gestattet er die Gruppe G_{10}. Es ergibt sich der Minkowski-Raum.

Die Gruppe G_6 ist also transitiv. Beziehen wir die Killing-Vektoren $\underset{s}{\xi}{}^\alpha$ dieser Gruppe auf das den Formeln (19.19) entsprechende orthonormierte 4-Bein, so ist der Rang der Matrix $(\underset{s}{\xi}{}^\alpha)$ gleich 4, und man kann die Killing-Vektoren $\underset{s}{\xi}{}^\alpha$ durch eine lineare Transformation in einem gegebenen Punkt z. B. in die Form

$$\underset{1}{\xi}{}^\alpha \overset{*}{=} \delta_1^\alpha + \delta_4^\alpha, \quad \underset{2}{\xi}{}^\alpha \overset{*}{=} \delta_2^\alpha, \quad \underset{3}{\xi}{}^\alpha \overset{*}{=} \delta_3^\alpha, \quad \underset{4}{\xi}{}^\alpha \overset{*}{=} \delta_4^\alpha, \quad \underset{5}{\xi}{}^\alpha \overset{*}{=} \underset{6}{\xi}{}^\alpha \overset{*}{=} 0$$

überführen. Die beiden letzten Vektoren erzeugen eine stationäre Untergruppe G_2, $G_2 \subset G_6$.

Setzt man in (23.6) alle Determinanten fünfter Ordnung gleich Null, so erhält man $\alpha_i = \beta_i = 0$ und außerdem

$$R_{\bar{1}\bar{1},\sigma} \overset{*}{=} R_{\bar{1}\bar{4},\sigma} \overset{*}{=} 0, \quad R_{\bar{1}\bar{2},\sigma} \overset{*}{=} R_{\bar{1}\bar{6},\sigma}, \quad R_{\bar{1}\bar{3},\sigma} \overset{*}{=} - R_{\bar{1}\bar{5},\sigma},$$

$$R_{\bar{2}\bar{2},\sigma} \overset{*}{=} R_{\bar{2}\bar{6},\sigma} \overset{*}{=} - R_{\bar{3}\bar{3},\sigma}, \quad R_{\bar{2}\bar{3},\sigma} \overset{*}{=} - R_{\bar{2}\bar{5},\sigma} \overset{*}{=} R_{\bar{3}\bar{6},\sigma}. \tag{25.1}$$

Dabei ist $\sigma = 1, 2, 3, 4$, und die überstrichenen Indizes sind Doppelindizes des Klein-Raumes (z.B. ist $R_{\bar{1}\bar{1},\sigma} \equiv R_{1414,\sigma}$ usw.). Wir stellen uns die Aufgabe, alle $R_{ab,\sigma}$ $(a, b = 1, \ldots, 6)$ zu bestimmen, und setzen

$$R_{\bar{1}\bar{2},\sigma} = A_\sigma, \quad R_{\bar{1}\bar{3},\sigma} = B_\sigma, \quad R_{\bar{2}\bar{2},\sigma} = C_\sigma, \quad R_{\bar{2}\bar{3},\sigma} = D_\sigma.$$

Mit Hilfe der BIANCHI-Identitäten erhält man

$$A_1 + A_4 = B_1 + B_4 = A_2 + B_3 = A_3 - B_2 = 0,\ A_1 + C_2 + D_3 = 0,$$
$$C_3 - B_1 - D_2 = 0,\ C_1 + C_4 - A_2 = 0,\ B_2 - D_1 - D_4 = 0. \tag{25.2}$$

Wir benutzen nun die Gleichungen (23.3). Wenn wir sie für $\underset{5}{\xi}^\alpha \stackrel{*}{=} \underset{6}{\xi}^\alpha \stackrel{*}{=} 0$ schreiben ($\stackrel{*}{=}$ bezeichnet die Gleichheit im kanonischen orthonormierten 4-Bein), ergibt sich

$$\underset{s}{\xi}_{1,4} \stackrel{*}{=} \underset{s}{\xi}_{2,3} \stackrel{*}{=} 0,\quad \underset{s}{\xi}_{2,4} \stackrel{*}{=} \underset{s}{\xi}_{1,2},\quad \underset{s}{\xi}_{3,4} \stackrel{*}{=} \underset{s}{\xi}_{1,3} \quad (s = 5, 6). \tag{25.3}$$

Wegen $\underset{s}{\xi}^\alpha \stackrel{*}{=} 0$ für $s = 5{,}6$ kann man durch Linearkombinationen mit konstanten Koeffizienten $\underset{s}{\xi}_{\alpha,\beta}$ immer auf die Form

$$\underset{5}{\xi}_{\alpha,\beta} \stackrel{*}{=} \begin{pmatrix} 0 & 1 & 0 & 0 \\ -1 & 0 & 0 & 1 \\ 0 & 0 & 0 & 0 \\ 0 & -1 & 0 & 0 \end{pmatrix}, \quad \underset{6}{\xi}_{\alpha,\beta} \stackrel{*}{=} \begin{pmatrix} 0 & 0 & 1 & 0 \\ 0 & 0 & 0 & 0 \\ -1 & 0 & 0 & 1 \\ 0 & 0 & -1 & 0 \end{pmatrix},$$

$$\underset{K}{\xi}_{\alpha,\beta} \stackrel{*}{=} \begin{pmatrix} 0 & 0 & 0 & \underset{K}{\xi}_{1,4} \\ 0 & 0 & \underset{K}{\xi}_{2,3} & \underset{K}{\xi}_{2,4} \\ 0 & -\underset{K}{\xi}_{2,3} & 0 & \underset{K}{\xi}_{3,4} \\ -\underset{K}{\xi}_{1,4} & -\underset{K}{\xi}_{2,4} & -\underset{K}{\xi}_{3,4} & 0 \end{pmatrix} \quad (K \neq 5{,}6)$$

bringen. Führt man die oben erhaltenen Ausdrücke für $\underset{s}{\xi}^\alpha$, $\underset{s}{\xi}_{\alpha,\beta}$ $(s = 1, \ldots, 6)$ im orthonormierten 4-Bein in die Strukturgleichungen (24.6) und (24.8) ein, so lassen sich unter Benutzung der Matrix (23.6) die Strukturkonstanten C^p_{qr} bestimmen. Man erhält die C^p_{qr} als Funktionen der $\xi_{\alpha,\beta}$ und als Folgerung die Beziehungen

$$\underset{1}{\xi}_{\alpha,\beta} \stackrel{*}{=} 0, \quad \underset{2}{\xi}_{\alpha,\beta} \stackrel{*}{=} \begin{pmatrix} 0 & 0 & 0 & \underset{2}{\xi}_{1,4} \\ 0 & 0 & \underset{2}{\xi}_{2,3} & 0 \\ 0 & -\underset{2}{\xi}_{2,3} & 0 & 0 \\ -\underset{2}{\xi}_{1,4} & 0 & 0 & 0 \end{pmatrix}, \tag{25.4}$$

noch (25.4)

$$\underset{3}{\xi}_{\alpha,\beta} \overset{*}{=} \begin{pmatrix} 0 & 0 & 0 & \underset{3}{\xi}_{1,4} \\ 0 & 0 & \underset{3}{\xi}_{2,3} & 0 \\ 0 & -\underset{3}{\xi}_{2,3} & 0 & 0 \\ -\underset{3}{\xi}_{1,4} & 0 & 0 & 0 \end{pmatrix}, \quad \underset{4}{\xi}_{\alpha,\beta} \overset{*}{=} \begin{pmatrix} 0 & 0 & 0 & \underset{4}{\xi}_{1,4} \\ 0 & 0 & \underset{4}{\xi}_{2,3} & \underset{4}{\xi}_{2,4} \\ 0 & -\underset{4}{\xi}_{2,3} & 0 & \underset{4}{\xi}_{3,4} \\ -\underset{4}{\xi}_{1,4} & -\underset{4}{\xi}_{2,4} & -\underset{4}{\xi}_{3,4} & 0 \end{pmatrix}.$$

Dabei ist

$$\underset{4}{\xi}_{2,4} \overset{*}{=} \underset{2}{\xi}_{1,4} \overset{*}{=} -\underset{3}{\xi}_{2,3}, \quad \underset{4}{\xi}_{3,4} \overset{*}{=} \underset{2}{\xi}_{2,3} \overset{*}{=} \underset{3}{\xi}_{1,4}.$$

Durch Einsetzen in die Integrabilitätsbedingungen (23.3) für das orthonormierte 4-Bein erhält man zusätzliche Beziehungen für $R_{\alpha\beta\gamma\delta,\lambda}$:

$$A_1 + A_2 = B_1 + B_4 = 0, \quad A_i = B_i \ (i = 2, 3),$$
$$C_2 + 2A_4 = C_3 - 2B_4 = D_2 + 2B_4 = D_3 + 2A_4 = 0. \tag{25.5}$$

Aus den Formeln (25.2) folgt dann

$$A_\sigma = B_\sigma = 0, \ C_i = D_i, \ C_1 + C_4 = D_1 + D_4 = 0 \quad (\sigma = 1, \ldots, 4, \ i = 2, 3).$$

Nach (25.1) lassen sich also alle Komponenten des Tensors $R_{\alpha\beta\gamma\delta,\lambda}$ im orthonormierten 4-Bein durch zwei Parameter a und b ausdrücken. Dabei gilt

$$a \overset{*}{=} C_4 \overset{*}{=} -2\underset{4}{\xi}_{1,4}, \quad b \overset{*}{=} D_4 \overset{*}{=} 2\underset{4}{\xi}_{2,3}. \tag{25.6}$$

Die Strukturgleichungen der Gruppe G_6 haben nach der Umnumerierung der Operatoren nach dem Schema

$$X_1 \to -X_2, \ X_2 \to X_1, \ X_3 \to X_5, \ X_4 \to X_6,$$
$$X_5 \to X_4, \ X_6 \to -X_3$$

die Form

$$[X_1 X_i] = 0 \ (i = 2, 3, 5), \ [X_1 X_4] = X_2, \ [X_1 X_6] = X_4 + bX_5,$$
$$[X_2 X_j] = 0 \ (j = 3, 4, 5), \ [X_2 X_6] = -aX_2,$$
$$[X_3 X_4] = 0, \ [X_3 X_5] = X_2, \ [X_3 X_6] = -aX_3 + bX_4 - X_5,$$
$$[X_4 X_5] = 0, \ [X_4 X_6] = X_1 - bX_3 - aX_4, \ [X_5 X_6] = -bX_1 + X_3. \tag{25.7}$$

Nachdem wir die Struktur der Gruppe kennen, konstruieren wir in einem holonomen Koordinatensystem die Operatoren der Gruppe und bestimmen dann mit Hilfe der Killing-Gleichungen und der Feldgleichungen die Metrik.

Aus der Form von $\overset{s}{\xi^\alpha}$ im orthonormierten 4-Bein folgt, daß die Gruppe (25.7) eine Untergruppe G_5 enthält, die auf isotrope Hyperflächen $\overset{*}{V}_3$ wirkt. In diesem Fall hat aber die Metrik für einen beliebigen Raum V_4 mit beliebiger Signatur (siehe [260]) in einem speziellen Koordinatensystem die Form

$$ds^2 = 2dx^1\,dx^4 + g_{22}\,dx^{2^2} + 2g_{23}\,dx^2\,dx^3 + g_{33}\,dx^{3^2},\ g_{ij} = g_{ij}(x^4), \quad (25.8)$$

und die Operatoren der Untergruppe G_5 sind

$$X_1 = p_2,\ X_2 = p_1,\ X_3 = p_3,\ X_4 = x^2\,p_1 + \varphi p_2 + \psi p_3,$$
$$X_5 = x^3 p_1 + \psi p_2 + \theta p_3,\ \varphi(x^4),\ \psi(x^4),\ \theta(x^4). \quad (25.9)$$

Schreibt man die Killing-Gleichungen für diese Operatoren und für die Metrik (25.8), so erhält man für die Funktionen φ, ψ, θ die Bedingungen

$$\varphi' = \frac{g_{33}}{g},\ \psi' = -\frac{g_{23}}{g},\ \theta' = \frac{g_{22}}{g},\ g = |g_{\alpha\beta}| = g_{23}^2 - g_{22}\,g_{33} < 0. \quad (25.10)$$

Unter Benutzung der Strukturgleichungen (25.7) für die Kommutatoren vom Typ $[X_\alpha X_6]$ $(\alpha \neq 6)$ ergibt sich der sechste Operator in der Form

$$X_6 = \left[\frac{1}{2}\left(x^{2^2} - x^{3^2}\right) + bx^2x^3 - ax' + \lambda\right] p_1 \quad (25.11)$$
$$+ [(b\psi + \varphi)x^2 + (b\varphi - \psi)x^3]p_2 + [(\psi + b\theta)x^2 + (b\psi - \theta - a)x^3]p_3 + \mu p_4,$$

wobei λ und μ gewisse Funktionen von x^4 sind. Für die Funktionen φ, ψ, θ erhält man außer den Bedingungen (25.10) noch die Beziehungen

$$-\mu\varphi' = \psi^2 - \varphi^2 - 2b\varphi\psi - a\varphi + 1,$$
$$-\mu\psi' = -b(1 + \psi^2) - \varphi\psi + \theta\psi - b\varphi\theta,$$
$$-\mu\theta' = \theta^2 - \psi^2 - 2b\psi\theta + a\theta + 1. \quad (25.12)$$

Schreibt man die Killing-Gleichungen für X_6 und die Metrik (25.8), so ergibt sich

$$\mu = ax^4 + \alpha,\ \lambda' = 0,\ \alpha = \text{const} \quad (25.13)$$

und eine Reihe von Differentialgleichungen

$$\mu g_{22}' + 2(\varphi + b\psi)g_{22} + 2(\psi + b\theta g_{23}) = 0,$$
$$\mu g_{23}' + (b\varphi - \psi)g_{22} + (2b\psi - \theta + \varphi - a)g_{23} + (\psi + b\theta)g_{33} = 0,$$
$$\mu g_{33}' + 2(b\varphi - \psi)g_{23} + 2(b\psi - \theta - a)g_{33} = 0,$$

die jedoch wegen (25.10) und (25.12) identisch erfüllt sind und daher nicht weiter betrachtet zu werden brauchen. Aus den Gleichungen (25.10) folgt

$$g' = -\frac{2g}{\mu}(2b\psi - \theta + \varphi - a), \left(' \equiv \frac{d}{d x^4}\right). \tag{25.14}$$

Die Feldgleichungen $R_{\alpha\beta} = 0$ sind für die Metrik (25.8) alle außer $R_{44} = 0$ identisch erfüllt. Letztere schreibt sich explizit in der Form

$$g_{33}g_{22}'' - 2g_{23}g_{23}'' + g_{22}g_{33}'' + \frac{1}{2g}[g_{33}^2 g_{22}'^2 + g_{22}^2 g_{33}'^2 + 2g_{22}g_{33}g_{23}'^2$$

$$+ 2g_{23}^2 g_{33}' g_{22}' + 2g_{23}^2 g_{23}'^2 - 4g_{33}g_{23}g_{22}'g_{23}' - 4g_{22}g_{23}g_{23}'g_{33}'] = 0. \tag{25.15}$$

Drückt man die Ableitungen g' und g'' durch die Ableitungen der Komponenten des metrischen Tensors $g_{\alpha\beta}'$, $g_{\alpha\beta}''$ aus, so kann man sich davon überzeugen, daß sich die Feldgleichung (25.15) auch in der Form

$$g g'' - \frac{1}{2} g'^2 + g(g_{22}'g_{33}' - g_{23}'^2) = 0 \tag{25.16}$$

schreiben läßt. Drückt man jetzt mit Hilfe von (25.10), (25.12) und (25.14) alle in (25.16) eingehenden Funktionen durch φ, ψ, θ aus, so erhält man statt (25.16) die einzige Feldgleichung als eine algebraische Beziehung zwischen φ, ψ, θ:

$$g\varrho^2 + 4b^2 = 0, \tag{25.17}$$

wobei

$$\varrho = ab(\psi^2 - \varphi\theta + 1) + 2(\psi + b\theta) \tag{25.18}$$

gilt.

Wir integrieren nun das Feld (25.17). Durch Differentiation erhält man

$$g'\varrho^2 + 2g\varrho\varrho' = 0. \tag{25.19}$$

Wir unterscheiden zwei Fälle:

$$1.\ \varrho \neq 0, \quad 2.\ \varrho = 0.$$

Es liege der erste Fall vor. Durch Differentiation von (25.18) findet man

$$\varrho' = \frac{\varrho}{\mu}(2b\psi + \varphi - \theta).$$

Nach (25.14) ist weiter

$$\varrho' = \varrho\left(\frac{a}{\mu} - \frac{g'}{2g}\right),$$

woraus wegen (25.19)

$$a = 0,\ \varrho = 2(\psi + b\theta) \neq 0,\ \mu = \alpha = \text{const} \tag{25.20}$$

folgt.

Differenziert man die Beziehung (25.17) und ersetzt die Ableitungen durch (25.12), so ergibt sich eine Identität, d. h. (25.17) ist ein erstes Integral von (25.12). Unsere Aufgabe, die φ, ψ, θ zu bestimmen, ist damit auf die Integration des Gleichungssystems

$$\varphi' = \frac{1}{\mu}(\varphi^2 - \psi^2 + 2b\varphi\psi - 1),$$

$$\psi' = \frac{1}{\mu}[b(1 + \psi^2) + \varphi\psi + \theta\psi - b\varphi\theta), \quad \mu = \alpha = \text{const},$$

$$\theta' = \frac{1}{\mu}(\psi^2 - \theta^2 + 2b\psi\theta - 1) \tag{25.21}$$

unter den Bedingungen (25.17), (25.20) und $\frac{1}{g} \equiv \psi'^2 - \varphi'\theta' < 0$ zurückgeführt. Die Komponenten des metrischen Tensors sind dabei durch die Formeln (25.10) bestimmt.

Betrachten wir nun den zweiten Fall, $\varrho = 0$. Aus (25.17) und (25.18) folgt, daß unter dieser Voraussetzung

$$b = \psi = 0$$

gilt und das System (25.12) die Form

$$\varphi' = \frac{1}{\mu}(\varphi^2 + a\varphi - 1), \quad \mu = ax^4 + \alpha,$$

$$\theta' = -\frac{1}{\mu}(\theta^2 + a\theta + 1) \tag{25.22}$$

annimmt. Dieses Gleichungssystem läßt sich integrieren, und man erhält die Lösung

$$\varphi = \frac{\left(a + \sqrt{4 + a^2}\right)(c_1\mu)^K - a + \sqrt{4 + a^2}}{2[1 - (c_1\mu)^K]}, \quad K = \frac{\sqrt{4 + a^2}}{a}, \ a = \text{const},$$

$$\theta = \begin{cases} -\dfrac{1}{a}\left[\sqrt{4 - a^2}\ \mathrm{tg}\left(\dfrac{\sqrt{4 - a^2}}{2a}\ln c_2\mu\right)\right], & |a| < 2,\ c_2 = \text{const} \\[2ex] \dfrac{\left(a + \sqrt{a^2 - 4}\ (c_2\mu)^r - a + \sqrt{a^2 - 4}\right)}{2[1 - (c_2\mu)^r]}, & |a| > 2,\ r = -\dfrac{\sqrt{a^2 - 4}}{a},\ c_2 = \text{const}, \end{cases}$$

$$\psi = 0, \quad \mu = ax^4 + \alpha, \ \alpha = \text{const}. \tag{25.23}$$

Wir heben speziell den interessanten Fall hervor, daß $a = b = 0$ ist, dann ist auch $\psi = 0$. Aus (25.6) folgt, daß nun für das kanonische orthonormierte 4-Bein $R_{\alpha\beta\gamma\delta,\lambda} \stackrel{*}{=} 0$ ist. Diese Bedingung gilt offenbar in einem beliebigen holonomen Koordinatensystem. Der Raum ist also symmetrisch. Mit Hilfe von (25.10) und

(25.12) überzeugt man sich leicht, daß bei $a = b = \psi = 0$ die Metrik sich in der Form

$$ds^2 = 2dx^1\,dx^4 - \mathrm{sh}^2\,(ax^4)dx^{2^2} - \sin^2\,(ax^4)\,dx^{3^2} \tag{25.24}$$

schreiben läßt.

Aus der Betrachtung der Struktur (25.7) der Gruppe G_6 folgt, daß die Gruppe auflösbar und, wie oben gezeigt wurde, transitiv ist.

Damit ist die Behauptung für T_2 bewiesen.

Der Raum T_3

In diesem Fall ist die Aufgabe wesentlich schwieriger.

Zur Berechnung von T_3 ist der folgende Satz von L. Bel [299] von Nutzen: *In jedem Raum T_3 gibt es ein isotropes, geodätisches Vektorfeld $l^\alpha(x)$*, das den Bedingungen

$$R_{\alpha\beta\gamma\delta}l^\beta l^\delta = e_{\alpha\beta\sigma\tau}R^{\sigma\tau}{}_{\gamma\delta}l^\beta l^\delta = 0, \tag{25.25}$$

$$g_{\alpha\beta}l^\alpha l^\beta = 0, \quad l^\sigma l^\alpha{}_{,\sigma} = al^\alpha \tag{25.26}$$

genügt.

Dabei ist $e_{\alpha\beta\gamma\delta}$ der *Diskriminantentensor* des Raumes ([91], S. 366; siehe Aufgabe 12, § 10).

Um die Existenz eines solchen Feldes mit den Eigenschaften (25.25) und (25.26) zu beweisen, genügt es, die Eigenschaften für das nichtholonome, orthonormierte 4-Bein, in dem die kanonischen Matrizen (19.20) gelten, zu verifizieren. In diesem Bezugssystem ist $l^\alpha \stackrel{*}{=} \nu(\delta^\alpha_2 + \delta^\alpha_4)$, und die angegebenen Eigenschaften lassen sich unmittelbar verifizieren. Für die Beziehung (25.26) hat man die Bianchi-Identitäten (5.16) anzuwenden (siehe Aufgabe 2 und 4, § 19).

Es gilt auch die folgende Tatsache: *Wenn T_3 eine Bewegungsgruppe G_r gestattet, genügt die Liesche Ableitung des Vektors l^α in der Richtung eines beliebigen Killing-Vektors $\underset{s}{\xi}{}^\alpha$ $(s = 1, \ldots, r)$ den Gleichungen*

$$\underset{s}{\delta} l^\alpha = \underset{s}{\omega} l^\alpha. \tag{25.27}$$

Berücksichtigt man, daß die Lieschen Ableitungen der Tensoren $R_{\alpha\beta\gamma\delta}$ und $e_{\alpha\beta\gamma\delta}$ gleich Null sind, so erhält man durch Liesche Differentiation von (25.25), wenn man das Ergebnis auf das orthonormierte 4-Bein (19.20) bezieht,

$$\underset{s}{\delta} l^1 \stackrel{*}{=} \underset{s}{\delta} l^3 \stackrel{*}{=} \underset{s}{\delta} l^2 - \underset{s}{\delta} l^4 \stackrel{*}{=} 0,$$

wobei das Zeichen $\stackrel{*}{=}$ „Gleichheit in einem speziellen Koordinatensystem" bedeutet. Daher gilt auch

$$\underset{s}{\delta} l^\alpha \stackrel{*}{=} \underset{s}{\omega} l^\alpha.$$

Diese Tensorgleichung muß aber in einem beliebigen Koordinatensystem richtig sein, d. h. es gilt die Behauptung (25.27).

Da zu T_3 als maximale Bewegungsgruppe eine nichtabelsche Gruppe G_2 gehört, läßt sich die Struktur von G_2 in die Form $[X_1 X_2] = X_1$ überführen.

Die Gruppe ist nichttransitiv und wirkt auf zweidimensionale Transitivitätsflächen. Daher kann man unabhängig davon, ob die Transitivitätsflächen isotrop sind oder nicht, ein Koordinatensystem finden, in dem die KILLING-Vektoren, welche die Operatoren der Gruppe bestimmen, die Form

$$\underset{1}{\xi}^\alpha = \delta_1^\alpha, \quad \underset{2}{\xi}^\alpha = x^1 \delta_1^\alpha + \delta_4^\alpha \tag{25.28}$$

haben.

Dadurch wird das Koordinatensystem bis auf Transformationen

$$\left.\begin{aligned} x^{1'} &= x^1 + e^{x^4} f(x^2, x^3), \\ x^{2'} &= \varphi(x^2, x^3), \\ x^{3'} &= \psi(x^2, x^3), \\ x^{4'} &= x^4 + \theta(x^2, x^3) \end{aligned}\right\} \tag{25.29}$$

festgelegt, wobei die Funktionen f, φ, ψ, θ in einem Gebiet analytisch sind und der Nichtausartungsbedingung $\varphi_2 \psi_3 - \varphi_3 \psi_2 \neq 0$ $\left(\varphi_i \equiv \frac{\partial \varphi}{\partial x^i}, \ldots\right)$ genügen, im übrigen aber beliebig sind. Diese Transformationen, welche die gegebenen Operatoren X_s fest lassen, nennen wir *zulässig für* X_s. Durch spezielle Wahl der Funktionen f, φ, ψ, θ kann man einige Komponenten des metrischen Tensors vereinfachen.

Da die Signatur der Transitivitätsflächen in unseren bisherigen Betrachtungen noch keine Rolle spielt, brauchen wir X^4 nicht mit der *Zeitkoordinate* zu identifizieren.

Durch Integration der KILLING-Gleichungen für die Vektoren (25.28) erhalten wir die gesuchte Metrik in der Form

$$g_{1\alpha} = a_{1\alpha}(x^2, x^3) e^{-k x^4}, \quad k = \begin{cases} 2 \text{ für } \alpha = 1 \\ 1 \text{ für } \alpha = 2, 3, 4. \end{cases} \tag{25.30}$$

Wir wollen nun die isotrop-geodätische Kongruenz für l^α bestimmen, deren Existenz wir oben bemerkt haben. Durch Integration der Gleichungen (25.27) für die Vektoren (25.28) erhalten wir

$$l^\alpha = \nu(e^{x^4} \lambda_1 \delta_1^\alpha + \lambda_2 \delta_2^\alpha + \lambda_3 \delta_3^\alpha + \lambda_4 \delta_4^\alpha),$$

wobei $\nu = \nu(x^1, x^2, x^3, x^4) \neq 0$ und $\lambda_i = \lambda_i(x^2, x^3)$ $(i = 1, 2, 3, 4)$ ist.

Wenden wir die zulässige Transformation (25.29) an, so erhalten wir im neuen Koordinatensystem für die Komponenten von l^α folgende Ausdrücke:

$$\left.\begin{aligned} l^{1'} &= \nu e^{-\theta} e^{x^{4'}} (\lambda_1 + f_{2'} \lambda_2 + f_{3'} \lambda_3 + f \lambda_4), \\ l^{2'} &= \nu(\varphi_{2'} \lambda_2 + \varphi_{3'} \lambda_3), \\ l^{3'} &= \nu(\psi_{2'} \lambda_2 + \psi_{3'} \lambda_3), \\ l^{4'} &= \nu(\theta_{2'} \lambda_2 + \theta_{3'} \lambda_3 + \lambda_4). \end{aligned}\right\} \tag{25.31}$$

Daraus folgt, daß die Möglichkeit, für f, φ, ψ, θ beliebige Funktionen zu wählen, wesentlich von der Frage abhängt, ob die $\lambda_2, \lambda_3, \lambda_4$ bei beliebiger zulässiger Transformation identisch Null sind oder nicht. Wir zeigen zunächst, daß λ_4 nicht identisch Null ist. Wäre $\lambda_4 = 0$, so wäre $\lambda_2 = \lambda_4 \equiv 0$ und $l^\alpha = \sigma \delta^\alpha_1$, d. h. die Kongruenz für l^α würde bis auf einen Skalarfaktor mit dem KILLING-Vektor $\underset{1}{\xi}^\alpha$ zusammenfallen. Wegen der ersten Gleichung (25.26) erhält man durch konvariante Differentiation

$$\underset{1}{\xi}^\sigma \underset{1}{\xi}_\sigma = 0\,, \quad \underset{1}{\xi}^\sigma{}_{,\alpha} \underset{1}{\xi}_\sigma = 0\,, \quad \underset{1}{\xi}^\sigma{}_{,\beta} \underset{1}{\xi}_{\sigma,\alpha} + \underset{1}{\xi}^\sigma \underset{1}{\xi}_{\sigma,\alpha\beta} = 0\,. \tag{25.32}$$

Da die LIEschen Ableitungen der RIEMANNschen Zusammenhangskoeffizienten gleich Null sind, ergibt sich

$$\underset{s}{\delta} \Gamma^\alpha_{\beta\gamma} = \underset{s}{\xi}^\alpha{}_{,\beta\gamma} + \underset{s}{\xi}^\sigma R_{\alpha\gamma}{}^\alpha{}_\beta = 0\,. \tag{25.33}$$

Daher läßt sich unter Berücksichtigung von (25.25) die letzte Gleichung in (25.32) in der Form

$$\underset{1}{\xi}^\sigma{}_{,\beta} \underset{1}{\xi}_{\sigma,\alpha} = \underset{1}{\xi}^\alpha \underset{1}{\xi}^\tau R_{\sigma\alpha\tau\beta} \equiv 0 \tag{25.34}$$

schreiben, wenn man $\underset{1}{\xi}^\sigma$ durch l^σ ersetzt.

Für das durch (19.20) bestimmte nichtholonome 4-Bein gilt $l^\alpha \overset{*}{=} \nu(\delta^\alpha_2 + \delta^\alpha_4)$ (das Zeichen „$\overset{*}{=}$“ bezeichnet die Gleichheit für das nichtholonome 4-Bein). Daher erhält man mit Hilfe von (25.32) und (25.34) für dieses 4-Bein die Beziehung $\xi_{\alpha,\beta} \overset{*}{=} 0$. Diese Beziehung ist eine Tensorgleichung, gilt also in einem beliebigen Koordinatensystem, d.h. es ist $\underset{1}{\xi}_{\alpha,\beta} = \underset{1}{\xi}_{\alpha,\beta\gamma} = 0$, und aus (25.33) folgt $\underset{1}{\xi}^\sigma R_{\sigma\gamma\beta\alpha} = 0$. Die Gleichung führt aber für das kanonische orthonormierte 4-Bein zu einem Widerspruch, unsere Voraussetzung ist also falsch, λ_4 ist nicht identisch gleich Null.

Ohne Beschränkung der Allgemeinheit können wir im folgenden voraussetzen, daß λ_4 ungleich Null ist.

Wir zeigen nun, daß auch die Annahme, daß $\lambda_2 = \lambda_3 \equiv 0$ bei beliebiger zulässiger Transformation ist, zu einem Widerspruch führt. Wir nehmen an, es gilt $\lambda_2 = \lambda_3 \equiv 0$. Dann folgt aus (25.28) und (25.31) $l^{2'} = l^{3'} \equiv 0$. l^α läßt sich also linear (mit veränderlichen Koeffizienten) durch $\underset{1}{\xi}^\alpha$ und $\underset{2}{\xi}^\alpha$ ausdrücken. Da $l^{4'} \neq 0$ ist, sind die Koeffizienten bei $\underset{2}{\xi}^\alpha$ von Null verschieden, und es gilt

$$l^\alpha = \sigma(a \underset{1}{\xi}^\alpha + \underset{2}{\xi}^\alpha)\,, \tag{25.35}$$

wobei σ und a Funktionen von x^α $(\alpha = 1, 2, 3, 4)$ sind. Da die Kongruenz für $l^\alpha(x)$ bis auf einen Skalarfaktor bestimmt ist, setzen wir $\sigma = 1$. In (25.31) ist $\lambda_4 \neq 0$ und die Wahl von f in keiner Weise eingeschränkt. Daher kann man annehmen, daß λ_1 gleich Null und

$$\left.\begin{aligned} l^\alpha = a\delta_4^\alpha, \quad a = -x^1, \quad l^\sigma{}_{,\alpha} = -\delta_4^1 = 0, \\ \underset{1}{\xi}{}^\sigma{}_{\alpha,\sigma} = -1, \quad \underset{2}{\xi}{}^\sigma{}_{\alpha,\sigma} = -a \end{aligned}\right\} \tag{25.36}$$

ist. Außerdem folgt aus der ersten Gleichung in (25.26)

$$l^\sigma l_\sigma = 0, \quad l^\sigma l_{\sigma,\alpha} = 0. \tag{25.37}$$

Die erste dieser Gleichungen zeigt, daß $g_{44} = 0$ ist, während die zweite sich in der Form

$$\partial_4 g_{\alpha 4} = a g_{4\alpha} \tag{25.38}$$

schreiben läßt. Wegen (25.30) folgt daraus

$$\partial_4 g_{14} = a g_{14}, \quad a g_{24} = a g_{34} = 0.$$

Da $a \neq 0$ ist, gilt $g_{24} = g_{34} = 0$ und folglich $g_{14} \neq 0$, weil sonst die Metrik ausgeartet wäre. Dann folgt aus (25.30) $a = -1$, also

$$l^\sigma l_{\alpha,\sigma} = -l_\alpha. \tag{25.39}$$

Wir schreiben die erhaltenen Beziehungen für das nichtholonome kanonische orthonormierte 4-Bein, für das $l^\alpha \overset{*}{=} \nu(\delta_2^\alpha + \delta_4^\alpha)$ ist. Wir bemerken, daß sich die Strukturgleichung $[X_1 X_2] = X_1$ der nichtabelschen Gruppe nicht ändert, wenn man X_1 durch Y_1 und X_2 durch $Y_2 - cY_1$ ersetzt, wobei c eine beliebige Konstante ist. Wählt man im gegebenen Punkt des Raumes V_4 $c = a(\overset{\circ}{x}{}^\alpha)$, so kann man $l^\alpha \overset{*}{=} \sigma \underset{2}{\xi}{}^\alpha$ und $a \overset{*}{=} 0$ setzen. Wir haben also

$$\underset{1}{\xi}{}^\alpha(0, b, c, d), \quad \underset{2}{\xi}{}^\alpha(0, \sigma, 0, \sigma), \quad \sigma \neq 0, \tag{25.40}$$

und aus (25.36), (25.37), (25.39) folgt

$$\left.\begin{aligned} a_2 + a_4 \overset{*}{=} 0, \quad l_{2,\alpha} + l_{4,\alpha} \overset{*}{=} 0, \\ l_{\alpha,2} + l_{\alpha,4} \overset{*}{=} \sigma(-\delta_2^\alpha + \delta_4^\alpha). \end{aligned}\right\} \tag{25.41}$$

Wegen

$$l_{\alpha,\beta} \overset{*}{=} a_{,\beta} \underset{1}{\xi}_\alpha + \underset{2}{\xi}_{\alpha,\beta} \tag{25.42}$$

folgt aus (25.41)

$$\left.\begin{aligned} a_{,1} \overset{*}{=} a_{,3} \overset{*}{=} a_{,2} + a_{,4} \overset{*}{=} 0, \quad b - d \neq 0, \quad a_{,2} \overset{*}{=} \frac{1}{b-d}, \\ \underset{2}{\xi}_{2,4} \overset{*}{=} -1, \quad \underset{2}{\xi}_{2,3} \overset{*}{=} \underset{2}{\xi}_{3,4}, \quad \underset{2}{\xi}_{1,2} \overset{*}{=} -\underset{2}{\xi}_{1,4}. \end{aligned}\right\} \tag{25.43}$$

Aus (25.35) erhält man für

$$l_{\sigma,\alpha\beta} = a_{,\alpha\beta} \underset{1}{\xi}_\sigma + a_{,\alpha} \underset{1}{\xi}_{\sigma,\beta} + a_{,\beta} \underset{1}{\xi}_{\sigma,\alpha} + a \underset{1}{\xi}_{\sigma,\alpha\beta} + \underset{2}{\xi}_{\sigma,\alpha\beta}.$$

Ersetzen wir hierin die zweiten Ableitungen der KILLING-Vektoren durch den entsprechenden Ausdruck in der Formel (25.33), so erhalten wir

$$l_{\sigma,\alpha\beta} = a_{,\alpha\beta}\underset{1}{\xi_\sigma} + a_{,\alpha}\underset{1}{\xi_{\sigma,\beta}} + a_{,\beta}\underset{1}{\xi_{\sigma,\alpha}} - a\underset{1}{\xi^\tau} R_{\tau\beta\sigma\alpha} - \underset{2}{\xi^\tau} R_{\tau\beta\alpha\sigma}. \tag{25.44}$$

Durch kovariante Differentiation von (25.39) ergibt sich die Beziehung

$$l^\sigma l_{\alpha,\sigma\beta} + l^\sigma{}_{,\beta} l_{\alpha,\sigma} + l_{\alpha,\beta} = 0. \tag{25.45}$$

Wie man leicht sieht, folgt aus (25.35) in einem holonomen Koordinatensystem $l^\sigma{}_{\alpha,\sigma\beta} = 0$. Schreibt man daher (25.45) für ein nichtholonomes orthonormiertes 4-Bein, so ergibt sich

$$l^\sigma \underset{1}{\xi_{\alpha,\sigma\beta}} + l^\sigma{}_{,\beta} l_{\alpha,\sigma} + l_{\alpha,\beta} \stackrel{*}{=} 0.$$

Läßt man α, β alle möglichen Werte durchlaufen, so erhält man ein Gleichungssystem, aus dem $\xi_{\alpha,\beta} \stackrel{*}{=} 0$, $a_2(b-d) \stackrel{*}{=} 0$ folgt, im Widerspruch zu (25.43). Daher kann man annehmen, daß λ_2 und λ_3 nicht identisch gleich Null bei beliebiger zulässiger Transformation sind.

Man kann also in (25.31) alle vier unbestimmten Funktionen f, φ, ψ, θ benutzen. Da l^α, wie gezeigt wurde, nicht in der Berührungsebene der Transitivitätsfläche liegt, können wir fordern, daß alle Komponenten von l^α außer l^2 oder l^3 von Null verschieden sind. Wir bemerken, daß nur bei ausgearteten Transformationen l^2 und l^3 gleichzeitig Null sein können.

Setzen wir $l^{1'} = l^{2'} = l^{4'} = 0$, so ergibt sich für die Funktionen f, φ, und θ ein Differentialgleichungssystem vom CAUCHYschen Typ, das in der Klasse der analytischen Funktionen verträglich ist, und im neuen Koordinatensystem gilt

$$l^\alpha = \nu \delta^\alpha_3. \tag{25.46}$$

Dabei ist ν eine beliebige Funktion von x^α.

Eine zulässige Transformation, die (25.46) fest läßt, hat die Form

$$\left.\begin{aligned} x^1 = x^{1'} + e^{x^{4'}} f(x^{2'}),\quad x^2 = \varphi(x^{2'}),\quad x^3 = \psi(x^{2'}, x^{3'}),\\ x^4 = x^{4'} + \theta(x^{2'}),\quad \varphi'\psi_3 \neq 0.\end{aligned}\right\} \tag{25.47}$$

Da die Kongruenz für l^α isotrop ist, gilt $a_{33} = 0$. Durch Integration der zweiten Gleichung in (25.26) ergibt sich

$$a_{13} = \varrho b_1(x^2)e^{-x^4},\quad a_{23} = \varrho b_2(x^2),\quad a_{33} = 0,\ a_{34} = \varrho b_4(x^2).$$

Hierbei ist ϱ eine von Null verschiedene Funktion von x^2 und x^3, da sonst die Metrik ausgeartet wäre. Durch Anwendung von (25.47) erhält man

$$\left.\begin{aligned} g_{1'3'} &= \varrho b_1 e^{-\theta}\psi_{3'} e^{-x^{4'}},\\ g_{2'3'} &= \varrho\psi_{3'}(e^{-\theta} b_1 f' + b_2\varphi' + b_4\theta'),\\ g_{3'4'} &= \varrho\psi_{3'}(b_1 e^{-\theta} f + b_4).\end{aligned}\right\} \tag{25.48}$$

Bei der Wahl von f, φ, ψ, θ kann man $b_i(x)^2$ vereinfachen, dabei ergeben sich drei prinzipiell verschiedene Möglichkeiten

$$(1)\ b_1 \neq 0, \quad (2)\ b_1 = 0, b_4 \neq 0, \quad (3)\ b_1 = b_4 = 0, \tag{25.49}$$

die wir jede für sich betrachten müssen.

Setzen wir in (25.46) die Funktion v gleich Eins, so gilt $l^\alpha = \delta_3^\alpha$ und daher $l^\alpha = g_{3\alpha}$.

Dann ist in einem *beliebigen zulässigen Koordinatensystem* (25.47)

$$l_{\alpha,\beta} = \Gamma_{\alpha,3\beta}$$

und

$$l_{\alpha,\beta} l^\beta = \partial_2 g_{3\alpha}. \tag{25.50}$$

Wir nehmen an, daß (1) gilt: $b_1 \neq 0$. Dann folgt aus (25.48), daß man ohne Beschränkung der Allgemeinheit in einem gewissen zulässigen Koordinatensystem b_1, b_2 und b_4 ungleich Null voraussetzen kann. Setzen wir unter dieser Voraussetzung in (25.48) $g_{2'3'} = g_{3'4'} = 0$, was durch spezielle Wahl von f, θ, ψ immer möglich ist, so erhält man im neuen Koordinatensystem $b_1 = 1, b_2 = b_4 = 0, \varrho = 1$, und aus (25.50) folgt

$$l_{\alpha,\beta} l^\beta = 0. \tag{25.51}$$

Die Tensorgleichung gilt in einem beliebigen Koordinatensystem, speziell also in einem beliebigen zulässigen Koordinatensystem, wo sie die Form

$$\partial_3 g_{3\alpha} = 0 \tag{25.52}$$

hat. Wir suchen unter den zulässigen Transformationen diejenigen, für welche die Bedingungen $b_2 = b_4 = 0$ invariant sind. Aus (25.48) folgt, daß sich diese Transformationen aus (25.47) ergeben, wenn man $f = 0$ setzt, während $\varphi(x^{2'}), \psi(x^{2'}, x^{3'}), \theta(x^{2'})$ nur durch die Beziehung $\varphi' \psi_{,3'} \neq 0$ einzuschränken sind. Wendet man eine solche Transformation auf (25.48) an, wobei $g_{13} = e^{-x^4}$, $g_{32} = g_{33} = g_{34} = 0$ ist, und berücksichtigt, daß (25.52) auch im neuen Koordinatensystem gilt, so erhält man

$$\partial_{3'} g_{3'\alpha'} = \frac{\partial}{\partial x^{3'}} (e^{-\theta} \psi_{3'}) \delta^1_{\alpha'} = 0.$$

Dabei ist $\theta = \theta(x^{2'})$, $\psi = \psi(x^{2'}, x^{3'})$. Daher gilt für $\alpha = 1$

$$\frac{\partial^2}{\partial x^{3'2}} \psi = 0.$$

Da ψ eine beliebige Funktion ist, ist diese Beziehung falsch, der Fall (1) kann also nicht auftreten.

Wir nehmen nun an, es liege der Fall (3) vor: $b_1 = b_4 = 0$. Diese Bedingung ist invariant bezüglich jeder zulässigen Koordinatentransformation. Durch entsprechende Wahl von $\psi_{3'}(x^{2'}, x^{3'})$ kann man g_{23} in Eins überführen. Dann gilt die Bedingung (25.51) in einem beliebigen Koordinatensystem. Daher gilt (25.52) in einem beliebigen zulässigen Koordinatensystem. Für $\alpha = 1, 3, 4$ ist (25.52) eine Identität, und für $\alpha = 2$ erhält man bezüglich des oben gewählten neuen Koordinatensystems $\frac{\partial}{\partial x^{3'}}(\varphi' \psi_{,3'}) = 0$, d. h. $\psi_{,3'3'} = 0$. Für beliebiges ψ ist diese Bedingung nicht erfüllt. Der Fall (3) ist also auch nicht möglich.

Es kann demnach nur (2) richtig sein: $b_1 \equiv 0$, $b_4 \not\equiv 0$. Daraus und aus (25.48) folgt, daß man, wenn man im neuen Koordinatensystem $b_2\varphi' + b_4\theta' = 0$ setzt, $g_{1'3'} = g_{2'3'} = g_{3'3'} = 0$, $g_{3'4'} = \varrho b_4 \psi_{3'} e^{-\theta}$ erhält, wobei ϱ und ψ Funktionen von $x^{2'}$, $x^{3'}$ und $b_4 = b_4(x^{2'})$ sind. Durch spezielle Wahl von ψ kann man immer $g_{3'4'}$ in Eins überführen. In diesem Koordinatensystem gilt (25.51). Daher ist in jedem zulässigen Koordinatensystem die Gleichung (25.52) richtig. Wir setzen voraus, daß $b_1 = b_2 = 0$ und $\varrho b_4 = 1$ ist, und bestimmen die zulässigen Transformationen, die diese Beziehungen festlassen. Aus (25.48) folgt, daß das genau dann gilt, wenn $\psi_{,3'} = 1$ und $\psi_{,3'3'} = 0$ ist. Daher kann der Widerspruch, der sich in den ersten beiden Fällen ergab, nicht auftreten. Fordert man $g_{3'4'} = 1$, so erhält man die Bedingung

$$\frac{\partial}{\partial x^{3'}}(\varrho \psi_{,3'}) = 0.$$

Diese Bedingung bedeutet, daß der Faktor ϱ bei $\nu = 1$ in ganz bestimmter Weise mit der Koordinate $x^3 = \psi$ zusammenhängt, was zu keinem Widerspruch führt.

Wir nehmen im weiteren an, daß die oben angegebene Transformation durchgeführt ist und $\nu \neq 1$, $g_{13} = g_{23} = g_{33} = 0$, $g_{34} = g_{34}(x^{2'}, x^{3'})$ gilt.

Dann hat man wieder unter den Transformationen (25.47) diejenigen zu bestimmen, die diese Beziehungen festlassen. Aus (25.48) folgt unmittelbar, daß diese Transformationen die Form

$$\left.\begin{aligned} x^1 &= x^{1'} + f(x^{2'})e^{x^{4'}}, \quad x^2 = \varphi(x^{2'}),\\ x^3 &= \psi(x^{2'}, x^{3'}), \quad x^4 = x^{4'} + C \end{aligned}\right\} \qquad (25.53)$$

haben, wobei $C = \text{const}$, $\varphi' \psi_{,3'} \neq 0$ ist. Wir bemerken, daß nach der Anwendung einer solchen Transformation die neuen Komponenten des metrischen Tensors die Form (25.30) haben und die Funktionen $a_{\alpha'\beta'}$ sich durch die $a_{\alpha\beta}$ mit Hilfe der Formeln

$$\left.\begin{aligned} a_{1'1'} &- a_{11}e^{-2\theta}, \quad a_{1'2'} = e^{-\theta}(a_{11}e^{-\theta}f' + a_{12}\varphi'),\\ a_{1'3'} &= 0, \quad a_{1'4'} = e^{-\theta}(a_{11}e^{-\theta}f + a_{14}),\\ a_{2'2'} &= a_{11}e^{-2\theta}f'^2 + 2a_{12}e^{-\theta}f'\varphi' + a_{22}\varphi'^2,\\ a_{2'3'} = 0, \quad a_{2'4'} &= a_{11}e^{-2\theta}ff' + a_{12}e^{-\theta}f\varphi' + a_{14}e^{-\theta}f' + a_{24}\varphi' + a_{34}\psi_{12'},\\ a_{3'3'} &= 0, \quad a_{3'4'} = a_{34}\psi_{,3'},\\ a_{4'4'} &= a_{11}e^{-2\theta}f^2 + 2a_{14}e^{-\theta}f + a_{44} \end{aligned}\right\} \qquad (25.54)$$

ausdrücken lassen. Die Komponente a_{34} kann nicht gleich Null sein, da sonst die Metrik ausgeartet wäre. ψ ist durch die Bedingung $\psi_{,3'} \neq 0$ eingeschränkt, im übrigen aber eine beliebige Funktion von $x^{2'}, x^{3'}$. Daher kann man in (25.54) die Komponente $a_{2'4'}$ gleich Null setzen. Außerdem ist $a_{,4} = \varrho b_4(x^{2'})$, wobei sich ϱ nach (25.26) durch den Skalarfaktor $\nu(l^\alpha = \nu\delta_3^\alpha)$, der nur durch die Ungleichung $\nu \neq 0$ beschränkt ist, ausdrücken läßt: $\varrho = \omega(x^2)\nu$. Man kann also bei beliebiger Wahl von ψ mit $\psi_{,3'} \neq 0$ den Skalarfaktor ν so wählen, daß $a_{3'4'} = 1$ ist. Wir bemerken, daß die übrigen unbekannten Komponenten $a_{\alpha'\beta'}$ in (25.54) nicht von ν und ψ abhängen. Wir können aber die Freiheit in der Wahl der Funktionen $\varphi(x^{2'})$ $(\varphi' \neq 0)$, f für den Fall ausnutzen, daß gewisse Komponenten $a_{\alpha\beta}$ oder ihre Beziehungen nicht von x^3 abhängen.

Der Kürze halber führen wir für die Komponenten im neuen Koordinatensystem nichtindizierte Symbole ein:

$$a_{11} = a, \quad a_{12} = \beta, \quad a_{14} = \delta, \quad a_{22} = \gamma, \quad a_{44} = \lambda.$$

Dann läßt sich die gesuchte Metrik durch die Matrix

$$(g_{\alpha\beta}) = \begin{pmatrix} a e^{-2x^4} & \beta e^{-x^4} & 0 & \delta e^{-x^4} \\ \beta e^{-x^4} & \gamma & 0 & 0 \\ 0 & 0 & 0 & 1 \\ \delta e^{-x^4} & 0 & 1 & \lambda \end{pmatrix}, \tag{25.55}$$

$$|g_{\alpha\beta}| = g = -\sigma e^{-2x^4}, \quad \sigma = \alpha\gamma - \beta^2 > 0, \quad \alpha, \gamma \neq 0$$

darstellen, wobei wir die Striche in $x^{\alpha'}$ fortgelassen haben und $\alpha, \beta, \gamma, \delta$ unbekannte Funktionen von x^2 und x^3 sind.

Die unbekannten Komponenten müssen den Gleichungen (25.25) und den Feldgleichungen $R_{\alpha\beta} = 0$ genügen. Die erste Gruppe der Gleichungen (25.25) hat wegen (25.46) die Form

$$R_{\alpha 3\beta 3} = 0 \quad (\alpha, \beta = 1, 2, 3, 4). \tag{25.56}$$

Die zweite Gruppe ist durch die Beziehungen

$$e_{3\beta\sigma\tau} R^{\sigma\tau}{}_{3\gamma} = 0$$

gegeben, die dem Gleichungssystem

$$R^{24}{}_{3\gamma} = R^{14}{}_{3\gamma} = R^{12}{}_{3\gamma} = 0 \tag{25.57}$$

äquivalent sind, da der Diskriminantentensor $e_{\alpha\beta\gamma\delta}$ nur dann ungleich Null ist, wenn alle Indizes voneinander verschieden sind. Die kontravarianten Komponenten des metrischen Tensors sind durch die Matrix

$$(g^{\alpha\beta}) = \begin{pmatrix} \frac{\gamma e^{2x4}}{\sigma} & \frac{-\beta e^{x4}}{\sigma} & \frac{-\gamma\delta e^{x4}}{\sigma} & 0 \\ \frac{-\beta e^{x4}}{\sigma} & \frac{\alpha}{\sigma} & \frac{\beta\delta}{\sigma} & 0 \\ \frac{-\gamma\delta e^{x4}}{\sigma} & \frac{\beta\delta}{\sigma} & \frac{\omega}{\sigma} & 1 \\ 0 & 0 & 1 & 0 \end{pmatrix}, \qquad (25.58)$$

$$\omega = \beta^2\lambda - \alpha\gamma\lambda + \gamma\delta^2$$

gegeben. Daher gilt wegen (25.56)

$$R^{24}{}_{3\gamma} = g^{2\sigma} g^{4\tau} R_{\sigma\tau 3\gamma} \equiv 0\,.$$

Die zweite Gleichung (25.57) ist ebenfalls eine Identität. Die dritte führt dagegen zu dem Gleichungssystem

$$R_{123\gamma} = 0 \quad (\gamma = 1, 2, 3, 4)\,. \qquad (25.59)$$

Stellt man die Feldgleichungen $g^{\sigma\tau} R_{\sigma\alpha\tau\beta} = 0$ für die Metrik (25.58) auf und berücksichtigt die Gleichungen (25.56) und (25.59), so erhält man

$$R_{1212} = R_{1431} = R_{1423} = R_{2431} = R_{2423} = 0\,, \qquad (25.60)$$

$$g^{11} R_{1412} + g^{12} R_{2412} = R_{2434},\; g^{12} R_{1412} + g^{22} R_{2412} = R_{1434}\,, \qquad (25.61)$$

$$g^{11} R_{1414} + 2g^{12} R_{1424} + 2g^{13} R_{1434} + g^{22} R_{2424} + 2g^{23} R_{2434} = 0\,. \qquad (25.62)$$

Die Gleichungen (25.60) ergeben sich nicht unmittelbar aus den Feldgleichungen, sondern als Folge von (25.59) und der RICCI-Identität:

$$R_{1[234]} = 0\,.$$

Bevor wir das erhaltene Gleichungssystem integrieren, müssen wir noch feststellen, unter welchen Bedingungen die untersuchte Mannigfaltigkeit ein Raum T_3 ist.

Stellt man die Matrix $(R_{ab} - \lambda g_{ab})$ $(a, b = 1, \ldots, 6)$ im KLEIN-Raum für die Metrik (25.55) auf und berücksichtigt die Bedingungen (25.56), (25.59), (25.61), so überzeugt man sich mit Hilfe von elementaren Umformungen leicht (P. A. SCHIROKOW [91], S. 34), daß die Charakteristik der λ-Matrix genau dann die Form [3, 3] hat, wenn R_{1412} oder R_{2412} ungleich Null ist. Aus (25.61) folgt, daß das nur dann möglich ist, wenn die Komponenten R_{1434}, R_{2434} nicht gleichzeitig verschwinden.

Damit ergibt sich die Aufgabe, die 18 Gleichungen (25.56), (25.59), (25.60), 2 5.61), (25.62) mit partiellen Ableitungen zweiter Ordnung und fünf unbekannten

Funktionen α, β, δ, λ von zwei Veränderlichen x^2, x^3 zu integrieren. Die unbekannten Funktionen lassen sich, wenn gewisse Beziehungen zwischen ihnen bestehen, nach den Formeln (25.54) noch vereinfachen.

Wir betrachten zunächst die Gleichung $R_{3423} = 0$. Für die Metrik (25.55) läßt sie sich in der Form

$$\delta_3(\gamma\beta_3 - \beta\gamma_3) = 0 \tag{25.63}$$

schreiben. Es sei $\delta_3 \equiv \frac{\partial}{\partial x^3}\,\delta = 0$. Dann folgt aus (25.54), da f und θ beliebige Funktionen von x^2 sind, daß $\frac{\partial}{\partial x^3}\,a_{11} = \frac{\partial}{\partial x^3}\,a_{14} = 0$, d. h. $\alpha_3 = 0$ ist. Schreiben wir unter dieser Voraussetzung die Gleichung $R_{3131} = 0$, so ergibt sich $\alpha\beta_3 = 0$. Da α nach (25.55) nicht gleich Null sein kann, gilt $\beta_3 = 0$. Dann ist auch $\frac{\partial}{\partial x^3}\,a_{12} = 0$ und aus (25.54) folgt, daß man durch entsprechende Wahl von f β immer zu Null machen kann. Mit Hilfe von θ kann man in diesem Falle auch δ zu Null machen. Wenn aber der zweite Faktor in (25.63) verschwindet, erhalten wir mit Hilfe von (25.54) die Gleichung

$$e^{-2\theta} f'^2 \varphi' \left(a_{12}\frac{\partial a_{11}}{\partial x^3} - a_{11}\frac{\partial a_{12}}{\partial x^3}\right) + e^{-\theta} f' \varphi'^2 \left(a_{22}\frac{\partial a_{11}}{\partial x^3} - a_{11}\frac{\partial a_{22}}{\partial x_3}\right)$$
$$+ \varphi'^3 \left(a_{22}\frac{\partial a_{12}}{\partial x^3} - a_{12}\frac{\partial a_{22}}{\partial x^3}\right) = 0,$$

wobei f, φ, θ beliebige Funktionen von x^2 sind $(\varphi' \neq 0)$. Daher sind alle drei Klammern gleich Null, und speziell gilt $\frac{\partial}{\partial x^3}\left(\frac{a_{12}}{a_{11}}\right) = 0$, d. h. durch entsprechende Wahl von f läßt sich β zu Null machen. Schreiben wir unter dieser Voraussetzung die Gleichung $R_{1423} = 0$, so ergibt sich die Beziehung

$$\gamma\alpha_2\delta_3 = 0.$$

Aus (25.55) folgt, daß der Faktor γ ungleich Null ist. α_2 ist ebenfalls von Null verschieden, da sonst $\frac{\partial}{\partial x^2}\,(a_{11}e^{-2\theta}) = 0$ wäre, woraus $a_{11} = 0$ folgt, weil θ eine beliebige Funktion von x^2 ist. Das ist aber wegen $\sigma > 0$ unmöglich. Daher ist $\delta_3 = 0$, und wir haben wieder den oben betrachteten Fall. Deshalb kann man immer β und δ in Null überführen. Die Metrik des Raumes hat dann die Form

$$(g_{\alpha\beta}) = \begin{pmatrix} \alpha e^{-2x^4} & 0 & 0 & 0 \\ 0 & 0 & \gamma & 0 \\ 0 & 0 & 0 & 1 \\ 0 & 0 & 1 & \lambda \end{pmatrix}, \tag{25.64}$$

$$g = -\alpha\gamma e^{-2x^4},\ \alpha,\ \gamma \neq 0.$$

Dabei sind α, γ, λ unbekannte Funktionen von x^2, x^3. Außerdem folgt aus (25.54), daß man die Funktion $\varphi(x^{2'})$, abgesehen von der Bedingung $\varphi' \neq 0$, beliebig wählen kann.

Wenn man die Gleichungen (25.56), (25.59), (25.60) für die Metrik (25.64) aufstellt, erhält man folgendes Differentialgleichungssystem:

$$\left.\begin{aligned} &\alpha_3(\lambda_3 + 1) = 0, \quad \alpha_{33} - \frac{\alpha_3^2}{2\alpha} = 0, \\ &\gamma_{33} - \frac{\gamma_3^2}{2\gamma} = 0, \quad \lambda_{33} = 0, \quad \gamma_3\lambda_3 = 0, \\ &\alpha_{23} - \frac{\alpha^2}{2}\left(\frac{\gamma_3}{\gamma} + \frac{\alpha_3}{\alpha}\right) = 0, \\ &\alpha_{22} - \frac{\alpha_2}{2}\left(\frac{\gamma_2}{\gamma} + \frac{\alpha_2}{\alpha}\right) + \frac{\gamma_3}{2}(\alpha - \lambda\alpha_3) = 0. \end{aligned}\right\} \tag{25.65}$$

Die übrigen Gleichungen des angegebenen Systems sind identisch erfüllt.

Die fünfte Gleichung in (25.65) führt zu einer Fallunterscheidung. Wäre $\gamma_3 \neq 0$ und daher $\lambda_3 = 0$, so würde aus der ersten Gleichung $\alpha_3 = 0$ und aus der sechsten $\alpha_2 = 0$ folgen. Dann reduziert sich aber die letzte Gleichung auf die Beziehung $\alpha\gamma_3 = 0$ im Widerspruch zu $\alpha \neq 0$. Daher ist $\gamma_3 = 0$. Setzt man in der Transformation (25.54) $f = 0$, $\theta = 0$, $\psi_3 = 1$, $\psi_2 = 0$, so bleibt die Form der Metrik (25.64) ungeändert, und es gilt $a_{2'2'} = \gamma\varphi'^2$ mit $\varphi' \neq 0$. Da φ im übrigen eine beliebige Funktion von x^2 ist, können wir φ so wählen, daß $a_{2'2'} = e = \pm 1$ wird. Wir können also ohne Beschränkung der Allgemeinheit in (25.64) und (25.65) $\gamma = e = \pm 1$ setzen. Danach läßt sich das Gleichungssystem (25.65) elementar integrieren. Es ergibt sich die Lösung

$$\alpha = e(c_1 + c_2 x^2 + c_3 x^3)^2, \quad \lambda = a(x^2)\, x^{32} + b\,(x^2) \quad \gamma = e = \pm 1, \tag{25.66}$$

wobei a und b unbekannte Funktionen von x^2 sind und die Beziehungen

$$a c_3 = 0, \quad c_i = \text{const} \quad (i = 1, 2, 3) \tag{25.67}$$

gelten.

Wie wir oben bemerkt haben, muß eine der beiden Komponenten R_{1434} und R_{2434} des Krümmungstensors von Null verschieden sein. Die erste ist für die Metrik (25.64) unter der Voraussetzung (25.66) identisch gleich Null, und die zweite ist gleich $-\frac{1}{2}\lambda_{23}$. Daher ist $\lambda_3 = a \neq 0$. Das bedeutet wegen der ersten Bedingung in (25.67), daß $c_3 = 0$ und $\alpha = e(c_1 + c_2 x^2)^2$ ist.

Die Komponente R_{2412} ist identisch gleich Null und $R_{1412} = \frac{\alpha_2 e^{-2x^4}}{2}$. Da eine der beiden Komponenten von Null verschieden sein muß, ist $\alpha_2 \neq 0$, d. h. $c_2 \neq 0$.

Die Gleichungen (26.61) und (25.62) lassen sich in der Form

$$\lambda_{33} + \frac{\alpha_3}{\alpha} = 0, \quad \lambda_{22} + \frac{\alpha_2 \lambda_2}{2\alpha} + e(\lambda_3 + 2) = 0 \tag{25.68}$$

schreiben. Ersetzt man λ und α durch die Ausdrücke (25.66) und setzt die Koeffizienten von x^3 gleich Null, so ergibt sich für λ der Ausdruck

$$\lambda = \ln \frac{c_6}{(c_1 + c_2 x^2)^2} \left[x^3 - \frac{e}{4c_2^2}(c_1 + c_2 x^2)^2 + c_4\right] - \frac{e}{c_2^2}(c_1 + c_2 x^2)^2 + c_5, \tag{25.69}$$

wobei die c_i Konstanten sind. Durch die Transformation

$$x^1 = \frac{1}{c_2} x^{1'}, \; x^2 = \pm x^{2'} - \frac{c_1}{c_2}, \quad x^3 = -x^{3'} - c_4, \quad x^4 = -x^{4'}$$

gehen die Konstanten c_1 und c_4 in Null über, ohne daß die Struktur der Matrix (25.64) geändert wird. Die gesuchten Komponenten $g_{\alpha\beta}$ erhält man also in Form der folgenden Funktionen:

$$\alpha = e x^{22}, \quad \gamma = e, \lambda = \left(x^3 + \frac{e}{4} x^{22}\right) \ln (p x^{22}) - e x^{22} + q, \quad e = \pm 1. \tag{25.70}$$

Dabei sind p und q beliebige Konstanten, die sich nicht durch zulässige Transformationen beseitigen lassen.

Die Lösung wurde in einem anderen Koordinatensystem zum erstenmal in der Arbeit ([261], S. 201) veröffentlicht, und es gibt bisher keinen kürzeren Weg zur Lösung des Problems.

Die Metrik des Raumes hat die Form

$$ds^2 = e(\alpha\, dx^{1^2} + dx^{2^2}) + 2 dx^3\, dx^4 + \lambda\, dx^{4^2}, \tag{25.71}$$

wobei die Pontentiale α, λ durch die Formeln (25.70) gegeben sind.

Wir wollen noch bemerken, daß man durch Integration der KILLING-Gleichungen für die Metrik (25.71) bei beliebigem p und q den KILLING-Vektor als allgemeines Integral in der Form

$$\xi^\alpha = (c_1 + c_2 x^1)\delta_1^\alpha + c_2 \delta_2^\alpha$$

erhält, d. h. die Bewegungsgruppe G_2 ist nichtabelsch und wirkt auf nichtisotrope zweidimensionale Transitivitätsflächen. Die Beweglichkeit des Raumes läßt sich nicht erhöhen: Die Gruppe ist maximal. Das ist eine Tatsache, die wir oben mit Hilfe anderer Überlegungen bewiesen haben.

Aufgabe

1. Man bestimme durch Integration der KILLING-Gleichungen die Bewegungsoperatoren für die Metrik (25.24).

§ 26. Spezielle Räume T_1, die Bewegungsgruppen gestatten

Der tatsächlichen Bestimmung von Räumen T_i, die diese oder jene Bewegungsgruppe gestatten, schicken wir einige Bemerkungen voraus.

Der Fall, daß T_i nur eine ein- oder zweiparametrige Gruppe gestattet, bereitet keine Schwierigkeiten, da eine einparametrige Bewegungsgruppe G_1 einfach die Existenz eines Koordinatensystems bedeutet, für das die Komponenten $g_{\alpha\beta}(x)$ von irgendeiner Koordinate x^a unabhängig sind (siehe § 10, Aufgabe 1). In diesem Koordinatensystem sind die Parameterkurven x^a Trajektorien der Bewegung, und nur dadurch unterscheiden sich die entsprechenden Feldgleichungen von den allgemeinen Gleichungen.

Im Fall G_2 ist es nicht schwer, ein Koordinatensystem zu finden, in dem die KILLING-Vektoren eine einfache Form haben (siehe Aufgabe 1). Nach Integration der KILLING-Gleichungen lassen sich die Feldgleichungen angeben.

Daher betrachten wir im folgenden den Fall G_r mit $r \geqq 3$. Einen Raum T_i, der die Bewegungsgruppe G_r gestattet, bezeichnen wir mit $T_{i,r}$.

Die allgemeine Idee, die Metrik eines Raumes T_i zu finden, die eine Bewegungsgruppe G_r (mit $r \geqq 3$) gestattet, besteht in folgendem: Für jede in § 24 angegebene Struktur G_3 bestimme man den Rang $(\underset{s}{\xi}^\alpha)$ und stelle fest, ob die Transitivitätsflächen isotrop oder nichtisotrop sind. Man wähle ein holonomes Koordinatensystem, für das die KILLING-Vektoren eine möglichst einfache Form haben. Durch Integration der KILLING-Gleichungen und der Feldgleichungen $R_{\alpha\beta} = 0$ erhält man dann die gesuchte Metrik des Raumes T_i mit der Bewegungsgruppe G_3.

Da jede Gruppe G_4 eine Untergruppe G_3 hat, sind die Räume $T_{i,4}$ unter den Räumen $T_{i,3}$ enthalten. Stellen wir daher an die Räume $T_{i,3}$ die zusätzliche Forderung, daß sie eine Gruppe G_4 gestatten, so finden wir alle Räume $T_{i,4}$, entsprechendes gilt für $T_{i,5}$. Was die Räume $T_{i,6}$ betrifft, so gibt es außer den in § 25 gefundenen Räumen $T_{2,6}$ keine weiteren T_i mit dieser Beweglichkeit, abgesehen von ebenen Räumen.

Unter allen möglichen Koordinatentransformationen suchen wir diejenigen, welche die *Komponenten* $\underset{s}{\xi}^\alpha(x)$ *der* KILLING-*Vektoren in die gleichen Funktionen der neuen Veränderlichen überführen* und nennen sie wie in § 25 *zulässige Transformationen* der gegebenen Bewegungsgruppe.

Räume $T_{1,3}$

1. Wir betrachten die zu den beiden nichtauflösbaren Gruppen G_3 gehörigen Strukturen (24.6) in dem Falle, daß sie eine stationäre Untergruppe G_1 enthalten. Dann sind die zweidimensionalen Transitivitätsflächen *nichtisotrop* mit indefiniter oder negativ-definiter Metrik.

Für alle hier zu betrachtenden Fälle ist folgendes charakteristisch: Man hat eine nichtauflösbare Gruppe G_3 zu untersuchen, die transitiv auf nichtisotrope zweidimensionale Transitivitätsflächen wirkt. Daher gestatten diese Fächen die volle Bewegungsgruppe des Raumes V_2 (§ 10, Aufgabe 9) und sind Flächen konstanter Krümmung. Weiter hat man die Operatoren zu bestimmen, die durch die gegebene Gruppe G_3 auf V_2 induziert werden. Dabei hat man folgendes zu beachten. Wenn der Rang der Matrix $(\underset{s}{\xi}^\alpha)$ gleich der Gruppenordnung ist, sind die Gruppen mit *gleicher* Struktur ähnlich, d. h. lassen sich durch eine Koordinatentransformation ineinander überführen ([147], S. 96).

Im betrachteten Fall ist der Rang der Matrix kleiner als die Gruppenordnung. Daher hat man bei gleichen Strukturen zwei Fälle zu unterscheiden, je nachdem, ob die Krümmung K der Fläche positiv oder negativ ist. K ist ungleich Null, da G_3 für eine euklidische oder pseudoeuklidische Ebene eine abelsche Untergruppe G_2 enthalten würde und daher auflösbar wäre. Wenn $K \neq \pm 1$ ist, ergeben sich, wenn man die Operatoren dieses Raumes aus den Killing-Gleichungen bestimmt, die gleichen Ausdrücke wie im Falle $K = \pm 1$, nur die Veränderlichen in $\underset{s}{\xi}^\alpha(x)$ sind mit dem Faktor $(\pm K)^{-\frac{1}{2}}$ multipliziert. Da man sich von einem solchen Faktor immer befreien kann, genügt es, den Fall $K = \pm 1$ zu betrachten. Diese Behauptung gilt jedoch nur unter der Vorrausetzung, daß sich die Operatoren der Transitivitätsflächen nicht von Fläche zu Fläche ändern. Wenn V_4 eine indefinite Metrik hat, eine nichttransitive Bewegungsgruppe G_r gestattet, und der allgemeine Rang q der Matrix $(\underset{s}{\xi}^\alpha)$ kleiner als r ist, kann man i. a. die $\underset{s}{\xi}^\alpha$ so umnumerieren, daß

$$\underset{k}{\xi}^\alpha = \varphi_k^t \underset{t}{\xi}^\alpha \quad (t = 1, \ldots, q;\ k = q + 1, \ldots, r)$$

gilt, wobei φ_k Funktionen von x sind. Es sei p die Zahl der unabhängigen Funktionen unter den φ. Dann sind zwei Fälle möglich ([147], S. 272): 1. $x^1, \ldots, x^n$ sei ein Koordinatensystem, in dem $\underset{s}{\xi}^\nu = 0$ für $\nu = q + 1, \ldots, n$ ist. Der Rang der Jacobischen Matrix, die aus den partiellen Ableitungen der Funktionen φ nach $x^1, \ldots, x^q$ gebildet ist, sei p. Dann gibt es Koordinatensysteme, in denen die Komponenten $\underset{s}{\xi}^\alpha$ nicht von $x^{q+1}, \ldots, x^n$ abhängen. 2. Der Rang der Jacobischen ist kleiner als p. Dann ist diese Behauptung i. a. falsch.

Es genügt zu zeigen, daß die Jacobische im Ursprung eines normalen Koordinatensystems von Null verschieden ist. Wegen der Stetigkeit gilt das Ergebnis dann in einem Gebiet um den Ursprungspunkt.

In dem betrachteten Fall $q = 2$ und $\underset{1}{\xi}^\alpha = \overset{2}{\varphi}\underset{2}{\xi}^\alpha + \overset{3}{\varphi}\underset{3}{\xi}^\alpha$ senken wir den Index α, differenzieren kovariant und beziehen das Ergebnis auf den Ursprung, in dem die Anfangsbedingungen (24.6) gelten. Dann erhalten wir

$$\overset{0}{\underset{1}{\xi}}_{\alpha,\beta} = (\overset{2}{\varphi}_{,\beta}\underset{2}{\xi}_\alpha)_0 + (\overset{3}{\varphi}_{,\beta}\underset{3}{\xi}_\alpha)_0.$$

Setzen wir $\alpha, \beta = 1, 2, 3, 4$, so ergibt sich $\overset{2}{\varphi}_{,1} = \overset{3}{\varphi}_{,2} = \overset{3}{\varphi}_{,1} = 0$ und $\overset{2}{\varphi}_{,2} = 1$, d. h. die zu berechnende Jacobische hat die Form

$$\begin{vmatrix} 0 & 1 \\ 1 & 0 \end{vmatrix} \neq 0.$$

Damit ist bewiesen, daß ein Koordinatensystem existiert, in dem die Transitivitätsflächen die Gleichungen $x^3 = \text{const}$, $x^4 = \text{const}$ haben und $\underset{s}{\xi^\alpha} = \underset{s}{\xi^\alpha}(x^1, x^2)$ ist.

Wir betrachten die Operatoren auf diesen Flächen (für $K = \pm 1$) und berücksichtigen, daß die Struktur der Metrik nur die Form $(- -)$ oder $(- +)$ haben kann. Es genügt, die folgenden Metriken zu betrachten, die auf ein GAUSSsches Koordinatensystem bezogen sind:

$$\begin{aligned} &1°. \quad - dx^{2^2} - \cos^2 x^2 \, dx^{3^2}, \\ &2°. \quad dx^{1^2} - \cos^2 x^1 \, dx^{4^2}, \\ &3°. \quad dx^{4^2} - \operatorname{ch}^2 x^4 \, dx^{1^2}. \end{aligned} \tag{26.1}$$

Mit Hilfe von nichtausgearteten reellen Transformationen kann man jede Metrik in eine dieser drei Formen überführen. Diesen Metriken entsprechen Operatoren, die durch die folgenden KILLING-Vektoren gegeben sind:

1.
$$\left.\begin{aligned} &\underset{1}{\xi^\alpha} = \delta_3^\alpha, \ \underset{2}{\xi^\alpha} = \sin x^3 \, \delta_2^\alpha + \cos x^3 \operatorname{ctg} x^2 \, \delta_3^\alpha, \\ &\underset{3}{\xi^\alpha} = \cos x^3 \, \delta_2^\alpha - \sin x^3 \operatorname{ctg} x^2 \, \delta_3^\alpha; \ G_3 \text{ ist vom Typ IX.} \end{aligned}\right\} \tag{26.2}$$

2.
$$\left.\begin{aligned} &\underset{1}{\xi^\alpha} = \delta_4^\alpha, \ \underset{2}{\xi^\alpha} = \operatorname{sh} x^4 \, \delta_1^\alpha + \operatorname{ch} x^4 \operatorname{tg} x^1 \, \delta_4^\alpha, \\ &\underset{3}{\xi^\alpha} = \operatorname{ch} x^4 \, \delta_1^\alpha + \operatorname{sh} x^4 \operatorname{tg} x^1 \, \delta_4^\alpha \quad G_3 \text{ ist vom Typ VIII.} \end{aligned}\right\} \tag{26.3}$$

3.
$$\left.\begin{aligned} &\underset{1}{\xi^\alpha} = \delta_1^\alpha, \ \underset{2}{\xi^\alpha} = \operatorname{sh} x^4 \, \delta_1^\alpha + \operatorname{ch} x^4 \operatorname{tg} x^1 \, \delta_4^\alpha, \\ &\underset{3}{\xi^\alpha} = \operatorname{ch} x^4 \, \delta_1^\alpha + \operatorname{sh} x^4 \operatorname{th} x^1 \, \delta_4^\alpha; \quad G_3 \text{ ist vom Typ VIII.} \end{aligned}\right\} \tag{26.4}$$

Betrachten wir (26.2). Wenn man die KILLING-Gleichungen $\underset{s}{\xi_{(\alpha,\beta)}} = 0$ für $\underset{1}{\xi^\alpha}$ aufstellt, leitet man ab, daß $g_{\alpha\beta}$ nicht von x^3 abhängt. Aus den Gleichungen für $\underset{2}{\xi^\alpha}$ und $\underset{3}{\xi^\alpha}$ ergibt sich

$$g_{11} = \alpha, \quad g_{14} = \beta, \quad g_{22} = \gamma, \quad g_{33} = \gamma \sin^2 x^2, \quad g_{44} = \delta, \tag{26.5}$$

wobei $\alpha, \beta, \gamma, \delta$ Funktionen von x^1 und x^4 und die übrigen Komponenten von $g_{\alpha\beta}$ gleich Null sind.

Wir wollen nun die allgemeine Form der zulässigen Transformation für die KILLING-Vektoren (26.2) bestimmen. Wenn die Transformation in der Form

$$x^{\alpha'} = \varphi^\alpha (x^1, \ldots, x^n)$$

gegeben ist, gilt per definitionem

$$\underset{1}{\xi^{\alpha'}} \equiv \partial_3 \varphi^{\alpha'} = \delta_3^{\alpha'},$$

$$\underset{2}{\xi^{\alpha'}} \equiv \sin x^3 \partial_2 \varphi^{\alpha'} + \cos x^3 \operatorname{ctg} x^2 \partial_3 \varphi^{\alpha'} = \sin \varphi^3 \delta_2^{\alpha'} + \cos \varphi^3 \operatorname{ctg} \varphi^2 \, \delta_3^{\alpha'},$$

$$\underset{3}{\xi^{\alpha'}} \equiv \cos x^3 \partial_2 \varphi^{\alpha'} - \sin x^3 \operatorname{ctg} x^2 \partial_3 \varphi^{2'} = \cos \varphi^3 \delta_2^{\alpha'} - \sin \varphi^3 \operatorname{ctg} \varphi^2 \delta_3^{\alpha'}.$$

Setzt man $\alpha = 1, 2, 3, 4$, so erhält man ein Differentialgleichungssystem mit partiellen Ableitungen erster Ordnung und vier unbekannten Funktionen. Das allgemeine Integral dieses Systems hat die folgende Form:

$$x^{1'} = \overset{*}{f}(x^1, x^4), \quad x^{2'} = x^2 + \overset{*}{k}\pi,$$
$$x^{3'} = x^3 + \overset{*}{s}\pi, \quad x^{4'} = \overset{*}{\theta}[x^1, x^4),$$

wobei $\overset{*}{k}, \overset{*}{s}$ ganze Zahlen und $\overset{*}{f}, \overset{*}{\theta}$ beliebige Funktionen von x^1 und x^4 sind. Offensichtlich ist diese Transformation nicht ausgeartet. Ihre Umkehrung läßt sich mit den gleichen Formeln schreiben, wobei man nur die Plätze von x^α und $x^{\alpha'}$ zu vertauschen und das Zeichen „*“ fortzulassen hat. Bei der Anwendung einer solchen Transformation bleiben $\overset{s}{\xi^\alpha}$, die Gleichungen $x^2 = \text{const}$, $x^3 = \text{const}$ für die Transitivitätsflächen und daher auch die Struktur der Integrale (26.5) fest. Die transformierten Komponenten $g'_{\alpha\beta}$ des metrischen Tensors sind

$$g'_{11} = \alpha(\partial_1 f)^2 + 2\beta\,\partial_1 f\,\partial_1\theta + \delta(\partial_1\theta)^2,$$
$$g'_{14} = \alpha\delta_1 f\partial_4 f + \beta(\partial_1 f\partial_4\theta + \partial_4 f\partial_1\theta) + \delta\partial_1\theta\partial_4\theta,$$
$$g'_{44} = \alpha(\partial_4 f)^2 + 2\beta\partial_4 f\partial_4\theta + \delta(\partial_4\theta)^2.$$

Durch spezielle Wahl von f ind θ kann man erreichen, daß

$$g'_{14} = 0, \quad g'_{11}g'_{44} = -1$$

gilt. Das führt auf das Differentialgleichungssystem

$$\partial_1 f = -\frac{(\beta\partial_4 f + \delta\partial_2\theta)}{\alpha\partial_4 f + \beta\partial_4\theta}\partial_1\theta, \quad (\partial_1\theta)^2 = -\frac{(\alpha\partial_4 f + \beta\partial_4\theta)^2}{(\alpha\delta - \beta^2)g'^2_{44}},$$

wobei g'_{44} nur von den Ableitungen $\partial_4 f$ und $\partial_4\theta$ abhängt. Wir zeigen, daß das angegebene Gleichungssystem verträglich ist und auf ein reelles Koordinatensystem führt. Um die letztere Behauptung zu beweisen, hat man zu zeigen, daß der rechte Teil der zweiten Gleichung größer als Null ist, d. h. $\alpha\delta - \beta^2 < 0$. In der Tat gilt für die Metrik (26.5)

$$g \equiv |g_{\alpha\beta}| = (\alpha\delta - \beta^2)\gamma^2 \sin^2 x^2 < 0,$$

also $\alpha\delta - \beta^2 < 0$. Wir bestimmen $\partial_1\theta$ aus der zweiten Gleichung und setzen den erhaltenen Ausdruck in die erste Gleichung ein. Unter der Annahme, daß die in der ersten Gleichung vorkommenden Funktionen in einem gewissen Gebiet holomorph sind, ergibt sich ein Gleichungssystem vom CAUCHY-KOWALEWSKIschen Typ (S. P. FINIKOW [160], § 1):

$$\partial_1 f = F(x; \partial_4 f, \partial_4\theta), \quad \partial_1\theta = \Psi(x; \partial_4 f, \partial_4\theta).$$

Daher ist das Gleichungssystem verträglich. Wählt man für f und θ Integrale dieses Systems, die den oben aufgestellten Forderungen genügen, so nimmt die

Metrik die Form

$$(g_{\alpha\beta}) = \begin{pmatrix} \alpha & 0 & 0 & 0 \\ 0 & \gamma & 0 & 0 \\ 0 & 0 & \gamma\,\mathrm{sh}^2 x^2 & 0 \\ 0 & 0 & 0 & -\dfrac{1}{\alpha} \end{pmatrix} \tag{26.6}$$

an, wobei α, γ Funktionen von x^1, x^4 sind. Das Koordinatensystem ist vierfach orthogonal.

Wir stellen die Feldgleichungen $R_{\alpha\beta} = 0$ für diese Metrik auf. Sechs der zehn Feldgleichungen sind identisch erfüllt. Die übrigen vier haben die Form

$$\left.\begin{aligned} &\frac{2}{\gamma}\left(\gamma_{11} - \frac{\gamma_1^2}{2\gamma}\right) - \frac{1}{\gamma}\left(\frac{\alpha_1\gamma_1}{\alpha} + \alpha\alpha_4\gamma_4\right) - \alpha\left(\alpha_{44} + \frac{\alpha_{11}}{\alpha^2} - \frac{2\alpha_1^2}{\alpha^3}\right) = 0,\\ &\frac{2}{\gamma}\left(\gamma_{44} - \frac{\gamma_2^4}{2\gamma} + \frac{\alpha_1\gamma_1}{2\alpha^3} + \frac{\alpha_4\gamma_4}{2\alpha}\right) + \frac{1}{\alpha}\left(\alpha_{44} + \frac{\alpha_{11}}{\alpha_2} - \frac{2\alpha_1^2}{\alpha^3}\right) = 0,\\ \gamma_{14} - \frac{\gamma_1\gamma_4}{2\gamma} + \frac{1}{2\alpha}&(\alpha_1\gamma_4 - \alpha_4\gamma_1) = \frac{\gamma_{11}}{\alpha} - \alpha\gamma_{44} - \frac{\alpha_1\gamma_1}{\alpha_2} - \alpha_4\gamma_4 - 2 = 0. \end{aligned}\right\} \tag{26.7}$$

Dabei sind der Kürze halber die Bezeichnungen $\partial_i f \equiv f_i (i = 1, 4)$ eingeführt worden. Dieses System ist verträglich, da im folgenden im Fall $T_{1,4}$ eine konkrete Lösung angegeben wird. Auf die Frage nach der Lösungsmannigfaltigkeit von (26.7) wollen wir hier nicht eingehen, obgleich sich diese Aufgabe mit bekannten Methoden (S. P. Finikow [160], S. 19—23) zu Ende führen läßt.

Da sich für die Killing-Vektoren (26.3), (26.4) alle Überlegungen buchstäblich wiederholen, gehen wir nicht auf die Einzelheiten ein (siehe Aufgabe 2), sondern geben einfach die entsprechenden beiden Lösungen der Feldgleichungen für $T_{1,3}$ mit der Struktur VIII an:

$$(g_{\alpha\beta}) = \begin{pmatrix} \alpha & 0 & 0 & 0 \\ 0 & \beta & 0 & 0 \\ 0 & 0 & \dfrac{1}{\beta} & 0 \\ 0 & 0 & 0 & -\alpha\cos^2 x^1 \end{pmatrix}, \tag{26.8}$$

wobei α, β Funktionen von x^2 und x^3 sind, die dem Gleichungssystem

$$\left.\begin{aligned} &\frac{1}{\alpha}\left(\alpha_{22} - \frac{\alpha_2^2}{2\alpha} - \frac{\alpha_2\beta_2}{2\beta} + \frac{\beta\alpha_3\beta_3}{2}\right) + \beta\left(\frac{\beta_{33}}{2} - \frac{\beta_{22}}{2\beta^2} + \frac{\beta_2^2}{\beta^3}\right) = 0,\\ &\frac{1}{\alpha}\left(\alpha_{33} - \frac{\alpha_3^2}{2\alpha} - \frac{\alpha_2\beta_2}{2\beta^3} + \frac{\alpha_3\beta_3}{2\beta}\right) + \frac{1}{\beta}\left(\frac{\beta_{33}}{2} - \frac{\beta_{22}}{2\beta^2} + \frac{\beta_2^2}{\beta^3}\right) = 0,\\ \alpha_{23} - \frac{\alpha_2\beta_3}{2\alpha} - \frac{\beta_2\beta_3}{2\beta} + \frac{\alpha_3\beta_2}{2\beta} &= \alpha_{22} + \beta^2\alpha_{33} - \frac{\alpha_2\beta_2}{\beta} + \beta\alpha_3\beta_3 - 2\beta \doteq 0 \end{aligned}\right\} \tag{26.9}$$

genügen, und

$$(g_{\alpha\beta}) = \begin{pmatrix} \alpha & 0 & 0 & 0 \\ 0 & \beta & 0 & 0 \\ 0 & 0 & \beta \operatorname{ch}^2 x^2 & 0 \\ 0 & 0 & 0 & -\dfrac{1}{\alpha}, \end{pmatrix} \tag{26.10}$$

wobei α, β Funktionen von x^1 und x^4 sind, die dem Gleichungssystem

$$\left.\begin{aligned} \alpha\left(\frac{\alpha_{11}}{\alpha^2} + \alpha_{44} - \frac{2\alpha_1^2}{\alpha^3}\right) + \frac{2}{\beta}\left(-\beta_{11} + \frac{\beta_1^2}{2\beta} + \frac{\alpha_1\beta_1}{2\alpha} - \alpha\frac{\alpha_4\beta_4}{2}\right) &= 0, \\ \frac{1}{\alpha}\left(\frac{\alpha_{11}}{\alpha^3} + \alpha_{44} - \frac{2\alpha_4^2}{\alpha^3}\right) + \frac{2}{\beta}\left(\beta_{44} - \frac{\beta_4^2}{2\beta} + \frac{\alpha_1\beta_4}{2\alpha^3} - \frac{\alpha_4\beta_4}{2\alpha}\right) &= 0, \\ \beta_{14} - \frac{\beta_1\beta_4}{2\beta} + \frac{1}{2\alpha}(\alpha_1\beta_4 - \alpha_4\beta_1) &= 0, \\ \beta_{11} - \alpha^2\beta_{44} - \frac{1}{\alpha}\alpha_1\beta_1 + \alpha\alpha_4\beta_4 + 2\alpha &= 0 \end{aligned}\right\} \tag{26.11}$$

genügen.

Mit diesen drei Lösungen sind die Möglichkeiten für Räume $T_{1,3}$ mit nichtauflösbaren Bewegungsgruppen G_3, die auf zweidimensionale Transivitätsflächen konstanter Krümmung wirken, erschöpft.

2. Wir betrachten die Struktur (24.5). Die zugehörigen Operatoren wirken auf pseudoeuklidische zweidimensionale Flächen. G_3 hat eine einparametrige stationäre Untergruppe. Als KILLING-Vektoren kann man die Vektoren

$$\underset{1}{\xi}^\alpha = \delta_1^\alpha, \quad \underset{2}{\xi}^\alpha = \delta_4^\alpha, \quad \underset{3}{\xi}^\alpha = x^4\delta_1^\alpha + x^1\delta_4^\alpha \tag{26.12}$$

nehmen, für die das System der KILLING-Gleichungen die Form

$$\partial_1 g_{\alpha\beta} = \partial_4 g_{\alpha\beta} = 0,$$

$$g_{\alpha\sigma}\partial_\beta(x^4\delta_1^\sigma + x^1\delta_4^\sigma) + g_{\beta\sigma}\partial_\alpha(x^4\delta_1^\sigma + x^1\delta_4^\sigma) = 0$$

hat. Daher hängt $g_{\alpha\beta}$ nicht von x^1 und x^4 ab, und es gilt außerdem

$$g_{4i} = 0 \ (i = 1, 2, 3), \quad g_{12} = g_{13} = g_{11} + g_{44} = 0.$$

Deshalb haben die Komponenten des metrischen Tensors die Form

$$g_{11} = \alpha, \ g_{22} = \beta, \ g_{23} = \gamma, \ g_{33} = \delta, \ g_{44} = -\alpha,$$

wobei $\alpha, \beta, \gamma, \delta$ Funktionen von x^2, x^3 sind, und alle übrigen Komponenten verschwinden. Die allgemeine Form der zulässigen Transformation ist für diese Operatoren

$$x^1 = x^{1'}, \quad x^2 = \varphi(x^{2'}, x^{3'}), \quad x^3 = \psi(x^{2'}, \quad x^{3'}), x^4 = x^{4'}.$$

Wählt man φ und ψ als Integrale des verträglichen Differentialgleichungssystems

$$\partial_2\varphi = -\frac{\partial_2\psi(\partial_3\varphi + \gamma\partial_3\psi)}{\beta\partial_3\varphi + \gamma\partial_3\psi}, \quad (\partial_2\psi)^2 = \frac{(\beta\partial_3\varphi + \gamma\partial_3\psi)^2}{(\beta\delta - \gamma^2)g_3'^2},$$

so lassen sich mit Hilfe der entsprechenden reellen Transformationen die Forderungen

$$g_{23}' = 0, \quad g_{22}'g_{33}' = 1$$

befriedigen. Danach ist

$$(g_{\alpha\beta}) = \begin{pmatrix} \alpha & 0 & 0 & 0 \\ 0 & \beta & 0 & 0 \\ 0 & 0 & \frac{1}{\beta} & 0 \\ 0 & 0 & 0 & -\alpha \end{pmatrix}, \tag{26.13}$$

wobei α, β Funktionen von x^2, x^3 sind, die noch den Feldgleichungen

$$\left.\begin{aligned} \alpha_{22} - \beta^2\alpha_{33} - \frac{\alpha_2^2}{2\alpha} + \frac{\beta^2\alpha_3^2}{2\alpha} &= 0, \\ \frac{1}{\alpha}\left(\alpha_{33} - \frac{\alpha_3^2}{2\alpha} - \frac{\alpha_2\beta_2}{2\beta^3} + \frac{\alpha_3\beta_3}{2\beta}\right) + \frac{1}{2\beta}\left(\beta_{33} + \frac{\beta_{22}}{\beta^2} + \frac{4\beta_2^2}{\beta^3}\right) &= 0, \\ \alpha_{33} - \frac{\alpha_3^2}{4\alpha} - \frac{\alpha_2\beta_2}{2\beta^3} + \frac{\alpha_3\beta_3}{2\beta} + \frac{\alpha_2^2}{4\alpha\beta^2} &= 0, \\ \alpha_{23} - \frac{\alpha_2\alpha_3}{2\alpha} - \frac{\alpha_2\beta_3}{2\beta} + \frac{\alpha_3\beta_2}{2\beta} &= 0 \end{aligned}\right\} \tag{26.14}$$

genügen müssen.

3. Wir betrachten nun eine abelsche Gruppe G_3, die den Bedingungen (24.6) genügt, unter der Voraussetzung, daß es keine von der Einheit verschiedene stationäre Untergruppe gibt und G_3 auf nichtisotrope Transitivitätshyperflächen wirkt. Da die Hyperflächen nichtisotrop sind, müssen sie geodätisch parallel sein. Daher gibt es ein Koordinatensystem, in dem die Gleichungen der Transitivitätshyperflächen die Form $x^4 = \text{const}$ haben. In diesem Koordinatensystem ist

$$g_{i4} = 0 \ (i = 1, 2, 3), \ g_{44} = e_4 = \pm 1.$$

Da der Rang der Matrix $(\underset{s}{\xi}^\alpha)$ gleich der Gruppenordnung ist, kann man als Operatoren der Gruppe beliebige Operatoren wählen, die eine abelsche Struktur vom Rang 3 definieren und nicht von x^4 abhängen. Dadurch ist die Gruppe bis auf Ähnlichkeiten festgelegt. Wir wählen die folgenden Operatoren: $\underset{s}{\xi}^\alpha = \delta_s^\alpha$ ($s = 1, 2, 3$; $\alpha = 1, 2, 3, 4$). Dann ergibt sich aus den Killing-Gleichungen, daß die $g_{\alpha\beta}$ nur von x^4 abhängen.

Aus den Anfangsbedingungen (24.6) folgt, daß für ein beliebiges orthonormiertes 4-Bein

$$\overset{0}{\underset{s}{\xi}}{}_{[\alpha}\overset{0}{\underset{s}{\xi}}{}_{\beta,\gamma]} = 0 \tag{26.15}$$

gilt. Die Vektoren $\overset{0}{\underset{s}{\xi}}{}_{\alpha}$ sind also bis auf einen Skalarfaktor Gradientenfelder. Das ist offensichtlich auch für ein beliebiges holonomes Koordinatensystem der Fall. Im allgemeinen werden die Vektoren $\underset{s}{\xi}{}_{\alpha}$ des orthonormierten 4-Beins mit den $\underset{s}{\xi}{}^{\alpha}$ in dem oben gewählten holonomen Koordinatensystem nicht zusammenfallen. Sie stimmen bis auf eine Linearkombination mit konstanten Koeffizienten überein. Für eine abelsche Struktur kann man aber das Zusammenfallen der beiden Vektorsysteme immer erreichen, ohne die Struktur zu ändern. Daher kann man die $\underset{s}{\xi}{}^{\alpha}$ als Koordinatenvektoren benutzen. Dann ergibt sich aus (26.15) das Gleichungssystem

$$g_{ij}g'_{jk} + g_{jk}g'_{ij} = 0 \quad (i, j, k = 1, 2, 3),$$

wobei von den i, j, k mindestens zwei voneinander verschieden sind. Daraus folgt

$$g'_{ij} = 0 \quad (i \neq j).$$

Die Winkel zwischen den $\underset{s}{\xi}{}^{\alpha}$ sind unabhängig von der Wahl der Fläche $x^4 = \text{const}$. Man kann diese Vektoren so wählen, daß

$$g_{ij} = 0 \quad (i \neq j)$$

gilt. Daher gestattet der Raum ein vierfach orthogonales Koordinatensystem, in dem die Metrik die Form

$$ds^2 = \sum_1^3 g_{ii}\, dx^{i^2} + e_4\, dx^{4^2}, \quad e_4 = \pm 1 \tag{26.16}$$

hat, wobei die Funktionen g_{ii} nur von x^4 abhängen.

Wir stellen die Feldgleichungen für diese Metrik auf. Mit der Bezeichnung $g_{ii} = \alpha_i(x^4)$ sind die Komponenten des Krümmungstensors

$$R_{ijij} = -\frac{e_4 \alpha'_i \alpha'_j}{4}, \quad R_{i4i4} = -\frac{1}{2}\alpha''_i + \frac{\alpha'^2_i}{4\alpha_i} \quad (i, j = 1, 2, 3;\ i \neq j),$$

und die übrigen Komponenten sind gleich Null. Der Ricci-Tensor hat also die Form

$$R_{ii} = \frac{1}{\alpha_j} R_{ijij} + \frac{1}{\alpha_k} R_{ikik} + e_4 R_{i4i4},$$

$$R_{44} = \sum_1^3 R_{i4i4}, \quad R_{ij} = 0 \quad (i, j, k \neq 4),$$

und die Feldgleichungen ergeben sich zu

$$\alpha_i'' + \frac{1}{2}\alpha_i'\left(\frac{\alpha_j'}{\alpha_j} + \frac{\alpha_k'}{\alpha_k} - \frac{\alpha_i'}{\alpha_i}\right) = 0, \qquad \sum_1^3 \left(\alpha_i'' - \frac{1}{2}\frac{\alpha_i'^2}{\alpha_i}\right) = 0.$$

Wenn man $\alpha_i = e_i e^{2\tau_i}$, $e_i = \pm 1$ setzt, ergibt sich das Gleichungssystem

$$\tau_i'' = \tau_i' \sum_1^3 \tau_j' = 0 \quad (i = 1, 2, 3), \quad \sum_1^3 \tau_i'' + \sum_1^3 \tau_i'^2 = 0. \tag{26.17}$$

Addiert man die Gleichungen der ersten Gruppe für $i = 1, 2, 3$, so erhält man

$$\sum_{j=1}^3 \tau_j'' + \left(\sum_{j=1}^3 \tau_j'\right)^2 = 0.$$

Wenn man daher $\Sigma\, \tau_j = \omega$ setzt, ergibt sich zur Bestimmung von ω die Gleichung

$$\omega'' + \omega'^2 = 0$$

mit der allgemeinen Lösung

$$\omega = \ln(c_1 x^4 + c_2), \quad c_1, c_2 = \text{const} \tag{26.18}$$

und der singulären Lösung $\omega = \text{const}$.

Im Fall (26.18) folgt aus (26.17)

$$\tau_1 = \ln(c_1 x^4 + c_2)^{\beta_i} + \gamma_i, \quad \sum \beta_i = 1, \quad \sum \beta_i^2 = 1, \quad \sum \gamma_i = 0. \tag{26.19}$$

Die singuläre Lösung führt auf einen ebenen Raum und braucht daher nicht weiter betrachtet zu werden. Wir setzen $2\beta_i = \lambda_i$. Dann ist

$$\alpha_i = e_i e^{2\gamma_i}(c_1 x^4 + c_2)^{\lambda_i}, \quad e_i = \pm 1, \quad \prod_1^3 e_i = -1,$$

wobei die Konstanten λ_i und γ_i den Beziehungen

$$\sum_1^3 \gamma_i = 0, \quad \sum_1^3 \lambda_i = 2, \quad \sum \lambda_i \lambda_j = 0 \quad (i \neq j) \tag{26.20}$$

genügen.

4. Der Fall voneinander verschiedener stationärer Krümmungen mit einer abelschen Struktur und den Bedingungen (24.6). Aus diesen folgt, daß es keine von der Einheit verschiedene stationäre Untergruppe gibt, der Rang der Matrix (ξ^α_s) gleich drei ist und die Gruppe auf nichtisotrope Transitivitätshyperflächen wirkt, deren Metrik indefinit mit der Signatur $(- - +)$ ist.

Wählen wir diese geodätisch parallelen Hyperflächen als Koordinatenflächen mit den Gleichungen $x^1 = \text{const}$, so ist $g_{11} = -1, g_{i1} = 0 (i \neq 1)$, und die Operatoren der Gruppe kann man gleich

$$\underset{1}{\xi}^\alpha = \delta_2^\alpha, \quad \underset{2}{\xi}^\alpha = \delta_3^\alpha, \quad \underset{3}{\xi}^\alpha = \delta_4^\alpha$$

setzen. Daraus folgt $g_{\alpha\beta} = g_{\alpha\beta}(x^1)$, und die Metrik hat die Form

$$(g_{\alpha\beta}) = \begin{pmatrix} -1 & 0 \\ 0 & A \end{pmatrix}, \quad A = (a_{ij}) \quad (i, j = 2, 3, 4), \tag{26.21}$$

wobei die a_{ij} Funktionen von x^1 sind.

Stellen wir nun die Feldgleichungen für die Metrik (26.21) auf, so ergibt sich, daß drei Gleichungen identisch erfüllt sind und die übrigen die Form

$$\left.\begin{aligned} a^{ij}\left(a''_{ij} - \frac{1}{2} a^{pq} a'_{pi} a'_{qi}\right) = 0, \\ a''_{ij} + \frac{1}{2} a^{pq}(a'_{pq} a'_{ij} - 2a'_{pi} a'_{qj}) = 0, \\ a_{ip} a^{pq} = \delta_i^q \ (i, j, p, q = 2, 3, 4) \end{aligned}\right\} \tag{26.22}$$

haben, d. h. wir erhalten ein gewöhnliches Differentialgleichungssystem, das in [471] gelöst wird.

5. Die Struktur (24.8). Es gibt keine von der Einheit verschiedene stationäre Untergruppe. Die Gruppe hat maximalen Rang und wirkt als einfach-transitive Gruppe auf nichtisotrope Transitivitätshyperflächen mit einer Metrik vom Typ $(- - +)$. Wie man leicht sieht, kann man die Struktur (24.8) mit Hilfe einer nichtausgearteten linearen Transformation in die Struktur der Gruppe G_3 vom Typ VII (für $q = 1$) überführen:

$$[X_1 X_2] = 0, \quad [X_1 X_3] = X_2, \quad [X_2 X_3] = -X_1 + X_2.$$

Da die Transitivitätsflächen dreidimensional sind, kann man sie wie oben als Koordinatenflächen mit den Gleichungen $x^1 = \text{const}$ wählen. Die Operatoren kann man in der Form

$$X_1 = p_3, \quad X_2 = p_4, \quad X_3 = p_2 - x^4 p_3 + (x^3 + x^4) p_4$$

annehmen. Da in diesem Gaussschen Koordinatensystem $g_{11} = -1$, $g_{1i} = 0$ $(i = 2, 3, 4)$ ist, erhält man durch Integration der Killing-Gleichungen für die angegebenen Operatoren die folgende Metrik:

$$\left.\begin{aligned}
&g_{11} = -1, \quad g_{1i} = 0 \quad (i = 2, 3, 4),\\
&g_{22} = a_{22}, \; g_{23} = e^{-\frac{x^1}{2}} A \cos\omega,\\
&g_{24} = \frac{1}{2} e^{-\frac{x^1}{2}} A (\cos\omega + \sqrt{3}\sin\omega),\\
&g_{33} = e^{-x^1} (C + B\cos\nu),\\
&g_{34} = \frac{1}{2} e^{-x^1} [C + B(\cos\nu + \sqrt{3}\sin\nu)],\\
&g_{44} = \frac{1}{2} e^{-x^1} [2C - B(\cos\nu - \sqrt{3}\sin\nu)],\\
&\omega = \frac{\sqrt{3}\, x^2}{2} + \varphi, \quad \nu = \sqrt{3}\, x^2 + \psi.
\end{aligned}\right\} \tag{26.23}$$

Dabei sind a_{22}, A, B, C, φ, ψ Funktionen von x^1. Stellt man die Feldgleichungen für diese Metrik auf, so ergibt sich ein Gleichungssystem, dem diese Funktionen genügen müssen (siehe Aufgabe 1 dieses Paragraphen).

Räume T_1, die eine Bewegungsgruppe G_4 gestatten

Wir betrachten die oben eingeführten Räume T_1, die eine Bewegungsgruppe G_3 gestatten, und suchen unter ihnen diejenigen Räume, die sogar eine Gruppe G_4 gestatten.

1. Nichtauflösbare Gruppe G_4 vom Typ VIII mit der Metrik (26.8). Es gibt nur eine Bewegungsgruppe G_4 für den Raum T_1, die eine Gruppe G_3 als Untergruppe enthält, nämlich (24.11). Daher hat man für die Operatoren (26.3) den Operator X_4 so zu bestimmen, daß die Kommutatoren $[X_i X_4]$ $(i = 1, 2, 3)$ gleich Null werden. Das führt auf die Gleichungen

$$\left.\begin{aligned}
\partial_1 \underset{4}{\xi}^\alpha &= 0,\\
A \operatorname{ch} x^4 + B \operatorname{sh} x^4 &= 0,\\
A \operatorname{sh} x^4 - B \operatorname{ch} x^4 &= 0
\end{aligned}\right\} \tag{26.24}$$

mit

$$A = \operatorname{tg} x^1 \partial_4 \underset{4}{\xi}^\alpha - \frac{1}{\cos^2 x^1} \underset{4}{\xi}^1 \delta_4^\alpha - \underset{4}{\xi}^4 \delta_1^\alpha$$

und

$$B = \underset{4}{\xi}^4 \operatorname{tg} x^1 \partial_4^\alpha.$$

Daher gilt $A = B = 0$, d. h.

$$\underset{4}{\xi}^4 = 0, \quad \operatorname{tg} x^1 \partial_4 \underset{4}{\xi}^\alpha - \frac{1}{\cos^2 x^1} \underset{4}{\xi}^1 \delta_4^\alpha = 0,$$

$\underset{4}{\xi}^\alpha$ hängt nicht von x^1 ab, also ist $\underset{4}{\xi}^1 = 0, \partial_4 \underset{4}{\xi}^\alpha = 0$ oder

$$\underset{4}{\xi}^\alpha = \underset{4}{\xi}^2(x^2, x^3)\,\delta_2^\alpha + \underset{4}{\xi}^3(x^2, x^3)\,\delta_3^\alpha.$$

Mit Hilfe der zulässigen Transformationen

$$x^{1'} = x^1 + k\pi, \quad x^{2'} = \varphi(x^2, x^3), \quad x^{3'} = \psi(x^2, x^3), \quad x^{4'} = x^4$$

kann man $\underset{4}{\xi}^\alpha$ in die Form

$$\underset{4}{\xi}^\alpha = \delta_3^\alpha$$

überführen, d. h. $g_{\alpha\beta}$ hängt nicht von x^3 ab. Nun haben die zulässigen Transformationen für alle vier Operatoren die Form

$$x^{1'} = x^1 + k\pi, \quad x^{2'} = \varphi(x^2), \quad x^{3'} = \psi(x^3), \quad x^{4'} = x^4.$$

Mit ihrer Hilfe kann man wieder die Metrik (26.8) ableiten, aber mit der zusätzlichen Bedingung $\partial_3\alpha = \partial_3\beta = 0$, wodurch die Feldgleichungen (26.9) in die Gleichungen

$$\alpha_{22} - \frac{1}{2\alpha}\alpha_2^2 = 0, \quad \beta_{22} - \frac{2}{\beta}\beta_2^2 + \frac{1}{\alpha}\alpha_2\beta_2 = 0, \quad \alpha_{22} - \frac{1}{\beta}\alpha_2\beta_2 = 2\beta$$

übergehen, die sich durch Quadraturen integrieren lassen. Wir erhalten die Metrik

$$ds^2 = -(c_1x^2 + c_2)^2\,dx^{1^2} - \frac{c_1(c_1x^2 + c_2)}{x^2 + c_2}\,dx^{2^2} - \frac{x^2 + c^3}{c_1(c_1x^2 + c_3)}\,dx^{3^2} + (c_1x^2 + c_2)^2\cos^2 x^1\,dx^{4^2}, \tag{26.25}$$

wobei c_i Konstanten sind, d. h. eine statische Lösung mit nichtauflösbarer Bewegungsgruppe G_4.

Durch weitere Erhöhung der Beweglichkeit kommt man zu einem ebenen Raum.

Das gleiche gilt für die Metrik (26.8) und (26.10). Durch buchstäbliche Wiederholung der Überlegungen ergeben sich die Metriken

$$ds^2 = -\frac{c_1(c_1x^1 + c_2)}{x^1 + c_3}\,dx^{1^2} - (c_1x^1 + c_2)^2\,dx^{2^2} - (c_1x^1 + c_2)^2\sin^2 x^2\,dx^{3^2} + \frac{x^1 + c_3}{c_1(c_1x^1 + c_2)}\,dx^{4^2} \tag{26.26}$$

und

$$ds^2 = -\frac{c_1(c_1x^1+c_2)}{c_3-x^1}\,dx^{1^2} - (c_1x^1+c_2)^2\,dx^{2^2} - (c_1x^1+c_2)^2\,\mathrm{ch}^2x^2\,dx^{3^2} + \frac{c_3-x^1}{c_1(c_1x^1+c_2)}\,dx^{4^2}. \quad (26.27)$$

Setzt man in (26.26) $c_1 = 1$, $c_2 = 0$, $c_3 = -2a$, so erhält man die SCHWARZSCHILD*sche Lösung*, und für $c_1 = 1$, $c_3 = 2a$ ergibt sich die „reziproke" *Lösung von* BUCHDAHL (siehe § 14). Bei diesen drei Lösungen kann man mit Hilfe von linearen Transformationen (Translationen und Drehungen) die Anzahl der wesentlichen Parameter auf Eins reduzieren.

2. Für (26.15) ist die Struktur (24.11) die einzige, die die gegebene Gruppe G_3 als Untergruppe enthält. Die zugehörige Metrik ist

$$ds^2 = -c_1\frac{(c_1x^1+c_2)}{c_3-x^1}\,dx^{1^2} - (c_1x^1+c_2)^2\,dx^{2^2} - (c_1x^1+c_2)^2\,\mathrm{ch}^2\,x^2\,dx^{3^2} + \frac{c_3-x^1}{c_1(c_1x^1+c_2)}\,dx^{4^2}. \quad (26.28)$$

3. Das gleiche gilt für die Metrik (26.13) mit auflösbarer Struktur. Es gibt nur eine Struktur G_4 mit dieser Untergruppe G_3, nämliche die Struktur mit drei zusätzlichen Kommutatoren:

$$[X_1X_4] = 0, \quad [X_2X_4] = sX_2, \quad [X_3X_4] = sX_3.$$

Durch lineare Transformation kann man das Problem auf die folgende Aufgabe zurückführen: Man bestimme $\underset{4}{\xi}^\alpha$ für die Struktur

$$[X_1X_2] = 0, \quad [X_1X_3] = X_2, \quad [X_2X_3] = X_1, \quad [X_1X_4] = \varepsilon X_1,$$
$$[X_2X_4] = \varepsilon X_2, \quad [X_3X_4] = 0, \quad \varepsilon = \begin{cases}0\\1\end{cases}$$

und

$$\underset{1}{\xi}^\alpha = \delta_1^\alpha, \quad \underset{2}{\xi}^\alpha = \delta_4^\alpha, \quad \underset{3}{\xi}^\alpha = x^4\delta_1^\alpha + x^1\delta_4^\alpha.$$

Schreibt man die drei letzten Kommutatoren für die $(\underset{s}{\xi}^\alpha)$, so ergibt sich

$$\partial_1\underset{4}{\xi}^\alpha = \varepsilon\delta_1^\alpha, \quad \partial_4\underset{4}{\xi}^\alpha = \varepsilon\delta_4^\alpha, \quad (x^4\varepsilon - \underset{4}{\xi}^4)\delta_1^\alpha + (x^1\varepsilon - \underset{4}{\xi}^1)\delta_4^\alpha = 0.$$

Daraus folgt

$$\underset{4}{\xi}^\alpha = \varepsilon(x^1\delta_1^\alpha + x^4\delta_4^\alpha) + \underset{4}{\xi}^2(x^2, x^3)\delta_2^\alpha + \underset{4}{\xi}^3(x^2, x^3)\delta_3^\alpha.$$

Durch Anwendung der zulässigen Transformationen

$$x^{1'} = x^1, \quad x^{2'} = \varphi(x^2, x^3), \quad x^{3'} = \psi(x^2, x^3), \quad x^{4'} = x^4,$$

die für die ersten drei Operatoren zulässig sind, kann man in die Form

$$\underset{4}{\xi}^{1'} = \varepsilon x^{1'}, \quad \underset{4}{\xi}^{4'} = \varepsilon x^{4'}, \quad \underset{4}{\xi}^{2'} = \partial_2\varphi \underset{4}{\xi}^2 + \partial_3\varphi \underset{4}{\xi}^3,$$
$$\underset{4}{\xi}^{3'} = \partial_2\psi \underset{4}{\xi}^2 + \partial_3\psi \partial_4 \underset{4}{\xi}^3$$

überführen. Wenn die auftretenden Funktionen holomorph sind, läßt sich der vierte Operator daher auf die Form

$$\underset{4}{\xi}^\alpha = \varepsilon x^1 \delta_1^\alpha + \varepsilon x^4 \delta_4^\alpha + \delta_2^\alpha \varepsilon_1, \quad \varepsilon_1 = 0 \text{ oder } 1$$

bringen. Wie oben gezeigt wurde, folgt aus den KILLING-Gleichungen für die ersten drei Operatoren: $g_{11} = \alpha$, $g_{22} = \beta$, $g_{23} = \gamma$, $g_{33} = \delta$, $g_{44} = -\alpha$, und die übrigen Komponenten sind gleich Null. Für den vierten Operator ergibt sich

$$\varepsilon_1 \alpha_2 + 2\varepsilon\alpha = 0, \quad \varepsilon_1 \beta_2 = 0, \quad \varepsilon_1 \gamma_2 = 0, \quad \varepsilon_1 \delta_2 = 0.$$

Aus $\varepsilon_1 = 0$ folgt $\varepsilon\alpha = 0$. Da die Metrik nichtausgeartet ist, gilt $\alpha \neq 0$, also $\varepsilon = 0$. Dann ist aber $\underset{4}{\xi}^\alpha = 0$ im Widerspruch zur Definition der KILLING-Vektoren. Daher ist $\varepsilon_1 = 1$, $\partial_2\alpha + 2\varepsilon\alpha = 0$, und die Funktionen β, γ, δ hängen nur von der Veränderlichen x^3 ab. Wie man leicht sieht, ist der Raum bei $\varepsilon = 1$ ausgeartet. Daher ist $\varepsilon = 0$, und α hängt auch nur von x^3 ab.

Für alle vier Operatoren sind die folgenden Transformationen zulässig:

$$x^{1'} = x^1, \quad x^{2'} = x^2 = \varphi(x^3), \quad x^{3'} = \psi(x^3), \quad x^{4'} = x^4.$$

Mit ihrer Hilfe kann man g'_{23} zu Null machen und die Gleichung $g'_{22} g'_{23} = 1$ befriedigen. Setzen wir in den Gleichungen (26.14) $\partial_2\alpha = \partial_2\beta = 0$, so erhalten wir das Gleichungssystem

$$\alpha_{33} - \frac{\alpha_3^2}{2\alpha} = 0, \quad \beta_{33} + \frac{\alpha_3\beta_3}{\alpha} = 0, \quad \alpha_{33} - \frac{\alpha_3^2}{4\alpha} + \frac{\alpha_3\beta_3}{2\beta} = 0.$$

Lassen wir den Fall eines ebenen Raumes beiseite, so folgt daraus die Metrik

$$(g_{\alpha\beta}) = \begin{pmatrix} -(kx^3+1)^2 & 0 & 0 & 0 \\ 0 & -\dfrac{1}{kx^3+1} & 0 & 0 \\ 0 & 0 & -(kx^3+1) & 0 \\ 0 & 0 & 0 & -(kx^3+1)^2 \end{pmatrix}, \qquad (26.29)$$

d. h. eine *statische* Lösung.

4. Wir betrachten die Metrik (26.16) unter den Bedingungen (26.10) für eine abelsche Gruppe G_3. In diesem Fall ist die Metrik bis auf Konstanten bestimmt. Daher kann man die KILLING-Gleichungen unmittelbar integrieren und den Vektor $\underset{4}{\xi}^a$ der gesuchten Gruppe G_4 bestimmen. Durch Anwendung der Transformation

$$x^{1'} = \sqrt{|c_i^{\lambda_i}|}\, e^{\gamma_i} x^i, \quad x^{4'} = x^4 + \frac{c_2}{c_1}$$

(c_1 ist offensichtlich ungleich Null) läßt sich die Metrik (26.16) in die Form

$$g_{ii} = e_i (x^4)^{\lambda_i}, \quad g_{44} = e_4, \quad g_{\alpha\beta} = 0 \quad (\alpha \neq \beta) \tag{26.30}$$

mit

$$\left.\begin{aligned} \sum \gamma_i = 0, \quad \sum \lambda_i = 2, \quad \sum \lambda_i \lambda_j = 0 \ (i \neq j), \\ \prod_1^4 e_i = -1, \ e_\alpha = \pm 1 \end{aligned}\right\} \tag{26.31}$$

überführen. Schreiben wir die KILLING-Gleichungen für (26.30), so ergibt sich

$$\begin{aligned} \lambda_i \underset{4}{\xi}^4 + 2x^4 \partial_i \underset{4}{\xi}^i &= 0, \\ e_i x^{4^{\lambda_i}} \partial_j \underset{4}{\xi}^i + e_j x^{4^{\lambda_j}} \partial_j \underset{4}{\xi}^j &= 0, \\ e_i x^{4^{\lambda_i}} \partial_4 \underset{4}{\xi}^i + e_4 \partial_i \underset{4}{\xi}^4 &= 0, \\ \partial_4 \underset{1}{\xi}^4 &= 0. \end{aligned}$$

Aus der vierten Gruppe von Gleichungen folgt

$$\underset{1}{\xi}^4 = \varphi(x^1, x^2, x^3).$$

Mit Hilfe der dritten Gruppe kann man

$$\underset{1}{\xi}^i = -e_4 e_j \partial_j \varphi \int (x^4)^{-\lambda_i}\, dx^4 + c^i(x^1, x^2, x^4)$$

bestimmen. Die erste Gruppe läßt sich in der Form

$$\lambda_i \varphi + 2x^4 \{ -e_i e_4 \partial_i \varphi \int (x^4)^{-\lambda_i}\, dx^4 + \partial_i c^i \} = 0$$

schreiben (über i wird nicht summiert).

Wäre $\lambda_i = 2$, so müßte $\lambda_j = \lambda_k = 0$ sein $(j, k \neq i, j \neq k)$. Dann wäre der Raum aber eben. Daher ist $\lambda_i \neq 2$. φ und c^i hängen nicht von x^4 ab, also gilt

$$\lambda_i \varphi = 0, \quad -e_i e_4 \partial_i \varphi \int (x^4)^{-\lambda_i}\, dx^4 + \partial_i c^i = 0.$$

Wäre irgendein $\lambda_i = 0$, so folgte aus (26.31), daß noch ein λ gleich Null und das dritte gleich Zwei wäre, was wieder einen ebenen Raum ergibt. Daher ist $\lambda_i \neq 0$ $(i = 1, 2, 3)$ und folglich

$$\varphi = 0, \quad \partial_i c^i = 0, \quad c^i(x^j, x^k) \quad (j, k \neq i; i, j, k = 1, 2, 3).$$

Wegen $\xi^4 = 0$ ist die gesuchte Gruppe nichttransitiv und $\xi^{i'} = c^i(x^j, x^k)$. Die zweite Gleichungsgruppe ergibt sich zu

$$e_i (x^4)^{\lambda_i} \partial_j c^i + e_j (x^4)^{\lambda_j} \partial_i c^j = 0 \quad (i \neq j)$$

(über i, j wird nicht summiert).

Sind alle λ_i voneinander verschieden, so erhält man die Lösung $c^i = \text{const}$, zu der triviale Operatoren $X_i = p_i$ gehören. Diesen Operatoren entspricht aber keine Gruppe G_4. Die $\lambda_i (i = 1, 2, 3)$ können auch nicht alle gleich sein, weil sich im entgegengesetzten Fall ein Widerspruch zu (26.31) ergibt. Man hat deshalb $\lambda_1 = \lambda_2$ zu setzen. Dann folgt aus (26.31)

$$\lambda_1 = \lambda_2 = \frac{4}{3}, \lambda_3 = -\frac{2}{3}$$

mit $c^1 = c^1(x^2)$, $c^2 = c^2(x^1)$, $c^3 = \text{const}$. Man kann c^3 durch Kombination mit dem Operator X_3, ohne die Struktur zu ändern, in Null überführen. c^1 und c^2 sind lineare Funktionen ihrer Argumente, da ihre Ableitungen gleich den Strukturkonstanten sind. Wie man leicht sieht, kann man c^1 und c^2 in die Form

$$c^1 = k x^2, \quad c^2 = s x^1, \quad e_1 k + e_2 s = 0$$

überführen. Daher ist der vierte Operator

$$\underset{4}{\xi^\alpha} = -e_2 x^2 \delta_1^\alpha + e_1 x^1 \delta_2^\alpha,$$

d. h. er bewirkt eine euklidische oder eine LORENTZ-Drehung je nach der Signatur der Form $g_{11}\, dx^{1^2} + g_{22}\, dx^{2^2}$.

Der Raum ist durch die Metrik

$$ds^2 = e_1 (x^4)^{\frac{4}{3}} dx^{1^2} + e_2 (x^4)^{\frac{4}{3}} dx^{2^2} + e_3 (x^4)^{-\frac{2}{3}} dx^{3^2} + e_4\, dx^{4^2} \qquad (26.32)$$

definiert.

Dieser Typ gehört zu den eindimensionalen Gravitationsfeldern (siehe § 14 und [471]).

Die Metrik (26.32) führt zu einer statischen Lösung, wenn der Index 4 eine räumliche Richtung beschreibt, und zu einer Lösung, die nicht statisch ist, wenn x^4 die Zeit darstellt. Der Metrik (26.32) entspricht immer die Struktur

$$[X_i X_j] = 0 \quad (i, j = 1, 2, 3), \quad [X_1 X_4] = e_1 X_2,$$
$$[X_2 X_4] = -e_2 X_1, \quad [X_3 X_4] = 0,$$

d. h., es liegt der Fall VI_2 der Klassifikation (10.19) vor, in dem G_4 eine abelsche Untergruppe G_3 hat.

5. Wir betrachten den Fall ungleicher stationärer Krümmungen für die Metrik (26.20) unter der Bedingung (26.22). Diese Metrik kommt nur bei abelschen Strukturen vor und bei Anfangsbedingungen, die eine einzige Gruppe G_4 gestatten, die die abelsche Gruppe G_3 als Untergruppe enthält. Die Struktur der Gruppe G_4 ist

$$\left.\begin{aligned} &[X_i X_k] = 0 \ (i, k = 1, 2, 3), \\ &[X_1 X_4] = -\frac{k}{2} X_1 - \frac{k\sqrt{3}}{2} X_3, \\ &[X_2 X_4] = k X_2, \ [X_3 X_4] = \frac{k\sqrt{3}}{2} X_1 - \frac{k}{2} X_3 \ (k \neq 0). \end{aligned}\right\} \tag{26.33}$$

Die Gruppe ist einfach-transitiv, und wegen

$$\underset{1}{\xi^\alpha} = \delta^\alpha_1, \ \underset{2}{\xi^\alpha} = \delta^\alpha_3, \ \underset{3}{\xi^\alpha} = \delta^\alpha_4$$

ist $\underset{4}{\xi^4} \neq 0$. Andererseits ist für die Räume T_1, die der Struktur (24.10) entsprechen, ebenfalls (26.33) (bis auf die Numerierung) die einzige Struktur einer Gruppe G_4, welche die gegebene Gruppe G_3 als Untergruppe enthält. Die beiden Fälle führen also bei Erhöhung der Beweglichkeit auf ein und dieselbe Klasse von Räumen. Da die Struktur (24.10) oben auf die Metrik (26.23) zurückgeführt wurde, genügt es, diejenigen Räume (26.23) zu betrachten, die eine einfach-transitive Gruppe mit der Struktur

$$\left.\begin{aligned} &[X_1 X_2] = 0, \quad [X_1 X_3] = X_2, \ [X_2 X_3] = -X_1 - X_2, \\ &[X_1 X_4] = X_1, \ [X_2 X_4] = X_2, \ [X_3 X_4] = 0 \end{aligned}\right\} \tag{26.34}$$

gestatten. Als erste drei Operatoren kann man die gleichen wie für die Metrik (26.23) wählen. Dann bestimmen die drei letzten Kommutatoren in (26.34) $\underset{4}{\xi^\alpha}$ in der Form

$$\begin{aligned} \underset{4}{\xi^\alpha} = \underset{4}{\xi^1}(x^1)\delta^\alpha_1 + \underset{4}{\xi^2}(x^1)\delta^\alpha_2 + \left[x^3 + e^{\frac{x^2}{2}}\left(p\cos\frac{\sqrt{3}\,x^2}{2} + q\sin\frac{\sqrt{3}\,x^2}{2}\right)\right]\delta^\alpha_3 \\ + \left\{x^4 - \frac{1}{2}e^{\frac{x^2}{2}}\left[\left(p + q\sqrt{3}\right)\cos\frac{\sqrt{3}\,x^2}{2} + \left(q - p\sqrt{3}\right)\sin\frac{\sqrt{3}\,x^2}{2}\right]\right\}\delta^\alpha_4. \end{aligned} \tag{26.35}$$

Wir setzen hier nicht voraus, daß die Transitivitätshyperflächen, auf die X_1, X_2, X_3 wirken, als Koordinatenhyperflächen gewählt sind. Daher kann man zulässige Transformationen anwenden, die diese drei Operatoren fest lassen. Diese Transformationen haben die Form

$$\begin{aligned} x^{1\prime} &= f(x^1), \\ x^{3\prime} &= x^3 + e^{\frac{x^2}{2}}\left[M\cos\nu + N\sin\nu\right], \\ x^{2\prime} &= x^2 + \psi(x^1), \\ x^{4\prime} &= x^4 - \frac{1}{2}e^{\frac{x^2}{2}}\left[\left(M + N\sqrt{3}\right)\cos\nu + \left(N - M\sqrt{3}\right)\sin\nu\right], \end{aligned}$$

wobei f, φ, M, N beliebige Funktionen ihrer Argumente sind, und

$$\nu = \frac{\sqrt{3}\, x^2}{2}$$

gilt. Mit Hilfe dieser Transformationen kann man die KILLING-Vektoren $\underset{4}{\xi^\alpha}$ im neuen Koordinatensystem in der Form

$$\xi^\alpha = \delta_1^\alpha + x^3 \delta_3^\alpha + x^4 \delta_4^\alpha \tag{26.36}$$

darstellen. Danach sind noch die Transformationen

$$\left.\begin{aligned} x^{1'} &= x^1 + c_1, \\ x^{3'} &= x^3 + e^{x^1 + \frac{1}{2} x^2} (c_3 \cos \nu + c_4 \sin \nu), \\ x^{2'} &= x^2 + c_2, \\ x^{4'} &= x^4 - \frac{1}{2} e^{x^1 + \frac{1}{2} x^2} \left[\left(c_3 + c_4 \sqrt{3}\right) \cos \nu + \left(c_4 - c_3 \sqrt{3}\right) \sin \nu\right], \\ c_i &= \text{const} \qquad (i = 1, 2, 3, 4) \end{aligned}\right\} \tag{26.37}$$

zulässig, die alle vier Operatoren fest lassen.

Durch Integration der KILLING-Gleichungen für alle vier Operatoren erhält man die Komponenten des metrischen Tensors

$$\left.\begin{aligned} & g_{11} = c_{11}, \quad g_{12} = c_{12}, \quad g_{13} = c_{13} e^{-x^1} \cos \varrho, \\ & g_{14} = \frac{1}{2} e^{-x^1 - \frac{1}{2} x^2} c_{13} \left(\cos \varrho + \sqrt{3} \sin \varrho\right), \\ & g_{22} = c_{22}, \quad g_{23} = c_{23} e^{-x^1 - \frac{1}{2} x^2} \cos \omega, \\ & g_{24} = \frac{1}{2} e^{-x^1 - \frac{1}{2} x^2} c_{23} \left(\cos \omega + \sqrt{3} \sin \omega\right), \\ & g_{33} = e^{-2x^1 - x^2} (c_{33} + c_{34} \cos \nu), \\ & g_{34} = \frac{1}{4} e^{-2x^1 - x^2} \left[c_{33} + c_{34} \left(\cos \nu + \sqrt{3} \sin \nu\right)\right], \\ & g_{44} = \frac{1}{2} e^{-2x^1 - x^2} \left[2 c_{33} - c_{34} \left(\cos \nu - \sqrt{3} \sin \nu\right)\right], \\ & \varrho = \frac{\sqrt{3}\, x^2}{2} + c_{14}, \quad \omega = \frac{\sqrt{3}\, x^2}{2} + c_{24}, \quad \nu = \sqrt{3}\, x^2 + c_{44}, \end{aligned}\right\} \tag{26.38}$$

wobei $c_{ij} = \text{const}$ ist. Mit Hilfe der vier beliebigen Konstanten in der zulässigen Transformation (26.37) kann man diese Metrik noch vereinfachen. Man kann c_3 und c_4 so wählen, daß im neuen Koordinatensystem $c_{1'3'} = c_{2'3'} = 0$ wird.

Setzt man $c_2 = \frac{c_{44}}{\sqrt{2}}$, so wird $c_{4'4'} = 0$, und mit Hilfe der Konstanten c_1 kann man noch den Koeffizienten $c_{3'4'}$ vereinfachen. c_{34} ist ungleich Null, da sonst die Metrik keine LORENTZ-Signatur hätte. Also kann man durch spezielle Wahl von c_1 noch c_{34} in $\varepsilon = \pm 1$ überführen. Danach hat die Metrik die Form

$$(g_{\alpha\beta}) = \begin{Vmatrix} \alpha & \beta & 0 & 0 \\ \beta & \gamma & 0 & 0 \\ 0 & 0 & e^{-2x^1-x^2}(\delta + \varepsilon\cos\nu) & \frac{1}{2}e^{-2x^1-x^2}\left[\delta + \varepsilon\left(\cos\nu + \sqrt{3}\sin\nu\right)\right] \\ 0 & 0 & \frac{1}{2}e^{-2x^1-x^2} \left[\delta + \varepsilon\left(\cos\nu + \sqrt{3}\sin\nu\right)\right] & \frac{1}{4}e^{-2x^1-x^2} \left[2\delta - \varepsilon\left(\cos\nu - \sqrt{3}\sin\nu\right)\right] \end{Vmatrix} \quad (26.39)$$

Schreibt man für diese Metrik die Feldgleichungen und integriert sie, so kann man die eingehenden Konstanten genauer bestimmen. Diese Rechnungen werden wir hier nicht durchführen (siehe Aufgabe 2, § 26). Wir bemerken nur, daß die gesuchte Metrik nach einer Koordinatentransformation (die nicht zu den zulässigen Transformationen gehört) in der Form

$$ds^2 = \alpha(dx^{1^2} + dx^{4^2}) - 2\beta\, dx^1\, dx^4 - dx^{2^2} - e^{-2\nu}\, dx^{3^2} \quad (26.40)$$

geschrieben werden kann, wobei

$$\alpha = e^\nu \cos\left(\sqrt{3}\nu\right), \quad \beta = e^\nu \sin\left(\sqrt{3}\nu\right), \quad \nu = kx^2, \quad k = \text{const}$$

ist. Dieser Raum ist eine Mannigfaltigkeit T_1, die eine einfach-transitive Bewegungsgruppe G_4 gestattet. Sie läßt sich auch dahin charakterisieren, daß die zugehörigen stationären Krümmungen konstant sind (die Basen der Elementarteiler der λ-Matrix $(R_{ab} - \lambda g_{ab})$ $(a, b = 1, \ldots, 6)$ sind konstant).

Darüber hinaus kann man zeigen (siehe Aufgabe 3, § 26), daß die stationären Krümmungen K_s proportional zu ε_s sind $(s = 1, 2, 3)$, wobei ε_s eine dritte Einheitswurzel ist: $\varepsilon_s^3 = 1$.

Da ein Raum T_1, der eine Bewegungsgruppe G_r mit $r > 4$ gestattet, ein Raum konstanter Krümmung ist, führt eine weitere Erhöhung der Beweglichkeit nur zum Trivialfall eines ebenen Raumes.

Aufgaben

1. Man gebe die Feldgleichungen für die Metrik (26.23) an.

2. Man tue das gleiche für (26.39) und bestimme die Transformation, welche die sich daraus ergebende Metrik in die Metrik (26.40) überführt.

3. Man bestimme für die Metrik (26.40) die stationären Krümmungen und zeige, daß sie 1. konstant, 2. den dritten Einheitswurzeln $\varepsilon_s (s = 1, 2, 3)$ proportional sind: $\varepsilon_s^3 = 1$.

§ 27. Räume T_2 und T_3, die Bewegungen gestatten

Auf Grund derselben Überlegungen wie für T_1 beginnen wir die Klassifikation der Räume T_2 mit den Gruppen G_3 (siehe Aufgabe 1 dieses Paragraphen).

Räume $T_{2,3}$

In § 24 wurde gezeigt, daß es drei Typen von Strukturen für die Bewegungsgruppen G_3 gibt, welche die Metrik eines Raumes T_2 festlassen; eine dieser Strukturen führt auf zwei verschiedene Möglichkeiten.

Betrachten wir diese Strukturen.

1. Abelsche Gruppe mit der Struktur (24.19), die auf isotrope Transitivitätshyperflächen wirkt. Für diesen Fall zeigen wir in § 31, daß es drei Typen von Metriken (31, 27), (31.28), (31.29) gibt.

Im Fall (31.27) ist

$$(g_{\alpha\beta}) = \begin{pmatrix} 0 & 0 & 0 & 1 \\ 0 & \alpha & \beta & 0 \\ 0 & \beta & \gamma & 0 \\ 1 & 0 & 0 & 0 \end{pmatrix}, \tag{27.1}$$

$$g_{\alpha\beta} = g_{\alpha\beta}(x^4), \quad X_i = p_i \quad (i = 1, 2, 3).$$

Die Feldgleichungen sind für diese Metrik bis auf eine, $R_{44} = 0$, identisch erfüllt. Die einzige wesentliche Feldgleichung schreibt sich explizit:

$$\gamma\alpha'' - 2\beta\beta'' + \alpha\gamma'' + \frac{1}{2g}(\gamma^2\alpha'^2 + \alpha^2\gamma'^2 + 2\alpha\gamma\beta'^2$$
$$+ 2\beta^2\alpha'\gamma' + 2\beta^2\beta'^2 - 4\beta\gamma\alpha'\beta' - 4\alpha\beta\beta'\gamma') = 0, \tag{27.2}$$

wobei $g = |g_{\alpha\beta}| = \beta^2 - \alpha\gamma < 0$.

Die Potentiale des Feldes hängen in diesem Fall also von zwei beliebigen Funktionen eines Argumentes ab.

Auf jeder Transitivitätshyperfläche $x^4 = \text{const}$ ist X_1 ein singulärer Operator, und die volle Gruppe auf der Hyperfläche ist $G_{3+\infty}$. Das entspricht der Existenz eines singulären Operators, den man mit einer beliebigen Funktion multiplizieren kann. Man kann leicht zeigen (siehe Aufgabe 3, § 27), daß die Metrik (27.1) auch eine Gruppe G_5 mit den Operatoren

$$X_i = p_i \quad (i = 1, 2, 3), \qquad X_4 = x^2 p_1 + \omega^s p_s,$$
$$X_5 = x^3 p_1 + \sigma^s p_s \quad (s = 2, 3) \tag{27.3}$$

gestattet, wobei

$$\omega^2 = \int \frac{\gamma\, dx^4}{g}, \ \omega^3 = -\int \frac{\beta\, dx^4}{g}, \ \sigma^2 = -\int \frac{\beta\, dx^4}{g}, \ \sigma^3 = \int \frac{\alpha\, dx^4}{g} \tag{27.4}$$

ist. Jedoch bleibt die allgemeine Metrik (27.1) bei keiner Gruppe G_6 fest, da sie unbestimmte Funktionen enthält und daher nicht die Metrik eines Raumes T_2 mit maximaler Beweglichkeit sein kann. Die Metrik (27.1) ist deshalb ein T_2, der eine Bewegungsgruppe G_5 gestattet.[1]) Aus (27.3) und (27.4) folgt unmittelbar, daß die Gruppe G_5 auf isotrope Transitivitätshyperflächen wirkt. Die Struktur der Gruppe ist

$$\left.\begin{aligned} [X_1 X_i] = 0\ (i = 1, 2, 3), [X_2 X_3] = [X_2 X_5] = [X_3 X_4] = 0, \\ [X_2 X_4] = [X_3 X_5] = X_1, [X_4 X_5] = 0. \end{aligned}\right\} \quad (27.5)$$

Was die Metriken (31.28) und (31.29) betrifft, können sie keine Räume T_2 definieren (Aufgabe 4 dieses Paragraphen). Man berechne für die Metrik (27.1) die Komponenten des Krümmungstensors und schreibe die λ-Matrix $(R_{ab} - \lambda g_{ab})$ $(a, b = 1, \ldots, 6)$ mit den Doppelindizes des KLEIN-Raumes. Bestimmt man dann die Elementarteiler dieser Matrix, so findet man für ihre Charakteristik die Form [21°, 21]. Die Metrik (27.1) definiert also tatsächlich einen Raum T_2.

2. Gruppe G_3 mit der Struktur (24.8) vom Typ II, die auf isotrope Hyperflächen wirkt und einen singulären Operator hat (siehe (24.9)). Für diesen Fall zeigen wir in § 31, daß die Metrik sich in einem speziellen Koordinatensystem durch die Matrix (31.30)

$$(g_{\alpha\beta}) = \begin{pmatrix} 0 & 0 & 0 & 1 \\ 0 & \alpha & \beta & -x^3 \\ 0 & \beta & \gamma & 0 \\ 1 & -x^3 & 0 & 0 \end{pmatrix}, \quad g = \beta^2 - \alpha\gamma < 0, \quad \alpha, \gamma \neq 0 \quad (27.6)$$

darstellen läßt, wobei α, β, γ Funktionen von x^4 sind und die Operatoren der Gruppe G_3 die Form

$$X_1 = p_1, \quad X_2 = p_2, \quad X_3 = x^2 p_1 + p_3 \quad (27.7)$$

haben.

Berechnet man für diese Metrik die Komponenten des Krümmungtensors, so ergibt sich, daß nur drei Komponenten von Null verschieden sind: R_{2424}, R_{2434}, R_{3434}. Die Feldgleichungen reduzieren sich auf eine Gleichung

$$\gamma R_{2424} - 2\beta R_{2434} + \alpha R_{3434} = 0,$$

während alle übrigen identisch erfüllt sind. Berechnet man außerdem für die Metrik (27.6) die λ-Matrix $(R_{ab} - \lambda g_{ab})$ $(a, b = 1, \ldots, 6)$, so ergibt sich ebenso wie oben, daß die Charakteristik die Form [21°, 21] hat, d.h., es liegt ein Raum

---

[1]) Man beachte aber, daß die Metriken $T_{2,6}$ spezielle Formen von (27.1) sind, wobei $g_{22}(x^4)$, $g_{23}(x^4)$ und $g_{33}(x^4)$ eindeutig bestimmt sind. Dies folgt sofort aus einem kürzlich von PAPAPETROU und TREDER [457] sowie von TAKENO [450] bewiesenen Satz, nach dem jedes Gravitationsfeld der Form $g_{\mu\nu} = g_{\mu\nu}(x^4)$ mit $R_{\alpha\beta} = 0$ und $g_{44} = 0$ eine ebene Gravitationswelle vom BRINKMANN-BONDI-TAKENO-Typ ist, in die es sich transformieren läßt. (Anm. d. Red.)

T_2 vor. Durch unmittelbare Integration der KILLING-Gleichungen für die Metrik (27.6) erhält man den allgemeinen Ausdruck für den unbekannten KILLING-Vektor in der Form

$$\xi^a = (c_3 x^2 + x^3 u + c_1)\delta_1^\alpha + (u + c_2)\delta_2^\alpha + (c_3 + v)\delta_3^\alpha,$$

wobei $c_i (i = 1, 2, 3)$ Konstanten sind und die Funktionen u und v nur von der Veränderlichen x^4 abhängen. u, v genügen dem normalen, linearen, homogenen Gleichungssystem

$$u' = -\frac{1}{g}(\beta u + \gamma v), \qquad v' = \frac{1}{g}(\alpha u - \beta v). \tag{27.8}$$

Da die Koeffizienten dieser beiden Gleichungen stetig sind, sind sie im Stetigkeitsbereich verträglich und haben die allgemeine Lösung

$$u = c_4 \underset{1}{u} + c_5 \underset{2}{u}, \quad v = c_4 \underset{1}{v} + c_5 \underset{2}{v},$$

wobei das Fundamentalsystem $\underset{1}{u}, \underset{2}{u}, \underset{1}{v}, \underset{2}{v}$ im angegebenen Gebiet der Bedingung

$$\begin{vmatrix} \underset{1}{u} & \underset{1}{v} \\ \underset{2}{u} & \underset{2}{v} \end{vmatrix} \neq 0 \tag{27.9}$$

genügt. Der Raum gestattet also eine Bewegungsgruppe G_5 mit den Operatoren

$$X_i = p_i \, (i = 1, 2), \quad X_3 = x^2 p_1 + p_3, \quad X_4 = \underset{1}{u} x^3 p_1 + \underset{1}{u} p_2 + \underset{1}{v} p_3,$$
$$X_5 = \underset{2}{u} x^3 p_1 + \underset{2}{u} p_2 + \underset{2}{v} p_3,$$

wobei $\underset{i}{u}, \underset{i}{v} \, (i = 1, 2)$ ein System zweier unabhängiger Lösungen für das lineare Gleichungssystem (27.8) ist. Berechnet man für diese Operatoren alle möglichen Kommutatoren, so erhält man

$$\left.\begin{aligned} [X_1 X_i] = 0 \; (i = 2, 3, 4, 5), \; [X_2 X_3] = X_1, \\ [X_2 X_j] = 0 \; (j = 4, 5), \\ [X_3 X_k] = 0 \; (k = 4, 5), \; [X_4 X_5] = k X_1 \end{aligned}\right\} \tag{27.10}$$

mit

$$k = \underset{1}{v}\underset{2}{u} - \underset{2}{v}\underset{1}{u}.$$

Hierbei ist k konstant, wovon man sich auch unmittelbar überzeugen kann. Dazu differenziert man die rechte Seite dieser Gleichung und ersetzt $\underset{i}{u}'$ und $\underset{i}{v}'$ durch die rechten Seiten der Gleichungen (27.8). Dann ergibt sich $k' = 0$. Aus (27.9) folgt außerdem, daß $k \neq 0$ ist, daher kann man, z. B. indem man den Operator X_5

mit $\frac{1}{k}$ multipliziert, k in Eins überführen. In diesem Fall überzeugt man sich leicht davon, daß die Struktur (27.10) zur Struktur (27.5) isomorph ist. Diese Struktur ergab sich bei der Betrachtung von Räumen $T_{2,3}$ mit abelscher Gruppe G_3, die auf isotrope Transitivitätshyperflächen wirkt. Durch die Permutation $\begin{pmatrix} 1\,2\,3\,4\,5 \\ 1\,2\,4\,3\,5 \end{pmatrix}$ der Operatorindizes kann man die eine Struktur in die andere überführen. Zur abelschen Untergruppe G_3 von G_5 (27.10) gehören die Basisoperatoren X_1, X_2, X_4. Aus (27.6) und der Form der Operatoren folgt unmittelbar, daß G_3 auf isotrope Transitivitätshyperflächen wirkt, d. h., die Metrik (27.6) läßt sich durch eine nichtausgeartete Transformation in die Metrik (27.1) überführen. Dieser Fall verdient also keine besondere Betrachtung.

3. Gruppe G_3 vom gleichen Typ II, die aber auf isotrope zweidimensionale Transitivitatshyperflächen wirkt. Die Operatoren kann man z. B. in der Form (24.22) annehmen, d. h., es gibt einen singulären Operator X_1, da X_1 auch für den Raum mit maximaler Beweglichkeit singulär ist. In diesem Fall (siehe § 30, Fall G_3 II auf $\overset{*}{V}_2$) kann man immer eine Koordinatensystem wählen, in dem die Operatoren (bis auf die Numerierung) die Form

$$X_1 = p_1, \quad X_2 = p_2, \quad X_3 = x^2 p_1 + x^4 p_2 \tag{27.11}$$

haben und die Metrik durch die Matrix

$$(g_{\alpha\beta}) = \begin{pmatrix} 0 & 0 & 0 & \beta \\ 0 & -\beta & 0 & 0 \\ 0 & 0 & \alpha & 0 \\ \beta & 0 & 0 & 0 \end{pmatrix}, \tag{27.12}$$

$$g_{\alpha\beta} = g_{\alpha\beta}(x^3, x^4), \quad g = \alpha\beta^3 < 0, \quad \alpha < 0, \quad \beta > 0$$

gegeben ist. Wenn man für diese Metrik die Feldgleichungen aufstellt, überzeugt man sich leicht, daß β nicht von x^3 abhängt und die Funktionen α und β daher nur den zwei Bedingungen

$$\beta_3 = 0, \quad \frac{1}{\beta}\left(\beta_{44} - \frac{3\beta_4^2}{2\beta}\right) + \frac{1}{\alpha}\left(\alpha_{44} - \frac{\alpha_4^2}{2\alpha} - \frac{\alpha_4\beta_4}{\beta}\right) = 0 \tag{27.13}$$

zu genügen haben, wobei $f_i \overset{\text{def}}{=} \frac{\partial f}{\partial x^i}$ ist. Daraus folgt, daß *die Potentiale* (27.1) *des Feldes durch drei beliebige Funktionen bestimmt sind, von denen zwei nur von* x^3 *und eine nur von* x^4 *abhängen.*

Wie man leicht sieht (Aufgabe 2 dieses Paragraphen), hat die Charakteristik der λ-Matrix die Form $[21°, 21]$. Unter der Voraussetzung $\beta_{44} - \frac{3\beta_4^2}{2\beta} \neq 0$ für beliebige Werte der Funktionen α, β kann daher zur Metrik (27.1) niemals ein Raum vom Typ T_1 oder T_3 gehören.

Integriert man die Killing-Gleichungen für die Metrik (27.12) mit der einzigen Bedingung (27.13) für die Funktionen α und β, so erhält man nur die Operatoren (27.11), d. h., diese Metrik gestattet im allgemeinen nur eine dreidimensionale Bewegungsgruppe.

4. Wir betrachten den Fall einer Gruppe G_3 vom Typ III mit der Struktur (24.21), die auf nichtisotrope Transitivitätshyperflächen wirkt.

In § 32 werden wir zeigen, daß in diesem Falle das Koordinatensystem immer so gewählt werden kann, daß die Metrik für einen beliebigen Raum V_4 mit dieser Bewegungsgruppe durch die Metrix (32.7),

$$(g_{\alpha\beta}) = \begin{pmatrix} a_{11} & a_{12}e^{x^1} & a_{13} & 0 \\ a_{12}e^{x^1} & a_{22}e^{2x^1} & a_{23}e^{x^1} & 0 \\ a_{13} & a_{23}e^{x^1} & a_{33} & 0 \\ 0 & 0 & 0 & e_4 \end{pmatrix}, \quad e_4 = \pm 1, \tag{27.14}$$

gegeben ist und die Operatoren der Gruppe die Form

$$X_1 = p_2, \quad X_2 = p_3, \quad X_3 = -p_1 + x^2 p_2 \tag{27.15}$$

haben. Wir bemerken, daß die Struktur (24.21) bis auf eine nichtausgeartete lineare Transformation

$$Y_1 = AX_1, \quad Y_2 = BX_2, \quad Y_3 = CX_1 + DX_2 + X_3 \quad (A, B \neq 0)$$

invariant ist, d. h., die Operatoren X_1 und X_2 sind für diese Struktur bis auf einen konstanten Faktor bestimmt. Wie schon in § 24 bemerkt, existiert für diese Struktur ein Koordinatensystem, in dem die Operatoren durch die Formeln (24.22) gegeben sind. In (24.22) ist der Operator X_2 gleich p_1. Der Raum mit maximaler Beweglichkeit gestattet im gleichen Koordinatensystem ebenfalls den Operator X_2 (siehe § 25, Räume T_2), der einem isotropen Killing-Vektorfeld entspricht. Diese Tatsache muß auch für den hier untersuchten Raum gelten. Der Operator X_2 ist also isotrop, und wegen (27.14) und (27.15) ist $a_{33} = 0$. Außerdem folgt aus (24.22) und den Betrachtungen in § 25 über die Räume mit maximaler Beweglichkeit, daß die Operatoren $\{X_1, X_2\}$ eine abelsche Untergruppe bilden, die auf isotrope zweidimensionale Transitivitätsflächen wirkt. Diese Tatsache überträgt sich auch auf die Metrik (27.14) mit den Operatoren (27.15), da X_1 und X_2 (bis auf einen unwesentlichen konstanten Faktor) für die gegebene Struktur eindeutig bestimmt sind. Mit anderen Worten, die Determinante

$$\begin{vmatrix} a_{22} & a_{23} \\ a_{23} & 0 \end{vmatrix}$$

ist gleich Null, d. h. $a_{23} = 0$. Wir setzen $a_{11} = \alpha$, $a_{12} = \beta$, $a_{13} = \gamma$, $a_{22} = \delta$. Dann erhält man die Metrik in der Form

$$(g_{\alpha\beta}) = \begin{pmatrix} \alpha & \beta e^{x^1} & \gamma & 0 \\ \beta e^{x^1} & \delta e^{2x^1} & 0 & 0 \\ \gamma & 0 & 0 & 0 \\ 0 & 0 & 0 & e_4 \end{pmatrix}, \tag{27.16}$$

$$g = -\, e_4 \delta \gamma^2 e^{2x^1}, \quad e_4 \delta > 0, \quad e_4 = \pm 1,$$

wobei $\alpha, \beta, \gamma, \delta$ Funktionen von x^4 sind. Fordert man, daß die zulässigen Transformationen für die Operatoren (27.15) gleichzeitig die Struktur (27.16) festlassen, so müssen sie die Form

$$\left.\begin{aligned} x^1 = x^{1'} + c_1, \quad x^2 = x^{2'} + c_2 e^{-x^{1'}}, \\ x^3 = x^{3'} + c_3,\ x^4 = \pm x^{4'} + c_4,\ c_i = \text{const} \end{aligned}\right\} \tag{27.17}$$

haben. Sie enthalten also keine unbestimmten Funktionen. Wir integrieren die Feldgleichungen $R_{\alpha\beta} = 0$ für die Metrik (27.16). Für die Funktionen $\alpha, \beta, \gamma, \delta$ erhält man die Bedingungen

$$\gamma' = \delta' = \beta'' = 0, \ \alpha'' - \frac{\beta'^2}{\delta} + 2e_4 = 0,$$

d. h., γ und δ sind konstant, und

$$\beta = p x^4 + q, \ \alpha = \frac{1}{2}\left(\frac{p^2}{\delta} - 2e_4\right) x^{4^2} + r x^4 + s,$$

wobei p, q, r, s Konstanten sind. Durch spezielle Wahl der Konstanten c_1, c_2 und c_4 in (27.17) kann man δ in e_4 und q, r in Null überführen.

Die Metrik hat dann die Form

$$(g_{\alpha\beta}) = \begin{pmatrix} \frac{e_4}{2}(p^2 - 2)x^{4^2} + s & p x^4 e^{x^1} & \gamma & 0 \\ p x^4 e^{x^1} & e_4 e^{2x^1} & 0 & 0 \\ \gamma & 0 & 0 & 0 \\ 0 & 0 & 0 & e_4 \end{pmatrix}, \tag{27.18}$$

wobei $e_4 = \pm 1$ ist und p, s, γ beliebige Konstanten sind. Schreibt man für diese Metrik die λ-Matrix $(R_{ab} - \lambda g_{ab})$ $(a, b = 1, \ldots, 6)$ und berechnet die Elementarteiler, so findet man, daß die Charakteristik der Matrix von der Form $[21^0, 21]$ ist, wenn $p = 0$ oder $\pm\sqrt{2}$ gilt. Unter dieser Voraussetzung definiert die Metrik (27.18) also einen Raum T_2. Integriert man jedoch die KILLING-Gleichungen für die Metrik (27.18), so erhält man einen KILLING-Vektor ξ^α, der von sechs unabhängigen Veränderlichen abhängt, d. h., wir haben einen Raum T_2 mit maximaler Beweglichkeit.

Räume T_2, die Bewegungsgruppen G_4 und G_5 gestatten

Zur Bestimmung dieser Räume genügt es, unter den Räumen T_2, die eine Gruppe G_3 gestatten, diejenigen herauszusuchen, die sogar eine Gruppe G_4 gestatten, da jede Gruppe G_4 eine Gruppe G_3 enthält. Den äquivalenten (27.1) und (27.6) entspricht eine Bewegungsgruppe G_5. Zur Bestimmung der Räume T_2, die eine Gruppe G_4 gestatten, hat man daher noch zu untersuchen, für welche Werte der Funktionen α und β die Metrik (27.12) eine vierparametrige Bewegungsgruppe gestattet.

Wenn der Raum außer den Operatoren der Gruppe G_3 (27.11) noch den Operator X_4 gestattet, gilt nach dem zweiten LIEschen Hauptsatz (siehe § 10, Formel (10.18)) die Strukturformel

$$[X_i X_4] = A_i X_1 + B_i X_2 + C_i X_3 + D_i X_4 \qquad (i = 1, 2, 3), \tag{27.19}$$

wobei A_i, B_i, C_i, D_i Strukturkonstanten sind. Schreibt man diese Gleichungen für die KILLING-Vektoren und eliminiert die partiellen Ableitungen der Komponenten des KILLING-Vektors $\underset{4}{\xi}^\alpha$, die dem Operator X_4 entsprechen ($X_4 \equiv \underset{4}{\xi}^\alpha \delta_\alpha$), so ergeben sich die Gleichungen

$$\underset{4}{\xi}^3 Q = \underset{4}{\xi}^4 Q = 0, \qquad Q = D_1 x^3 + D_2 x^4 - D_3.$$

Wäre die Größe Q von Null verschieden, so würde der Operator X_4 auf isotrope zweidimensionale Transitivitätsflächen wirken, die durch die Operatoren X_i $(i = 1, 2, 3)$ in sich überführt werden. Jede solche Fläche wäre eine isotrope Mannigfaltigkeit $\overset{*}{V}_2$, die eine auf $\overset{*}{V}_2$ transitive Bewegungsgruppe G_4 gestattet; wie man leicht ersieht, ist das aber unmöglich. Daher ist Q gleich Null, und wegen $D_i = \text{const}$ sind auch alle D_i gleich Null: $D_i = 0$. Integriert man die übrigen Gleichungen (27.19), so erhält man also: $A_1 = B_2 + C_3$, $B_1 = C_1 = 0$. Der KILLING-Vektor hat danach die Form

$$\underset{4}{\xi}^\alpha = \left[A_2 x^2 + \frac{1}{2} C_2 x^{2^2} + M(x^3, x^4)\right] \delta_1^\alpha + (B_2 x^2 + A_2 x^4 + C_2 x^2 x^4 - A_3)\, \delta_2^\alpha$$
$$+ N(x^3, x^4) \delta_3^\alpha + [C_2 x^{4^2} + (B_2 - C_3)\, x^4 - B_3] \delta_4^\alpha, \tag{27.20}$$

wobei M und N gewisse Funktionen von x^3 und x^4 sind. Durch unmittelbare Verifikation sieht man, daß die JACOBIschen Bedingungen (10.18) für die Strukturkonstanten A_i, B_i, C_i identisch erfüllt sind. Schreibt man die KILLING-Gleichungen für den Operator $\underset{4}{\xi}^a$ (27.20) und die Metrik (27.12), so ergibt sich

$$A_2 = B_2 + C_3 = 0, M = M(x^3)$$

und

$$\partial_4(\underset{4}{\xi}^4\beta) = 0, \ \alpha N_4 + \beta M' = 0, \ \alpha_3 N + \frac{k}{\beta}\alpha_4 + 2\alpha N_3 = 0. \tag{27.21}$$

Außerdem folgt aus den Feldgleichungen (27.13) die Beziehung

$$\alpha_{44} = \frac{\alpha_4^2}{2\alpha} - \frac{2C_2x^4\alpha_4}{(C_2x^{4^2} - B_3)} - \frac{2C_2(2C_2x^{4^2} + B_3)\alpha}{(C_2x^{4^2} - B_3)^2} = 0. \tag{27.22}$$

Mit Hilfe der folgenden Überlegung kann man die Werte der Strukturkonstanten noch genauer bestimmen:

Durch unmittelbare Verifikation kann man sich davon überzeugen, daß aus der Klassifikation der möglichen reellen Strukturen von Lieschen Gruppen G_4 (10.17) und (10.19) folgt, daß eine Untergruppe G_3 vom Typ II nur Strukturen vom Typ I, II, III oder VI enthalten kann. Da die Strukturkonstanten C^i_{12}, C^i_{13}, C^i_{23} die kanonische Form haben, kann man ohne Beschränkung der Allgemeinheit annehmen, daß in der oben gefundenen Struktur auch die C^i_{j4} $(j = 1, 2, 3)$ kanonische Form haben.

Läge die Struktur I und II der Klassifikation (10.17) vor, so wäre in beiden Fällen die Konstante C_2 gleich Null, d. h. wegen (27.21) $\beta_4 = 0$. Wie wir oben schon bemerkt haben, ist aber in diesem Fall die Charakteristik der λ-Matrix $(R_{ab} - \lambda g_{ab})$ $(a, b = 1, \ldots, 6)$ im Klein-Raum nicht von der Form $[21^\circ, 21]$, der zugrunde liegende Raum ist also nicht vom Typ T_2. Hätte die Gruppe G_4 eine Struktur vom Typ VI, so würde die Mannigfaltigkeit eine abelsche Bewegungsgruppe G_3 gestatten. Es wurde aber oben gezeigt, daß T_2 in diesem Falle als volle Bewegungsgruppe eine Gruppe G_5 gestattet und daher zum Typ $T_{2,5}$ gehört.

Es bleibt nur die Möglichkeit, daß die Struktur von G_4 vom Typ III ist. In diesem Falle gilt $q = 0$, $A_1 = A_2 = A_3 = B_2 = C_3 = 0$, $C_2 = 1$, $B_3 = -1$. Daher folgt aus (27.20) und (27.21)

$$\beta = \frac{k}{x^{4^2} + 1}, \quad k = \text{const} \neq 0,$$

$$N_4\alpha = M'B = 0, \quad N\alpha_3 + \frac{k}{\beta}\alpha_4 + 2\alpha N_3 = 0, \tag{27.23}$$

und (27.22) geht in die Gleichung

$$\alpha_{44} - \frac{\alpha_4^2}{2\alpha} + \frac{2x^4\alpha_4}{(x^{4^2} + 1)} - \frac{2(2x^{4^2} - 1)\alpha}{(x^{4^2} + 1)^2} = 0 \tag{27.24}$$

über.

Die Metrik (27.12) und die Operatoren (27.11) bleiben bei einer beliebigen Transformation der Form

$$x^{1'} = x^1 + f(x^3), \quad x^{2'} = x^2, \quad x^{3'} = \psi(x^3), \quad x^{4'} = x^4$$

ungeändert.

Durch spezielle Wahl von f kann man $M(x^3)$ in Null überführen. Da für $M = 0$ aus (27.23) folgt, daß $N = N(x^3)$ ist, kann man durch entsprechende Wahl von ψ (dabei muß $\psi_3 \neq 0$ sein, damit die Transformation nicht ausgeartet ist) N in Eins überführen. Aus (27.23) erhält man also eine Beziehung für α:

$$\alpha_3 + (x^{4^2} + 1)\alpha_4 = 0.$$

Daraus folgt $\alpha = \alpha\,(x^3 - \operatorname{arc\,tg} x^4)$. Wie man leicht sieht, ergibt sich daraus zusammen mit der Feldgleichung (27.24) $\alpha = 0$. Das führt aber zu einer ausgearteten Metrik.

Der betrachtete Raum gestattet demnach nur eine Gruppe G_4 vom Typ VI und daher auch eine Bewegungsgruppe G_5. Die Räume T_2 haben bei der Klassifikation nach den Ordnungen der vollen Bewegungsgruppen für G_4 eine Lücke: *Jeder Raum T_2, der eine Gruppe G_4 gestattet, gestattet auch eine Gruppe G_5.*

Da alle Räume $T_{2,5}$ unter den Räumen $T_{2,4}$ enthalten sind, ergibt sich folgendes: *Wenn T_2 eine Bewegungsgruppe G_5 gestattet und nicht ein Raum mit maximaler Beweglichkeit ist, so ist T_2 durch eine Metrik* (27.1) *mit der Struktur* (27.5) *und den Operatoren* (27.3) *definiert.*[1])

Räume T_3, die Bewegungen gestatten

Die maximale Beweglichkeit eines Raumes T_3 ist durch eine Bewegungsgruppe G_3 gegeben, wie in § 24 gezeigt wurde.

Es ist eine triviale Aufgabe, die Räume T_3 zu bestimmen, die eine Gruppe G_1 gestatten. Sie führt zur Aufstellung der Feldgleichungen unter der Bedingung, daß $g_{\alpha\beta}(x)$ von einer Veränderlichen nicht abhängt, wobei man noch die algebraische Struktur des Krümmungstensors zu berücksichtigen hat (siehe Aufgabe 6, § 27).

Aufgaben

1. Man stelle die Feldgleichungen für einen Raum T_2, der eine Bewegungsgruppe G_1 oder G_2 gestattet, für beide möglichen Strukturen auf (siehe § 29).

2. Man zeige, daß die Charakteristik der λ-Matrix $(R_{ab} - \lambda g_{ab})$ $(a, b = 1, \ldots, 6)$ für die Metriken (27.2) und (27.3) die Form [21°, 21] hat.

3. Man verifiziere, daß die Metrik (27.4) die Bewegungsgruppe G_5 mit den Operatoren (27.6) getattet.

4. Man zeige, daß die Metriken (31.28) und (31.29) keinen Raum T_2 definieren können.

5. Man zeige, daß die Gruppen G_4 mit den Strukturen IV, V, VII, VIII keine Untergruppe G_3 mit der Struktur II enthalten.

6. Man schreibe die Feldgleichungen und Strukturbedingungen für Räume T_3, die eine Bewegungsgruppe G_1 gestatten, auf.

7. Man zeige, daß die Metrik

$$ds^2 = -e^{x^2 x^4}(dx^{1^2} + dx^{2^2}) - 2\,dx^3\,dx^4 + \left[x^2 x^3 + 2\,e^{x^2 x^4}\left(\frac{x^{2^2}}{x^{4^2}} - \frac{4x^2}{x^{4^3}} + \frac{6}{x^{4^4}}\right)\right]dx^{4^2}$$

einen Raum T_3 definiert, der eine einparametrige Bewegungsgruppe G_1 mit dem Operator $X = p_1$ gestattet.

---

[1]) Beim $T_{2,6}$ kann die Metrik ebenfalls in der Form (27.1) geschrieben werden, jedoch mit wohlbestimmten Funktionen. (Anm. d. Red.)

§ 28. Zusammenstellung der Ergebnisse. Übersicht der bekannten Lösungen der Feldgleichungen

Die Lösungen der Feldgleichungen ($R_{\alpha\beta} = 0$), die gewisse Bewegungsgruppen gestatten, erschienen vom physikalischen Gesichtspunkt als die interessantesten Lösungen.

Jedenfalls genügen alle in der Literatur bekannten exakten Lösungen dieser Eigenschaft.

Besonders interessant sind die Räume mit großer Beweglichkeit, da ihnen die einfachsten und physikalisch wichtigsten Modelle der Materieverteilung und ihrer Bewegung entsprechen. Man kann annehmen, daß sie das Raum-Zeit-Kontinuum im freien Raum für die charakteristischsten Materieverteilungen bestimmen.[1])

Jedes Element der Bewegungsgruppe stellt einen Automorphismus des Raum-Zeit-Kontinuums dar, d. h. eine Abbildung des Raum-Zeit-Kontinuums auf sich, bei der die Materie und Geometrie des Gravitationsfeldes nach der Anwendung dieser Abbildung durch die gleichen Formeln und Gleichungen beschrieben werden wie vor der Anwendung der Abbildung: Daher ist jede Beschreibung des Gravitationsfeldes bis auf Bewegungsautomorphismen gegeben. In diesem Sinne ist die Geometrie eines beliebigen Gravitationsfeldes die Geometrie der Bewegungsautomorphismen des Raum-Zeit-Kontinuums. Jedem Gravitationsfeld entspricht eine Bewegungsgruppe G_r, wobei $0 \leqq r \leqq 10$ ist. Im Fall $r = 10$ erhält man einen Raum konstanter Krümmung (für $R_{\alpha\beta} = 0$), bis auf die Wahl des Koordinatensystems den Minkowski-Raum. Für $r = 0$ gestattet der Raum nur die identische Transformation $\overset{*}{x}^\alpha = x^\alpha$, und die Automorphismengruppe besteht nur aus dem Einheitselement.

Alle aus der Literatur bekannten Lösungen kann man von diesem Gesichtspunkt aus charakterisieren, jedoch haben wir in diesem Kapitel auch bisher unbekannte Lösungen angegeben. Hierzu gehören vor allem die Räume vom Typ T_2 und T_3. Wir fanden auch Räume T_1, die in der früheren Literatur unbekannt waren und eine Reihe von interessanten Eigenschaften haben, z. B. die Räume T_1 mit einfach-transitiver Bewegungsgruppe G_4 und ungleichen stationären komplexen Krümmungen.

Die Klassifikation der Gravitationsfelder läßt sich im Falle eines freien Raumes in übersichtlicher Weise durch ein Schema darstellen (siehe S. 190).

Die einfache Schraffierung (Lücken) bedeutet hierbei, daß die Räume mit der entsprechenden Ordnung automatisch auch eine Gruppe gestatten, deren Ordnung um Eins größer ist (im Fall T_1 daher die Gruppe G_{10}, die dem ebenen Raum-Zeit-Kontinuum entspricht; für T_2 die Gruppe G_6).

Die Lücke $T_{2,4}$ ist nicht streng bewiesen, da die oben durchgeführte Klassifikation der Räume T_2 nicht vollständig ist.

Die doppelte Schraffierung bedeutet, daß kein Raum dieses Typs mit der angegebenen Gruppenordnung existiert. Andere Lücken als die angegebenen gibt es nicht. Zu jeder Zelle mit eingeschriebenem Raumtyp gibt es Räume von diesem Typ, für welche die entsprechende Bewegungsgruppe die volle Gruppe ist. Aus

---

[1]) Diese Auffassung wird allerdings nicht allgemein akzeptiert. (Anm. d. Red.)

dem Schema folgt unmittelbar die oben bemerkte Tatsache, daß die Räume T_2 und T_3 nicht eben sein können (der Krümmungstensor ist immer von Null verschieden).

Gruppe \ Typ	T_1	T_2	T_3
G_{10}	MINKOWSKI-Raum $T_{1,10}$		
G_7, G_8, G_9	Lücke		
G_6	Lücke	Raum maxim. Beweglichkeit $T_{2,6}$	
G_5	Lücke	$T_{2,5}$	
G_4	$T_{1,4}$	Lücke	
G_3	$T_{1,3}$	$T_{2,3}$	
G_2	$T_{1,2}$	$T_{2,2}$	Raum maxim. Beweglichkeit $T_{3,2}$
G_1	$T_{1,1}$	$T_{2,1}$	$T_{3,1}$
G_0	$T_{1,0}$	$T_{2,0}$	$T_{3,0}$

Von den drei Raumtypen $T_i (i = 1, 2, 3)$ ist der erste bezüglich der Anzahl verschiedener Klassen von Räumen am reichsten. Bei diesen Räumen kann der Krümmungstensor eine sehr symmetrische Struktur besitzen. Solche Räume sind charakteristisch für die Aufgaben der relativistischen Kosmologie, dem im wesentlichen einzigen Gebiet, in dem man bis jetzt die relativistische Gravitationstheorie angewandt hat. Vielleicht erklärt sich dadurch die Tatsache, daß fast alle in der älteren Literatur angegebenen Lösungen zu Räumen $T_{1,r}$ $(r = 2, 3, 4)$ gehören.

Gehen wir zur Klassifikation der wichtigsten älteren Lösungen der Feldgleichungen

$$R_{\alpha\beta} = \varkappa g_{\alpha\beta}$$

über, indem wir den Raumtyp und die Ordnung der zugehörigen Bewegungsgruppe feststellen (siehe § 14).

1. Die SCHWARZSCHILDsche Lösung (14.1) für ein zentral-symmetrisches Feld. In § 26 wurde gezeigt, daß die SCHWARZSCHILDsche Lösung durch die Metrik (26.26) mit den Werten

$$c_1 = 1, \quad c_2 = 0, \quad c_3 = -2a$$

für die Konstanten definiert ist. Es liegt also ein Raum $T_{1,4}$ mit nichtauflösbarer Gruppe G_4 vom Typ VIII vor. Die Existenz einer nichtauflösbaren Gruppe erscheint natürlich, wenn man bedenkt, daß der Raum zweidimensionale nichtisotrope Transitivitätsflächen konstanter Krümmung hat, für die (wenn die Krümmung nicht verschwindet) die Bewegungsgruppe immer nichtauflösbar ist.

2. Die KOTTLERsche Lösung (14.2) ist die unmittelbare Verallgemeinerung der SCHWARZSCHILDschen Lösung auf den Fall, daß die Feldgleichungen die Form

$$R_{\alpha\beta} = \varkappa g_{\alpha\beta}$$

haben. Zur KOTTLERschen Lösung gehört die gleiche Bewegungsgruppe wie für die SCHWARZSCHILDsche Lösung.

3. Die Lösung von WEYL und LEVI-CIVITA (14.2) ist statisch mit Achsensymmetrie. Da die Lösung tatsächlich nur von den beiden Veränderlichen x^3 und $\varrho = \sqrt{x^{1^2} + x^{2^2}}$ abhängt, gibt es zwei Operatoren, die in einem passenden Koordinatensystem in der Form

$$X_1 = p_1, \quad X_2 = p_2$$

geschrieben werden können. Sie definieren also eine *abelsche Gruppe* G_2, die auf nichtisotrope Transitivitätsflächen wirkt. Außerdem wurde die Lösung unter der Bedingung gefunden, daß μ und ν im Unendlichen gegen Null gehen, der Raum kann daher in eine Ebene ausarten. Diese Eigenschaft hat aber nur ein Raum T_1. Daher liegt ein Raum $T_{1,2}$ mit abelscher Gruppe, die auf nichtisotrope zweidimensionale Transitivitätsflächen wirkt, vor.

4. Die BRINKMANNsche Lösung stellt für $n = 4$ einen Raum $T_{1,10}$ dar.

5. Die Lösung von KASNER bestimmt einen Raum $T_{1,4}$ mit auflösbarer Gruppe G_4 vom Typ VI_4, die eine abelsche Untergruppe G_3 hat. Die Gruppe ist nichttransitiv.

6. Die MITTERsche Lösung ist ein Spezialfall der Lösung von WEYL und LEVI-CIVITA mit einer gleichen Beweglichkeit. Also liegt hier ein Raum $T_{1,2}$ mit abelscher Gruppe vor. Auch die Lösung von LEVI führt zum vorangegangenen Ergebnis.

7. Die Lösung von DELSARTE (14.5) ist ein spezielles Integral des Feldgleichungssystems von WEYL und LEVI-CIVITA. Die Beweglichkeit erhöht sich nicht. Die Charakteristik der λ-Matrix hat die Form [(11) 1, (11) 1].

8. Die Lösung (14.6) bestimmt einen Raum $T_{1,4}$ mit nichtauflösbarer Gruppe G_4 vom Typ VIII.

9. Jeder zerlegbare Raum (14.7) oder (14.8) mit $R_{\alpha\beta} = \varkappa g_{\alpha\beta}$ und $\varkappa \neq 0$ hat offenbar eine sechsgliedrige Bewegungsgruppe. Ist dagegen $\varkappa = 0$, so ergibt sich ein ebener Raum $T_{1,10}$.

10. Die Lösung von NARLIKAR und KARMARKAR (14.12) läßt sich auf die Lösung von KASNER zurückführen.

11. Die Lösung von EINSTEIN und ROSEN gestattet offensichtlich die beiden Operatoren $X_1 = p_2$ und $X_2 = p_3$, die eine abelsche Gruppe G_2 erzeugen. Stellt man jedoch die KILLING-Gleichungen für die gegebene Metrik auf und fordert, daß sie eine von

$$\underset{1}{\xi}^\alpha = c_1 \delta_2^\alpha + c_2 \delta_3^\alpha, \quad c_1, c_2 = \mathrm{const}$$

verschiedene Lösung hat, so ist das nur möglich, wenn man der Metrik noch zusätzliche Beschränkungen auferlegt, die nicht aus den Feldgleichungen folgen. Wir bemerken, daß die Lösung von EINSTEIN und ROSEN dadurch definiert ist, daß die folgenden Forderungen erfüllt werden: 1. Es gibt im Raum ein vierfach orthogonales Koordinatensystem. 2. Der Raum gestattet eine abelsche Bewegungsgruppe G_2, die auf nichtisotrope Flächen wirkt. 3. $g_{11} = -g_{44}$. 4. Die Signatur der Metrik ist $(- - - +)$. Eine genauere Untersuchung dieser Räume wird in § 52 durchgeführt.

Offentsichtlich läßt sich jede Lösung im angegebenen Sinn charakterisieren. Man kann daher zusammenfassend sagen, daß im Vakuum die allgemeine Klassifizierung der Gravitationsfelder nach der Struktur des Krümmungstensors und die Klassifizierung nach Bewegungsgruppen zusammengenommen zu einer invarianten Charakterisierung der Gravitationsfelder führen.

Für Gravitationsfelder mit $T_{\alpha\beta} \neq 0$ ist die Frage schwieriger zu behandeln, läßt sich aber beantworten, wie wir im folgenden Kapitel sehen werden.

KAPITEL V

KLASSIFIKATION VON GRAVITATIONSFELDERN ALLGEMEINER ART NACH BEWEGUNGSGRUPPEN

Im allgemeinen Fall ($n = 4$) haben die Gleichungen für das Gravitationsfeld die Form

$$R_{\alpha\beta} - \frac{1}{2} R g_{\alpha\beta} = \lambda T_{\alpha\beta}.$$

Die Klassifikation dieser Felder nach Bewegungsgruppen, welche die Metrik des Raumes festlassen, bei beliebigem Energie-Impuls-Tensor $T_{\alpha\beta}$ führt auf die Aufgabe, die Räume V_4 unter der einzigen Bedingung

$$|g_{\alpha\beta}| < 0$$

zu klassifizieren. Diese Bedingung ist (bis auf die Multiplikation der Metrik mit -1) der Aussage äquivalent, daß die Metrik des Raumes V_4 eine Signatur vom Typ $(- - - +)$ hat.

Vom physikalischen Gesichtspunkt aus können wir in Weiterentwicklung der im vorigen Kapitel ausgesprochenen Idee ein Gravitationsfeld allgemeiner Art als ein physikalisches Feld betrachten, das invariant bezüglich einer r-parametrigen Bewegungsgruppe $G_r \left(0 \leqq r \leqq \frac{n(n+1)}{2} + 10\right)$ ist, und die Geometrie des Raum-Zeit-Kontinuums als Geometrie der entsprechenden Automorphismen des Raumes V_4.

Die Klassifikation der Räume V_4 nach Bewegungsgruppen wurde von verschiedenen Autoren (siehe § 29) unter der einen oder anderen zusätzlichen Voraussetzung durchgeführt. Die allgemeine Lösung des Problems ist in gemeinsamen Arbeiten von A. S. Petrow, W. R. Kaigorodow und W. N. Abdullin [337, 357, 358] enthalten. Die in diesen Arbeiten enthaltenen Ergebnisse füllen vorhandene Lücken aus und lösen das Problem für transitive und mehrfach-transitive Gruppen.

Mit Hilfe einer solchen Klassifikation kann man die Gravitationsfelder von einem gruppentheoretischen und daher invarianten Standpunkt aus untersuchen [321].

Mit der systematischen Klassifizierung der Räume V_4 unter der Voraussetzung *positiv-definiter* Metrik hat sich Fubini in der Arbeit [18], in der Räume V_4 mit einer Bewegungsgruppe G_r ($r = 1, 2, 3, 4$) gesucht werden, und in der Arbeit [20], in der Bewegungsgruppen G_r mit $r \geqq 5$ betrachtet werden, beschäftigt. Die letztere Arbeit enthält jedoch Ungenauigkeiten. Fubini bewies den folgenden Satz über die möglichen Strukturen der Bewegungsgruppen in einer nicht ganz exakten Formulierung: Jede Bewegungsgruppe $G_r (r \leqq 8)$ in V_4 enthält eine

Untergruppe G_{r-1}. I. P. Jegorow [230] zeigte jedoch, daß der Satz abgeändert werden muß. Fubini beweist zunächst die Gültigkeit des Satzes allgemein für $r \leqq 7$ und für $r = 8$ unter der Voraussetzung, daß G_8 nicht isomorph zur vollen projektiven Gruppe ist, und soweit ist der Satz richtig. Macht man diese Einschränkung aber nicht, so ist der Satz falsch. Man kann dann einen Raum V_4 mit einer Bewegungsgruppe G_8 angeben, die keine Untergruppe G_7 enthält [230]. Eine andere Ungenauigkeit besteht darin, daß Fubini die Liesche Klassifikation der Gruppe G_r aus der Arbeit [7] benutzt. Diese Klassifikation bezieht sich jedoch auf komplexe Zahlen; für *reelle Zahlen* erhöht sich die Anzahl der möglichen Strukturen. Ein Teil der Räume V_4 mit transitiver Gruppe fällt daher weg. Außerdem gibt es eine reelle Gruppe G_3, die keine Untergruppe G_2 enthält (Drehgruppe).

Vranceanu [200] untersuchte mit anderen, eigenen Methoden Räume V_4 mit positiv-definiter Metrik, die mehrfach-transitive Gruppen G_5, G_6, G_7 gestatten.

Wenn die Metrik des Raumes indefinit ist, gibt es zusätzliche Raumtypen V_4, bei denen G_r auf isotrope Transitivitätsflächen wirkt, deren Metrik ausgeartet ist. Die Existenz derartiger Räume hat als erster I. P. Jegorow bemerkt. G. I. Krutschkowitsch schlug eine Methode vor, die es gestattet, solche Räume V_4 aufzufinden, und klassifizierte sie für nichttransitive Gruppen $G_r\,(r = 3, 4)$ [260]. Dabei wurden allerdings einige Klassen von Räumen übersehen, wie A. S. Petrow bemerkt hat. Außerdem wurden die Räume V_4, die Bewegungsgruppen G_2 oder transitive Gruppen G_4 gestatten, nicht betrachtet. Diese sind aber für die Untersuchung von Gravitationsfeldern sehr wichtig.

Die Klassifikation stützt sich auf die Betrachtung der kanonischen reellen Strukturen (§ 10).

Um die Räume V_4, die echte Gravitationsfelder definieren, auszusondern, hat man für jede erhaltene Klasse von Räumen die Bedingung $|g_{\alpha\beta}| < 0$ zu fordern. Wir führen die Untersuchung in der Klasse der analytischen Funktionen durch.

§ 29. Gravitationsfelder, die Bewegungsgruppen $G_r\,(r \leqq 2)$ gestatten

Im weiteren bezeichnen wir die Killing-Vektoren, die zu den Operatoren $\underset{s}{X} f = \underset{s}{\xi}^\alpha (x)\, \partial_\alpha f$ gehören, immer mit $\underset{s}{\xi}^\alpha$ und die Ableitung $\dfrac{\partial \varphi}{\partial x_\alpha} \equiv \partial_\alpha \varphi$ wird mitunter der Kürze halber mit φ_α bezeichnet.

Die Gruppe G_0

Die Gruppe besteht nur aus dem Einselement. Die zugehörigen Räume V_4 haben nur $|g_{\alpha\beta}| < 0$ zu genügen.

Die Gruppe G_1

Es sind zwei Fälle möglich: Der Killing-Vektor $\underset{1}{\xi}^\alpha$ ist isotrop oder nichtisotrop.

$\underset{1}{\xi}^\alpha$ *nichtisotrop* ($\underset{1}{\xi}_\alpha \underset{1}{\xi}^\alpha \neq 0$). Dann gestattet V_4 ein Koordinatensystem mit $\underset{1}{\xi}^\alpha = \delta^\alpha_1$ und $g_{\alpha\beta} = g_{\alpha\beta}(x^2, x^3, x^4)$. Die Koordinatenkurven mit dem Parameter x^1 sind Trajektorien der Bewegung.

$\underset{1}{\xi}^\alpha$ *isotrop* ($\underset{1}{\xi}_\alpha \underset{1}{\xi}^\alpha = 0$). Zu den Bedingungen des letzten Falles kommt noch $g_{11} = 0$.

Die Gruppe G_2

Im weiteren bezeichnen wir Mannigfaltigkeiten mit ausgearteter Metrik durch das Symbol $\overset{*}{V}_m$. Wenn die Metrik nichtausgeartet ist, lassen wir das Zeichen „*" fort.

G_2 I (abelsche Gruppe) wirkt auf Flächen V_2. Da der Rang $(\underset{s}{\xi}^\alpha)$ ($s = 1, 2$; $\alpha = 1, 2, 3, 4$) nicht kleiner als zwei sein kann, gibt es immer ein Koordinatensystem, in dem die KILLING-Vektoren die Komponenten $\underset{s}{\xi}^3 = 0$, $\underset{s}{\xi}^4 = 0$ haben und die Gleichungen der Transformationsflächen $x^3 = \text{const}$, $x^4 = \text{const}$ sind. Die allgemeinen Koordinatentransformationen, die diesen Tatbestand invariant lassen, sind, wie man leicht sieht,

$$x^{1'} = f(x^1, x^2, x^3, x^4), \quad x^{2'} = \varphi(x^1, x^2, x^3, x^4),$$
$$x^{3'} = \psi(x^3, x^4), \quad x^{4'} = \theta(x^3, x^4).$$

Unter Benutzung der Strukturgleichungen und durch spezielle Wahl von f und φ kann man die KILLING-Vektoren auf die Form

$$\underset{1}{\xi}^\alpha = \delta^\alpha_1, \quad \underset{2}{\xi}^\alpha = \delta^\alpha_2$$

bringen. Danach hat die allgemeinste Koordinatentransformation, die alle oben erhaltenen Beziehungen invariant läßt, die Form

$$x^1 = x^{1'} + f(x^{3'}, x^{4'}), \quad x^2 = x^{2'} + \varphi(x^{3'}, x^{4'}),$$
$$x^3 = \psi(x^{3'}, x^{4'}), \quad x^4 = \theta(x^{3'}, x^{4'}),$$

wobei f, φ, ψ, θ beliebige Funktionen von $x^{3'}$ und $x^{4'}$ sind, die lediglich der Nichtausartungsbedingung $\psi_3\theta_4 - \psi_4\theta_3 \neq 0$ zu genügen haben. Aus den KILLING-Gleichungen

$$\xi^\sigma \partial_\sigma g_{\alpha\beta} + g_{\alpha\sigma}\partial_\beta \xi^\sigma + g_{\beta\sigma}\partial_\alpha \xi^\sigma = 0$$

für $\underset{1}{\xi}^\alpha$ und $\underset{2}{\xi}^\alpha$ folgt $g_{\alpha\beta} = g_{\alpha\beta}(x^3, x^4)$. Durch spezielle Wahl der Funktionen f, φ, ψ, θ führen wir die Metrik in eine kanonische Form über. Wir wählen die Funktionen so, daß sie den Gleichungen

$$f_4 = \sigma(g^{13}\theta_3 - g^{14}\psi_3), \quad \varphi_4 = \sigma(g^{23}\theta_3 - g^{24}\psi_3),$$
$$\psi_4 = \sigma(g^{33}\theta_3 - g^{34}\psi_3), \quad \theta_4 = \sigma(g^{34}\theta_3 - g^{44}\psi_3)$$

genügen, wobei $\sigma = \frac{e_4}{\sqrt{e_4\omega}}$, $e_4 = \pm 1$, $\omega = g^{33}\theta_3^2 - 2g^{34}\psi_3\theta_3 + g^{44}\psi_3^2$ ist und e_4 so gewählt sei, daß im betrachteten Gebiet des Raumes V_4 σ reell ist. Wir nehmen an, daß in den $g_{\alpha\beta}$ und $g^{\alpha\beta}$ die Veränderlichen x^α durch $x^{\alpha'}$ ersetzt sind und f, φ, ψ, θ ebenfalls Funktionen von $x^{\alpha'}$ sind. Alle diese Bedingungen ergeben zusammen in einem gewissen Gebiet ein Differentialgleichungssystem vom CAUCHY-KOWALEWSKIschen Typ (S. P. FINIKOW [160]), das im angegebenen Gebiet und für die Klasse der analytischen Funktionen verträglich ist. Im neuen Koordinatensystem ist dieses Gleichungssystem äquivalent den Bedingungen

$$g_{i'4'} = 0 \quad (i = 1, 2, 3), \qquad g_{4'4'} = e_4.$$

Daher hat die Metrik in einem speziellen holonomen Koordinatensystem die Form

$$(g_{\alpha\beta}) = \left(\begin{array}{c|c} A & 0 \\ \hline 0 & e_4 \end{array}\right), \tag{29.1}$$

$$e_4 = \pm 1, \qquad A = (g_{ij}), \qquad (i, j = 1, 2, 3),$$
$$g_{ij} = g_{ij}(x^3, x^4), \qquad X_1 = p_1, \qquad X_2 = p_2.$$

G_2 I (abelsche Gruppe) wirkt auf Flächen $\overset{*}{V}_2$. Da $\overset{*}{V}_2$ eine isotrope Mannigfaltigkeit ist, ist die zugehörige Metrik ausgeartet, d. h., wenn $\overset{*}{V}_2$ in den Koordinaten x^1, x^2 gegeben ist, gilt $g_{11}g_{22} - g_{12}^2 = 0$. Wäre der Rang der Matrix (g_{ij}) $(i, j = 1, 2)$ gleich Null, so wäre in einem gewissen Koordinatensystem $g_{11} = g_{12} = g_{22} = 0$ und $|g_{\alpha\beta}| > 0$ $(\alpha, \beta = 1, 2, 3, 4)$. Dies ist aber für echte Gravitationsfelder nicht möglich. Daher ist der Rang der Metrik auf $\overset{*}{V}_2$ gleich Eins, und auf $\overset{*}{V}_2$ existiert eine einzige Familie singulärer Linien, die isotrop und zum $\overset{*}{V}_2$ orthogonal sind: $g_{ij}\xi^i = 0$ $(i, j = 1, 2)$. Enthält dabei G_2 den Operator $X = \xi^i\partial_i$, so enthält G_2 auch den Operator $Y = \sigma(x)\xi^i\partial_i$, wobei σ ein beliebiger Skalar ist, d. h., es gibt zwei Operatoren mit gemeinsamer Trajektorie. Gibt es umgekehrt im $\overset{*}{V}_2$ zwei Operatoren mit gemeinsamer Trajektorie, so ist diese Trajektorie eine singuläre Linie von $\overset{*}{V}_2$.

Es ist klar, daß die singulären Linien ein *Imprimitivitätssystem* von G_2 sind. Zwei Fälle sind möglich: a) Unter den Operatoren von G_2 gibt es singuläre. b) Es gibt keine singulären Operatoren.

a) $\underset{1}{\xi}^\alpha$ ist ein *singulärer* KILLING-Vektor. Da der Rang von $(\underset{s}{\xi}^\alpha)$ nicht größer als zwei sein kann, läßt sich ein Koordinatensystem einführen ([142], S. 269), in dem $\underset{s}{\xi}^3 = \underset{s}{\xi}^4 = 0$ $(s = 1, 2)$ ist und die Gleichungen von $\overset{*}{V}_2$ die Form $x^3 = \text{const}$, $x^4 = \text{const}$ haben. Diese Eigenschaften sind invariant bezüglich der Transformationen $x^{1'} = f, x^{2'} = \varphi, x^{3'} = \psi, x^{4'} = \theta$, wobei f, φ von x^1, x^2, x^3, x^4 und ψ, θ von x^3, x^4 abhängen und im übrigen nur durch die Nichtausartungsbedingung

$(f_1\varphi_2 - f_2\varphi_1) \times (\psi_3\theta_4 - \psi_4\theta_3) \neq 0$ beschränkt sind. Man kann f und φ immer so wählen, daß $\underset{1}{\xi}^{\alpha'} = \delta_1^{\alpha'}$ ist. Danach sind noch folgende Transformationen zulässig:

$$x^{1'} = x^1 + f(x^2, x^3, x^4), \quad x^{2'} = \varphi(x^2, x^3, x^4), \quad x^{3'} = \psi(x^3, x^4), \quad x^{4'} = \theta(x^3, x^4)$$

mit der Bedingung $\varphi_2(\psi_3\theta_4 - \psi_4\theta_3) \neq 0$. Da $\underset{1}{\xi}^{\alpha}$ ein singulärer Operator ist, gilt in diesem Koordinatensystem $g_{11} = g_{12} = 0$ und $\partial_1 \underset{2}{\xi}^2 = 0$. Aus der Strukturgleichung $[X_1, X_2] = 0$ folgt $\underset{2}{\xi}^{\alpha} = \underset{2}{\xi}^{\alpha}(x^2, x^3, x^4)$. Durch Anwendung einer zulässigen Transformation ergibt sich daher

$$\underset{2}{\xi}^{1'} = \underset{2}{\xi}^1 + f_2 \underset{2}{\xi}^2, \quad \underset{2}{\xi}^{2'} = \varphi_2 \underset{2}{\xi}^2.$$

Wegen der Rangbedingung für die Metrik des Raumes $\overset{*}{V}_2$ ist $\underset{2}{\xi}^2 \neq 0$. Mit Hilfe einer nichtausgearteten Transformation kann man also erreichen, daß $\underset{2}{\xi}^{\alpha'} = \delta_2^{\alpha'}$ wird. Danach sind die zulässigen Transformationen $x^{1'} = x^1 + f$, $x^{2'} = x^2 + \varphi$, $x^{3'} = \psi$, $x^{4'} = \theta$, wobei f, φ, ψ, θ beliebige Funktionen von x^3, x^4 sind, die nur der Bedingung $\psi_3\theta_4 - \psi_4\theta_3 \neq 0$ zu genügen haben. Bei einer derartigen Transformation gilt $g_{1'4'} = g_{13}\psi + g_{14}\theta_4$ und, da g_{13} und g_{14} nicht gleichzeitig verschwinden können, kann man ohne Beschränkung der Allgemeinheit annehmen, daß $g_{14} \neq 0$ ist. Die Komponente g_{22} ist bei einer solchen Transformation invariant und kann nicht gleich Null sein, da sich sonst ein Widerspruch zu $|g_{\alpha\beta}| < 0$ ergibt. Daher können wir

$$\psi_4 = \frac{\sqrt{-e^4 g_{14}^2 g_{22}}}{g}, \quad e_4 = \pm 1, \quad \theta_4 = -\frac{g_{13}}{g_{14}}\psi_4, \quad \varphi_4 = -\frac{1}{g_{22}}(g_{13}\psi_{14} + g_{24}\theta_4),$$

$$f_4 = \frac{1}{g_{13}\psi_3 + g_{14}\theta_3}\left[g_{23}\varphi_4\psi_3 + g_{24}\varphi_4\theta_3 + g_{33}\psi_3\psi_4 + g_{34}(\psi_3\theta_4 + \psi_4\theta_3) + g_{44}\theta_3\theta_4\right]$$

setzen. Das ergibt ein verträgliches Differentialgleichungssystem vom Cauchy-Kowalewskischen Typ. Nimmt man für f, φ, ψ, θ Integrale dieses Systems, so erhält man

$$(g_{\alpha\beta}) = \begin{pmatrix} 0 & 0 & g_{13} & 0 \\ 0 & g_{22} & g_{23} & 0 \\ g_{13} & g_{23} & g_{33} & 0 \\ 0 & 0 & 0 & e_4 \end{pmatrix}, \qquad (29.2)$$

$$g_{\alpha\beta} = g_{\alpha\beta}(x^3, x^4), \qquad X_1 = p_1, \qquad X_2 = p_2.$$

b) G_2 hat keine singulären Operatoren. Alle Überlegungen wiederholen sich fast wörtlich mit dem einzigen Unterschied, daß $\underset{1}{\xi}^{\alpha} = \delta_1^{\alpha}$ nicht Killing-Vektor sein kann, wenn x^1 eine singuläre Kurve ist. Das führt zu den beiden Möglichkeiten

$$(g_{\alpha\beta}) = \begin{pmatrix} 0 & 0 & 0 & g_{14} \\ 0 & g_{22} & -x^1 g_{22} + g_{23} & 0 \\ 0 & -x^1 g_{22} + g_{23} & x^{1^2} g_{22} - 2x^1 g_{23} + g_{33} & 0 \\ g_{14} & 0 & 0 & g_{44} \end{pmatrix}, \quad (29.3)$$

$$g_{\alpha\beta} = g_{\alpha\beta}(x^3, x^4), \; X_1 = p_2, \; X_2 = p_1 + x^3 p_2$$

und

$$(g_{\alpha\beta}) = \begin{pmatrix} 0 & 0 & g_{13} & 0 \\ 0 & g_{22} & -x^1 g_{22} + g_{23} & 0 \\ g_{13} & -x^1 g_{22} + g_{23} & x^{1^2} g_{22} - 2x^1 g_{23} + g_{33} & 0 \\ 0 & 0 & 0 & e_4 \end{pmatrix}, \quad (29.4)$$

$$e_4 = \pm 1, \quad g_{\alpha\beta} = g_{\alpha\beta}(x^3, x^4), \quad X_1 = p_2, \quad X_2 = p_1 + x^3 p_2.$$

G_2 II (nichtabelsche Gruppe) wirkt auf Flächen V_2. Es lassen sich alle Überlegungen des Falles „G_2 I wirkt auf Flächen V_2" wiederholen mit dem einzigen Unterschied, daß die Strukturgleichungen vom Typ II sind. Es ergibt sich

$$(g_{\alpha\beta}) = \begin{pmatrix} e^{-2x^3} a_{11} & e^{-x^3} a_{12} & e^{-x^3} a_{13} & 0 \\ e^{-x^3} a_{12} & a_{22} & a_{23} & 0 \\ e^{-x^3} a_{13} & a_{23} & a_{33} & 0 \\ 0 & 0 & 0 & e_4 \end{pmatrix}, \quad (29.5)$$

$$e_4 = \pm 1, \quad a_{\alpha\beta} = a_{\alpha\beta}(x^3, x^4), \quad X_1 = p_1, \quad X_2 = x^1 p_1 + p_2.$$

G_2 II wirkt auf Flächen $\overset{*}{V}_2$. Wir unterscheiden wieder zwei Fälle:

a) *G_2 enthält einen singulären Operator.* Wir wenden die Überlegungen des Falles a) von „G_2 I wirkt auf Flächen $\overset{*}{V}_2$" mit einigen Änderungen an, die sich daraus ergeben, daß die nichtkommutative Struktur II vorliegt. Dann erhalten wir für die Metrik die kanonische Form

$$(g_{\alpha\beta}) = \begin{pmatrix} 0 & 0 & e^{-x^3} a_{13} & 0 \\ 0 & a_{22} & a_{23} & 0 \\ e^{-x^3} a_{13} & a_{23} & a_{33} & 0 \\ 0 & 0 & 0 & e_4 \end{pmatrix}, \quad (29.6)$$

$$a_{\alpha\beta} = a_{\alpha\beta}(x^3, x^4), \quad X_1 = p_1, \quad X_2 = x^1 p_1 + p_2.$$

b) *G_2 enthält keinen singulären Operator.* Man kann immer ein Koordinatensystem wählen ([147], S. 269), in dem $\overset{*}{V}_2$ durch die Gleichungen $x^3 = \text{const}$, $x^4 = \text{const}$ beschrieben wird und $\underset{s}{\xi}^3 = \underset{s}{\xi}^4 = 0$ gilt. Wir wählen als Koordinatenlinien x^1 singuläre Kurven auf $\overset{*}{V}_2$. Dann ist $g_{11} = g_{12} = 0$ und $\partial_1 \underset{s}{\xi}^2 = 0$, wie aus den KILLING-Gleichungen folgt. Die allgemeinste Koordinatentransformation, die alle diese Beziehungen ungeändert läßt, ist

$$x^{1'} = f(x^1, x^2, x^3, x^4), \quad x^{2'} = \varphi(x^2, x^3, x^4),$$
$$x^{3'} = \psi(x^3, x^4), \quad x^{4'} = \theta(x^3, x^4)$$

mit der Bedingung $f_1\varphi_2(\psi_3\theta_4 - \psi_4\theta_3) \neq 0$. Die Komponente $\underset{1}{\xi}^2$ ist ungleich Null, da G_2 keinen singulären Operator enthalten soll. Setzen wir daher $f_2 = \frac{-\underset{1}{\xi}^1}{\underset{1}{\xi}^2} f_1$, $\varphi_2 = \frac{1}{\underset{1}{\xi}^2}$, so erhalten wir ein verträgliches Differentialgleichungssystem vom CAUCHY-KOWALEWSKIschen Typ. Also läßt sich der KILLING-Vektor $\underset{1}{\xi}^{\alpha'}$ auf die Form $\underset{1}{\xi}^{\alpha'} = \delta_2^{\alpha'}$ transformieren. Danach haben die zulässigen Transformationen die Form

$$x^{1'} = f(x^1, x^3, x^4), \quad x^{2'} = x^2 + \varphi(x^3, x^4),$$
$$x^{3'} = \psi(x^3, x^4), \quad x^{4'} = \theta(x^3, x^4),$$

wobei $f_1(\psi_3\theta_4 - \psi_4\theta_3) \neq 0$ gilt. Aus den Strukturgleichungen und $\partial_1 \underset{2}{\xi}^2 = 0$ folgt $\underset{2}{\xi}^\alpha = A(x^1, x^2, x^4)\delta_1^\alpha + (x^2 + B(x^3, x^4))\delta_2^\alpha$ mit $A \neq 0$, da G_2 sonst einen singulären Operator enthalten würde. Durch eine nichtausgeartete zulässige Transformation kann man daher $\underset{2}{\xi}^{\alpha'}$ in die Form $\delta_1^{\alpha'} + x^2\delta_2^{\alpha'}$ überführen. Danach sind noch die Transformationen

$$x^1 = x^{1'} + f(x^{3'}, x^{4'}), \quad x^2 = x^{2'},$$
$$x^3 = \psi(x^{3'}, x^{4'}), \quad x^4 = \theta(x^{3'}, x^{4'})$$

unter der Bedingung $\psi_3\theta_4 - \psi_4\theta_3 \neq 0$ zulässig.

Stellt man die KILLING-Gleichungen für diese Operatoren auf, so erhält man

$$g_{11} = g_{12} = 0, \quad g_{13} = a_{13}, \quad g_{14} = a_{14},$$
$$g_{22} = e^{-2x^1}a_{22}, \quad g_{23} = e^{-x^1}a_{23}, \quad g_{24} = e^{-x^1}a_{24},$$
$$g_{33} = a_{33}, \quad g_{34} = a_{34}, \quad g_{44} = a_{44}$$

mit $a_{\alpha\beta} = a_{\alpha\beta}(x^3, x^4)$.

Durch Anwendung einer zulässigen Transformation ergibt sich $g_{1'4'} = a_{13}\psi_4 + a_{14}\theta_4$. Da a_{13} und a_{14} nicht gleichzeitig verschwinden können ($|g_{\alpha\beta}| \neq 0$) kann man ohne Beschränkung der Allgemeinheit annehmen, daß a_{14} von Null verschieden ist. Dann ist

$$g_{2'4'} = e^{-x^{1'}} e^{-f}(a_{23}\psi_4 + a_{24}\theta_4),$$
$$g_{3'4'} = f_3 g_{1'4'} + f_4 g_{1'3'} + \psi_3(a_{33}\psi_4 + a_{34}\theta_4) + \theta_3(a_{33}\psi_4 + a_{44}\theta_4).$$

Wir fordern, daß $g_{1'4'} = g_{2'4'} = g_{3'4'} = 0$ ist. Das führt auf ein Gleichungssystem vom CAUCHY-KOWALEWSKIschen Typ: $f_4 = F, \psi_4 = \Phi, \theta_4 = \Psi$. Wenn $g_{1'4'} = 0$ ist, so ist $g_{1'3'} \neq 0$, Man kann daher diese drei Gleichungen explizit nach f_4, φ_4, θ_4 auflösen. Wenn $a_{14}a_{23} - a_{13}a_{24} = 0$ ist, reduziert sich das Gleichungssystem auf $f_4 = F, \varphi_4 = \Phi$ mit beliebigem θ_4, was zu dem gleichen Ergebnis führt. Wir erhalten also die kanonische Form

$$(g_{\alpha\beta}) = \begin{pmatrix} 0 & 0 & a_{13} & 0 \\ 0 & e^{-2x^1}a_{22} & e^{-x^1}a_{23} & 0 \\ a_{13} & e^{-x^1}a_{23} & a_{33} & 0 \\ 0 & 0 & 0 & a_{44} \end{pmatrix}, \qquad (29.7)$$

$$a_{\alpha\beta} = a_{\alpha\beta}(x^3, x^4), \quad X_1 = p_2, \quad X_2 = p_1 + x^2 p_2.$$

Damit sind die Gravitationsfelder, die eine LIEsche Gruppe G_2 als Bewegungsgruppe gestatten, erschöpft.

§ 30. Gravitationsfelder, die eine Bewegungsgruppe G_3 gestatten. G_3 wirkt auf Transitivitätsflächen V_2 oder $\overset{*}{V}_2$

Der Raum V_4 gestatte eine Bewegungsgruppe G_3 mit einer Matrix $(\underset{s}{\xi}_\alpha)$ ($s = 1, 2, 3$; $\alpha = 1, 2, 3, 4$) vom Rang zwei. Diese nichttransitive Gruppe wirkt dann auf zweidimensionale Transitivitätsflächen, die *nichtisotrop* (V_2) oder *isotrop* ($\overset{*}{V}_2$) sein können. Betrachten wir beide Fälle für sich.

G_3 wirkt auf V_2. Da G_3 auf V_2 die maximale Gruppe ist, muß jede Fläche V_2 konstante Krümmung K haben. Es sind drei Fälle möglich: 1. $K = 0$, 2. $K > 0$ und 3. $K < 0$.

Im ersten Fall ($K = 0$) ist jede Fläche V_2 ein zweidimensionaler ebener Raum mit der Signatur $(+\,+)$ oder $(+\,-)$ (bis auf eine unwesentliche Multiplikation mit -1). In beiden Fällen hat G_3 eine abelsche Untergruppe G_2, wobei $\underset{1}{\xi}^\alpha \neq \sigma \underset{2}{\xi}^\alpha$ ist, da sonst im Widerspruch zur Voraussetzung auf V_2 ein singulärer Operator wirken würde. Die gesuchten Räume V_4 sind also unter den Räumen V_4 vom Typ (29.1) enthalten. Es ist jedoch vorteilhafter, einen anderen Weg ohne Zuhilfenahme der Metrik (29.1) einzuschlagen.

Wenn der Raum V_n mit indefiniter Metrik eine stetige Bewegungsgruppe G_r gestattet und der Rang der Matrix $(\underset{s}{\xi}^\alpha)$ kleiner als r ist, kann man im allgemeinen die $\underset{s}{\xi}^\alpha$ so umnumerieren, daß

$$\underset{h}{\xi}^\alpha = \varphi_h^t \underset{t}{\xi}^\alpha \quad (t = 1, \ldots, q; \;\; h = q + 1, \ldots, r)$$

gilt, wobei der Rang der Matrix $(\underset{s}{\xi}^\alpha)$ gleich q und φ_h^t Funktionen von x sind. Es seien unter den Funktionen φ_h^t p unabhängige. Dann sind zwei Fälle möglich ([147], S.272):

1. Wenn in einem Koordinatensystem mit $\underset{s}{\xi}^\nu = 0 (\nu = q + 1, \ldots, n)$ der Rang der JACOBIschen Matrix für die Funktionen φ nach $x^1, \ldots, x^q$ gleich p ist, so existieren Koordinatensysteme, in denen $\underset{s}{\xi}^\alpha$ nicht von $q + 1, \ldots, n$ abhängt.

2. Der Rang der JACOBIschen Matrix ist kleiner als p. Dann läßt sich die Behauptung in 1. nicht aufstellen.

Betrachten wir den Fall $K = 0$. Wie man leicht sieht, entsprechen den beiden möglichen Signaturen nichtisomorphe reelle Strukturen von G_3: a) $(++)$ entspricht G_3 VII mit $q = 0$ und b) $(+-)$ entspricht G_3 VI mit $q = -1$. Nehmen wir zunächst an, daß der Fall 1. für die JACOBIsche vorliegt und G_3 die Struktur VII hat. Dann gibt es im V_4 ein Koordinatensystem, in dem sich V_2 durch die Gleichungen

$$x^3 = \text{const}, \quad x^4 = \text{const}, \quad \underset{s}{\xi}^3 = \underset{s}{\xi}^4 = 0 \quad (s = 1, 2, 3)$$

beschreiben läßt, wobei $\underset{s}{\xi}^\alpha$ eine Funktion von x^1, x^2 ist. Das bedeutet, daß man die gesuchten Operationen bestimmen kann, wenn man die KILLING-Gleichungen im zweidimensionalen Raum integriert, der durch die Metrik $ds^2 = e_1\, dx^{1^2} + e_2\, dx^{2^2}$ definiert ist. Dann erhält man

$$\underset{1}{\xi}^\alpha = \delta_1^\alpha, \quad \underset{2}{\xi}^\alpha = \delta_2^\alpha, \quad \underset{3}{\xi}^\alpha = -x^2\delta_1^\alpha + x^1\delta_2^\alpha.$$

Diese Operatoren gestatten die Transformation

$$x^1 = x^{1'}, \quad x^2 = x^{2'}, \quad x^3 = \psi(x^{2'}, x^{4'}), \quad x^4 = \theta(x^{3'}, x^{4'}).$$

Integriert man die KILLING-Gleichungen für diese Operatoren und benutzt die Funktionen ψ und θ, so erhält man die folgende kanonische Form für die Metrik:

$$G_3\ \text{VII} \quad (g_{\alpha\beta}) = \begin{pmatrix} a_{11} & 0 & 0 & 0 \\ 0 & a_{22} & 0 & 0 \\ 0 & 0 & a_{33} & 0 \\ 0 & 0 & 0 & e_4 \end{pmatrix} \tag{30.1}$$

$$a_{\alpha\beta} = a_{\alpha\beta}(x^3, x^4), \quad a_{11} = a_{22}, \quad e_4 = \pm 1,$$

$$X_1 = p_1, \ X_2 = p_2, \ X_2 = -x^2 p_1 + x^1 p_2.$$

Analog erhält man im Fall G_3 VI die Metrik

$$(g_{\alpha\beta}) = \begin{pmatrix} 0 & g_{12} & 0 & 0 \\ g_{12} & 0 & 0 & 0 \\ 0 & 0 & g_{33} & 0 \\ 0 & 0 & 0 & e_4 \end{pmatrix}, \tag{30.2}$$

$$g_{\alpha\beta} = g_{\alpha\beta}(x^3, x^4), \qquad e_4 = \pm 1,$$

$$X_1 = p_1, \ X_2 = p_2, \ X_3 = x^1 p_1 - x^2 p_2.$$

Setzt man voraus, daß die JACOBIsche der Bedingung 2. genügt, d. h. der Rang < 2 ist, so erhält man den Fall, daß zwei Operatoren eine gemeinsame Trajektorie haben, was aber nicht möglich ist.

Wenn die Krümmung von V_2 von Null verschieden ist ($K \neq 0$), so gestattet V_2 keine Gruppe G_3 mit abelscher Untergruppe G_2. G_3 muß daher nichtauflösbar sein, d. h., G_3 hat die Struktur VIII oder IX.

Die JACOBIsche habe den Rang 2. Dann genügt es, zur Bestimmung der Operatoren wie im vorhergehenden Fall die Metrik des Raumes V_2 zu betrachten. In einem GAUSSschen Koordinatensystem ist

$$ds^2 = e_1\, dx^{1^2} + e_2 \sigma^2\, dx^{2^2},$$

$$e_1 = \pm 1, \quad e_2 = \pm 1, \sigma = \sigma(x^1, x^2).$$

Wir stellen die Bedingung dafür auf, daß die Krümmung des Raumes V_2 konstant (und verschieden von Null) ist und integrieren die KILLING-Gleichungen. Dann erhalten wir nach naheliegenden Vereinfachungen der Operatoren (durch Abänderung der Metrik) die folgenden Fälle:

$$\left.\begin{array}{lll}
\text{I. } G_3 \text{ IX} & e_1 = e_2, e_1 k > 0, & \\
& \underset{1}{\xi^\alpha} = \cos x^2 \delta_1^\alpha + \sin x^2 \operatorname{tg} x^1 \delta_2^\alpha, & \\
& \underset{2}{\xi^\alpha} = \delta_2^\alpha,\ \underset{3}{\xi^\alpha} = \sin x^2 \delta_1^\alpha - \cos x^2 \operatorname{tg} x^1 \delta_2^\alpha, & \\
\text{II. } G_3 \text{ VIII} & e_1 = -e_2, e_1 k > 0, & \\
& \underset{1}{\xi^\alpha} = \operatorname{ch} x^2 \delta_1^\alpha + \operatorname{sh} x^2 \operatorname{tg} x^1 \delta_2^\alpha, \quad \underset{2}{\xi^\alpha} = \delta_2^\alpha, & \\
& \underset{3}{\xi^\alpha} = \operatorname{sh} x^2 \delta_1^\alpha + \operatorname{ch} x^2 \operatorname{tg} x^1 \delta_2^\alpha, & \\
\text{III. } G_3 \text{ VIII} & e_1 = -e_2, e_1 k < 0, & \\
& \underset{1}{\xi^\alpha} = \cos x^2 \delta_1^\alpha - \sin x^2 \operatorname{th} x^1 \delta_2^\alpha,\ \underset{2}{\xi^\alpha} = \delta_2^\alpha, & \\
& \underset{3}{\xi^\alpha} = \sin x^2 \delta_1^\alpha + \cos x^2 \operatorname{th} x^1 \delta_2^\alpha, & \\
\text{IV. } G_3 \text{ VIII} & e_1 = e_2, e_1 k < 0, & \\
& \underset{1}{\xi^\alpha} = \operatorname{ch} x^2 \delta_1^\alpha - \operatorname{sh} x^2 \operatorname{th} x^1 \delta_2^\alpha, & \\
& \underset{2}{\xi^\alpha} = \delta_2^\alpha, \quad \underset{3}{\xi^\alpha} = \operatorname{sh} x^2 \delta_1^\alpha - \operatorname{ch} x^2 \operatorname{th} x^1 \delta_2^\alpha. &
\end{array}\right\} \tag{30.3}$$

Bekanntlich heißen zwei Gruppen G_r und H_r ähnlich, wenn ein System von r unabhängigen Funktionen $\varphi^s(a)$ $(s = 1, \ldots, r)$ existiert, so daß man eine nichtausgeartete Koordinatentransformation finden kann, welche die endlichen Gleichungen von G_r in die endlichen Gleichungen der Gruppe H_r überführt, wenn man $a'^s = \varphi^s(a)$ setzt. Uns interessieren die Gruppen und ihre Darstellungen im V_4

bis auf Ähnlichkeiten, wofür die Übereinstimmung der Strukturen notwendig ist (bei einer speziellen Basiswahl). Wenn die Ränge q der Matrizen $(\underset{s}{\xi^a})$ kleiner als r sind, wie im betrachteten Fall, ist diese Bedingung für die Ähnlichkeit der Gruppen noch nicht hinreichend. Schreibt man die Gleichungen (30.1) für G_r und H_r, so kann man zeigen ([147], S. 99), daß G_s und H_r genau dann ähnlich sind, wenn die Ränge der Matrizen $(\underset{s}{\xi^a})$ für beide Gruppen gleich sind, ein beliebiges Paar sich entsprechender Minoren der Ordnung q gleichen Rang hat und das Gleichungssystem

$$\varphi_p^{h'}(x^1) = \varphi_p^h(x^1) \quad (h = 1, \ldots, q;\ p = q + 1, \ldots, r)$$

verträglich ist und nicht zu Beziehungen zwischen den Veränderlichen einer der beiden Gruppen führt. Wir müssen feststellen, welche Gruppen (30.3) vom Typ II, III, IV im Reellen ähnlich sind. Drückt man ξ^a durch $\underset{1}{\xi^a}$ und $\underset{2}{\xi^a}$ aus, so führen die Gleichungen (30.1) zu folgenden Funktionen φ^h:

$$\text{II. } \varphi^1 = -\frac{\operatorname{tg} x^1}{\operatorname{sh} x^2}, \qquad \varphi^2 = \operatorname{cth} x^2,$$

$$\text{III. } \varphi^1 = -\frac{\operatorname{th} x^1}{\sin x^2}, \qquad \varphi^2 = \operatorname{ctg} x^2,$$

$$\text{IV. } \varphi^1 = \frac{\operatorname{th} x^1}{\operatorname{sh} x^2}, \qquad \varphi_2 = \operatorname{cth} x^2.$$

Wenn wir z. B. die Gleichungen $\varphi^h(x^1) = \varphi^h(x)$ für die Gruppen II—III aufstellen, erhalten wir die Beziehungen $\operatorname{tg} x^{1'} = \operatorname{th} x^{1'}$, $\sin x^2 = \operatorname{sh} x^2$, $\operatorname{tg} x^2 = \operatorname{th} x^{2'}$. Durch Elimination von x^2 ergibt sich $x^{2'} = 0$, d. h. eine Beziehung zwischen den $x^{a'}$. Zu dem gleichen Ergebnis kommt man bei der Untersuchung der Gruppen III—IV, dagegen sind die Gruppen II—IV im Reellen ähnlich. Daher genügt es, die Fälle I, II, IV für die Operatoren aus (30.1) zu betrachten. Wie oben stellen wir für diese Operatoren die KILLING-Gleichungen und zulässigen Transformationen auf. Dann lassen sich die Metriken auf die folgenden kanonischen Formen transformieren:

$$G_3\,\text{VIII} \quad (g_{\alpha\beta}) = \begin{pmatrix} a_{11} & 0 & 0 & 0 \\ 0 & -a_{11}\cos^2 x^1 & 0 & 0 \\ 0 & 0 & a_{33} & 0 \\ 0 & 0 & 0 & e_4 \end{pmatrix}, \tag{30.4}$$

$$a_{\alpha\beta} = a_{\alpha\beta} = (x^3, x^4),\ X_1 = \operatorname{ch} x^2\, p_1 + \operatorname{sh} x^2 \operatorname{tg} x^1\, p_2,\ X_2 = p_2,$$

$$X_3 = \operatorname{sh} x^2 p_1 + \operatorname{ch} x^2 \operatorname{tg} x^1 p_2,\ e_4 = \pm 1;$$

$$G_3\,\mathrm{VIII} \quad (g_{\alpha\beta}) = \begin{pmatrix} a_{11} & 0 & 0 & 0 \\ 0 & -a_{11}\,\mathrm{ch}^2 x^1 & 0 & 0 \\ 0 & 0 & a_{33} & 0 \\ 0 & 0 & 0 & e_4 \end{pmatrix}, \tag{30.5}$$

$$a_{\alpha\beta} = a_{\alpha\beta}(x^3, x^4), \; X_1 = \cos x^2 p_1 - \sin x^2\,\mathrm{th}\,x^1 p_2, \; X_2 = p_2,$$

$$X_3 = \sin x^2 p_1 + \cos x^2\,\mathrm{th}\,x^1 p_2, \; e_4 = \pm 1;$$

$$G_3\,\mathrm{IX} \quad (g_{\alpha\beta}) = \begin{pmatrix} a_{11} & 0 & 0 & 0 \\ 0 & a_{11}\cos^2 x^1 & 0 & 0 \\ 0 & 0 & a_{33} & 0 \\ 0 & 0 & 0 & e_4 \end{pmatrix}, \tag{30.6}$$

$$a_{\alpha\beta} = a_{\alpha\beta}(x^3, x^4), \; X_1 = \cos x^2 p_1 + \sin x^2\,\mathrm{tg}\,x^1 p_2.$$

$$X_2 = p_2, X_3 = \sin x^2\, p_1 - \cos x^2\,\mathrm{tg}\,x^1 p_2, \; e_4 = \pm 1.$$

Diese Metriken haben wir unter der Annahme erhalten, daß der Rang p der JACOBIschen $\frac{\partial(\varphi^1, \varphi^2)}{\partial(x^1, x^2)}$ nicht kleiner als zwei ist. Wenn man dagegen voraussetzt, daß dieser Rang kleiner als zwei ist, ergibt sich z. B. im Fall (30.6) bei $p = 1$ die Beziehung $\underset{3}{\xi}^\alpha = a\underset{1}{\xi}^\alpha + f(a, x^3, x^4)\underset{2}{\xi}^\alpha$, wobei a eine Funktion ist. Aus der Strukturgleichung $[X_2 X_3] = X_1$ folgt $a = 0$ und $f(x^3, x^4)$, d. h., die Trajektorien zweier Operatoren fallen auf V_2 zusammen. Zum gleichen Ergebnis kommt man bei $p = 0$ und in den übrigen Fällen (30.4), (30.5). Daher erschöpfen die oben betrachteten Raumtypen alle Räume V_4, die eine auf Transitivitätsflächen V_2 wirkende Bewegungsgruppe G_3 gestatten.

G_3 wirkt auf Transitivitätsflächen $\overset{*}{V}_2$. Für diesen Fall zeigte KRUTSCHKOWITSCH ([203], S. 15), daß G_3 entweder eine *auflösbare* Gruppe vom Typ II, III oder eine *nichtauflösbare* Gruppe vom Typ VIII ist.

Es liege der Fall G_3 II vor. Wenn für die JACOBIsche die Bedingung 1 gilt, läßt sich $\overset{*}{V}_2$ in einem gewissen Koordinatensystem durch die Gleichungen $x^3 = \mathrm{const}$, $x^4 = \mathrm{const}$ und $\underset{s}{\xi}^\alpha = \underset{s}{\xi}^\alpha(x^1, x^2)$ beschreiben. Man kann das Koordinatensystem in $\overset{*}{V}_2$ so wählen, daß $X_1 = p_1$, $X_2 = p_2$, $X_3 = X^2 p_1$ gilt. Stellt man jedoch die KILLING-Gleichungen für diese Operatoren auf, so erhält man eine ausgeartete Metrik für den Raum V_4. Daher ist der Rang der JACOBIschen für die durch (30.6) definierten Funktionen kleiner als zwei. Wir können also das Koordinatensystem so wählen, daß

$$\underset{1}{\xi}^\alpha = \delta_1^\alpha, \; \underset{2}{\xi}^\alpha = \delta_2^\alpha, \; \underset{3}{\xi}^\alpha = a\delta_1^\alpha + \lambda(a, x^3, x^4)\delta_2^\alpha$$

gilt, wobei

$$a = a(x^1, x^2, x^3, x^4)$$

ist. Aus den Strukturgleichungen ergibt sich

$$a = x^2 + \sigma(x^3, x^4), \quad \lambda = \lambda(x^3, x^4).$$

Für die Operatoren X_1, X_2 haben die zulässigen Transformationen die Form

$$x^{1'} = x^1 + f(x^3, x^4), \quad x^{2'} = x^2 + \varphi(x^3, x^4),$$
$$x^{3'} = \psi(x^3, x^4), \quad x^{4'} = \theta(x^3, x^4).$$

λ kann nicht konstant sein, da sich sonst eine ausgeartete Metrik ergeben würde. Daher kann man durch eine zulässige Transformation $\underset{3}{\xi}^\alpha$ in die Form $\underset{3}{\xi}^\alpha = x^3\delta_1^\alpha + x^4\delta_2^\alpha$ überführen. Danach sind noch die Transformationen

$$x^1 = x^{1'} + f(x^{3'}, x^{4'}), \; x^2 = x^{2'}, x^3 = \psi(x^{3'}, x^{4'}), \; x^4 = x^{4'} \tag{30.7}$$

zulässig.

Aus den KILLING-Gleichungen folgt

$$g_{11} = g_{12} = g_{13} = g_{24} = g_{23} = 0, \; g_{14} + g_{22} = 0, \; g_{\alpha\beta} = g_{\alpha\beta}(x^3, x^4).$$

Mit Hilfe von (30.7) ergibt sich nun

$$g_{1'4'} = g_{14}, \; g_{3'3'} = g_{33}\psi_{3'}^2, \; g_{3'4'} = g_{14}f_{3'} + g_{33}\psi_{3'}\psi_{4'} + g_{34}\psi_{3'},$$
$$g_{4'4'} = 2g_{14}f_{4'} + g_{33}\psi_{4'}^2 + 2g_{34}\psi_{4'} + g_{44}.$$

Wir bemerken, daß aus der Bedingung $|g_{\alpha\beta}| \neq 0$ die Ungleichungen $g_{33} \neq 0$ und $g_{14} \neq 0$ folgen.

Die Forderung $g_{3'4'} = g_{4'4'} = 0$ führt zu einem Differentialgleichungssystem vom CAUCHY-KOWALEWSKIschen Typ für f_4 und ψ_4. Daher erhält man für die Metrik die kanonische Form

$$G_3 \text{ II wirkt auf } \overset{*}{V}_2 \qquad (g_{\alpha\beta}) = \begin{pmatrix} 0 & 0 & 0 & g_{14} \\ 0 & g_{22} & 0 & 0 \\ 0 & 0 & g_{33} & 0 \\ g_{14} & 0 & 0 & 0 \end{pmatrix}, \tag{30.8}$$

$$g_{14} + g_{22} = 0, \quad g_{\alpha\beta} = g_{\alpha\beta}(x^3, x^4);$$
$$X_1 = p_1, \; X_2 = p_2, \; X_3 = x^3p_1 + x^4p_2.$$

Es liege der Fall „G_3 III wirkt auf $\overset{*}{V}_2$“ unter der Bedingung 1 für die JACOBIsche vor. Dann kann man die Operatoren auf die Form $X_1 = p_1, X_2 = p_2$, $X_3 = x^1p_1$ bringen, und aus den KILLING-Gleichungen folgt $g_{1\alpha} = 0 \; (\alpha = 1, 2, 3,4)$, d. h., die Metrik des Raumes V_4 ist ausgeartet ([203], S. 15). Setzt man dagegen voraus, daß die Bedingung 1 für die JACOBIsche nicht erfüllt ist, so findet man wie oben $X_1 = p_1, X_2 = p_2, X_3 = x^1p_2 + x^4p_2$. Aus den KILLING-Gleichungen folgt aber

$$g_{1\alpha} = 0 \; (\alpha = 1, 2, 3, 4),$$

d. h., die Metrik ist ausgeartet. Daher ist der Fall „G_3 III wirkt auf $\overset{*}{V}_2$“ nicht möglich.

Betrachten wir den Fall „G_3 VIII wirkt auf $\overset{*}{V}_2$“ unter der Bedingung 1 für die JACOBIsche. Dann kann man die Operatoren auf die Form

$$X_1 = e^{-x^2}(p_1 + p_2), \; X_2 = p_2, \; X_3 = e^{x^2}(-p_1 + p_2)$$

bringen. Dann aber ist $|g_{\alpha\beta}| = 0$. Es sei nun die Bedingung 1 für die JACOBIsche nicht erfüllt. Dann ist $\underset{3}{\xi^\alpha} = a\underset{1}{\xi^\alpha} + \lambda(a, x^3, x^4)\underset{2}{\xi^\alpha}$, wobei a eine gewisse Funktion ist. G_3 VIII enthält eine Untergruppe G_2 II, die auf $\overset{*}{V}_2$ transitiv wirkt. $\overset{*}{V}_2$ sei durch die Gleichungen $x^3 = \text{const}$ und $x^4 = \text{const}$ gegeben. Da die Gruppenordnung von G_2 und der Rang der Matrix $(\underset{s}{\xi^\alpha})$ $(s = 1, 2)$ gleich sind, kann man die Operatoren des Raumes $\overset{*}{V}_2$, der eine nichtabelsche Gruppe G_2 gestattet, in der Form

$$X_1 = e^{-x^2}(p_1 + \varepsilon p_2), \quad X_2 = p_2, \quad \varepsilon = 0, 1$$

schreiben. Setzt man dabei $\varepsilon = 0$, so kann, wie man leicht sieht, die entsprechende Gruppe G_2 nicht Untergruppe von G_3 VIII sein. Daher ist

$$X_1 = e^{-x^2}(p_1 + p_2), \quad X_2 = p_2, \quad X_3 = ae^{-x^2}(p_1 + p_2) + \lambda p_2.$$

Stellt man für diese Operatoren die Strukturgleichungen auf, so erhält man, daß $a = 0$, $\lambda = 2e^{x^2}$ ist, und aus den KILLING-Gleichungen folgt $g_{2\alpha} = 0\,(\alpha = 1, 2, 3, 4)$. Deshalb gibt es kein Gravitationsfeld, das dem Fall „G_3 VIII wirkt auf $\overset{*}{V}_2$“ entspricht.

Die oben aufgestellten Klassen von Räumen erschöpfen alle Räume V_4, die eine auf V_2 oder $\overset{*}{V}_2$ wirkende Gruppe G_3 gestatten. Wir bemerken, daß diesen Räumen vom physikalischen Gesichtspunkt aus interessante Gravitationsfelder entsprechen.

§ 31. Gravitationsfelder, die Bewegungsgruppen G_3 gestatten. G_3 wirkt auf Transitivitätsflächen V_3 oder $\overset{*}{V}_3$

Betrachten wir den Fall, daß G_3 auf Transitivitätshyperflächen V_3 oder $\overset{*}{V}_3$ als einfach-transitive Gruppe wirkt.

Der Rang der Matrix $(\underset{s}{\xi^\alpha})$ sei gleich Drei.

G_3 wirkt auf V_3. Da G_3 auf Transitivitätshyperflächen wirkt, sind diese geodätisch parallel ([147], S. 254). Daher ist es natürlich, ein GAUSSsches Koordinatensystem einzuführen, in dem die Hyperflächen durch die Gleichungen $x^4 = \text{const}$ beschrieben werden.

Solche Räume V_4 hat FUBINI für definite Metrik untersucht. Im Falle einer indefiniten Metrik können die nichtisotropen Hyperflächen V_3 eine indefinite Metrik haben. Deshalb muß man die Untersuchungen für diesen Fall von neuem durchführen, obgleich die Rechnungen im wesentlichen mit den Überlegungen von

Fubini zusammenfallen. Da eine nichttransitive Gruppe G_3 im vorliegenden Fall durch Operatoren gegeben ist, für die der Rang der Matrix $(\underset{s}{\xi^\alpha})$ mit der Parameterzahl der Gruppe übereinstimmt, gibt es in V_4 ein Koordinatensystem, in dem alle Komponenten $\underset{s}{\xi^\alpha}$ der Killing-Vektoren unabhängig von x^4 sind und die Gleichungen für die Transitivitätshyperflächen die Form $x^4 = \text{const}$ haben ([147], S. 269).

Zur Bestimmung der Operatoren genügt es daher, die Operatoren eines Raumes V_3 mit indefiniter Metrik zu betrachten, der eine einfach-transitive Gruppe G_3 gestattet. Diese Aufgabe wurde in der Arbeit [203] gelöst.

Mit Hilfe der oben durchgeführten Überlegungen kann man die Rechnungen abkürzen. Wir betrachten auflösbare Gruppen G_3 vom Typ I, II, III, IV, V, VI, VII und führen ein Gausssches Koordinatensystem ein, für das die Gleichungen der Hyperflächen V_3 die Form $x^4 = \text{const}$ haben, wobei x^4 die Bogenlänge der nichtisotropen Geodätischen ist, die zu den Hyperflächen $x^4 = \text{const}$ orthogonal sind. In diesem Koordinatensystem sind die Komponenten des metrischen Tensors $g_{14} = g_{24} = g_{34} = 0$, $g_{44} = e_4 = \pm 1$, je nachdem, ob die Norm des Tangentenvektors an die Geodätische x^4 positiv oder negativ ist. Für alle angegebenen Strukturtypen kann man die Operatoren in der Form

$$X_1 = p_2,\ X_2 = p_3,$$

$$X_3 = -p_1 + (ax^2 + cx^2)\, p_2 + (bx^2 + dx^3) p_3 \tag{31.1}$$

schreiben, wobei die Werte der Konstanten a, b, c, d für diese Strukturen durch das folgende Schema gegeben sind:

G_3	a	b	c	d
I	0	0	0	0
II	0	0	1	0
III	1	0	0	0
IV	1	0	1	1
V	1	0	0	1
VI	1	0	0	$q \neq 0$ und 1
VII	0	1	-1	$q(q^2 < 4)$

(31.2)

Wenn wir die Killing-Gleichungen für die Operatoren (31.1) aufstellen, erhalten wir für die ersten beiden Operatoren $g_{\alpha\beta} = g_{\alpha\beta}(x^1, x^4)$ und (für den dritten Operator) das Gleichungssystem

$$\left.\begin{aligned} &\partial_1 g_{11} = 0, \\ &\partial_1 g_{12} = a g_{12} + b g_{13}, \\ &\partial_1 g_{13} = c g_{12} + d g_{13}, \\ &\partial_1 g_{22} = 2a g_{22} + 2b g_{23}, \\ &\partial_1 g_{23} = c g_{22} + (a + d)\, g_{23} + b g_{33}, \\ &\partial_1 g_{33} = 2c g_{23} + 2d g_{33}, \\ &g_{14} = g_{24} = g_{34} = 0,\ g_{44} = e_4. \end{aligned}\right\} \qquad (31.3)$$

Danach ergibt sich die kanonische Form der Metrik für jeden Strukturtyp, wenn man die entsprechenden Werte aus (31.2) in (31.3) einsetzt. Wenn man für die drei Operatoren (31.1) für irgendeine der möglichen Strukturen die allgemeinste Transformation bestimmt, welche diese Operatoren fest läßt, erhält man Transformationen, die von vier beliebigen Funktionen von x^4 abhängen. Fordert man außerdem, daß die Bedingungen $g_{4i} = 0\,(i = 1, 2, 3)$, $g_{44} = e_4$ erhalten bleiben, so hängen die zulässigen Transformationen nur noch von vier beliebigen Konstanten ab. Die Integrale des Gleichungssystems (31.3) ergeben sich als beliebige Funktionen von x^4, man kann sie also durch zulässige Transformationen nicht vereinfachen. Daher erhält man für die auflösbaren Gruppen G_3, die auf Transitivitätshyperflächen V_3 wirken, die Klassifikation

$$(g_{\alpha\beta}) = \begin{pmatrix} (g_{ij}) & 0 \\ 0 & e_4 \end{pmatrix} \quad (i, j = 1, 2, 3), \quad e_4 = \pm 1, \qquad (31.4)$$

wobei (g_{ij}) für die verschiedenen nichtisomorphen Strukturen folgende Form hat:

G_3 I wirkt auf V_3

$$(g_{ij}) = (a_{ij}),\ a_{ij} = a_{ij}(x^4);\ X_i = p_i\,(i = 1, 2, 3). \qquad (31.5)$$

G_3 II wirkt auf V_3

$$(g_{ij}) = \begin{pmatrix} a_{11} & a_{12} & a_{12}x^1 + a_{13} \\ a_{12} & a_{22} & a_{22}x^1 + a_{23} \\ a_{12}x^1 + a_{13} & a_{22}x^1 + a_{23} & a_{22}x^{1^2} + 2a_{23}x^1 + a_{33} \end{pmatrix}, \qquad (31.6)$$

$$a_{ij} = a_{ij}(x^4);$$

$$X_1 = p_2,\quad X_2 = p_3,\quad X_3 = -p_1 + x^3 p_2.$$

G_3 III wirkt auf V_3

$$(g_{ij}) = \begin{pmatrix} a_{11} & a_{12}e^{x^1} & a_{13} \\ a_{12}e^{x^1} & a_{22}e^{2x^1} & a_{23}e^{x^1} \\ a_{13} & a_{23}e^{x^1} & a_{33} \end{pmatrix}, \tag{31.7}$$

$$a_{ij} = a_{ij}(x^4);$$

$$X_1 = p_2, \quad X_2 = p_3, \quad X_3 = -p_1 + x^2 p_2.$$

G_3 IV wirkt auf V_3

$$(g_{ij}) = \begin{pmatrix} a_{11} & a_{12}e^{x^1} & (a_{12}x^1 + a_{13})e^{x^1} \\ a_{12}e^{x^1} & a_{22}e^{2x^1} & (a_{22}x^1 + a_{23})e^{2x^1} \\ (a_{12}x^1 + a_{13})e^{x^1} & (a_{22}x^1 + a_{23})e^{2x^1} & (a_{22}x^{1^2} + 2a_{23}x^1 + a_{33})e^{2x^1} \end{pmatrix}; \tag{31.8}$$

$$X_1 = p_2, \; X_2 = p_3, \; X_3 = -p_1 + (x^2 + x^3)p_2 + x^3 p_3.$$

G_3 V wirkt auf V_3

$$(g_{ij}) = \begin{pmatrix} a_{11} & a_{12}e^{x^1} & a_{13}e^{x^1} \\ a_{12}e^{x^1} & a_{22}e^{2x^1} & a_{23}e^{2x^1} \\ a_{13}e^{x^1} & a_{23}e^{2x^1} & a_{33}e^{2x^1} \end{pmatrix}, \tag{31.9}$$

$$a_{ij} = a_{ij}(x^4); \; X_1 = p_2, \; X_2 = p_3, \; X_3 = -p_1 + x^2 p_2 + x^3 p_3.$$

G_3 VI wirkt auf V_3

$$(g_{ij}) = \begin{pmatrix} a_{11} & a_{12}e^{x^1} & a_{13}e^{qx^1} \\ a_{12}e^{x^1} & a_{22}e^{2x^1} & a_{23}e^{(1+q)x^1} \\ a_{13}e^{qx^1} & a_{23}e^{(1+q)x^1} & a_{33}e^{2qx^1} \end{pmatrix}, \tag{31.10}$$

$$X_1 = p_2, \; X_2 = p_3, \; X_3 = -p_1 + x^2 p_2 + q x^3 p_3 (q \neq 0 \text{ und } 1).$$

G_3 VII wirkt auf V_3

$$\left.\begin{aligned} & g_{11} = a_{11}, \; g_{12} = \frac{1}{2} e^{\frac{q}{2}x^1} \left[(q a_{12} - p a_{13}) \cos \frac{p x^1}{2} + (p a_{12} + q\, a_{13}) \sin \frac{p x^1}{2}\right], \\ & g_{13} = e^{\frac{q}{2}x^1} \left(a_{12} \cos \frac{p x^1}{2} + a_{13} \sin \frac{p x^1}{2}\right), \\ & g_{22} = 12\, e^{qx^1} [a_{22} + a_{23} \cos p x^1 + a_{33} \sin p x^1], \\ & g_{23} = \frac{1}{2} e^{qx^1} [q a_{22} + (q a_{23} + p a_{33}) \cos p x^1 + (q a_{33} - p a_{23}) \sin p x^1], \end{aligned}\right\} \tag{31.11}$$

$$g_{33} = e^{qx^1}\left[a_{22} + \left(\frac{q^2-2}{2}\,a_{23} + \frac{pq}{2}\,a_{33}\right)\cos px^1 + \left(\frac{q^2-2}{2}\,a_{33} - \frac{pq}{2}\,a_{23}\right)\sin px^1\right]; \qquad \text{noch (31.11)}$$

$$a_{ij} = a_{ij}(x^4);\quad p = \sqrt{4-q^2},\ q^2 < 4;$$

$$X_1 = p_2,\ X_2 = p_3,\ X_3 = -p_1 - x^3 p_2 + (qx^3 + x^2)p_3.$$

Für die nichtauflösbaren reellen Strukturen G_3 VIII und G_3 IX, die auf Transitivitätshyperflächen V_3 wirken, hat man zunächst die Operatoren in GAUSSschen Koordinaten zu bestimmen. Bekanntlich sind zwei nichttransitive Gruppen G_r und H_r mit der gleichen Zahl von Veränderlichen und gleicher Struktur ähnlich, wenn der Rang der Matrix $(\underset{s}{\xi^\alpha})$ gleich r ist. Daher genügt es, Operatoren von G_3 mit einer Matrix vollen Ranges zu betrachten, die der Struktur VIII bzw. IX entsprechen. Damit sind die Gruppen bis auf Ähnlichkeit bestimmt. Die Signatur des Raumes V_4 spielt bei diesen Überlegungen keine Rolle. Wir wählen die Operatoren mit den eben genannten Eigenschaften folgendermaßen:

G_3 VIII

$$\left.\begin{aligned} X_1 &= p_2,\ X_2 = x^2 p_2 + p_3,\\ X^3 &= e^{x^3} p_1 + x^{2^2} p_2 + 2x^2 p_3. \end{aligned}\right\} \qquad (31.12)$$

G_3 IX

$$\left.\begin{aligned} X_1 &= p_2,\\ X_2 &= \cos x^2 p_1 - \operatorname{ctg} x^1 \sin x^2 p_2 + \frac{\sin x^2}{\sin x^1}\,p_3,\\ X_3 &= -\sin x^2 p_1 - \operatorname{ctg} x^1 \cos x^2\, p_2 + \frac{\cos x^2}{\sin x^1}\,p_3. \end{aligned}\right\} \qquad (31.13)$$

Durch Integration der KILLING-Gleichungen für die Operatoren (31.12) erhält man:

G_3 VIII wirkt auf V_3

$$\left.\begin{aligned} g_{11} &= a_{11},\\ g_{12} &= e^{-x^3}(a_{11}x^{1^2} - 2a_{13}x^1 + a_{12}),\\ g_{13} &= -a_{11}x^1 + a_{13},\\ g_{22} &= e^{-2x^3}[a_{11}x^{1^4} - 4a_{13}x^{1^3} + 2(a_{12} + 2a_{33})x^{1^2} - 4a_{23}x^1 + a_{22}],\\ g_{23} &= e^{-x^3}[-a_{11}x^{1^3} + 3a_{13}x^{1^2} - (a_{12} + 2a_{33})x^1 + a_{23}],\\ g_{33} &= a_{11}x^{1^2} - 2a_{13}x^1 + a_{33},\\ g_{i4} &= 0\,(i = 1, 2, 3).\\ g_{44} &= e_4 = \pm 1. \end{aligned}\right\} \qquad (31.14)$$

Analog erhält man aus (31.13)

G_3 IX wirkt auf V_3

$$\left.\begin{aligned}
g_{11} &= -a_{12}\sin 2x^3 - a_{22}\cos 2x^3 + \frac{1}{2}a_{11},\\
g_{12} &= (a_{13}\cos x^3 - a_{23}\sin x^3)\cos x^1 + (a_{12}\cos 2x^3 - a_{22}\sin 2x^3)\sin x^1,\\
g_{13} &= a_{13}\cos x^3 - a_{23}\sin x^3,\\
g_{22} &= a_{33}\cos^2 x^1 + 2(a_{23}\cos x^3 + a_{13}\sin x^3)\sin x^1\cos x^1\\
&\quad + \left(a_{12}\sin 2x^3 + a_{22}\cos 2x^3 + \frac{1}{2}a_{11}\right)\sin^2 x^1,\\
g_{23} &= a_{33}\cos x^1 + (a_{23}\cos x^3 + a_{13}\sin x^3)\sin x^1,\\
g_{33} &= a_{33},\\
g_{4i} &= 0\ (i = 1, 2, 3),\\
g_{44} &= e_4 = \pm 1.
\end{aligned}\right\} \tag{31.15}$$

Hierbei sind wie oben a_{ij} beliebige Funktionen von x^4. Wenn man die allgemeinste Transformation aufstellt, die das Koordinatensystem wieder in ein Gausssches Koordinatensystem überführt und die Form der Operatoren unverändert läßt, sieht man, daß sie nur von beliebigen Konstanten abhängt. Daher ist eine weitere Vereinfachung von (31.14) und (31.15) mit Hilfe von zulässigen Transformationen nicht möglich.

G_3 wirkt auf $\overset{*}{V}_3$. Wenn G_3 transitiv auf isotrope Transitivitätsflächen $\overset{*}{V}_3$ wirkt, kann man in V_4 immer ein iostropes Gaussssches Koordinatensystem einführen, in dem $\overset{*}{V}_3$ durch die Gleichung $x^4 =$ const beschrieben wird.[1]) Weiter kann man die Koordinaten so wählen, daß die Parameterkurven x^1 mit der Familie singulärer Linien auf $\overset{*}{V}_3$ zusammenfallen. Der Berührungsvektor an diese Kurven muß der Bedingung

$$g_{ij}u^i = 0\,(i, j = 1, 2, 3)$$

genügen. Daher gilt in einem solchen Koordinatensystem

$$g_{11} = g_{12} = g_{13} = 0,\ g_{14} \neq 0,$$

d. h.

$$(g_{\alpha\beta}) = \begin{pmatrix} 0 & 0 & 0 & g_{14}\\ 0 & g_{22} & g_{23} & g_{24}\\ 0 & g_{23} & g_{33} & g_{34}\\ g_{14} & g_{24} & g_{34} & g_{44}\end{pmatrix}, \tag{31.16}$$

$$g_{22}g_{33} - g_{23}^2 \neq 0.$$

[1]) Dieses Koordinatensystem wird auch Pseudo-Gaussches Koordinatensystem genannt. (Anm. d. Red.)

In der Arbeit [260], S. 200) wurde gezeigt, daß die Formel (31.16) bei den Transformationen

$$\left.\begin{aligned} x^{1'} &= \varphi^1(x^1, x^2, x^3, x^4), \\ x^{2'} &= \varphi^2(x^2, x^3, x^4), \\ x^{3'} &= \varphi^3(x^2, x^3, x^4), \\ x^{4'} &= \varphi^4(x^4) \end{aligned}\right\} \tag{31.17}$$

invariant ist, wobei φ^α beliebige Funktionen der angegebenen Argumente sind. Man kann übrigens zeigen, daß (31.17) die allgemeinste zulässige Transformation ist. Dazu hat man die Differentialgleichungen aufzustellen, welche die Invarianz von (31.16) beschreiben, und diese Gleichungen zu integrieren.

Da die Bewegung, die durch irgendeinen Operator der Gruppe G_3 bestimmt wird, im $\overset{*}{V}_3$ verläuft, folgen aus den Killing-Gleichungen für einen beliebigen Operator ξ^α die Beziehungen

$$\partial_1\xi^2 = \partial_1\xi^3 = 0, \ \xi^4 = 0. \tag{31.18}$$

Offensichtlich ist (31.18) auch für eine beliebige Transformation (31.17) invariant. Die Idee, eine Gruppe G_r zu bestimmmen, die auf isotrope Transitivitätshyperflächen wirkt, besteht in folgendem. Da jede Bewegungsgruppe G_3, außer G_3 IX, eine Untergruppe G_2 enthält, suchen wir zunächst die kanonische Form der Operatoren von G_2 für das isotrope Gausssche Koordinatensystem (31.16) und bestimmen dann aus den Strukturgleichungen und (31.18) den Operator X_3. Aus den Killing-Gleichungen erhält man dann die Metrik des V_4. Für G_3 IX muß man eine andere Methode anwenden.

Wie in § 29 gezeigt wurde, bilden die singulären Linien auf $\overset{*}{V}_3$ ein Imprimitivitätssystem für eine beliebige nichttransitive Bewegungsgruppe, die auf $\overset{*}{V}_3$ wirkt. Wenn daher die Gruppe einen singulären Operator enthält, der eine Verschiebung längs einer singulären Kurve definiert, so muß dieser Operator einen *eindimensionalen Normalteiler* der Gruppe erzeugen ([120], S. 26, 141). Somit unterscheiden sich seine Konjugierten bezüglich eines beliebigen anderen Operators der Gruppe nur um einen konstanten Faktor von dem singulären Operator. Dieser Faktor kann möglicherweise gleich Null sein. Daher ist es wesentlich, die Untergruppen G_2 aufzusuchen, die einen singulären Operator enthalten. Zur Bestimmung aller Bewegungsgruppen G_3 genügt es, den Fall einer abelschen Gruppe G_2 mit und ohne singulären Operator und den Fall einer nichtabelschen Gruppe G_2 ohne singulären Operator zu betrachten.

Enthält die abelsche Gruppe G_2 einen singulären Operator, so wirkt sie auf isotrope Flächen $\overset{*}{V}_2$ ([260], S. 201), und man kann ein Koordinatensystem mit (31.16) wählen, in dem die Operatoren von G_2 die Form

$$X_1 = p_1, \ X_2 = p_2 \tag{31.19}$$

haben. Das Koordinatensystem ist bestimmt bis auf eine Transformation

$$\left.\begin{aligned} x^{1'} &= x^1 + \varphi(x^3, x^4), & x^{2'} &= x^2 + \varphi_2(x^3, x^4), \\ x^{3'} &= \varphi^3(x^3, x^4), & x^{4'} &= \varphi^4(x^4). \end{aligned}\right\} \tag{31.20}$$

Das ist die allgemeinste Form einer zulässigen Transformation.

Bei der Betrachtung der abelschen Gruppe G_2 *ohne singuläre Operatoren* in der Arbeit [260] ist eine Ungenauigkeit unterlaufen, wodurch eine Reihe von Räumen V_4 nicht berücksichtigt wurde. Betrachten wir diesen Fall.

Die abelsche Gruppe G_2 enthalte keinen singulären Operator, und es sei $X_1 = \underset{1}{\xi}^i p_i (i = 1, 2, 3)$. Durch Anwendung der Transformation (31.17) erhält man im neuen Koordinatensystem

$$\begin{aligned} \underset{1}{\xi}^{1'} &= \varphi_1^1 \underset{1}{\xi}^1 + \varphi_2^1 \underset{1}{\xi}^2 + \varphi_3^1 \underset{1}{\xi}^3, \\ \underset{1}{\xi}^{2'} &= \varphi_2^2 \underset{1}{\xi}^2 + \varphi_3^2 \underset{1}{\xi}^3, \\ \underset{1}{\xi}^{3'} &= \varphi_2^3 \underset{1}{\xi}^2 + \varphi_3^3 \underset{1}{\xi}^3, \\ \underset{1}{\xi}^{4'} &= 0 (\varphi_j^i \equiv \partial_j \varphi^i); \end{aligned}$$

$\underset{1}{\xi}^2$ und $\underset{1}{\xi}^3$ können nicht gleichzeitig verschwinden, da $\underset{1}{\xi}^\alpha$ sonst ein singulärer KILLING-Vektor wäre im Widerspruch zur Voraussetzung. Die Funktionen φ^i müssen den Bedingungen

$$\varphi_1^2 = \varphi_1^3 = 0 \quad \text{und} \quad \varphi_1^1 \varphi_4^4 (\varphi_2^2 \varphi_3^3 - \varphi_3^2 \varphi_2^3) \neq 0$$

genügen. Wir bestimmen φ^2 und φ^3 aus den Bedingungen $\varphi_2^2 \underset{1}{\xi}^2 + \varphi_3^2 \underset{1}{\xi}^3 = 1$, $\varphi_2^3 \underset{1}{\xi}^2 + \varphi_3^3 \underset{1}{\xi}^3 = 0$. Die Koeffizienten $\underset{1}{\xi}^2$ und $\underset{1}{\xi}^3$ hängen wegen (31.18) ebenso wie φ^2 und φ^3 nur von x^2, x^3, x^4 ab, und einer der Koeffizienten $\underset{1}{\xi}^2$, $\underset{1}{\xi}^3$ ist ungleich Null. Daher ist das Gleichungssystem verträglich und von CAUCHY-KOWALEWSKIschen Typ.

Offensichtlich genügen die Lösungen dieses Gleichungssystems den Bedingungen $\varphi_2^2 \varphi_3^3 - \varphi_3^2 \varphi_2^3 \neq 0$. Die Funktion $\varphi^1(x)$ definieren wir durch die Gleichung $\varphi_i^1 \underset{1}{\xi}^i = 0 (i = 1, 2, 3)$. Diese Gleichung hat eine Lösung, die der Bedingung $\varphi_1^1 \neq 0$ genügt. Daher ist im neuen Koordinatensystem $X_1 = p_2$.

Wie man leicht sieht, sind die Transformationen, welche die Gestalt von X_1 ungeändert lassen, von der Form

$$\left.\begin{aligned} x^{1'} &= \varphi^1(x^1, x^3, x^4), & x^{2'} &= x^2 + \varphi^2(x^3, x^4), \\ x^{3'} &= \varphi^3(x^3, x^4), & x^{4'} &= \varphi^4(x^4), \end{aligned}\right\} \tag{31.21}$$

wobei $\varphi_1^1\varphi_3^3\varphi_4^4 \neq 0$ ist. Aus den Strukturgleichungen $[X_1X_2] = 0$ und (31.18) folgt, daß der KILLING-Vektor $\underset{2}{\xi}^\alpha$ die Form

$$\underset{2}{\xi}^\alpha = \underset{2}{\xi}^1(x^1, x^2, x^4)\delta_1^\alpha + \underset{2}{\xi}^2(x^3, x^4)\delta_2^\alpha + \underset{2}{\xi}^3(x^3, x^4)\delta_3^\alpha$$

hat. Durch Anwendung von (31.21) erhält man im neuen Koordinatensystem

$$\underset{2}{\xi}^{1'} = \varphi_1^1\underset{2}{\xi}^1 + \varphi_3^1\underset{2}{\xi}^3, \quad \underset{2}{\xi}^{2'} = \underset{2}{\xi}^2 + \varphi_3^2\underset{2}{\xi}^3, \quad \underset{2}{\xi}^{3'} = \varphi_3^3\underset{2}{\xi}^3, \quad \underset{2}{\xi}^{4'} = 0.$$

Wenn $\underset{2}{\xi}^3 \neq 0$ ist, wählen wir die Funktionen $\varphi^1, \varphi^2, \varphi^3$ so, daß die Integrale des verträglichen Differentialgleichungssystems $\varphi_1^1\underset{2}{\xi}^1 + \varphi_3^1\underset{2}{\xi}^3 = 0$, $\underset{2}{\xi}^2 + \varphi_3^2\underset{2}{\xi}^3 = 0$, $\varphi_3^3\underset{2}{\xi}^3 = 1$ sind. Dann ist

$$X_1 = p_2, \quad X_2 = p_3; \tag{31.22}$$

das ist der Fall, der in [260] erhalten wurde. Ist aber $\underset{2}{\xi}^3 = 0$, so ergibt sich ein Fall, der in [260] nicht berücksichtigt wurde. Unter dieser Bedingung ist

$$\underset{2}{\xi}^{1'} = \varphi_1^1\underset{2}{\xi}^1, \; \underset{2}{\xi}^{2'} = \underset{2}{\xi}^2, \; \underset{2}{\xi}^{3'} = 0, \; \underset{2}{\xi}^{4'} = 0.$$

Dabei gilt $\underset{2}{\xi}^2 \neq 0, \underset{2}{\xi}^1 \neq 0$, da G_2 keinen singulären Operator enthalten soll. Es sei $\underset{2}{\xi}^2 = \underset{2}{\xi}^2(x^3, x^4)$, dann definieren wir φ^1 und φ^3 durch die Bedingungen $\varphi_1^1\underset{2}{\xi}^1 = 1, \varphi^3 = \underset{2}{\xi}^2(x^3, x^4)$ und erhalten

$$X_1 = p_2, \quad X_2 = p_1 + x^3 p_2. \tag{31.23}$$

Wenn $\underset{2}{\xi}^2 = \underset{2}{\xi}^2(x^4)$ ist, fordern wir $\varphi_1^1\underset{2}{\xi}^1 = 1$, $\varphi^4 = \underset{2}{\xi}^2$, und es ergibt sich

$$X_1 = p_2, \quad X_2 = p_1 + x^4 p_2. \tag{31.24}$$

Die Annahme $\underset{2}{\xi}^2 = \text{const}$ entfällt, da in diesem Falle $\varphi_1^1\underset{2}{\xi}^1 = 1$ wäre. Wir würden die Operatoren $X_1 = p_2, X_2 = p_1 + cp_2$ erhalten, die äquivalent zu den Operatoren $X_1 = p_2, X_2 = p_1$ sind, d. h. G_2 enthielte einen singulären Operator.

Liegt endlich eine nichtabelsche Gruppe G_2 ohne singulären Operator vor, so kann man ein Koordinatensystem mit (31.16) so wählen, daß

$$X_1 = p_2, \quad X_2 = p_1 + x^2 p_2 \tag{31.25}$$

oder

$$X_1 = p_2, \quad X_2 = x^2 p_1 + p_3 \tag{31.26}$$

gilt ([260], S. 202).

Betrachten wir jetzt einen Raum V_4 mit einer Bewegungsgruppe G_3, die auf Transitivitätshyperflächen $\overset{*}{V}_3$ wirkt. G_3 enthalte eine Untergruppe G_2 mit singulärem Operator und sei abelsch: $[X_iX_j] = 0$ $(i, j = 1, 2, 3)$. Ein beliebiger

Operator der Gruppe erzeugt einen eindimensionalen Normalteiler der Gruppe, und das System (31.17) kann man so wählen, daß die Operatoren für $G_2\{X_1 X_2\}$ die Form (31.19) haben. Aus den Strukturgleichungen für G_3 I folgt

$$\underset{3}{\xi}^\alpha = \underset{3}{\xi}^1(x^3, x^4)\delta_1^\alpha + \underset{3}{\xi}^2(x^3, x^4)\delta_2^\alpha + \underset{3}{\xi}^3(x^3, x^4)\delta_3^\alpha.$$

Nach der Transformation (31.20) erhält man

$$\underset{3}{\xi}^{1'} = \underset{3}{\xi}^1 + \varphi_3^1 \underset{3}{\xi}^3, \quad \underset{3}{\xi}^{2'} = \underset{3}{\xi}^2 + \varphi_3^2 \underset{3}{\xi}^3, \quad \underset{3}{\xi}^{3'} = \varphi_3^3 \underset{3}{\xi}^3, \quad \underset{3}{\xi}^{4'} = 0.$$

Da $\underset{3}{\xi}^3 \neq 0$ ist (sonst würde G_3 auf $\overset{*}{V}_2$ wirken), kann man durch entsprechende Wahl von φ^1, φ^2 und φ^3 eine nichtausgeartete Transformation bestimmen, die $\underset{3}{\xi}^{\alpha'}$ in $\delta_3^{\alpha'}$ überführt. Dann ist $X_i = p_i (i = 1, 2, 3)$ und $g_{\alpha\beta} = g_{\alpha\beta}(x^4)$. Danach ist die allgemeine Form der zulässigen Transformation

$$x^{1'} = x^1 + \varphi^1(x^4), \qquad x^{2'} = x^2 + \varphi^2(x^4),$$
$$x^{3'} = x^3 + \varphi^3(x^4), \qquad x^{4'} = \varphi^4(x^4), \quad \varphi_4^4 \neq 0.$$

Wie man leicht sieht, kann man mit Hilfe einer sochen Transformation erreichen, daß $g_{1'4'} = 1, g_{4'i'} = 0 (i = 2, 3, 4)$ wird. Dann ist

1. G_3 I wirkt auf $\overset{*}{V}_3$ [1])

$$(g_{\alpha\beta}) = \begin{pmatrix} 0 & 0 & 0 & 1 \\ 0 & g_{22} & g_{23} & 0 \\ 0 & g_{23} & g_{23} & 0 \\ 1 & 0 & 0 & 0 \end{pmatrix}, \tag{31.27}$$

$$g_{\alpha\beta} = g_{\alpha\beta}(x^4), \quad X_i = p_i, \quad i = 1, 2, 3.$$

Wir nehmen nun an, daß G_2 keinen singulären Operator enthält und die Operatoren sich in die Form (31.22) transformieren lassen. Aus den Strukturgleichungen für G_3 und (31.18) folgt, daß dann die Beziehung $\underset{3}{\xi}^\alpha = \underset{3}{\xi}^1(x^1, x^4)\delta_1^\alpha + \underset{3}{\xi}^2(x^4)\delta_2^\alpha + \underset{3}{\xi}^3(x^4)\delta_3^\alpha$ gilt. Die zulässigen Transformationen für $\underset{1}{\xi}^\alpha$ und $\underset{2}{\xi}^\alpha$ haben die Form

$$x^{1'} = \varphi^1(x^1, x^4), \qquad x^{2'} = x^2 + \varphi^2(x^4),$$
$$x^{3'} = x^3 + \varphi^3(x^4), \quad x^{4'} = \varphi^4(x^4).$$

Mit ihrer Hilfe kann man $\underset{3}{\xi}^\alpha$ in

$$\underset{3}{\xi}^{\alpha'} = \delta_1^{\alpha'} + \lambda(x^{4'})\delta_2^\alpha + x^{4'}\delta_3^2$$

[1]) Ist der V_4 ein Einstein-Raum, so haben wir wieder die ebenen Wellen (27.1) mit einer G_5. Man könnte (31.27) deuten als ebene transversale Gravitationswellen in einem Medium. (Anm. d. Red.)

überführen. Hierbei muß man die Tatsache berücksichtigen, daß $\underset{3}{\xi^\alpha}$ nicht konstant ist, da sonst G_3 eine Untergruppe G_2 enthält, die auf isotrope Flächen $\overset{*}{V}_2$ wirkt, d. h. einen singulären Operator enthält. Wir stellen nun die KILLING-Gleichungen auf und benutzen die zulässigen Transformationen für alle drei Operatoren der Gruppe. Dann ergibt sich für die Metrik die kanonische Form

2. G_3 I wirkt auf $\overset{*}{V}_3$

$$(g_{\alpha\beta}) = \begin{pmatrix} 0 & 0 & 0 & a_{14} \\ 0 & a_{22} & a_{23} & -(a_{22}\lambda + a_{23})x^1 \\ 0 & a_{23} & a_{33} & -(a_{23}\lambda + a_{33})x^1 \\ a_{14} & -(a_{22}\lambda + a_{23})\,x^1 & -(a_{23}\lambda + a_{33})\,x^1 & (a_{22}\lambda^2 + 2a_{23}\lambda + a_{33})\,x^{1^2} \end{pmatrix}; \quad (31.28)$$

$$X_1 = p_2,\; X_2 = p_3,\; X_3 = p_1 + \sigma p_2 + x^4 p_3, \text{ wobei } \sigma = \int \lambda\, dx^4 \text{ ist.}$$

Liegen die Operatoren (31.23) vor, so folgt aus den Strukturgleichungen und (31.18), daß $\underset{3}{\xi^3} = 0$ ist, d. h. wir haben den Fall „G_3 wirkt auf $\overset{*}{V}_2$". Für die Operatoren (31.24) ergibt sich die Metrik

3. G_3 I wirkt auf $\overset{*}{V}_3$

$$(g_{\alpha\beta}) = \begin{pmatrix} 0 & 0 & 0 & a_{14} \\ 0 & a_{22} & a_{23} & -a_{22}x^1 \\ 0 & a_{23} & a_{33} & -a_{23}x^1 \\ a_{14} & -a_{22}x^1 & -a_{23}x^1 & a_{22}x^{1^2} \end{pmatrix}; \qquad (31.29)$$

und die Operatoren

$$X_1 = p_2,\; X_2 = p_1 + x^4 p_2,\; X_3 = p_3.$$

Die Räume V_4 mit einer Gruppe G_3 I, die auf $\overset{*}{V}_3$ wirkt, sind in [260] nicht betrachtet worden. Das oben angewandte Schema zur Berechnung der Metriken wiederholt sich für alle möglichen Strukturen von G_3. Mit dieser Methode wurden in [260] die Räume V_4 mit einer Bewegungsgruppe G_3, die auf Transitivitätshyperflächen $\overset{*}{V}_3$ wirkt, klassifiziert, abgesehen von den Räumen, die Gruppen G_3 mit Operatoren (31.23) und (31.24) gestatten.

Es ergibt sich die folgende Klassifikation:

1. G_3 II wirkt auf $\overset{*}{V}_3$

$$(g_{\alpha\beta}) = \begin{pmatrix} 0 & 0 & 0 & 1 \\ 0 & g_{22} & g_{23} & -x^3 \\ 0 & g_{23} & g_{33} & 0 \\ 1 & -x^3 & 0 & 0 \end{pmatrix}, \qquad (31.30)$$

$$g_{\alpha\beta} = g_{\alpha\beta}(x^4);\; X_1 = p_1,\; X_2 = p_2,\; X_3 = x^2 p_1 + p_3.$$

2. G_3 II wirkt auf $\overset{*}{V}_3$

$$\left.\begin{aligned}
&g_{11} = g_{12} = g_{13} = 0,\; g_{14} = a_{14},\; g_{22} = a_{22},\\
&g_{44} = \varepsilon\left(\frac{1}{4}\, a_{22}{x^1}^4 + a_{23}{x^1}^3 + a_{33}{x^1}^2 + 2a_{34}x^1\right),\\
&g_{23} = a_{22}x^1 + a_{23},\; g_{33} = a_{22}{x^1}^2 + 2a_{23}x^1 + a_{33},\\
&g_{24} = \varepsilon\left(\frac{1}{2}\, a_{22}{x^1}^2 + a_{23}\,x^1\right),\\
&g_{34} = \varepsilon\left(\frac{1}{2}\, a_{22}{x^1}^3 + \frac{3}{2}\, a_{23}{x^1}^2 + a_{33}x^1\right) + a_{34};
\end{aligned}\right\} \tag{31.31}$$

$$a_{ij} = a_{ij}(x^4);$$

$$X_1 = p_2,\; X_2 = p_3,\; X_3 = -p_1 + x^3p_2 + \varepsilon x^4 p_3\; (\varepsilon = 0 \text{ oder } 1).$$

1. G_3 III wirkt auf $\overset{*}{V}_4$

$$(g_{\alpha\beta}) = \begin{pmatrix} 0 & 0 & 0 & 1\\ 0 & a_{22}e^{-2x^3} & a_{23}e^{-x^3} & 0\\ 0 & a_{23}e^{-x^3} & a_{33} & 0\\ 1 & 0 & 0 & 0 \end{pmatrix}, \tag{31.32}$$

$$a_{\alpha\beta} = a_{\alpha\beta}(x^4);$$

$$X_1 = p_1,\; X_2 = p_2,\; X_3 = x^2p_2 + p_3.$$

2. G_3 III wirkt auf $\overset{*}{V}_3$

$$(g_{\alpha\beta}) = \begin{pmatrix} 0 & 0 & 0 & e^{-x^3}\\ 0 & a_{22} & a_{23} & 0\\ 0 & a_{23} & a_{33} & 0\\ e^{-x^3} & 0 & 0 & 0 \end{pmatrix}, \tag{31.33}$$

$$a_{\alpha\beta} = a_{\alpha\beta}(x^4);$$

$$X_1 = p^2,\; X_2 = p_1,\; X_3 = x^1p_1 + p_2.$$

3. G_3 III wirkt auf $\overset{*}{V}_3$

$$(g_{\alpha\beta}) = \begin{pmatrix} 0 & 0 & 0 & a_{14}\\ 0 & a_{22} & a_{23}e^{-x^1} & -\varepsilon a_{22}x^1\\ 0 & a_{23}e^{-x^1} & a_{33}e^{-2x^1} & -\varepsilon a_{23}x^1e^{-x^1}\\ a_{14} & -\varepsilon a_{22}x^1 & -\varepsilon a_{23}x^1e^{-x^1} & \varepsilon a_{22}{x^1}^2 + a_{44} \end{pmatrix}; \tag{31.34}$$

$$X_1 = p_2,\; X_2 = p_3,\; X_3 = p_1 + \varepsilon x^4p_2 + x^3p_3.$$

4. G_3 III wirkt auf $\overset{*}{V}_3$

$$(g_{\alpha\beta}) = \begin{pmatrix} 0 & 0 & 0 & 1 \\ 0 & a_{22}x^{3^{-2}} & (a_{23} - a_{22}x^1)x^{3^{-1}} & a_{24}x^{3^{-1}} \\ 0 & (a_{23} - a_{22}x^1)x^{3^{-2}} & (a_{22}x^{1^2} - 2a_{23}x^1 + a_{33})x^{3^{-2}} & (a_{34} - a_{24}x^1)x^{3^{-1}} \\ 1 & a_{24}x^{3^{-1}} & (a_{34} - a_{24}x^1)x^{3^{-1}} & 0 \end{pmatrix}; \quad (31.35)$$

$$a_{\alpha\beta} = a_{\alpha\beta}(x^4); \; X_1 = p_2, \; X_2 = p_1 + x^3 p_2, \; X_3 = x^2 p_2 + x^3 p_3.$$

Diese Klassen des V_4 wurden in der Arbeit [260] nicht berücksichtigt.

Für die Bewegungsgruppen vom Typ IV, V, VI kann man die Untersuchung gemeinsam durchführen, wenn man von der einen Struktur

$$[X_1X_2] = 0, \; [X_1X_3] = X_1, \; [X_2X_3] = \varepsilon X_1 + qX_2$$

ausgeht, wobei entsprechend

$$\left.\begin{aligned} G_3\,\text{IV}&: \varepsilon = 1, q = 1; \\ G_3\;\;\text{V}&: \varepsilon = 0, q = 1; \\ G_3\,\text{VI}&: \varepsilon = 0, q \neq 1 \end{aligned}\right\} \quad (31.36)$$

ist.

G_3 enthalte einen singulären Operator. In G_3 IV ist das X_1, in G_3 V kann man auch X_1 wählen, und in G_3 VI kann man durch eine Basistransformation ebenfalls immer erreichen, daß X_1 singulärer Operator wird. Danach ergibt sich mit den schon oben angewandten Methoden die folgende kanonische Form der Metrik für diese Strukturen:

1. G_3 IV, V, VI wirkt auf $\overset{*}{V}_3$

$$(g_{\alpha\beta}) = \begin{pmatrix} 0 & 0 & 0 & e^{-x^3} \\ 0 & a_{22}e^{-2qx^3} & a_{23}e^{-qx^3} & -\varepsilon x^3 e^{-x^3} \\ 0 & a_{23}e^{-qx^3} & a_{33} & 0 \\ e^{-x^3} & -\varepsilon x^3 e^{-x^3} & 0 & 0 \end{pmatrix}, \quad (31.37)$$

ε, q sind durch dei Formeln (31.36) definiert.

$$a_{\alpha\beta} = a_{\alpha\beta}(x^4);$$

$$X_1 = p_1, \; X_2 = p_2, \; X_3 = (x^1 + \varepsilon x^2)p_1 + qx^2 p_2 + p_3.$$

Setzt man voraus, daß die Gruppe keinen singulären Operator enthält, so ergibt sich

2. G_3^* IV, V, VI wirkt auf $\overset{*}{V}_3$

$$g_{11} = g_{12} = g_{13} = g_{44} = 0,\ g_{14} = 1,\ g_{22} = a_{22}e^{-2x^1},\ g_{24} = a_{24}e^{-x^1}; \tag{31.38}$$

$$\left.\begin{aligned} g_{23} &= e^{-2x^1}(a_{23} - a_{22}x^1)\ \text{IV}\ (\varepsilon = q = 1),\ a_{23}e^{-(q+1)x^1}\ \text{V, VI}\ (\varepsilon = 0);\\ g_{33} &= e^{-2x^1}(a_{22}x^{1^2} - 2a_{23}x^1 + a_{33})\ \text{IV},\ e^{-2qx^1}a_{33}\ \text{V, VI};\\ g_{34} &= e^{-x^1}(a_{34} - a_{24}x^1)\ \text{IV},\ a_{34}e^{-qx^1}\ \text{V, VI}; \end{aligned}\right\} \tag{31.39}$$

$$a_{\alpha\beta} = a_{\alpha\beta}(x^4);\ X_1 = p_2,\ X_2 = p_3,\ X_3 = p_1 + (x^2 + \varepsilon x^3)\,p_2 + qx^3\,p_3.$$

Außer den angegebenen Räumen V_4 gibt es für diese Gruppen noch Klassen von Räumen, die den Operatoren (31.23) und (31.24) entsprechen. Man kann sie mit den gleichen Methoden bestimmen:

G_3 IV wirkt auf $\overset{*}{V}_3$

$$(g_{\alpha\beta}) = \begin{pmatrix} 0 & 0 & 0 & e^{x^3}\\ 0 & a_{22}e^{2x^3} & -a_{22}x^1e^{2x^3} + a_{23}e^{x^3} & 0\\ 0 & -a_{22}x^1e^{2x^3} + a_{23}e^{x^3} & a_{22}x^{1^2}e^{2x^3} - 2a_{23}x^1e^{x^3} + a_{33} & a_{34}\\ e^{x^3} & 0 & a_{34} & 0 \end{pmatrix} \tag{31.40}$$

$$a_{\alpha\beta} = a_{\alpha\beta}(x^4);\ X_1 = p_2,\ X_2 = p_1 + x^3p_2,\ X_3 = x^1p_1 + x^2p_2 - p_3.$$

G_3 V wirkt auf $\overset{*}{V}_3$

$$(g_{\alpha\beta}) = \begin{pmatrix} 0 & 0 & 0 & e^{x^3}\\ 0 & a_{22}e^{2x^3} & a_{23}e^{x^3} & -a_{22}x^1e^{2x^3}\\ 0 & a_{32}e^{x^3} & a_{33} & -a_{23}x^1e^{x^3} + a_{34};\\ e^{x^3} & -a_{22}x^1e^{2x^3} & -a_{23}x^1e^{x^3} + a_{34} & a_{22}x^{1^2}e^{2x^3} \end{pmatrix}; \tag{31.41}$$

$$a_{\alpha\beta} = a_{\alpha\beta}(x^4);\ X_1 = p_2,\ X_2 = p_1 + x^4p_2,\ X_3 = x^1p_1 + x^2p_2 - p_3.$$

G_3 VI wirkt auf V_3

$$\left.\begin{aligned} &g_{11} = g_{12} = g_{13} = g_{24} = g_{44} = 0,\\ &g_{14} = (x^3)^{\frac{q}{q-1}},\quad g_{22} = a_{22}(x^3)^{\frac{2}{q-1}},\\ &g_{23} = -a_{22}x^1(x^3)^{\frac{2}{q-1}} + a_{23}(x^3)^{\frac{2-q}{q-1}},\\ &g_{33} = -a_{22}x^{1^2}(x^3)^{\frac{2}{q-1}} - 2a_{23}x^1(x^3)^{\frac{2-q}{q-1}} + a_{33}(x^3)^{-2},\ g_{34} = a_{34}(x^3)^{-1}; \end{aligned}\right\} \tag{31.42}$$

$$a_{\alpha\beta} = a_{\alpha\beta}(x^4);\ q \neq 1, 0;$$

$$X_1 = p_2,\ X_2 = p_1 + x^3p_2,\ X_3 = qx^1 + x^2p_2 + (1-q)x^3p_3.$$

Im Falle einer Gruppe G_3 VII gibt es keinen singulären Operator, da es keinen Normalteiler der Dimension Eins gibt. Die Metrik wurde in [260] berechnet und hat die Form

G_3 VII wirkt auf $\overset{*}{V}_3$

$$\left.\begin{aligned}
&g_{11} = g_{12} = g_{13} = g_{44} = 0, \quad g_{14} = 1, \\
&g_{22} = e^{-qx^1}[a_1 + (qa_2 + pa_3) \cos px^1 + (qa_3 - pa_2) \sin px^1], \\
&g_{23} = e^{-qx^1} \left[\frac{q}{2} a_1 + 2a_2 \cos px^1 + 2a_3 \sin px^1\right], \\
&g_{24} = e^{-\frac{q}{2} x^1} \left[a_4 \cos \frac{px^1}{2} + a_5 \sin \frac{px^1}{2}\right], \\
&g_{33} = e^{-qx^1} [a_1 + (qa_1 - pa_3) \cos px^1 + (qa_3 + pa_2) \sin px^1], \\
&g_{34} = e^{-\frac{q}{2} x^1} \left[\left(\frac{p}{2} a_5 - \frac{q}{2} a_4\right) \cos \frac{px^1}{2} - \left(\frac{p}{2} a_4 + \frac{q}{2} a_5\right) \sin \frac{px^1}{2}\right];
\end{aligned}\right\} \qquad (31.43)$$

$$a_\alpha = a_\alpha(x^4), \quad p = \sqrt{4 - q^2}, \quad q^2 < 4.$$

Die zugehörigen Operatoren sind

$$X_1 = p_2, \; X_2 = p_3, \; X_3 = p_1 - x^3 p_2 + (x^2 + qx^3) p_3.$$

Es gibt aber noch folgende Klassen von Räumen V_4:

G_3 VII wirkt auf $\overset{*}{V}_3$

$$\left.\begin{aligned}
&g_{11} = g_{12} = g_{13} = g_{44} = 0, \quad g_{14} = P\sqrt{R}, \\
&g_{22} = a_{22} P^2 R^{-1}, \\
&g_{23} = -a_{22} P^2 R^{-1} x^1 + a_{23} P R^{-\frac{3}{2}}, \\
&g_{24} = (a_{24} - x^3)\, P R^{-\frac{1}{2}}, \\
&g_{33} = a_{22} P^2 R^{-1} x^{1^2} - 2 a_{23} P R^{-\frac{3}{2}} x^1 + a_{33} R^{-2}, \\
&g_{34} = -(a_{24} - x^3)\, P R^{-1} x^1,
\end{aligned}\right\} \qquad (31.44)$$

$$P = e^{-pq \operatorname{arctg} (2x^3 - q) p}, \quad R = x^{3^2} - qx^3 + 1,$$

$$q^2 < 4, \; p = \frac{1}{\sqrt{4 - q^2}}, \quad q = \text{const};$$

$$a_{ij} = a_{ij}(x^4);$$

$$X_1 = p_2, \quad X_2 = p_1 + x^3 p_2,$$

$$X_3 = [x^2 + x^1(q - x^3)] p_1 + x^2 x^3 p_2 + (x^{3^2} - qx^3 + 1) p3.$$

Im Falle einer nichtauflösbaren Gruppe G_3 VIII oder IX kann es, wie man leicht sieht, keine singulären Operatoren geben.

G_3 VIII hat eine nichtabelsche Untergruppe $G_2\{X_1, X_2\}$, für die man die Operatoren in der Form (31.25) oder (31.26) wählen kann. Der erste Fall führt jedoch zu einer ausgearteten Metrik. Daher bleibt nur der zweite Fall, für den man aus den Strukturgleichungen nach einigen Vereinfachungen

$$X_1 = p_2, \quad X_2 = p_3 + x^2 p_2,$$

$$X_3 = -e^{x^3} p_1 + (\varepsilon e^{2x^3} + x^{2^2})\, p_2 + 2x^2 p_3, \quad \varepsilon = 0, \pm 1$$

erhält.

In Abhängigkeit von dem Wert von ε erhält man drei Klassen von Räumen:

1. G_3 VIII wirkt auf $\overset{*}{V}_3$

$$\left.\begin{aligned} & g_{11} = g_{12} = g_{13} = 0, \quad g_{14} = 1, \quad g_{44} = 0, \\ & g_{22} = \left[\frac{1}{2} a_1 + a_2 e^{4x^1} + a_3 e^{-4x^1}\right] e^{-2x^3}, \\ & g_{23} = a_2 e^{4x^1} - a_3 e^{-4x^1}]\, e^{-x^3}, \\ & g_{24} = \left[\frac{1}{2} + a_4 e^{2x^1} + a_5 e^{-2x^1}\right] e^{-x^3}, \\ & g_{33} = -\frac{1}{2} a_1 + a_2 e^{4x^1} + a_3 e^{-4x^1}, \\ & g_{34} = a_4 e^{2x^1} - a_5 e^{-2x^1}, \quad a_\alpha = a_\alpha(x^4); \end{aligned}\right\} \quad (31.45)$$

$$X_1 = p_2,\ X_2 = x^2 p_2 + p_3,\ X_3 = -e^{x^3} p_1 + (e^{2x^3} + x^{2^2})\, p_2 + 2x^2 p_3.$$

2. G_3 VIII wirkt auf $\overset{*}{V}_3$

$$\left.\begin{aligned} & g_{11} = g_{12} = g_{13} = 0, \quad g_{14} = 1, \quad g_{44} = 0, \\ & g_{22} = \left[-\frac{1}{2} a_1 + a_2 \cos 4x^1 + a_3 \sin 4x^1\right] e^{-2x^3}, \\ & g_{23} = [a_3 \cos 4x^1 - a_2 \sin 4x^1]\, e^{-x^3}, \\ & g_{24} = \left[-\frac{1}{2} + a_4 \cos 2x^1 + a_5 \sin 2x^1\right] e^{-x^3}, \\ & g_{33} = \left[-\frac{1}{2} a_1 - a_2 \cos 4x^1 - a_3 \sin 4x^1\right], \\ & g_{34} = a_5 \cos 2x^1 - a_4 \sin 2x^1; \quad a_\alpha = a_\alpha(x^4); \end{aligned}\right\} \quad (31.46)$$

$$X_1 = p_2, \quad X_2 = x^2 p_2 + p_3,$$

$$X_3 = -e^{x^3} p_1 + (-e^{2x^3} + x^{2^2}) p_2 + 2x^2 p_3.$$

3. G_3 VIII wirkt auf $\overset{*}{V}_3$

$$\left.\begin{aligned} &g_{11} = g_{12} = g_{13} = 0, \quad g_{14} = 1, \quad g_{44} = 0,\\ &g_{22} = (4a_1 x^{1^2} + 4a_2 x^1 + a_3)\, e^{-2x^3},\\ &g_{23} = (2a_1 x^1 + a_2)\, e^{-x^3},\\ &g_{24} = (-x^{1^2} + 2a_4 x^1 + a_5)\, e^{-x^3},\\ &g_{33} = a_1,\ g_{34} = -x^1 + a^4;\ a_\alpha = a_\alpha(x^4); \end{aligned}\right\} \tag{31.47}$$

$$X_1 = p_2, \quad X_2 = x^2 p_2 + p_3, \quad X_3 = -e^{x^3} p_1 + x^{2^2} p_2 + 2x^2 p_3.$$

Endlich betrachten wir die nichtauflösbare Gruppe G_3 IX, die auch keine singulären Operatoren enthalten kann. Daher läßt sich X_1 in die Form $X_1 = p_2$ überführen. Da G_3 IX die einzige Gruppe G_3 ist, die keine Untergruppe G_2 enthält, hat man die Operatoren X_2 und X_3 unmittelbar aus den Strukturgleichungen zu ermitteln, wobei man zulässige Transformationen benutzen kann. Danach ergibt sich aus den Killing-Gleichungen die Metrik, die man mit Hilfe von zulässigen Transformationen ([260], S. 209) auf die folgende Form bringen kann:

G_3 IX wirkt auf $\overset{*}{V}_3$

$$\left.\begin{aligned} &g_{11} = g_{12} = g_{13} = g_{44} = 0,\ g_{14} = 1,\\ &g_{22} = (a_1 \sin 2x^1 - a_2 \cos 2x^1 + a_3) \cos^2 x^3,\\ &g_{23} = -(a_1 \cos 2x^1 + a_2 \sin 2x^1) \cos x^3,\\ &g_{24} = \sin x^3 + (a_4 \cos x^1 + a_5 \sin x^1) \cos x^3,\\ &g_{33} = a_2 \cos 2x^1 - a_1 \sin 2x^1 + a_3,\\ &g_{34} = a_4 \sin x^1 - a_5 \cos x^1; \end{aligned}\right\} \tag{31.48}$$

$$a_i = a_i(x^4).$$

Die zugehörigen Operatoren sind

$$X_1 = p_2,$$
$$X_2 = \sec x^3 \cos x^2 p_1 - \operatorname{tg} x^3 \cos x^2 p_2 + \sin x^2\, p_3,$$
$$X_3 = -\sec x^3 \sin x^2 p_1 + \operatorname{tg} x^1 \sin x^2 p_2 + \cos x^2 p_3.$$

Damit ist die Klassifikation der Gravitationsfelder, die eine Bewegungsgruppe $G_r (r \leqq 3)$ gestatten, vollendet.

Wir bemerken, daß man für ein echtes Gravitationsfeld an alle oben angegebenen Metriken die Forderung $|g_{\alpha\beta}| < 0$ stellen muß. Diese Forderung ist äquivalent zu der Bedingung, daß die Metrik in jedem Punkt in die Metrik des Minkowski-Raumes übergeführt werden kann.

§ 32. Gravitationsfelder, die eine einfach-transitive oder nichttransitive Bewegungsgruppe G_4 gestatten

Wenn die Ordnung der vollen Bewegungsgruppe G_r von V_4 gleich $r = 4$ ist und der Rang der Matrix $(\underset{s}{\xi^a})$ $(s = 1, 2, 3, 4)$ kleiner als 4, so sind die Transitivitätsflächen von G_4 gleich V_3 oder $\overset{*}{V}_3$, da V_2 und $\overset{*}{V}_2$ keine Gruppe gestatten, deren Dimension größer als drei ist.

Im weiteren bezeichnen wur den Strukturtyp einer Gruppe immer wie in der Klassifikation des Paragraphen 10.

G_4 wirkt auf V_3

Wir wählen ein Koordinatensystem, in dem die Transitivitätshyperflächen V_3 durch die Gleichung $x^4 = \text{const}$ beschrieben werden. In diesem Bezugssystem gilt für alle Operatoren der Gruppe die Bedingung $\underset{s}{\xi^4} = 0$ $(s = 1, 2, 3, 4)$. Wir betrachten zunächst den Fall einer Gruppe G_4 I mit der Struktur

$$[X_1 X_2] = [X_2 X_3] = 0,\ [X_1 X_4] = c X_1,\ [X_2 X_4] = X_2,$$
$$[X_3 X_4] = (c-1) X_3,$$

wobei c ein Parameter der Gruppe ist. Die Gruppe enthält die Untergruppe G_3 II, die auf V_3 wirkt. Der gesuchte Raum befindet sich daher unter den Räumen, die durch die Metrik (31.6) und die Operatoren

$$X_1 = p_2,\ X_2 = p_3,\ X_3 = -p_1 + x^3 p_2$$

gegeben sind (siehe § 31).

Wenn der gesuchte weitere Operator die Form $X_4 = \underset{4}{\xi^a} p_a$ hat, folgt aus den Strukturgleichungen

$$\left.\begin{aligned} \partial_2 \underset{4}{\xi^a} = c\delta_2^\alpha,\quad \partial_3 \underset{4}{\xi^a} = \delta_3^\alpha, \\ -\partial_1 \underset{4}{\xi^a} + c x^3 \delta_2^\alpha - \underset{4}{\xi^3} \delta_2^\alpha = (c-1)(-\delta_1^\alpha + x^3 \delta_2^\alpha). \end{aligned}\right\} \tag{32.1}$$

Daraus erhält man für den KILLING-Vektor $\underset{4}{\xi^a}$ den Ausdruck

$$\underset{4}{\xi^a} = [(c-1)x^1 + \alpha]\delta_1^\alpha + (cx^2 - \gamma x^1 + \beta)\delta_2^\alpha + (x^3 + \gamma)\delta_3^\alpha, \tag{32.2}$$

wobei α, β, γ Funktionen von x^4 sind. Stellt man nun die KILLING-Gleichungen für $\underset{4}{\xi^a}$ auf und setzt für die Komponenten $g_{4i} (i = 1, 2, 3)$ die Metrik (31.6) ein, so ergibt sich das Gleichungssystem

$$g_{1i}\alpha' + g_{2i}(-x^1\gamma' + \beta') + g_{3i}\gamma' = 0 \quad (i = 1, 2, 3).$$

Die Determinante dieses Systems ist ungleich Null. Daher sind α, β, γ Konstanten. Die zulässigen Transformationen, welche die Operatoren X_1, X_2, X_3 und die Metrik (31.6) festlassen, haben die Form:

$$x^{1'} = x^1 + c_1,\ x^{2'} = x^2 + e^{-x^1} c_2,\ x^{3'} = x^3 + c_3,\ x^{4'} = x^4 + c_4.$$

Wir wenden sie auf den Operator (32.2) an und erhalten im neuen Koordinatensystem für die Parameter α, β, γ die Ausdrücke

$$\overset{*}{\alpha} = (1 - c) c_1 + \alpha, \quad \overset{*}{\beta} = -c_1 c_3 - c c_2 + \gamma c_1 + \beta, \quad \overset{*}{\gamma} = c_3 + \gamma.$$

Je nach dem Wert des Gruppenparameters c gibt es folgende Möglichkeiten: a) $c \neq 1$, dann kann man c_i so wählen, daß $\overset{*}{\alpha} = \overset{*}{\gamma} = 0$ wird. b) $c = 1$, dann kann man c_i so wählen, daß $\overset{*}{\alpha} \neq 0$, $\overset{*}{\beta} = \overset{*}{\gamma} = 0$ wird. Den Operator X_4 kann man dementsprechend in der Form

a) $X_4 = (c-1)\, x^1 p_1 + c x^2 p_2 + x^3 p_3,$

b) $X_4 = a p_1 + x^2 p_2 + x^3 p_3$

darstellen.

Integriert man die KILLING-Gleichungen für die Metrik (31.6) und den Operator X_4, so ergibt sich im Fall b) ein Widerspruch, und der Fall a) ist nur möglich, wenn $c = 0$ ist. Daher hat die Metrik die kanonische Form

$$(g_{\alpha\beta}) = \begin{pmatrix} 0 & 0 & a_{13} & 0 \\ 0 & a_{22} & a_{22} x^1 & 0 \\ a_{13} & a_{22} x^1 & a_{22} x^{1^2} & 0 \\ 0 & 0 & 0 & e_4 \end{pmatrix}, \tag{32.3}$$

$$a_{ij} = a_{ij}(x^4),\ e_4 = \pm 1.$$

Die zugehörigen Operatoren sind

$$X_1 = p_2,\ X_2 = p_3,\ X_3 = -p_1 + x^3 p_2,\ X_4 = -x^1 p_1 + x^3 p_3.$$

Da man die Untersuchung der übrigen Strukturen von G_4 nach der gleichen Methode durchführen kann, erhält man durch Wiederholung unserer Überlegungen für die übrigen Strukturen folgende Räume:

G_4 II — Es gibt keine Gravitationsfelder, die diese nichttransitive Bewegungsgruppe G_4 gestatten.

G_4 III ($q = 0$)

$$(g_{\alpha\beta}) = \begin{pmatrix} a_{11} & 0 & 0 & 0 \\ 0 & a_{22} & a_{22}x^1 & 0 \\ 0 & a_{22}x^1 & a_{22}x^{1^2} + a_{11} & 0 \\ 0 & 0 & 0 & e_4 \end{pmatrix}, \tag{32.4}$$

$$a_{ij} = a_{ij}(x^4); \quad X_1 = p_2, \quad X_2 = p_3, \quad X_3 = -p_1 + x^3 p_2,$$

$$X_4 = -x^3 p_1 + \frac{1}{2}(x^{3^2} - x^{1^2})\, p_2 + x^1 p_3.$$

G_4 IV

$$(g_{\alpha\beta}) = \begin{pmatrix} a_{11} & 0 & 0 & 0 \\ 0 & 0 & a_{23}e^{x^1} & 0 \\ 0 & a_{23}e^{x^1} & 0 & 0 \\ 0 & 0 & 0 & e_4 \end{pmatrix}, \tag{32.5}$$

$$e_4 = \pm 1, \; a_{\alpha\beta} = a_{\alpha\beta}(x^4);$$

$$X_1 = p_2, \quad X_2 = p_3, \quad X_3 = -p_1 + x^2 p_2, \quad X_4 = -p_1 + x^3 p_3.$$

G_4 V

$$(g_{\alpha\beta}) = \begin{pmatrix} a_{11} & 0 & 0 & 0 \\ 0 & a_{22}e^{2x^1} & 0 & 0 \\ 0 & 0 & a_{22}e^{2x^1} & 0, \\ 0 & 0 & 0 & e_4 \end{pmatrix}, \tag{32.6}$$

$$e_4 = \pm 1, a_{\alpha\beta} = a_{\alpha\beta}(x^4); \quad X_1 = p_2, \quad X_2 = p_3,$$

$$X_3 = -p_1 + x^2 p_2 + x^3 p_3, \; X_4 = -x^3 p_2 + x^2 p_3.$$

G_4 VII

$$(g_{\alpha\beta}) = \begin{pmatrix} a_{11} & 0 & 0 & 0 \\ 0 & a_{22} & 0 & 0 \\ 0 & 0 & e_3 a_{22} \operatorname{sh}^2 x^2 & 0 \\ 0 & 0 & 0 & e_4 \end{pmatrix}, \tag{32.7}$$

$$X_1 = \cos x^3 p_2 + (\operatorname{cth} x^2 \sin x^3 - 1)\, p_3,$$

$$X_2 = \sin x^3 p_2 + \operatorname{cth} x^2 \cos x^3 p_3,$$

$$X_3 = \cos x^3 p_2 - (\operatorname{cth} x^2 \sin x^3 + 1)\, p_3, \quad X_4 = p_1 .$$

Wir bemerken, daß man mögliche Räume V_4 erhält, wenn man in (32.7) alle trigonometrischen Funktionen durch die entsprechenden hyperbolischen Funktionen ersetzt.

G_4 VII

$$(g_{\alpha\beta}) = \begin{Bmatrix} 0 & a_{12} & -a_{12}x^2 & 0 \\ a_{12} & a_{22} & -a_{22}x^2 & 0 \\ -a_{12}x^2 & -a_{22}x^2 & a_{22}x^{2^2} - \frac{a_{12}}{2} & 0 \\ 0 & 0 & 0 & e_4 \end{Bmatrix}, \tag{32.8}$$

$$X_1 = e^{-x^3}(p_1 - x^{2^2}p_2 - 2x^2p_3), \quad X_2 = p_3, \quad X_3 = e^{x^3}p_2, \quad X_4 = p_1.$$

G_4 VIII

$$(g_{\alpha\beta}) = \begin{pmatrix} a_{11} & 0 & 0 & 0 \\ 0 & a_{22} & 0 & 0 \\ 0 & 0 & a_{22}\sin^2 x^2 & 0 \\ 0 & 0 & & e_4 \end{pmatrix}, \tag{32.9}$$

$$X_1 = p_3, \; X_2 = \sin x^3 p_2 + \operatorname{ctg} x^2 \cos x^3 p_3,$$

$$X_3 = \cos x^3 p_2 - \operatorname{ctg} x^2 \sin x^3 p_3, \quad X_4 = p_1.$$

G_4 VIII

$$(g_{\alpha\beta}) = \begin{pmatrix} \alpha + \beta(1 - \cos 2x^3) & -\beta \sin 2x^3 \sin x^1 & 0 & 0 \\ -\beta \sin 2x^3 \sin x^1 & \alpha + 2\beta \cos^2 x^3 \sin^2 x^1 & \alpha \cos x^1 & 0 \\ 0 & \alpha \cos x^1 & \alpha & 0 \\ 0 & 0 & 0 & e_4 \end{pmatrix}, \tag{32.10}$$

α, β sind Funktionen x^4. Die Operatoren haben die Form

$$X_1 = p_2,$$

$$X_2 = \cos x^2 p_1 - \operatorname{ctg} x^1 \sin x^2 p_2 + \frac{\sin x^2}{\sin x^1} p_3,$$

$$X_3 = -\sin x^2 p_1 - \operatorname{ctg} x^1 \cos x^2 p_2 + \frac{\cos x^2}{\sin x^1} p_3,$$

$$X_4 = \sin x^3 p_1 - \frac{\cos x^3}{\sin x^1} p_2 + \operatorname{ctg} x^1 \cos x^3 p_3.$$

Die auflösbaren Gruppen mit den Strukturen G_4 VI$_i$ $(i = 1, 2, 3, 4)$ enthalten abelsche Untergruppen G_3. Daher ergeben sich nach der gleichen Methode folgende Räume:

G_4 VI$_1$
$$ds^2 = g_{11}\, dx^{1^2} + 2g_{23}\, dx^2\, dx^3 + e^4\, dx^{4^2}, \tag{32.11}$$

wobei $g_{ij} = g_{ij}(x^4)$ ist und die Operatoren die Form

$$X_1 = p_2, \quad X_2 = p_3, \quad X_3 = -p_1, \quad X_4 = x^2 p_2 - x^3 p_3$$

haben.

Für G_4 VI_2 existieren keine Gravitationsfelder mit Bewegungsgruppen dieser Struktur.

G_4 VI_3

$$(g_{\alpha\beta}) = \begin{pmatrix} 0 & g_{12} & 0 & 0 \\ g_{12} & g_{22} & 0 & 0 \\ 0 & 0 & g_{12} & 0 \\ 0 & 0 & 0 & e_4 \end{pmatrix}, \tag{32.12}$$

$$g_{\alpha\beta} = g_{\alpha\beta}(x^4); \; X_1 = p_2, \; X_2 = p_3, \; X_3 = -p_1, \; X_4 = x^2 p_3 - x^3 p_1.$$

G_4 VI_3

$$(g_{\alpha\beta}) = \begin{pmatrix} g_{11} & 0 & 0 & 0 \\ 0 & g_{22} & 0 & 0 \\ 0 & 0 & g_{22} & 0 \\ 0 & 0 & 0 & e_4 \end{pmatrix}, \tag{32.13}$$

$$g_{\alpha\beta} = g_{\alpha\beta}(x^4); \; X_1 = p_2, \; X_2 = p_3, \; X_3 = -p_1, \; X_4 = x^2 p_3 - x^3 p_2.$$

In § 30 haben wir gezeigt, daß für echte Gravitationsfelder nur der Fall „G_3 II wirkt auf $\overset{*}{V}_2$“ möglich ist. Die isotrope Mannigfaltigkeit $\overset{*}{V}_2$ läßt sich immer durch die Gleichungen $x^1 = \text{const}, x^4 = \text{const}$ beschreiben. Die Formel (30.8) transformiert sich dann folgendermaßen:

G_3 II wirkt auf $\overset{*}{V}_2$

$$(g_{\alpha\beta}) = \begin{pmatrix} g_{11}(x^1, x^4), & g_{12}(x^1, x^4), & 0 & 0 \\ g_{12}(x^1, x^4), & 0 & 0 & 0 \\ 0 & 0 & g_{12}(x^1, x^4), & 0 \\ 0 & 0 & 0 & e_4 \end{pmatrix} e_4 = \pm 1. \tag{32.14}$$

Die zugehörigen Operatoren sind

$$X_1 = p_2, \; X_2 = p_3, \; X_3 = x^3 p_2 - x^1 p_3.$$

Unter den Räumen V_4 mit (32.14) haben wir nach unserer Methode die Räume aufzusuchen, die eine der Gruppen G_4 vom Typ I, II, III gestatten.

Unsere vierparametrigen Gruppen wirken schon auf nichtisotrope Mannigfaltigkeiten V_3. Daher können wir das am Anfang dieses Paragraphen eingeführte Klassifikationsschema vollständig auf diese Gruppen übertragen. Demnach erhält man folgende Räume:

G_4 I $c \neq 2$

$$ds^2 = a_{11}\left(\frac{dx^1}{x^1}\right)^2 + a_{12}(x^1)^{\frac{2}{c-2}}(2\,dx^1\,dx^2 + dx^{3^2}) + e_4\,dx^{4^2}, \qquad (32.15)$$

$$a_{ij} = a_{ij}(x^4),$$

$$X_1 = p_2,\ X_2 = p_3,\ X_3 = x^3 p_2 - x^1 p_3,\ X_4 = (2-c)x^1 p_1 + c x^2 p_2 + x^3 p_3.$$

G_4 II

$$ds^2 = a_{11}\,dx^{1^2} + a_{12}e^{-2x^1}(2\,dx^1\,dx^2 + dx^{3^2}) + e_4\,dx^{4^2}, \qquad (32.16)$$

$$a_{ij} = a_{ij}(x^4),$$

$$X_1 = p_2,\ X_2 = p_3,\ X_3 = x^3 p_2 - x^1 p_3,\ X_4 = p_1 + 2\,x^2 p_2 + x^3 p_3.$$

G_4 III

$$ds^2 = \frac{a_{11}}{(x^{1^2} + qx^1 + 1)^2}\,dx^{1^2} + \frac{a_{12}e^{2qp\,\mathrm{arc\,tg}\,(2x^1+q)p}}{(x^{1^2} + qx^1 + 1)}(2\,dx^1\,dx^4 + dx^{3^2}) + e_4\,dx^{4^2},$$

$$p = \frac{1}{\sqrt{4-q^2}}, \qquad (32.17)$$

$$X_1 = p_2, \quad X_2 = p_3, \quad X_3 = x^3 p_2 - x^1 p_3,$$

$$X_4 = -(x^{1^2} + qx^1 + 1)p_1 + \left(qx^2 + \frac{1}{2}x^{3^2}\right)p_2 - x^1 x^3 p_3.$$

G_4 wirkt auf $\overset{*}{V}_3$

Betrachten wir den Fall, daß die nichttransitive Bewegungsgruppe G_4 auf isotrope dreidimensionale Mannigfaltigkeiten $\overset{*}{V}_3$ wirkt. Diese Räume wurden in der Arbeit [260] untersucht.

Wir betrachten die Gruppe G_4 vom Typ I, die eine Untergruppe G_3 II enthält. Man kann das Koordinatensystem so wählen, daß die Operatoren von G_3 die Form (31.25) oder (31.26) haben.

Im Falle (31.25) ergibt sich aus den Strukturgleichungen

$$\underset{4}{\xi}^1 = 2x^1 + A(x^3, x^4),\ \underset{4}{\xi}^2 = x^2,\ \underset{4}{\xi}^3 = c(x^3, x^4).$$

Durch Anwendung einer zulässigen Transformation

$$x^{1'} = x^1 + f(x^3, x^4),\ x^{2'} = x^2,\ x^{4'} = x^4,\ x^{3'} = \begin{cases} \int \frac{dx^3}{c}, & c \neq 0 \\ x^3, & c = 0 \end{cases}$$

kann man den Operator X_4 in die Form

$$X_4 = 2x^1 p_1 + x^2 p_2 + \varepsilon p_3, \quad \varepsilon = 0 \quad \text{oder} \quad 1$$

überführen. Aus den KILLING-Gleichungen folgt, daß ε gleich Eins ist. Die Metrik hat daher nach Anwendung von zulässigen Transformationen, die alle vier Operatoren fest lassen, die Form

G_4 I

$$ds^2 = \alpha(x^4) e^{-2x^3} (2\, dx^1\, dx^4 + dx^{2^2}) + \beta(x^4)\, dx^{2^2}. \tag{32.18}$$

Genauso erhält man im Falle (31.26)

G_4 I

$$ds^2 = 2\, dx^1\, dx^4 - 2\alpha(x^4)\, dx^2\, dx^3 - 2x^3\, dx^2\, dx^4; \tag{32.19}$$

$$X_1 = p_1,\ X_2 = p_2,\ X_3 = x^2 p_1 + p_3,\ X_4 = x^2 p_2 - x^3 p_3. \tag{32.20}$$

Die Untersuchung läßt sich für die übrigen Fälle in analoger Weise durchführen, wir beschränken uns deshalb darauf, die Ergebnisse anzugeben.

G_4 II kann nicht transitive Bewegungsgruppe mit isotropen Transitivitätshyperflächen sein.

G_4 III

$$\left.\begin{aligned} ds^2 &= 2\, dx^1\, dx^4 + \alpha(x^4)\,(dx^{2^2} + dx^{3^2}) - 2x^3\, dx^2\, dx^3, \\ X_1 &= p_1,\ X_2 = p_2,\ X_3 = x^2 p_1 + p_3, \\ X_4 &= \frac{1}{2}\,(x^{2^2} - x^{3^2})\, p_1 - x^3 p_2 + x^2 p_3. \end{aligned}\right\} \tag{32.21}$$

G_4 IV

$$\left.\begin{aligned} ds^2 &= 2\, dx^1\, dx^4 + 2\alpha(x^4)\, e^{-x^1}\, dx^2\, dx^3, \\ X_1 &= p_2,\ X_2 = p_3,\ X_3 = p_1 + x^3 p_3,\ X_4 = p_1 + x^2 p_2. \end{aligned}\right\} \tag{32.22}$$

G_4 V

$$\left.\begin{aligned} ds^2 &= 2dx^1\, dx^4 + \alpha(x^4) e^{-x^1}\,(dx^{2^2} + dx^{3^2}), \\ X_1 &= p_2,\ X_2 = p_3,\ X_3 = -x^3 p_2 + x^2 p_3, \\ X_4 &= 2p_1 + x^2 p_2 + x^3 p_3. \end{aligned}\right\} \tag{32.23}$$

G_4 VI

$$\left.\begin{aligned} ds^2 &= 2dx^1\, dx^4 + \alpha(x^4)\,(e^{-2x^3}\, dx^{2^2} - e_2\, dx^{3^2}), \\ e_2 &= \pm 1;\ X_1 = p_2,\ X_2 = x^2 p_2 + p_3, \\ X_3 &= (x^{2^2} + e_2 e^{2x^3})\, p_2 + 2x^2 p_3,\ X_4 = p_1. \end{aligned}\right\} \tag{32.24}$$

G_4 VII

$$\left.\begin{aligned} ds^2 &= 2dx^1\, dx^4 + \alpha(x^4)\,(e^{-2x^3} dx^{2^2} - e_2\, dx^{3^2}) + e_2 e^{-x^3}\, dx^2\, dx^4, \\ e_2 &= \pm 1;\ X^1 = p_2,\ X_2 = x^2\, p_2 + p_3 \\ X_3 &= -e^{x^3} p_1 + (x^{2^2} + e_2 e^{2x^3}) p_2 + 2x^3 p_3,\ X_4 = p_1. \end{aligned}\right\} \tag{32.25}$$

G_4 VIII

$$\left.\begin{aligned} ds^2 &= 2dx^1\,dx^4 + \alpha(x^4)\,(\cos^2 x^3\,dx^{2^2} + dx^{3^2}) + 2\varepsilon \sin x^3\,dx^2\,dx^4, \\ &\varepsilon = 0 \text{ oder } 1;\ X_1 = p_2, \\ X_2 &= \varepsilon \sec x^3 \cos x^2\,p_1 - \operatorname{tg} x^3 \cos x^2 p_2 + \sin x^2\,p_3, \\ X_4 &= p_1,\ X_3 = -\varepsilon \sec x^3 \sin x^2\,p_1 + \operatorname{tg} x^3 \sin x^2 p_2 + \cos x^2 p_3. \end{aligned}\right\} \quad (32.26)$$

Betrachten wir jetzt den Fall, daß der V_4 eine nichttransitive Gruppe G_4 mit einer abelschen Untergruppe G_3 gestattet, wobei G_4 auf Transitivitätshyperflächen V_3 wirkt. Alle diese Gruppen haben eine Struktur vom Typ G_4 VI$_i$ $(i = 1, 2, 3, 4)$. Mit den schon oben angewandten Methoden ergibt sich, daß nur die folgenden zwei Räume möglich sind:

G_4 VI$_3$

$$\left.\begin{aligned} ds^2 &= 2dx^1\,dx^4 + \alpha(x^4)\,dx^{2^2} + 2\beta(x^4)\,dx^2\,dx^3 + \gamma(x^4)\,dx^{3^2}, \\ X_1 &= p_1,\ X_2 = p_2,\ X_3 = p_3,\ X_4 = x^2 p_1 + \omega p_2 + \lambda p_3, \end{aligned}\right\} \quad (32.27)$$

wobei $\omega(x^4) = -\int \frac{\gamma\,dx^4}{\sigma}$, $\lambda(x^4) = \int \frac{\beta\,dx^4}{\sigma}$, $\sigma = \alpha\gamma - \beta^2$ ist.

G_4 VI$_2$

$$\left.\begin{aligned} ds^2 &= 2dx^1\,dx^4 + \alpha(x^4)\,(dx^{2^2} + e\,dx^{3^2}),\ e = \pm 1, \\ X_1 &= p_1,\ X_2 = p_2,\ X_3 = p_3,\ X_4 = e x^3 p_2 - x^2 p_3. \end{aligned}\right\} \quad (32.28)$$

Die Strukturen, die zu (32.27) und (32.28) gehören, sind nicht isomorph, und die durch diese Metriken definierten Räume sind demnach wesentlich verschieden.

Einfach-transitive Bewegungsgruppen $\dot{G}_4$

Zwei einfach-transitive Gruppen gleicher Struktur mit der gleichen Zahl von Veränderlichen sind *ähnlich* ([147], S. 97). Wenn die Bewegungsgruppe G_4 des Raumes V_4 einfach-transitiv ist, kann man daher beliebige vier Operatoren, die den Strukturgleichungen genügen, als Operatoren von G_4 wählen.

Deshalb ist es unwesentlich, ob wir die vier Operatoren definieren ausgehend von einer Untergruppe G_3, die auf V_3 wirkt, oder von einer Untergruppe G_3, die auf $\overset{*}{V}_3$ wirkt.

Wir schlagen den ersten Weg ein und nehmen außerdem an, daß in V_4 ein Gaussches Koordinatensystem (§ 7) gegeben ist, für das

$$ds^2 = e_4\,dx^{4^2} + g_{ij}\,dx^i\,dx^j\ (ij \neq 4),\ e_4 = \pm 1$$

gilt.

Da für eine einfach-transitive Gruppe $\underset{4}{\xi}{}^4 \neq 0$ ist, folgt aus den KILLING-Gleichungen $\partial_4 \underset{4}{\xi}{}^4 = 0$. Wenn wir diese Bedingungen berücksichtigen und die Operatoren einer Gruppe „G_3 wirkt auf V_3" (§ 31) benutzen, die als Untergruppe in der gesuchten Gruppe G_4 enthalten ist, so ergeben sich aus den Strukturgleichungen (10.17) und (10.19) vier Operatoren. Dabei kann man einige Integrationskonstanten mit Hilfe zulässiger Transformationen in Null oder ± 1 überführen.

Betrachten wir die Gruppe G_4 I, die eine Untergruppe G_3 II enthält.

Aus den Strukturgleichungen ergibt sich das Gleichungssystem (32.1) mit dem Unterschied, daß α die Werte 1 bis 4 durchläuft:

$$\underset{4}{\xi}{}^\alpha = \underset{4}{\xi}{}^\alpha (x^1, x^2, x^3, x^4), \quad \partial_4 \underset{4}{\xi}{}^4 = 0, \quad \underset{4}{\xi}{}^4 \neq 0.$$

Durch Integration findet man

$$\left.\begin{aligned} \underset{4}{\xi}{}^1 &= (c-1)x^1 + A(x^4), \\ \underset{4}{\xi}{}^2 &= cx^2 - C(x^4)x^1 + B(x^4), \\ \underset{4}{\xi}{}^3 &= x^3 + C(x^4), \quad \underset{4}{\xi}{}^4 = D \neq 0, \quad D = \text{const.} \end{aligned}\right\} \qquad (32.29)$$

Durch Aufstellung der KILLING-Gleichungen erhält man das Gleichungssystem

$$\left.\begin{aligned} g_{11}\partial_4 \underset{4}{\xi}{}^1 + g_{12}\partial_4 \underset{4}{\xi}{}^2 + g_{13}\partial_4 \underset{4}{\xi}{}^3 &= 0, \\ g_{12}\partial_4 \underset{4}{\xi}{}^1 + g_{22}\partial_4 \underset{4}{\xi}{}^2 + g_{23}\partial_4 \underset{4}{\xi}{}^3 &= 0, \\ g_{13}\partial_4 \underset{4}{\xi}{}^1 + g_{23}\partial_4 \underset{4}{\xi}{}^2 + g_{33}\partial_4 \underset{4}{\xi}{}^3 &= 0. \end{aligned}\right\} \qquad (32.30)$$

Die Determinante $|g_{ij}|$ $(i, j = 1, 2, 3)$ ist ungleich Null, da sonst $V_3 (x^1, x^2\, x^3)$ eine isotrope Mannigfaltigkeit wäre. Also ist auch

$$\partial_4 \underset{4}{\xi}{}^i = \quad (i = 1, 2, 3),$$

d. h., A, B, C sind Konstanten.

Die drei Operatoren von G_3 II und der zugrunde liegende Raum V_4 bleiben invariant bei den Transformationen

$$\left.\begin{aligned} &x^{1'} = x^1 + \alpha, \quad x^{2'} = x^2 - \gamma x^1 + \beta, \\ &x^{3'} = x^3 + \gamma, \quad x^{4'} = \varepsilon x^4 + \delta, \\ &\alpha, \beta, \gamma, \delta = \text{const}, \quad \varepsilon = \pm 1. \end{aligned}\right\} \qquad (32.31)$$

Mit Hilfe dieser Transformationen kann man den vierten Operator, wenn $c \neq 1$ ist, in die Form

$$X_4 = (c-1)x^1 p_1 + c x^2 p_2 + x^3 p_3 + D p_4, \tag{32.32}$$

und, wenn $c = 1$ ist, in die Form

$$X_4 = A p_1 + x^2 p_2 + x^3 p_3 + D p_4, \quad A, D = \text{const} \tag{32.33}$$

überführen.

Wir wenden die Transformationen $x^{1'} = x^1, x^{2'} = x^2, x^{3'} = x^3, x^{4'} = \frac{x^4}{D}$ auf den Operator (32.32) an. Dadurch wird die Konstante D in Eins übergeführt. Diese Transformation verändert die Metrik gemäß

$$g_{4'4'} = D^2 g_{44} = e_4 D^2 = \pm D^2. \tag{32.34}$$

Die übrigen Komponenten $g_{\alpha\beta}(\alpha, \beta \neq 4)$ der Metrik bleiben ungeändert. Die Metrik ist daher durch die Matrix

G_4 I, $c \neq 1$

$$(g_{\alpha\beta}) = \begin{pmatrix} k_{11} e^{-2(c-1)x^4} & k_{12} e^{-(2c-1)x^4} & k_{12} x^1 e^{-(2c-1)x^4} + k_{13} e^{-cx^4} & 0 \\ k_{12} e^{-(2c-1)x^4} & k_{22} e^{-2cx^4} & k_{22} x^1 e^{-2cx^4} + k_{23} e^{-(c+1)x^4} & 0 \\ k_{12} x^1 e^{-(2c-1)x^4} + k_{13} e^{-cx^4} & k_{22} x^1 e^{-2cx^4} + k_{23} e^{-(c+1)x^4} & k_{22} x^{1^2} e^{-2cx^4} + 2k_{23} x^1 e^{-(c+1)x^4} + k_{33} e^{-2x^4} & 0 \\ 0 & 0 & 0 & \pm D^2 \end{pmatrix} \tag{32.35}$$

gegeben, wobei D und k_{ij} Konstanten sind. Die zugehörigen Operatoren sind

$$X_1 = p_2, \; X_2 = p_3, \; X_3 = -p_1 + x^3 p_2,$$
$$X_4 = (c-1)x^1 p_1 + c x^2 p_2 + x^3 p_3 + p_4.$$

Für den Operator (32.33) ergibt sich mit Hilfe von entsprechenden Überlegungen die Metrik

G_4 I, $c = 1$

$$\left.\begin{aligned} & g_{11} = k_{11}, \quad g_{12} = k_{12} e^{-x^4}, \\ & g_{13} = e^{-x^4}[k_{12}(x^1 - \alpha x^4) + k_{13}], \\ & g_{23} = e^{-2x^4}[k_{22}(x^1 - \alpha x^4) + k_{23}], \; g_{22} = k_{22} e^{-2x^4}, \\ & g_{33} = e^{-2x^4}[k_{22}(x^1 - \alpha x^4)^2 + 2k_{23}(x^1 - \alpha x^4) + k_{33}], \\ & g_{i4} = 0 \; (i = 1, 2, 3), \; g_{44} = \pm D^2, \\ & k_{ij}, \alpha, D - \text{const} \end{aligned}\right\} \tag{32.36}$$

mit den Operatoren

$$X_1 = p_2,\ X_2 = p_3,\ X_3 = -p_1 + x^3 p_2,$$
$$X_4 = \alpha p_1 + x^2 p_2 + x^3 p_3 + p_4.$$

Die Gruppen G_4 II und G_4 III enthalten ebenfalls eine Untergruppe G_3 II. Durch buchstäbliche Wiederholung der eben angewandten Überlegungen erhält man folgende Räume:

G_4 II

$$\left.\begin{aligned}
&g_{11} = e^{-2x^4}(k_{11} + 2k_{13}x^4 + k_{33}x^{4^2}),\\
&g_{12} = e^{-3x^4}(k_{12} + k_{23}x^4),\\
&g_{13} = e^{-3x^4}x^1(k_{12} + k_{23}x^4) + e^{-2x^4}(k_{13} + k_{33}x^4),\\
&g_{22} = k_{22}e^{-4x^4},\ g_{23} = x^1 e^{-4x^4}k_{22} + k_{23}e^{-3x^4},\\
&g_{33} = x^{1^2}k_{22}e^{-4x^4} + 2x^1 k_{23}e^{-3x^4} + k_{33}e^{-2x^4},\\
&g_{i4} = 0\ (i = 1, 2, 3),\ g_{44} = \pm D^2;\ k_{ij},\ D - \text{const};
\end{aligned}\right\} \qquad (32.37)$$

$$X_1 = p_2,\ X_2 = p_3,\ X_3 = -p_1 + x^3 p_2,$$
$$X_4 = x^1 p_1 + \frac{1}{2}(4x^2 + x^{1^2})p_2 + (x^3 - x^1)p_3 + p_4.$$

G_4 III

$$\left.\begin{aligned}
&g_{11} = e^{-qx^4}[c_1 + c_2(q\cos\omega x^4 + \omega\cdot\sin\omega x^4) + c_3(q\sin\omega x^4 - \omega\cos\omega x^4)],\\
&g_{12} = e^{-\frac{3}{2}qx^4}\left[-c_4\sin\frac{\omega}{2}x^4 + c_5\cos\frac{\omega}{2}x^4\right]\frac{\omega}{2} - \frac{3}{2}qP,\\
&g_{13} = x^1 g_{12} + e^{-qx^4}\left(-\frac{q}{2}c^1 - 2c_2\cos\omega x^4 - 2c_3\sin\omega x^4\right),\\
&g_{22} = c_6 e^{-2qx^4},\ g_{23} = x^1 c_6 e^{-2qx^4} + P,\\
&g_{33} = x^{1^2}c_6 e^{2qx^4} + 2Px^1 + e^{-qx^4}[c_1 + c_2(q\cos\omega x^4 - \omega\sin\omega x^4)\\
&\qquad\qquad + c_3(q\sin\omega x^4 + \omega\cos\omega x^4)],\\
&g_{i4} = 0\ (i = 1, 2, 3),\ g_{44} = \pm D^2;\ D, c_\nu\,(\nu = 1, \ldots, 6) - \text{const},
\end{aligned}\right\} \qquad (32.38)$$

wobei $\omega = \sqrt{4 - q^2}$, $q^2 < 4$, q eine Strukturkonstante und

$$P = e^{-\frac{3}{2}qx^4}\left(c_4\cos\frac{\omega}{2}x^4 + c_5\sin\frac{\omega}{2}x^4\right)$$

ist.

$$X_1 = p_2,\ X_2 = p_3,\ X_3 = -p_1 + x^3 p_2,$$
$$X_4 = (qx^1 - x^3)p_1 + \left[qx^2 + \frac{1}{2}(x^{3^2} - x^{1^2})\right]p_2 + x^1 p_3 + p_4.$$

G_4 IV enthält eine Untergruppe G_3 III. Wir haben wie für G_4 I zwei Fälle zu unterscheiden:

1. G_4 IV, $\alpha \neq 0$

$$\left.\begin{aligned} &g_{11} = k_{11}, \quad g_{12} = k_{12} e^{x^1 - \alpha x^4}, \quad g_{13} = k_{13} e^{-x^4},\\ &g_{22} = k_{22} e^{2x^1 - 2\alpha x^4}, \; g_{23} = k_{23} e^{-(1+\alpha)x^4 + x^1},\\ &g_{33} = k_{33} e^{-2x^4}, \quad g_{i4} = 0 \; (i = 1, 2, 3), \; g_{44} = \pm D^2,\\ &D, \alpha, k_{ij} - \text{const}; \end{aligned}\right\} \qquad (32.39)$$

$$X_1 = p_3, \; X_2 = p_2, \; X_3 = -p_1 + x^2 p_2,$$
$$X_4 = \alpha p_1 + x^3 p_3 + p_4.$$

2. G_4 IV

$$\left.\begin{aligned} &g_{11} = k_{11} + 2k_{12} x^4 + k_{22} x^{4^2},\\ &g_{12} = e^{x^1}(k_{12} + k_{22} x^4), \quad g_{22} = k_{22} e^{2x^1},\\ &g_{13} = e^{-x^4}(k_{13} + k_{23} x^4), \quad g_{23} = k_{23} e^{x^1 - x^4},\\ &g_{33} = k_{33} e^{-2x^4},\\ &g_{i4} = 0 \quad (i = 1, 2, 3), \; g_{44} = \pm D^2, \quad D, k_{ij} - \text{const}; \end{aligned}\right\} \qquad (32.40)$$

$$X_1 = p_3, \quad X_2 = p_2, \quad X_3 = -p_1 + x^2 p_2,$$
$$X_4 = e^{-x^1} p_2 + x^3 p_3 + p_4.$$

Diese Gruppen sind jedoch ähnlich, da sie die gleiche Struktur haben.

Für G_4 V erhält man, von der Untergruppe G_3 V ausgehend, in analoger Weise die Metrik

G_4 V

$$\left.\begin{aligned} &g_{11} = k_{11}, \quad g_{12} = e^{x^1 - \alpha x^4}(k_{12} \cos x^4 + k_{13} \sin x^4),\\ &g_{13} = e^{x^1 - \alpha x^4}(k_{12} \sin x^4 - k_{13} \cos x^4),\\ &g_{22} = e^{2x^1 - 2\alpha x^4}(k_{33} - k_{22} \sin 2x^4 + k_{23} \cos 2x^4),\\ &g_{23} = e^{2x^1 - 2\alpha x^4}(k_{22} \cos 2x^4 + k_{23} \sin 2x^4),\\ &g_{33} = e^{2x^1 - 2\alpha x^4}(k_{33} + k_{22} \sin 2x^4 - k_{23} \cos 2x^4),\\ &g_{i4} = 0 \; (i = 1, 2, 3), \quad g_{44} = \pm D^2, \quad k_{ij}, D - \text{const} \end{aligned}\right\} \qquad (32.41)$$

mit den Operatoren

$$X_1 = p_2, \; X_2 = p_3, \; X_3 = -p_1 + x^2 p_2 + x^3 p_3,$$
$$X_4 = \alpha p_1 - x^3 p_2 + x^2 p_3 + p_4, \; \alpha = \text{const}.$$

Bei der Bestimmung der Räume mit einer Gruppe G_4, die eine abelsche Untergruppe G_3 enthält, vereinfacht sich die Untersuchung, da man in diesem Fall die ersten drei Operatoren in der Form

$$X_1 = p_2,\ X_2 = p_3,\ X_3 = -p_1$$

wählen kann. Für $X_4 = \underset{4}{\xi^\alpha}\partial_\alpha$ erhält man

$$\partial_\beta \underset{4}{\xi^4} = 0 \qquad (\beta = 1, 2, 3, 4).$$

Mit den schon oben angewandten Methoden erhält man dann die folgenden Räume V_4:

G_4 VI$_1$

$$\left.\begin{aligned}
&g_{11} = k_{11}e^{-2lx^4},\ g_{12} = k_{12}e^{-(l+\varepsilon)x^4},\\
&g_{13} = k_{13}e^{-(k+l)x^4},\\
&g_{22} = k_{22}e^{-2\varepsilon x^4},\ g_{23} = k_{23}e^{-(k+\varepsilon)x^4},\ g_{33} = k_{33}e^{-2kx^4}\\
&g_{i4} = (i = 1, 2, 3),\ g_{44} = \pm D^2,\ k_{ij}, D - \text{const},
\end{aligned}\right\} \qquad (32.42)$$

wobei k, l die Konstanten der Strukturgleichungen sind und ε gleich 0 oder 1 ist.

$$X_1 = p_2,\quad X_2 = p_3,\quad X_3 = -p_1,$$
$$X_4 = lx^1p_1 + \varepsilon x^2p_2 + kx^3p_3 + p_4,$$

G_4 VI$_2$

$$\left.\begin{aligned}
&g_{11} = k_{11}e^{-2lx^4},\\
&g_{12} = e^{-(k+l)x^4}(k_{13}\cos x^4 - k_{12}\sin x^4),\\
&g_{13} = e^{-(k+l)x^4}(k_{12}\cos x^4 + k_{13}\sin x^4),\\
&g_{22} = e^{-2kx^4}(k_{22} - k_{23}\cos 2x^4 - k_{33}\sin 2x^4),\\
&g_{23} = e^{-2kx^4}(-k_{23}\sin 2x^4 + k_{33}\cos 2x^4),\\
&g_{33} = e^{-2kx^4}(k_{22} + k_{23}\cos 2x^4 + k_{33}\sin 2x^4),\\
&g_{i4} = 0\ (i = 1, 2, 3),\ g_{44} = \pm D^2;\ k_{ij}, D - \text{const},
\end{aligned}\right\} \qquad (32.43)$$

wobei k, l die Konstanten der Strukturgleichungen sind.

$$X_1 = p_2,\quad X_2 = p_3,\quad X_3 = -p_1,$$
$$X_4 = lx^1p_1 + (kx^2 - x^3)p_2 + (kx^3 + x^2)p_3 + p_4.$$

G_4 VI$_3$, ε ist gleich 0 oder 1, k eine beliebige reelle Zahl

$$\left.\begin{aligned}
&g_{11} = k_{11}e^{-2\varepsilon x^4},\ g_{12} = (k_{12} - k_{13}x^4)e^{-(\varepsilon+k)x^4},\\
&g_{13} = k_{13}e^{-(\varepsilon+k)x^4},\\
&g_{22} = (k_{22} - 2k_{23}x^4 + k_{33}x^{4^2})e^{-2kx^4},\\
&g_{23} = (k_{23} - k_{33}x^4)e^{-2kx^4},\ g_{33} = k_{33}e^{-2kx^4},\\
&g_{i4} = 0\ (i = 1, 2, 3),\ g_{44} = \pm D^2,\ k_{ij}, D - \text{const};
\end{aligned}\right\} \quad (32.44)$$

$$X_1 = p_2,\quad X_2 = p_3,\quad X_3 = -p_1,$$
$$X_4 = \varepsilon x^1 p_1 + kx^2 p_2 + (kx^3 + x^2)p_3 + p_4.$$

Für die Gruppen G_4 VI$_4$ unterscheiden wir zwei Fälle:

1. G_4 VI$_4$, $k \neq \varepsilon$ (ε ist gleich 0 oder 1)

$$\left.\begin{aligned}
&g_{11} = k_{11}e^{-2\varepsilon x^4},\ g_{13} = k_{13}e^{-(k+\varepsilon)x^4} + \frac{k_{11}}{(k-\varepsilon)}e^{-2\varepsilon x^4},\\
&g_{12} = (k_{12} - k_{13}x^4)\,e^{-(k+\varepsilon)x^4} - \frac{k_{11}}{(k-\varepsilon)^2}e^{-2\varepsilon x^4},\\
&g_{22} = \frac{2(k_{13}x^4 - k_{12})}{(k-\varepsilon)^2}e^{-(k+\varepsilon)x^4} + \frac{k_{11}}{(k-\varepsilon)^4}e^{-2\varepsilon x^4} + (k_{23} - k_{33}x^4)e^{-2kx^4},\\
&g_{23} = \left(\frac{k_{12}}{k-\varepsilon} - \frac{k_{13}}{(k-\varepsilon)^2} - \frac{k_{13}x^4}{k-\varepsilon}\right)e^{-(k+\varepsilon)x^4} - \frac{k_{11}}{(k-\varepsilon)^3}e^{-2\varepsilon x^4}\\
&\qquad + (k_{23} - k_{33}x^4)e^{-2kx^4},\\
&g_{33} = k_{33}e^{-2kx^4} + \frac{k_{11}}{(k-\varepsilon)^2}e^{-2\varepsilon x^4} + \frac{2k_{13}}{k-\varepsilon}e^{-(k+\varepsilon)x^4},\\
&g_{i4} = 0\quad (i = 1, 2, 3),\quad g_{44} = \pm D^2,\quad k_{ij}, D - \text{const};
\end{aligned}\right\} \quad (32{,}45)$$

$$X_1 = p_2,\quad X_2 = p_3,\quad X_3 = -p_1,$$
$$X_4 = (\varepsilon x^1 - x^3)p_1 + kx^2 p_2 + (kx^3 + x^2)p_3 + p_4.$$

2. G_4 VI$_4$ $k = \varepsilon$ (ε ist gleich 0 oder 1)

$$\left.\begin{aligned}
&g_{11} = k_{11}e^{-2\varepsilon x^4},\\
&g_{12} = \left(k_{12} - k_{13}x^4 - \frac{1}{2}k_{11}x^{4^2}\right)e^{-2\varepsilon x^4},\\
&g_{13} = (k_{13} + k_{11}x^4)e^{-2\varepsilon x^4},\\
&g_{22} = \left[k_{22} - 2k_{23}x^4 + (k_{33} - k_{12})\,x^{4^2} + k_{13}x^{4^3} + \frac{1}{4}k_{11}x^{4^4}\right]e^{-2\varepsilon x^4},
\end{aligned}\right\} \quad (32.46)$$

$$
\left.
\begin{aligned}
g_{23} &= \left[k_{23} + (k_{12} - k_{33})x^4 - \frac{3}{2}\,k_{13}x^{4^2} - \frac{1}{2}\,k_{11}x^{4^3}\right]e^{-2\varepsilon x^4},\\
g_{33} &= (k_{33} + 2k_{13}x^4 + k_{11}x^{4^2})e^{2\varepsilon x^4},\\
g_{i4} &= 0 \quad (i = 1, 2, 3), \quad g_{44} = \pm D^2; \quad k_{ij}, D - \text{const};
\end{aligned}
\right\}
\qquad \begin{array}{c}\text{noch}\\ (32.46)\end{array}
$$

$$X_1 = p_2, \quad X_2 = p_3, \quad X_3 = -p_1,$$

$$X_4 = (\varepsilon x^1 - x^3)p_1 + \varepsilon x^2 p_2 + (\varepsilon x^3 + x^2)p_3 + p_4.$$

Endlich betrachten wir die nichtauflösbaren Gruppen G_4 VII und G_4 VIII, die eine Untergruppe G_3 VIII bzw. G_3 IX enthalten. Man erhält die folgenden zwei Raumtypen:

G_4 VII

$$
\left.
\begin{aligned}
&g_{11} = b_{11}, \; g_{12} = P,\\
&g_{13} = -Px^2 + b_{11}x^1 + b_{13}, \quad g_{22} = Q,\\
&g_{23} = -Qx^2 + R,\\
&g_{33} = Qx^{2^2} - 2Rx^2 + P,\\
&g_{i4} = 0 \; (i = 1, 2, 3), \; g_{44} = \pm D^2,\\
&P \;= b_{11}x^{1^2} + 2b_{13}x^1 + b_{33},\\
&Q \;= b_{11}x^{1^4} + 4b_{13}x^1 + 2(b_{12} + 2b_{33})x^{1^2} + 4b_{23}x^1 + b_{22},\\
&R \;= b_{11}x^{1^3} + 3b_{13}x^{1^2} + (b_{12} + 2b_{33})x^1 + b_{23},
\end{aligned}
\right\}
\qquad (32.47)
$$

wobei

$$b_{11} = k_{11}, \; b_{12} = k_{11}x^{4^2} - 2\varepsilon k_{13}x^4 + k_{12}, \; b_{13} = -\varepsilon k_{11}x^4 + k_{13},$$

$$b_{22} = k_{11}x^{4^4} - 4\varepsilon k_{12}x^{4^3} + 2(k_{12} + 2k_{33})x^{4^2} - 4\varepsilon k_{23}x^4 + k_{22},$$

$$b_{23} = -\varepsilon k_{11}x^{4^3} + 3k_{13}x^{4^2} - \varepsilon(k_{12} + 2k_{33})x^4 + k_{23},$$

$$b_{33} = k_{11}x^{4^2} - 2\varepsilon k_{13}x^4 + k_{33}, \; k_{ij}, \; D - \text{const}, \; \varepsilon = \pm 1,$$

$$X_1 = e^{-x^3}(p_1 - x^{2^2}\,p_2 - 2x^2p_3), \quad X_2 = p_3,$$

$$X_3 = e^{x^3}p_2, \; X_4 = p_1 + \varepsilon p_4$$

ist.

G_4 VIII

$$\left.\begin{aligned}
g_{11} &= \frac{1}{2}\,k_{11} - k_{12}\sin 2x^3 - k_{22}\cos 2x^3,\\
g_{13} &= k_{13}\cos x^3 - k_{23}\sin x^3,\\
g_{12} &= \cos x^1(k_{13}\cos x^3 - k_{23}\sin x^3) + \sin x^1(k_{12}\cos 2x^3 - k_{22}\sin 2x^3),\\
g_{22} &= k_{33}\cos^2 x^1 + \sin 2x^1(k_{23}\cos x^3 + k_{13}\sin x^3)\\
&\quad + \sin^2 x^1\left(k_{22}\sin 2x^3 + k_{22}\cos 2x^3 + \frac{1}{2}\,k_{11}\right),\\
g_{23} &= k_{33}\cos x^1 + \sin x^1(k_{23}\cos x^3 + k_{13}\sin x^3),\\
g_{33} &= k_{33},\\
g_{i4} &= 0\ (i = 1, 2, 3),\ g_{44} = \pm D^2,\ k_{ij}, D - \text{const};
\end{aligned}\right\} \qquad (32.48)$$

$$X_1 = p_2,\ X_2 = \cos x^2 p_1 - \operatorname{ctg} x^1 \sin x^2 p_2 + \frac{\sin x^2}{\sin x^1}\,p_3,$$
$$X_3 = \partial_2 X_2,\ X_4 = p_4.$$

Damit ist die Klassifikation der Gravitationsfelder allgemeiner Art, die nichttransitive oder transitive vierparametrige Bewegungsgruppen gestatten, beendet.

§ 33. Gravitationsfelder, die eine Bewegungsgruppe G_r gestatten ($r > 5$)

Nach dem von I. P. Jegorow ([230], S. 187—189) berichtigten Satz von Fubini enthält jede Bewegungsgruppe $G_r (3 < r \leqq 5)$ von V_4 eine Untergruppe G_{r-1}. Daher sind die Räume V_4 mit einer Bewegungsgruppe G_5 unter den Räumen V_4, die eine Gruppe G_4 gestatten, enthalten.

Für das folgende ist es nützlich, zwei Fälle zu unterscheiden:

1. G_5 enthält eine nichttransitive Gruppe G_4 als Untergruppe (§ 32, erster Teil).
2. G_5 enthält eine transitive Gruppe G_4 als Untergruppe (§ 32, zweiter Teil).

Wir betrachten beide Fälle für sich.

Es liege der Fall 1 vor. Wir nehmen an, daß man den Operator X_5 gleich $\underset{5}{\xi^\alpha} p_\alpha$ setzen kann. Für diesen Operator gibt es drei Möglichkeiten: A) $\underset{5}{\xi^4} = 0$, B) $\underset{5}{\xi^4} = \lambda = \text{const}$, C) $\underset{5}{\xi^4} = \underset{5}{\xi^4}(x)$.

G_5 A. Wenn $\underset{5}{\xi^4} = 0$ ist, hat die Matrix $(\underset{i}{\xi^\alpha})$ $(\alpha = 1, \ldots, 4;\ i = 1, \ldots, 5)$ den Rang 3. Daher ist die Gruppe G_5 *nichtransitiv*, und ihre Transitivitätsflächen sind dreidimensionale Mannigfaltigkeiten V_3 oder V_3^*.

Zur Bestimmung der Räume V_4 mit diesen Gruppen integrieren wir die Killing-Gleichungen für die Metriken in § 32 (erster Teil). Im Fall einer Gruppe G_5 mit nichtisotropen Transitivitätsflächen ist entweder schon die Untergruppe G_4 volle Bewegungsgruppe oder der Raum gestattet sogar eine Bewegungsgruppe G_6.

Wenn die Gruppe G_5 isotrope Transitivitätsflächen V_3^* hat, gilt dieser Satz nicht, d. h., es gibt Räume V_4, die eine Gruppe G_5 gestatten, die auf isotrope Transitivitätsflächen V_3^* wirkt und vollständige Bewegungsgruppe von V_4 ist.

G_5 B. Für $\underset{5}{\xi}^4 = \lambda = \text{const} \neq 0$ hat die Matrix $(\underset{i}{\xi}^\alpha)$ den Rang 4: G_5 ist *transitiv*. Daher hat die Gruppe G_5 eine Untergruppe $G_4\{X_1, X_2, X_3, X_4\}$ (im Fall „G_3 wirkt auf V_2 oder V_2^*" enthält G_5 auch eine Untergruppe $G_4\{X_1, X_2, X_3, X_5\}$), die *nichttransitiv* ist.

G_5 C. Dieser Typ einer Gruppe G_5 kann sich bei der Betrachtung einer nichttransitiven Gruppe G_4 in dem Fall ergeben, daß $\underset{5}{\xi}^4 = \underset{5}{\xi}^4(x)$ eine Funktion der Koordinaten x^1, x^2, x^3, x^4 ist.

Wir untersuchen nun den Fall 2, bei dem wir für den Operator $X_5 = \underset{5}{\xi}^\alpha p_\alpha$ wieder die drei angegebenen Möglichkeiten betrachten.

G_5 D. Es gibt eine transitive Untergruppe G_4, und $\underset{5}{\xi}^4$ ist gleich Null. Der Rang von $(\underset{i}{\xi}^\alpha)$ ist gleich 4, die Gruppe G_5 ist *transitiv*. Wir zeigen, daß G_5 in diesem Fall auch eine nichttransitive Untergruppe G_4 enthält. Dazu betrachten wir die Operatoren $\{X_1, X_2, X_3, X_5\}$. Ihre Kommutatoren lassen sich als Linearkombinationen von X_1, X_2, X_3, X_5 darstellen, da $\underset{i}{\xi}^4 = 0$ für $i = 1, 2, 3, 5$ gilt. Wie man leicht sieht, ist die aus diesen Operatoren gebildete Gruppe transitiv und $\underset{5}{\xi} = \lambda = \text{const}$ gibt den gleichen Gruppentyp G_5. Wir nehmen $Y_5 = X_5 - \lambda X_4$ als fünften Operator. Da aus § 32 $\underset{4}{\xi}^4 = 1$ folgt, erhält man, daß $\underset{5}{\eta}^4 = 0$ ist ($Y_5 = \underset{5}{\eta}^\alpha p_\alpha$). Es ergibt sich also der schon oben betrachtete Fall.

G_5 E. Dieser Fall tritt bei der Betrachtung von transitiven Gruppen G_4 und $\underset{5}{\xi}^4(x)$ auf. — Wir untersuchen nur die Räume V_4, die eine Bewegungsgruppe G_5 vom Typ A, B, C, D, E gestatten.

1°. Es liege der Fall einer Bewegungsgruppe G_5 A vor. Wie schon oben bemerkt, hat man nur den Fall „G_5 wirkt auf V_3^*" zu betrachten. In der Arbeit [260] (S. 215—220) wurde gezeigt, daß es nur eine Klasse von Räumen V_4 gibt, deren volle Bewegungsgruppe eine Gruppe G_5 von diesem Typ ist. Die Metrik dieser Räume hat in einem speziellen Koordinatensystem die Form

$$ds^2 = 2\,dx^1\,dx^4 + a_{22}\,dx^{2^2} + 2a_{23}\,dx^2\,dx^3 + a_{33}\,dx^{3^2},\ a_{ij}(x^4) \tag{33.1}$$

mit den Operatoren

$$X_i = p_i (i = 1, 2, 3),\ X_4 = p_1 + \varphi p_2 + \psi p_3,\ X_5 = x^3 p_1 + \psi p_2 + \nu p_3,$$

wobei

$$\varphi = -\int \frac{a_{33}}{\Delta}\,dx^4,\ \psi = \int \frac{a_{23}}{\Delta}\,dx^4,\ \nu = -\int \frac{a_{22}}{\Delta}\,dx^4,\ \Delta = a_{22}a_{33} - a_{23}^2$$

ist.

2°. Die Bewegungsgruppe ist vom Typ G_5 B. Per definitionem enthält eine solche Gruppe nur eine nichttransitive Gruppe $G_4\{X_1, X_2, X_3, X_4\}$ als Untergruppe. Wenn aber $G_3\{X_1, X_2, X_3\}$ auf V_2 oder V_2^* wirkt, so enthält sie auch eine nichttransitive Gruppe $G_4\{X_1, X_2, X_3, X_5\}$, wobei für den fünften Operator die Beziehung $\underset{5}{\xi}^4 = \lambda = \text{const}$ gilt. Bei der Bestimmung der Räume V_4, die eine Gruppe G_5 B gestatten, kann man von den Ergebnissen des Paragraphen 32 ausgehen. Wegen der Bedingung $\underset{5}{\xi}^4 = \lambda = \text{const}$ kann man die KILLING-Gleichungen unmittelbar integrieren und die Gruppe G_5 sowie den gesuchten Raum V_4 bestimmen.

Beginnen wir mit der Bestimmung der Räume V_4, die eine Gruppe G_5 B mit einer auf V_3 wirkenden Untergruppe G_4 gestatten. Da im Raum V_4 ein GAUSSsches Koordinatensystem gewählt ist, ergibt sich aus den KILLING-Gleichungen für $\underset{5}{\xi}^4 = \lambda = \text{const}$ die Beziehung $\partial_4 \underset{5}{\xi}^\alpha = 0$. Wegen $\underset{5}{\xi}^4 = \lambda = \text{const}$ und $\partial_4 \underset{\alpha}{\xi}^i = 0$ $(\alpha = 1, \ldots, 4;\ i = 1, 2, 3)$ sind die Kommutatoren $[X_i X_5]$ Linearkombinationen der ersten vier Operatoren, d. h.

$$[X_i X_5] = a_i X_1 + b_i X_2 + c_i X_3 + d_i X_4. \tag{33.2}$$

Läßt man in (33.2) i alle möglichen Werte $(i = 1, 2, 3)$ durchlaufen, so erhält man einen Ausdruck für $\partial_1 \underset{5}{\xi}^\alpha$, $\partial_2 \underset{5}{\xi}^\alpha$, $\partial_3 \underset{5}{\xi}^\alpha$, mit deren Hilfe man die KILLING-Gleichungen für den gegebenen Raum V_4 integrieren kann.

Wir wenden diese Überlegungen auf den Fall einer Gruppe vom Typ G_4 I an. Aus den KILLING-Gleichungen für diese Räume folgt

$$\left.\begin{aligned}
&\partial_1 \underset{5}{\xi}^3 = 0,\quad a_{13}\partial_2 \underset{5}{\xi}^3 + a_{22}\partial_1 \underset{5}{\xi}^2 = 0,\\
&\lambda\partial_4 a_{13} + a_{13}\partial_3 \underset{5}{\xi}^3 + a_{13}\partial_1 \xi^1 + x^1 a_{22}\partial_1 \underset{5}{\xi}^2 = 0,\\
&\lambda\partial_4 a_{22} + 2a_{22}(\partial_2 \underset{5}{\xi}^2 + x^1\partial_2 \underset{5}{\xi}^3) = 0,\\
&\underset{5}{\xi}^1 a_{22} + \lambda x^1\partial_4 a_{22} + a_{22}(\partial_3 \underset{5}{\xi}^2 + x^1\partial_3 \underset{5}{\xi}^3 + x^1\partial_2 \underset{5}{\xi}^2 + x^{1^2}\partial_2 \underset{5}{\xi}^3) + a_{13}\partial_2 \underset{5}{\xi}^1 = 0,\\
&2x^1 a_{22} \underset{5}{\xi}^1 + \lambda x^{1^2}\partial_4 a_{22} + 2a_{22}(x^1\partial_3 \underset{5}{\xi}^2 + x^{1^2}\partial_3 \underset{5}{\xi}^3) + 2a_{13}\partial_3 \underset{5}{\xi}^1 = 0.
\end{aligned}\right\} \tag{33.3}$$

Aus (33.2) folgt für $i = 1, 2, 3$:

$$\left.\begin{aligned}
&\partial_2 \underset{5}{\xi}^1 = -c_1 - d_1 x^1,\ \partial_2 \underset{5}{\xi}^2 = a_1 + c_1 x^3,\ \partial_2 \underset{5}{\xi}^3 = b_1 + d_1 x^3,\\
&\partial_3 \underset{5}{\xi}^1 = -c_2 - d_2 x^1,\ \partial_3 \underset{5}{\xi}^2 = a_2 + c_2 x^3,\ \partial_3 \underset{5}{\xi}^3 = b_2 + d_2 x^3,\\
&-\partial_1 \underset{5}{\xi}^1 + x^3\partial_2 \underset{5}{\xi}^1 = -c_3 - d_3 x^1,\ -\partial_1 \underset{5}{\xi}^2 + x^3\partial_2 \underset{5}{\xi}^2 = a_3 + c_3 x^3 + \underset{5}{\xi}^3,\\
&-\partial_1 \underset{5}{\xi}^3 + x^3\partial_2 \underset{5}{\xi}^3 = b_3 + d_3 x^3.
\end{aligned}\right\} \tag{33.4}$$

Aus den Beziehungen (33.3) und (33.4) folgt $d_1 = d_2 = d_3 = 0$, d. h., die Operatoren X_1, X_2, X_3, X_5 erzeugen eine Gruppe, und die gesuchte Gruppe G_5 gehört demnach zum Typ G_5 D, da G_5 eine nichttransitive Gruppe $G_4\{X_1, X_2, X_3, X_4\}$ und eine transitive Gruppe $G_4\{X_1, X_2, X_3, X_5\}$ enthält.

Diese Räume betrachten wir weiter unten.

Auf dem gleichen Wege erhält man analoge Ergebnisse auch für die anderen Räume (§ 32, Anfang) mit Ausnahme der Räume, bei denen die Gruppe $G_3\{X_1, X_2, X_3\}$ auf V_2 oder V_2^* wirkt. In diesem Fall gibt es zwei nichttransitive Untergruppen $G_4\{X_1, X_2, X_3, X_4\}$ und $G_4\{X_1, X_2, X_3, X_5\}$, die per definitionem dem Fall G_5 B entsprechen. Die Bestimmung des fünften Operators läßt sich nach dem angegebenen Schema durchführen. Man erhält folgende Räume V_4, die eine Gruppe G_5 B gestatten:

1. $$ds^2 = \left(k_{11} - \frac{2\varepsilon k}{\alpha(k+1) + \beta(1-k)} e^{-\lambda x^4}\right) dx^{1^2} + e^{-\lambda x^4 + kx^1}(2\,dx^1\,dx^2 + e^{-x^1}\,dx^{3^2}) + dx^{4^2}, \tag{33.5}$$

wobei α, β, k, k_{11} konstant sind, $\varepsilon = 0, \pm 1$, $\lambda = \alpha(k+1) + \beta(1-k) \neq 0$,

$$X_1 = p_2,\ X_2 = p_3,\ X_3 = x^3 p_2 - e^{x^1} p_3,\ X_4 = -\frac{2}{k-1} p_1 + \frac{2k}{k-1} x^2 p_2 + x^3 p_3,$$
$$X_5 = (\alpha - \beta) p_1 + [(\alpha + \beta) x^2 + \varepsilon e^{-kx^1}] p_2 + d x^3\, p_3 + p_4.$$

2. $$ds^2 = (k_{11} - 2\varepsilon e^{2x^4})\, dx^{1^2} + e^{2x^4 - 2x^1}(2dx^1\,dx^2 + dx^{3^2}) + dx^{4^2}, \tag{33.6}$$

$$X_1 = p_2,\ X_2 = p_3,\ X_3 = x^3 p_2 - x^1 p_3,\ X_4 = p_1 + 2x^2 p_2 + x^3 p_3,$$
$$X_5 = p_1 + \varepsilon e^{2x^1} p_2 + p_4,$$

wobei k_{11}, ε konstant sind, $\varepsilon = 0, \pm 1$.

3. $$ds^2 = (k_{11} - q\varepsilon e^{-2x^4})\, dx^{1^2} + e^{qx^1 - 2x^4}\left(2dx^1\,dx^2 + \frac{4}{\omega^2}\cos^2\frac{\omega x^1}{2}\, dx^{3^2}\right) + dx^{4^2},$$

wobei k_{11}, q, ω konstant sind, $\omega = \sqrt{4 - q^2}$, $q^2 < 4$, $\varepsilon = 0, \pm 1$. (33.7)

$$X_1 = p_2,\ X_2 = p_3,\ X_3 = x^3 p_2 - \frac{\omega}{2}\operatorname{tg}\frac{\omega x^1}{2} p_3,\ X_4 = -p_1 + \left(qx^2 + \frac{x^{3^2}}{2}\right) p_2$$
$$- x^3\left(\frac{\omega}{2}\operatorname{tg}\frac{\omega x^1}{2} - \frac{q}{2}\right) p_3,\ X_5 = (\varepsilon e^{-qx^1} + 2x^2) p_2 + x^3 p_3 + p_4.$$

4. $$ds^2 = dx^{3^2} + a_{22} e^{-2x^3}(2dx^1\,dx^4 + dx^{2^2}),\ a_{22} = a_{22}(x^4), \tag{33.8}$$

$$X_1 = p_1,\ X_2 = p_2,\ X_3 = x^2 p_1 - x^4 p_2,\ X_4 = 2x^1 p_1 + x^2 p_2 + p_3,$$
$$X_5 = A e^{2x^3} p_1 + B p_3 + p_4,\ B = \partial_4 \ln\sqrt{a_{22}},\ A = -\frac{\partial_4 B}{2a_{22}}.$$

$$5.\ ds^2 = \left(k_{11} + \frac{2\varepsilon}{\lambda} e^{-\lambda x^4}\right) dx^{1^2} + e^{-\lambda x^4} (2dx^1 dx^2 + e^{-x^1} dx^{3^2}) + dx^{4^2}, \qquad (33.9)$$

wobei k_{11}, λ konstant sind, $\lambda = \alpha + \beta \neq 0$, $\varepsilon = 0, \pm 1$.

$$X_1 = p_2,\ X_2 = p_3,\ X_3 = x^3 p_2 - e^{x^1} p_3,\ X_4 = 2p_1 + x^3 p_3,$$

$$X_5 = (\alpha - \beta)p_1 + (\lambda x^2 + \varepsilon x^1)p_2 + \alpha x^3 p_3 + p_4.$$

Für die Räume (32.7) und (32.9) ergibt sich $X_5 = p_4$. Dann hat die Metrik der gesuchten Räume V_4 aber die Form $ds^2 = ds_0^2(x^1, x^4) + ds_1^2(x^2, x^3)$, wobei $ds_0^2(x^1, x^4)$ die Metrik eines ebenen Raumes E_2 und $ds_1^2(x^2, x^3)$ die Metrik eines Raumes V_2 mit konstanter Krümmung ist.

In diesem Fall gestattet V_4 noch einen sechsten Operator außer $X_5 = p_4$, der auf E_2 wirkt, d. h., wir erhalten Räume V_4 mit einer Bewegungsgruppe G_6.

Der Fall, daß die Gruppe G_4, von der wir ausgegangen waren, auf $\overset{*}{V}_3$ wirkt, wurde in der Arbeit [260] behandelt und führt zu den Räumen (33.8).

3. Betrachten wir nun den Fall G_5 C. Nach dem zweiten Lieschen Satz gilt

$$[X_i X_5] = \lambda_i^k X_k \quad (i = 1, \ldots, 4;\ k = 1, \ldots, 5),\ \lambda_i^k = \text{const}.$$

Betrachten wir zunächst Räume V_4, die eine auf V_3 wirkende Gruppe G_4 gestatten. Wegen $\underset{i}{\xi}^4 = 0 (i = 1, \ldots, 4)$ ergibt sich

$$\underset{i}{\xi}^\alpha \frac{\partial \underset{5}{\xi}^4}{\partial x^\alpha} = \lambda_i^5 \underset{5}{\xi}^4 \qquad (\alpha = 1, 2, 3). \qquad (33.10)$$

Außerdem gilt für ein Gausssches Koordinatensystem $\partial_4 \underset{5}{\xi}^4 = 0$.

Wenn die Gruppe G_4 eine Untergruppe $G_3 \{X_1, X_2, X_3\}$ enthält, die auf V_3 wirkt, d. h. $|\underset{\beta}{\xi}^\alpha| \neq 0$ $(\alpha, \beta = 1, 2, 3)$ und $\lambda_\alpha^5 = 0$ $(\alpha = 1, 2, 3)$ gilt, so folgt aus (33.10) für $i = 1, 2, 3$ und $\partial_4 \underset{5}{\xi}^4$, daß $\underset{5}{\xi}^4 = \text{const}$ gilt. Es liegt also der oben betrachtete Fall G_5 B vor. Daraus ergibt sich, daß man nur den Fall zu betrachten braucht, daß G_5C eine Untergruppe G_3 enthält, die auf V_2 oder $\overset{*}{V}_2$ wirkt, oder daß mindestens eine der Konstanten $\lambda_\alpha^5 (\alpha = 1, 2, 3)$ von Null verschieden ist. Aus den Jacobischen Beziehungen folgt aber für die Räume (32.3), (32.4), (32.8), (32.10) $\lambda_1^5 = \lambda_2^5 = \lambda_3^5 = 0$, und für die Untergruppen G_3 gilt $|\underset{\beta}{\xi}^\alpha| \neq 0$. Für diese Räume ist es daher nicht nötig, den Fall G_5C zu betrachten. Die übrigen Räume in § 32 (Anfang) können eine Gruppe G_5C gestatten, für die nicht alle $\lambda_\alpha^5 (\alpha = 1, 2, 3)$ gleichzeitig verschwinden. Um diese Räume zu bestimmen, wenden wir das gleiche Schema wie im Fall G_5B an, wobei außerdem noch die Jacobischen Bedingungen zu berücksichtigen sind.

So folgt z. B. für G_4V (32.6) aus den JACOBIschen Bedingungen, daß $\lambda_1^3 = \lambda_1^4 = \lambda_1^5 = \lambda_2^3 = \lambda_2^4 = \lambda_2^5 = 0$ ist, und aus (33.10) erhält man

$$\underset{5}{\xi^1} = A(x^4)e^{-\lambda_3^5(\lambda_1^1+1)x^1}, \quad \underset{5}{\xi^2} = \lambda_2^2 x^2 - \lambda_1^2 x^3 - \lambda_4^2,$$

$$\underset{5}{\xi^3} = \lambda_4^1 + \lambda_1^1 x^3 - \lambda_2^1 x^2, \quad \underset{5}{\xi^4} = De^{-\lambda_3^5 x^1}, \; D = \text{const.}$$

Wie man leicht sieht, bilden die Operatoren X_1, X_2, X_3, X_5 eine einfach-transitive Gruppe G_4. Daher gibt es eine nichtausgeartete Koordinatentransformation, die diese Gruppe G_4 in eine der Gruppen G_4 überführt, die in § 32 (zweiter Teil) definiert wurden. Bei dieser Koordinatentransformation bleibt die Gruppe $G_4\{X_1, X_2, X_3, X_4\}$ entweder nichttransitiv, dann erhält man den Fall G_5D, oder transitiv, dann ergibt sich der Fall G_5E. Diese Fälle werden wir weiter unten behandeln. Das gleiche ergibt sich für G_4IV und G_4VI.

Die Räume, in denen die Untergruppe $G_3\{X_1, X_2, X_3\}$ auf V_2 oder $\overset{*}{V}_2$ wirkt, lassen sich nicht in der angegebenen Weise auf Räume mit einer Bewegungsgruppe G_5D oder G_5E zurückführen. In diesem Fall kann man die Untersuchung nach dem in 3° angegebenen Schema durchführen.

Die Räume (32.7) und (32.9) gestatten analog zu 2° eine Gruppe G_6. Für die übrigen Räume gibt es die folgenden vier Möglichkeiten:

$$1. \; ds^2 = \left(k_{11}e^{-2x^4} - 2k_2 e^{-(k+1)x^4} + \frac{1-k}{1+k}\right)dx^{1^2} + e^{kx^1-(k+1)x^4}(2dx^1\,dx^2 + e^{-x^1}dx^{3^2}) + dx^{4^2}. \tag{33.12}$$

Dabei sind k_{11}, k, k_2 Konstanten, $k \neq \pm 1$.

$$X_1 = p_2, \; X_2 = p_3, \; X_3 = x^3 p_2 - e^{x^1} p_3, \; X_4 = -\frac{2}{k-1}p_1 + \frac{2k}{k-1}x^2 p_2 + x^3 p_3,$$

$$X_5 = e^{x^1}(p_1 + x^3 p_3 + p_4) + \left[-\frac{x^{3^2}}{2} + e^{-(k+1)x^1}\left(k_2 - \frac{1}{k+1}e^{(k+1)x^4}\right)\right]p_2.$$

$$2. \; ds^2 = \left(k_{11}e^{-2x^4} - 2k_2 e^{-(k-1)x^4} + \frac{1+k}{1-k}\right)dx^{1^2} + e^{kx^1+(1-k)x^4}(2dx^1\,dx^2 + e^{-x^1}dx^{3^2}) + dx^{4^2}. \tag{33.13}$$

k_2, k_{11} Konstanten, $k \neq \pm 1$ $X_i (i = 1, \ldots, 4)$ wie bei (33.12),

$$X_5 = e^{-x^1}(p_1 + p_4) + e^{-(1+k)x^1}\left(k_2 + \frac{1}{k-1}e^{(k-1)x^4}\right)p_2.$$

$$3. \; ds^2 = (k_{11} + 2\lambda a x^4)dx^{1^2} + \lambda e^{qx^1}\left(2dx^1\,dx^2 + \frac{4}{\omega^2}\cos^2\frac{\omega x^1}{2}\,dx^{3^2}\right) + dx^{4^2}, \tag{33.14}$$

wobei k_{11}, λ, a, q Konstanten sind, $q^2 < 4$, $q \neq 0$, $\omega = \sqrt{4 - q^2}$.

$$X_1 = p_2,\ X_2 = p_3,\ X_3 = x^3 p_2 - \frac{\omega}{2} \operatorname{tg} \frac{\omega x^1}{2} p_3,$$

$$X_4 = p_1 + \left(q x^2 + \frac{x^{3^2}}{2}\right) p_2 - x^3 \left(\frac{\omega}{2} \operatorname{tg} \frac{\omega x^1}{2} - \frac{q}{2}\right) p_3,$$

$$X_5 = e^{q x^1} p_4 + (-a x^1 - q \lambda x^4) p_2 .$$

4. $$ds^2 = (k_{11} - 2\lambda a x^4)\, dx^1 + \lambda e^{k x^1} (2\, dx^1\, dx^2 + e^{-x^1}\, dx^{3^2}) + dx^{4^2}, \tag{33.15}$$

wobei k_{11}, λ, a, k Konstanten sind, $k \neq 1$.

$$X_1 = p_2,\ X_2 = p_3,\ X_3 = x^3 p_2 - e^{x^1} p_3,\ X_4 = -\frac{2}{k-1} p_2 + \frac{2k}{k-1} x^2 p_2 + x^3 p_3,$$

$$X_5 = (a x^1 - k \lambda x^4) p_2 + e^{k x^1} p_4 .$$

Von den Räumen V_4, die eine auf $\overset{*}{V}_3$ wirkende Gruppe G_4 gestatten, gestattet nur die folgende Klasse auch eine Gruppe G_5:

$$ds^2 = dx^{3^2} + a_{22} e^{-2x^3} (2\, dx^1\, dx^4 + dx^{2^2}),\ a_{22} = a_{22}(x^4), \tag{33.16}$$

$$X_1 = p_1,\ X_2 = p_2,\ X_3 = x^2 p_1 - x^4 p_2,\ X_4 = 2x^1 p_1 + x^2 p_2 + p_3,$$

$$X_5 = \left(\varepsilon x^1 + \frac{\alpha x^{2^2}}{2} + A e^{2x^3}\right) p_1 + x^2 (\beta - \alpha x^4) p_2 + B p_3$$

$$+ [\gamma - \alpha x^{4^2} + (1 - 2\beta) x^4] p_4 .$$

Wir betrachten nun den Typ G_5D.

4°. Die Gruppe G_5D enthält per definitionem die transitive Gruppe $G_4\,\{X_1, X_2, X_3, X_4\}$ und die nichttransitive Gruppe $G_4\,\{X_1, X_2, X_3, X_5\}$ als Untergruppen. Diese beiden Gruppen enthalten die gemeinsame Untergruppe $G_3\,\{X_1, X_2, X_3\}$. Daraus läßt sich leicht ein Verfahren zur Berechnung der Räume V_4, die eine Gruppe G_5D gestatten, entwickeln.

Wir nehmen die transitive Gruppe $G_4\,\{X_1, X_2, X_3, X_4\}$ und adjungieren den vierten Operator X_5 der nichttransitiven Gruppe G_4 mit der gleichen Untergruppe $G_3\,\{X_1, X_2, X_3\}$. Dann integrieren wir die Killing-Gleichungen für den adjungierten Operator und den Raum V_4, von dem wir ausgegangen sind.

Wir betrachten mit Hilfe dieses Verfahrens zunächst die nichtauflösbaren Gruppen G_4 VII und G_4 VIII.

Die transitive Gruppe G_4 VII enthält die Untergruppe G_3 VIII $\{X_1, X_2, X_3\}$ und hat die Operatoren

$$X_1 = e^{-x^3} (p_1 - x^{2^2} p_2 - 2x^3 p_3),\ X_2 = p_3,\ X_3 = e^{x^3} p_2, \tag{33.17}$$

$$X_4 = p_1 + \varepsilon p_4,\ \varepsilon = \pm 1.$$

Von den nichttransitiven Gruppen G_4 enthält nur die Gruppe G_4 VII die gleiche Untergruppe G_3 VIII. G_4 VII hat die Operatoren

$$\text{a)}\ X_1 = e^{-x^3}(p_1 - x^{2^2} p_2 - 2x^2 p_3),\ X_2 = p_3,\ X_3 = e^{x^3} p_2,\ X_4 = p_1, \tag{33.18}$$

die auf V_3 wirken, bzw.

$$\begin{aligned} \text{b)}\ & X_1 = p_2,\ X_2 = x^2 p_2 + p_3, \\ & X_3 = (x^{2^2} + \varepsilon e^{2x^3}) p_2 + 2x^2 p_3 - e^{x^3} p_1,\ X_4 = p_1, \end{aligned} \tag{33.19}$$

die auf $\overset{*}{V}_3$ wirken. Daher muß man den Operator $X_5 = p_1$ adjungieren, der zusammen mit den Operatoren (33.17) eine Gruppe G_5 erzeugt.

Damit ergeben sich zwei Räume:

$$\begin{aligned} 1.\ ds^2 &= 2k_{12}(dx^1\,dx^2 - x^2\,dx^1\,dx^3) + k_{22}(dx^2 - x^2\,dx^3)^2 - \tfrac{1}{2} k_{12}\,dx^{3^2} \\ &\quad + k_{44}\,dx^{4^2},\ k_{ij} = \text{const.} \end{aligned} \tag{33.20}$$

$$X_\nu = p_\nu\ (\nu = 1, 3, 4),\ X_2 = e^{x^3} p_2,\ X_5 = e^{-x^3}(p_1 - x^{2^2} p_2 - 2x^2 p_3).$$

$$\begin{aligned} 2.\ ds^2 &= 2dx^1\,dx^4 + 2\varepsilon e^{-x^3}\,dx^2\,dx^4 + k_{22}(e^{-2x^3}\,dx^{2^2} - \varepsilon\,dx^{3^2}), \\ k_{22} &= \text{const}, \quad \varepsilon = \pm 1. \end{aligned} \tag{33.21}$$

$$X_1 = p_2,\ X_2 = x^2 p_2 + p_3,\ X_3 = (x^{2^2} + \varepsilon e^{2x^3}) p_2 + 2x^2 p_3 - e^{x^3} p_1,$$

$$X_4 = p_1,\ X_5 = p_4.$$

Wendet man die gleichen Überlegungen auf die Gruppen G_4 I—VIII an, so erhält man folgende Räume, die eine Gruppe G_5D gestatten.

$$1.\ ds^2 = k_{11}\,x^4 e^{-2\varepsilon x^1}\,dx^{1^2} + k_{12} e^{-2\varepsilon x^4}(2dx^1\,dx^2 + dx^{3^2}) + k_{44}\,dx^{4^2}, \tag{33.22}$$

wobei die k_{ij} Konstanten sind und ε gleich 0 oder 1 ist.

$$X_i = p_i\ (i = 1, 2, 3),\ X_4 = -x^3 p_2 + x^1 p_3,$$

$$X_5 = \varepsilon x^1 p_1 + (\varepsilon x^2 + x^1) p_2 + \varepsilon x^3 p_3 + p_4.$$

$$2.\ ds^2 = k_{11}(dx^{1^2} + \sin^2 x^1\,dx^{2^2}) + k_{33}(\cos x^1\,dx^2 + dx^3)^2 + k_{44}\,dx^{4^2}, \tag{33.23}$$

$$k_{ij} = \text{const.}$$

$$X_1 = p_2,\ X_2 = \cos x^2 p_1 - \operatorname{ctg} x^1 \sin x^2 p_2 + \frac{\sin x^2}{\sin x^1} p_3,\ X_3 = \partial_2 X_2,$$

$$X_4 = p_3,\ X_5 = p_4.$$

$$3.\ ds^2 = 2dx^1\,dx^4 + k_{22}(\cos^2 x^3 + dx^{3^2}) + 2\sin x^3\,dx^2\,dx^4,\ k_{22} = \text{const.} \tag{33.24}$$

$$X_1 = p_2,\ X_2 = \sec x^3 \cdot \cos x^2 p_1 - \operatorname{tg} x^3 \cos x^2 p_2 + \sin x^2 p_3,$$

$$X_3 = \partial_2 X_2,\ X_4 = p_1,\ X_5 = p_4.$$

4. $ds^2 = 2k_{13}e^{-cx^4}\,dx^1\,dx^3 + k_{22}e^{-2cx^4}\,(dx^2 + x^1\,dx^3)^2 + k_{44}\,dx^{4^2}$, (33.25)

wobei c und k_{ij} Konstanten sind.

$$X_1 = p_2,\ X_2 = p_3,\ X_3 = -p_1 + x^3 p_2,\ X_4 = -x^1\,p_1 + x^3 p_3,$$
$$X_5 = c(x^1 p_1 + x^2 p_2) + p_4.$$

5. $ds^2 = k_{11}e^{-2x^4}(dx^{1^2} + dx^{3^2}) + k_{22}e^{-4x^4}\,(dx^2 + x^1\,dx^3)^2 + k_{44}\,dx^{4^2}$, (32.26)

$$k_{ij} = \text{const.}$$

$$X_1 = p_2,\ \ X_2 = p_3,\ \ X_3 = -p_1 + x^3 p_2,\ \ X_4 = -x^3 p_1 + \tfrac{1}{2}\,(x^{3^2} - x^{1^2})\,p_2 + x^1 p_3,$$
$$X_5 = x^1 p_1 + 2x^2 p_2 + x^3 p_3 + p_4.$$

6. $ds^2 = k_{11}(dx^{1^2} + dx^{3^2}) + k_{22}(dx^2 + x^1\,dx^3)^2 + k_{44}\,dx^{4^2},\ k_{ij} = \text{const.}$ (33.27)

$$X_1 = p_2,\ X_2 = p_3,\ X_3 = -\,p_1 + x^3 p_2,\ X_4 = -x^3 p_1 + \tfrac{1}{2}\,(x^{3^2} - x^{1^2})\,p_2 + x^1 p_3,$$
$$X_5 = p_4.$$

7. $ds^2 = k_{11}\,dx^{1^2} + 2k_{23}e^{-(1+\alpha)x^4+x^1}\,dx^2\,dx^3 + k_{44}\,dx^{4^2}$, (33.28)

wobei k_{ij} und α Konstanten sind.

$$X_1 = p_2,\ X_2 = p_3,\ X_3 = -\,p_1 + x^2 p_2,\ X_4 = -p_1 + x^3 p_3,$$
$$X_5 = (1 + \alpha)\,p_1 + p_4.$$

8. $ds^2 = k_{11}\,dx^{1^2} + k_{22}e^{-2\alpha x^4+2x^1}\,(dx^{2^2} + dx^{3^2}) + k_{44}\,dx^{4^2}$, (33.29)

$$\alpha = \text{const},\ k_{ij} = \text{const.}$$

$$X_1 = p_2,\ X_2 = p_3,\ X_3 = -\,p_1 + x^2 p_2 + x^3 p_3,\ X_4 = -\,x^3 p_2 + x^2 p_3,$$
$$X_5 = \alpha p_1 + p_4.$$

9. $ds^2 = 2dx^1\,dx^4 + k_{22}e^{-x^1+\alpha x^4}\,(dx^{2^2} + dx^{3^2}),\ k_{22} = \text{const.}$ (33.30)

$$X_1 = p_2,\ X_2 = p_3,\ X_3 = 2p_1 + x^2 p_2 + x^3 p_3,\ X_4 = -\,x^3 p_2 + x^2 p_3,$$
$$X_5 = \alpha p_1 + p_4.$$

10. $ds^2 = 2dx^1\,dx^4 + k_{23}e^{-x^1+\alpha x^4}\,dx^2\,dx^3,\ k_{23} = \text{const.}$ (33.31)

$$X_1 = p_2,\ X_2 = p_3,\ X_3 = p_1 + x^3 p_3,\ X_4 = p_1 + x^2 p_2,\ X_5 = \alpha p_1 + p_4.$$

11. $ds^2 = k_{11}e^{-2lx^4}\,dx^{1^2} + 2k_{23}e^{-(k+\varepsilon)x^4}\,dx^2\,dx^3 + k_{44}\,dx^{4^2}$, (33.32)

wobei k_{ij}, k, l Konstanten sind und ε gleich 0 oder 1 ist.

$$X_1 = p_2,\ X_2 = p_3,\ X_3 = -\,p_1,\ X_4 = x^2 p_2 - x^3 p_3,$$
$$X_5 = e x^1 p_1 + \varepsilon^2 p_2 + k x^3 p_3 + p_4.$$

12. $$ds^2 = k_{12} e^{-2kx^4} (2dx^1\,dx^2 + dx^{3^2}) + k_{22} e^{-2\varepsilon x^4} dx^{2^2} + k_{44}\,dx^{4^2}, \qquad (33.33)$$

wobei k_{ij}, k, l Konstanten sind, $2k = l + \varepsilon$ und ε gleich 0 oder 1 ist.

$$X_1 = p_2,\ X_2 = p_3,\ X_3 = -p_1,\ X_4 = -x^3 p_1 + x^2 p_3,$$
$$X_5 = l x^1 p_1 + \varepsilon x^2 p_2 + k x^3 p_3 + p_4.$$

13. $$ds^2 = k_{11} e^{-x^4} dx^{1^2} + k_{12} e^{-2x^4} (2dx^1\,dx^2 + dx^{3^2}) + k_{44}\,dx^{4^2}, \qquad (33.34)$$

$$k_{ij} = \text{const.}$$

$$X_1 = p_2,\ X_2 = p_3,\ X_3 = -p_1,\ X_4 = -x^1 p_3 + x^3 p_2,$$
$$X_5 = x^1 p_1 + 3x^2 p_2 + 2x^3 p_3 + p_4.$$

14. $$ds^2 = k_{11} e^{-2lx^4} dx^{1^2} + k_{22} e^{-2kx^4} (dx^{2^2} + dx^{3^2}) + k_{44}\,dx^{4^2}, \qquad (33.35)$$

wobei k_{ij}, l, k Konstanten sind.

$$X_1 = p_2,\ X_2 = p_3,\ X_3 = -p_1,\ X_4 = -x^3 p_2 + x^2 p_3,$$
$$X_5 = l x^1 p_1 + k(x^2 p_2 + x^3 p_3) + p_4.$$

Betrachten wir nun den letzten Fall.

5°. Wenn V_4 eine Gruppe G_5E gestattet, so gestattet V_4 per definitionem auch eine einfach-transitive Gruppe $G_4\{X_1, X_2, X_3, X_4\}$. Daher sind die gesuchten Räume unter den Räumen V_4 enthalten, die in § 32 (zweiter Teil) angegeben sind. Es sei $X_5 = \underset{5}{\xi}^\alpha p_\alpha$ ($\alpha = 1, \ldots, 4$) der fünfte Operator von G_5E. Nach dem zweiten Lieschen Satz gilt

$$[X_i X_5] = \lambda_i^k X_k (i = 1, \ldots, 4;\ k = 1, \ldots, 5), \quad \lambda_i^k = \text{const.} \qquad (33.36)$$

Den fünften Operator kann man nach folgendem Schema bestimmen:

1. Man stelle die Jacobi-Identität

$$[[X_i X_j] X_5] + [[X_j X_5] X_i] + [[X_5 X_i] X_j] = 0$$

auf und vergleiche die Koeffizienten bei X_i. Dadurch kann man die Konstanten λ_i^k bestimmen.

2. Mit Hilfe der erhaltenen Strukturgleichungen, die wir durch lineare Transformationen auf die einfachste Form bringen, bestimmen wir $\underset{5}{\xi}^\alpha$ und integrieren für den gegebenen Raum V_4 die Killing-Gleichungen. Daraus ergeben sich die Form der Operatoren und die gesuchte Metrik. Für G_4 V (§ 32, (32.41)) erhält man aus den Jacobischen Beziehungen: $\lambda_1^3 = \lambda_1^4 = \lambda_1^5 = \lambda_1^3 = \lambda_2^4 = \lambda_2^5 = 0$.

Aus (33.35) ergibt sich für $i = 1, \ldots, 4$

$$\partial_2 \underset{5}{\xi}^4 = \partial_3 \underset{5}{\xi}^4 = 0,\ -\partial_1 \underset{5}{\xi}^4 = \lambda_3^4 + \lambda_3^5 \underset{5}{\xi}^4,\ \alpha \partial_1 \underset{5}{\xi}^4 = \lambda_4^4 + \lambda_4^5 \underset{5}{\xi}^4. \qquad (33.37)$$

Für die weitere Betrachtung unterscheiden wir vier Fälle:

1. $\lambda_3^5 = \lambda_4^5 = 0$, 2. $\lambda_3^5 = 0, \lambda_4^5 \neq 0$, 3. $\lambda_3^5 \neq 0, \lambda_4^5 \neq 0$, 4. $\lambda_3^5 \neq 0, \lambda_4^5 = 0$.

Wenn 1 oder 2 gilt, folgt aus den JACOBIschen Beziehungen $\lambda_3^4 = \lambda_4^4 = 0$, d. h., $\underset{5}{\xi^4} = \text{const}$ (da für ein GAUSSsches Koordinatensystem $\delta \underset{5}{\xi^4} = 0$ ist). Diese Gruppen wurden oben schon betrachtet.

Wenn der Fall 3 oder 4 vorliegt, erhält man $\lambda_4^5 = \alpha \lambda_3^5$. Mit Hilfe der linearen Transformationen

$$Y_1 = \lambda_4^1 X_1 + \lambda_4^2 X_2,\quad Y_2 = -\lambda_4^2 X_1 + \lambda_4^1 X_2,\quad Y_3 = X_3,\quad Y_4 = X_4,$$

$$Y_5 = -\frac{1}{(\alpha\lambda_3^5)^2 + 1}(-\lambda_4^2 X_1 + \lambda_4^1 X_2) - \frac{\alpha\lambda_3^5}{1 + (\alpha\lambda_3^5)^2}(\lambda_4^1 X_1 + \lambda_4^2 X_2)$$
$$- \lambda_1^1 X_3 - \lambda_1^2 X_4 + X_5$$

kann man die Strukturgleichungen (33.36) (wegen der JACOBI-Identität) in die Form

$$[Y_1 Y_5] = [Y_2 Y_5] = 0,\quad [Y_3 Y_5] = \lambda_3^5 Y_5,\quad [Y_4 Y_5] = -\alpha\lambda_3^5 Y_5$$

überführen. Bestimmt man jedoch daraus den fünften Operator, so erhält man aus den KILLING-Gleichungen eine ausgeartete Metrik.

Durch analoge Überlegungen ergeben sich für die übrigen Räume in § 32 (zweiter Teil) die folgenden Räume V_4 mit einer Bewegungsgruppe $G_5 E$:

$$1.\ ds^2 = k_{11} e^{x^4} dx^{1^2} + \lambda k_{11} e^{-x^4}(dx^2 + x^1 dx^3)^2 - \lambda k_{44} e^{-2x^4} dx^{3^2} + k_{44} dx^{4^2}, \quad (33.38)$$

$$X_1 = p_2,\ X_2 = p_3,\ X_3 = -p_1 + x^3 p_2,\ X_4 = -\frac{1}{2}x^1 p_1 + \frac{1}{2}x^2 p_2 + x^3 p_3 + p_4,$$

$$X_5 = -(x^2 + x^1 x^3) p_1 + \left(x^2 x^3 - \frac{x^1}{\lambda} e^{2x^4}\right) p_2 + \left(x^{3^2} + \frac{1}{\lambda} e^{2x^4}\right) p_3 + 2x^3 p_4.$$

Dabei sind k_{11}, k_{44}, λ Konstanten. Es ist jedoch $|g| = \lambda^2 k_{11}^2 k_{44}^2 e^{-2x^4} > 0$.

$$2.\ ds^2 = k_{22}\left(2\lambda e^{-\frac{1}{2}x^4} dx^1 dx^3 + e^{-x^4}(dx^2 + x^1 dx^3)^2 - \frac{1}{4}\lambda^2 dx^{4^2}\right) + k_{33} e^{-2x^4} dx^3, \quad (33.39)$$

$$X_1 = p_2,\ X_2 = p_3,\ X_3 = -p_1 + x^3 p_2,\ X_4 = -\frac{1}{2}x^1 p_1 + \frac{1}{2}x^2 p_2 + x^3 p_3 + p_4,$$

$$X_5 = \left(-x^2 - x^1 x^3 + \lambda e^{\frac{1}{2}x^4}\right) p_1 + x^2 x^3 p_2 + x^{3^2} p_3 + 2x^3 p_4,$$

wobei k_{22}, k_{33}, λ Konstanten sind und aber wieder $|g| = \frac{\lambda^4}{4} k_{22}^4 e^{-2x^4} > 0$ ist.

3. $ds^2 = k_{11}\,dx^{1^2} + \lambda\varepsilon k_{11} e^{-x^4}\,dx^1\,dx^3 + k_{22} e^{\lambda x^4 + 2x^1}\,dx^{2^2} + \lambda^2 k_{11}\,dx^{4^2}$, (33.40)

$$X_1 = p_2,\quad X_2 = p_3,\quad X_3 = -p_1 + x^2 p_2,\quad X_4 = -\lambda p_1 + x^3 p_3 + p_4,$$

$$X_5 = e^{-\frac{1}{\lambda}x^1}(-\lambda p_1 + \varepsilon e^{x^4} p_3 + p_4),$$

wobei k_{11}, k_{22}, λ Konstanten sind, $\varepsilon = \pm 1$, $|g| = -\lambda^4 k_{11}^3 k_{22} e^{2(\lambda-1)x^4 + 2x^1}$ mit $k_{11}k_{22} > 0$. Also ist $|g| < 0$.

4. $ds^2 = k_{11}\,dx^{1^2} + 2\varepsilon k_{44} e^{-x^4}\,dx^1\,dx^2 + 2\lambda\mu\,dx^1\,dx^3 + \mu\lambda^2\,dx^{3^2} + k_{44}\,dx^{4^2}$, (33.41)

$$X_1 = p_2,\ X_2 = p_3,\ X_3 = -p_1,\ X_4 = x^2 p_2 + p_4,$$

$$X_5 = e^{-x^1}\left(-p_1 + \varepsilon e^{x^4} p_2 + \frac{1}{\lambda} p_3 + p_4\right),$$

wobei k_{11}, k_{44}, λ Konstanten sind, $\varepsilon = \pm 1$, $\mu = k_{11} - k_{44}$, $\mu \neq 0$, $|g| = \lambda^2 \mu k_{44}^3$ mit $\mu k_{44} < 0$, also $|g| < 0$.

6°. Die Frage nach den Gruppen G_7 und den nichttransitiven Gruppen G_6 wurde in den Arbeiten [230, 363] gelöst. Für beliebige Räume V_n gelten die folgenden Sätze:

I [363]. Jeder Riemannsche Raum, der eine nichttransitive Bewegungsgruppe $G_{\frac{n(n-1)}{2}}$ gestattet, ist ein subprojektiver Raum, dessen Metrik eine der folgenden Formen hat:

A) $ds^2 = e^{-2\mu(x^1)}(e_1\,dx^{1^2} + e_1\,dx^{2^2} + \cdots + e_n\,dx^{n^2})$, $e_i = \pm 1$,

B) $ds^2 = e^{-2\mu(r)}(e_1\,dx^{1^2} + e_2\,dx^{2^2} + \cdots + e_n\,dx^{n^2})$, $r = \sqrt{x^{1^2} + \cdots + x^{n^2}}$,

C) $ds^2 = e^{-2\mu(x^1)}(2dx^1\,dx^2 + e_3\,dx^{3^2} + \cdots + e_n\,dx^{n^2})$. (33.42)

Im Fall A und B wirkt die Gruppe auf nichtisotrope, im Fall C auf isotrope Transitivitätshyperflächen.

II [230]. Der Riemannsche Raum V_n sei kein Einsteinscher Raum und gestatte eine Bewegungsgruppe G_r mit $r > \frac{(n-1)(n-2)}{2} + 3$. Dann ist V_n ein subprojektiver Raum.

Für $n = 4$ und die Signatur $(- - - +)$ kann r nur gleich 7 sein [230]. Eine Gruppe G_7 kann nur Bewegungsgruppe eines „fundamental-subprojektiven" Raumes V_n mit der Metrik

$$ds^2 = dx^{1^2} + k\,ds_1^2(x^2, \ldots, x^n) \qquad (33.43)$$

sein, wobei k konstant und ds_1^2 die Metrik eines Raumes konstanter Krümmung, ist, oder eines „ausschließlich subprojektiven" Raumes mit der Metrik C (33.42), wobei die Funktionen $\mu(x^1)$ den Gleichungen

$$\mu(x^1) = \frac{Ax^1 + B}{Ax^{1^2} + Cx^1 + D}, \quad A, B, C, D = \text{const} \tag{33.44}$$

genügen.

Wegen dieser beiden Sätze bleibt das Problem nur für transitive Gruppen G_6 zu untersuchen.

Dabei hat man zwei prinzipiell verschiedene Möglichkeiten zu unterscheiden: a) G_6 enthält keine Untergruppe G_5 und b) enthält eine Untergruppe G_5.

Es liege der Fall a vor. Nach dem Satz von LEVI [364] ist G_6 direktes Produkt zweier einfacher Gruppen G_3 IX mit der Struktur

$$[X_1X_2] = X_3,\ [X_2X_3] = X_1,\ [X_3X_1] = X_2,\ [X_iX_k] = 0\ \left(\frac{i = 1, 2, 3}{k = 4, 5, 6}\right),$$
$$[X_4X_5] = X_6,\ [X_5X_6] = X_4,\ [X_6X_4] = X_5, \tag{33.45}$$

der direkte Summe von G_3 IX und auflösbaren Gruppen G_3 I—VII. Mit Hilfe ler JACOBIschen Bedingungen kann man leicht zeigen, daß die Summe der Gruppen G_3 IX und G_3 II—VII immer eine Gruppe G_6 ergibt, die eine Untergruppe G_5 enthält. Die Kombination von G_3 IX und G_3 I ergibt eine Gruppe G_6, die wegen der Strukturgleichungen nichttransitiv ist. Für diese Gruppen ist das Problem schon gelöst. Für die Strukturen (33.45) findet man leicht, daß der Raum mit dieser transitiven Bewegungsgruppe zerlegbar ist und die folgende Metrik hat:

$$ds^2 = k_{11}(\sin^2 x^4\, dx^{1^2} + dx^{4^2}) + k_{22}(dx^{2^2} + \sin^2 x^2\, dx^{3^2}),\ k_{ij} = \text{const}. \tag{33.46}$$
$$X_1 = p_3,\ X_2 = \sin x^3 p_2 + \operatorname{ctg} x^2 \cos x^3 p_3,\ X_3 = \partial_3 X_2,\ X_4 = p_1,$$
$$X_5 = \operatorname{ctg} x^4 \sin x^1 p_1 + \cos x^1 p_4,\ X_6 = \partial_1 X_5.$$

Es liege der Fall b vor. Dann läßt sich die Methode, die wir am Anfang dieses Paragraphen benutzt haben, anwenden, da G_6 eine Untergruppe G_5 enthält. Es ergeben sich folgende Metriken und Gruppen:

1. $$ds^2 = 2dx^1\, dx^4 + a_{22}\, dx^{2^2} + 2a_{23}\, dx^2\, dx^3 + a_{33}\, dx^{3^2}. \tag{33.47}$$
$$X_i = p_i (i = 1, 2, 3),\ X_4 = x^2 p_1 + \varphi p_2 + \psi p_3,\ X_5 = x^3 p_1 + \psi p_2 + \theta p_3,$$
$$X_6 = \frac{bx^3}{2} p_1 + (bx^3\psi - ax^2 + cx^3)p_2 + (bx^3\psi + (c - a)x^3)p_3 + p_4.$$

I. Die Funktionen $a_{ij}(x^4)$, φ, ψ, θ genügen folgenden Bedingungen:

$$a_{22} = -a_{23} = k_{22}e^{2ax^4},\ \partial_4 a_{33} + 2a_{33}(c - a + b\psi) = 2k_{22}e^{2ax^4}(b\psi + c),$$
$$\partial_4\varphi = -2a\varphi + 2c\psi + b\psi^2 + \alpha,\ \partial_4\psi = b\psi^2 + 2\psi a(c - a) + p,\ \psi = \theta, \tag{33.48}$$
$$\varphi = -\int \frac{a_{33}}{\Delta}\, dx^4,\ \psi = \int \frac{a_{23}}{\Delta}\, dx^4,\ \Delta = a_{22}a_{33} - a_{23}^2,$$

a, b, c, α, β sind Konstanten.

$$\text{II. } \partial_4 a_{33} + 2b a_{23} + 2d a_{33} = 0, \quad \partial_4 \varphi = 2a\varphi + 2b\psi,$$
$$\partial_4 a_{22} + 2a a_{22} + 2c a_{23} = 0, \quad \partial_4 \psi = (a + d)\psi + b\theta + c\varphi, \tag{33.49}$$
$$\partial_4 \theta = 2c\psi + 2d\theta,$$

$$\partial_4 a_{23} = b a_{22} + c a_{33} + (a + d)\, a_{23} = 0,\ X_i = p_i,\ X_4 = x^2 p_1 + \varphi p_2 + \psi p_3,$$
$$X_5 = x^3 p_2 + \psi p_2 + \theta p_3, \quad X_6 = (a x^2 + b x^3) p_2 + (c x^2 + d x^3) p_3 + p_4,$$

a, b, c, d sind Konstanten.

$$2.\ ds^2 = \left(\frac{1-k}{1+k} - \frac{2\varepsilon k}{k+1}\, e^{-(k+1)x^4}\right) dx^{1^2}$$
$$+ e^{kx^1 - (k+1)x^4} (2 dx^1\, dx^2 + e^{-x^1}\, dx^{3^2}) + dx^{4^2}. \tag{33.50}$$

$$X_1 = p_2,\ X_2 = p_3,\ X_3 = x^3 p_2 - e^{x^1} p_3,\ X_4 = \frac{2}{1-k}\, p_1 + \frac{2k}{k-1}\, x^2 p_2 + x^3 p_3,$$
$$X_5 = (\alpha - \beta) p_1 + \alpha x^3 p_3 + (\varepsilon e^{-kx^1} + (\alpha + \beta) x^2) p_2 + p_4,$$
$$X_6 = e^{x^1} (p_1 + x^3 p_3 + p_4) + \left[-\frac{x^{3^2}}{2} + e^{-(k-1)x^1} \left(\frac{1}{k+1}\, e^{(k+1)x^4} + \frac{\varepsilon k}{k+1}\right)\right] p_2,$$

α, β, k sind Konstanten, $k \neq \pm 1$, $\varepsilon = 0, \pm 1$, $k(\beta - \alpha + 1) = \alpha + \beta - 1$,

$$k\varepsilon \left(\frac{\beta k - \alpha k}{k+1} + 1\right) = \alpha + \beta.$$

$$3.\ ds^2 = \left(\frac{1+k}{1-k} - \frac{2\varepsilon k}{k-1}\, e^{-(k-1)x^4}\right) dx^{1^2}$$
$$+ e^{kx^1 + (1-k)x^4} (2 dx^1\, dx^2 + e^{-x^1}\, dx^{3^2}) + dx^{4^2}. \tag{33.51}$$

$X_k (k = 1, \ldots, 5)$ wie in (33.50),

$$X_6 = e^{-x^1} (p_1 + p_4) + e^{-(k+1)x^1} \left(\frac{1}{k-1}\, e^{(k-1)x^4} + \frac{\varepsilon k}{k-1}\right) p_2,$$

wo $\dfrac{k\varepsilon}{k-1} (\beta k - \alpha k + k - 1) = \alpha + \beta,\ \ k(\beta - \alpha + 1) = \alpha + \beta + 1.$

$$4.\ ds^2 = (k_{11} + 2\lambda\varepsilon x^4) dx^{1^2} + \lambda e^{a x^1} (2\, dx^1\, dx^2 + \theta(x^1)\, dx^{3^2}) + dx^{4^2} \tag{33.52}$$

α) $\theta = e^{-x^1}$, $a = k$, $X_i (i = 1, 2, 3, 4)$ wie in (33.50),

$$X_5 = \varepsilon e^{-kx^1} p_2 + p_4, \quad X_6 = e^{kx^1} p_4 - (\varepsilon x^1 + \lambda k x^4) p_2,\ k \neq 0, 1;\ \varepsilon = 0{,}1.$$

β) $\theta = 1$, $a = -2$, $X_1 = p_2$, $X_2 = p_3$, $X_3 = x^3 p_2 - x^1 p_3$, $X_4 = p_1 + 2x^2 p_2 + x^3 p_3$,

$$X_5 = \varepsilon e^{2x^1} p_2 + p_4,\ X_6 = e^{-2x^1} p_4 + 2(\lambda x^4 - \varepsilon x^1) p_2,\ \varepsilon = 0{,}1.$$

$$\gamma)\ \theta = \frac{4}{\omega^2}\cos^2\frac{\omega x^1}{2},\ a = q,\ X_1 = p_2,\ X_2 = p_3,\ X_3 = x^3 p_2 - \frac{\omega}{2}\operatorname{tg}\frac{\omega x^1}{2} p_3,$$

$$X_4 = -p_1 + \left(q x^2 + \frac{x^{3^2}}{2}\right)p_2 - \left(\frac{\omega}{2}\operatorname{tg}\frac{\omega x^1}{2} - \frac{q}{2}\right)p_3,\ X_5 = \varepsilon e^{-qx^1} p_2 + p_4,$$

$$X_6 = (q\lambda x^4 + \varepsilon x^1)p_2 - e^{qx^1} p_4,\quad \text{wo } \varepsilon = 0{,}1,\ \omega = \sqrt{4 - q^2},\ q \neq 0.$$

Wenn in den angegebenen Metriken $a = 0$ ist, ändert sich die Form des fünften und sechsten Operators: Für die Metriken (33.50) wird

$$X_5 = p_1 + (x^2 + \varepsilon x^1)p_2 + x^3 p_3 + p_4,$$

$$X_6 = e^{-x^1}(p_1 + p_3 x^3 + p_4) - \left(\frac{x^{3^2}}{2} + e^{x^1}(\varepsilon - e^{x^4})\right) p_2,$$

für die Metrik (33.51)

$$X_5 = p_1 + (x^2 - \varepsilon x^1)p_2 + x^3 p_3 - p_4,\ X_6 = e^{-x^1}(p_1 + p_4 + e^{-x^1}(\varepsilon - e^{-x^4})p_2,$$

für die Metrik (33.52 α)

$$X_5 = \varepsilon x^1 p_2 + p_4,\ X_6 = x^1 p_4 + \left(\frac{\varepsilon}{2} x^1 - \lambda x^4\right) p_2.$$

Für die Metrik (33.52 γ)

$$X_5 = \varepsilon x^1 p_2 + p_4,\ X_6 = x^1 p_4 - \left(\frac{\varepsilon}{2} x^{1^2} + \lambda x^4\right) p_2.$$

Zu den Räumen V_4 mit der Metrik

$$ds^2 = ds_0^2(x^1, x^4) + ds_{1'}^2(x^2, x^3),$$

wobei ds_1^2 die Metrik eines Raumes V_2 konstanter Krümmung und ds_0^2 die Metrik eines ebenen Raumes E_2 ist, gehört eine Bewegungsgruppe mit den Operatoren (32.7), (32.9) und entsprechnden Operatoren für E_2.

Für die Räume mit der gleichen Klasse wie (33.50), (33.52) erhält man Metriken von der Form

$$1.\ ds^2 = (1 - 2k_2\lambda e^{x^4} + k_{11}e^{2x^4})dx^{1^2} + \lambda e^{x^4}(2dx^1 dx^2 + e^{-x^1} dx^{3^2}) + dx^{4^2} \quad (33.53)$$

mit den Operatoren

$$X_1 = p_2,\ X_2 = p_3,\ X_3 = x^3 p_2 - e^{x^1} p_3,\ X_4 = 2p_1 + x^3 p_3,$$

$$X_5 = e^{x^1}(p_1 + x^3 p_3 - p_4) + \left[-\frac{x^{3^2}}{2} + e^{x^1}(k_2 - \lambda e^{-x^4})\right] p_2,$$

$$X_6 = e^{-x^1}(p_1 + p_4 + (k_2 - \lambda e^{x^4})p_2).$$

2. $$ds^2 = (\lambda a b x^{4^2} + 2\lambda a k_2 x^4 + k_{11})\, dx^{1^2} + \lambda e^{kx^1}(2dx^1\, dx^2 + \theta\, dx^{3^2}) + dx^{4^2} \quad (33.54)$$

mit den Operatoren

α) $\theta = e^{-x^1}$, $a = \alpha$, $b = m$, $X_1 = p_2$, $X_2 = p_3$, $X_3 = x^3 p_2 - e^{x^1} p_3$,

$$X_4 = \frac{2}{1-k}\, p_1 + \frac{2k}{k-1}\, x^2 p_2 + x^3 p_3 \quad X_5 = e^{-\alpha k^1}(\lambda m x^4 + k_2) p_2 + e^{-mx^1} p_4,$$

$$X_6 = -e^{mx^1}\left(\frac{\alpha k_2}{m} + \alpha\lambda x^4\right) p_2 + e^{\alpha x^1} p_4,\ \alpha \neq 0,\ m \neq 0,\ k \neq 1.$$

β) $\theta = 1$, $a = p + 2$, $b = p$, $X_1 = p_2$, $X_2 = p_3$, $X_3 = x^3 p_2 - x^1 p_3$,

$$X_4 = p_1 + 2x^2 p_2 + x^3 p_3,\ X_5 = (k_2 - \lambda p x^4) e^{(p+2)x^1} p_2 + e^{px^1} p_4,$$

$$X_6 = e^{-(p+2)x^1} p_4 + \left(\lambda(p+2) - \frac{k_2(p+2)}{p}\right) e^{-px^1} p_2,\ p \neq 0,\ p + 2 \neq 0. \quad (33.55)$$

γ) $\theta = \frac{4}{\omega^2}\cos^2\frac{\omega x^1}{2}$, $a = p + q$, $b = p$, $\omega = \sqrt{4 - q^2}$, $p \neq -q$, $p \neq 0$,

$$X_1 = p_2,\ X_2 = p_3,\ X_3 = x^3 p_2 - \frac{\omega}{2}\operatorname{tg}\frac{\omega x^1}{2}\, p_3,\ X_4 = -p_1 + \left(q x^2 + \frac{x^{3^2}}{2}\right) p_2$$

$$- \frac{x^3}{2}\left(\omega \operatorname{tg}\frac{\omega x^1}{2} - q\right) p_3,\ X_5 = (p\lambda x^4 + k_2) e^{-(p+q)x^1} p_2 + e^{-px^1} p_4,$$

$$X_6 = e^{(p+q)x^1} p_4 - e^{px^1}\left(\lambda(p+q) + k_2 \frac{p+q}{p}\right).$$

3. $$ds^2 = 2ke^{-\frac{x^4}{2}}\, dx^1\, dx^3 + e^{-x^4}(dx^2 + x^1\, dx^3)^2 - \frac{k^2}{4}\, dx^{4^2},\ k = \text{const} \quad (33.56)$$

mit den Operatoren

$$X_1 = p_2,\ X_2 = p_3,\ X_3 = -p_1 + x^3 p_2,\ X_4 = -x^1 p_1 + x^3 p_3,$$

$$X_5 = p_4 + \frac{1}{2}(x^1 p_1 + x^2 p_2),$$

$$X_6 = (ke^{\frac{1}{2}x^4} - x^2 - x^1 x^3) p_1 + x^2 x^3 p_2 + x^3 p_3 + 2x^3 p_4.$$

Damit ist die Klassifikation der Mannigfaltigkeiten V_4 bezüglich Bewegungsgruppen G_r beliebiger Parameterzahl vollendet. Zum Schluß bemerken wir folgendes: Unter den gefundenen Räumen sind Räume enthalten, zu denen keine echten Gravitationsfelder gehören. Wir haben sie automatisch zusammen mit den gesuchten Räumen erhalten, und als Räume großer Beweglichkeit sind sie für den Geometer von Interesse. Wie oben gezeigt wurde, erhält man die echten

Gravitationsfelder, wenn man untersucht, ob die Bedingung $|g| < 0$ erfüllt ist. Außerdem lassen sich einige Integrationskonstanten offensichtlich mit Hilfe elementarer Transformationen in 0 oder ± 1 überführen, womit wir uns nicht aufgehalten haben. Ebenfalls untersuchen wir nicht, welche Typen von Räumen mit Gruppen G_5 oder G_6 ähnlich sind, da die Anzahl dieser Typen nicht groß ist.

Aufgaben

1. Der durch die Metrik

$$ds^2 = 2dx^1\,dx^4 + e^{-x^1}(dx^{2^2} \pm dx^{3^2})$$

definierte Raum ist *subprojektiv*. Es ist der einzige Raum, der eine Gruppe G_6 gestattet, die auf Transitivitätsflächen V_3 wirkt ([260], S. 219).

2. Der durch die Metrik

$$ds^2 = 2dx^1\,dx^4 + x^{4^2}\,dx^{2^2} + 2dx^2\,dx^3$$

definierte Raum gestattet eine transitive Bewegungsgruppe G_8. Dieser Raum V_4 ist ein symmetrischer zweifach-projektiver Einsteinscher Raum ($R_{\alpha\beta} = 0$), der vollharmonisch mit zwei absolut parallelen Vektorfeldern ist. Der Raum entspricht jedoch keinem echten Gravitationsfeld, da sich seine Metrik in jedem Punkt in die Form $(- - + +)$ überführen läßt.

KAPITEL VI

KONFORME ABBILDUNG EINSTEINSCHER RÄUME

§ 34. Konforme Abbildung Riemannscher Räume

Wenn zwei RIEMANNsche Räume V_n mit dem metrischen Tensor $g_{\alpha\beta}(x)$ und $\overset{*}{V}_n$ mit dem metrischen Tensor $\overset{*}{g}_{\alpha\beta}(x)$ gegeben sind, wobei

$$\overset{*}{g}_{\alpha\beta}(x) = e^{2\sigma} g_{\alpha\beta}(x), \quad \sigma = \sigma(x) \tag{34.1}$$

ist, sagen wir, daß zwischen V_n und $\overset{*}{V}_n$ eine *konforme Abbildung* besteht, und daß die beiden Mannigfaltigkeiten *konform* sind. Die Beziehung (34.1) ist die notwendige und hinreichende Bedingung für die Konformität von V_n und $\overset{*}{V}_n$. Der geometrische Sinn dieser Definition besteht darin, daß die Länge der Vektoren mit den Komponenten dx^α in entsprechenden Punkten zweier konformer Räume sich um einen Faktor unterscheiden, der nur von der Wahl des Punktes abhängt. Aus der Formel (2.4) folgt, daß die Winkel zwischen zwei sich entsprechenden Richtungen in einander zugeordneten Punkten gleich sind, d. h., die *Abbildung* von V_n auf $\overset{*}{V}_n$ ist *konform* im gewöhnlichen Sinne.

Mit Hilfe von (34.1) kann man leicht einen Zusammenhang zwischen den kontravarianten Komponenten der metrischen Tensoren von V_n und $\overset{*}{V}_n$, den Affinitäten $\Gamma^\alpha_{\beta\gamma}$ und $\Gamma^{*\alpha}_{\beta\gamma}$ den Krümmungstensoren usw. ableiten.

Aus der Definition der $g^{\alpha\beta}$ und der Formel (34.1) folgt unmittelbar

$$\overset{*}{g}{}^{\alpha\beta} = e^{-2\sigma} g^{\alpha\beta}. \tag{34.2}$$

Aus den Formeln (3.1) und (3.2) für die CHRISTOFFEL-Symbole erster und zweiter Art und den Formeln (34.1), (34.2) erhält man die Beziehungen

$$\overset{*}{\Gamma}_{\alpha,\beta\gamma} = e^{2\sigma}(\Gamma_{\alpha,\beta\gamma} + g_{\alpha\beta}\,\sigma_{,\gamma} + g_{\alpha\gamma}\sigma_{,\beta} - g_{\beta\gamma}\sigma_{,\alpha}), \tag{34.3}$$

$$\overset{*}{\Gamma}{}^\alpha_{\beta\gamma} = \Gamma^\alpha_{\beta\gamma} + \delta^\alpha_\beta\sigma_{,\gamma} + \delta^\alpha_\gamma\sigma_{,\beta} - g_{\beta\gamma}g^{\alpha\tau}\,\sigma_{,\tau}, \tag{34.4}$$

wobei $\sigma_\alpha \equiv \dfrac{\partial\sigma}{\partial x^\alpha} \equiv \sigma_{,\alpha}$ ist ([77], S. 112). Um die Beziehung zwischen den Krümmungstensoren in V_n und $\overset{*}{V}_n$ zu finden, genügt es, in der Formel (5.7) $g_{\alpha\beta}$, $\Gamma_{\sigma,\alpha\beta}$ durch $\overset{*}{g}_{\alpha\beta}$, $\overset{*}{\Gamma}_{\sigma,\alpha\beta}$ zu ersetzen, die Ausdrücke (34.1), (34.2) und (34.3) zu benutzen und die rechte Seite durch σ und $R_{\alpha\beta\gamma\delta}$ auszudrücken. Diese einfachen Rechnungen führen auf den Ausdruck

$$e^{-2\sigma}\overset{*}{R}_{\alpha\beta\gamma\delta} = R_{\alpha\beta\gamma\delta} + g_{\alpha\delta}\sigma_{\beta\delta} + g_{\beta\gamma}\sigma_{\alpha\delta} - g_{\alpha\gamma}\sigma_{\beta\delta} - g_{\alpha\beta}\sigma_{\alpha\gamma} + \Delta_1\sigma(g_{\alpha\delta}g_{\beta\gamma} - g_{\alpha\gamma}g_{\beta\delta}), \tag{34.5}$$

worin zur Abkürzung die Bezeichnung

$$\sigma_{\alpha\beta} = \sigma_{,\alpha\beta} - \sigma_{,\alpha}\sigma_{,\beta} \quad (\sigma_\alpha = \sigma_{,\alpha})$$

verwendet wurde und $\Delta_1\sigma$ der erste BELTRAMIsche Differentialoperator ist, der durch die Formel (3.18) definiert ist. Aus (34.5) erhält man durch Verjüngung bezüglich der Indizes α, δ mit dem Tensor $\overset{*}{g}^{\alpha\delta}$, der durch (34.2) definiert ist, die Beziehung zwischen den RICCI-Tensoren von V_n und $\overset{*}{V}_n$:

$$\overset{*}{R}_{\beta\gamma} \overset{\text{def}}{=} \overset{*}{g}^{\alpha\delta}\overset{*}{R}_{\alpha\beta\gamma\delta} = R_{\beta\gamma} + (n-2)\,\sigma_{\beta\gamma} + [\Delta_2\sigma + (n-2)\Delta_1\sigma]\,g_{\beta\gamma}. \tag{34.6}$$

Dabei ist $\Delta_2\sigma$ der zweite BELTRAMIsche Differentialoperator (siehe (3.18)). Durch eine weitere Verjüngung erhält man endlich die Formel für den Zusammenhang der skalaren Krümmungen von V_n und $\overset{*}{V}_n$:

$$\overset{*}{R} \overset{\text{def}}{=} \overset{*}{g}^{\beta\gamma}\overset{*}{R}_{\beta\gamma} = e^{-2\sigma}[R + 2(n-1)\Delta_2\sigma + (n-1)(n-2)\Delta_1\sigma]. \tag{34.7}$$

Die ganzzahligen Koeffizienten der rechten Seite dieser Beziehung legen es nahe, die Fälle $n = 1$ und $n = 2$ gesondert zu betrachten, beide Fälle führen jedoch zu trivialen Ergebnissen. Der Fall $n = 1$ ist offensichtlich nicht von Interesse und $n = 2$ kann man ebenfalls von der Betrachtung ausschließen, da sich jede binäre quadratische Form auf die Form $\lambda(e_1\,dx^{1^2} + e_2\,dx^{2^2})$, $e_1, e_2 = \pm 1$ bringen läßt. Daher sind zwei beliebige Räume V_2 konform ([147], S. 477), wenn ihre Signaturen übereinstimmen. Die konforme Abbildung wird dabei natürlich im Reellen hergestellt. Wir können also annehmen, daß $n > 2$ ist.

Für die Untersuchung konformer RIEMANNscher Räume ist es nützlich, den von WEYL ([149], S. 384—411) eingeführten *Tensor der konformen Krümmung*, den WEYLschen Krümmungstensor, zu betrachten.

Zur Definition dieses Tensors bemerken wir, daß man wegen (34.1) die Gleichung (34.7) auch in der Form

$$\overset{*}{g}_{\alpha\beta}\overset{*}{R} = [R + 2(n-1)\Delta_2\sigma + (n-1)(n-2)\Delta_1\sigma]\,g_{\alpha\beta} \tag{34.8}$$

schreiben kann. Durch Elimination des zweiten BELTRAMIschen Differentialoperators $\Delta_2\sigma$ aus (34.6) und (34.8) ergibt sich

$$\sigma_{\alpha\beta} = \frac{1}{n-2}(\overset{*}{R}_{\alpha\beta} - R_{\alpha\beta}) - \frac{1}{2(n-1)(n-2)}(\overset{*}{R}\overset{*}{g}_{\alpha\beta} - Rg_{\alpha\beta}) - \frac{1}{2}\Delta_1\sigma g_{\alpha\beta}. \tag{34.9}$$

Wenn man mit Hilfe von (34.2) in (34.5) einen Index hebt, drückt sich der Zusammenhang der gemischten Komponenten des Krümmungstensors durch die Beziehung

$$\overset{*}{R}{}^{\alpha}{}_{\beta\gamma\delta} = R^{\alpha}{}_{\beta\gamma\delta} + \delta^{\alpha}_{\delta}\sigma_{\beta\gamma} - \delta^{\alpha}_{\gamma}\sigma_{\beta\delta} + g^{\alpha\nu}(g_{\beta\gamma}\sigma_{\nu\delta} - g_{\beta\delta}\sigma_{\nu\gamma}) + \Delta_1\sigma(\delta^{\alpha}_{\delta}g_{\beta\gamma} - \delta^{\alpha}_{\gamma}g_{\beta\delta}) \quad (34.10)$$

aus.

Betrachten wir nun das geometrische Objekt

$$C^{\alpha}{}_{\beta\gamma\delta} \overset{\text{def}}{=} R^{\alpha}{}_{\beta\gamma\delta} + \frac{1}{n-2}(\delta^{\alpha}_{\gamma}R_{\beta\delta} - \delta^{\alpha}_{\delta}R_{\beta\gamma} + R^{\alpha}_{\gamma}g_{\beta\delta} - R^{\alpha}_{\delta}g_{\beta\gamma}) + \frac{R}{(n-1)(n-2)}(\delta^{\alpha}_{\delta}g_{\beta\gamma} - \delta^{\alpha}_{\gamma}g_{\beta\delta}), \quad (34.11)$$

das konstruktionsgemäß ein Tensor ist. Wir nennen diesen Tensor *Tensor der konformen Krümmung*. Wie man leicht sieht, *ist in einem beliebigem Raum V_3 der Tensor der konformen Krümmung gleich Null* (siehe Aufgabe 3, § 5).

Wenn man aus (34.10) mit Hilfe von (34.9) den Tensor $\sigma_{\alpha\beta}$ eliminiert, erhält man die Beziehung zwischen den Tensoren der konformen Krümmung zweier konformer Räume:

$$\overset{*}{C}{}^{\alpha}{}_{\beta\gamma\delta} = C^{\alpha}{}_{\beta\gamma\delta}. \quad (34.12)$$

Aufgaben

1. Wir führen die Bezeichnungen

$$R_{\beta\gamma\delta} \overset{\text{def}}{=} R_{\beta\gamma,\delta} - R_{\beta\delta,\delta} + \frac{1}{2(n-1)}(g_{\beta\delta}R_{,\gamma} - g_{\beta\gamma}R_{,\delta}),$$

$$R^{\sigma}{}_{\gamma\delta} = g^{\sigma\alpha}R_{\alpha\gamma\delta}$$

ein. Man zeige, daß für die kovariante Ableitung des Tensors der konformen Krümmung die Beziehung

$$C^{\alpha}{}_{\beta(\gamma\delta,\sigma)} = \frac{1}{n-2}\left(R_{\beta[\delta\sigma}\delta^{\alpha}_{\gamma]} + g_{\alpha[\delta}R^{\alpha}{}_{.\gamma\sigma]}\right) \quad (34.13)$$

gilt.

2. Man zeige, daß

$$R^{\sigma}{}_{\sigma\alpha} = 0, \quad C^{\sigma}{}_{\alpha\beta\gamma,\sigma} = \frac{n-3}{n-2}R_{\alpha\beta\gamma} \quad (34.14)$$

gilt.

3. Man zeige, daß sich ein Raum V_3 genau dann auf einen Raum S_3 konform abbilden läßt, wenn für den Tensor $R_{\alpha\beta\gamma}$

$$R_{\alpha\beta\gamma} = 0 \quad (34.15)$$

gilt ([58], S. 80).

4. V_n $(n > 3)$ ist genau dann zu einem Raum S_n konform, wenn

$$C_{\alpha\beta\gamma\delta} = 0 \tag{34.16}$$

gilt ([58], S. 80).

5. Man zeige, daß die allgemeinste konforme Abbildung eines euklidischen Raumes auf sich für $n > 2$ als Produkt von Inversionen an Hypersphären mit Bewegungen und Ähnlichkeitstransformationen dargestellt werden kann ([14], S. 375, 376).

§ 35. Konforme Abbildung Riemannscher Räume auf Einsteinsche Räume

Die Frage nach konformen Abbildungen Riemannscher Räume auf Einsteinsche Räume ist die natürliche Verallgemeinerung der Frage nach den konformebenen Riemannschen Mannigfaltigkeiten.

Sie wurde von Brinkmann gestellt und im wesentlichen gelöst [70, 71, 73]. Verschiedene andere Autoren haben sich danach ebenfalls mit der Frage beschäftigt [113, 114, 129, 133, 161, 174, 179].

Im weiteren setzen wir voraus, saß $\overset{*}{V}_n$ ein Einsteinscher Raum und $n > 3$ ist. Dann gilt

$$\overset{*}{R}_{\alpha\beta} = \frac{\overset{*}{R}}{n}\, \overset{*}{g}_{\alpha\beta}, \quad \overset{*}{R} = \text{const.} \tag{35.1}$$

Zunächst schreiben wir die Beziehungen (34.6) und (34.7) in die Form um, die man dadurch erhält, daß man den Tensor

$$\omega_{\alpha\beta} = \sigma_{,\alpha\beta} - \sigma_{,\alpha}\sigma_{,\beta} + \frac{1}{2}\Delta_1\sigma g_{\alpha\beta} \tag{35.2}$$

und den Skalar

$$\omega = g^{\alpha\beta}\omega_{\alpha\beta}$$

einführt.

Dann folgt aus (34.6)

$$\overset{*}{R}_{\alpha\beta} = R_{\alpha\beta} + (n-2)\,\omega_{\alpha\beta} + \omega g_{\alpha\beta} \tag{35.3}$$

und daher

$$e^{2\sigma}\overset{*}{R} = R + 2(n-1)\,\omega. \tag{35.3'}$$

Da der Ricci-Tensor im Einsteinschen Raum der Bedingung (35.1) genügt, folgt aus (35.3) die Beziehung

$$\omega_{\alpha\beta} + \frac{1}{n-2}\left(R_{\alpha\beta} - \frac{R}{2(n-1)}\, g_{\alpha\beta}\right) = \frac{\overset{*}{R}e^{2\sigma}}{2n(n-1)}\, g_{\alpha\beta}. \tag{35.4}$$

Um die gesuchten Differentialgleichungen in einer günstigeren Form zu bekommen, bezeichnen wir den zweiten Summanden der linken Seite von (35.4) mit $\tau_{\alpha\beta}$, so daß

$$\tau_{\alpha\beta} = -\frac{1}{n-2}\left(R_{\alpha\beta} - \frac{R}{2(n-1)}\, g_{\alpha\beta}\right)$$

gilt. Dann kann man (35.4) wegen (35.2) in Form der Gleichungen

$$\sigma_{,\alpha\beta} - \sigma_{,\alpha}\sigma_{,\beta} + \nu g_{\alpha\beta} = \tau_{\alpha\beta} \tag{35.5}$$

schreiben, wobei

$$\nu = \frac{1}{2}\Delta_1\sigma - \frac{\overset{*}{R}}{2n(n-1)}\, e^{2\sigma}, \quad \overset{*}{R} = \text{const} \tag{35.6}$$

ist. Dieses System kann man in einer vorteilhafteren Form darstellen, wenn man mit Hilfe von (35.5) und (35.6) einen Skalar ν gemäß

$$\nu_{,\alpha} = \nu\sigma_{,\alpha} + \sigma_{,\varrho}\tau^{\varrho}_{\alpha} \tag{35.7}$$

einführt. Wenn die Skalare σ und ν den Gleichungen (35.5) und (35.7) genügen, so wird auch (35.6) von δ und ν für einen konstanten Krümmungsskalar R befriedigt. Per definitionem ist $\sigma_{,\alpha}$ in (35.5) und (35.6) ein *Gradient*. Man kann aber statt des Gleichungssystems (35.5), (35.7) das System

$$\sigma_{\alpha,\beta} - \sigma_\alpha\sigma_\beta + \nu g_{\alpha\beta} = \tau_{\alpha\beta}, \tag{35.8}$$

$$\nu_\alpha = \nu\sigma_\alpha + \sigma_\beta\tau^{\beta}_{\alpha} \tag{35.9}$$

betrachten, worin σ_α nicht unbedingt ein Gradientenfeld und der Skalar ν beliebig ist. In der Tat, wenn man aus (35.8) den Vektor σ_α bestimmt, muß dieser Vektor offensichtlich der Bedingung

$$\sigma_{\alpha,\beta} - \sigma_{\beta,\alpha} = 0$$

genügen, d. h. die Gradientenbedingung erfüllen. Daher kann man $\sigma_\alpha = \sigma_{,\alpha}$ setzen.

Danach genügen ν und σ den Gleichungen (35.5) und (35.7). Die Funktion σ ist durch die Komponenten von $\sigma_{,\alpha}$ bis auf eine *unwesentliche* Konstante bestimmt.

Wenn eine konforme Abbildung von V_n auf $\overset{*}{V}_n$ möglich sein soll, muß das Gleichungssystem (35.8), (35.9) verträglich sein. Wir wollen die Integrabilitätsbedingungen für die Gleichungen (35.8) aufsuchen. Dazu differenzieren wir sie einmal kovariant, alternieren bezüglich der Differentiationsindizes und wenden die RICCI-Identität (5.13) an. Mit Hilfe von (35.8) und (35.9) erhält man dann

$$\sigma^\varrho C_{\varrho\alpha\beta\gamma} = S_{\alpha\beta\gamma}, \tag{35.10}$$

wobei $C_{\varrho\alpha\beta\gamma}$ der durch die Formel (34.11) definierte Tensor der konformen Krümmung ist, den man auch in der Form

$$C_{\alpha\beta\gamma\delta} = R_{\alpha\beta\gamma\delta} + g_{\alpha\delta}\tau_{\beta\gamma} - g_{\alpha\gamma}\tau_{\beta\delta} + g_{\beta\gamma}\tau_{\alpha\delta} - g_{\beta\delta}\tau_{\alpha\gamma} \tag{35.11}$$

schreiben kann. $S_{\alpha\beta\gamma}$ und σ^α sind durch

$$S_{\alpha\beta\gamma} = \tau_{\alpha\beta,\gamma} - \tau_{\alpha\gamma,\beta}, \quad \sigma^\alpha = g^{\alpha\varrho}\sigma_\varrho \tag{35.12}$$

definiert. Das System ist verträglich mit maximaler Lösungsmannigfaltigkeit, wenn die Integrabilitätsbedingung (35.10) identisch für beliebiges σ^ϱ erfüllt ist. Das würde bedeuten, daß die Koeffizienten von σ^ϱ identisch verschwinden ($C_{\alpha\beta\gamma\delta} = 0$) und daher $S_{\alpha\beta\gamma} = 0$ gilt, wir würden also einen konform-ebenen Raum $\overset{*}{V}_n$ erhalten (siehe Aufgabe 3, 4, § 34). Diesen Trivialfall wollen wir beiseite lassen. Wir nehmen also an, daß (35.10) nicht identisch erfüllt ist und betrachten außer diesen Gleichungen noch das System von Bedingungen, das man durch nochmalige kovariante Differentiation von (35.10) erhält. Diesen Prozeß der aufeinanderfolgenden Differentiationen der Verträglichkeitsbedingungen muß man fortsetzen, bis er entweder zu einem Widerspruch führt oder dadurch abbricht, daß die folgenden Bedingungen auf Grund der früheren identisch erfüllt sind.

Als zweiten Schritt zur Auffindung des vollen Systems von Verträglichkeitsbedingungen differenzieren wir die Verträglichkeitsbedingung (35.10) kovariant und vereinfachen die erhaltenen Ausdrücke mit Hilfe der Gleichungen des ursprünglichen Systems (35.8), (35.9). Dann hat die zweite Serie von Verträglichkeitsbedingungen die Form

$$\sigma^\varrho(C_{\varrho\alpha\beta\gamma,\delta} + g_{\varrho\delta}S_{\alpha\beta\gamma}) - \nu C_{\delta\alpha\beta\gamma} = S_{\alpha\beta\gamma,\delta} - \tau_{\varrho\delta}C^\varrho{}_{\alpha\beta\gamma}. \tag{35.13}$$

Wenn man bemerkt, daß $\tau_{\alpha\beta}$, $S_{\alpha\beta\gamma}$, $C_{\alpha\beta\gamma\delta}$ nicht von den Unbekannten σ_α und ν abhängen, so sieht man leicht, daß man durch nach Belieben fortgesetztes Differenzieren, wenn man wieder $\sigma_{\alpha,\beta}$ und $\nu_{,\alpha}$ durch die entsprechenden Ausdrücke im ursprünglichen System ersetzt, zu Ausdrücken gelangt, die von der Form

$$\sigma^\varrho A_\varrho - \nu B = T \tag{35.14}$$

sind. Dabei sind A_ϱ, B bzw. T Tensoren der Stufe $q+4, q+3$ bzw. $q+3$. Setzt man z. B. $q = 0$, so erhält man die Beziehung (35.10), entsprechend für $q = 1$ (35.13). Es ist nicht schwer, Rekursivformeln aufzustellen, die es gestatten, aus der q-ten Verträglichkeitsbedingung die $(q+1)$-te abzuleiten. Man erhält sie, wenn man (35.14) noch einmal differenziert. Die gesuchte $(q+1)$-te Serie möge die Koeffizienten $\tilde{A}^\varrho$, $\tilde{B}$, $\tilde{T}$ haben. Dann ist

$$\left.\begin{aligned} \tilde{A}^\varrho &= A^\varrho{}_{,\pi} + \delta^\varrho_\pi T - B\tau^\varrho_\pi, \\ \tilde{B} &= B_{,\pi} + A_\pi, \\ \tilde{T} &= T_{,\pi} - A^\varrho\tau_{\varrho\pi}. \end{aligned}\right\} \tag{35.15}$$

Wir kommen also zu dem Ergebnis: *Wenn sich ein V_n konform auf einen* Einstein*schen Raum $\overset{*}{V}_n$ abbilden läßt, bildet die Gesamtheit der Serien von Verträglichkeitsbedingungen* (35.14) *ein verträgliches Gleichungssystem für σ_α und ν.*

Im allgemeinen ist ein V_n nicht zu einem Einsteinschen Raum konform. Der eben bewiesene Satz gibt eine notwendige Bedingung für die Existenz der konformen Abbildung an. Um ein System von notwendigen und hinreichenden Bedingungen zu bekommen, bezeichnen wir die q-te Serie der Verträglichkeitsbedingungen (35.14) mit S_q und betrachten das ganze System von Verträglichkeitsbedingungen

$$S_0, S_1, \ldots, S_p, \ldots . \tag{35.16}$$

Wenn dieses System von einer gewissen Nummer ab für die Unbekannten σ_α und ν unverträglich wird, gestattet der entsprechende Raum $\overset{*}{V}_n$ keine konforme Abbildung auf einen EINSTEINschen Raum. Wenn V_n also eine derartige Abbildung zuläßt, muß von einer gewissen Nummer p an eine beliebige Lösung von S_0, $\ldots$, S_p auch Lösung von S_{p+1} sein. Wir beweisen zunächst folgende Behauptung: *Wenn das System* (35.16) *bis zur Nummer p r linear unabhängige Lösungen hat, die alle die Bedingungen S_{p+1} erfüllen, ist das Differentialgleichungssystem* (35.8), (35.9) *verträglich, und seine Lösung enthält $r-1$ beliebige Konstanten.*

Wir nehmen an, daß σ_α und ν den Gleichungen S_q und S_{q+1} genügen. Berücksichtigt man die Form der Koeffizienten (35.15) und die Tatsache, daß die Differentiation von S_q mit Hilfe der Beziehung

$$A^\varrho(\sigma_{\varrho,\alpha} - \sigma_\varrho\sigma_\alpha + \nu g_{\varrho\alpha} - \tau_{\varrho\alpha}) + B(\nu_{,\alpha} - \nu\sigma_\alpha - \sigma_\varrho\tau^\varrho_\alpha) + (\sigma_\varrho\tilde{A}^\varrho - \nu\tilde{B} - \tilde{T}) = 0$$

zu S_{q+1} führt, erhält man

$$A^\varrho(\sigma_{\varrho,\alpha} - \sigma_\varrho\sigma_\alpha + \nu g_{\varrho\alpha} - \tau_{\varrho\alpha}) - B(\nu_{,\alpha} - \nu\sigma_\alpha - \sigma_\varrho\tau^\varrho_\alpha) = 0. \tag{35.17}$$

Wir bezeichnen mit $\tilde{S}_q$ die homogene Gleichung

$$A^\varrho\sigma_\varrho - \nu B = 0,$$

die S_q entspricht. Dann sehen wir, daß die Struktur von

$$\sigma_{\varrho\alpha} - \sigma_\varrho\sigma_\alpha + \nu g_{\varrho\alpha} - \tau_{\varrho\alpha}, \quad \nu_{,\alpha} - \nu\sigma_\alpha - \sigma_\sigma\tau^\varrho_\alpha$$

die Lösung von $\tilde{S}_q$ für beliebiges α bestimmt.

Wir nehmen zunächst an, daß eine einzige Lösung des Systems (35.11) existiert, d. h. $r = 1$ ist. Diese Lösung sei σ_α, ν. Sie muß auch die Gleichungen S_{p+1} befriedigen.

Dann ist das homogene Gleichungssystem $\tilde{S}_0, \tilde{S}_1, \ldots, \tilde{S}_p$ unverträglich, und die oben durchgeführten Überlegungen zeigen, daß σ_α und ν den Beziehungen (35.8) und (35.9) genügen, d. h., in diesem Fall gilt der Satz.

Es sei nun $r > 1$. Ein vollständiges System linear unabhängiger Lösungen des homogenen Gleichungssystems $\tilde{S}_0, \ldots, \tilde{S}_p$ hat die Form $\sigma^{(\varrho)}_\alpha$, $\nu^{(\varrho)}$ ($\varrho = 1, \ldots,$ $r-1$). $\overset{*}{\sigma}_\alpha$, $\overset{*}{\nu}$ sei irgendeine spezielle Lösung des inhomogenen Systems (35.11). Dann folgt aus (35.17)

$$\overset{*}{\sigma}_{\alpha,\beta} - \overset{*}{\sigma}_\alpha\overset{*}{\sigma}_\beta + \overset{*}{\nu} g_{\alpha\beta} - \tau_{\alpha\beta} = \sum_\varrho \mu^{(\varrho)}_\beta \sigma_\alpha, \tag{35.18}$$

$$\overset{*}{\nu}_{,\beta} - \overset{*}{\nu}\overset{*}{\sigma}_\beta - \overset{*}{\sigma}_\lambda\tau^\lambda_\beta = \sum_\varrho \mu^{(\varrho)}_\beta \nu^{(\varrho)}. \tag{35.19}$$

Wenn man in diesen Glei[illegible] $\overset{*}{\sigma}_\alpha, \overset{*}{\nu}$ durch $\overset{*}{\sigma}_\alpha + \lambda_\alpha^{(\varrho)}, \overset{*}{\nu} + \nu^{(\varrho)}$ ersetzt und in den erhaltenen Gleichunge[illegible] (35.18) bzw. (35.19) berücksichtigt, ergeben sich die Gleichungen

$$\sigma_{\alpha,\beta}^{(\varrho)} - \overset{*}{\sigma}_\alpha \sigma_\beta^{(\varrho)} + \nu^{(\varrho)} g_{\alpha\beta} = \sum_\varrho \chi_\beta^{(\sigma\varrho)} \sigma_\alpha^{(\sigma)}, \tag{35.20}$$

$$\overset{*}{\nu}{}_{,\beta}^{(\varrho)} - \sigma_\beta^{(\varrho)} \overset{*}{\nu} - \sigma_\lambda^{(\varrho)} \tau_\beta^\lambda = \sum_\varrho \chi_\beta^{(\sigma\varrho)} \nu^{(\varrho)}, \tag{35.21}$$

wobei $\varrho = 1, \ldots, r-1$ ist. Wir benutzen die Methode der Variation der Konstanten. Es sei

$$\sigma_\alpha = \overset{*}{\sigma}_\alpha + \sum_\varrho b^{(\varrho)} \sigma_\alpha^{(\varrho)}, \quad \nu = \overset{*}{\nu} + \sum_\varrho b^{(\varrho)} \nu^{(\varrho)} \quad (\varrho = 1, \ldots, r-1). \tag{35.22}$$

Wir stellen uns die Aufgabe, die Funktionen $b^{(\varrho)}$ so zu bestimmen, daß die entsprechenden Funktionen σ_α und ν den Gleichungen (35.8) und (35.9) genügen. Setzen wir (35.22) in (35.8) und (35.9) ein, so sehen wir, daß die gesuchten Funktionen $b^{(\varrho)}$ dem Gleichungssystem

$$b_{,\alpha}^{(\varrho)} + \mu_\alpha^{(\varrho)} + \sum_\sigma b^{(\sigma)} \chi_\alpha^{(\sigma\varrho)} - b^{(\varrho)} \sigma_\alpha = 0 \tag{35.23}$$

genügen müssen, wobei σ_α aus (35.22) zu entnehmen ist. Man hat sich dann noch davon zu überzeugen, daß (35.23) vollständig integrabel ist. Der Beweis dieser Behauptung stützt sich auf die Gleichungen (35.18) und (35.21) (siehe Aufgabe 1, § 35). Damit ist der Satz bewiesen. Es gilt also das folgende grundlegende Ergebnis [71]: *Ein V_n läßt sich genau dann und zwar mit Hilfe der Funktionen σ, ν, die von $r-1$ beliebigen Parametern abhängen, auf einen Einsteinschen Raum $\overset{*}{V}_n$ abbilden, wenn eine ganze Zahl $p > 0$ existiert, für die das Gleichungssystem (35.16) r linear unabhängige Lösungen hat, die alle die Serie S_{p+1} der Verträglichkeitsbedingungen befriedigen.*

Wie schon oben bemerkt, ist der Skalar σ in den Gleichungen (35.8), (35.9) bis auf eine beliebige Konstante bestimmt. Wir wollen versuchen, mit Hilfe dieser Willkür die skalare Krümmung $\overset{*}{R}$ des Einsteinschen Raumes genauer festzulegen. Für $r = 1$ hat man nach dem oben bewiesenen Satz die skalare Krümmung $\overset{*}{R}$ so zu nehmen, wie man sie erhält. Ist aber $r > 1$ und $\overset{*}{R} \neq 0$ die skalare Krümmung, die sich bei einer Abbildung ergibt, die freie Parameter enthält, kann man fragen, ob es möglich ist, $\overset{*}{R}$ in einen vorgegebenen von Null verschiedenen Wert überzuführen. Man kann ebenfalls fragen, ob es möglich ist, $\overset{*}{R}$ in Null überzuführen.

Die Antwort auf diese Frage gibt die folgende Behauptung: *Wenn $r > 1$ ist, kann man immer eine Abbildung bestimmen, für die $\overset{*}{R} = 0$ ist. Zur Bestimmung einer Abbildung, bei der $\overset{*}{R} \neq 0$ ist, genügt es zu fordern, daß die Beziehung*

$$g^{\alpha\beta} \xi_\alpha \eta_\beta \not\equiv 0$$

erfüllt ist, wobei ξ_α, $\overset{1}{\nu}$ *und* η_α, $\overset{*}{\nu}$ *zwei Lösungen (die möglicherweise gleich sein können) des homogenen Systems* $\tilde{S}_0, \ldots, \tilde{S}_p$ *sind.*

In der Tat, $\overset{*}{\sigma}_\alpha = \overset{*}{\sigma}_{,\alpha}\overset{*}{\nu}$ und $\overset{*}{\sigma}{}^{(\varrho)}_{,\alpha} = \sigma_{,\alpha} + \sigma^{(\varrho)}_\alpha$, $\overset{*}{\nu}{}^{(\varrho)} = \overset{*}{\nu} + \nu^{(\varrho)}$ genügen den Gleichungen (35.8), (35.9). Daher bestimmen $\overset{*}{\sigma}$ und $\overset{*}{\sigma}{}^{(\varrho)}$ konforme Abbildungen, denen skalare Krümmungen $\tilde{R}$ und $R^{(\varrho)}$ entsprechen. Wir setzen

$$\sigma^{(\varrho)} = \overset{*}{\sigma}{}^{(\varrho)} - \overset{*}{\sigma}.$$

Nun bestimmen wir die $b^{(\varrho)}$ in den Gleichungen der Form (35.22) so, daß σ_α und ν den Gleichungen (35.8), (35.9) genügen. Bezeichnet man mit $\overset{*}{R}$ die entsprechende skalare Krümmung, so kann man sich leicht davon überzeugen, daß die Beziehung

$$\sum_{\sigma,\varrho} b^{(\sigma)} b^{(\varrho)} \Delta(\sigma^{(\varrho)}, \sigma^{(\sigma)}) + \sum_\sigma D^{(\sigma)} b^{(\sigma)} + \frac{\tilde{R}}{n(n-1)} e^{2\overset{*}{\sigma}} = \frac{\overset{*}{R}}{n(n-1)} e^{2\sigma}$$

gilt, wobei

$$\Delta(\sigma^{(\sigma)}, \sigma^{(\sigma)}) = g^{\alpha\beta} \sigma^{(\varrho)}_{,\alpha} \sigma^{(\sigma)}_{,\beta},$$

$$D^{(\sigma)} = -\Delta_1 \sigma^{(\sigma)} + \frac{e^{2\overset{*}{\sigma}}}{n(n-1)} \left[\tilde{R} - R^{(\sigma)} e^{2\sigma^{(\sigma)}}\right]$$

ist. Daraus folgt unmittelbar, daß man durch passende Wahl der Anfangswerte von $b^{(\varrho)}$ für $\overset{*}{R}$ eine vorgegebene Größe erhalten kann, wenn nur

$$\Delta(\sigma^{(\varrho)}, \sigma^{(\sigma)}) \neq 0 \quad (\sigma, \varrho = 1, \ldots, r-1),$$

$$\tilde{R} = \tilde{R}^{(\varrho)} \neq 0 \quad (\varrho = 1, 2, \ldots, r-1)$$

gilt. Daraus folgt die Richtigkeit der zu beweisenden Behauptung.

Im Spezialfall $n = 4$ ist folgendes Lemma wesentlich: *Für* $n = 4$ *folgt aus der Gleichung*

$$\sigma^\alpha C_{\alpha\beta\gamma\delta} = 0, \tag{35.24}$$

daß

$$C_{\alpha\beta\gamma\delta} = 0 \tag{35.25}$$

oder

$$g^{\alpha\beta} \sigma_\alpha \sigma_\beta = 0 \tag{35.26}$$

gilt.

Beim Beweis folgen wir einem Gedankengang von SCHOUTEN. Die Gleichung (35.24) ist äquivalent der Behauptung, daß der Tensor $C_{\alpha\beta\gamma\delta}$ zu einem dreidimensionalen Raum gehört, der orthogonal zum Vektor σ^α ist. Unter der Voraussetzung, daß dieser Vektor nichtisotrop ist und (35.26) also nicht gilt, erhält man, daß die Hyperfläche, in welcher der Tensor $C_{\alpha\beta\gamma\delta}$ definiert ist, nichtisotrop ist (siehe § 7), d. h., es wird in ihr eine RIEMANNsche Geometrie V_3 mit nichtausgeartetem metrischem Tensor induziert.

In V_3 läßt sich ein beliebiger Tensor P_{ijkl}, der den algebraischen Eigenschaften des Krümmungstensors genügt, immer in der Form

$$P_{ijkl} = g_{ik} Q_{jl} - g_{il} Q_{jk} + g_{jl} Q_{ik} - g_{jk} Q_{il}$$

darstellen (siehe Aufgabe 3, § 8), wobei Q_{ij} ein symmetrischer Tensor ist. Wenn außerdem $g^{il} P_{ijkl} = 0$ gilt, ist der Tensor P_{ijkl} gleich Null. Für die Anwendung auf den betrachteten Fall bemerken wir, daß der Tensor der konformen Krümmung den angegebenen Eigenschaften für P_{ijkl} genügt. Es ist also $C_{\alpha\beta\gamma\delta} = 0$.

Für $n = 4$ ist daher die Frage, ob das Gradientenfeld σ_α isotrop ist oder nicht, wesentlich. Wir unterscheiden daher zwei Fälle:

$$\alpha) \quad \Delta_1 \sigma \overset{\text{def}}{=} g^{\alpha\beta} \sigma_{,\alpha} \sigma_{,\beta} \neq 0 .$$

In diesem Falle nennen wir die Abbildung *nichtisotrop*.

$$\beta) \quad \Delta_1 \sigma \equiv 0 .$$

In diesem Falle sprechen wir von einer *isotropen* Abbildung.

Wenn die Metrik von V_n definit und die Abbildung mit Hilfe von reellen Funktionen definiert ist, kann der Fall β nicht eintreten. Bei indefiniter Metrik sind beide Fälle möglich und müssen gesondert untersucht werden.

Aufgaben

1. Man zeige, daß das System (35.23) vollständig integrabel ist.

2. Ein nicht konform-ebener Raum V_4 läßt sich genau dann nichtisotrop auf einen EINSTEINschen Raum abbilden, wenn die Gleichung S_0 eine (notwendigerweise eindeutige) Lösung hat, die zusammen mit einem (auch notwendig eindeutigen) Skalar λ den Bedingungen S_1 und S_2 genügt. Beweis! (BRINKMAN [71], S. 278).

3. Man beweise, daß ein nicht konform-ebener Raum V_4, der nicht EINSTEINscher Raum ist und in dem $S_{\alpha\beta\gamma} = 0$ ist (siehe (35.10) und (35.12)) sich nicht nichtisotrop auf einen EINSTEINschen Raum abbilden läßt ([71], S. 278).

§ 36. Abbildung Einsteinscher Räume auf Einsteinsche Räume. Nichtisotroper Fall

Wenn sowohl der $\overset{*}{V}_n$ als auch der V_n EINSTEINsche Räume sind, gilt

$$R_{\alpha\beta} = \frac{R}{n} g_{\alpha\beta}, \quad R = \text{const.} \tag{36.1}$$

Der einfachste Fall, in dem eine solche Abbildung möglich ist, ist der Fall, daß

$$\sigma_{,\alpha} = 0, \quad \nu = -\frac{R}{2n(n-1)} e^{2\sigma} \tag{36.2}$$

gilt, da (36.2) offenbar den Gleichungen S_q genügt. Geometrisch bedeutet diese Abbildung nur eine Änderung der Maßstäbe längs der Parameterkurven. Daher wird sie im folgenden *trivial* genannt.

Wie schon in § 35 gezeigt wurde, ist bei einer nichttrivialen Abbildung der Fall möglich, daß ein Raum mit nichtverschwindender skalarer Krümmung auf einen Raum mit verschwindender skalarer Krümmung abgebildet wird und umgekehrt. Wir bezeichnen die Räume mit nichtverschwindender skalarer Krümmung mit G_n und die Räume mit verschwindender skalarer Krümmung mit $\overset{0}{G}_n$. Durch Anwendung der in § 35 bewiesenen Sätze ergibt sich ohne Schwierigkeiten folgendes: Wenn sich $G_n\,(\overset{0}{G}_n)$ auf wesentlich mehr als eine Art auf $\overset{0}{G}_n\,(G_n)$ abbilden läßt, gibt es eine nichttriviale Abbildung von $G_n\,(\overset{0}{G}_n)$ auf $G_n\,(\overset{0}{G}_n)$. Wenn sich G_n nichttrivial auf G_n abbilden läßt, kann man G_n auch auf $\overset{0}{G}_n$ abbilden. Endlich kann man $\overset{0}{G}_n$ auf G_n abbilden, wenn sich $\overset{0}{G}_n$ nichttrivial auf $\overset{0}{G}_n$ abbilden läßt. Hierbei kann es allerdings Ausnahmen geben, wenn für zwei beliebige Funktionen σ, $\tilde{\sigma}$ die zwei nichttriviale Abbildungen definieren, die Beziehung

$$g^{\alpha\beta}\sigma_{,\alpha}\tilde{\sigma}_{,\beta} = 0$$

gilt.

Für das weitere ist es vorteilhaft, die unbekannten Funktionen umzuformen. Dazu setzen wir

$$\sigma = -\ln\psi, \quad \nu\psi = N - \frac{1}{2}K\psi, \quad K = \frac{R}{n(n-1)}. \tag{36.3}$$

Es gilt

$$\overset{*}{R}_{\alpha\beta} = \frac{1}{n}\overset{*}{R}\overset{*}{g}_{\alpha\beta}. \tag{36.4}$$

Wegen

$$\overset{*}{g}_{\alpha\beta} = \frac{1}{\psi^2}g_{\alpha\beta} \tag{36.5}$$

können wir in (36.4) alle Tensoren aus dem $\overset{*}{V}_n$ durch Tensoren des Raumes V_n und durch ψ ausdrücken. Es ergibt sich, daß der $\overset{*}{V}_n$ genau dann ein Einsteinscher Raum ist, wenn die Beziehungen

$$\psi_{,\alpha\beta} = Ng_{\alpha\beta}, \tag{36.6}$$

$$2N\psi = K\psi^2 + \Delta_1\psi - \overset{*}{K} \tag{36.7}$$

gelten, wobei

$$\Delta_1\psi = g^{\alpha\beta}\psi_{,\alpha}\psi_{,\beta}, \quad \overset{*}{K} = \frac{\overset{*}{R}}{n(n-1)}$$

ist. Wir bemerken, daß N von ψ linear abhängt. Durch kovariante Differentiation erhält man aus (36.7)

$$N_{,\alpha}\psi + N\psi_{,\alpha} = K\psi\psi_{,\alpha} + g^{\sigma\tau}\psi_{,\sigma}\psi_{,\tau\alpha},$$

und mit Hilfe von (36.6) findet man $N_{,\alpha} = K\psi_{,\alpha}$. Daher ist

$$N = K\psi + D, \quad D = \text{const.}$$

Ersetzt man in (36.6), (36.7) N durch ψ, so ergibt sich das Gleichungssystem

$$\psi_{,\alpha\beta} = (K\psi + D)g_{\alpha\beta}, \tag{36.8}$$

$$\Delta_1\psi = K\psi^2 + 2D\psi + \overset{*}{K}, \tag{36.9}$$

wobei übrigens (36.9) eine einfache Folge von (36.8) ist, da sich aus (36.8)

$$[\Delta_1\psi - (K\psi^2 + 2D\psi)]_{,\alpha} = 2g^{\sigma\tau}\psi_{,\sigma}\psi_{,\tau\alpha} - 2K\psi\psi_{,\alpha} - 2D\psi_{,\alpha} = 0$$

ergibt und bei konstantem $\overset{*}{K}$ also (36.9) gelten muß.

Die im vorigen Paragraphen gegebene Definition der isotropen Abbildung hat die Form

$$\Delta_1\psi \equiv 0,$$

wobei σ durch ψ ausgedrückt ist. Aus (36.9) folgt daher, daß eine nichttriviale Abbildung genau dann isotrop ist, wenn

$$K = \overset{*}{K} = D = 0 \tag{36.10}$$

gilt. *Daher lassen sich* EINSTEIN*sche Räume nur dann aufeinander isotrop abbilden, wenn ihre skalaren Krümmungen verschwinden.*

$\psi^{(1)}$ bzw. $\psi^{(2)}$ sei eine Lösung des Gleichungssystems (36.8), der die Konstante $K^{(1)}$ bzw. $K^{(2)}$ entspricht. Wenn wir

$$\psi = a\psi^{(1)} + b\psi^{(2)} + c$$

setzen, wobei a, b, c Konstanten sind, ergibt sich

$$\psi_{\alpha\beta} = (K\psi + D)g_{\alpha\beta}$$

mit

$$D = aD^{(1)} + bD^{(2)} - Kc,$$

d. h., das System (36.8) ist linear. Dementsprechend sagen wir, die Folge von Lösungen $\psi^{(1)}, \psi^{(2)}, \ldots, \psi^{(p)}$ sei *unabhängig*, wenn es keine Beziehung der Form

$$\sum_{r=1}^{p} c_r\psi^{(r)} = d, \quad c_r, d = \text{const} \neq 0$$

gibt.

Die konformen Abbildungen, die unabhängigen Lösungen entsprechen, nennen wir gleichfalls *unabhängig*. Der allgemeinste EINSTEINsche Raum $\overset{*}{V}_n$, der zum EINSTEINschen Raum V_n mit der Metrik ds^2 konform ist, hat also die Metrik

$$\overset{*}{d}s^2 = \frac{1}{(c_1\psi^{(1)} + \cdots + c_r\psi^{(r)} + d)^2}\, ds^2 .$$

In diesem Pragraphen betrachten wir den Fall einer nichtisotropen Abbildung:

$$\Delta_1 \psi \not\equiv 0 . \tag{36.11}$$

Das bedeutet, daß die Hyperflächen $\psi = \text{const}$ nichtisotrop sind und daher als Koordinatenflächen benützt werden können. Wir führen ein nichtisotropes, *fast-*GAUSS*sches* Koordinatensystem ein, das sich von einem GAUSSschen Koordinatensystem dadurch unterscheidet, daß man als Parameter längs der Koordinatenkurven nicht die Länge des Bogens sondern, irgendeine Funktion des Bogens nimmt. Offensichtlich läßt sich unter der Bedingung (36.11) immer ein solches Koordinatensystem konstruieren, bei dem $x^{n'} = \psi(x^1, \ldots, x^n)$ ist. In einem solchen Bezugssystem (siehe § 7) hat der metrische Tensor die Komponenten

$$g_{i'n'} = g^{i'n'} = 0 , \quad \partial_i g_{nn} = 0 \;\; (i \neq n) . \tag{36.12}$$

Wir führen die Bezeichnung

$$g^{n'n'} = \frac{1}{g_{n'n'}} \overset{\text{def}}{=} f$$

ein. Stellt man dann die Gleichung (36.8) im neuen Koordinatensystem auf, so findet man (siehe Aufgabe 1, § 36), daß

$$f = K x^{n2} + 2 D x^n + B , \quad B = \text{const} , \tag{36.13}$$

$$g_{ij} = f \overset{*}{g}_{ij} , \quad \check{g}_{ij} = \check{g}_{ij}(x^1, x^2, \ldots, x^{n-1}) \;\; (i, j \neq n) \tag{36.14}$$

gilt.

Daher hat die Metrik von V_n in diesem Koordinatensystem die Form

$$ds^2 = \frac{1}{f}\, dx^{n2} + f\, d\sigma^2 , \quad d\sigma^2 = \check{g}_{ij}\, dx^i\, dx^j , \tag{36.15}$$

wobei also $d\sigma^2$ die Metrik eines nichtisotropen Raumes $\overset{*}{V}_{n-1}$ definiert.

Um nun zu prüfen, wann die durch (36.15) definierte Metrik ds^2 einen EINSTEINschen Raum darstellt, genügt es zu untersuchen, wann die Bedingung

$$R_{\alpha\beta} = (n-1) K g_{\alpha\beta} \tag{36.16}$$

erfüllt ist. Wenn man die Komponenten des Ricci-Tensors für die Metrik (36.15) berechnet, erhält man

$$R_{ij} = \check{R}_{ij} + \left[\frac{1}{2} f f'' + \frac{1}{4}(n-2) f'^2\right] \check{g}_{ij},$$

$$R_{in} = 0, \quad R_{nn} = \frac{1}{2}(n-1)\frac{f''}{f},$$

wobei der Strich „′" die Differentiation nach x^n bedeutet. (36.16) gilt also nur, wenn

$$\check{R}_{ij} = \left[(n-1)Kf - \frac{1}{2} f f'' - \frac{1}{4}(n-2) f'^2\right] \check{g}_{ij}, \quad f'' = 2K \qquad (36.17)$$

ist. Ersetzen wir hierin f durch den Ausdruck in (36.13), so ergibt sich

$$R_{ij} = (n-2)\check{K}\check{g}_{ij} = \frac{\check{R}}{n-1}\check{g}_{ij} \qquad (36.18)$$

mit

$$\check{K} = \frac{\check{R}}{(n-1)(n-2)} = BK - A^2. \qquad (36.19)$$

Daher gilt der folgende Satz ([73], S. 125): *Ein Einsteinscher Raum läßt sich genau dann auf einen anderen Einsteinschen Raum in nichtisotroper Weise konform abbilden, wenn in einem speziellen Koordinatensystem die Metrik die Form* (36.15) *hat, wobei f durch die Formel* (36.13) *gegeben ist. $d\sigma^2$ definiert hierbei notwendig einen Einsteinschen Raum V_{n-1} mit der skalaren Krümmung* (36.19).

Wenn $n > 3$ und V_{n-1} ein Raum konstanter Krümmung ist, ist auch V_n ein Raum konstanter Krümmung. In der Tat, wenn $\check{V}_{n-1}$ ein Raum S_{n-1} und f eine Funktion von x^n ist, erhält man durch Berechnung des Tensors der konformen Krümmung (§ 34)

$$C_{ijkl} = f\check{C}_{ijkl} \quad (i, j, k, l = 1, \ldots, n-1),$$

$$C_{nijn} = 0, \quad C_{nijk} = 0,$$

d. h. $C_{\alpha\beta\gamma\delta} = 0$. Für $n > 3$ ist diese Bedingung aber notwendig und hinreichend dafür, daß der V_n konform-eben ist (siehe Aufgabe 4, § 34). Jeder konform-ebene Einsteinsche Raum ist ein Raum konstanter Krümmung. Ist speziell $n = 4$, so definiert die Metrik $d\sigma^2$ einen Raum S_3, da jeder dreidimensionale Einsteinsche Raum ein Raum konstanter Krümmung ist (siehe § 13). *Daher ist ein Einsteinscher Raum V_4, der sich mit Hilfe einer nichtisotropen Abbildung auf einen anderen Einsteinschen Raum abbilden läßt, ein Raum konstanter Krümmung S_4.*

Aufgaben

1. Wenn sich zwei EINSTEINsche Räume mit nichtverschwindenden skalaren Krümmungen aufeinander nichtisotrop konform abbilden lassen, ist jeder von ihnen isometrisch zu einem Raum, der durch eine bestimmte Skalentransformation aus dem anderen hervorgeht (BRINKMANN [73]).

2. Man beweise einen Satz, der dem in Aufgabe 1 formulierten Satz analog ist, für den Fall, daß beide skalaren Krümmungen gleich Null sind.

3. Man zeige, daß bei den Bedingungen von Aufgabe 1 oder Aufgabe 2 jedoch unter der Voraussetzung, daß von den beiden skalaren Krümmungen nur eine gleich Null ist, die abgebildeten Räume nicht isometrisch sein können ([73], S. 126).

4. Die Metrik (36.15) gestattet die Transformation $x^n \to x'^n + a$. Man zeige, daß dabei $K' = Ka^2 + 2Aa + B$ gilt ([73], S. 126).

5. Man beweise folgende Behauptung: Ein EINSTEINscher Raum läßt sich nur dann auf einen anderen EINSTEINschen Raum nichtisotrop konform und auf einen dritten EINSTEINschen Raum isotrop konform abbilden, wenn sich der Raum $\check{V}_{n-1}$ nichttrivial auf einen $(n-1)$-dimensionalen EINSTEINschen Raum abbilden läßt ([73], S. 130).

§ 37. Abbildung Einsteinscher Räume. Isotroper Fall

Wir wollen EINSTEINsche Räume untersuchen, die sich isotrop auf einen anderen EINSTEINschen Raum abbilden lassen. Aus (36.8), (36.9), (36.10) folgt, daß eine solche Abbildung nur möglich ist, wenn die Funktion ψ dem Gleichungssystem

$$\psi_{,\alpha\beta} = 0, \tag{37.1}$$

$$\Delta_1 \psi = 0 \tag{37.2}$$

genügt. Die Gleichung (37.2) hat den geometrischen Sinn, daß die Flächen $\psi = \text{const}$ isotrop sind. Daher läßt sich in diesem Fall nicht wie im vorigen Paragraphen mit Hilfe der Hyperflächen $\psi = \text{const}$ ein Analogon eines nichtisotropen GAUSSschen Koordinatensystems, wohl aber ein isotropes GAUSSsches Koordinatensystem einführen (siehe § 7). Wir wählen das Koordinatensystem so, daß

$$g^{i(n-1)} = 0 \; (i = 1, \ldots, n-2), \quad g^{nn} = 0, \; g^{(n-1)n} = 1 \tag{37.3}$$

und folglich

$$g_{i(n-1)} = 0, \quad g_{(n-1)(n-1)} = 0, \quad g_{n(n-1)} = 1$$

gilt. Die Matrizen $(g_{\alpha\beta})$ und $(g^{\alpha\beta})$ haben die Form

$$\left(\begin{array}{c|cc} & 0 & \omega_1 \\ & \cdot & \cdot \\ g_{ij} & \cdot & \cdot \\ & \cdot & \cdot \\ & 0 & \omega_{n-2} \\ \hline 0 \ldots 0 & 0 & 1 \\ \omega_1 \ldots \omega_{n-2} & 1 & \omega_n \end{array}\right), \quad \left(\begin{array}{c|cc} & -m^1 & 0 \\ & \cdot & \cdot \\ g_{ij} & \cdot & \cdot \\ & \cdot & \cdot \\ & -m^{n-2} & 0 \\ \hline -m^1 \ldots -m^{n-2} & \Omega & 1 \\ 0 \ldots 0 & 1 & 0 \end{array}\right) \tag{37.4}$$

$$(i, j = 1, \ldots, n-2),$$

wobei

$$m^i = g^{ij} m_j, \quad \Omega = -\omega_n + \omega^i \omega_i, \quad m_j = \omega_j \tag{37.5}$$

ist. Die Metrik von V_n läßt sich also in diesem Koordinatensystem folgendermaßen schreiben:

$$ds^2 = g_{ij}\, dx^i\, dx^j + (2dx^{n-1} + 2\omega_i\, dx^i + \omega_n\, dx^n)\, dx^n. \tag{37.6}$$

In § 7 wurde gezeigt, daß diese Koordinaten für einen beliebigen Raum V_n mit indefiniter Metrik möglich ist. Bei der zu untersuchenden isotropen Abbildung muß, wie schon in § 35 bemerkt, eine indefinite Metrik vorliegen. Aus (37.1) folgt, daß der Gradientenvektor $\psi_{,\alpha}$ in der betrachteten Aufgabe kovariant konstant ist. ψ spielt im neuen Koordinatensystem die Rolle von $x^{n'}$. Wegen

$$\psi_{,\alpha\beta} \equiv \partial_{\alpha\beta}\psi - \Gamma^{\sigma}_{\alpha\beta}\psi_{,\sigma} = 0 \tag{37.7}$$

ergibt sich daher

$$\Gamma^n_{\alpha\beta} = 0, \quad \partial_{n-1}\, g_{\alpha\beta} = 0 \ (\alpha, \beta = 1, \ldots, n), \tag{37.8}$$

d. h., im neuen Koordinatensystem kann $g_{\alpha\beta}$ eine Funktion nur von $x^1, \ldots, x^{n-2}$, x^n sein.

Wir müssen untersuchen, unter welchen Bedingungen ein Raum mit der Metrik (37.6) ein EINSTEINscher Raum ist.

Betrachten wir den Raum $\check{V}_{n-2}$, dessen Metrik durch die Formel

$$d\sigma^2 = g_{ij}\, dx^i\, dx^j \tag{37.9}$$

gegeben ist, so daß sich die Metrik von V_n in der Form

$$ds^2 = d\sigma^2 + (2dx^{n-1} + 2\omega_i\, dx^i + \omega_n\, dx^n)\, dx^n \tag{37.10}$$

darstellen läßt. Die zu $\check{V}_{n-2}$ gehörigen Größen heben wir durch das Zeichen „ˇ" hervor. Wenn man dann die Bezeichnungen

$$G_{ij} = \partial_n g_{ij}, \quad G^i_j = g^{ik} G_{kj}, \quad G^{ij} = g^{ik} G^j_k, \quad G = G^i_i, \tag{37.11}$$

$$F_{ij} = G_{ij} + \omega_{i,j} - \omega_{j,i}, \quad F^i_j = g^{ik} G_{kj}, \tag{37.12}$$

$$M_i = \partial_n \omega_i, \quad M^i = g^{ik} M_k, \quad M = \partial_n \omega_n \tag{37.13}$$

einführt, hat der RICCI-Tensor die Form

$$R_{ij} = \check{R}_{ji}, \tag{37.14}$$

$$R_{in} = \frac{1}{2} (G_{,i} - F^k_{i,k}), \tag{37.15}$$

$$R_{nn} = \frac{1}{2} \left(\check{\Delta}_2 \omega_n + \partial_n G + \frac{1}{2} F^k_i F^i_k - 2 M^i_{,i} \right), \tag{37.16}$$

und alle übrigen Komponenten sind identisch gleich Null. Dabei ist

$$\check{\Delta}_2 \omega_n \overset{\text{def}}{=} g^{ik} \omega_{n,ik}.$$

Wegen $R_{(n-1)n} = 0$ und $g_{(n-1)n} = 1$ kann der gesuchte Raum V_n offensichtlich nur ein Raum mit verschwindender skalarer Krümmung sein. Dann folgt aber aus (37.14), daß auch $\check{V}_{n-2}$ ein EINSTEINscher Raum mit verschwindender skalarer Krümmung sein muß.

Außerdem folgt aus (37.15) und (37.16)

$$G_{,i} - F^k_{i,k} = 0, \tag{37.17}$$

$$\check{\Delta}_2 \omega_n + \partial_n G + \frac{1}{2} F^k_i F^i_k - 2 M^i_{,i} = 0. \tag{37.18}$$

V_{n-2} sei gegeben als EINSTEINscher Raum mit verschwindender skalarer Krümmung. Wir zeigen, daß man in diesem Fall ω_i und ω_n immer so als Funktionen von $x^1, \ldots, x^{n-2}, x^n$ definieren kann, daß der gesuchte Raum V_n ein EINSTEINscher Raum wird. Wir bezeichnen in (37.17) alle Glieder, die nicht von ω_n abhängen, mit f_i. Dann läßt sich (37.17) in der Form

$$g^{kl} (\omega_{i,kl} - \omega_{l,ik}) = f_i \tag{37.19}$$

schreiben, wobei

$$f_i = G^k_{i,k} - G_{,i}$$

gilt. Durch Heben des Index in (37.19) ergibt sich

$$[g^{ji} g^{kl} (\partial_l \omega_i - \partial_i \omega_l)]_{,k} = f^j.$$

Da in der eckigen Klammer ein alternierender Tensor steht, kann man unter Benutzung des Ausdrucks für die Divergenz eines solchen Tensors (siehe Aufgabe 4,

§ 3) den Ausdruck in der Form

$$\partial_k \left[\sqrt{g}\, g^{ij} g^{kl} (\partial_l \omega_i - \partial_i \omega_l)\right] = \sqrt{g}\, f^i \tag{37.20}$$

schreiben, wobei

$$f^j = g^{jk} f_k$$

gilt.

Bestimmen wir die notwendigen und hinreichenden Integrabilitätsbedingungen für die Gleichungen (37.20). Wir differenzieren (37.20) gewöhnlich nach x^i und verjüngen bezüglich der Indizes i und j. Dann ergibt sich

$$\partial_j \left(\sqrt{g}\, f^j\right) = 0. \tag{37.21}$$

Wir zeigen, daß (37.21) auch die hinreichende Integrabilitätsbedingung für die Gleichungen (37.20) ist. Wegen (siehe Aufgabe 3, § 3)

$$\frac{1}{\sqrt{g}} \partial_i \left(\sqrt{g}\, f^i\right) = f^i_{,i} = G^{ij}{}_{,ij} - g^{ij} G_{,ij} = \partial_n R$$

und $R = 0$, $\sqrt{g} \neq 0$ gilt

$$\partial_i \left(\sqrt{g}\, f^i\right) = 0,$$

d. h., wenn (37.21) erfüllt ist, gilt auch die Integrabilitätsbedingung von (37.20). Daher kann man ω_i so bestimmen, daß (37.20) befriedigt wird. Setzen wir die gefundenen Werte von ω_i in (37.18) ein, so können wir ω_n bestimmen. Damit ist V_n ein Einsteinscher Raum. Wenn die Metrik speziell die Form

$$ds^2 = g_{ij}\, dx^i\, dx^j + 2\, dx^{n-1}\, dx^n \quad (i, j = 1, \ldots, n-2)$$

hat, lassen sich die Gleichungen (37.17), (37.18) folgendermaßen schreiben:

$$G_{,i} - G^k{}_{i,k} = 0, \quad \partial_n G + \frac{1}{2} G^i{}_k G^k{}_i = 0. \tag{37.22}$$

Berechnet man die Komponenten des Krümmungstensors, so kann man sich davon überzeugen, daß dabei die folgenden von Null verschieden sind:

$$\left.\begin{aligned}
R^i{}_{kjl} &= \check{R}^i{}_{kjl}, \quad R^i{}_{njk} = \frac{1}{2}\left(G^i{}_{k,j} - G^i{}_{j,k}\right),\\
R^{n-1}{}_{jkl} &= \frac{1}{2}\left(G_{jk,l} - G_{jl,k}\right),\\
R^i{}_{nnj} &= \frac{1}{2}\left(G^i{}_j + \frac{1}{2} G^i{}_k\, G^k{}_j\right),\\
R^{n-1}{}_{ijn} &= \frac{1}{2}\left(\partial_n G_{ij} - \frac{1}{2} G^k{}_i\, G_{kj}\right).
\end{aligned}\right\} \tag{37.23}$$

Demnach ist es offensichtlich, daß im allgemeinen Fall, selbst wenn $\check{V}_{n-2}$ ein ebener Raum ist, der Raum V_n nicht eben zu sein braucht (siehe Aufgabe 2, § 37).

Betrachten wir speziell den Fall $n = 4$, der von besonderem Interesse ist. Da wir gezeigt haben, daß $\check{V}_{n-2}$ bei der betrachteten Abbildung ein EINSTEINscher Raum mit verschwindender skalarer Krümmung sein muß und jeder Raum V_2, dessen RICCI-Tensor $R_{\alpha\beta}$ gleich Null ist, ein ebener Raum ist, läßt sich das Linienelement des gesuchten Raumes V_4 auf die Form

$$ds^2 = g_{11}\,dx^{1^2} + 2g_{12}\,dx^1\,dx^2 + g_{22}\,dx^{2^2} + (2dx^3 + 2a\,dx^1 + 2b\,dx^2 + m\,dx^4)\,dx^4 \qquad (37.24)$$

bringen. Dabei definiert die Metrik

$$d\sigma^2 = g_{ij}\,dx^i\,dx^j \quad (i, j = 1, 2)$$

für alle Werte der Veränderlichen x^4 einen ebenen Raum mit einer Metrik vom Typ $(++)$ oder $(+-)$. Die unwesentliche Multiplikation der Metrik mit -1 ist hierbei nicht berücksichtigt. a, b, m sind Funktionen von x^1, x^2, x^4. Wenn man die Metrik $d\sigma^2$ so vorgibt, daß sie für beliebiges x^4 einen ebenen Raum definiert und die Gleichungen (37.17) und (37.18) integriert, erhält man die allgemeine Form der EINSTEINschen Räume V_4, die sich isotrop konform anf einen anderen EINSTEINschen Raum abbilden lassen [73].[1])

Aufgaben

1. Man zeige, daß eine Koordinatentransformation der Form

$$x^{i'} = x^{i'}(x^1, \ldots, x^{n-2}, x^n) \quad (i = 1, \ldots, n-2),$$
$$x^{n-1'} = x^{n-1} + z(x^1, x^{n-2}, x^n), \quad x^{n'} = x^n$$

die Metrik (37.6) fest läßt. Man vereinfache die Metrik (37.6) mit Hilfe der Funktionen $x^{i'}$ $(i' = 1, \ldots, n-2)$ und z.

2. Man zeige, daß die Metrik

$$ds^2 = 2dx^{n-1}\,dx^n + (ax^n + b)^2 g_{ij} dx^i\,dx^j \quad (i, j = 1, \ldots, n-2),$$

in der a, b Konstanten und $g_{ij} = g_{ij}(x^1, \ldots, x^{n-2})$ einen $(n-2)$-dimensionalen EINSTEINschen Raum definiert, eine isotrope konforme Abbildung auf einen EINSTEINschen Raum $\overset{*}{V}_n$ gestattet. Man bestimme die Metrik von $\overset{*}{V}_n$. Man untersuche den Spezialfall $a = 0$ und $b = 0$ ([71], S. 136).

3. Wann definiert die Metrik

$$ds^2 = 2dx^1\,dx^2 + 2dx^3\,dx^4 + 2f(x^1, x^4)\,dx^1\,dx^4 + 2g(x^2, x^4)\,dx^2\,dx^4$$

---

[1]) Ist dieser V_4 überall regulär, so ist er isometrisch zu den ebenen Wellen (27.1) [427, 468]. (Anm. d. Red.)

einen EINSTEINschen Raum, der sich isotrop konform auf einen anderen EINSTEINschen Raum $\overset{*}{V}_4$ abbilden läßt? Man bestimme die Metrik von $\overset{*}{V}_4$.

4. Man zeige, daß ein EINSTEINscher Raum V_4 mit nichtkonstanter Krümmung nur dann eine konforme Abbildung, die nicht von $x^4 = \psi$ abhängt, auf einen anderen EINSTEINschen Raum gestattet, wenn diese Abbildung isotrop ist.

5. Wann genügt der Raum V_4 mit der Metrik

$$ds^2 = 2dx^1\,dx^2 + 2dx^3\,dx^4 + 2f(x^1, x^4)\,dx^1\,dx^4$$

den Bedingungen der Aufgabe 4 [73]?

6. Der Raum V_4 in Aufgabe 5 läßt sich als Hyperfläche in einem fünfdimensionalen euklidischen Raum einbetten [76].

7. Der Raum V_4 in Aufgabe 3 läßt sich als vierdimensionale Fläche in einen siebendimensionalen euklidischen Raum einbetten.

8. Man zeige, daß der Raum V_4 mit der Metrik

$$ds^2 = 4[dx^1\,dx^2 + dx^3\,dx^4 + (x^1\,dx^1 + x^3\,dx^3)^2]$$

ein EINSTEINscher Raum ist und sich in einen fünfdimensionalen euklidischen Raum mit der Metrik

$$ds^2 = dy^{1^2} - dy^{2^2} + dy^{3^2} - dy^{4^2} + dy^{5^2}$$

mit Hilfe der Gleichungen

$$y^1 = x^1 + x^2, \quad y^2 = x^1 - x^2, \quad y^3 = x^3 + x^4,$$

$$y^4 = x^3 - x^4, \quad y^5 = x^{1^2} + x^{3^2}$$

einbetten läßt [76].

9. Man zeige, daß die Metrik

$$ds^2 = \frac{e_1\,dx^{1^2} + \cdots + e_p\,dx^{p^2}}{\left[1 + \frac{n-2}{p-1}\frac{K_0}{4}\left(e_1 x^{1^2} + \cdots + e_p x^{p^2}\right)\right]^2}$$

$$+ \frac{e_{p+1}\,dx^{p+1^2} + \cdots + e_n\,dx^{n^2}}{\left[1 + \frac{n-2}{n-p-1}\frac{K_0}{4}\left(e_{p+1} x^{p+1^2} + \cdots + e_n x^{n^2}\right)\right]^2}, \quad e_k = \pm 1$$

einen EINSTEINschen Raum definiert, den man in einen Raum S_{n+1} einbetten kann. Die Einbettung kann mit Hilfe der Formeln

$$e_1 z^{1^2} + \cdots + e_{p+1}\,z^{p+1^2} = \frac{p-1}{n-2}\frac{1}{K_0},$$

$$e_{p+2}\,z^{p+2^2} + \cdots + e_{n+2}\,z^{n+2^2} = \frac{n-p-1}{n-2}\frac{1}{K_0}$$

verwirklicht werden, wobei $e = \pm 1$ und S_{n+1} durch die Gleichung

$$e_1 z^{1^2} + \cdots + e_{n+2} z^{n+2^2} = \frac{1}{K_0}$$

definiert ist [76].

10. Man betrachte den Spezialfall von Aufgabe 9, daß

$$ds^2 = \frac{dx^{1^2} + dx^{2^2}}{\left[1 + \frac{K}{4}\left(x^{1^2} + x^{2^2}\right)\right]^2} + \frac{dx^{3^2} + dx^{4^2}}{\left[1 + \frac{K}{4}\left(x^{3^2} + x^{4^2}\right)\right]^2}$$

gilt ([76], S. 103—104).

11. Ein EINSTEINscher Raum V_4 vom hyperbolischen Typ (Signatur der Metrik $(- - - +)$, $R_{\alpha\beta} = K g_{\alpha\beta}$) läßt sich genau dann auf einen anderen EINSTEINschen Raum (mit der gleichen Signatur) so abbilden, daß geodätische Linien in geodätische Linien übergehen, wenn 1. beide Räume konstante Krümmung haben oder 2. die metrischen Tensoren $g_{\alpha\beta}$ und $\overset{*}{g}_{\alpha\beta}$ trivial-konform sind: $g_{\alpha\beta} = \nu \overset{*}{g}_{\alpha\beta}$, $\nu = \text{const}$ (A. S. PETROW [465]).

KAPITEL VII

DAS CAUCHY-PROBLEM FÜR DIE EINSTEINSCHEN FELDGLEICHUNGEN

Die EINSTEINschen Feldgleichungen

$$R_{\alpha\beta} - \frac{R}{2} g_{\alpha\beta} = \lambda T_{\alpha\beta} \qquad (\alpha)$$

führen zu einer relativistischen Mechanik, in der es viele Aufgaben gibt, die zu den Aufgaben der klassischen Mechanik analog sind [194, 209, 232, 247, 266, 267]. In dieser Richtung sind aber nur die ersten Schritte gemacht worden. Eine Ausnahme ist die Aufgabe, die Integrale des Feldes aus den Anfangswerten zu bestimmen (CAUCHY-Problem). Für diese Aufgabe gibt es exakte Ergebnisse, die auf einer strengen Behandlung beruhen. Daher wollen wir in diesem Kapitel das CAUCHY-Problem für das System (α) behandeln. Die vollständigste Lösung findet man in den Arbeiten von LICHNEROWICZ [231, 159, 247]. Hervorzuheben sind auch die grundlegenden Ergebnisse von PETROWSKI [106, 194] für das CAUCHY-Problem in Anwendung auf Gleichungssysteme mit partiellen Ableitungen. Die Arbeiten [189, 226, 209, 247] beschäftigen sich mit der Frage, ob das CAUCHY-Problem für die Gleichungen (α) korrekt aufgestellt ist und diskutieren die daraus zu ziehenden Folgerungen.[1])

Die Lösung des CAUCHY-Problems hängt in der Regel [194] wesentlich von der Klasse der Lösungsfunktionen und von den Anfangsbedingungen ab. Für das System (α) hängt die Frage also von den Bedingungen, die man an die Komponenten des metrischen Tensors $g_{\alpha\beta}(x)$ und des Energie-Impuls-Tensors $T_{\alpha\beta}(x)$ sowie an deren Ableitungen stellt, ab.

§ 38. Die Einsteinschen Feldgleichungen

Entsprechend der Terminologie, die in § 1 eingeführt wurde, sprechen wir von einer Funktion φ der Klasse C^r, wenn φ stetige partielle Ableitungen bis zur Ordnung r hat. Die Klasse der unendlich oft differenzierbaren Funktionen bzw. analytischen Funktionen bezeichnen wir mit dem Symbol C^∞ bzw. C^ω.

Weiter führen wir den Begriff einer Funktion ein, die stückweise von der Klasse C^2 ist. Dazu betrachten wir eine Funktion φ, die in einer Umgebung der Hyperfläche S stetig sei. Das Koordinatensystem sei in V_n so gewählt, daß diese Hyperfläche durch die Gleichung $x^n = 0$ beschrieben wird. Wir nehmen an, daß φ den folgenden Bedingungen genügt:

---

[1]) Zur Charakteristiken- und Bicharakteristiken-Theorie vgl. auch [468]. (Anm. d. Red.)

1. φ gehört zur Klasse C^2 in jeder Umgebung, die zu den Gebieten $x^n > 0$ oder $x^n < 0$ gehört.

2. $\partial_\alpha \varphi$ und $\partial_{\alpha\beta}\varphi$ streben gleichmäßig bestimmten Grenzwerten zu, wenn x^n gegen Null konvergiert, ohne das Vorzeichen zu wechseln. Je nachdem, ob bei $x^n > 0$ oder $x^n < 0$ ist, können die Grenzwerte verschieden sin.

Es ist üblich, den Sprung von φ auf S durch das Symbol $[\varphi]$ zu bezeichnen. Dann läßt sich die Unstetigkeit der Ableitungen von φ auf S nach einem klassischen Ergebnis von HADAMARD ([17], S. 83—87) folgendermaßen ausdrücken:

$$[\partial_i \varphi] = 0, \; [\partial_n \varphi] = A, \tag{38.1}$$

$$[\partial_{ij}\varphi] = 0, \quad [\partial_{in}\varphi] = \partial_i A, \quad [\partial_{nn}\varphi] = B \; (i = 1, \ldots, n-1). \tag{38.2}$$

Dabei sind A und B gewisse auf S definierte Funktionen.

In V_n sei eine Koordinatentransformation der Klasse C^2 durchgeführt. Dann erhält man im neuen Bezugssystem eine Funktion φ und eine Hyperfläche S, die durch eine Gleichung $f(x) = 0$ definiert ist. Es gilt: 1. φ gehört zur Klasse C^2 für jede Umgebung von S, die den Bedingungen $f > 0$ oder $f < 0$ genügt. 2. Die ersten und zweiten Ableitungen von φ konvergieren (bei $f = +0$ und $f = -0$) gleichmäßig gegen definierte Grenzwerte, die im allgemeinen nicht zusammenfallen. Wir nennen nun eine Funktion φ, die in einem Gebiet von V_n gegeben ist, per definitionem *stückweise glatt von der Klasse* C^2, wenn φ in diesem Gebiet zur Klasse C^2 gehört mit Ausschluß der Umgebungen einer endlichen Zahl von Flächensprüngen $S_1, S_2, \ldots, S_k$, für welche die Bedingungen 1 und 2 gelten.

Wir bemerken, daß diese Bedingungen analog zu den Bedingungen in der Theorie der hydrodynamischen Wellen sind.

Die Feldgleichungen (α) gelten in einem Raum-Zeit-Kontinuum V_4, das durch die metrische Form

$$ds^2 = g_{\alpha\beta}(x)\, dx^\alpha\, dx^\beta \tag{38.3}$$

definiert ist. V_4 ist dabei als *differenzierbare Mannigfaltigkeit* definiert. Für das folgende ist es wichtig, den Begriff des Raumes V_4 schärfer zu definieren. Es sei ein n-dimensionaler, topologischer, zusammenhängender Raum V_n gegeben ([205], S. 96). Zu jedem Punkt von V_n gehöre eine Umgebung, die *homöomorph* zu einer euklidischen Sphäre ist (siehe § 1). Wir betrachten ein *offenes* Gebiet D in V_n ([205], S. 91) und bilden dieses Gebiet D auf einen n-dimensionalen euklidischen Raum R_n ab. Dadurch ist in D ein *lokales* Koordinatensystem definiert, wobei jedem Punkt x aus D ein Punkt ξ aus R_n zugeordnet ist. ξ ist durch n reelle Zahlen x^α gegeben. Unter einer *differenzierbaren Mannigfaltigkeit der gegebenen Klasse* C^r verstehen wir einen Raum V_n, dem man eine Menge A lokaler Koordinatensysteme zuordnen kann, die den folgenden Bedingungen genügen:

α) Die A entsprechenden Gebiete bedecken ganz V_n.

β) Es seinen D_1 und D_2 solche Gebiete, wir betrachten ihren Durchschnitt $D_1 \cap D_2$. Wenn dann x in $D_1 \cap D_2$ enthalten ist, sind die Koordinaten des Punktes x in einem lokalen Koordinatensystem von D_1 Funktionen einer Klasse C^r (mit von Null verschiedener JACOBIschen) von den Koordinaten dieses Punktes in dem D_2 entsprechenden lokalen Koordinatensystem.

Die Axiome α und β erlauben Begriffe wie *Äquivalenz* von Gebietsüberdeckungen, *Reflexivität* (Äquivalenz zu sich selbst), *Transitivität* usw. einzuführen. Eine ausführliche Behandlung dieser Fragen findet sich z. B. in dem Buch von L. S. PONTRJAGIN [205].

Als Raum-Zeit-Mannigfaltigkeit V_4, die der Untersuchung der Feldgleichungen (α) zugrunde liegt, wählen wir eine differenzierbare Mannigfaltigkeit V_4, die außer den Bedingungen α und β noch der folgenden Bedingung genügt:

γ) Im Durchschnitt der Gebiete zweier lokaler Koordinatensysteme sind die durch Koordinatentransformation definierten Funktionen *stückweise glatt von der Klasse* C^r.

Konkret wird im folgenden vorausgesetzt, daß im Durchschnitt der Gebiete zweier lokaler Koordinatensysteme die Koordinaten der Punkte des einen Systems mindestens viermal differenzierbare Funktionen (mit nichtverschwindender JACOBIschen) der Punktkoordinaten im anderen System sind. Dabei werden die ersten und zweiten Ableitungen als stetig vorausgesetzt, während es für die dritten und vierten Sprünge, welche vom HADAMARDschen Typus sind, gibt.

Wir setzen weiter voraus, daß die Komponenten des metrischen Tensors $g_{\alpha\beta}(x)$ bzw. ihre Ableitungen $\partial_\gamma g_{\alpha\beta}(x)$ stückweise glatt von der Klasse C^2 bzw. C^1 sind.

Wir betrachten dann eine Hyperfläche S in V_4, die den Punkt x^α enthält. In diesem Punkt kann man den ebenen Berührungsraum R_{n-1} von S konstruieren. Die Richtung eines Vektors von R_{n-1} sei durch den Vektor $\overrightarrow{dx}$ mit den Komponenten dx^α gegeben. Dann kann man den ebenen Berührungsraum durch die Gleichung $v_\alpha dx^\alpha = 0$ definieren, wobei v_α die kovarianten Komponenten des Normalenvektors an R_{n-1} sind. Je nach der Norm dieses Vektors können wir der Hyperfläche S verschiedene Orientierungen in der Raum-Zeit zuordnen. Wenn

$$g^{\alpha\beta} v_\alpha v_\beta > 0$$

gilt, sagen wir, daß die Hyperfläche *räumlich orientiert* ist [bei einer Signatur der Metrik des Raumes von der Form $(- - - +)$], und wenn

$$g^{\alpha\beta} v_\alpha v_\beta < 0$$

gilt, sagen wir, die Hyperfläche sei *zeitlich orientiert*. Mit diesen Begriffen kann man die Wahl der Hyperfläche S, auf der die CAUCHYschen Anfangswerte gegeben sind, genauer festlegen.

Die EINSTEINschen Feldgleichungen (α) wurden, wie schon in § 12 bemerkt, als Folgerung von zwei Forderungen erhalten. Sie sollen erstens eine Verallgemeinerung der LAPLACE-POISSONschen Gleichungen sein, die im kleinen das NEWTONsche Potential bestimmen, und zweitens dem Erhaltungssatz genügen. Bezeichnet man die linke Seite von (α) mit $S_{\alpha\beta}$, so kann man die Feldgleichungen in der Form

$$S_{\alpha\beta} = \lambda T_{\alpha\beta} \tag{38.4}$$

schreiben, wobei der Energie-Impuls-Tensor $T_{\alpha\beta}$ vollständig durch die Verteilung und Bewegung der Materie und $S_{\alpha\beta}$ durch die Metrik des Raum-Zeit-Kontinuums bestimmt ist. Wenn $T_{\alpha\beta} \neq 0$ von Null verschieden ist, sprechen wir im folgenden von dem *inneren Problem*, wenn dagegen $T_{\alpha\beta}$ gleich Null ist und daher von einem freien, energetisch ungestörten Gebiet des Raum-Zeit-Kontinuums die Rede ist, sprechen wir von dem *äußeren* Problem.

Der Aufbau von $T_{\alpha\beta}$ in Abhängigkeit von den nichtgravitativen Feldern wird hier nicht behandelt (s. § 49). Wir bemerken nur, daß der Tensor im wesentlichen die rechte Seite der POISSONschen Gleichung verallgemeinert.

Der *EINSTEINsche Tensor* $S_{\alpha\beta}$, der eine rein geometrische Bedeutung hat, genügt zwei Eigenschaften:

1. $S_{\alpha\beta}$ ist eine Kommitante (d. h. eine rationale Funktion) von $g_{\alpha\beta}$, $\partial_\gamma g_{\alpha\beta}$, $\partial_{\gamma\delta} g_{\alpha\beta}$. Von den zweiten Ableitungen hängt $S_{\alpha\beta}$ linear ab.

2. $S_{\alpha\beta}$ genügt dem Erhaltungsgesetz

$$S^{\alpha}{}_{\beta,\,\alpha} = 0. \tag{38.5}$$

Die Bedingungen 1 und 2 sind Eigenschaften von $S_{\alpha\beta}$, die sich aber physikalisch motivieren lassen. Da man die Gleichungen (α) andererseits aus einem Variationsprinzip erhalten kann und die Bedingungen 1 und 2 eine Folgerung von (α) sind, ist gezeigt, daß diese Bedingungen mit den Variationsprinzipien verträglich sind. EINSTEIN leitete die Feldgleichungen aus den Bedingungen 1 und 2 ab, wobei er die Intuition zu Hilfe nahm. Eine strenge Analyse dieser Bedingungen wurde von CARTAN ([63], S. 141—203) durchgeführt. Dabei ergab sich der folgende Satz: *Wenn $S_{\alpha\beta}$ den Bedingungen 1 und 2 genügt, so gilt*

$$S_{\alpha\beta} = h\left\{R_{\alpha\beta} - \frac{1}{2}(R + k)g_{\alpha\beta}\right\}, \tag{38.6}$$

wobei $R_{\alpha\beta}$ der RICCI-Tensor, R die skalare Krümmung des Raumes und a, h, k beliebige Konstanten sind. Wenn man h auf die andere Seite bringt, erhält man die Feldgleichungen

$$S_{\alpha\beta} \stackrel{\text{def}}{=} R_{\alpha\beta} - \frac{1}{2}(R + k)g_{\alpha\beta} = \lambda T_{\alpha\beta}. \tag{38.7}$$

Die sogenannte *kosmologische Konstante* k, die von EINSTEIN eingeführt wurde ([43], S. 142), um beim sogenannten kosmologischen Problem zu einem statischen, endlichen Weltmodell zu gelangen. Diese Konstante wurde später von EINSTEIN [97] auf Grund physikalischer Überlegungen wieder ausgeschlossen, wonach (38.7) in (38.4) übergeht. Wir bemerken, daß für viele Probleme das Vorhandensein der Konstanten k keinen Einfluß auf Methoden und Ergebnisse hat, man erhält sie einfach durch den automatischen Übergang von R zu $R + k$.

Wenn man annimmt, daß der Tensor $S_{\alpha\beta}$ durch die Formel (38.6) definiert ist, folgt das Erhaltungsgesetz (38.5) unmittelbar aus der BIANCHI-Identität (5.16). Durch Verjüngung bezüglich σ, γ erhält man

$$-R_{\alpha\beta,\,\delta} + R_{\alpha\delta,\,\beta} + R^{\sigma}{}_{\alpha\delta\beta,\,\sigma} = 0,$$

woraus durch nochmalige Verjüngung bezüglich α und β die Beziehung

$$R_{,\beta} - 2R^{\sigma}{}_{\delta,\sigma} = 0$$

folgt. Da k eine Konstante ist, gilt wegen dieser Identität für $S_{\alpha\beta}$ der Erhaltungssatz unabhängig davon, ob $S_{\alpha\beta}$ der EINSTEIN-Tensor ist oder mit Hilfe von (38.7) definiert ist.

§ 39. Das äußere Cauchy-Problem

Wir betrachten das CAUCHY-Problem für ein Gebiet von V_4, in dem der Energie-Impuls-Tensor $T_{\alpha\beta}$ vernachlässigt werden kann. Wenn man von (38.7) ausgeht, haben die Gleichungen die Form

$$R_{\alpha\beta} = \frac{1}{2}(R + k)g_{\alpha\beta} = \varkappa g_{\alpha\beta}, \quad \varkappa = \frac{1}{2}(R + k). \tag{39.1}$$

Wenn in dieser Gleichung bezüglich α und β verjüngt wird, erhält man die Abhängigkeit zwischen der Konstanten k und der skalaren Krümmung des Raumes in der Form

$$R = -2k. \tag{39.2}$$

Speziell für die Gleichung (α), für welche die kosmologische Konstante k verschwindet, erhält man $R = 0$, und die Feldgleichen haben für den *freien Raum* die Form

$$R_{\alpha\beta} = 0. \tag{39.3}$$

Die Lösung des CAUCHY-Problems für die Gleichungen (39.1) oder (39.3), die sich nicht wesentlich unterscheiden, sind von selbständigem Interesse. Außerdem sind sie bei der Betrachtung des inneren CAUCHY-Problems nützlich.

Es sei eine Hyperfläche S des Raum-Zeit-Kontinuums V_4 mit dem metrischen Tensor $g_{\alpha\beta}(x)$ gegeben. Das CAUCHY-Problem läßt sich dann folgendermaßen formulieren: *Die Komponenten des Tensors $g_{\alpha\beta}(x)$ sollen so bestimmt werden, daß sie und ihre ersten Ableitungen auf S gleich vorgegebenen Funktionen sind und auf S und außerhalb S sollen die Potentiale $g_{\alpha\beta}$ den Feldgleichungen* (39.1) *oder* (39.3) *genügen*. Genaugenommen ist für den Fall (39.1) das innere Problem mit dem speziellen Ansatz $\lambda T_{\alpha\beta} = -\frac{k}{2} g_{\alpha\beta}$ natürlicher, jedoch bedeuten $k = 0$ oder $k \neq 0$ für die Lösungsmethoden des CAUCHY-Problems keinen wesentlichen Unterschied.

Für das CAUCHY-Problem hat man zunächst die CAUCHYschen Anfangswerte zu bestimmen. Dazu ist es nützlich, zumindest lokal zunächst in V_4 ein spezielles Koordinatensystem einzuführen, in dem die Hyperflächen S durch die Gleichung $x^4 = 0$ gegeben ist. In diesem Koordinatensystem ist $g_{44} > 0$. Wir nennen in diesem Koordinatensystem die Zahl, die angibt, wie oft in einer Ableitung von $g_{\alpha\beta}(x)$ nach x^4 differenziert ist, den Index dieser Ableitung. Die CAUCHYschen

Anfangswerte bestehen dann aus den Werten $g_{\alpha\beta}$ auf S und den ersten partiellen Ableitungen von $g_{\alpha\beta}$ vom Index 1, d. h. aus den Funktionen $\partial_4 g_{\alpha\beta}$. Dabei wird vorausgesetzt, daß diese Anfangswerte zumindest dreimal bzw. zweimal differenzierbar sind.

Für das weitere ist es notwendig, zunächst das Verhalten der zweiten Ableitungen auf S unter Berücksichtigung der Feldgleichungen zu untersuchen. Was die zweiten Ableitungen von $g_{\alpha\beta}$ vom Index $\leqq 1\,(\partial_{4i} g_{\alpha\beta}, \partial_{ij} g_{\alpha\beta};\, i, j = 1, 2, 3)$ betrifft, so können sie unmittelbar aus den CAUCHYschen Anfangswerten durch Differenzieren bestimmt werden, und sie sind stetig. Die Ableitungen vom Index $2\,(\partial_{44} g_{\alpha\beta})$ sind dagegen durch das System der Feldgleichungen gegeben und müssen aus diesem Gleichungssystem bestimmt werden. Sie könnten auf S einen Sprung aufweisen.

Wegen (5.2) gilt

$$\frac{1}{2} R^{\sigma}{}_{\alpha\beta\gamma} = \partial_{[\beta} \Gamma^{\sigma}{}_{\gamma]\alpha} + \Gamma^{\tau}_{\alpha[\gamma} \Gamma^{\sigma}_{\beta]\tau},$$

daher ist

$$R_{\alpha\beta} = g^{\lambda\nu} (\partial_\alpha \Gamma_{\nu,\lambda\beta} - \partial_\lambda \Gamma_{\nu,\alpha\beta}) + \omega_{\alpha\beta}$$

$$= \frac{1}{2} g^{\lambda\nu} (\partial_{\beta\lambda} g_{\alpha\nu} + \partial_{\alpha\nu} g_{\beta\lambda} - \partial_{\lambda\nu} g_{\alpha\beta} - \partial_{\alpha\beta} g_{\lambda\nu}) + \omega_{\alpha\beta}, \tag{39.4}$$

wobei $\omega_{\alpha\beta}$ eine rationale Funktion der CHRISTOFFEL-Symbole $\Gamma^{\alpha}_{\beta\gamma}$ ist. Daher ist $\omega_{\alpha\beta}$ vollständig durch die CAUCHYschen Anfangsbedingungen gegeben.

Das von uns betrachtete Koordinatensystem hätte man speziell als GAUSSsches Koordinatensystem wählen können.[1]) Das fordern wir jedoch nicht, sondern beschränken das Koordinatensystem nur durch die Forderung, daß in ihm S *räumlich orientiert* ist und durch die Gleichung $x^4 = 0$ beschrieben wird. Wegen der besonderen Rolle, die der Index 4 spielt, läßt sich (39.4) in diesem Koordinatensystem in der Form

$$R_{ij} \equiv -\frac{1}{2} g^{44}\, \partial_{44}\, g_{ij} + \Omega_{ij} = 0 \quad (i, j = 1, 2, 3), \tag{39.5}$$

$$R_{i4} \equiv \frac{1}{2} g^{4j}\, \partial_{44}\, g_{ij} + \Omega_{i4} = 0 \quad (i = 1, 2, 3), \tag{39.6}$$

$$R_{44} \equiv -\frac{1}{2} g^{ij}\, \partial_{44}\, g_{ij} + \Omega_{44} = 0 \tag{39.7}$$

schreiben, wobei $\Omega_{\alpha\beta}$ aus $\omega_{\alpha\beta}$ und den zweiten Ableitungen, die man durch Differentiation der CAUCHYschen Anfangswerte auf S erhält, gebildet ist. $\Omega_{\alpha\beta}$ ist also gleichfalls durch die Anfangswerte bestimmt. Da die Hyperfläche räumlich orientiert ist, gilt $g^{44} \neq 0$, und aus den Gleichungen (39.5) lassen sich alle Ableitungen der Form $\partial_{44} g_{ij}\,(i, j = 1, 2, 3)$ bestimmen. Was die Ableitungen der Form $\partial_{44} g_{4\alpha}$ $(\alpha = 1, 2, 3, 4)$ betrifft, so treten sie in den Gleichungen (39.5)—(39.7) überhaupt

[1]) Vgl. auch SYNGE [429] pp. 211ff. (Anm. d. Red.)

nicht auf, da alle Komponenten des Krümmungstensors der Form $R_{44\alpha 4}$ identisch verschwinden. Trotzdem ist es wichtig, zu zeigen, daß *die Stetigkeit der Ableitungen* $\partial_{44} g_{4\alpha}$ $(\alpha = 1, 2, 3, 4)$, *wenn sie besteht, keinen physikalischen Sinn haben kann und daher unwesentlich ist.*

Wir betrachten eine Koordinatentransformation in der Umgebung der Hyperfläche S mit der Eigenschaft, daß die Zahlenwerte der Koordinaten jedes Punktes von S festbleiben (wir erinnern, daß S durch die Gleichung $x^4 = 0$ beschrieben wird):

$$x^{\lambda'} = x^\lambda + \frac{x^{4^3}}{6} (\varphi^\lambda(x^i) + \varepsilon^\lambda). \tag{39.8}$$

Dabei wird angenommen, daß ε^λ gegen Null konvergiert, wenn x^4 gegen Null geht. Offensichtlich gilt

$$\left(\frac{\partial x^{\alpha'}}{\partial x^\beta}\right)_S = \delta^\alpha_\beta \tag{39.9}$$

und

$$(\partial_\mu A^{\alpha'}_4)_S = (\partial_4 A^{\alpha'}_\beta)_S = (\partial_{i4} A^{\alpha'}_4)_S = (\partial_{44} A^{\alpha'}_i)_S = 0, \; A^{\alpha'}_\beta \overset{\text{def}}{\equiv} \frac{\partial x^{\alpha'}}{\partial x^\beta}, \tag{39.10}$$

aber

$$(\partial_{44} A^{\alpha'}_4)_S = \varphi^\alpha. \tag{39.11}$$

Wegen

$$g_{\alpha\beta} = \frac{\partial x^{\sigma'}}{\partial x^\alpha} \frac{\partial x^{\tau'}}{\partial x^\beta} g_{\sigma'\tau'}$$

erhält man unmittelbar

$$\partial_4 g_{\alpha\beta} = A^{\sigma'}_\alpha A^{\tau'}_\beta A^{\lambda'}_4 \partial_{\lambda'} g_{\sigma'\tau'} + \partial_4 A^{\sigma'}_\alpha A^{\tau'}_\beta g_{\sigma'\tau'} + \partial_4 A^{\tau'}_\beta A^{\sigma'}_\alpha g_{\sigma'\tau'}. \tag{39.12}$$

Nach (39.10) sind die CAUCHYschen Anfangswerte auf der Hyperfläche S nach dieser Koordinatentransformation also durch die Beziehungen

$$g_{\alpha\beta} = g_{\alpha'\beta'}, \; \partial_4 g_{\alpha\beta} = \partial_{4'} g_{\alpha'\beta'} \tag{39.13}$$

gegeben. Berechnet man außerdem die zweiten Ableitungen, so erhält man den Ausdruck

$$\partial_{44} g_{\alpha\beta} = A^{\sigma'}_\alpha A^{\tau'}_\beta A^{\lambda'}_4 A^{\nu'}_4 \partial_{\lambda'\nu'} g_{\sigma'\tau'} + \partial_{44} A^{\sigma'}_\alpha A^{\tau'}_\beta g_{\sigma'\tau'} + \partial_{44} A^{\tau'}_\beta A^{\sigma'}_\alpha g_{\sigma'\tau'} + u_{\alpha\beta}, \tag{39.14}$$

wobei mit $u_{\alpha\beta}$ eine Reihe von Gliedern bezeichnet ist, die Faktoren enthalten, die gleich den ersten Ableitungen von A^α_β sind und daher wegen (39.10) auf S gleich Null sind. Also folgt aus (39.14)

$$\partial_{44} g_{ij} = \partial_{4'4'} g_{i'j'},$$

$$\partial_{44} g_{4\alpha} = \partial_{4'4'} g_{4'\alpha'} + g_{\alpha\sigma} \varphi^\sigma + g_{4\sigma} \delta^4_\alpha \varphi^\sigma.$$

Daher kann man sagen, daß in Abhängigkeit von der Wahl der Funktionen φ^σ, die völlig beliebig sind, man $\partial_{44} g_{4\alpha}$ $(\alpha = 1, 2, 3, 4)$ in vorgegebene Funktionen transformieren kann, während $\partial_{44} g_{ij} (i, j = 1, 2, 3)$ fest bleiben [231], § 14. Speziell kann man $\varphi^{(\alpha)}$ so wählen, daß $\partial_{44} g_{\alpha 4}$ auf S unstetig wird.

Daher sind die zweiten Ableitungen auf S bis auf diese Einschränkung *stetig*. Setzt man außerdem die Differenzierbarkeit der CAUCHYschen Anfangswerte bis zu einer höheren Ordnung voraus, so kann man durch wiederholtes Differenzieren von (39.5) die eben durchgeführten Überlegungen auf Ableitungen höherer Ordnung ausdehnen.[1])

Zur Lösung des CAUCHY-Problems muß man noch die Gleichungen (39.6) und (39.7) betrachten.

Der Einfachheit halber setzen wir im weiteren voraus, daß $k = 0$ ist, obgleich das, wir wie sahen, nicht wesentlich ist und sich alle Schlüsse ohne Schwierigkeiten auf den Fall $k \neq 0$ ausdehnen lassen. Die Gleichungen (39.6) und (39.7) kann man unter dieser Voraussetzung in der Form $R_{4\alpha} = 0$ $(\alpha = 1, 2, 3, 4)$ schreiben. Wegen

$$S^4{}_i = g^{4j} R_{ij} + g^{44} R_{4i}, \quad S^4{}_4 = R^4{}_4 - \frac{1}{2} R = \frac{1}{2} (g^{44} R_{44} - g^{ij} R_{ij})$$

ist dieses Gleichungssystem äquivalent zu

$$S^4{}_\alpha = 0 \quad (\alpha = 1, 2, 3, 4). \tag{39.15}$$

Das Gleichungssystem (39.15) enthält keine Ableitungen vom Index 2 und bestimmt daher ein System von Bedingungen für die CAUCHYschen Anfangswerte.

Wir wollen zeigen, daß *sich die* EINSTEIN*schen Feldgleichungen in Involution befinden, d. h. wenn die Potentiale* $g_{\alpha\beta}(x)$ *dem System* (39.5) *genügen, so genügen sie* (39.15) *auch in einer Umgebung von* S.

Die CAUCHYschen Anfangswerte mögen den Gleichungen

$$(S^4{}_\alpha)_S = 0$$

genügen, und die Potentiale $g_{\alpha\beta}(x)$, die diesen Anfangswerten entsprechen, mögen den Gleichungen (39.5) genügen. Wegen des Erhaltungsgesetzes (39.5) gilt

$$S^\alpha{}_{\beta,\alpha} = 0$$

oder, wenn man den Index 4 abspaltet,

$$S^4{}_{\beta,4} + \sum_{i=1}^{3} S^i{}_{\beta,i} = 0. \tag{39.16}$$

---

[1]) Man beachte, daß dann und nur dann gemäß (39.5) die Ableitungen nach x^4 durch die Ableitungen nach den in S liegenden Koordinaten ausdrückbar sind, indem für $m \geqq 2$ die jeweiligen Ausdrücke für die $(m-1)$-ten Ableitungen in den Ausdruck für die m-ten Ableitungen eingesetzt werden. (Anm. d. Red.)

Andererseits folgt aus (39.5)

$$S^i{}_j = g^{4i} R_{4j} - \frac{1}{2} (g^{44} R_{44} + 2g^{4i} R_{4i}),$$

$$S^i{}_4 = g^{i\sigma} R_{\sigma 4},$$

$$S^4{}_i = g^{44} R_{4i},$$

$$S^4{}_4 = \frac{1}{2} g^{44} R_{44}.$$

Daraus ergibt sich, daß man das System (39.16) in der Form

$$g^{44} \partial_4 S^4{}_\beta = M^{i\sigma}{}_\beta \partial_i S_\sigma{}^4 = N^\sigma{}_\beta S^4{}_\sigma \tag{39.17}$$

darstellen kann, wobei M und N zur Klasse C^0 gehören.

Zusammenfassend kommen wir zu folgendem Schluß: Für eine beliebige Lösung von (39.5) genügt $S^4{}_\beta$ den vier partiellen Differentialgleichungen (39.17), die linear und homogen sind und sich nach den Ableitungen $\partial_4 S^4{}_\beta$ auflösen lassen. Diese Gleichungen haben für verschwindende CAUCHYsche Anfangswerte auf S, $(S^4_\beta)_S = 0$, nur die Nullösung. Damit ist die Behauptung bewiesen.

Alle CAUCHYschen Anfangswerte genügen also (39.6) und (39.7), daher genügen sie diesen Gleichungen auch in einer Umgebung von S, die demnach nur zur Bestimmung der CAUCHYschen Anfangswerte benutzt werden, während die erste Gruppe der Feldgleichungen (39.5) zur Bestimmung der Veränderung der Potentiale mit der Zeit dienen.

Das CAUCHY-Problem für die EINSTEINschen Feldgleichungen läßt sich also in zwei Aufgaben zerlegen ([231], § 15):

1. Die Aufgabe, die *Anfangsbedingungen* zu bestimmen, die in der Aufsuchung der CAUCHYschen Anfangswerte auf der Hyperfläche S, die den Bedingungen $S^4{}_\alpha = 0$ genügen, besteht.

2. Die Aufgabe der *Integration nach der Zeit* x^4. Diese Aufgabe besteht in der Integration der Gleichungen $R_{ij} = 0$ $(i, j = 1, 2, 3)$ (oder der Gleichungen $R_{ij} = \frac{1}{2} (R + k) g_{ij}$, wenn $k \neq 0$ ist) für die CAUCHYschen Anfangswerte, die den Bedingungen der ersten Aufgabe genügen.

Die grundsätzliche Schwierigkeit besteht in der Lösung der ersten Aufgabe, die vom Charakter der Hyperfläche S abhängt und nur unter gewissen speziellen Voraussetzungen in geschlossener Form als gelöst angesehen werden kann. Die zweite Aufgabe wurde unter der Voraussetzung, daß die erste gelöst ist, von FOURES bei vergleichsweise einfachen Annahmen über die Differenzierbarkeit gelöst [159, 247].

Setzt man voraus, daß die Lösung in der Klasse der analytischen Funktionen gesucht wird (d. h. alle Funktionen, die bei der Lösung der zweiten Aufgabe auftreten, sind analytisch und reell), so hat die zweite Aufgabe nach dem Satz von CAUCHY-KOWALEWSKI ([160], § 1; [151], S. 294) über Gleichungssysteme mit partiellen Ableitungen bis auf eine Koordinatentransformation, welche die Koordinaten der Hyperfläche S und die CAUCHYschen Anfangswerte auf S fest läßt, eine eindeutige und reelle Lösung in der Klasse C^ω.[1]) Es muß bemerkt werden, daß in der relativistischen Feldtheorie die Potentiale $g_{\alpha\beta}(x)$ nur in endlichen Gebieten des Raum-Zeit-Kontinuums analytisch sein können, während im allgemeinen Fall, z. B. beim Vorhandensein von schweren Massen, notwendig Sprungstellen der Potentiale auftreten.[2]) Insbesondere beim Durchgang durch die zeitlich orientierten Hyperflächen, welche die sich bewegende Materie vom leeren Raum trennen, hat man unbedingt das Auftreten von Unstetigkeiten zumindest bei den zweiten Ableitungen von $g_{\alpha\beta}(x)$ zu erwarten. LICHNEROWICZ ([231], Kapitel II und III) hat das bei der Aufstellung des *äußeren* und *inneren* CAUCHY-Problems berücksichtigt, indem er *Sprungstellen* von $\partial_{\sigma\tau} g_{\alpha\beta}$ auf S postuliert. Die grundlegende Schwierigkeit besteht hierbei darin, daß *eine Lösung für eine Anfangsmannigfaltigkeit zu bestimmen ist, deren Topologie kompliziert sein kann.*[3])

Wenn die Hyperfläche S zeitlich orientiert ist ($g_{44} < 0$), kann man die obigen Überlegungen mit entsprechenden Abänderungen durchführen. Das CAUCHY-Problem führt wieder auf zwei Aufgaben, die zu den oben angegebenen analog sind.

Die oben erhaltenen Ergebnisse hängen wesentlich davon ab, ob es möglich ist, die Feldgleichungen (39.5) explizit nach den Ableitungen $\partial_{44} g_{ij} (i, j = 1, 2, 3)$ aufzulösen. Diese Möglichkeit folgt im gegebenen Fall aus der Bedingung $g^{44} \neq 0$.

Wenn die Hyperfläche S in einem lokalen Koordinatensystem so gewählt ist, daß diese Bedingung nicht gilt, kommt man zu prinzipiell anderen Ergebnissen, die mit dem Begriff der *charakteristischen Mannigfaltigkeit* zusammenhängen, wie aus der Theorie der Differentialgleichungen folgt (§ 41).

§ 40. Abschätzung der Freiheit in der Vorgabe der Potentiale der Einsteinschen Räume

Die Forderung, daß die bei dem CAUCHY-Problem auftretenden Funktionen analytisch sind, vereinfacht die Frage wesentlich und gestattet, klassische Existenz- und Eindeutigkeitssätze anzuwenden. Obgleich diese Forderung auf den ersten Blick etwas formalen Charakter hat, verdient sie doch eine nähere Betrach-

---

[1]) Es ist aber zu beachten, daß auch bei analytischen $g_{\mu\nu}$ der kontravariante Tensor $g^{\mu\nu}$ Irregularitätsstellen (etwa Pole) haben kann, nämlich dann, wenn sich Nullstellen von det $g_{\mu\nu}$ ergeben. Daher ist, um den CAUCHY-KOWALEWSKIschen Satz unbeschränkt anwenden zu können, $g \neq 0$ überall zu fordern, und hierzu reichen die Feldgleichungen und die Analytizität der CAUCHYschen Anfangswerte nicht aus. (Vgl. auch EINSTEIN und ROSEN [375], TREDER [476].) (Anm. d. Red.)

[2]) Das gleiche wird dann der Fall sein, wenn der V_4 Gravitationsstrahlung enthält, es gibt dann Sprünge an isotropen Hyperflächen ([377] und TREDER [468]). (Anm. d. Red.)

[3]) Für zeitartige Hyperflächen S ist das CAUCHY-Problem aber keine korrekt gestellte Aufgabe. Daher liefert seine Lösung nur notwendige, aber nicht hinreichende Bedingungen. (Anm. d. Red.)

tung. Das erklärt sich dadurch, daß z. B. für den freien Raum (siehe Kapitel II) alle bekannten konkreten Lösungen der Feldgleichungen in bestimmten Raum-Zeit-Gebieten durch Potentiale definiert sind, die zur Klasse C^∞ gehören. Außerdem ist die Lösung des CAUCHY-Problems eng mit der Bestimmung der Freiheit in der Vorgabe der Potentiale des Feldes verknüpft. Wenn es dabei gelingt, das Koordinatensystem maximal zu vereinfachen, so ist es möglich, für dieses Bezugssystem (in der Klasse der analytischen Funktionen), grob gesagt, die „*physikalisch*" *funktionale Freiheit*, mit der man das Feld vorgeben kann, zu bestimmen. Jedenfalls ist eine solche qualitative Abschätzung von Interesse. Dabei ist diese Abschätzung sowohl für einen leeren oder EINSTEINschen Raum ($R_{\alpha\beta} = \varkappa g_{\alpha\beta}$), als auch für die Untersuchung von Gravitationsfeldern allgemeiner Art, bei denen der Energie-Impuls-Tensor $T_{\alpha\beta} \neq \sigma g_{\alpha\beta}$ ist, nützlich.

Wir betrachten einen EINSTEINschen Raum V_4, für den

$$R_{\alpha\beta} = \varkappa g_{\alpha\beta}$$

gilt, und führen in ihm ein GAUSSsches Koordinatensystem ein, in dem die Koordinatenlinien x^4 Geodätische sind (auf ihnen ist x^4 gleich der Länge des Bogens). Die Koordinatenlinien x^4 schneiden die Koordinatenhyperebenen $x^4 = \text{const}$ orthogonal. Die Normalen an die Hyperflächen sind also zeitähnlich. Ein solches Koordinatensystem kann man zumindest lokal in einem beliebigen Raum V_4 mit einer Signatur, die in jedem Punkt die Form $(- - - +)$ hat, einführen.

In diesem Koordinatensystem hat die Metrik des Raumes die Form

$$ds^2 = \overset{*}{d}s^2 + dx^{4^2}, \tag{40.1}$$

wobei $\overset{*}{d}s^2$ eine negativ-definite Form

$$\overset{*}{d}s^2 = g_{ij}(x^1, x^2, x^3, x^4)dx^i\,dx^j \quad (i, j = 1, 2, 3) \tag{40.2}$$

ist und daher

$$g_{i4} = 0, \quad g_{44} = g^{44} = 1 \tag{40.3}$$

gilt. Der Diskriminantentensor ist also

$$g \equiv |g_{\alpha\beta}| = \overset{*}{g} \equiv |g_{ij}| \quad (i, j = 1, 2, 3; \quad \alpha, \beta = 1, 2, 3, 4). \tag{40.4}$$

Daher definiert ds^2 einen Raum, der die Verallgemeinerung des topologischen Produkts eines dreidimensionalen Raumes V_3 mit einem eindimensionalen ist. Auf jeder Hyperfläche $x^4 = \text{const}$ definiert die Form $\overset{*}{d}s^2$ wegen ihrer Definitheit eine Mannigfaltigkeit, die dem dreidimensionalen Raum homöomorph ist.

In diesem GAUSSschen Koordinatensystem sind die Hyperflächen $x^4 = \text{const}$ geodätisch parallel, und der zweite Tensor auf $x^4 = \text{const}$ wird durch die Formeln

$$h_{ij} = -\frac{1}{2}\,\partial_4 g_{ij}, \quad h^{ij} = \frac{1}{2}\,\partial_4 g^{ij} \tag{40.5}$$

ausgedrückt. Es ist übrigens vorteilhafter, diesen Tensor mit umgekehrtem Vorzeichen zu nehmen. Wir setzen

$$\omega_{ij} = -h_{ij} \tag{40.6}$$

und benutzen den dreidimensionalen Tensor $\overset{*}{g}{}^{ij}$, der durch

$$(\overset{*}{g}_{ij}) = (g_{ij})_{x^4=c} \tag{40.7}$$

gegeben ist. Dann ist es natürlich, die Tensoren

$$\omega^{ij} = \overset{*}{g}{}^{ih}\overset{*}{g}{}^{jk}\,\omega_{hk} \tag{40.8}$$

und

$$\omega_i^j = \overset{*}{g}{}^{jk}\,\omega_{ki} \tag{40.9}$$

einzuführen.

Mir Hilfe dieser Tensoren definieren wir die dreidimensionale Invariante

$$H = \omega_j^i,$$

welche die mittlere Krümmung der Hyperfläche definiert, und die Invariante

$$T^2 = \omega_i^j \omega_j^i. \tag{40.10}$$

Wir stellen die Frage nach der Lösung des äußeren Cauchy-Problems in diesem Koordinatensystem und schreiben die Feldgleichungen wie im vorigen Paragraphen in Form zweier Gleichungsgruppen:

$$R_{ij} = \varkappa g_{ij} \quad (i, j = 1, 2, 3), \tag{40.11}$$

$$R_{\alpha 4} = \varkappa g_{\alpha 4} \quad (\alpha = 1, 2, 3, 4). \tag{40.12}$$

Der Gebrauch des Terminus „äußeres Problem“ ist hier formal nicht vollständig richtig, jedoch ändert die Voraussetzung $\varkappa = 0$ in keiner Weise die folgenden Überlegungen. Wie im vorigen Paragraphen gezeigt wurde, definieren die Gleichungen (40.11), (40.12) ein System in Involution, und das Cauchy-Problem zerfällt in zwei Aufgaben: 1. die Aufgabe, die Cauchyschen Anfangswerte zu bestimmen, welche darin besteht, die allgemeinsten Cauchyschen Anfangswerte zu bestimmen, die auf $x^4 = c$ den Gleichungen (40.12) genügen, und 2. die Integration der Feldgleichungen nach der Zeit x^4, d. h. die Integration von (40.11). Im gegebenen Fall ist die Hyperfläche S nicht charakteristische Mannigfaltigkeit.

Die Aufgabe 1 kann jetzt folgendermaßen formuliert werden: Es sind die Funktionen g_{ij} und ω_{ij} der unabhängigen Veränderlichen x^1, x^2, x^3 zu bestimmen, die dem System (40.12) genügen. Dieses System kann man auch in Form zweier Gleichungsgruppen darstellen, je nachdem, ob der Index α gleich 4 ist oder nicht. Wenn $\alpha = 4$ ist, erhält man unter Benutzung der oben eingeführten Bezeichnungen die Gleichung

$$H^2 - T^2 - \overset{*}{R} = \varkappa, \tag{40.13}$$

wobei R^* die skalare Krümmung der dreidimensionalen Mannigfaltigkeit ist, die durch den Tensor $\overset{*}{g}_{ij}$ definiert ist.

Die drei anderen Gleichungen lassen sich in der Form

$$(\omega^{ij} - H\overset{*}{g}^{ij})_{;\,j} = 0 \tag{40.14}$$

schreiben, wobei mit dem Symbol „;" die kovariante Differentiation bezüglich der Metrik $d\overset{*}{s}^2$ bezeichnet ist.

Uns interessiert die maximale Freiheit, mit der man g_{ij} und ω_{ij} in diesen vier Gleichungen vorgeben kann. Dazu schreiben wir diese Gleichungen explizit auf und zeigen, daß sie einem Gleichungssystem vom CAUCHY-KOWALEWSKIschen Typ mit vier unbekannten Funktionen äquivalent sind.

Wir betrachten die Gleichung (40.13) und lösen sie nach den höchsten Ableitungen von einer der unbekannten Funktionen nach einem gewissen Argument auf. Als Argument wählen wir z. B. x^3. T enthält keine Ableitungen nach $x^i (i = 1, 2, 3)$ von unbekannten Funktionen, $\overset{*}{R}$ dagegen enthält solche Ableitungen, und zwar ist

$$\overset{*}{R} = \overset{*}{g}^{pq}\overset{*}{g}^{st}\left\{\frac{1}{2}\,(\partial_{pt}\overset{*}{g}_{sq} + \partial_{sq}\overset{*}{g}_{pt} - \partial_{st}\overset{*}{g}_{pq}) + \overset{*}{g}^{lm}(\overset{*}{\Gamma}_{m,\,pt}\overset{*}{\Gamma}_{l,\,sq} - \overset{*}{\Gamma}_{m,\,pq}\overset{*}{\Gamma}_{l,\,st})\right\}. \tag{40.15}$$

Die zweite Klammer enthält nur erste Ableitungen von $\overset{*}{g}_{ij}$, die in die CHRISTOFFEL-Symbole $\overset{*}{\Gamma}_{p,\,qr}$ des dreidimensionalen RIEMANNschen Raumes eingehen. Die erste Klammer enthält dagegen zweite Ableitungen. Uns interessiert die zweite Ableitung $\partial_{33}g_{ij}$. Man überzeugt sich unmittelbar, daß in die rechte Seite von (40.15) keine Ableitungen der Form $\partial_{33}g_{3j} (j = 1, 2, 3)$ eingehen. Wir wählen daher z. B. die Ableitung $\partial_{33}g_{22}$ aus und lösen die Gleichung nach ihr auf. Der Koeffizient bei dieser Ableitung ist gleich

$$\overset{*}{g}^{23^2} - \overset{*}{g}^{22}\overset{*}{g}^{33}.$$

Daher kann man die Gleichung (40.15) in der Form

$$(\overset{*}{g}^{23^2} - \overset{*}{g}^{22}\overset{*}{g}^{33})\,\partial_{33}\overset{*}{g}_{22} = M \tag{40.16}$$

darstellen, wobei

$$M = H^2 - T^2 - \varkappa + \overset{*}{\tilde{K}}$$

gilt. $\overset{*}{\tilde{K}}$ bezeichnet die Differenz von $\overset{*}{R}$ und der linken Seite der oben angegebenen Gleichung.

Gehen wir zur Betrachtung des Systems (40.14) über. Senken wir zunächst den Index i, so ergibt sich

$$\omega^j{}_{k,\,j} - H_{,\,k} \equiv \partial_j\omega^j{}_k - \overset{*}{\Gamma}{}^p_{kj}\omega^j{}_p + \overset{*}{\Gamma}{}^j_{pj}\omega^p{}_k - \partial_k H = 0.$$

Wir setzen den Index k zuerst gleich Eins und betrachten die mittlere Krümmung H. Nach der Beseitigung ähnlicher Glieder erhalten wir die Gleichung

$$\partial_2 \omega^2{}_1 + \partial_3 \omega^3{}_1 - \partial_1 \omega^2{}_3 - \partial_1 \omega^3{}_3 - \overset{*}{\Gamma}{}^p_{1j} \omega^j{}_p + \overset{*}{\Gamma}{}^j_{pj} \omega^p{}_1 = 0.$$

Entsprechend setzen wir k gleich 2, 3 und bekommen noch zwei Gleichungen

$$\partial_1 \omega^1{}_2 + \partial_3 \omega^3{}_2 - \partial_2 \omega^1{}_1 - \partial_2 \omega^3{}_3 - \overset{*}{\Gamma}{}^p_{2j} \omega^j{}_p + \overset{*}{\Gamma}{}^j_{pj} \omega^p{}_2 = 0,$$

$$\partial_1 \omega^1{}_3 + \partial_2 \omega^2{}_3 - \partial_3 \omega^1{}_1 - \partial_3 \omega^2{}_2 - \overset{*}{\Gamma}{}^p_{3j} \omega^j{}_p + \overset{*}{\Gamma}{}^j_{pj} \omega^p{}_3 = 0.$$

In dieses Gleichungssystem gehen also nur erste partielle Ableitungen von $\overset{*}{g}_{ij}$ und $\omega^i{}_j$ ein. Wir lösen sie nach den Ableitungen nach x^3 von drei unbekannten Funktionen ω_{ij} auf. Zu diesem Zweck müssen wir zunächst $\omega^i{}_j$ durch ω_{ij} ersetzen. Wegen

$$\omega^i{}_j = \overset{*}{g}{}^{ki} \omega_{kj}$$

kann man die erste der drei Gleichungen in die Form

$$\partial_3 \omega^3{}_1 = P_1$$

umschreiben, wobei

$$P_1 = P_1(\partial_k \omega^p{}_q, \partial_s \overset{*}{g}{}^{pr}, \partial_s \overset{*}{g}_{pr}, \overset{*}{g}_{pr}, \omega_{pq}), \ k < 3$$

gilt. Nach

$$\partial_3 \omega^3{}_1 = \partial_3 (\overset{*}{g}{}^{3s} \omega_{s1})$$

kann man die erste Gleichung auch in der Form

$$\overset{*}{g}{}^{33} \partial_3 \omega_{13} = P_1 - \omega_{13} \partial_3 \overset{*}{g}{}^{33} - \sum_{s \neq 3} \partial_3 (\overset{*}{g}_{33} \omega_{s1})$$

schreiben. Entsprechend kann man die zweite und dritte Gleichung mit den angegebenen Bezeichnungen folgendermaßen darstellen:

$$\overset{*}{g}{}^{33} \partial_3 \omega_{23} = P_2 - \omega_{23} \partial_3 \overset{*}{g}{}^{33} - \sum_{s \neq 3} \partial_3 (\overset{*}{g}{}^{3s} \omega_{s2}),$$

$$\overset{*}{g}{}^{22} \partial_3 \omega_{22} = P_3 - \omega_{22} \partial_3 \overset{*}{g}{}^{22} - \sum_{s \neq 2} (\overset{*}{g}{}^{2s} \omega_{2s}) - \sum_{s \neq 1} \partial_3 (\overset{*}{g}{}^{1s} \omega_{1s}).$$

Da auf der rechten Seite der letzten Gleichung Ableitungen vorkommen, die auf der linken Seite der beiden ersten Gleichungen stehen, kann man diese Ableitungen durch den entsprechenden Ausdruck aus der dritten Gleichung ersetzen. Dabei hat man zu fordern, daß die Koeffizienten dieser Ableitungen von Null verschieden sind. Offensichtlich kann man immer ohne Beschränkung der Allgemeinheit annehmen, daß auf der Hyperfläche $x^4 = 0$ die Komponenten

$$\overset{*}{g}{}^{22}, \ \overset{*}{g}{}^{33}, \ \overset{*}{g}{}^{23^2} - \overset{*}{g}{}^{22} \overset{*}{g}{}^{33}$$

von Null verschieden sind. Danach ergibt sich folgendes Gleichungssystem, das zu (40.12) äquivalent ist:

$$\partial_{33}\overset{*}{g}_{22} = \frac{1}{\Delta} M, \qquad \Delta \equiv \overset{*}{g}{}^{23^2} - \overset{*}{g}{}^{22}\overset{*}{g}{}^{33},$$

$$\partial_3 \omega_{13} = \frac{1}{\overset{*}{g}{}^{33}} \left\{ P_1 - \omega_{13}\partial_3 \overset{*}{g}{}^{33} - \sum_{s \neq 3} \partial_3 (\overset{*}{g}{}^{3s}\omega_{1s}) \right\},$$

$$\partial_3 \omega_{23} = \frac{1}{\overset{*}{g}{}^{33}} \left\{ P_2 - \omega_{23}\partial_3 \overset{*}{g}{}^{33} - \sum_{s \neq 3} \partial_3 (\overset{*}{g}{}^{3s}\omega_{2s}) \right\},$$

$$\begin{aligned}\partial_3 \omega_{22} = \frac{1}{\overset{*}{g}{}^{22}} \Bigg\{ & P_3 - \omega_{22}\partial_3 \overset{*}{g}{}^{22} - \partial_3 (\overset{*}{g}{}^{21}\omega_{21}) - \omega_{23}\partial_3 \overset{*}{g}{}^{23} - \sum_{s \neq 3} \partial_3 (\overset{*}{g}{}^{s1}\omega_{s1}) - \omega_{13}\partial_3 \overset{*}{g}{}^{13} \\ & - \frac{\overset{*}{g}{}^{13}}{\overset{*}{g}{}^{33}} \left[P_1 - \omega_{13}\partial_3 \overset{*}{g}{}^{33} - \sum_{s \neq 3} \partial_3 (\overset{*}{g}{}^{3s}\omega_{1s}) \right] - \omega_{23}\partial_3 \overset{*}{g}{}^{23} \\ & - \frac{\overset{*}{g}{}^{23}}{\overset{*}{g}{}^{33}} \left[P_2 - \omega_{23}\partial_3 \overset{*}{g}{}^{33} - \sum_{s \neq 3} \partial_3 (\overset{*}{g}{}^{3s}\omega_{2s}) \right] \Bigg\}.\end{aligned}$$

Wenn man in *völlig beliebiger Weise* die Funktionen

$$\overset{*}{g}_{11}, \overset{*}{g}_{12}, \overset{*}{g}_{13}, \overset{*}{g}_{23}, \overset{*}{g}_{33}, \omega_{11}, \omega_{12}, \omega_{33}$$

von x^1, x^2, x^3 vorgibt, erhält man für die verbleibenden unbekannten Funktionen

$$\overset{*}{g}_{22}, \omega_{13}, \omega_{23}, \omega_{22}$$

ein System von vier Gleichungen, die sich nach den höchsten Ableitungen dieser unbekannten Funktionen nach x^3 auflösen lassen, und zwar so, daß diese höchsten Ableitungen in den rechten Seiten nicht vorkommen. Es liegt also ein Gleichungssystem vom CAUCHY-KOWALEWSKIschen Typ vor. Da die Funktionen nach Voraussetzung analytisch sind, kann man bei der Bestimmung der Lösungsmannigfaltigkeit dieses Systems den CAUCHY-KOWALEWSKIschen Satz anwenden.

Es versteht sich, daß diese Schlüsse bis auf eine *Umnumerierung der Indizes* gelten. Daher sind diese vier Funktionen definiert bis auf die Freiheit der Wahl von

$$\omega_{13}(x^1, x^2), \ \omega_{23}(x^1, x^3), \ \omega_{22}(x^1, x^2), \ g_{22}(x^1, x^2), \ \partial_3 g_{22} = f(x^1, x^2) \qquad (40.17)$$

für $x^3 = \overset{0}{x}{}^3$, wobei diese Funktionen beliebige analytische Funktionen in einem Gebiet um den Punkt $x^i = \overset{0}{x}{}^i$ und in diesem Punkt zusammen mit ihren Ableitungen vorgegebene Werte annehmen. Damit ist die Freiheit in der Wahl der CAUCHYschen Anfangswerte bei der Lösung der Aufgabe 1 bestimmt.

Gehen wir zur Lösung der Aufgabe 2 über. Wie oben angegeben, besteht sie in der Integration der Feldgleichungen für die CAUCHYschen Anfangswerte. Das System (40.11) läßt sich in der Form

$$\partial_{44} g_{ij} = F_{ij} \quad (i, j = 1, 2, 3)$$

darstellen, wobei F_{ij} vollständig durch die CAUCHYschen Anfangswerte bestimmt ist. Das ist ein System von sechs Gleichungen mit sechs unbekannten Funktionen g_{ij} vom CAUCHY-KOWALEWSKIschen Typ. Daher gibt es in der Klasse der analytischen Funktionen genau eine Lösung mit vorgegebenen Funktionen

$$g_{ij} = g_{ij}(x^1, x^2, x^3), \quad \partial_4 g_{ij} = \varphi_{ij}(x^1, x^2, x^3) \equiv \omega_{ij}$$

für $x^4 = 0$. Hier sind diese Funktionen allerdings nicht völlig beliebig, sondern genügen auf der Hyperfläche $x^4 = 0$ den Beziehungen (40.12), d. h., sie sind die CAUCHYschen Anfangswerte, die bei der Lösung von Aufgabe 1 bestimmt wurden.

Nun kann man die gesuchten Potentiale in GAUSSschen Koordinaten aufstellen, wenn man die *beliebigen Funktionen*, von denen sie abhängen (*Parameterteil*), und die bestimmten Komponenten (*Hauptteil*) in expliziter Form vorgibt.

Wir betrachten die Entwicklung der Potentiale $g_{ij}(x)$ des Feldes in eine Potenzreihe

$$g_{ij} = \sum_{k_1, \ldots, k_4 = 0}^{\infty} C_{ij,\, k_1 k_2 k_3 k_4} (x^1 - \overset{0}{x}{}^1)^{k_1} (x^2 - \overset{0}{x}{}^2)^{k_2} (x^3 - \overset{0}{x}{}^3)^{k_3} (x^4 - \overset{0}{x}{}^4)^{k_4}. \tag{40.18}$$

Die Koeffizienten $C_{ij,\, k_1 k_2 k_3 k_4}$ sind durch entsprechende Ableitungen von g_{ij} im Punkt $x^\alpha = \overset{0}{x}{}^\alpha$ bestimmt:

$$C_{ij,\, k_1 k_2 k_3 k_4} = \frac{1}{k_1!\, k_2!\, k_3!\, k_4!} \left(\frac{\partial^{k_1 + k_2 + k_3 + k_4}}{\partial x^{1 k_1} \partial x^{2 k_2} \partial x^{3 k_3} \partial x^{4 k_4}}\, g_{ij} \right)_{x^\alpha = \overset{0}{x}{}^\alpha} .$$

Um den Parameterteil in dieser Entwicklung wählen zu können, muß man aus der Entwicklung alle Glieder mit den Ableitungen, die auf den linken Seiten der Systeme (40.11), (40.12) stehen, entfernen, ebenso alle Glieder mit beliebigen Ableitungen dieser Ableitungen (die sogenannten Hauptableitungen des Feldgleichungssystems).

Wir betrachten z. B. das Potential $g_{22}(x)$. Auf den linken Seiten von (40.11) und (40.12) stehen folgende Hauptableitungen dieser unbekannten Funktion: $\partial_{33}\, g_{22}$, $\partial_3 \omega_{22} = \partial_{24}\, g_{22}$, $\partial_{44} g_{22}$. Für die erste dieser Ableitungen hat man aus der Entwicklung die Glieder fortzustreichen, die durch $(x^3 - \overset{0}{x}{}^3)^2$ teilbar sind. Danach bleibt der Parameterteil bezüglich dieser Ableitung stehen. Er besteht 1. aus Gliedern, die sich nicht durch $(x^3 - \overset{0}{x}{}^3)$ teilen lassen. Man erhält diese Glieder also, wenn man in (49.18) $x^3 = \overset{0}{x}{}^3$ setzt. Ihre Summe ist daher eine beliebige Funktion von x^1, x^2, x^4. 2. Besteht der Parameterteil aus Gliedern, die $(x^3 - \overset{0}{x}{}^3)$ in erster Potenz enthalten. Diese Glieder erhält man, wenn man (40.18) nach x^3 differenziert und dann wieder $x^3 = \overset{0}{x}{}^3$ setzt. Damit ist erneut eine Funktion von x^1, x^2, x^4 definiert. Für die Hauptableitung $\partial_3 g_{22}$ hat der Parameterteil die Form

$$A(x^1, x^2, x^4) + (x^3 - \overset{0}{x}{}^3) B(x^1, x^2, x^4). \tag{40.19}$$

Die zweite Ableitung $\partial_{34} g_{22}$ zeigt, daß man in der Entwicklung (40.18) alle Glieder auszustreichen hat, die durch $(x^3 - \overset{0}{x}{}^3)(x^4 - \overset{0}{x}{}^4)$ teilbar sind. Das sind die Glieder der Entwicklung, die 1. nicht durch $(x^3 - \overset{0}{x}{}^3)$ teilbar sind, d. h. $A(x^1, x^2, x^4)$, und 2. die Glieder, die $(x^3 - \overset{0}{x}{}^3)$, aber nicht $(x^4 - \overset{0}{x}{}^4)$ enthalten. Sie ergeben sich, wenn man (40.19) nach x^3 differenziert und dann $x^4 = \overset{0}{x}{}^4$ setzt. Das führt zu einer Funktion der Veränderlichen x^1, x^2. Die Entwicklung für g_{22} hat also die Form

$$A(x^1, x^2, x^4) + (x^3 - \overset{0}{x}{}^3) B(x^1, x^2). \tag{40.20}$$

Für die dritte Hauptableitung $\partial_{44} g_{22}$ hat man in (40.20) alle Glieder auszustreichen, die durch $(x^4 - \overset{0}{x}{}^4)^2$ teilbar sind. Danach bleiben Glieder stehen, die 1. nicht durch $x^4 - x^4$ teilbar sind. Man findet sie, wenn man in (40.20) $x^4 = \overset{0}{x}{}^4$ setzt, d. h., sie haben die Form

$$A(x^1, x^2) + (x^3 - \overset{0}{x}{}^3) B(x^1, x^2).$$

2. Bleiben Glieder stehen, die $x^4 - \overset{0}{x}{}^4$, aber nicht $(x^4 - \overset{0}{x}{}^4)^2$ enthalten. Man findet sie, wenn man die Entwicklung nach x^4 differenziert und dann $x^4 = \overset{0}{x}{}^4$ setzt. Das ergibt eine Funktion von x^1, x^2. Der Parameterteil hat also die Form

$$A(x^1, x^2) + (x^3 - \overset{0}{x}{}^3) B(x^1, x^2) + (x^4 - \overset{0}{x}{}^4) C(x^1, x^2).$$

Damit ist die Freiheit in der Vorgabe von $g_{22}(x)$ vollständig bestimmt. In die Entwicklung dieses Potentials geht außerdem noch der Hauptteil ein, der eindeutig bestimmt ist. Er hängt im allgemeinen von allen vier unabhängigen Veränderlichen $x^\alpha (\alpha = 1, 2, 3, 4)$ ab. Es ist klar, daß A, B, C die CAUCHYschen Anfangswerte auf $x^4 = \text{const}$ darstellen: $g_{22}(x^1, x^2), \partial_3 g_{22}(x^1, x^2), \omega_{22}(x^1, x^2)$. Es ist daher

$$g_{22} = A(x^1, x^2) + (x^3 - \overset{0}{x}{}^3) B(x^1, x^2) + (x^4 - \overset{0}{x}{}^4) C(x^1, x^2) + \psi_{22}(x^1, x^2, x^3, x^4),$$

wobei ψ_{22} der Hauptteil des Potentials ist, der vollständig durch die Feldgleichungen bestimmt ist, wenn die CAUCHYschen Anfangswerte gegeben sind.

Diese Überlegungen lassen sich für alle anderen Potentiale wiederholen. Durch Abänderung der Bezeichnungen der beliebigen Funktionen erhalten wir für die

Potentiale folgende Ausdrücke:

$$\left.\begin{aligned}
g_{11} &= f_{11}(x^1, x^2, x^3) + (x^4 - \overset{0}{x}{}^4)\varphi_{11}(x^1, x^2, x^3) + \psi_{11},\\
g_{12} &= f_{12}(x^1, x^2, x^3) + (x^4 - \overset{0}{x}{}^4)\varphi_{12}(x^1, x^2, x^3) + \psi_{12},\\
g_{13} &= f_{13}(x^1, x^2, x^3) + (x^4 - \overset{0}{x}{}^4)\varphi_{13}(x^1, x^2) + \psi_{13},\\
g_{22} &= f_{22}(x^1, x^2) + (x^4 - \overset{0}{x}{}^4)\varphi_{22}(x^1, x^2) + (x^3 - \overset{0}{x}{}^3)\theta_{22}(x^1, x^2) + \psi_{22},\\
g_{23} &= f_{23}(x^1, x^2, x^3) + (x^4 - \overset{0}{x}{}^4)\varphi_{23}(x^1, x^2) + \psi_{23},\\
g_{33} &= f_{33}(x^1, x^2, x^3) + (x^4 - \overset{0}{x}{}^4)\varphi_{33}(x^1, x^2, x^3) + \psi_{33},\\
g_{i4} &= 0 \ (i = 1, 2, 3), \ g_{44} = 1,
\end{aligned}\right\} \qquad (40.21)$$

wobei die Funktionen ψ_{ij} die Hauptteile der Potentiale darstellen, die vollständig durch die Parameterteile und die Feldgleichungen bestimmt sind. Die Funktionen f_{ij}, φ_{ij}, θ_{ij} geben die zulässige Freiheit in der allgemeinen Lösung in GAUSSschen Koordinaten wieder.

Man hat noch zu berücksichtigen, daß die Wahl der Fläche S, für welche das CAUCHY-Problem gelöst wird, beliebig ist. Das ergibt eine willkürliche Funktion $x^4 = \Phi(x^1, x^2, x^3)$.

Uns interessiert die *Freiheit im Aufbau des Raumes selbst unabhängig von der Wahl der Anfangshyperebene*. Die Freiheit verringert sich daher um eine Funktion, und bei der endgültigen Berechnung der willkürlichen Funktionen muß man diese Tatsache berücksichtigen. Es bleibt noch die Freiheit in der Wahl des Koordinatensystems. Wenn nämlich im ganzen Raum das Koordinatensystem bestimmt ist, bleibt noch die Möglichkeit, ohne Änderung des in V_4 gewählten Systems von Hyperflächen $x^4 = \text{const}$ eine Transformation der Form

$$x^{i'} = x^i(x^1, x^2, x^3) \quad (i = 1, 2, 3)$$

auf den Hyperflächen $x^4 = \text{const}$ durchzuführen. Unter Benutzung solcher Transformationen auf der CAUCHYschen Hyperfläche $x^4 = 0$ kann man nach dem bekannten RIEMANNschen Satz drei Potentiale $g_{ij}(x^1, x^2, x^3)$ in vorgegebene Funktionen überführen. Zu diesem Zweck kann man auf $x^4 = 0$ in irgendeiner Weise das Koordinatensystem spezialisieren: Man kann z. B. in V_3 ein GAUSSsches Koordinatensystem einführen oder andere Forderungen aufstellen. Dadurch wird automatisch die oben erhaltene Willkür um *drei Funktionen von jeweils drei Argumenten* verringert.

Danach bleibt noch eine Willkür in der Wahl des Koordinatensystems auf $x^4 = \text{const}$, die sich bis auf Umnumerierung in der Form

$$x^{s'} = x^{s'}(x^1, x^2) \quad (s' = 1, 2)$$

schreiben läßt. Mit Hilfe dieser Transformationen kann man die Freiheit in der Vorgabe der Potentiale auf $x^4 = 0$ *auf zwei Funktionen von zwei Veränderlichen erniedrigen.*

Die Freiheit in der Wahl der Potentiale in einem GAUSSschen *Koordinatensystem wird also bestimmt durch vier Funktionen von drei Argumenten und drei Funktionen von zwei Argumenten* (CAUCHY*sche Anfangswerte*).

Diese Freiheit, mit der die Potentiale des Feldes in einem maximal vereinfachten GAUSSschen Koordinatensystem gegeben sind, spiegelt sozusagen den nicht zu beseitigenden Rest wieder, der im allgemeinen Fall den *reinen Gravitationseffekt* ausdrückt. In diesem Sinne kann man sie, grob gesprochen, *physikalische Freiheit* nennen.[1])

Aufgaben

1. Man beweise die Formeln (40.21) für alle Potentiale, wie das für $g_{22}(x)$ durchgeführt wurde.

2. Man zeige, daß die Freiheit für die Räume T_1 nicht kleiner als für die Räume T_2 und T_3 ist und daher durch vier Funktionen von drei Argumenten und durch drei Funktionen von zwei Argumenten gegeben ist.

3. Man zeige, daß die „physikalische" Freiheit für die Räume T_2 im GAUSSschen Koordinatensystem durch zwei Funktionen von drei Argumenten und sieben Funktionen von zwei Argumenten gegeben ist ([261]), S. 237).

§ 41. Charakteristische und bicharakteristische Mannigfaltigkeiten

In jedem Punkt eines Raumes V_4 (siehe § 2) mit indefiniter Metrik existiert ein Kegel isotroper Richtungen

$$g_{\alpha\beta}x^\alpha x^\beta = 0,$$

der das Gebiet der reellen Vektoren mit positiver Norm von dem Gebiet der reellen Vektoren mit negativer Norm trennt. Wenn die Hyperfläche S in jedem Punkt den isotropen Kegel berührt, der zu diesem Punkt gehört, ist die Berührungsebene an S in diesem Punkt isotrop und die Metrik ausgeartet (siehe § 7). Daher ist auch die Normale zur Hyperebene isotrop. Hat die Gleichung von S die Form $f(x^\alpha) = 0$, so ist

$$\Delta_1 f = g^{\alpha\beta} f_{,\alpha} f_{,\beta} = 0. \tag{41.1}$$

Die Gleichung (41.1) bestimmt eine *isotrope* Hyperfläche des Raumes V_4, die wir wie oben mit $\overset{*}{V}_3$ bezeichnen und *charakteristische Mannigfaltigkeit* der Feldgleichungen nennen. In dem speziellen Koordinatensystem, in dem S durch die Gleichung $x^4 = 0$ gegeben ist, hat die Gleichung (41.1) die Form

$$\Delta_1(x^4) = g^{44} = 0.$$

Aus dieser Bedingung ergibt sich, daß $\partial_{44} g_{ij}$ nicht explizit aus den Gleichungen (39.5) bestimmbar ist, woraus bekanntlich (siehe I. G. PETROWSKI [106], Kapitel I) folgt, daß $\partial_{44} g_{ij}$ auf S unstetig und die Anzahl der Lösungen der Feldgleichungen

---

[1]) Vgl. auch ANDERSON [404] und BERGMANN [459]. (Anm. d. Red.)

bei vorgegebenen CAUCHYschen Anfangswerten unendlich sein kann[1]): *Die isotropen Kegel sind Charakteristiken für die EINSTEINschen Feldgleichungen. Die isotropen Hyperflächen* $\overset{*}{V}_3$, *die den isotropen Kegel berühren, sind charakteristische Mannigfaltigkeiten der Feldgleichungen.* Wenn man diese Tatsache in den Bezeichnungen der geometrischen Optik ausdrückt, kann man die isotrope Normale an $\overset{*}{V}_3$ als *Wellenvektor*, der den Lichtstrahl berührt, f als *Eikonal* und die Gleichung (41.1) als *Eikonalgleichung* auffassen (L. LANDAU und E. LIFSCHITZ [156], S. 283).

Wir zeigen nun, daß man die charakteristischen Mannigfaltigkeiten $\overset{*}{V}_3$ finden kann, wenn gewisse Kurven C_0, die sogenannten *Bicharakteristiken der Feldgleichungen* und eine einparametrige Familie von Hyperebenen, die in jedem Punkt der Bicharakteristik definiert ist, gegeben sind.

Wir betrachten die bilineare Form

$$H(x^\alpha, y_\sigma) = \frac{1}{2}\, g^{\alpha\beta} x_\alpha y_\beta$$

und die inhomogene Gleichung mit partiellen Ableitungen

$$2H(x^\alpha, \partial_\sigma f) = C,$$

wobei C eine beliebige Konstante ist. Dieser Gleichung entspricht das gewöhnliche Differentialgleichungssystem

$$\frac{dx^1}{\frac{\partial H}{\partial y_1}} = \frac{dx^2}{\frac{\partial H}{\partial y_2}} = \frac{dx^3}{\frac{\partial H}{\partial y_3}} = \frac{dx^4}{\frac{\partial H}{\partial y_4}} = -\frac{dy_1}{\frac{\partial H}{\partial x^1}} = -\frac{dy_2}{\frac{\partial H}{\partial x^2}} = -\frac{dy_3}{\frac{\partial H}{\partial x^3}} = \frac{dt}{2H}$$

für die Veränderlichen x^α, y_σ mit dem ersten Integral

$$2H(x^\alpha, y_\sigma) = C,$$

unter der Bedingung, daß C konstant ist. Durch Einführung des Hilfsparameters u kann man die Veränderlichen x^α, y_σ als Funktionen dieses Parameters mit Hilfe des kanonischen Systems

$$\frac{dx^\alpha}{du} = \frac{\partial H}{\partial y_\alpha}, \quad \frac{\partial y_\alpha}{\partial u} = -\frac{\partial H}{\partial x^\alpha} \tag{41.2}$$

beschreiben, wobei die rechten Seiten bekannt sind, wenn die HAMILTON-Funktion $H(x^\alpha, y_\sigma)$ gegeben ist. Führt man die Bezeichnung $\frac{dx^\alpha}{du} = \dot{x}^\alpha$ ein, so kann man die erste Gleichungsgruppe (41.2) in der Form

$$\dot{x}^\alpha = g^{\alpha\beta} y_\beta \tag{41.3}$$

---

[1]) Dies gilt bereits auch für $\partial_4 g_{ij}$, wenn auf S die EINSTEINschen Gleichungen im Sinne eines Grenzüberganges verstanden werden (PAPAPETROU und TREDER [331], TREDER [465], pp. 91–93). (Anm. d. Red.)

schreiben und umgekehrt ist daher,

$$y_\beta = g_{\beta\sigma} \dot{x}^\sigma.$$

Das führt zu dem Schluß, daß x^α und (41.2) die Extremalen der LAGRANGE-Funktion

$$2L = g_{\alpha\beta} \dot{x}^\alpha \dot{x}^\beta$$

bestimmen. Durch Übergang von den Veränderlichen $(x^\alpha, \dot{x}^\beta)$ zu den Veränderlichen (x^α, y_σ), die durch die Beziehung (41.3) verknüpft sind, ergibt sich die klassische Beziehung zwichen L und H:

$$H = \dot{x}^\alpha \frac{\partial L}{\partial \dot{x}^\alpha} - L.$$

Die Lösungen dieser Gleichung sind Extremalen, die dem ersten Integral

$$2L = C, \quad C = \text{const} \tag{41.4}$$

genügen. Das bedeutet, daß die erhaltenen Extremalen auch für

$$\sqrt{2L} = \sqrt{g_{\alpha\beta} \dot{x}^\alpha \dot{x}^\beta}$$

extremal sind, wenn (41.3) gilt. Das bedeutet aber, daß die Kurven x^α geodätische Linien des Raumes V_4 definieren (siehe § 6). Ist speziell $C = 0$, so gestattet das Eikonalgleichungssystem (41.1) das erste Integral $f = \text{const}$, und die Mannigfaltigkeit $\overset{*}{V}_3$ kann mit Hilfe der Geodätischen mit verschwindender Länge gefunden werden, d. h. mit Hilfe der isotropen Geodätischen, wenn man die isotropen Hyperebenen, die den isotropen Kegel berühren, längs der Tangenten an die isotropen Kurven bestimmt.

Die oben durchgeführten Überlegungen führen zu dem Schluß, daß die *Bicharakteristiken der* EINSTEIN*schen Gleichungen isotrope Geodätische sind.*

Auf der Gundlage der Analogie mit der HADAMARDschen Wellenausbreitungstheorie wurde eine Theorie über die Natur der Gravitationswellen aufgebaut, die sich auf die Darstellung der Wellenfront als Sprungfläche der zweiten Ableitungen der Feldpotentiale $g_{\alpha\beta}(x)$ stützt[1]) ([231], § 16 [258, 288, 289, 293, 377, 468]).

Bevor wir zur Untersuchung des inneren CAUCHY-Problems übergehen, müssen wir den Energie-Impuls-Tensor betrachten, von dessen physikalischen Eigenschaften die Metrik des Raumes V_4 und der Charakter der Feldpotentiale $g_{\alpha\beta}(x)$ in wesentlicher Weise abhängen.

---

[1]) Zuerst von K. STELLMACHER [377]. (Anm. d. Red.)

§ 42. Der Energie-Impuls-Tensor

Wir betrachten in einem Raum V_n einen Punkt P und die Gesamtheit der von ihm ausgehenden Richtungen, die der Beziehung

$$R_{\alpha\beta}\xi^\alpha\xi^\beta = 0$$

genügen, wobei $R_{\alpha\beta}$ der RICCI-Tensor ist. Wir erhalten auf diese Weise einen Kegel zweiter Ordnung (RICCI-Kegel), der mit dem Punkt P invariant verknüpft ist. Nach einem Vorschlag von RICCI nennt man die Hauptrichtungen dieses Kegels die Hauptrichtungen des Raumes V_n im gegebenen Punkt. Wir wählen außerdem im ebenen Berührungsraum von V_n im gegebenen Punkt (siehe § 1) eine Fläche zweiter Ordnung mit den Zentren in diesem Punkt, die einer Gleichung der Form

$$(R_{\alpha\beta} - \varkappa g_{\alpha\beta})\,\xi^\alpha\xi^\beta = 0$$

genügt (für den Fall, daß $T_{\alpha\beta} = \sigma g_{\alpha\beta}$ ist). Die Hauptrichtungen dieser Fläche, die mitunter EINSTEIN*sche Indikatrix* genannt wird, sind auch RICCIsche Hauptrichtungen, wenn sie isotrop sind. Das Feldgleichungssystem ist dann im Fall eines freien Raumes oder im Fall, daß $T_{\alpha\beta} = \sigma g_{\alpha\beta}$ ist, durch die Forderung definiert, daß diese Richtungen unbestimmt sind, d. h., *die* EINSTEIN*sche Indikatrix muß in jedem Punkt eine Hypersphäre sein.*

Auf Grund der Feldgleichungen (α) ist die Bestimmung der Hauptrichtungen des Raumes V_4 mit der Bestimmung der Eigenvektoren von $T_{\alpha\beta}$ verknüpft, die den Gleichungen

$$(T_{\alpha\beta} - \lambda g_{\alpha\beta})\xi^\beta = 0 \tag{42.2}$$

genügen müssen. Die Eigenwerte, die ξ^β entsprechen, sind gleichzeitig *Basen der Elementarteiler der λ-Matrizen* $(T_{\alpha\beta} - \lambda g_{\alpha\beta})$ (siehe § 9) und Wurzeln der charakteristischen Gleichungen

$$|T_{\alpha\beta} - \lambda g_{\alpha\beta}| = 0. \tag{42.3}$$

Wenn $T_{\alpha\beta}$ und $g_{\alpha\beta}$ bekannt sind, kann man immer die Eigenwerte und Eigenvektoren (mit einer gewissen Willkür bei mehrfachen Wurzeln von (42.3)) bestimmen. Sind umgekehrt die Eigenwerte $\frac{\lambda}{\sigma}$ und die Eigenvektoren $\frac{\xi_\alpha}{\sigma}$ des Tensors $T_{\alpha\beta}$ und die *Elementarteiler der λ-Matrix* $(T_{\alpha\beta} - \lambda g_{\alpha\beta})$ bekannt, so kann man immer $g_{\alpha\beta}$ und $T_{\alpha\beta}$ in einem beliebigen (holonomen oder nichtholonomen) Koordinatensystem durch $\frac{\lambda}{\sigma}$ und $\frac{\xi_\alpha}{\sigma}$ ausdrücken. Wir unterstreichen, daß im Unterschied zu Aufgaben der klassischen Mechanik, wo einer der Tensoren $T_{\alpha\beta}$ und $g_{\alpha\beta}$ definit und die λ-Matrix $(T_{\alpha\beta} - \lambda g_{\alpha\beta})$ folglich immer von einfachem Typ ist, in einem Raum-Zeit-Kontinuum V_4 der metrische Tensor $g_{\alpha\beta}$ seinem Wesen nach indefinit ist. Der erste Schritt zu einem allgemeinen Studium führt daher auf die Frage nach den Elementarteilern der λ-Matrix

$$(T_{\alpha\beta} - \lambda g_{\alpha\beta}) \tag{42.4}$$

und nach ihrer Charakteristik (siehe § 9). Dabei können die Eigenwerte im allgemeinen *komplex*, die Eigenvektoren können alle oder zum Teil isotrop, und die Elementarteiler können *mehrfach* sein.

Eine solche Klassifikation aller möglichen Strukturen des Energie-Impuls-Tensors erhält man offensichtlich aus den Ergebnissen von § 9. Das folgende Schema gibt einen Überblick über alle möglichen Fälle für die Charakteristik:

$$\left.\begin{array}{l} \text{I. } [1\,1\,1\,1],\ [(1\,1)\,1\,1],\ [(1\,1)\,(1\,1)],\ [(1\,1\,1)\,1],\ [(1\,1\,1\,1)], \\ \text{II. } [2\,1\,1],\ [(2\,1)1],\ [2\,(1\,1)],\ [(2\,1\,1)], \\ \text{III. } [3\,1],\ [(3\,1)]. \end{array}\right\} \qquad (42.5)$$

Die Charakteristiken [2, 2] und [4] können bei der Signatur $(- - - +)$ einer Metrik vom hyperbolischen Typ nicht vorkommen. Durch die runden Klammern sind die Spezialfälle hervorgehoben, die sich ergeben, wenn Basen von Elementarteilern übereinstimmen. Z. B. entspricht die Charakteristik [(2 1) 1] Elementarteilern der λ-Matrix (42.4) der Form $(\lambda - \underset{1}{\lambda})^2$, $(\lambda - \underset{1}{\lambda})$, $(\lambda - \underset{2}{\lambda})$ usw. Da es wesentlich ist, die Frage im *Reellen* zu lösen, hat man auch bei Vorhandensein von komplexen Eigenwerten $\underset{\sigma}{\lambda}$ und folglich komplexen Eigenvektoren $\underset{\sigma}{\xi}^{\alpha}$ die Klassifikation allein mit Hilfe von reellen Transformationen durchzuführen.

Wir führen in jedem Punkt des Raumes V_4 ein nichtholonomes *reelles* orthonormiertes 4-Bein, das eine MINKOWSKI-Metrik definiert, oder ein quasiorthonormiertes 4-Bein ein. Dann kann man für jede Charakteristik (42.5) die kanonische Form des Tensors $T_{\alpha\beta}$ in diesem lokalen orthonormierten 4-Bein aufstellen. Das Ergebnis wird im Fall reeller Eigenwerte durch die Formeln (9.4), für komplexe $\underset{\sigma}{\xi}$ durch (9.6) und im allgemeinen Fall durch die Formeln (9.7) beschrieben. Danach ist es nicht schwierig, zu zeigen, daß der metrische Tensor $g_{\alpha\beta}(x)$ und der Tensor $T_{\alpha\beta}(x)$ durch die Eigenvektoren und Eigenwerte ausgedrückt werden können:

$$g_{\alpha\beta} = \sum_{k=1}^{r} \underset{k}{g_{\alpha\beta}}, \qquad T_{\alpha\beta} = \sum_{k=1}^{r} \underset{k}{T_{\alpha\beta}}. \qquad (42.6)$$

Dabei ist r die Anzahl der Elementarteiler, und $\underset{k}{g_{\alpha\beta}}$, $\underset{k}{T_{\alpha\beta}}$ haben eine Struktur, die einem gegebenen Elementarteiler entspricht. Die expliziten Formeln wurden in [165] (S. 47–51) aufgestellt. Die Formeln (42.6), die wir aus der kanonischen Form der Matrizen (9.7) in einem nichtholonomen orthonormierten 4-Bein erhalten haben, gelten natürlich in einem *völlig beliebigen Koordinatensystem*. Damit ist das allgemeine Problem bei der Untersuchung des Energie-Impuls-Tensors gelöst. Was die physikalische Interpretation der verschiedenen Typen (42.5) betrifft, so wurde sie bisher nur für einige Spezialfälle der Charakteristik (42.5) der λ-Matrix (42.4) durchgeführt. Diese Spezialfälle wollen wir nun besprechen.

Der *Energie-Impuls-Tensor der „reinen Materie“* oder, wie man manchmal sagt, der *Energie-Impuls-Tensor des Massenstroms* ([188], S. 304) entspricht dem Fall, daß der Energie-Impuls-Tensor $T_{\alpha\beta}$ einen einzigen Eigenvektor mit nichtverschwindendem Eigenwert hat. Dieser Eigenvektor ist zeitlich orientiert und physikalisch als Tangentenvektor τ^α an die vierdimensionale Trajektorie des Massenstroms zu interpretieren. Sein Eigenwert $\lambda_4 \equiv M_0(x^\alpha)$ stellt die Stromdichte dar. Alle übrigen Eigenwerte $\lambda_i (i = 1, 2, 3)$ sind gleich Null. Den Vektor τ^α kann man in diesem Falle (nicht eindeutig) mit Hilfe von drei Vektoren $\underset{i}{\xi}{}^\alpha (i = 1, 2, 3)$ zu einem orthonormierten 4-Bein ergänzen. Es wird dann

$$g_{\alpha\beta} = \sum_{\sigma=1}^{4} e_\sigma \underset{\sigma}{\xi}_\alpha \underset{\sigma}{\xi}_\beta, \qquad e_4 = -e_1 = -e_2 = -e_3 = 1, \qquad \underset{4}{\xi}_\alpha = \tau_\alpha \tag{42.7}$$

und

$$T_{\alpha\beta} = \mu_0 \tau_\alpha \tau_\beta. \tag{42.8}$$

Dabei haben bekanntlich die Komponenten von $T^{\alpha\beta}$ folgenden physikalischen Sinn ([188], S. 305): T^{44} ist die *Energiestromdichte*, $T^{i4} (i = 1, 2, 3)$ sind die *Projektionen der Impulsdichte* auf die Achsen Ox, Oy, Oz, multipliziert mit Lichtgeschwindigkeit c oder geteilt durch c ergibt sich daraus die *Dichte des Energiestroms in der Richtung der i-ten Achse*, $T^{ij} (i, j = 1, 2, 3)$ ist die *Dichte des Impulsstroms auf der i-ten Achse in Richtung der j-ten Achse.*

Nach dem Schema (42.5) haben wir hier eine Charakteristik von einfachem Typ I der Form $[1\ \overset{0}{(1\ 1\ 1)}]$, wobei „0" über der runden Klammer bedeutet, daß drei Elementarteilerbasen (Eigenwerte) verschwinden.

Der Energie-Impuls-Tensor eines makroskopischen Körpers (einer „idealen Flüssigkeit"). Da der Impulsstrom durch das Flächenelement $d\sigma$ des Körpers eine Kraft darstellt, die auf $d\sigma$ wirkt, ist $T_{\alpha\beta} d\sigma^\beta$ die α-te Komponente der Kraft. Da für schwere Körper die möglichen maximalen Druckdifferenzen verschwindend klein sind im Verhältnis zu den Drücken, kann man mit guter Annäherung annehmen, daß in diesem Fall das Bild analog ist zu dem Bild, das man für eine „ideale Flüssigkeit" hat. Wir führen in dem gegebenen Raumelement ein Ruhsystem („Eigenbezugssystem") ein. In einem solchen System ist der Druck auf ein gegebenes Körperelement senkrecht zur Fläche, auf die der Druck nach allen Richtungen gleichmäßig wirkt (PASCALsches Gesetz). Daher gilt

$$T_{\alpha\beta} d\sigma^\beta = p\, d\sigma_\alpha$$

oder anders ausgedrückt

$$T_{ij} = p g_{ij} \quad (i, j = 1, 2, 3).$$

Die Komponenten T_{i4} definieren die Impulsdichte, sie sind gleich Null. Die Komponente T_{44} stellt die Energiedichte ε des Körpers dar. $\frac{\varepsilon}{c^2}$ ist also die Massendichte des Körpers, d. h. die Masse der Einheit des „Eigengebietes". Daher wird im Eigenbezugssystem für das Körperelement

$$(T_{\alpha\beta}) = \begin{pmatrix} p & 0 & 0 & 0 \\ 0 & p & 0 & 0 \\ 0 & 0 & p & 0 \\ 0 & 0 & 0 & \varepsilon \end{pmatrix}. \tag{42.9}$$

Die Geschwindigkeit der makroskopischen Bewegung des Körperelementes sei u_α. Im Eigenbezugssystem, in dem das Körperelement ruht, ist $u_i = 0\,(i = 1, 2, 3)$, $u_4 = 1$. Für die Matrix (42.9) gilt also eine Beziehung, die wegen des Tensorcharakters nicht nur im Eigensystem, sondern auch in einem beliebigen Bezugssystem gilt:

$$T_{\alpha\beta} = (p + \varepsilon) u_\alpha u_\beta + p g_{\alpha\beta}. \tag{42.10}$$

Aus (42.9) folgt, daß die Elementarteiler der λ-Matrix (42.4) alle vom ersten Grad sind, d. h., es liegt nach dem Schema (42.5) wieder der Typ I mit der Charakteristik [(1 1 1) 1] vor. Setzen wir den Druck p gleich Null, so erhalten wir den Energie-Impuls-Tensor (42.8), wobei $\varepsilon = \mu_0$ ist. Die Tensoren (42.8) und (42.10) werden in verschiedenen Fragen der relativistischen Hydrodynamik angewandt ([210] bis [212]).

Der Energie-Impuls-Tensor des elektromagnetischen Feldes. In der speziellen Relativitätstheorie wird gezeigt, daß sich der Energie-Impuls-Tensor des elektromagnetischen Feldes aus einem alternierenden Tensor $F_{\alpha\beta} = F_{\alpha\beta}$ konstruieren läßt. $F_{\alpha\beta}$ heißt *Tensor des elektromagnetischen Feldes* ([173], S. 191—202; [174, 156], § 32; [272, 273, 304, 218, 237]). Mit Hilfe von $F_{\alpha\beta}$ läßt sich der Energie-Impuls-Tensor des elektromagnetischen Feldes in der Form

$$T_{\alpha\beta} = \frac{1}{4} F_{\sigma\tau} F^{\sigma\tau} g_{\alpha\beta} - F_{\alpha\sigma} F^{\sigma}_{\beta} \tag{42.11}$$

ausdrücken. Aus (42.11) folgt, daß *die „Spur" des Energie-Impuls-Tensors des elektromagnetischen Feldes gleich Null ist:*

$$T^{\sigma}_{\sigma} = g^{\alpha\beta} T_{\alpha\beta} = 0. \tag{42.12}$$

Um den Tensor $T_{\alpha\beta}$ (42.11) nach seiner algebraischen Struktur zu charakterisieren, kann man z. B. folgendermaßen vorgehen. In einem lokalen nichtholonomen orthonormierten 4-Bein sind nach der speziellen Relativitätstheorie die Komponenten F_{i4} durch die Komponenten des elektrischen Feldes bezüglich dieses 4-Beins gegeben, und $F_{ij}\,(i, j = 1, 2, 3)$ stellt das Magnetfeld dar. Wenn der Vektor des elektrischen Feldes die räumlichen Komponenten $\{\alpha_1, \alpha_2, \alpha_3\}$ hat und der Vektor des Magnetfeldes durch $\{\beta_1, \beta_2, \beta_3\}$ gegeben ist, gilt

$$\left.\begin{aligned} \alpha_1 &= F_{14} = -F^{14}, & \beta_1 &= F_{23} = F^{23}, \\ \alpha_2 &= F_{24} = -F^{24}, & \beta_2 &= F_{31} = F^{31}, \\ \alpha_3 &= F_{34} = -F^{34}, & \beta_3 &= F_{12} = F^{12}, \end{aligned}\right\} \tag{42.13}$$

wobei das Heben und Senken der Indizes mit Hilfe des metrischen MINKOWSKI-Tensors im gegebenen Koordinatensystem vollzogen wird. Daher folgt aus (42.11) und (42.13) unmittelbar

$$(T_{\alpha\beta}) = \begin{pmatrix} \nu & \alpha_3\beta_2 - \alpha_2\beta_3 & \alpha_1\beta_3 - \alpha_3\beta_1 & \alpha_2\beta_1 - \alpha_1\beta_2 \\ \alpha_3\beta_2 - \alpha_2\beta_3 & \nu - \alpha_1^2 - \beta_1^2 & -\alpha_1\alpha_2 - \beta_1\beta_2 & -\alpha_1\alpha_3 - \beta_1\beta_3 \\ \alpha_1\beta_3 - \alpha_3\beta_1 & -\alpha_1\alpha_2 - \beta_1\beta_2 & \nu - \alpha_2^2 - \beta_2^2 & -\alpha_2\alpha_3 - \beta_2\beta_3 \\ \alpha_2\beta_1 - \alpha_1\beta_2 & -\alpha_1\alpha_3 - \beta_1\beta_3 & -\alpha_2\alpha_3 - \beta_2\beta_3 & \nu - \alpha_3^2 - \beta_3^2 \end{pmatrix}, \tag{42.14}$$

wobei

$$\nu = \frac{1}{2} \sum_{i=1}^{3} (\alpha_i^2 + \beta_i^2) \tag{42.15}$$

ist. Die volle Gruppe der LORENTZ-Drehungen besteht aus drei Raumdrehungen und drei eigentlichen LORENTZ-Drehungen. Wir fixieren einen Vektor $\bar{\underset{4}{e}}$ und eine zu $\bar{\underset{4}{e}}$ orthogonale Hyperebene. Dann kann man mit Hilfe von drei reinen Raumdrehungen das Koordinatensystem so spezialisieren (auf einer Hyperebene mit negativ-definiter Metrik), daß drei Bedingungen erfüllt werden, z. B. kann man, wie man leicht sieht, die folgenden Forderungen für das neue Koordinatensystem mit Hilfe von *reellen* Transformationen befriedigen:

$$\alpha_3' = \beta_3' = \alpha_1'\alpha_2' + \beta_1'\beta_2' = 0. \tag{42.16}$$

Da für ein beliebiges orthonormiertes 4-Bein die Identitäten

$$(\alpha_1\alpha_2 + \beta_1\beta_2)^2 + (\alpha_2\beta_1 - \alpha_1\beta_2)^2 = (\alpha_1^2 + \beta_1^2)(\alpha_2^2 + \beta_2^2) \tag{42.17}$$

gelten, ergibt sich, wenn wir

$$\alpha_1^2 + \beta_1^2 = a^2, \qquad \alpha_2^2 + \beta_2^2 = b^2$$

setzen, aus (42.14), (42.16) und (42.17) im neuen Koordinatensystem (die Striche lassen wir fort)

$$(T_{\alpha\beta}) = \begin{pmatrix} \frac{a^2+b^2}{2} & 0 & 0 & \pm ab \\ 0 & \frac{-a^2+b^2}{2} & 0 & 0 \\ 0 & 0 & \frac{a^2-b^2}{2} & 0 \\ \pm ab & 0 & 0 & \frac{a^2+b^2}{2} \end{pmatrix}. \tag{42.18}$$

Daraus folgt, daß die Wurzeln der charakteristischen Gleichung (42.3)

$$\lambda_1 = \lambda_2 = -\lambda_3 = -\lambda_4 = \lambda = \frac{1}{2}(a^2 - b^2)$$

sind.

Der Energie-Impuls-Tensor des elektromagnetischen Feldes hat also vier reelle Eigenwerte, die zu je zweien gleich sind und zu je zweien entgegengesetztes Vorzeichen haben (SYNGE [96]; RUSE [99], S. 302—322). Zu weiteren Ergebnissen gelangt man, wenn man mit Hilfe der Matrix (42.18) die Elementarteiler der λ-Matrix $(T_{\alpha\beta} - \lambda g_{\alpha\beta})$ bestimmt (siehe § 9).

Man kann zwei Fälle unterscheiden: 1. $\lambda \neq 0$ und 2. $\lambda = 0$. Im ersten Fall erhält man wegen der Existenz einfacher Elementarteiler und wegen der Gleichheit der Absolutbeträge der Eigenwerte von $T_{\alpha\beta}$ nach Formel (9.4) folgende kanonische Formen für die Matrizen $(g_{\alpha\beta})$ und $(T_{\alpha\beta})$:

$$(g_{\alpha\beta}) = \begin{pmatrix} -1 & 0 & 0 & 0 \\ 0 & -1 & 0 & 0 \\ 0 & 0 & -1 & 0 \\ 0 & 0 & 0 & +1 \end{pmatrix},$$

$$(T_{\alpha\beta}) = \begin{pmatrix} +\lambda & 0 & 0 & 0 \\ 0 & -\lambda & 0 & 0 \\ 0 & 0 & -\lambda & 0 \\ 0 & 0 & 0 & -\lambda \end{pmatrix}.$$

Es liegt also eine Charakteristik von einfachem Typ [(1 1) (1 1)] vor. Mit Hilfe dieser Matrizen kann man $T_{\alpha\beta}$ und $g_{\alpha\beta}$ unmittelbar durch die Eigenvektoren und Eigenwerte von $T_{\alpha\beta}$ nach den Formeln

$$g_{\alpha\beta} = \sum_\sigma e_\sigma \underset{\sigma}{\xi}_\alpha \underset{\sigma}{\xi}_\beta, \quad T_{\alpha\beta} = \sum_\sigma e_\sigma \underset{\sigma}{\lambda} \underset{\sigma}{\xi}_\alpha \underset{\sigma}{\xi}_\beta$$

ausdrücken, die übrigens nur für Charakteristiken einfachen Typs gelten.

Wir erhalten also

$$T_{\alpha\beta} = \lambda(-\underset{1}{\xi}_\alpha \underset{1}{\xi}_\beta + \underset{2}{\xi}_\alpha \underset{2}{\xi}_\beta + \underset{3}{\xi}_\alpha \underset{3}{\xi}_\beta + \underset{4}{\xi}_\alpha \underset{4}{\xi}_\beta), \quad g_{\alpha\beta} = \sum_\sigma e_\sigma \underset{\sigma}{\xi}_\alpha \underset{\sigma}{\xi}_\beta, \tag{42.19}$$

wobei die orthonormierten Vektoren $\underset{2}{\xi}^\alpha$ und $\underset{3}{\xi}^\alpha$ beide räumlich sind. Sie lassen sich in der Ebene $\{\underset{2}{\xi}, \underset{3}{\xi}\}$ bis auf Drehungen eindeutig wählen. Die orthonormierten Vektoren $\underset{1}{\xi}^\alpha$ und $\underset{4}{\xi}^\alpha$ sind bis auf eine LORENTZ-Drehung in der Ebene $\{\underset{1}{\xi}, \underset{4}{\xi}\}$ eindeutig bestimmt. $\underset{1}{\xi}$ ist ein räumlicher Vektor, $\underset{4}{\xi}$ dagegen ein zeitlicher Vektor.

Im Fall 2, der *singulärer Fall* genannt wird, ist $\lambda = \dfrac{a^2 - b^2}{2} = 0$ und daher $b = \varepsilon a$, $\varepsilon = \pm 1$. Wir berechnen unter dieser Voraussetzung für den durch die Matrix (42.18) definierten Tensor $T_{\alpha\beta}$ und für $(g_{\alpha\beta})$ die Elementarteiler der λ-Matrix $(T_{\alpha\beta} - \lambda g_{\alpha\beta})$ (siehe § 9). Dabei habe $g_{\alpha\beta}$ die MINKOWSKIsche Form. Dann kann man sich davon überzeugen, daß eine Charakteristik vom *nichteinfachen Typ* $[(2\ \overset{0}{1}\ 1)]$ vorliegt. Für eine solche Charakteristik hat der Tensor $T_{\alpha\beta}$ einen *isotropen Eigenvektor*, und die kanonische Form für $T_{\alpha\beta}$ und $g_{\alpha\beta}$ nimmt eine besonders einfache Form an, wenn man statt eines orthonormierten 4-Beins ein quasiorthonormiertes 4-Bein einführt, bei dem ein isotroper Vektor als Koordinatenvektor gewählt ist. Die allgemeine Form der kanonischen Matrizen für diese Charakteristik ist bei zugrunde gelegtem quasiorthonormiertem 4-Bein nach Formel (9.11)

$$(g_{\alpha\beta}) = \begin{pmatrix} e_1 & 0 & 0 & 0 \\ 0 & e_2 & 0 & 0 \\ 0 & 0 & 0 & 1 \\ 0 & 0 & 1 & 0 \end{pmatrix}, \quad (T_{\alpha\beta}) = \begin{Bmatrix} e_1 \underset{1}{\lambda} & 0 & 0 & 0 \\ 0 & e_2 \underset{2}{\lambda} & 0 & 0 \\ 0 & 0 & 0 & \underset{3}{\lambda} \\ 0 & 0 & \underset{3}{\lambda} & 1 \end{Bmatrix}.$$

Im gegebenen Fall sind aber die zusätzlichen Bedingungen $e_1 = e_2 = -1$, $\underset{1}{\lambda} = \underset{2}{\lambda} = \underset{3}{\lambda} = 0$ erfüllt. Daher ergibt sich

$$(g_{\alpha\beta}) = \begin{pmatrix} -1 & 0 & 0 & 0 \\ 0 & -1 & 0 & 0 \\ 0 & 0 & 0 & 1 \\ 0 & 0 & 1 & 0 \end{pmatrix}, \quad (T_{\alpha\beta}) = \begin{pmatrix} 0 & 0 & 0 & 0 \\ 0 & 0 & 0 & 0 \\ 0 & 0 & 0 & 0 \\ 0 & 0 & 0 & 1 \end{pmatrix}, \tag{42.20}$$

woraus

$$T_{\alpha\beta} = \underset{4}{e_\alpha} \underset{4}{e_\beta} \tag{42.21}$$

folgt, wobei der Vektor $\underset{4}{e_\alpha}$ isotrop ist, wie unmittelbar aus (42.20) für die betrachtete Metrik $(g_{\alpha\beta})$ ersichtlich ist. Es ist klar, daß die Formel (42.21) sogar in einem beliebigen Koordinatensystem gilt.

Da der Vektor $\underset{4}{e_\alpha}$ isotrop ist, kann man ihn mit einer beliebigen Zahl multiplizieren, *ohne die Norm des Vektors zu ändern*. Daher kann man nach Belieben in der rechten Seite von (42.21) das Quadrat eines beliebigen Skalars anbringen. Es bereitet keine Schwierigkeit, von dem quasiorthonormierten 4-Bein (42.20) zu einem orthonormierten 4-Bein überzugehen. Dazu führe man die Transformation

$$x_3 \to x_3 + x_4, \qquad x_4 \to x_3 - x_4$$

durch. Der spezielle Fall des elektromagnetischen Feldes ist ein erstes Beispiel für einen Energie-Impuls-Tensor mit einer Charakteristik aus dem Schema (42.5) von mehrfachem Typ.

Außer diesen Tensoren betrachtet man auch den Energie-Impuls-Tensor für ein Feld, das durch Überlagerung zweier oder mehrerer Felder entsteht. *Der Energie-Impuls-Tensor hat z. B. für eine ideale Flüssigkeit mit einem elektromagnetischen Feld die Form*

$$T_{\alpha\beta} = (p + \varepsilon) u_\alpha u_\beta - p g_{\alpha\beta} + \frac{1}{4} (F^{\sigma\tau} F_{\sigma\tau}) g_{\alpha\beta} - F_{\alpha\sigma} F^\sigma_\beta, \tag{42.22}$$

wobei u_α die u-Geschwindigkeit der Teilchen, ein nichtisotroper Vektor ist ([173], S. 18).

Weiter betrachten wir den *Energie-Impuls-Tensor für dissipative Prozesse*, der sich ergibt, wenn man die relativistischen Gleichungen der Hydrodynamik unter Berücksichtigung der *Viskosität* und *Wärmeproduktion* aufstellt ([193], S. 606).

Man erhält den gesuchten Energie-Impuls-Tensor, wenn man auf der rechten Seite von (42.10) einen Tensor $\tau_{\alpha\beta}$ hinzufügt und zum Materiedichtevektor h_i einen zusätzlichen Vektor ν_α addiert. Dann ist

$$\left.\begin{aligned} T_{\alpha\beta} &= (p+\varepsilon)u_\alpha u_\beta + p g_{\alpha\beta} + \tau_{\alpha\beta}, \\ h_\alpha &= h u_\alpha + \nu_\alpha . \end{aligned}\right\} \qquad (42.23)$$

Die Geschwindigkeit u^α sei so definiert, daß im *Eigenbezugssystem* jedes gegebenen Flüssigkeitselementes sein Impuls gleich Null ist, während sich seine Energie durch andere thermodynamische Größen in den gleichen Funktionen wie bei Abwesenheit von dissipativen Prozessen ausdrücken läßt. Im Eigenbezugssystem ist $\tau_{44} = \tau_{4i} = 0$ und $u^i = 0$. Daher ist auch

$$\tau_{\alpha\beta} u^\beta = 0. \qquad (42.24)$$

Diese Beziehung gilt wegen ihres Tensorcharakters in einem beliebigen Koordinatensystem. Da im Eigensystem die Komponente h^4 des *Vierervektors des Teilchenstroms* gleich der Dichte der Teilchenzahl h sein muß, gilt

$$\nu_\alpha h^\alpha = 0. \qquad (42.25)$$

Die Bewegungsgleichungen der Flüssigkeit müssen aus den Gleichungen

$$\partial_\sigma T^\sigma_\alpha = 0, \quad \partial_\alpha h^\alpha = 0 \qquad (42.26)$$

folgen. Daraus ergibt sich die Beziehung

$$u^\alpha \partial_k T^k_\alpha = -T\partial_\alpha(\sigma u^\alpha) + \mu \partial_\alpha \nu^\alpha + u^\alpha \partial_\sigma \tau^\sigma_\alpha,$$

wobei $\mu = \dfrac{w - \tau_\sigma}{h}$ das relativistische chemische Potential des Systems ist. Unter Benutzung von (42.24) erhält man dann

$$\partial_\alpha\left(\sigma u^\alpha - \frac{\mu}{T}\nu^\alpha\right) = -\nu^\alpha \partial_\alpha\left(\frac{\mu}{T}\right) - \frac{1}{T}\tau^\sigma_\alpha \partial_\sigma u^\alpha .$$

Die linke Seite dieser Gleichung stellt die Viererdivergenz des Energiestroms dar. Daher haben wir auf der rechten Seite Größen, welche die Veränderung der Entropie auf Grund der dissipativen Prozesse charakterisieren. Der Vektor der Entropiestromdichte ist also gleich

$$\sigma^\alpha = \sigma u^\alpha - \frac{\mu}{T}\nu^\alpha. \qquad (42.27)$$

Der Tensor $\tau_{\alpha\beta}$ und der Vektor ν^α müssen sich linear durch Geschwindigkeitsgradienten und thermodynamische Größen so ausdrücken lassen, daß sie der folgenden Forderung genügen: Die rechte Seite von (42.19) ist positiv. Mit Hilfe dieser

Forderung kann man zusammen mit (42.24) und (42.25) $\tau_{\alpha\beta}$ und ν^{α} eindeutig in der Form

$$\tau_{\alpha\beta} = \eta \left(\frac{\partial u_\alpha}{\partial x^\beta} + \frac{\partial u_\beta}{\partial x^\alpha} + u_\beta u^\sigma \frac{\partial u_\alpha}{\partial x^\sigma} + u_\alpha u^\sigma \frac{\partial u_\beta}{\partial x^\sigma}\right) - \left(\zeta - \frac{2}{3}\eta\right)\frac{\partial u_\sigma}{\partial x^\sigma}(g_{\alpha\beta} - u_\alpha u_\beta),$$

$$\nu_\alpha = -\frac{\chi}{c}\left(\frac{h\tau}{p+\varepsilon}\right)^2 \left[\partial_\alpha\left(\frac{\mu}{T}\right) + u_\alpha u^\sigma \partial_\sigma\left(\frac{\mu}{T}\right)\right].$$

bestimmen. Wir gehen zu einer invarianten Form über und können dann

$$\tau^{\alpha\beta} = \eta[(g^{\alpha\sigma} - u^\alpha u^\sigma)u^\beta_{,\sigma} + (g^{\beta\sigma} - u^\beta u^\sigma)u^\alpha_{,\sigma}] - \left(\zeta - \frac{2}{3}\eta\right)(u^\alpha u^\beta - g^{\alpha\beta})u^\sigma_{,\sigma} \tag{42.28}$$

schreiben. Dabei sind η und ξ Viskositätskoeffizienten.

Es sind auch andere Kombinationen von Feldern möglich. Wir bemerken, daß alle hier eingeführten Tensoren $T_{\alpha\beta}$, außer (42.28), zur einfachsten Form der Charakteristik im Schema (42.5) gehören.

Die Untersuchung des Tensors $T_{\alpha\beta}$, der die Verteilung und Bewegung der Materie definiert, hat grundlegende Bedeutung und führt zu einer Reihe von interessanten physikalischen Folgerungen (siehe z. B. [273]).

§ 43. Der Erhaltungssatz für den Energie-Impuls-Tensor

Wenn man die Feldgleichungen in der Form

$$S_{\alpha\beta} = \lambda T_{\alpha\beta} \tag{43.1}$$

schreibt und berücksichtigt, daß der EINSTEIN-Tensor $S_{\alpha\beta}$ der Identität $S^\alpha{}_{\beta,\alpha} = 0$, $\lambda = \text{const}$ genügt, kommt man zu dem Ergebnis, daß der Tensor $T_{\alpha\beta}$ dem Erhaltungssatz

$$T^\alpha{}_{\beta,\alpha} = 0 \tag{43.2}$$

genügt. Wir wollen die physikalischen Folgerungen untersuchen, die man aus (43.2) für einen gegebenen Tensor $T_{\alpha\beta}$ ziehen kann. Wir betrachten zunächst den Tensor $T_{\alpha\beta}$, der durch die Formeln (42.8) bzw. (42.10) definiert ist. (42.8) entspricht einem Massenstrom und (42.10) einer idealen Flüssigkeit. Um diese beiden Fälle gemeinsam zu behandeln, schreiben wir den Energie-Impuls-Tensor in der Form

$$T_{\alpha\beta} = r u_\alpha u_\beta - \theta_{\alpha\beta}, \tag{43.3}$$

wobei u_α, der Geschwindigkeitsvektor, zeitlich orientiert ist, r die skalare Dichte und $\theta_{\alpha\beta}$ ein symmetrischer Tensor ist. Dann ist

$$g_{\alpha\beta} u^\alpha u^\beta = 1 \tag{43.4}$$

und

$$u^\alpha{}_{,\beta} u_\alpha = 0. \tag{43.5}$$

Führt man die Bezeichnung

$$\theta^{\alpha}{}_{\beta,\alpha} = r\sigma_{\beta} \tag{43.6}$$

ein, so kann man den Erhaltungssatz (43.2) in der Form

$$(ru^{\alpha}u_{\beta})_{,\alpha} = r\sigma_{\beta}$$

schreiben, d. h., der Skalar r und der Vektor u_{α} genügen außer (43.4) und (43.5) noch der Beziehung

$$(ru^{\alpha})_{,\alpha}u_{\beta} + ru^{\alpha}u_{\beta,\alpha} = r\sigma_{\beta}. \tag{43.7}$$

Wir verjüngen diese Beziehung mit u^{β} und benutzen (43.4) und (43.5). Dann ergibt sich

$$(ru^{\alpha})_{,\alpha} = r\sigma_{\alpha}u^{\alpha}. \tag{43.8}$$

Wegen $r \neq 0$ folgt daraus

$$u^{\alpha}u_{\beta,\alpha} = (g_{\alpha\beta} - u_{\alpha}u_{\beta})\sigma^{\alpha}. \tag{43.9}$$

Jetzt kann man den Gleichungen (43.8) und (43.9) folgende vorläufige Deutung geben: Wir bemerken zunächst, daß die linke Seite von (43.8) an einen wohlbekannten Ausdruck erinnert, der in die Kontinuitätsgleichung eingeht. Ist außerdem $u^{\alpha} = \frac{dx^{\alpha}}{ds}$, so kann man die Gleichungen (43.9) als Differentialgleichungssystem für die Stromlinien deuten, wenn man den Vektor σ^{α} als gegeben ansieht.

Der Erhaltungssatz für den Massenstromtensor. In diesem Fall folgt aus (43.8)

$$r = \mu_0, \quad \theta_{\alpha\beta} = 0, \quad \sigma_{\beta} = 0,$$

und die Gleichungen (43.8), (43.9) lassen sich in der Form

$$(\mu_0 u^{\alpha})_{,\alpha} = 0 \tag{43.10}$$

bzw.

$$u^{\alpha}u_{\beta,\alpha} = 0 \tag{43.11}$$

schreiben. Die Bedingung (43.10) ist die Kontinuitätsgleichung des untersuchten Mediums, welche ausdrückt, daß die Divergenz des Vektors, der gleich dem Produkt der Stromdichte des Mediums mit dem Geschwindigkeitseinheitsvektor ist, verschwindet. Die Gleichungen (43.11) beschreiben, einfach die Tatsache, daß die Stromlinien nichtisotrope geodätische Linien von V_4 sind.

Wenn man

$$r = p + \varepsilon, \quad \theta_{\alpha\beta} = p g_{\alpha\beta}, \quad \sigma_{\beta} = \frac{1}{p+\varepsilon}(p\delta^{\alpha}_{\beta})_{,\alpha} = \frac{1}{p+\varepsilon}\partial_{\beta}p$$

setzt, ergibt sich der Energie-Impuls-Tensor (42.10). Wir nehmen außerdem an, daß man mit Hilfe irgendwelcher Überlegungen, z. B. thermodynamischen Charakters, Zustandsgleichungen aufstellen kann, welche die Eigendichte und den Druck

$$\varepsilon = \varphi(p)$$

verknüpfen. Dann kann man zeigen, daß

$$\sigma = \int\limits_{p_0}^{p} \frac{dp}{\varphi(p) + p}$$

gilt und daß in diesem Fall die Stromlinien ebenfalls nichtisotrope Geodätische sind, jedoch nicht im Raum V_4 sondern in einem anderen RIEMANNschen Raum $\tilde{V}_4$, der zum ursprünglichen konform ist. Die Metrik von $\tilde{V}_4$ ist

$$d\tilde{s}^2 = \omega^2 \, ds^2,$$

wobei im gegebenen Fall

$$\omega = e^{\int\limits_{p_0}^{p} \frac{dp}{p + \varepsilon}}$$

ist. Eine analoge Behauptung gilt allgemein für den Fall, daß σ_β ein Gradientenfeld ist ([231], § 17).

Wir betrachten hier nicht den Erhaltungssatz für den Energie-Impuls-Tensor des elektromagnetischen Feldes, da eine solche Betrachtung für das folgende nicht notwendig ist (siehe [231], Kapitel II, Abteilung II).

Bei der folgenden Untersuchung des inneren CAUCHY-Problems, das wesentlich von der physikalischen Bedeutung und der Struktur des Energie-Impuls-Tensors abhängt, beschränken wir uns auf die Betrachtung des Energie-Impuls-Tensors eines Massenstroms (43.8) und einer idealen Flüssigkeit (43.10).

§ 44. Das innere Cauchy-Problem für den Massenstrom

Wir betrachten das innere CAUCHY-Problem für den Fall eines Energie-Impuls-Tensors (42.18).[1]

Wenn auf der Hyperfläche S ein Gravitationsfeld mit Hilfe von CAUCHYschen Anfangswerten gegeben ist, die in § 40 eingeführt wurden, so hat man das Feld außerhalb von S zu bestimmen, wobei die Beziehung

$$S^\alpha_\beta = \chi \varrho u^\alpha u_\beta \tag{44.1}$$

erfüllt sein muß. Dabei ist $\varrho > 0$ und u_α ein Einheitsvektor. Wir setzen voraus, daß S den isotropen Kegel nicht berührt. Wenn ein lokales Koordinatensystem so gewählt ist, daß S durch die Gleichungen $x^4 = 0$ beschrieben ist, gilt $g^{44} \neq 0$. Analog zur Behandlung des äußeren Problems kann man im gegebenen Fall ($g^{44} \neq 0$) das System (44.1) durch zwei Gleichungssysteme ersetzen. Das erste System besteht aus sechs Gleichungen

$$R_{ij} = \chi \varrho \left(u_i u_j - \frac{1}{2} g_{ij} \right) \quad (i, j = 1, 2, 3), \tag{44.2}$$

[1]) Siehe hierzu auch SYNGE [429], pp. 218ff. (Anm. d. Red.)

das zweite ist

$$S_\alpha^0 = \chi \varrho u^0 u_\alpha, \tag{44.3}$$

wobei noch die Bedingungen

$$g^{\sigma\tau} u_\sigma u_\tau = 1 \tag{44.4}$$

und

$$\varrho > 0 \tag{44.5}$$

erfüllt sein müssen. Wegen des Erhaltungssatzes muß jedes Lösungssystem $\{g_{\alpha\beta}, u_{\alpha,\varrho}\}$ dieser Gleichungen den Beziehungen (43.10), (43.11) genügen, die im gegebenen Fall in der Form

$$u^\varkappa u_{\beta,\alpha} \equiv u^4 \partial_4 u_\beta + \Psi_\beta = 0, \tag{44.6}$$

$$(\varrho u^\alpha)_{,\alpha} \equiv u^4 \partial_4 \varrho + \varrho \partial_4 u^4 + F = 0 \tag{44.7}$$

geschrieben werden können, wobei Ψ_β von u_α, $\partial_i u_\alpha$ und den CAUCHYschen Anfangswerten auf S abhängt. F ist eine Funktion von u_α, $\partial_i u_\alpha$, ϱ, $\partial_i \varrho$ und ebenfalls abhängig von den CAUCHYschen Anfangswerten. Wir fordern, daß $g_{\alpha\beta}$ bzw. $\partial_4 g_{\alpha\beta}$ auf S zwei- bzw. dreimal stetig differenzierbar sind. Mit Hilfe der CAUCHYschen Anfangswerte sind auf S die Komponenten $S^4{}_\alpha$ eindeutig bestimmt. Außerdem kann man jetzt auf S den Skalar ϱ und den Vektor u_α bestimmen. Dazu benutze man die Beziehung

$$(\chi \varrho u^4)^2 = g^{\sigma\tau} S^4{}_\sigma S^4{}_\tau .$$

Die rechte Seite ist nach Voraussetzung größer Null, d. h., $S^4{}_\alpha$ kann als zeitartiger Vektor betrachtet werden. Wir bezeichnen seine Norm mit

$$g^{\sigma\tau} S^4{}_\sigma S^4{}_\tau = \Omega^2.$$

Dann ist

$$\chi \varrho u^4 = \Omega .$$

Daraus ergibt sich mit Hilfe der zweiten Gruppe von Feldgleichungen (44.3)

$$u_\alpha = \frac{1}{\Omega} S^4{}_\alpha, \quad u^4 = \frac{1}{\Omega} S^{44}, \quad \chi \varrho = \frac{\Omega^2}{S^{44}}.$$

Unter Berücksichtigung von (44.5),

$$\varrho > 0,$$

folgt

$$S^{44} > 0. \tag{44.8}$$

Da das Vorzeichen von Ω unbestimmt ist, hat man, damit u_α durch die CAUCHYschen Anfangswerte eindeutig definiert ist, das Vorzeichen von Ω in bestimmter Weise zu fixieren.

Berücksichtigt man nun das bei der Lösung des äußeren Problems erhaltene Ergebnis, so kann man zeigen, daß die erste Gruppe der Feldgleichungen (44.2) die Werte der Ableitungen $\partial_{44} g_{ij}$ auf der Hyperfläche S bestimmen. Außerdem folgt aus (44.8), daß $u^4 \neq 0$ ist und folglich $\partial_4 u_\alpha$ und $\partial_4 \varrho$ durch die Gleichungen (44.6) und (44.7) auf der Hyperfläche S bestimmt sind.

Daher sind die Größen $u_\alpha, \varrho, \partial_{44} g_{ij}, \partial_4 u_\alpha, \partial_4 \varrho$ *auf der Hyperfläche* S *stetig und haben vollständig bestimmte Werte, wenn alle oben genannten Voraussetzungen erfüllt sind.*

Wie man leicht sieht, sind die Funktionen $g_{\alpha\beta}, u_\alpha, \varrho$ mehrfach differenzierbar, wenn das gleiche für die CAUCHYschen Anfangswerte gilt. Um dies zu sehen, genügt es, (44.2), (44.6), (44.7) nach x^4 zu differenzieren.

Wir betrachten nun das Funktionensystem $\{g_{\alpha\beta}, u_\alpha, \varrho\}$, das auf der Hyperfläche S den Bedingungen (44.3) und (44.5) genügt. Was kann man über dieses System in der Umgebung von S sagen? Aus (44.6) und (44.7) folgt

$$(S^\alpha{}_\beta - \lambda T^\alpha{}_\beta)_{\,\alpha} = 0 .$$

Wenn wir dieses Gleichungssystem für die Lösung von (44.2) aufstellen, ergibt sich

$$g^{44} \partial_4 (S^4{}_\alpha - \lambda T^4{}_\alpha) = A^{i\sigma}_\alpha \, \partial_i (S^4{}_\sigma - \lambda T^4{}_\sigma) + B^\sigma{}_\alpha (S^4{}_\sigma - \lambda T^4{}_\sigma) .$$

Unter Anwendungen der Überlegungen, die wir im Falle des äußeren Problems angewandt haben, auf die Gleichungen (39.17) ergibt sich, daß (44.3) in einer Umgebung von S erfüllt ist, wenn (44.3) auf S gilt. Wir erhalten ein System in Involution.

Damit ist die Aufgabe, die CAUCHYschen Anfangswerte zu bestimmen, gelöst. Wir haben das Problem der „*zeitlichen*" *Integration des Gleichungssystems* (44.2), (44.6), (44.7) zu untersuchen. Dazu können wir die in § 39 angegebene Methode bei ziemlich schwachen Forderungen bezüglich der Klasse der Funktionen anwenden.

Wenden wir speziell den klassischen Existenzsatz von CAUCHY-KOWALEWSKI auf die Funktionenklasse C^ω an, so zeigt sich, daß es eine zur Klasse C^ω gehörige Lösung gibt, die bis auf eine Koordinatentransformation, welche die Hyperfläche S punktweise fest läßt, eindeutig ist unter der Voraussetzung, daß die CAUCHYschen Anfangswerte den Bedingungen

$$g^{44} \neq 0 , \qquad \Omega^2 = g^{\sigma\tau} S^4{}_\sigma S^4{}_\tau > 0 , \qquad S^{44} > 0$$

genügen (siehe § 39).

Wenn man für das innere CAUCHY-Problem nach der charakteristischen Mannigfaltigkeit fragt, erhält man eine Mannigfaltigkeit, die bei dem äußeren Problem nicht vorkommt. Für das innere CAUCHY-Problem sind nämlich zwei Typen von Hyperflächen möglich: 1. Die Hyperfläche S berührt den elementaren Kegel. Dieser Fall wurde bereits bei dem äußeren Problem betrachtet, wenn

$$g^{44} = 0$$

ist. Er führt zu einer isotropen Hyperfläche S. 2. Die Mannigfaltigkeiten $\tilde{V}_3$, die der Bedingung

$$\Omega = 0$$

entsprechen. Daraus ergibt sich

$$u^4 = 0$$

und folglich

$$S^4{}_\alpha = 0\,.$$

Danach wird die Hyperfläche S von Stromlinien gebildet. Dieser Fall ist im Verhältnis zum äußeren Problem neu.

Wenn man annimmt, daß die Dichte ϱ endlich ist, führt der Fall $S^{44} = 0$ auf den vorhergehenden und bringt nichts Neues.

§ 45. Das innere Cauchy-Problem im Fall einer idealen Flüssigkeit

Die Lösung des inneren CAUCHY-Problems im Fall einer idealen Flüssigkeit führt zu Überlegungen, die im wesentlichen eine Wiederholung des im vorigen Paragraphen Gesagten darstellen. Jedoch ergibt sich dabei ein Umstand, der vom physikalischen Gesichtspunkt aus von Interesse ist.

Der Energie-Impuls-Tensor sei in der Form

$$T_{\alpha\beta} = (p + \varepsilon) u_\alpha u_\beta - p g_{\alpha\beta} \tag{45.1}$$

definiert, wobei im Fall einer idealen Flüssigkeit ε als eine Funktion $\varphi(p)$ des Druckes definiert werden kann. Zu diesem Tensor gehören wie oben zwei Gruppen von Feldgleichungen:

$$R_{ij} = \lambda \left[(p + \varepsilon) u_i u_j - \frac{1}{2} (\varepsilon - p) g_{ij} \right], \tag{45.2}$$

$$S^4{}_\alpha = \lambda [(p + \varepsilon) u_\alpha u^4 - p \delta_\alpha^4], \tag{45.3}$$

wobei die Bedingung

$$g^{\sigma\tau} u_\sigma u_\tau = 1 \tag{45.4}$$

gilt, die u_α als einen zeitartigen Einheitsvektor festlegt. Den Energie-Impuls-Erhaltungssatz und die Kontinuitätsgleichung kann man analog zum vorhergehenden Paragraphen in Form folgender Gleichungen schreiben:

$$u^\alpha u_{\beta,\alpha} - \frac{1}{p + \varepsilon} \partial_\alpha p \, (\delta_\beta^\alpha - u^\alpha u_\beta) = 0 \tag{45.5}$$

und

$$[(p + \varepsilon) u^\alpha]_{,\alpha} - u^\alpha \partial_\alpha p = 0\,. \tag{45.6}$$

Nimmt man an, daß die Werte von p auf der Hyperfläche S gegeben sind, so erhält man aus (43.3)

$$\lambda (p + \varepsilon) u_\alpha u^4 = S^4{}_\alpha + \lambda p \delta_\alpha^4,$$

und, da u_α nach (45.4) ein Einheitsvektor ist, ergibt sich

$$[\lambda(p+\varepsilon)u^4]^2 = g^{\lambda\mu}(S^4{}_\lambda + \lambda p\delta^4_\lambda)(S^4{}_\mu + \lambda p\delta^4_\mu).$$

Wir bezeichnen die positiv-definite rechte Seite, die allgemein eine Funktion von p sein muß, mit Ω^2. Dann erhalten wir offensichtlich

$$\left.\begin{aligned} u_\alpha = \frac{1}{\Omega}(S^4{}_\alpha + \lambda p\delta^4_\alpha), \quad u^4 = \frac{1}{\Omega}(S^{44} + \lambda p g^{44}), \\ \lambda(p+\varepsilon) = \frac{\Omega^2}{S^{44} + \lambda p g^{44}}. \end{aligned}\right\} \tag{45.7}$$

Wenn $\varepsilon = \varphi(p)$ ist, muß die dritte Gleichung (45.7) eine Gleichung für p sein, die es gestattet, die möglichen Werte von p zu bestimmen. Aus den anderen Gleichungen (45.7) sind dann u_α, ε bestimmt, und wir finden endlich mit Hilfe von (45.2) $\partial_{44} g_{ij}$.

Es bleiben $\partial_4 \varepsilon$ und $\partial_4 p$ zu bestimmen, wobei man von der Zustandsgleichung auszugehen hat. Hebt man in der Gleichung (45.5) den Index β und setzt $\beta = 4$, so kann man die damit erhaltene Gleichung und die Gleichung (45.6) in der Form

$$(p+\varepsilon)u^4\partial_4 u^4 - (g^{44} - u^{4^2})\partial_4 p = A^4,$$
$$(p+\varepsilon)\partial_4 u^4 + u^4\varphi'(p)\partial_4 p = B$$

schreiben, wobei A^4 und B auf der Hyperebene S vorgegeben sind. Wir betrachten diese Gleichungen als algebraisches System bezüglich der Unbekannten $\partial_4 \beta$ und $\partial_4 u^4$. Dann ergibt sich, daß ihre gleichzeitige Bestimmung nur dann möglich ist, wenn

$$u^{4^2}\varphi' + g^{44} - u^{4^2} \neq 0$$

gilt. Diese Bedingung besagt, daß die Determinante aus den Koeffizienten der linken Seite von Null verschieden sein muß. $\partial_4 p$ und $\partial_4 u^4$ kann man also eindeutig nur unter der Bedingung

$$g^{44} - (1 - \varphi')u^{4^2} \neq 0 \tag{45.8}$$

definieren. Wenn diese Bedingung erfüllt ist, sind die Größen $\partial_4 p$ und $\partial_4 u^4$ auf der Hyperfläche S definiert, und aus den übrigen Gleichungen (45.6) ergeben sich die Größen $\partial_4 u^i$. Danach wiederholen sich offensichtlich alle im vorigen Paragraphen durchgeführten Überlegungen fast wörtlich. Jedoch führt die Bedingung (45.8) zu einer neuen Möglichkeit für singuläre Mannigfaltigkeiten.

Im Unterschied zum vorigen Paragraphen ergeben sich drei Fälle möglicher Mannigfaltigkeiten, auf denen Unstetigkeiten des Feldes auftreten können:

1. Die charakteristischen isotropen Mannigfaltigkeiten $\overset{*}{V}_3$, die der Bedingung $g^{44} = 0$ entsprechen.

2. Mannigfaltigkeiten $\tilde{V}_3$, die „Stromlinien" berühren oder von „Stromlinien" gebildet werden.

3. Mannigfaltigkeiten $\overline{\overline{V}}_3$, für die

$$g^{44} - (1 - \varphi')u^{4^2} = 0$$

gilt.

Diese Mannigfaltigkeiten genügen der Gleichung

$$[g^{\sigma\tau} - u^\sigma u^\tau (1 - \varphi')]\partial_\sigma f \partial_\tau f = 0 .$$

Auf diesen Mannigfaltigkeiten sind Unstetigkeiten des *Druckgradienten* möglich, was in gewissem Sinne eine relativistische Verallgemeinerung der Wellenfront in der klassischen Hydrodynamik ist. In dem Fall, daß die Wellenfronten *zeitlich orientiert* sind, gestatten sie eine anschauliche Interpretation in der relativistischen Physik ([231], § 19).

Wir nehmen an, daß dies der Fall ist, dann gilt

$$\Delta_1 f \equiv g^{\sigma\tau} \partial_\sigma f \partial_\tau f \leqq 0 ,$$

und wegen (45.7)

$$\Delta_1 f = (u^\sigma \partial_\sigma f)^2 (1 - \varphi') ,$$

folglich

$$\varphi' \geqq 1 . \tag{45.9}$$

Unter Benutzung dieser Tatsache definieren wir die „Ausbreitungsgeschwindigkeit" solcher hydrodynamischer Wellen. Wir nehmen zwei Mannigfaltigkeiten $\overline{\overline{V}}{}_3^0$ und $\overline{\overline{V}}{}^\delta$, die durch die Gleichungen

$$f(x^\alpha) = 0$$

bzw.

$$f(x^\alpha) = \delta$$

definiert sind, und nehmen an, daß δ eine unendlich kleine Größe ist. Wir legen durch irgendeinen Punkt von $\overline{\overline{V}}{}_3^0$ eine Stromlinie und bestimmen auf $\overline{\overline{V}}{}_3^\delta$ den Punkt, in dem diese Stromlinie $\overline{\overline{V}}{}_3^0$ schneidet, wobei wir uns auf eine Berechnung bis auf unendlich kleine Größen höherer Ordnung beschränken.

Der gesuchte Punkt auf $\overline{\overline{V}}{}_3^\delta$ kann in der Form $x^\alpha + \eta u^\alpha$ definiert werden, wobei der Skalar η aus der Beziehung

$$\eta u^\alpha \partial_\alpha f = \delta \tag{45.10}$$

zu bestimmen ist. Wir betrachten den Punkt $x^\alpha \subset \overline{\overline{V}}{}_3^0$ und den Normaleneinheitsvektor n^α an $\overline{\overline{V}}{}_3^0$ im Punkt $x^\alpha (n^\alpha n_\alpha = -1)$. Die kovarianten Komponenten des Vektors $\vec{n}$ haben dann die Form

$$n_\alpha = \frac{\partial_\alpha f}{\sqrt{-\Delta_1 f}} .$$

Die Trajektorie an $\bar{V}_3^0$ ist orthogonal und schneidet $\bar{V}_3^\delta$ in dem Punkt, der bis auf unendlich kleine Größen höherer Ordnung in der Form $x^\alpha + \tilde{\eta}\, n^\alpha$ geschrieben werden kann, wobei $\tilde{\eta}$ durch die Bedingung

$$\tilde{\eta}\, n^\alpha \partial_\sigma f = \varepsilon \tag{45.11}$$

gegeben ist. Daher gilt

$$\tilde{\eta} = \frac{\varepsilon}{n^\sigma \partial_\sigma f} = \frac{\varepsilon}{\sqrt{-\Delta_1 f}}. \tag{45.12}$$

Wir betrachten den Vektor $w^\alpha = \eta u^\alpha - \tilde{\eta} n^\alpha$. Er liegt offensichtlich in der Berührungsebene an die Wellenfläche. In der Tat ist

$$\eta u^\alpha n_\alpha = \eta, \quad \frac{u^\sigma \delta_\sigma f}{\sqrt{-\Delta_1 f}} = \frac{\varepsilon}{\sqrt{-\Delta_1 f}} = -\tilde{\eta}$$

und folglich

$$t^\alpha n_\alpha - (\eta u^\alpha - \tilde{\eta} n^\alpha) n_\alpha = 0.$$

Die Norm des Vektors t^α ergibt sich zu

$$t^\alpha t_\alpha = \eta^2 - \tilde{\eta}^2 - 2n\, \tilde{\eta} u^\alpha\, n_\alpha = \eta^2 + \tilde{\eta}^2 > 0,$$

d. h., der Vektor ist „zeitlich" orientiert.

Der Vektor ηu^α ist also als Summe zweier Vektoren gegeben, von denen einer orthogonal zur Wellenfläche und räumlich orientiert ist, während der andere diese Fläche berührt und zeitlich orientiert ist. Die „Ausbreitungsgeschwindigkeit" der Welle ist als Grenzwert des Längenverhältnisses dieser Vektoren gegeben und hat daher die Form

$$v = \lim_{\delta \to 0} \left| \frac{\tilde{\eta}}{t^\alpha t_\alpha} \right|.$$

Daraus folgt

$$v^{-2} = \lim_{\delta - 0} \left(1 + \frac{\eta^2}{\tilde{\eta}^2}\right) = 1 - \frac{\Delta_1 f}{(u^\sigma \partial_\sigma f)^2} = 1 - (1 - \varphi') = \varphi'.$$

Die Ausbreitungsgeschwindigkeit der Wellen ist also

$$v = \frac{1}{\sqrt{\varphi'}},$$

wobei die Beziehung (45.9) gilt. Dieses Ergebnis, das auch in der klassischen Mechanik gilt, verallgemeinert die Größe „Wellenausbreitungsgeschwindigkeit". Außerdem folgt aus (45.9) $v \leqq c$, da die Lichtgeschwindigkeit als Einheit angenommen wurde. Dieses Ergebnis steht in guter Übereinstimmung mit der relativistischen Physik und ist eine Folge der postulierten Zeitartigkeit der Wellenfronten $\overline{\overline{V}}_3$.[1])

Die Lösung des inneren CAUCHY-Problems bei anderer Verteilung und Bewegung der Materie, die kompliziertere Energie-Impuls-Tensoren definieren, kann im wesentlichen auf dem oben angegebenen Weg erfolgen. Jedoch hängt die Lösung ihrem Wesen nach von der Art des Energie-Impuls-Tensors $T_{\alpha\beta}$ ab, ebenso wie die beim Problem auftretenden singulären Hyperflächen. Eine derartige Betrachtung für das elektromagnetische Feld und die Überlagerung eines elektromagnetischen und eines „reinen" Materiefeldes kann man z. B. in [231] finden.

Den Fall dissipativer Prozesse und Fragen der Bestimmung von Lösungen durch Approximation ebenso wie die Aufstellung des CAUCHY-Problems für sogenannte *einheitliche* Feldtheorien, die hier nicht betrachtet werden, kann man z. B. in [267, 268, 196, 213] finden.

---

[1]) Raumartige Wellenfronten $\overline{\overline{V}}_3$ würden Ausbreitungsgeschwindigkeiten $> c$ entsprechen. Bei physikalisch realisierbaren Anfangsbedingungen und bei Berücksichtigung aller Nebenbedingungen erweisen sich aber raumartige $\overline{\overline{V}}_3$ (in Übereinstimmung mit dem Kausalitätsprinzip) auch in der allgemeinen Relativitätstheorie als unmöglich. (Anm. d. Red.)

KAPITEL VIII

SPEZIELLE TYPEN VON GRAVITATIONSFELDERN

In diesem Kapitel werden Räume V_4 betrachtet, die Gravitationsfeldern spezieller Art entsprechen und durch Bedingungen geometrischen oder physikalischen Charakters definiert sind.

§ 46. Zerlegbare und konform-zerlegbare Einsteinsche Räume

Ein RIEMANNscher Raum V_n heißt *zerlegbar*, wenn man eine Metrik in einem holonomen Koordinatensystem in der Form

$$ds^2 = \sum_{k=1}^{r} \varphi_k \tag{46.1}$$

darstellen kann, wobei die φ_k quadratische Formen sind, die nur von den Veränderlichen $x^{a_{k-1}+1}, \ldots, x^{a_k}$ abhängen, und $r > 1$ ist.

Im Hinblick auf die Relativitätstheorie beschränken wir uns auf den Fall $n = 4$ und setzen außerdem voraus, daß die Form (46.1) in jedem Punkt des betrachteten Gebietes eine Signatur der Form $(- - - +)$ hat. Für die Zerlegung (46.1) gibt es dann nur die beiden Typen

(1) $$ds^2 = \varphi_1(x^1) + \varphi_2(x^2, x^3, x^4),$$

(2) $$ds^2 = \varphi_1(x^1, x^2) + \varphi_2(x^3, x^4).$$

Im Fall einer Metrik (1) kann man die Form immer in $\varphi_1 = e_1\, dx^{1^2}$ $(e_1 = \pm 1)$ transformieren. Die Metrik (1) gestattet also einen nichtisotropen KILLING-Vektor $\underset{1}{\xi}^\alpha = \underset{1}{\delta}^\alpha$. Die Form φ_2 kann im Raum V_3 der Veränderlichen x^2, x^3, x^4 immer auf Orthogonalform gebracht werden [10]. Daher ist

$$ds^2 = e_1\, dx^{1^2} + \sum_{k=2}^{4} e_k H_k^2\, dx^{k^2},$$

$$H_k = H_k(x^2, x^3, x^4), \qquad e_k = \pm 1.$$

Wenn die Metrik einen EINSTEINschen Raum $(R_{\alpha\beta} = \varkappa g_{\alpha\beta})$ definiert, erhält man aus den Feldgleichungen $\varkappa = 0$, und φ_2 definiert einen dreidimensionalen EINSTEINschen Raum mit verschwindendem RICCI-Tensor: $R_{ij} = 0\, (i, j = 2, 3, 4)$.

φ_2 definiert also die Metrik eines ebenen Raumes (siehe § 13), und der betrachtete Raum V_4 ist eine ebene Mannigfaltigkeit. Wegen der Signaturbedingung kann man die Metrik (1) in die Form der MINKOWSKI-Metrik transformieren.

Liegt aber die Metrik (2) vor, so sieht man leicht, daß man, wenn man den trivialen Fall eines ebenen Raumes fortläßt, nur zu Metriken (14.7) oder (14.8) kommt, die in § 14 betrachtet wurden. *Die Metrik jedes zerlegbaren* EINSTEIN*schen Raumes ist also im Fall* $n = 4$ *und einer Signatur der Form* $(- - - +)$ *in einem speziellen Koordinatensystem entweder die Metrik des* MINKOWSKI-*Raumes oder* (14.7) *bzw.* (14.8).

Wir nennen V_n *konform-zerlegbar*, wenn die zugehörige Metrik in einem gewissen Koordinatensystem die Form

$$ds^2 = \alpha^2 \sum_{k=1}^{r} \varphi_k \tag{46.2}$$

hat, wobei φ_k wie in (46.1) definiert ist und $\alpha = \alpha(x^1, x^2, x^3, x^4)$ ein beliebiger Skalar ist. Wir betrachten den Fall, daß φ_1 und φ_2 binäre Formen sind:

$$ds^2 = \alpha^2[\varphi_1(x^1, x^2) + \varphi_2(x^3, x^4)] \tag{46.3}$$

und die Metrik den Feldgleichungen des freien Raumes genügt: $R_{\alpha\beta} = 0$.

Die im folgenden auftretenden Indizes durchlaufen jeweils die Werte: $p, q = 1, 2$; $a, b = 3, 4$; $\alpha, \beta = 1, 2, 3, 4$. Dann untersuchen wir die Koordinatentransformation

$$x^p = x^p(x^{p'}), \qquad x^a = x^a(x^{a'}).$$

Nach dieser Transformation haben die Komponenten des metrischen Tensors die Form

$$g_{p'a'} = 0, \qquad g_{p'q'} = \alpha^2 A^p_{p'} A^q_{q'} g_{pq}, \qquad g_{a'b'} = \alpha^2 A^a_{a'} A^b_{b'} g_{ab},$$

$$A^\alpha_{\beta'} = \frac{\partial x^\alpha}{\partial x^{\beta'}}.$$

Daher kann man die Formen φ_1 und φ_2 ohne die Struktur der Metrik (46.3) zu ändern, auf die Diagonalform

$$(g^{\alpha\beta}) = \begin{pmatrix} -\alpha^2\beta^2 & 0 & 0 & 0 \\ 0 & -\alpha^2 & 0 & 0 \\ 0 & 0 & -\alpha^2\gamma^2 & 0 \\ 0 & 0 & 0 & \alpha^2 \end{pmatrix}, \quad g = -\alpha^8\beta^2\gamma^2 < 0 \tag{46.4}$$

transformieren, wobei $\alpha(x^1, x^2, x^3, x^4)$, $\beta(x^1, x^2)$, $\gamma(x^3, x^4)$ ist und die Vorzeichen in Übereinstimmung mit der Bedingung über die Signatur der Metrik gewählt sind.

Durch unmittelbare Berechnung kann man sich davon überzeugen, daß

$$R_{1424} = \frac{1}{\gamma^2} R_{2331}, \quad R_{1434} = R_{2312}, \quad R_{2434} = \frac{1}{\beta^2} R_{3112}, \quad R_{2423} = -\frac{1}{\beta^2} R_{1431},$$

$$\frac{1}{\beta^2} R_{1412} = -\frac{1}{\gamma^2} R_{3423}, \quad R_{2412} = -\frac{1}{\gamma^2} R_{3431}$$

gilt. Die Komponenten $R_{\alpha\beta\gamma\delta}$, bei denen alle vier Indizes verschieden sind, verschwinden identisch wegen der Diagonalform der Metrik. Aus diesen Beziehungen folgt, daß die Feldgleichungen dem Gleichungssystem

$$R_{\alpha\beta\alpha\gamma} = 0, \quad \frac{1}{g_{\beta\beta}} R_{\alpha\beta\alpha\beta} + \frac{1}{g_{\gamma\gamma}} R_{\alpha\gamma\alpha\gamma} + \frac{1}{g_{\delta\delta}} R_{\alpha\delta\alpha\delta} = 0 \quad (\alpha, \beta, \gamma, \delta \neq) \tag{46.5}$$

äquivalent sind.

Wir setzen $R_{1414} = A$, $R_{2424} = B$. Dann ergibt sich aus der zweiten Gleichungsgruppe (46.5)

$$\begin{aligned} &R_{1414} = A, \quad R_{2424} = B, \quad R_{3434} = -\gamma^2\left(\frac{A}{\beta^2} + B\right), \\ &R_{2323} = -\frac{\gamma^2}{\beta^2} A, \quad R_{3131} = -\beta^2\gamma^2 B, \quad R_{1212} = A + \beta^2 B. \end{aligned} \tag{46.6}$$

Stellt man nun die λ-Matrix $(R_{ab} - \lambda g_{ab})$ $(a, b = 1, \ldots, 6)$ auf, so erkennt man erstens, daß sie von einfachem Typ ist, und zweitens, daß die Basen der Elementarteiler gleich

$$\lambda_1 = \lambda_4 = -\frac{A}{\alpha^4\beta^2}, \quad \lambda_2 = \lambda_5 = -\frac{B}{\alpha^4}, \quad \lambda_3 = \lambda_6 = \frac{1}{\alpha^4}\left(\frac{A}{\beta^2} + B\right)$$

sind.

Daher gilt folgender Satz: *Jedes konform-zerlegbare Gravitationsfeld* (43.3) *definiert einen Raum T_1 mit reellen stationären Krümmungen und einer Charakteristik der λ-Matrix vom Typ* [1 1 1, 1 1 1]. *Die umgekehrte Behauptung gilt nicht.*

Die erste Gleichungsgruppe (46.5) besteht aus sechs Gleichungen, von denen vier die Form

$$\alpha_{ki} - \frac{2\alpha_k\alpha_i}{\alpha} = 0 \quad (k = 1, 2;\, i = 3, 4)$$

haben, wobei $\alpha_i = \partial_i \alpha$ ist. Daraus folgt

$$\alpha^{-1} = \varphi(x^1, x^2) + \psi(x^3, x^4).$$

Die restlichen Gleichungen des Systems (46.5) lassen sich dann in der Form

$$\varphi_1 = \omega(x^1)\,\beta(x^1, x^2), \qquad \psi_3 = \nu(x^3)\,\gamma(x^3, x^4), \tag{46.7}$$

$$\varphi_{11} - \frac{\varphi_1\beta_1}{\beta} = \beta^2\left(\varphi_{22} - \frac{\varphi_2\beta_2}{\gamma}\right), \qquad \psi_{33} - \frac{\psi_3\gamma_3}{\gamma} = -\gamma^2\left(\psi_{44} - \frac{\psi_4\gamma_4}{\gamma}\right), \tag{46.8}$$

$$\frac{1}{\beta^2}\left(\varphi_{11} - \frac{\varphi_1\beta_1}{\beta}\right) + \varphi_{22} + \frac{\varphi_2\beta_2}{\beta} - \frac{\beta_{22}}{\beta}(\varphi + \psi) - \frac{1}{\gamma^2}\left(\psi_{33} - \frac{\psi_3\gamma_3}{\gamma}\right)$$
$$+ \psi_{44} + \frac{\psi_4\gamma_4}{\gamma} - \frac{\gamma_{44}}{\gamma}(\varphi + \psi) = 0, \tag{46.9}$$

$$\frac{1}{\beta^2}\left(\varphi_{11} - \frac{\varphi_1\beta_1}{\beta} - \frac{2\varphi_1^2}{\varphi + \psi}\right) + \varphi_{22} - \frac{2\varphi_2^2}{\varphi + \psi} + \frac{\varphi_2\beta_2}{\beta}$$
$$- \frac{\beta_{22}}{3\beta}(\varphi + \psi) + \frac{1}{\gamma^2}\left(\psi_{33} - \frac{2\,\psi_3^2}{\varphi + \psi} - \frac{\psi_3\gamma_3}{\gamma}\right)$$
$$- \psi_{44} + \frac{2\,\psi_4^2}{\varphi + \psi} - \frac{\psi_4\gamma_4}{\gamma} + \frac{\gamma_{44}}{3\gamma}(\varphi + \psi) = 0 \tag{46.10}$$

schreiben, wobei $\omega, \nu, \varphi, \psi$ unbekannte Funktionen sind. Zur Integration dieses Gleichungssystems benutzen wir die Tatsache, daß die eingehenden unbekannten Funktionen von getrennten Veränderlichen abhängen: Wir setzen in (46.9) $x^3 = \overset{0}{x}{}^3$ und $x^4 = \overset{0}{x}{}^4$ und führen die Bezeichnungen

$$\psi(\overset{0}{x}) = c_1,$$

$$\left[-\frac{1}{\gamma^2}\left(\psi_{33} - \frac{\psi_3\gamma_3}{\gamma}\right) + \psi_{44} + \frac{\psi_4\gamma_4}{\gamma} - \frac{\gamma_{44}}{\gamma}\psi\right]_{x=\overset{0}{x}} = c_2, \quad \left(-\frac{\gamma_{44}}{\gamma}\right)_{x=\overset{0}{x}} = c_3$$

ein. Dann erhalten wir

$$\frac{1}{\beta^2}\left(\psi_{11} - \frac{\psi_1\beta_1}{\beta}\right) + \varphi_{22} + \frac{\varphi_2\beta_2}{\beta} - \frac{\beta_{22}}{\beta}(\varphi + c_1) + c_2 + c_3\varphi = 0. \tag{46.11}$$

Entsprechend ergibt sich, wenn wir $x^3 = \tilde{x}^3, x^4 = \tilde{x}^4$ mit $\overset{0}{x}{}^\alpha \neq \tilde{x}^\alpha$ setzen,

$$\frac{1}{\beta^2}\left(\varphi_{11} - \frac{\varphi_1\beta_1}{\beta}\right) + \varphi_{22} + \frac{\varphi_2\beta_2}{\beta} - \frac{\beta_{22}}{\beta}(\varphi + \tilde{c}_1) + \tilde{c}_2 + \tilde{c}_3\varphi = 0, \tag{46.12}$$

wobei $\bar{c}_i$ die gleiche Bedeutung wie c_i hat, im allgemeinen aber von c_i verschieden sein kann. Aus (46.11) und (46.12) folgt

$$(\bar{c}_1 - c_1)\frac{\beta_{22}}{\beta} + c_2 - \bar{c}_2 + (c_3 - \bar{c}_3)\varphi = 0. \tag{46.13}$$

Das führt zu folgenden Annahmen: 1. $c_1 = \bar{c}_1$ für beliebige x^3, x^4. 2. $c_1 \neq \bar{c}_1$. Im Fall 1 gilt per definitionem $\psi = \text{const}$. Wäre dabei $c_3 \neq \bar{c}_3$ für beliebige x^3, x^4, so würde aus (46.13) folgen, daß auch φ konstant wäre, d. h. $\alpha = \text{const}$, was auf einen zerlegbaren Raum führen würde. Wir lassen diesen oben betrachteten Fall beiseite. Dann können wir annehmen, daß $c_3 = \bar{c}_3$ für beliebige Werte der Veränderlichen x^3, x^4 gilt, d. h. $\gamma_{44} = -c_3\gamma$. Außerdem folgt aus (46.13) in diesem Fall $c_2 = \bar{c}_2$ und daher, wenn man die Bedeutung der Konstanten c_i berücksichtigt, $c_1 c_3 = c_2$. Damit führt die Annahme 1 auf den trivialen Fall eines zerlegbaren EINSTEINschen Raumes oder zu den Beziehungen

$$\psi = c_1, \qquad \gamma_{44} = -c_3\gamma, \qquad c_2 = c_1 c_3, \tag{46.14}$$

wobei c_1, c_3 Konstanten sind. Wir setzen diese Ausdrücke in (46.10) ein und benutzen dabei (46.11), (46.14) und die erste Beziehung aus (46.7). Dann finden wir

$$\varphi_2^2 + \omega^2 + \frac{2c_3}{3}(\varphi + c_1)^2 = 0 \tag{46.15}$$

und folglich

$$c_3 < 0. \tag{46.16}$$

Im Fall 2 ergibt sich

$$\frac{\beta_{22}}{\beta} = k\varphi + c, \qquad \psi \neq \text{const}, \tag{46.17}$$

wobei k und c Konstanten sind.

Es ergaben sich also zwei Möglichkeiten:

(1) $$\psi = c_1, \qquad \gamma_{44} = -c_3\gamma,$$

$$-\frac{1}{\gamma^2}\left(\psi_{33} - \frac{\psi_3\gamma_3}{\gamma}\right) + \psi_{44} + \frac{\psi_4\gamma_4}{\gamma} - \frac{\gamma_{44}}{\gamma}\psi = c_2, \qquad c_2 = c_1 c_3;$$

(2) $$\frac{\beta_{22}}{\beta} = k\varphi + c, \qquad \psi \neq \text{const},$$

wobei k, c Konstanten sind.

Entsprechend ergeben sich bei Fixierung von Werten der Veränderlichen x^1, x^2 die beiden Möglichkeiten

$$(1') \qquad \varphi = \overset{*}{c}, \quad \beta_{22} = -\overset{*}{c}_3\beta,$$

$$\frac{1}{\beta_2}\left(\varphi_{11} - \frac{\varphi_1\beta_1}{\beta}\right) + \varphi_{22} + \frac{\varphi_2\beta_2}{\beta} - \frac{\beta_{22}}{\beta}\varphi = \overset{*}{c}_2, \qquad \overset{*}{c}_2 = \overset{*}{c}_1\overset{*}{c}_3;$$

$$(2') \qquad \frac{\gamma_{44}}{\gamma} = \overset{*}{k}\psi + \overset{*}{c}, \qquad \varphi \neq \text{const},$$

wobei $\overset{*}{k}$, $\overset{*}{c}$ Konstanten sind.

Die gesuchten Lösungen entsprechen einer Kombination von (1) oder (2) mit (1′) oder (2′).

Wir lassen den trivialen Fall, daß $\varphi = \text{const}$, $\psi = \text{const}$ ist, fort. Diesem Fall entspricht ein zerlegbarer Raum. Dann gibt es nur drei Möglichkeiten:

$$(\alpha) \qquad \frac{\beta_{22}}{\beta} = k\varphi + c, \qquad \frac{\gamma_{44}}{\gamma} = \overset{*}{k}\psi + \overset{*}{c},$$

dabei sind k, $\overset{*}{k}$, c, $\overset{*}{c}$ gewisse Konstanten, und φ, ψ sind nicht konstant.

$$(\beta) \qquad \psi = c_1, \; -\frac{1}{\gamma^2}\left(\psi_{33} - \frac{\psi_3\gamma_3}{\gamma}\right) + \psi_{44} + \frac{\psi_4\gamma_4}{\gamma} - \frac{\gamma_{44}}{\gamma}\psi = c_2,$$

$$c_2 = c_1c_3, \qquad \frac{\gamma_{44}}{\gamma} = \overset{*}{k}c_1 + \overset{*}{c} = c_3$$

und endlich

$$(\gamma) \qquad \frac{\beta_{22}}{\beta} = k\underset{1}{c} + c = -\overset{*}{c}_3, \qquad \varphi = \underset{1}{\overset{*}{c}},$$

$$\frac{1}{\beta^2}\left(\varphi_{11} - \frac{\varphi_1\beta_1}{\beta}\right) + \varphi_{22} + \frac{\varphi_2\beta_2}{\beta} - \frac{\beta_{22}}{\beta}\varphi = \overset{*}{c}_2, \qquad \overset{*}{c}_2 = \overset{*}{c}_1\overset{*}{c}_3.$$

Für jeden dieser Fälle hat man zu fordern, daß die Gleichungen (46.7), (46.8), (46.9), (46.10) erfüllt sind. Die Erfüllung dieser Gleichungen ist gleichzeitig hinreichend dafür, daß der Raum konform zerlegbar ist.

Betrachten wir zunächst den Fall (α). Durch Differentiation der ersten Gleichung (46.7) nach der Veränderlichen x^1 erhält man

$$\varphi_{11} = \omega'\beta + \omega\beta_1. \tag{46.18}$$

Daher hat die erste Gleichung in (46.8) die Form

$$\varphi_{22} = \frac{1}{\beta}(\varphi_2\beta_2 + \omega'). \tag{46.19}$$

Dann kann man aus der Gleichung (46.11) folgern, daß

$$\varphi_{22} = \frac{k}{2}\varphi^2 + p\varphi + q \tag{46.20}$$

gilt, wobei

$$p = \frac{kc_1 + c - c_3}{2}, \qquad q = \frac{c_2 - cc_1}{2} \tag{46.21}$$

ist.

Wir nehmen zunächst an, daß (α_1) $\varphi_2 \neq 0$ gilt, um danach den Fall (α_2) $\varphi_2 = 0$ zu betrachten. Unter dieser Voraussetzung kann man in der Gleichung (46.20) die Ordnung erniedrigen und diese Gleichung auf die Form

$$\varphi_2^2 = \frac{k}{3}\varphi^3 + p\varphi^2 + 2q\varphi + r(x^1) \tag{46.22}$$

bringen. Wir differenzieren (46.2) nach x^1 und ersetzen φ_1 durch den Ausdruck in (46.7). Diesen Ausdruck differenzieren wir zweimal nach x^2, vergleichen die rechten Seiten und kürzen durch $\beta \neq 0$. Es ergibt sich so die Beziehung

$$\omega(c - p) = 0.$$

Hieraus erhält man leicht mit Hilfe der oben erhaltenen Gleichungen, daß

$$\varphi = \varphi(x^2), \qquad \beta = \delta(x^1)\overset{*}{\beta}(x^2), \qquad \varphi_2 = \overset{*}{\beta}(x^2) \tag{46.23}$$

gilt, wenn $\omega = 0$ ist. Aus $c = p$ folgt

$$\varphi_2^2 = \frac{k}{3}\varphi^3 + c\varphi^2 + 2m\varphi - \omega^2(x^2) + \lambda,$$

wobei $\lambda = \text{const}$ ist.

Wenn der Fall (α_2) vorliegt, gilt, wie man leicht sieht, $\omega = \text{const}$.

Offensichtlich wiederholen sich alle Überlegungen und Schlüsse in entsprechender Weise für die Funktionen $\gamma(x^3, x^4)$ und $\psi(x^3, x^4)$. Wir schreiben die erhaltenen Ergebnisse in Form des folgenden Schemas:

β, φ	γ, ψ
1. $\varphi_2 \neq 0$ $(\alpha, 20)$, $(\alpha, 22)$, $\omega = 0, \quad \varphi_1 = 0,$ $\frac{\varphi_{22}}{\varphi_2} = \frac{\beta_2}{\beta}, \quad \beta = \delta(x^1)\overset{*}{\beta}(x^1),$ $\varphi_2 = \overset{*}{\beta}.$	4. $\psi_4 \neq 0, \quad \psi_{44} = \frac{k}{2}\psi^2 + e\psi + t,$ $\nu = 0, \; \psi_3 = 0,$ $\psi_4^2 = \frac{\overset{*}{k}}{3}\psi^3 + e\psi^2 + 2t\psi + h,$ $\frac{\psi_{44}}{\psi_4} = \frac{\gamma_4}{\gamma}, \quad \gamma = \sigma(x^3)\overset{*}{\gamma}(x^4),$ $\psi_4 = \overset{*}{\gamma}(x^4), \quad \overset{*}{k}, e, t, h = \text{const}.$
2. $\varphi_2 \neq 0, \quad c = p,$ $\varphi_{22} = \frac{k}{2}\varphi^2 + c\varphi + m,$ $\varphi_2^2 = \frac{k}{3}\varphi^3 + c\varphi^2 + 2m\varphi$ $- \omega^2(x^2) + \lambda,$ $\varphi_1 = \omega\beta.$	5. $\psi_4 \neq 0, \quad \overset{*}{c} = e,$ $\psi_{44} = \frac{s}{2}\psi^2 + \overset{*}{c}\psi + \overset{*}{m},$ $\psi_4^2 = \frac{\overset{*}{k}}{3}\psi^3 + \overset{*}{c}\psi^2 + r\overset{*}{m}\psi$ $+ \nu^2(x^3) + \mu,$ $\psi_3 = \nu(x^3)\,\gamma(x^2, x^4).$
3. $\varphi_2 = 0, \quad \varphi_1 = \omega\beta(x^1),$ $\omega = \text{const}.$	6. $\psi_4 = 0, \; \psi = \nu\gamma(x^3), \quad \nu = \text{const}.$

Die gesuchten Lösungen erhält man als die sämtlichen Kombinationen der Fälle in der linken und rechten Spalte, wenn man zusätzlich die Funktionen den Feldgleichungen unterwirft. Dabei hat man die Lösungen im Reellen zu suchen, wodurch einige Kombinationen wegfallen.

Schließen wir wieder den zu einem zerlegbaren Raum führenden trivialen Fall $\varphi = \text{const}$, $\psi = \text{const}$ aus, so überzeugt man sich leicht, daß man nach Durchführung dieser Rechnungen folgende prinzipiell verschiedene Fälle erhält[1]):

---

[1]) Die Rechnungen wurden von A. M. Antschikow durchgeführt.

I. $\varphi_2^2 = \frac{k}{3}\varphi^3 + c\varphi^2 + 2q\varphi - \omega^2 + m, \qquad \omega = \omega(x^1),$

$$\beta = \varphi_2\left(-\omega^1 \int \frac{dx^2}{\varphi_2^2} + f\right), \qquad f = f(x^1),$$

$$\psi_4^2 = -\frac{k}{3}\psi^3 + c\psi^2 + 2q\psi - \nu^2 + m, \qquad \nu = \nu(x^3),$$

$$\gamma = \psi_4\left(\nu' \int \frac{dx^4}{\psi_4^2} + \overset{*}{f}\right), \qquad \overset{*}{f} = \overset{*}{f}(x^3).$$

II. $\varphi = \omega\left(x^2 \int A\,dx^1 + \int B\,dx^1\right) + \lambda, \qquad A = A(x^1), \qquad B = B(x^1),$

$$\lambda = \lambda(x^2), \qquad \beta = Ax^2 + B,$$

$$\psi = \sqrt{\omega^2 + \nu^2}\,x^4 + \mu, \qquad \nu = \nu(x^3), \qquad \mu = \mu(x^3),$$

$$\gamma = \frac{\nu' x^4}{\sqrt{\omega^2 + \nu^2}} + f\sqrt{\omega^2 + \nu^2}, \qquad f = f(x^3), \qquad \omega = \text{const.}$$

III. $\varphi = c, \qquad \beta = Be^{kx^2} + De^{-kx^2}, \qquad B = B(x^1), \qquad D = D(x^1),$

$$\psi_4^2 = A(c + \psi)^3 + k^2(c + \psi)^2 + \nu^2, \qquad \nu = \nu(x^3),$$

$$\gamma = \psi_4\left(\nu' \int \frac{dx^4}{\psi_4^2} + f\right), \qquad f = f(x^3), \qquad c, k, A = \text{const.}$$

IV. $\varphi = c, \qquad \beta = B\cos kx^2 + D\sin kx^2, \qquad B = B(x^1), \qquad D = D(x^1),$

$$\psi_4^2 = A(c + \psi)^3 - k^2(c + \psi)^2 + \nu^2, \qquad \nu = \nu(x^3), \qquad c, k, A = \text{const},$$

$$\gamma = \psi_4\left(\nu' \int \frac{dx^4}{\psi_4^2} + f\right), \qquad f = f(x^3).$$

V. $\varphi = c, \qquad \beta = Bx^2 + D, \qquad B = B(x^1), \qquad D = D(x^1),$

$$\psi_4^2 = A(c + \psi)^3 + \nu^2, \qquad \nu = \nu(x^3), \qquad A, c = \text{const},$$

$$\gamma = \psi_4\left(\nu' \int \frac{dx^4}{\varphi_4^2} + f\right), \qquad f = f(x^3).$$

VI. $\varphi_2^2 = A(c + \varphi)^3 + k^2(c + \varphi)^2 - \omega^2; A, k, c = \text{const}, \qquad \omega = \omega(x^1),$

$$\beta = \varphi_2\left(-\omega' \int \frac{dx^2}{\varphi_2^2} + f\right), \qquad f = f(x^1),$$

$$\psi = c, \qquad \gamma = Be^{kx^4} + De^{-kx^4}, \qquad B = B(x^3), \qquad D = D(x^3).$$

VII. $\varphi_2^2 = A(c+\varphi)^3 - k^2(c+\varphi)^2 - \omega^2$, $A, k, c = \text{const}$, $\omega = \omega(x^1)$,

$$\beta = \varphi_2\left(-\omega' \int \frac{dx^2}{\varphi_2^2} + f\right), \qquad f = f(x^1),$$

$$\psi = c, \quad \gamma = B\cos kx^4 + D\sin kx^4, \quad B = B(x^3), \quad D = D(x^3).$$

VIII. $\varphi_2^2 = A(c+\varphi)^3 - \omega^2$, $c, A = \text{const}$, $\omega = \omega(x^1)$,

$$\beta = \varphi_2\left(-\omega' \int \frac{dx^2}{\varphi_2^2} + f\right), \qquad f = f(x^1),$$

$$\psi = c, \quad \gamma = Bx^4 + D, \quad B = B(x^3), \quad D = D(x^3).$$

Die Funktionen $\varphi, \psi, \beta, \gamma$ sind also durch Gleichungen definiert, die im allgemeinen keine Quadratur in elementaren Funktionen gestatten. Man sieht z. B. leicht, daß im Fall eines Raumes vom Typ I unter speziellen Voraussetzungen über die Koeffizienten k, c, q die Funktionen φ und ψ Differentialgleichungen genügen, die WEIERSTRASSsche Funktionen $\wp(x^2)$, $\wp(x^4)$ definieren. Speziell kann man hieraus die bekannte Lösung von DELSARTE (siehe § 14) erhalten. Es ist übrigens möglich, bei Benutzung einer beliebigen Signatur einige dieser Lösungen zu vereinigen.

Außer den konform-zerlegbaren EINSTEINschen Räumen der angegebenen Art kann man für $n = 4$ Differentialformen vom Typ

$$ds^2 = \alpha[e_1\, dx^{1^2} + \psi(x^2, x^3, x^4)]$$

untersuchen, die wir hier jedoch nicht betrachten wollen (siehe Aufgabe 2).

Aufgaben

1. Man beweise, daß der Raum V_n genau dann zerlegbar ist, wenn er ein konstantes, symmetrisches, idempotentes Tensorfeld gestattet:

$$t_{\alpha\beta,\gamma} = 0, \qquad t_{[\alpha\beta]} = 0, \qquad t_\alpha^\sigma t_{\sigma\beta} = t_{\alpha\beta}$$

(P. A. SCHIROKOW [108]).

2. Man stelle die Differentialgleichungen für die g_{ij} in dem Fall auf, daß der EINSTEINsche Raum eine Metrik der Form

$$ds^2 = \alpha^2(dx^{1^2} + g_{ij}\, dx^i\, dx^j) \quad (i, j = 2, 3, 4), \quad g_{ij}(x^2 x^3 x^4),$$

$$\alpha = \alpha(x^1, x^2, x^3, x^4)$$

hat.

§ 47. Symmetrische Gravitationsfelder

Wir betrachten Räume T_i und die ihnen entsprechenden Felder. Wir nennen ein Feld und den zugeordneten Raum *symmetrisch*, wenn der Krümmungstensor von T_i kovariant konstant ist:

$$R_{\alpha\beta\gamma\delta,\lambda} = 0. \tag{47.1}$$

Wir wollen die notwendigen Integrabilitätsbedingungen für diese Gleichungen aufstellen. Dazu differenzieren wir (47.1) noch einmal kovariant und alternieren bezüglich der Differentiationsindizes. Durch Anwendung der Ricci-Identität (5.5) ergibt sich dann

$$R_{\lambda\mu\sigma[\alpha}\, R^{\sigma}{}_{\beta]\gamma\delta} + R_{\lambda\mu\sigma[\gamma}\, R^{\sigma}{}_{\delta]\alpha\beta} = 0. \tag{47.2}$$

Da diese Gleichungen nur Komponenten des Krümmungstensors enthalten, ist es zu ihrer Untersuchung vorteilhaft, sie im kanonischen nichtholonomen orthonormierten 4-Bein zu betrachten, für das die Komponenten von $R_{\alpha\beta\gamma\delta}$ die kanonische Form (19.6), (19.12), (19.17) haben und der metrische Tensor durch die Formel (11.7) definiert ist. Wir betrachten alle drei möglichen Typen von Gravitationsfeldern.

Es liege der Raum T_1 vor. Ersetzen wir dann in (47.2) die Komponenten des Krümmungstensors durch ihre Ausdrücke in (19.6), so ergibt sich die Beziehung

$$\alpha_1(\alpha_2 - \alpha_3) - \beta_1(\beta_2 - \beta_3) = \beta_1(\alpha_2 - \alpha_3) + \alpha_1(\beta_2 - \beta_3) = 0$$

und noch zwei Paare von Gleichungen, die man aus den angegebenen durch zyklische Vertauschung der Indizes 1, 2, 3 erhält. Multipliziert man die zweite dieser Gleichungen mit i und addiert sie zur ersten und führt das gleiche für die übrigen zwei Paare durch, so erhält man nach Einführung der stationären Krümmungen $k_s = \alpha_s + i\beta_s (s = 1, 2, 3)$ (siehe § 17) das äquivalente Gleichungssystem

$$k_1(k_2 - k_3) = k_2(k_3 - k_1) = k_3(k_1 - k_2) = 0. \tag{47.3}$$

Außerdem folgt aus (19.7) die Beziehung

$$\sum_1^3 k_s = \varkappa. \tag{47.4}$$

Das Gleichungssystem (47.3), (47.4) hat bis auf Umnumerierung nur folgende Lösungen bei $\varkappa \neq 0$:

$$(\alpha) \quad k_1 = k_2 = k_3 = \frac{\varkappa}{3}, \qquad (\beta) \quad k_1 = k_2 = 0,\ k_3 = \varkappa.$$

Im Fall (α) liegt offenbar ein Raum konstanter Krümmung vor, und (β) definiert, wie wir gleich zeigen werden, einen *zerlegbaren* Raum.

Der Raum V_n ist genau dann zerlegbar, wenn er die Existenz eines konstanten, symmetrischen, idempotenten Tensorfeldes $C_{\alpha\beta}$ gestattet (Aufgabe 1, § 46):

$$(1)\quad C_{\alpha\beta,\gamma} = 0, \qquad (2)\quad C_{[\alpha\beta]} = 0, \qquad (3)\quad C^{\sigma}_{\alpha} C_{\sigma\beta} = C_{\alpha\beta}.$$

Wir zeigen, daß für Räume, die sich aus dem Fall (β) ergeben, ein Tensor existiert, für den alle diese Bedingungen erfüllt sind. Es genügt, das für ein nichtholonomes orthogonales Bezugssystem zu zeigen. Das Differentialgleichungssystem (1) ist genau dann verträglich, wenn die Integrabilitätsbedingungen

$$C_{\alpha\beta,[\gamma\delta]} \equiv R^{\sigma}{}_{\alpha\gamma\delta}\, C_{\sigma\beta} + R^{\sigma}{}_{\beta\gamma\delta}\, C_{\alpha\sigma} = 0 \tag{47.5}$$

erfüllt sind. Durch weiteres Differenzieren dieser Beziehungen erhält man Bedingungen, die wegen (1) und der Symmetrie des Raumes *identisch erfüllt* sind. Die Gleichungen (47.5) schreiben sich für das orthonormierte 4-Bein (19.6) folgendermaßen:

$$C_{12} = C_{34} \neq 0, \qquad C_{11} = C_{22}, \qquad C_{33} = -C_{44}.$$

Dabei gehen die Bedingungen (2) in die Definition von $C_{\alpha\beta}$ ein, und (3), die Bedingung, daß $C_{\alpha\beta}$ *idempotent* ist, führt in dem gleichen orthonormierten Bezugssystem zu dem Schluß, daß

$$C_{ij} = 0 \quad (i \neq j), \qquad C_{11}^2 + C_{11} = C_{33}^2 + C_{33} = 0$$

gilt. Daher genügt ein Tensor $C_{\alpha\beta}$ von der Form

$$(C_{\alpha\beta}) = \left(\begin{array}{c|c} 0 & 0 \\ \hline 0 & S \end{array}\right), \qquad S = \begin{pmatrix} -1 & 0 \\ 0 & 1 \end{pmatrix}$$

im kanonischen orthonormierten 4-Bein allen drei Forderungen, die für die Zerlegbarkeit des Raumes hinreichend sind. Da außerdem $C_{\alpha\beta}$ ein Tensor zweiten Ranges ist, zerfällt die metrische Form in zwei *binäre Formen* [108]. Wie man leicht sieht, definieren beide Formen einen zweidimensionalen Raum konstanter Krümmung. Der erste Raum hat eine negativ-definite, der zweite eine indefinite Metrik. In einem passenden Koordinatensystem gilt also folgender Satz ([261], S. 242; [287, 320]): *Ein symmetrischer Raum T_1 hat in einem speziellen Koordinatensystem entweder die Metrik*

$$ds^2 = -dx^{1^2} - \cos^2\left(\sqrt{\varkappa}\, x^1\right) dx^{2^2} - dx^{3^2} + \cos\left(\sqrt{\varkappa}\, x^3\right) dx^{4^2}, \quad \varkappa > 0, \tag{47.6}$$

oder die Metrik

$$ds^2 = -dx^{1^2} - \operatorname{ch}^2\left(\sqrt{-\varkappa}\, x^1\right) dx^{2^2} - dx^{3^2} + \operatorname{ch}^2\left(\sqrt{-\varkappa}\, x^3\right) dx^{4^2}, \quad \varkappa < 0, \tag{47.7}$$

oder ist ein Raum konstanter Krümmung. Für $\varkappa = 0$ ergibt sich der ebene Minkowski-*Raum.*

Wir betrachten nun den Raum T_2, für den die Komponenten des Krümmungstensors durch die Formel (19.12) unter den Bedingungen (19.13) definiert sind.

Wir setzen in den Gleichungen (47.2) $\lambda = 1$, $\mu = 4$ und erhalten die Beziehungen $\alpha_1 = \beta_1 = 0$, aus (19.13) folgt außerdem $\alpha_2 = \frac{\varkappa}{2}$, $\beta_2 = 0$. Wenn man nun in (47.2) mit Hilfe der Festsetzung $\begin{pmatrix} \lambda\mu & \alpha\beta & \gamma\delta \\ 24 & 14 & 12 \end{pmatrix}$ die Indizes fixiert, ergibt sich $\alpha_2 = 0$, $\varkappa = 0$. *Ein Raum vom Typ T_2 kann also nur symmetrisch sein, wenn $\varkappa = 0$ ist. Das bedeutet, daß T_2 die Geometrie eines Feldes im freien Raum definiert.* In § 23 wurde aber gezeigt, daß es einen einzigen symmetrischen Raumtyp T_2 gibt, dessen Metrik der Bedingung $R_{\alpha\beta} = 0$ genügt, der Raum maximaler Beweglichkeit mit der Metrik (25.3) und einer sechsparametrigen transitiven auflösbaren Bewegungsgruppe.

Liegt ein Raum T_3 vor, so kommt man bei beliebigem $\varkappa$ zu einem Widerspruch, wenn man in die Gleichungen (47.2) die Komponenten des Krümmungstensors aus der Formel (19.17) einsetzt.

Die Frage nach den symmetrischen Gravitationsfeldern von T_i $(i = 1, 2, 3)$ wird also von dem folgenden Satz beantwortet:

Ein symmetrischer Raum T_1 ist entweder ein Raum konstanter Krümmung oder ein zerlegbarer Raum vom Typ (47.6) *oder* (47.7). *Für $\varkappa = 0$ ist jeder symmetrische Raum T_1 eben. Für einen symmetrischen Raum T_2 ist immer $\varkappa = 0$, und in einem speziellen Koordinatensystem ist die Metrik durch* (25.3) *definiert. Die Räume T_3 können nicht symmetrisch sein* ([216], S. 243).

Hierbei haben wir im Unterschied zu den Bezeichnungen des Kapitel III nicht zwischen den Räumen T_i und $\overset{*}{T}_i$ unterschieden. Wir führen ein normales Koordinatensystem ein (siehe § 7), dann ergibt sich

$$g_{\alpha\beta} = \overset{0}{g}_{\alpha\beta} - \frac{1}{3} \overset{0}{R}_{\alpha\sigma\beta\tau} x^\sigma x^\tau - \frac{1}{3!} \overset{0}{R}_{\alpha\sigma\beta\tau,\lambda} x^\sigma x^\tau x^\lambda + o(\delta^4).$$

Wir betrachten einen Punkt P des Raumes V_4, der dem Koordinatenursprung unendlich nahe liegt, und die Komponenten $g_{\alpha\beta}(P)$ bis zu einer bestimmten Infinitesimalitätsordnung. Die nullte Näherung definiert einen ebenen Raum, d. h., sie drückt die Wirkung des Gravitationsfeldes in keiner Weise aus. Die erste Näherung ändert das Bild nicht. Die zweite Näherung tritt immer auf, wenn irgendeine Verteilung und Bewegung der Materie vorhanden ist. Sie ist durch die Komponenten des Krümmungstensors im Ursprung des normalen Koordinatensystems charakterisiert und bildet das erste Anzeichen für das Vorhandensein eines Feldes. Die folgende dritte Näherung definiert, grob gesagt, die Änderungsgeschwindigkeit des Krümmungstensors. Sie ist für symmetrische Räume gleich Null, so daß in diesem Fall nur Korrekturen höherer Ordnung auftreten können. In einem gewissen Sinne kann man sagen, daß sich dann der Krümmungstensor schwach ändert. Daraus folgt speziell, daß für einen Raum T_2 eine „schwache Änderung" des Krümmungstensors nur im Fall eines maximal homogenen Raumes möglich ist, während für Räume T_3 niemals eine „schwache Änderung" vorliegen kann. Den symmetrischen Räumen V_n wurden eine ganze Reihe von Arbeiten gewidmet (siehe § 14).

§ 48. Statische Einsteinsche Räume

Statische EINSTEINsche Räume sind bekanntlich Räume, die den folgenden Bedingungen genügen: 1. Die Komponenten der Metrik sind in einem speziellen Bezugssystem unabhängig von der Zeitkoordinate x^4. 2. Beide Zeitrichtungen sind gleichwertig. Die Bedingung 2 bedeutet, daß in dem gewählten Koordinatensystem $g_{\alpha 4} = 0\ (\alpha \neq 4)$ ist. Man braucht nicht zu fordern, daß x^4 die Zeitkoordinate ist. Dann ergibt sich eine Verallgemeinerung der statischen Räume. Formal lassen sich diese „verallgemeinerten statischen Räume" durch folgende Forderung definieren: 1. Der Raum gestattet eine Bewegungsgruppe G_1. 2. In dem Koordinatensystem, in welchem der KILLING-Vektor die Form $\xi^\alpha = \delta^\alpha_4$ hat, gestattet der Raum die Spiegelung $x^{4'} = -x^4$, $x^{i'} = x^i$ $(i = 1, 2, 3)$.

In diesem speziellen Koordinatensystem hat der metrische Tensor die Form

$$(g_{\alpha\beta}) = \begin{pmatrix} g_{11} & g_{12} & g_{13} & 0 \\ g_{21} & g_{22} & g_{23} & 0 \\ g_{31} & g_{32} & g_{33} & 0 \\ 0 & 0 & 0 & g_{44} \end{pmatrix}, \qquad \partial_4 g_{\alpha\beta} = 0. \tag{48.1}$$

Daher gilt

$$ds^2 = d\sigma^2 + g_{44}\, dx^{4^2},$$

wobei $d\sigma^2$ eine quadratische Form der Veränderlichen $x^i (i = 1, 2, 3)$ ist. Im weiteren nehmen wir an, daß V_4 ein statischer Raum und $g_{44} > 0$, $d\sigma^2$ aber eine negativ-definite Form ist. Wie COTTON zeigte ([10], S. 357) gibt es in jedem Raum V_3 ein holonomes orthogonales Koordinatensystem. Daher kann $-d\sigma^2$ mit Hilfe einer regulären Transformation

$$x^i = f^i\,(x^{1'}, x^{2'}, x^{3'})\ (i = 1, 2, 3), \qquad x^4 = x^{4'}, \qquad |\partial_i f^i| \neq 0$$

in eine Summe von Quadraten übergeführt werden. Da außerdem bei dieser Transformation

$$g_{i'4'} = g_{\alpha 4} \frac{\partial x^\alpha}{\partial x^{i'}} = 0 \qquad (i = 1, 2, 3)$$

gilt, *gibt es in jedem statischen Raum V_4 ein 4-orthogonales Koordinatensystem, für das die Metrik sich in der Form*

$$(g_{\alpha\beta}) = \begin{Bmatrix} -\underset{1}{H}^2 & 0 & 0 & 0 \\ 0 & -\underset{2}{H}^2 & 0 & 0 \\ 0 & 0 & -\underset{3}{H}^2 & 0 \\ 0 & 0 & 0 & \underset{4}{H}^2 \end{Bmatrix} \tag{48.2}$$

darstellen läßt. Dabei sind $\underset{\alpha}{H}$, die LAMÉschen Koeffizienten, gewisse Funktionen der Veränderlichen $x^i (i = 1, 2, 3)$. Durch Berechnung der Komponenten des

Krümmungstensors für (48.2) ergibt sich

$$\left.\begin{aligned}
R_{i4i4} &= -\underset{4}{H}\left[\underset{4}{H}_{ii} + \underset{i}{H}\left(\underset{4}{H}_i \frac{\underset{i}{H}_i}{\underset{i}{H}^2}\right) - \sum_k^{*} \underset{i}{H}_k\left(\frac{\underset{4}{H}_k}{\underset{k}{H}^2}\right)\right],\\
R_{i4j4} &= -\underset{4}{H}\left[\underset{4}{H}_{ij} + \underset{4}{H}_i\,\partial_j \ln \underset{i}{H} + \underset{4}{H}_j\,\partial_i \ln \underset{j}{H}\right],\\
R_{i4jk} &= 0,\quad R_{ijij} = \underset{i}{H}\underset{i}{H}_{jj} + \underset{j}{H}\underset{j}{H}_{ii} + \underset{i}{H}\underset{j}{H}\left(\frac{\underset{i}{H}_l\underset{j}{H}_l}{\underset{l}{H}^2} - \frac{\underset{i}{H}_i\underset{j}{H}_i}{\underset{i}{H}^2} - \frac{\underset{i}{H}_j\underset{j}{H}_j}{\underset{j}{H}^2}\right),\ l \neq i, j,\\
R_{ijik} &= \underset{i}{H}\underset{i}{H}_{jk} - \underset{i}{H}\left(\frac{\underset{k}{H}_i\underset{i}{H}_k}{\underset{k}{H}} + \frac{\underset{j}{H}_k\underset{i}{H}_j}{\underset{j}{H}}\right) \qquad (i, j, k \neq),
\end{aligned}\right\} \tag{48.3}$$

wobei $i, j = 1, 2, 3$ und $\sum\limits_k^{*}$ bedeutet, daß $k \neq i$ ist.

Wir wollen nun statische Räume untersuchen, die gleichzeitig die EINSTEINschen Vakuum-Feldgleichungen $R_{\alpha\beta} = 0$ befriedigen. Wir stellen die Feldgleichungen für diese Räume auf. Es ergibt sich, daß drei Gleichungen identisch erfüllt sind und die übrigen sieben sich in der Form

$$\left.\begin{aligned}
&\underset{j}{H}^2\underset{k}{H}^2 R_{i4i4} + \underset{i}{H}^2\underset{4}{H}^2 R_{jkjk} = 0,\\
&\underset{i}{H}^2 R_{k4j4} + \underset{4}{H}^2 R_{ikkj} = 0,\\
&\underset{i}{H}^2 R_{jkjk} + \underset{j}{H}^2 R_{ikik} + \underset{k}{H}^2 R_{ijij} = 0
\end{aligned}\right\} \tag{48.4}$$

darstellen lassen, wobei $i, j, k = 1, 2, 3$ und voneinander verschieden sind. Für die Untersuchung des Raumtyps stellen wir in diesem Koordinatensystem die λ-Matrix in Doppelindizes des KLEIN-Raums auf:

$$A \equiv (R_{ab} - \lambda g_{ab}) \qquad (a, b = 1, \ldots, 6).$$

Mit Hilfe von (48.3) ergibt sich

$$\mathrm{A} = \begin{pmatrix} P & 0 \\ 0 & Q \end{pmatrix},$$

wobei

$$P = \begin{pmatrix} R_{1414} + \lambda (\underset{1\,4}{HH})^2 & R_{1424} & R_{1434} \\ R_{1424} & R_{2424} + \lambda (\underset{2\,4}{HH})^2 & R_{2434} \\ R_{1434} & R_{2434} & R_{3434} + \lambda (\underset{3\,4}{HH})^2 \end{pmatrix}$$

und

$$Q = \begin{pmatrix} R_{2323} - \lambda (\underset{2\,3}{HH})^2 & R_{2331} & R_{2312} \\ R_{2331} & R_{3131} - \lambda (\underset{1\,3}{HH})^2 & R_{3112} \\ R_{2312} & R_{3112} & R_{1212} - \lambda (\underset{1\,2}{HH})^2 \end{pmatrix}$$

ist. Aus den Gleichungen (48.4) erhält man leicht durch elementare Umformungen der Matrix P, daß

$$P \approx Q$$

ist, und folglich

$$(R_{ab} - \lambda g_{ab}) \approx \begin{pmatrix} P & 0 \\ 0 & P \end{pmatrix}.$$

Daher genügt es, die Elementarteiler von einer der beiden Matrizen P und Q zu berechnen. Betrachten wir z. B. Q. Wir teilen die erste Zeile durch $\underset{2\,3}{HH}$, die zweite durch $\underset{1\,3}{HH}$ und die dritte durch $\underset{1\,2}{HH}$ und führen die gleiche Operation für die Spalten durch. Dann erhält man eine Matrix, die im Sinne der Elementarteilertheorie der Matrix Q äquivalent ist. Diese Matrix hat die Form

$$(A_{MN} - \lambda g_{MN}) \qquad (M, N = 1, 2, 3),$$

wobei

$$A_{MN} \to \frac{R_{ijkl}}{\underset{i\;j\;k\;l}{HHHH}}$$

und δ_{MN} das Kronecker-Symbol ist. Wir haben also zwei symmetrische Matrizen: die Matrix A und die dreidimensionale Einheitsmatrix E. Bekanntlich hat die λ-Matrix $(A - \lambda E)$ in diesem Fall eine Charakteristik vom einfachen Typ mit reellen Elementarteilerbasen. Daher gilt der folgende Satz: *Jeder statische* Einsteinsche *Raum mit der Signatur* $(- - - +)$ *und* $\varkappa = 0$ *ist ein Raum vom Typ* T_1 *mit reellen stationären Krümmungen.*

Wir bemerken, daß es keine prinzipiellen Schwierigkeiten bereitet, die Freiheit in der allgemeinen Lösung der Feldgleichungen im statischen Fall aufzuklären, obgleich die Feldgleichungen nicht allgemein in geschlossener Form integrierbar sind. Mit der Verallgemeinerung der statischen Räume im oben angegebenen Sinne und dem Fall $n > 4$ beschäftigten sich Buchdahl und verschiedene andere Autoren ([215], 248).

Aufgaben

1. Die Metrik eines statischen Raumes V_4 mit den Feldgleichungen $R_{\alpha\beta} = 0$ haben die Form

$$ds^2 = g_{ik}(x^j)\,dx^i\,dx^k + g_{aa}(x^j)\,dx^{a2} \qquad (a \neq i, j, k),$$

wobei a ein fixierter Index ist, über den nicht summiert wird. Man zeige, daß dann auch die „duale" Metrik

$$ds^2 = (g_{aa})^{\frac{2}{n-3}}\,g_{ik}\,dx^i\,dx^k + (g_{aa})^{-1}\,dx^{a2}$$

eine statische Lösung der Feldgleichungen ist [215].

2. Man wende das erhaltene Ergebnis von Aufgabe 1 auf die SCHWARZSCHILDsche Lösung und den ebenen MINKOWSKI-Raum an.

3. Man zeige, daß man für eine statische Lösung der allgemeinen Feldgleichungen ($R_{\alpha\beta} \neq \varkappa g_{\alpha\beta}$) die duale statische Lösung konstruieren kann. Die Gesamtenergien dieser Felder sind der Größe auch gleich und haben entgegengesetztes Vorzeichen [248].

4. Man untersuche die λ-Matrix und den Typ eines vierdimensionalen pseudoeuklidischen EINSTEINschen Raumes, wenn x^4 nicht die Zeitkoordinate ist.

§ 49. Zentralsymmetrische Gravitationsfelder

Im allgemeinen erscheint es natürlich, daß sich die Massen, die in einem Feld vorhanden sind, bewegen müssen und das Feld folglich nicht statisch sein kann. Trotzdem ist es für viele Fragen wichtig, statische Gravitationsfelder zu betrachten. Insbesondere ist die Betrachtung von statischen zentralsymmetrischen Gravitationsfeldern von prinzipiellem Interesse.

Ein zentralsymmetrisches Feld ergibt sich bei beliebiger zentralsymmetrischer Verteilung der Materie. Dabei muß neben der Verteilung auch die Bewegung zentralsymmetrisch sein.

Zentrale Feldsymmetrie, d. h. die Forderung, daß die Metrik des Raum-Zeit-Kontinuums in allen Punkten, die vom Symmetriezentrum gleichen Abstand haben, übereinstimmt, läßt sich am besten mit Hilfe der Theorie der Bewegungsgruppen definieren (§ 10, § 24). Dieser Definition schicken wir einige geometrische Überlegungen voraus (siehe [188], S. 610—617). Wir wollen statische zentralsymmetrische Lösungen suchen, die durch folgende Bedingungen definiert sind: 1. x^4 ist die Zeitkoordinate. 2. Die negativ-definite Form $\varphi = \tilde{g}_{ij}\,d\tilde{x}^i\,d\tilde{x}^j$ $(i, j = 1, 2, 3)$ ist invariant bezüglich aller möglichen orthogonalen Transformationen der unabhängigen Veränderlichen $\tilde{x}^1, \tilde{x}^2, \tilde{x}^3$. 3. $\tilde{g}_{ij}$ hängt nur von $\tilde{x}^1, \tilde{x}^2, \tilde{x}^3$ ab.

Der Anschaulichkeit halber betrachte man die Hyperflächen $\tilde{x}^4 = \text{const}$ als eine Reihe ebener Räume mit rechtwinkligen Koordinaten $\tilde{x}^i$. Die Metrik eines solchen ebenen Raumes stimmt natürlich nicht mit der Metrik der Hyperfläche überein.

Wir betrachten die Koordinaten x^α mit

$$x^1 = r = \sqrt{\bar{x}^{1^2} + \bar{x}^{2^2} + \bar{x}^{3^2}}\,, \qquad x^2 = \frac{\pi}{2} - \theta\,, \qquad x^3 = \varphi\,,$$

die Verallgemeinerung der Polarkoordinaten im ebenen Raum. Dabei ist θ die Breite und φ die Länge. Wir setzen

$$\bar{x}^1 = x^1 \sin x^2 \cos x^3\,, \qquad \bar{x}^2 = x^1 \sin x^2 \sin x^3\,,$$

$$\bar{x}^3 = x^1 \cos x^2\,, \qquad \bar{x}^4 = x^4\,.$$

Die gesuchte Bewegungsgruppe, die ein statisches zentral-symmetrisches Feld definiert, ist die Gruppe G_4, wobei ein Operator dieser Gruppe trivial ist: $\underset{4}{\xi^\alpha} = \delta^\alpha_4$. Die gesuchten Komponenten des zu betrachtenden metrischen Tensors dürfen nicht von der Zeit abhängen. Außerdem soll G_4 ein Untergruppe enthalten, die zur Gruppe der orthogonalen Drehungen isomorph ist, die eine Sphäre mit dem Zentrum im Ursprung des kartesischen Koordinatensystems des euklidischen Raumes fest lassen. Es ist wohl bekannt, daß diese Gruppe G_3 nichtauflösbar ist und keine zweigliedrige Untergruppe enthält, d. h., G_3 ist vom Typ IX.

Daher ist auch die gesuchte Gruppe im vierdimensionalen Raum nichtauflösbar. Über dem Körper der komplexen Zahlen sind die nichtauflösbaren Strukturen VIII und IX nicht voneinander verschieden. Im Reellen hat man aber gerade die nichtauflösbare Gruppe G_3 vom Typ IX zu fordern. Weiter ist offensichtlich, daß diese Gruppe auf die zweidimensionalen Mannigfaltigkeiten wirken muß, die durch Breite und Länge gegeben sind, d. h. der Rang der Matrix $(\underset{s}{\xi^\alpha})$ $(s = 1, 2, 3;$ $\alpha = 1, \ldots, 4)$, in der $\underset{s}{\xi^\alpha}$ die KILLING-Vektoren sind, muß gleich zwei sein: Die Transitivitätsflächen der Gruppe G_3 sind zweidimensional. Eine solche Gruppe wird im gegebenen Koordinatensystem immer von Operatoren X_1, X_2, X_3 der Form

$$\left.\begin{aligned} X_1 &= \cos x^3 p_2 - \sin x^3 \operatorname{ctg} x^2 p_3\,, \\ X_2 &= \sin x^3 p_2 + \cos x^3 \operatorname{ctg} x^2 p_3\,, \\ X_3 &= -p_3 \end{aligned}\right\} \tag{49.1}$$

erzeugt (siehe § 24).

Da der Raum statisch sein soll, muß der vierte Operator von G_4 die Form

$$X_4 = p_4 \tag{49.2}$$

haben.

Die gesuchte Metrik erhält man dann durch Integration der KILLING-Gleichungen für die gegebenen Operatoren (49.1) und (49.2). Dabei hat man zu berücksichtigen, daß noch alle Koordinatentransformationen zulässig sind, bei denen diese Operatoren invariant bleiben. Man kann leicht die allgemeinste Form dieser Transformationen bestimmen. Dazu genügt es, bei der Aufstellung der Differentialgleichungen die Tatsache zu berücksichtigen, daß die Operatoren ihre Form bei den gesuchten Transformationen nicht ändern. Dann hat man die allgemeinste Lösung dieses Differentialgleichungssystems zu bestimmen. Die Transformationen haben die Form

$$x^{1'} = \tilde{f}(x^1), \quad x^{2'} = \pm x^2 + \tilde{s}\pi, \quad x^{3'} = x^3 + \tilde{k}\pi, \quad x^{4'} = x^4 + \tilde{\theta}(x^1), \tag{49.3}$$

wobei $\tilde{f}$ und $\tilde{\theta}$ beliebige Funktionen der Veränderlichen x^1, $\tilde{s}$, $\tilde{k}$ ganze Zahlen sind und $f' \neq 0$ ist. Die letzte Behauptung folgt aus der Voraussetzung, daß die Transformation nicht ausgeartet ist. Die zu (49.3) inverse Transformation ist dann

$$x^1 = f(x^{1'}), \quad x^2 = \pm\, x^{2'} + s\pi, \quad x^3 = x^{3'} + k\pi, \quad x^4 = x^{4'} + \theta(x^1). \tag{49.4}$$

Wenn wir die KILLING-Gleichungen

$$\underset{s}{\xi^\sigma}\partial_\sigma g_{\alpha\beta} + g_{\alpha\sigma}\partial_\beta \underset{s}{\xi^\sigma} + g_{\beta\sigma}\partial_\alpha \underset{s}{\xi^\sigma} = 0$$

für die Operatoren mit $s = 3{,}4$ aufstellen, ergibt sich

$$g_{\alpha\beta} = g_{\alpha\beta}(x^1, x^2).$$

Für $s = 1{,}2$ erhält man nach einfachen Umformungen zwei Gleichungsgruppen

$$\partial_2 g_{\alpha\beta} - g_{3\alpha} \operatorname{ctg} x^2 \delta^3_\beta - g_{3\beta} \operatorname{ctg} x^2 \delta^3_\alpha = 0, \tag{49.5}$$

$$g_{2\alpha}\delta^3_\beta + g_{2\beta}\delta^3_\alpha - \frac{1}{\sin^2 x^2}(g_{3\alpha}\delta^2_\beta + g_{3\beta}\delta^2_\alpha) = 0. \tag{49.6}$$

Wir setzen in (49.6) $\alpha, \beta = 1, 2, 3, 4$, dann ergibt sich

$$g_{12} = g_{13} = g_{23} = g_{24} = g_{34} = 0, \ g_{33} = g_{22}\sin^2 x^2, \tag{49.7}$$

und die Gleichungen (49.5) lassen sich in folgender Form schreiben:

$$\left.\begin{array}{lll} \partial_2 g_{11} = 0, & \partial_2 g_{14} = 0, & \partial_2 g_{22} = 0, \\ \partial_2 g_{33} - 2 g_{33} \operatorname{ctg} x^2 = 0, & & \partial_2 g_{44} = 0. \end{array}\right\} \tag{49.8}$$

Danach hängen $g_{11}, g_{14}, g_{22}, g_{44}$ nur von x^1 ab, und es gilt

$$g_{33} = g_{22}\sin^2 x^2.$$

Mit Hilfe zulässiger Transformation (49.4) erhält man im neuen Koordinatensystem außer den Beziehungen (49.7) und (49.8) noch die Ausdrücke

$$g_{1'4'} = g_{14}f' + g_{44}\theta', \qquad g_{2'2'} = g_{22}(x^1).$$

Aus der Forderung, daß im neuen Koordinatensystem die Bedingungen

$$g_{1'4'} = 0, \qquad g_{22}(x^1) = -x^{1^2}$$

erfüllt sind, ergibt sich ein *im Reellen* verträgliches Gleichungssystem.

Wenn wir also für f und θ Integrale dieses Systems einsetzen, ergibt sich die gesuchte Metrik in der Form

$$ds^2 = -e^\alpha \, dx^{1^2} - (dx^{2^2} + \sin^2 x^2 \, dx^{3^2}) + e^\beta \, dx^{4^2}, \tag{49.9}$$

wobei die Signaturbedingung der Metrik berücksichtigt wurde. α und β sind Funktionen von x^1.

Wir rechnen für diese Metrik die Komponenten des RICCI-Tensors aus. Dann erhält man die Feldgleichungen in der Form

$$\left.\begin{aligned} \lambda T_1^1 &= e^{-\alpha}\left(\frac{\beta'}{x^1} + \frac{1}{x^{1^2}}\right) - \frac{1}{x^{1^2}}, \\ \lambda T_2^2 = \lambda T_3^3 &= \frac{1}{2}\, e^{-\alpha}\left(\beta'' - \frac{\alpha'\beta'}{2} + \frac{\beta' - \alpha'}{x^1}\right), \\ \lambda T_4^4 &= e^{-\alpha}\left(\frac{1}{x^{1^2}} - \frac{\alpha'}{x^1}\right) - \frac{1}{x^{1^2}}. \end{aligned}\right\} \tag{49.10}$$

Die übrigen Komponenten des Energie-Impuls-Tensors sind identisch gleich Null.

Im Fall des Vakuums mit $T_\beta^\alpha = 0$ läßt sich dieses Gleichungssystem leicht integrieren. Nach einfachen Umformungen kommt man zu dem Schluß, daß $\beta = -\alpha$ und

$$e^{-\alpha} = 1 + \frac{\overset{*}{c}}{x^1}, \qquad \overset{*}{c} = \text{const}$$

die bekannte SCHWARZSCHILDsche Lösung ist (s. § 14).

Wenn x^1 gegen Unendlich geht, strebt die Metrik, wie man leicht sieht, gegen die Metrik eines ebenen Raumes. Fordert man, daß in großer Entfernung, wo das Feld schwach ist, das NEWTONsche Gravitationsgesetz gilt, so kann man die Konstante $\overset{*}{c}$ durch die Gesamtmasse des felderzeugenden Körpers ausdrücken.[1]) Bekanntlich gilt im Falle eines schwachen Feldes ([156], § 86)

$$g_{44} = 1 + \frac{2\varphi}{c^2},$$

wobei das Potential φ gleich dem NEWTONschen Ausdruck

$$\varphi = -\frac{km}{r} \equiv -\frac{km}{x^1}$$

ist; m ist die Gesamtmasse des Körpers ([156], § 95). Daraus folgt

$$\overset{*}{c} = -\frac{2km}{c^2}.$$

---

[1]) Vgl. hierzu auch MØLLER [409]. (Anm. d. Red.)

Dieses Linienelement wird im leeren Raum von jedem Gravitationsfeld mit zentralsymmetrischer Massenverteilung erzeugt. Die Massen können dabei ruhen oder zentralsymmetrisch pulsieren.

Diese Metrik ist für viele Aufgaben wichtig und läßt sich mit den verschiedensten Hilfsmitteln ableiten ([156], § 96; [188], § 129—§ 130; [225], § 57). Sie hat grundlegende Bedeutung für die Berechnung des Merkurperihels, der Krümmung von Lichtstrahlen usw. Als erster hat EINSTEIN im Jahre 1915 diese Aufgabe gelöst (mit der Methode aufeinanderfolgender Näherungen) [35]. Eine strenge Lösung wurde erstmalig von SCHWARZSCHILD (37) und unabhängig von ihm von DROSTE [38] für das Feld eines Massenpunktes angegeben. WEYL vereinfachte die Lösung der Aufgabe wesentlich durch Anwendung eines Variationsprinzips und Benutzung von kartesischen Koordinaten.

Aufgaben

1. Man zeige, daß die Metrik

$$ds^2 = -dx^{1^2} - dx^{2^2} - dx^{3^2} - \alpha(x^1\,dx^1 + x^2\,dx^2 + x^3\,dx^3)^2 + \beta\,dx^{4^2}$$

eine zentralsymmetrische statische Massenverteilung definiert. Man integriere die Gleichungen im freien Raum und zeige, daß

$$\alpha = -\frac{2m}{r^2(r-2m)}, \quad \beta = 1 - \frac{2m}{r}, \quad r = \sqrt{x^{1^2} + x^{2^2} + x^{3^2}}$$

gilt.

2. Man leite aus (49.10) die SCHWARZSCHILDsche Lösung ab.

3. Es sei die Metrik

$$ds^2 = -dx^{1^2} - dx^{2^2} - dx^{3^2} - \frac{(x^1\,dx^1 + x^2\,dx^2 + x^3\,dx^3)^2}{a^2 - r^2} + \left(\frac{3h - h_0}{2Hh_0}\right)^2 dx^{4^2}$$

gegeben, wobei $a = r_0\sqrt{\frac{r_0}{2m}}$ und h_0 der Wert von h auf der Oberfläche der Kugel $h^2 = 1 - \frac{2m}{r - 2m}$ ist. Man zeige, daß diese Metrik als Metrik des inneren Feldes einer inkompressiblen Flüssigkeitskugel gedeutet werden kann. Der Energie-Impuls-Tensor ist dabei in der Form

$$T_{\alpha\beta} = \left(\mu_0 + \frac{p}{c^2}\right) u_\alpha u_\beta + p g_{\alpha\beta}$$

gegeben, wobei μ_0 die Massenstromdichte und p der Druck ist (SCHWARZSCHILD [37], WEYL [69]).

4. Man berechne rein „räumlich" (d. h. auf der Hyperebene $x^4 = \text{const}$) den RICCI-Tensor und den Krümmungstensor für die Metrik (49.9).

5. Man zeige, daß die Wirkungsfunktion im zentralsymmetirschen Feld die Form

$$S = -E_0 t + M\varphi + \int e^{-\frac{\nu}{2}} \sqrt{\frac{E_0^2}{c^2} e^{-\nu} - m^2 c^2 - \frac{M^2}{x^{1^2}}}\, dx^1$$

hat, wobei E_0 die konstante Energie, M das Impulsmoment, $e^\nu = 1 - \frac{2\,km^1}{c^2 x^1}$, m^1 die Masse des felderzeugenden Körpers, m^2 die Masse des Probeteilchens und

$$\varphi = \int \frac{\frac{M}{x^{1^2}}\,dx^1}{\sqrt{\frac{E_0^2}{c^2} - m^2 c^2 e^\nu - \frac{M^2}{x^{11}}\,e^\nu}}$$

ist (L. Landau und E. Lifschitz [156], § 97).

§ 50. Gravitationsfelder mit Axialsymmetrie

Der Untersuchung von Gravitationsfeldern mit Axialsymmetrie wurde eine große Anzahl von Arbeiten gewidmet. Als erste beschäftigten sich Weyl [42, 56] und Levi-Civita [47, 50] mit dieser Frage. Die eigentliche Definition derartiger Gravitationsfelder erfuhr im Laufe der Untersuchungen Veränderungen und wird von den verschiedenen Autoren nicht in gleicher Weise verstanden.

Einige Arbeiten beschäftigen sich speziell mit einer Analyse des Begriffs der Axialsymmetrie wie z. B. die Arbeiten von Lewis [88], Stockum [100], Marder [289].

Die offensichtlich allgemeinste Form der Definition von Feldern $g_{\alpha\beta}$ mit Axialsymmetrie, die ihrem Wesen nach invariant ist, läßt sich folgendermaßen formulieren:

α) Das Feld ist *konstant*, d. h., in einem speziellen Koordinatensystem hängt $g_{\alpha\beta}$ nicht von x^4 ab. Das bedeutet, daß die Metrik den Killing-Operator einer einparametrigen Bewegungsgruppe gestattet, wobei die Norm des Killing-Vektors der Bedingung

$$g_{\alpha\beta} \underset{1}{\xi^\alpha} \underset{1}{\xi^\beta} > 0$$

genügt.

β) Die zu diesem Feld gehörige Metrik gestattet einen weiteren ebenfalls nichtisotropen Operator, dessen Norm jedoch der Bedingung

$$g_{\alpha\beta} \underset{2}{\xi^\alpha} \underset{2}{\xi^\beta} < 0$$

genügt.

γ) Die beiden Operatoren erzeugen eine *abelsche* Bewegungsgruppe G_2:

$$[X_1 X_2] = 0\,. \tag{50.1}$$

Wenn man von dem durch α), β) und γ) definierten Raum noch einige weitere Bedingungen fordert, kann man alle in der Literatur bekannten Felder mit Axialsymmetrie konstruieren.

Wir wählen das Koordinatensystem so, daß die Killing-Vektoren die einfachste Form haben. Diese Wahl ist natürlich nicht eindeutig. Danach kann man eine der möglichen Formen der Metrik bestimmen.

Die Gruppe G_2 hat die Eigenschaft, daß der Rang der Matrix $(\underset{s}{\xi^\alpha})$ $(s = 1, 2;$ $\alpha = 1, \ldots, 4)$ gleich zwei ist: Die Trajektorien zweier einparametriger Gruppen können nicht zusammenfallen. Im V_4 läßt sich immer ein Koordinatensystem einführen, für das der KILLING-Vektor, der den ersten Operator bestimmt, die Form

$$\underset{2}{\xi^\alpha} = \delta_4^\alpha$$

hat. Eine beliebige Transformation

$$x^{i'} = \varphi^i, \qquad x^{4'} = x^4 + \varphi^4 \qquad (i = 1, 2, 3) \tag{50.2}$$

mit $\varphi^\alpha = \varphi^\alpha(x^1, x^2, x^3)$ ändert die Form dieses Vektors nicht. Aus den Strukturgleichungen (50.1) folgt

$$\underset{2}{\xi^\alpha} = \underset{2}{\xi^\alpha}(x^1, x^2, x^3).$$

Mit Hilfe von zulässigen Transformationen (50.2) kann man das Koordinatensystem so spezialisieren, daß der Vektor $\underset{2}{\xi^\alpha}$ eine einfachere Gestalt bekommt, während der Vektor $\underset{1}{\xi^\alpha}$ sich nicht ändert. Nach einem bekannten Satz ([147], S. 63) könnte man $\underset{2}{\xi^\alpha}$ in die Form $\underset{2}{\xi^\alpha} = \delta_2^\alpha$ überführen. Im Hinblick auf die im weiteren abzuleitenden Lösungen von WEYL und LEVI-CIVITA wählen wir jedoch ein anderes Koordinatensystem. Die Kurve x^3 sei die Linie, für welche die Axialsymmetrie gilt. Daher werden die $g_{\alpha\beta}$ im allgemeinen von x^3 abhängen. Wenn wir in einem bestimmten Zeitmoment ($x^4 = t = \text{const}$) ein unendlich kleines Gebiet in V_3 betrachten, ergibt sich darin eine Symmetrie bezüglich der Tangente l an die Kurve x^3. Der gesuchte Operator soll eine Drehung um l bestimmen und hat daher die Form

$$\underset{2}{\xi^\alpha} = x^2\delta_1^\alpha - x^1\delta_2^\alpha. \tag{50.3}$$

Wir zeigen jetzt unabhängig von diesen Überlegungen, daß man mit Hilfe von zulässigen Transformationen (50.2) $\underset{2}{\xi^\alpha}$ immer auf die Form (50.3) bringen kann. Der Vektor $\underset{2}{\xi^\alpha}$ hat im neuen Koordinatensystem die Form

$$\underset{2}{\xi^{i'}} = \varphi^i_j \underset{2}{\xi^j}, \qquad \underset{2}{\xi^{4'}} = \varphi^4_j \underset{2}{\xi^j} + \underset{2}{\xi^4} \qquad (i = 1, 2, 3).$$

Die Forderungen

$$\underset{2}{\xi^{1'}} = \varphi^2, \qquad \underset{2}{\xi^{2'}} = -\varphi^1, \qquad \underset{2}{\xi^{3'}} = 0, \qquad \underset{2}{\xi^{4'}} = 0 \tag{50.4}$$

ergeben ein System von vier Differentialgleichungen mit vier unbekannten Funktionen $\varphi^\alpha (\alpha = 1, 2, 3, 4)$. Da $\underset{2}{\xi^i}$ nicht die gleichen Trajektorien wie $\underset{1}{\xi^i}$ definieren kann, ist zumindest eine Komponente von $\underset{2}{\xi^i} (i = 1, 2, 3)$ nicht identisch Null in einem Gebiet A. Daher kann man das System (50.4) in der Form

$$\varphi^\alpha_s = F^\alpha_s(\varphi^\alpha_k, \varphi^\alpha, x), \qquad k \neq s$$

darstellen. Setzt man voraus, daß die rechten Seiten dieses Systems in A analytische Funktionen ihrer Argumente sind, so kommt man zu einem Gleichungssystem vom CAUCHY-KOWALEWSKIschen Typ, das in A verträglich ist.

Im Gebiet A kann man also immer ein Koordinatensystem einführen, in dem

$$\underset{1}{\xi}^\alpha = \delta^\alpha_4, \qquad \underset{2}{\xi}^\alpha = x^2\delta^\alpha_1 - x^1\delta^\alpha_2 \tag{50.5}$$

gilt.

Danach sind, wie man leicht sieht, noch die Transformationen

$$x^{1\prime} = f\cos\left[\operatorname{arctg}\frac{x_1}{x_2} + \varphi\right], \qquad x^{2\prime} = f\sin\left[\operatorname{arctg}\frac{x_1}{x^2} + \varphi\right],$$
$$x^{3\prime} = \varphi^3, \; x^{4\prime} = \varphi^4 \tag{50.6}$$

zulässig, wobei f, φ, φ^3, φ^4 beliebige Funktionen von x^3 und $\varrho = \sqrt{x^{1^2} + x^{2^2}}$ sind. Durch Integration der KILLING-Gleichungen für den Vektor $\underset{1}{\xi}^\alpha$ findet man $g_{\alpha\beta} = g_{\alpha\beta}(x^1, x^2, x^3)$. Stellt man die KILLING-Gleichungen für den Vektor $\underset{2}{\xi}^\alpha$ auf, so ergibt sich ein Gleichungssystem

$$x^2\partial_1 g_{33} - x^1\partial_2 g_{33} = x^2\partial_1 g_{34} - x^1\partial_2 g_{34} = x^2\partial_1 g_{44} - x^1\partial_2 g_{44} = 0,$$
$$x^2\partial_1 g_{13} - x^1\partial_2 g_{13} - g_{23} = x^2\partial_1 g_{23} - x^1\partial_2 g_{23} + g_{13} = 0,$$
$$x^2\partial_1 g_{14} - x^1\partial_2 g_{14} - g_{24} = x^2\partial_1 g_{24} - x^1\partial_2 g_{24} + g_{14}$$
$$= x^2\partial_1 g_{11} - x^1\partial_2 g_{11} - 2g_{12} = x^2\partial_1 g_{22} - x^1\partial_2 g_{22} + 2g_{12}$$
$$= x^2\partial_1 g_{12} - x^1\partial_2 g_{12} + g_{11} - g_{22} = 0.$$

Daraus folgt, daß die Komponenten g_{33}, g_{34}, g_{44} Funktionen von x^3 und $\varrho = \sqrt{x^{1^2} + x^{2^2}}$ sind. Weiter ergibt sich

$$g_{13} = A\cos\varphi, \quad g_{23} = A\sin\varphi,$$
$$A = A(\varrho, x^3), \qquad \varphi = \operatorname{arctg}\frac{x^1}{x_2} + B(\varrho, x^3),$$
$$g_{14} = C\cos\omega, \quad g_{24} = C\sin\omega,$$
$$C = C(\varrho, x^3), \qquad \omega = \operatorname{arctg}\frac{x^1}{x_1} + D(\varrho, x^3),$$
$$g_{11} = e^{-\lambda}\left[-1 + (1 - e^{-\nu})\frac{x^{1^2}}{\varrho^2}\right],$$
$$g_{12} = e^{-\lambda}(1 - e^{-\nu})\frac{x^1 x^2}{\varrho^2},$$
$$g_{22} = e^{-\lambda}\left[-1 + (1 - e^{-\nu})\frac{x^{2^2}}{\varrho^2}\right],$$

wobei A, B, C, D, λ, ν Funktionen von x^3 und $\varrho = \sqrt{x^{1^2} + x^{2^2}}$ sind. Unter Ausnützung der Freiheit in der Wahl der Funktionen $f, \varphi, \varphi^3, \varphi^4$ kann man mit Hilfe von zulässigen Transformationen ein Koordinatensystem finden, in dem

$$g_{1'3'} = g_{2'3'} = g_{3'4'} = 0,$$

$$g_{4'4'} e^{-\overset{*}{\lambda}} = 1$$

gilt, wobei $\overset{*}{\lambda}$ der Wert ist, den der erste Faktor in $g_{1'1'}$ im neuen Koordinatensystem annimmt. Damit sind die möglichen zulässigen Koordinatentransformationen erschöpft, und die Metrik erhält (wenn man noch die Signaturbedingung berücksichtigt) die endgültige Form

$$\left.\begin{aligned} g_{pq} &= e^{-\mu}\left[-\delta_{pq} + (1 - e^{-\nu})\frac{x^p x^q}{\varrho^2}\right] \qquad (p, q = 1, 2), \\ g_{31} &= g_{32} = g_{34} = 0, \qquad g_{33} = -e^{\lambda-\mu}, \qquad g_{44} = e^{\mu}, \end{aligned}\right\} \tag{50.7}$$

wobei λ, μ, ν Funktionen von nur zwei Argumenten $\varrho = \sqrt{x^{1^2} + x^{2^2}}$ und x^3 sind. Fordert man von diesen Funktionen zusätzliche Eigenschaften, so kommt man zu den bekannten Lösungen mit Axialsymmetrie. Die Wahl der unabhängigen Veränderlichen ϱ und x^3 gestattet eine offensichtliche physikalische Deutung.

Wir betrachten die Lösung von Weyl und Levi-Civita genauer: Man erhält sie aus (50.7), wenn man $\lambda = \nu$ setzt und außerdem fordert, daß die Lösung nicht nur *konstant*, sondern sogar *statisch* ist.[1]) Bekanntlich nennt sich eine Lösung statisch, wenn erstens in einem gewissen Koordinatensystem alle Komponenten des metrischen Tensors von $x^4 = t$ unabhängig sind und zweitens die Metrik bei Änderung der *Zeitrichtung* fest bleibt. Mit anderen Worten: Die Metrik soll bei der Transformation

$$x^4 \to -x^4$$

invariant bleiben (im gegebenen Fall ist das eine Spiegelung).

Dann sind in dem oben angegebenen Koordinatensystem alle Komponenten $g_{4i} = 0$ gleich Null. Man erhält also

$$\left.\begin{aligned} g_{pq} &= e^{-\mu}\left[-\delta_{pq} + (1 - e^{-\nu})\frac{x^p x^q}{\varrho^2}\right], \\ g_{13} &= g_{23} = g_{34} = g_{14} = g_{24} = 0, \\ g_{33} &= -e^{\nu-\mu}, \quad g_{44} = e^{\mu}, \end{aligned}\right\} \tag{50.8}$$

wobei

$$\varrho = \sqrt{x^{1^2} + x^{2^2}}$$

---

[1]) Für statische, axialsymmetrische, freie Gravitationsfelder bedeutet $\lambda = \nu$ keine Einschränkung der Allgemeinheit. Wie zuerst Weyl zeigte, kann nämlich auf Grund der Feldgleichungen durch geeignete Koordinatenwahl immer $\lambda = \nu$ erreicht werden. (Anm. d. Red.)

ist und μ, ν Funktionen der Veränderlichen ϱ und x^3 sind. Der EINSTEINsche Tensor

$$G_{\alpha\beta} \equiv R_{\alpha\beta} - \frac{1}{2} R g_{\alpha\beta}$$

ist demnach durch die Komponenten

$$\left.\begin{aligned}
&G_{34} = 0, \qquad G_{4p} = 0, \\
&G_{3p} = \frac{1}{2}\left(-\frac{1}{\varrho}\frac{\partial\nu}{\partial x^3} + \frac{\partial\mu}{\partial\varrho}\frac{\partial\mu}{\partial x^3}\right)\frac{x^p}{\varrho}, \\
&G_{33} = \frac{1}{2\varrho}\frac{\partial\nu}{\partial\varrho} - \frac{1}{4}\left[\left(\frac{\partial\mu}{\partial\varrho}\right)^2 - \left(\frac{\partial\mu}{\partial x^3}\right)^2\right], \\
&G_{pq} = \left\{-\frac{1}{2\varrho}\frac{\partial\nu}{\partial\varrho} + \frac{1}{4}\left[\left(\frac{\partial\mu}{\partial\varrho}\right)^2 - \left(\frac{\partial\mu}{\partial x^3}\right)^2\right]\right\}\frac{x^p x^q}{\varrho^2} + \left\{-\frac{1}{2}\left(\frac{\partial^2\nu}{\partial\varrho^2} + \frac{\partial^2\nu}{\partial x^{3^2}}\right)\right. \\
&\qquad \left. - \frac{1}{4}\left[\left(\frac{\partial\mu}{\partial\varrho}\right)^2 + \left(\frac{\partial\mu}{\partial x^3}\right)^2\right]\right\} e^{-\nu}\left(\delta_{pq} - \frac{x^p x^q}{\varrho^2}\right), \\
&G_{44} = e^{2\mu-\nu}\left\{-\left(\frac{\partial^2\mu}{\partial\varrho^2} + \frac{1}{\varrho}\frac{\partial\mu}{\partial\varrho}\frac{\partial^2\mu}{\partial x^{3^2}}\right)\right. \\
&\qquad \left. + \frac{1}{2}\left(\frac{\partial^2\nu}{\partial\varrho^2} + \frac{\partial^2\nu}{\partial x^{3^2}}\right) + \frac{1}{4}\left[\left(\frac{\partial\mu}{\partial\varrho}\right)^2 + \left(\frac{\partial\mu}{\partial x^3}\right)^2\right]\right\}
\end{aligned}\right\} \qquad (50.9)$$

gegeben.

Unter Benutzung dieser Ausdrücke kann man für einen gegebenen Energie-Impuls-Tensor die allgemeinen Feldgleichungen aufstellen. Für ein Feld im freien Raum führen die Feldgleichungen, wie man leicht sieht, auf die Beziehungen

$$\left.\begin{aligned}
&\omega_1 \overset{\text{def}}{=} \frac{\partial^2\mu}{\partial\varrho^2} + \frac{1}{\varrho}\frac{\partial\mu}{\partial\varrho} + \frac{\partial^2\mu}{\partial x^{3^2}} = 0, \qquad \omega_3 \overset{\text{def}}{=} \frac{\partial\nu}{\partial x^3} - \varrho\frac{\partial\mu}{\partial\varrho}\frac{\partial\mu}{\partial x^3} = 0, \\
&\omega_2 \overset{\text{def}}{=} \frac{\partial\nu}{\partial\varrho} - \frac{\varrho}{2}\left[\left(\frac{\partial\mu}{\partial\varrho}\right)^2 - \left(\frac{\partial\mu}{\partial x^3}\right)^2\right] = 0, \\
&\omega_4 \overset{\text{def}}{=} \frac{\partial^2\nu}{\partial\varrho^2} + \frac{\partial^2\nu}{d x^{3^2}} + \frac{1}{2}\left[\left(\frac{\partial\mu}{\partial\varrho}\right)^2 + \left(\frac{\partial\mu}{\partial x^3}\right)^2\right] = 0.
\end{aligned}\right\} \qquad (50.10)$$

Zwei von diesen Gleichungen ergeben sich durch Verjüngung der BIANCHI-Identitäten. Außerdem verifiziert man unmittelbar, daß

$$\omega_4 \equiv \frac{\partial\omega_2}{\partial\varrho} + \frac{\partial\omega_3}{\partial x^3} + \varrho\frac{\partial\mu}{\partial\varrho}\omega_1 \qquad (50.11)$$

und

$$\frac{\partial \omega_2}{\partial x^3} - \frac{\partial \omega_3}{\partial \varrho} \equiv \varrho \frac{\partial \mu}{\partial x^3} \omega_1 \tag{50.12}$$

gilt.

Wie gewöhnlich ist bei der Analyse der Lösungen der Feldgleichungen wesentlich, welche Bedingungen die Potentiale des Feldes im Unendlichen erfüllen müssen. Die Wahl der Bedingungen im Unendlichen ist im allgemeinen nicht so eindeutig klar, wie manchmal angenommen wird (siehe § 53). WEYL und LEVI-CIVITA folgend nehmen wir für die weitere Untersuchung der Lösungen des Feldgleichungssystems (50.10) an, daß die Funktionen μ und ν im Unendlichen verschwinden.

Aus den Gleichungen (50.8) sieht man, daß die Komponenten von g_{pq} auf der Achse x^3 eine Singularität vom Typ einer Unbestimmtheit haben, wenn die zusätzliche Bedingung $\lim\limits_{\varrho \to 0} \nu = 0$ nicht erfüllt ist.

Die erste Gleichung des Systems (50.10) ist linear und homogen bezüglich der unbekannten Funktion μ. Für Funktionen mit Zylindersymmetrie ist sie die LAPLACE-Gleichung in Zylinderkoordinaten. Die Lösungen der LAPLACE-Gleichung genügen (wenn man den trivialen Fall beiseite läßt) den Grenzbedingungen im Unendlichen nur dann, wenn sie singulär in irgendeinem Punkt sind, der vom Koordinatenursprung eine endliche Entfernung hat. Die Punkte außerhalb der Achse x^3, in denen Singularitäten vorkommen, haben immer eine singuläre Umgebung, jedoch können auf der Achse x^3 punktförmige Singularitäten auftreten, wenn sie durch Ausdrücke der Form $\sum\limits_i [\varrho^2 + (x^3 - a_i)^2]^{-\frac{1}{2}}$ oder durch Ableitungen nach x^3 von solchen Ausdrücken bedingt sind. In diesem Fall erhält man in den entsprechenden Punkten einen Pol.

Natürlich hat man noch zu fordern, daß diese Lösungen den Gleichungen $\omega_2 = \omega_3 = 0$ für die unbekannte Funktion ν genügen. Das läuft darauf hinaus, daß wegen (50.12) die Gleichungen $\omega_2 = \omega_3 = 0$ Lösungen haben, wenn die Gleichung $\omega_1 = 0$ in einem einfach zusammenhängenden Gebiet des zweidimensionalen Raumes der Veränderlichen ϱ und $x^3 (\varrho \geqq 0)$ erfüllt ist. Wenn aber Singularitäten vorkommen, ist der Raum (ϱ, x^3) schon nicht einfach zusammenhängend. Daher ist es notwendig, die möglichen Singularitäten zu betrachten ([152], S. 277–280 [380], S. 208–210).

Wenn eine Singularität außerhalb der Achse x^3 vorliegt, wählen wir eine Lösung μ der Gleichung $\omega_1 = 0$ mit einer beliebigen Umgebung singulärer Punkte. Dann ergibt sich, daß das Integral

$$\oint \left(\frac{\partial \nu}{\partial \varrho} d\varrho + \frac{\partial \nu}{\partial x^3} dx^3\right) = \oint \left\{\frac{\varrho}{2}\left[\left(\frac{\partial \mu}{\partial \varrho}\right)^2 - \left(\frac{\partial \mu}{\partial x^3}\right)^2\right] d\varrho + \varrho \frac{\partial \mu}{\partial \varrho} \frac{\partial \mu}{\partial x^3} dx^3\right\} \tag{50.13}$$

über eine abgeschlossene Kurve in der Ebene ϱ, x^3, die eine solche Singularität umrandet, im allgemeinen nicht verschwindet. Wenn dieses Integral aber ungleich Null ist, so ist die unbekannte Funktion ν außerhalb der singulären Stelle nicht eindeutig definiert. Als notwendige Bedingung für die Existenz einer Lösung hat man daher zu fordern, daß dieses Integral verschwindet.

Wenn eine Singularität auf der Achse x^3 vorliegt und ν in einem Punkt auf der Achse x^3 verschwindet, so ist ν auf der ganzen Achse mit *Ausnahme des singulären Punktes* gleich Null. In der Tat gilt auf der Achse x^3 außerhalb der Singularität $\dfrac{\partial \nu}{\partial x^3} = 0$, woraus die Behauptung folgt.

Im singulären Punkt muß das Integral des Differentials

$$d\nu = \frac{\varrho}{2}\left[\left(\frac{\partial \mu}{\partial \varrho}\right)^2 - \left(\frac{\partial \mu}{\partial x^3}\right)^2\right] d\varrho + \varrho\,\frac{\partial \mu}{\partial \varrho}\,\frac{\partial \mu}{\partial x^3}\,dx^3 \tag{50.14}$$

über einen kleinen Halbkreis um die Singularität von dem einen Schnittpunkt dieses Halbkreises mit der Achse x^3 bis zum anderen verschwinden.

Wir betrachten z. B. eine typische Singularität, die auf der Achse x^3 auftritt, wenn

$$\overset{*}{\mu} = (\varrho^2 + x^{3^2})^{-\frac{1}{2}}$$

ist. Wegen

$$\frac{\partial \overset{*}{\mu}}{\partial \varrho} = -\frac{\varrho}{r^3}, \qquad \frac{\partial \overset{*}{\mu}}{\partial x^3} = -\frac{x^3}{r^2}, \qquad r = \sqrt{\varrho^2 + x^{3^2}}$$

hat das Differential (50.14) die Form

$$d\nu = \left(\frac{\varrho}{2}\,\frac{\varrho^2 - x^{3^2}}{r^6}\,d\varrho + \frac{\varrho^2 x^3}{r^6}\,dx^3\right). \tag{50.15}$$

Zur Berechnung des Integrals von $d\nu$ über einen kleinen Halbkreis führen wir den Winkel φ ein, indem wir

$$\varrho = r\cos\varphi, \qquad d\varrho = -x^3\,d\varphi,$$

$$x^3 = r\sin\varphi, \qquad dx^3 = \varrho\,d\varphi, \qquad r = \text{const}$$

setzen. Dann ergibt sich aus (50.15)

$$d\nu = \frac{1}{2r^2}\cos\varphi\sin\varphi\,d\varphi, \qquad r = \text{const},$$

und für das Integral in den Grenzen $\left(-\dfrac{\pi}{2}, \dfrac{\pi}{2}\right)$ gilt

$$[\nu]\Big|_{\varphi=-\frac{\pi}{2}}^{\varphi=\frac{\pi}{2}} = \frac{1}{2r^2}\int_{-\frac{\pi}{2}}^{\frac{\pi}{2}} \cos\varphi\sin\varphi\,d\varphi = \frac{1}{4r^2}\,[\sin^2\varphi]_{-\frac{\pi}{2}}^{\frac{\pi}{2}} = 0, \tag{50.16}$$

d. h., die Lösung $\overset{*}{\mu}$ ist mit der Regularitätsbedingung für ν verträglich.

Von besonderem Interesse ist die Betrachtung des Falles, daß zwei Singularitäten auftreten. Wir benutzen, daß in dem einen singulären Punkt die Lösung mit einer Singularität in den anderen Punkt sich in eine Potenzreihe nach ϱ^2 und x^3 entwickeln läßt, und nehmen an, daß die Lösung μ in der Nähe des Koordinatenursprungs die Form

$$\overset{**}{\mu} = \frac{a}{r} + \sum_{m,n} a_{m,n}\, \varrho^{2m} x^{3m} \tag{50.17}$$

hat. In dieser Entwicklung interessieren uns nur die Koeffizienten $a_{m,n}$, die wesentlich in die Berechnung des Integrals über den Halbkreis eingehen. Wenn der Halbkreis außer $r = 0$ keinen singulären Punkt enthält, hängt das Integral nicht von r ab. Daher sind alle Koeffizienten $a_{m,n}$ unwesentlich, für die das Integral von r abhängig wird. Weiter kann der reguläre Teil von $\overset{**}{\mu}$ nicht zu einem von Null verschiedenen Integral führen. Man hat also nur die „überkreuzten" Produkte der singulären und regulären Teile von $\overset{**}{\mu}$ zu betrachten. Die Ableitungen des singulären Teils von $\overset{**}{\mu}$ bei gegebenem φ verhalten sich wie r^{-2}. Sie werden mit ϱ, mit den Differentialen der Koordinaten, die wie r^{-1} anwachsen, und mit den Ableitungen des regulären Teils von $\overset{**}{\mu}$ multipliziert. Daher sind nur die Glieder der Entwicklung von Interesse, die von φ, aber nicht von r abhängen. Ein solches Glied ist nur $\varrho^0 x^3$. Daher kann man $\overset{**}{\mu}$ in der Form

$$\overset{**}{\mu} = \frac{a}{r} + b x^3 + \cdots$$

annehmen. Wir berechnen das gesuchte Differential und erhalten

$$d\nu = -\varrho \frac{\partial}{\partial x^3}\left(\frac{a}{r}\right) \frac{\partial}{\partial x^3}(b x^3)\, d\varrho + \varrho \frac{\partial}{\partial \varrho}\left(\frac{a}{r}\right) \frac{\partial}{\partial x^3}(b x^3)\, dx^3 + \cdots.$$

Nur die angegebenen Glieder können zu nichtverschwindenden Werten des Integrals führen. Es ist dann

$$d\nu = \frac{ab}{r^3}\, \varrho (x^3\, \partial\varrho - \varrho\, dx^3) = -ab \cos\varphi\, d\varphi = -ab\, d(\sin\varphi),$$

und das Integral in den Grenzen $\left(-\frac{\pi}{2}, \frac{\pi}{2}\right)$ ist von Null verschieden. Also muß die Ableitung nach x^3 des regulären Teils von μ in einer Umgebung eines der singulären Punkte verschwinden. Mit anderen Worten, *die gleichzeitige Existenz mehrerer singulärer Punkte auf der Achse x^3 ist unmöglich.* Das bedeutet faktisch, daß die Feldgleichungen Bewegungszustände punktförmiger Massen, die mit den Bewegungsgleichungen nicht verträglich sind, ausschließen ([152], Kap. XV).

Aufgaben

1. Eine Lösung mit Axialsymmetrie gestatte eine abelsche Bewegungsgruppe G_3. Man zeige, daß man das Linienelement in der Form

$$ds^2 = e^{2\alpha}\,dt^2 - r^2 e^{-2\alpha}\,d\varphi^2 - e^{2\beta-2\alpha}(dr^2 + dz^2)$$

darstellen kann, wobei $\alpha = c\ln r + D$, $\beta = c^2\ln r + \varepsilon$ ist und D, c, ε Konstanten sind ([269], S. 8–9).

§ 51. Harmonische Gravitationsfelder

Wenn im gewöhnlichen euklidischen Raum R^n die kartesischen Koordinaten mit x^α bezeichnet sind, ist die Entfernung eines Punktes vom Koordinatenursprung durch

$$s = \sqrt{g_{\alpha\beta}x^\alpha x^\beta} \tag{51.1}$$

gegeben. Durch Differentiation folgt daraus

$$(s^p)_{,\alpha} = p s^{p-2} g_{\alpha\beta} x^\beta \tag{51.2}$$

und

$$(s^p)_{,\alpha}{}^{\alpha} = p(n + p - 2)s^{p-2}. \tag{51.3}$$

$(s^p)_{,\alpha}{}^{\alpha}$ ist also eine Funktion von s allein und $s^{2-n}(n \neq 2)$ ist eine Lösung der LAPLACE-Gleichung

$$v_{,\alpha}{}^{\alpha} = 0. \tag{51.4}$$

Für einen beliebigen Raum V_n läßt sich im allgemeinen eine solche Lösung nicht angeben. Es gibt also eine spezielle Klasse von Räumen V_n, *in denen es harmonische Funktionen gibt, die nur vom Abstand des Punktes vom Koordinatenursprung abhängen.* Diese Räume V_n werden *harmonisch* (oder *vollständig harmonisch*) genannt. Ebenfalls kann man die Klasse der Räume V_n aussondern, die in einem gegebenen Punkt $\overset{0}{x}{}^\alpha$ harmonisch sind. In diesen Räumen genügt der Abstand eines Punktes von $\overset{0}{x}{}^\alpha$ der Gleichung

$$s_{,\alpha}{}^{\alpha} = f(s). \tag{51.5}$$

Die Betrachtung harmonischer Räume in der Gravitationstheorie ist von prinzipiellem Interesse, wie sich im folgenden zeigen wird. Die klassische Gravitationstheorie und Elektrostatik gründen sich auf das NEWTONsche und COULOMBsche Gesetz. Diese Gesetze stützen sich auf die Möglichkeit, harmonische Funktionen einzuführen, die nur vom Abstand abhängen. Für einen beliebigen Raum V_n hat die Behauptung, daß derartige Funktionen existieren, ohne zusätzliche Forderungen an die Metrik a priori keinen Sinn. Die Untersuchung der Frage führt zu dem Schluß, daß nur die Räume V_n einer ziemlich speziellen Art harmonisch sind.

Die Untersuchung derartiger Räume wurde von P. A. SCHIROKOW [72, 75, 108] begonnen. SCHIROKOW betrachtete speziell das Problem einer Potentialtheorie im V_n und zeigte, daß 1. genau dann im V_n harmonische Funktionen existieren, die nur vom Abstand abhängen, wenn jede Hypersphäre des Raumes eine mittlere konstante Krümmung hat, und daß 2. jeder Raum V_n, in dem alle Hypersphären eine mittlere konstante Krümmung haben, ein EINSTEINscher Raum ist ($R_{\alpha\beta} = = \varkappa g_{\alpha\beta}$). Dabei ist unter einer Hypersphäre eine Hyperfläche zu verstehen, deren sämtliche Punkte von dem gegebenen Punkt, dem Zentrum der Hypersphäre, gleichen Abstand haben. Diese Gebilde sind also analog zu den Kreisen auf einer Fläche im Sinne von BIANCHI. Sie sind in einem beliebigen Raum V_n definiert.

Für $n = 3$ existieren diese Funktionen daher nur in Räumen konstanter Krümmung. Für $n > 3$ hängt das Problem wesentlich von der Signatur der Metrik des Raumes V_n ab. Der Begriff der Räume V_n, die in einem Punkt harmonisch sind, wurde von RUSE und COPSON [123] eingeführt. Die affine Verallgemeinerung dieses Begriffes wurde in den Arbeiten [185, 186] betrachtet. Grundlegende Ergebnisse für harmonische Räume V_n in einem Punkt und für den Zusammenhang dieser beiden Raumklassen enthalten die Arbeiten von LICHNEROWICZ [139, 197], WALKER [128,141, 142, 145] und anderer Autoren [217, 178, 198].

Im Hinblick auf die physikalischen Anwendungen beschäftigen wir uns im weiteren ausführlich mit dem Fall eines vierdimensionalen Raumes mit der Signatur $(- - - +)$ der Metrik.

Wir betrachten einen Punkt des Raumes V_n und führen für diesen Punkt ein lokal geodätisches Koordinatensystem ein. Mit der Bezeichnung

$$\frac{\partial^{p-1} \Gamma^i_{jk_1}}{\partial x^{k_2} \dots \partial x^{k_p}} = \Gamma^i_{jk_1k_2\dots k_p}$$

gilt

$$\{\Gamma^i_{j(k,lpq)}\}_0 = -\frac{3}{5}\left\{\frac{2}{9} R^{ai}{}_{(kl}R_{aq|j|p)} + R^i{}_{(pq|j|,kl)}\right\}_0 \qquad (51.6)$$

(siehe § 7). Wir nehmen nun an, daß in V_n harmonische Funktionen existieren, die nur vom Abstand abhängen. V_n muß dann eine EINSTEINsche Mannigfaltigkeit sein. Wir führen in (51.6) eine Verjüngung nach den Indizes i, j durch und berücksichtigen, daß $R_{\alpha\beta} = \varkappa g_{\alpha\beta}$ gilt. Dann erhalten wir

$$\{R_{a(k|b|l} R^{ab}{}_{qp)}\}_0 = -\frac{15}{2}\{\Gamma^a_{a(k,lpq)}\}_0. \qquad (51.7)$$

Ausgehend von den Bedingungen der gestellten Aufgabe untersuchen wir die rechte Seite dieser Gleichung. Zunächst bemerken wir, daß die mittlere Krümmung einer beliebigen BIANCHI-Hyperfläche konstant sein muß (siehe Aufgabe 1, § 51) und im gegebenen Koordinatensystem durch

$$H = \frac{n-1}{s} + \frac{\partial \ln \sqrt{g}}{\partial x^k}\xi^k \equiv \frac{n-1}{s} + \frac{\partial \ln \sqrt{g}}{\partial s} \qquad (51.8)$$

gegeben ist. Die gesuchte Funktion $\varphi(s)$ muß die Form

$$\varphi = a \int e^{-\int H ds} ds + C_2 \tag{51.9}$$

haben [72]. Aus (51.8) und (51.9) folgt

$$\varphi = C_1 \int \frac{ds}{s^{n-1}\sqrt{g}} + C_2 .$$

Die Diskriminante des metrischen Tensors ist also eine Funktion von $s: g \equiv |g_{\alpha\beta}| = g(s)$. Daher hängt

$$\Gamma^{\sigma}_{\sigma\alpha} = \frac{1}{2} \partial_{\alpha} \ln g(s)$$

nur vom Abstand s vom Koordinatenursprung ab. Wir differenzieren danach viermal die Identität

$$s^2 = g_{\alpha\beta} x^{\alpha} x^{\beta}$$

und setzen Glieder mit übereinstimmenden Potenzen von s gleich, wobei wir berücksichtigen, daß $x^{\alpha} = \xi^{\alpha} s$ ist mit einem Einheitsvektor ξ^{α}, der die Richtung der vom Koordinatenursprung ausgehenden Geodätischen bestimmt. Wegen

$$\Gamma^{\sigma}_{\sigma\alpha} \equiv \Gamma_{\alpha} = \theta_{\alpha}(s) s_{\alpha}, \qquad s_{\alpha} = \frac{\partial s}{\partial x^{\alpha}}$$

gilt

$$-\frac{15}{2} \{\Gamma^{\sigma}_{\sigma(k,\,lpq)}\}_0 = \{\lambda g_{(kl} g_{pq)}\}_0$$

und folglich

$$R_{a(k|b|l} \dot{R}^{ab}{}_{qp)} \doteq \lambda g_{(kl} g_{pq)}, \tag{51.10}$$

sogar in einem beliebigen Punkt des Gebietes im V_n, in dem die Voraussetzungen für die Einführung eines geodätischen Koordinatensystems erfüllt sind. Diese Bedingung wurde von P. A. Schirokow entdeckt [72]. Mit Hilfe einer Verjüngung ergibt sich

$$\lambda = \varkappa^2 . \tag{51.11}$$

Wir setzen nun $n = 4$. Um eine Betrachtung der verschiedenen Möglichkeiten für die Signatur der Metrik zu vermeiden, führen wir im gegebenen Punkt von V_4 ein orthonormiertes 4-Bein (imaginär im Fall einer Signatur vom Typ $(- - - +)$) ein, für das

$$g_{\alpha\alpha} = 1, \qquad g_{\alpha\beta} = 0 \qquad (\alpha \neq \beta) \tag{51.12}$$

gilt, und betrachten den Klein-Raum (siehe § 15). Der Übergang zum Klein-Raum wird wie oben durch

$$R_{\alpha\beta\gamma\delta} \to R_{ab}, \qquad g_{\alpha\gamma} g_{\beta\delta} - g_{\alpha\delta} g_{\beta\gamma} \to g_{ab} \qquad (a, b = 1, \ldots, 6)$$

vollzogen. Dann ist

$$g_{aa} = 1, \qquad g_{ab} = 0 \qquad (a \neq b)$$

und

$$(R_{ab}) = \begin{pmatrix} M & N \\ N & M \end{pmatrix},$$

wobei $M \equiv (m_{ij})$, $N \equiv (n_{ij})$ symmetrische dreidimensionale Matrizen sind, die außerdem der Bedingung

$$\sum_1^3 m_{ii} = \varkappa, \qquad \sum_1^3 n_{ii} = 0$$

genügen. Die bivektoriellen Indizes sind wie oben durch die Numerierung 14—1, 24—2, 34—3, 23—4, 31—5, 12—6 definiert. Wir schreiben die Bedingungen (51.10) ausführlich im KLEIN-Raum. Dabei ist es wesentlich, folgende Kombinationen der Indizes k, l, p, q zu betrachten:

1. $k, l, p, q \neq$,
2. $k = l \neq p \neq q$,
3. $k + l \neq p = q$,
4. $k = l = p \neq q$,
5. $k = l = p = q$.

Dementsprechend erhalten wir fünf Typen von Beziehungen zwischen m_{ij} und n_{ij}:

$$m_{\alpha\alpha}(n_{\beta\beta} - n_{\gamma\gamma}) + m_{\beta\beta}(n_{\gamma\gamma} - n_{\alpha\alpha}) + m_{\gamma\gamma}(n_{\alpha\alpha} - n_{\beta\beta}) = 0,$$

$$m_{\alpha\gamma} m_{\beta\gamma} + m_{\alpha\beta}\left(m_{\gamma\gamma} - \frac{\varkappa}{3}\right) = n_{\alpha\gamma} n_{\beta\gamma} + n_{\alpha\beta} n_{\gamma\gamma},$$

$$m_{\gamma\gamma}^2 + n_{\gamma\gamma}^2 + 4(m_{\alpha\beta}^2 - n_{\alpha\alpha} n_{\beta\beta}) + 2(m_{\alpha\alpha} m_{\beta\beta} - n_{\alpha\beta}^2 + (m_{\alpha\gamma}^2 + m_{\beta\gamma}^2) + (n_{\alpha\gamma}^2 + n_{\beta\gamma}^2) = \varkappa^2,$$

$$m_{\alpha\beta}(m_{\alpha\alpha} - m_{\beta\beta}) + m_{\alpha\gamma} m_{\beta\gamma} = n_{\alpha\beta}(n_{\alpha\alpha} - n_{\beta\beta}) + n_{\alpha\gamma} n_{\beta\gamma},$$

$$m_{\alpha\alpha}^2 + m_{\beta\beta}^2 + m_{\gamma\gamma}^2 + 2(n_{\beta\gamma}^2 + n_{\alpha\beta}^2 + n_{\alpha\gamma}^2) = \varkappa^2.$$

Dabei können α, β, γ nach dem Sinn der Bezeichnungen nur die Werte 1, 2, 3 annehmen und α, β, γ sind immer voneinander verschieden.

Durch Untersuchung dieses algebraischen Systems für alle möglichen Fälle überzeugt man sich leicht, daß

$$\left.\begin{aligned} &n_{\alpha\alpha} = e\left(m_{\alpha\alpha} - \frac{\varkappa}{3}\right), \qquad n_{\alpha\beta} = e\, m_{\alpha\beta}, \\ &(\alpha, \beta, = 1, 2, 3) \quad (\alpha \neq \beta), \quad e = \pm 1 \end{aligned}\right\} \qquad (51.13)$$

gilt. Daher hat die λ-Matrix $(R_{ab} - \lambda g_{ab})$ $(a, b = 1, \ldots, 6)$ des KLEIN-Raumes die Form

$$(R_{ab} - \lambda g_{ab}) = \begin{pmatrix} M & N \\ N & M \end{pmatrix}, \tag{51.14}$$

wobei

$$M = (m_{\alpha\beta} - \lambda g_{\alpha\beta}), \qquad N = \left(e\left(m_{\alpha\beta} - \frac{\varkappa}{3}\delta_{\alpha\beta}\right)\right) \tag{51.15}$$

ist. Alle Untersuchungen wurden bis jetzt ohne Einschränkung für die Signatur der Metrik des Raumes V_4 über dem Körper der komplexen Zahlen durchgeführt. Wir fordern nun, daß das betrachtete Gravitationsfeld real ist und die Metrik sich folglich auf reellem Wege in jedem Punkt des Raumes V_4 in die MINKOWSKI-Metrik überführen läßt:

$$g_{11} = g_{22} = g_{33} = -g_{44} = -1, \qquad g_{\alpha\beta} = 0 \quad (\alpha \neq \beta). \tag{51.16}$$

Den Übergang von (51.12) zu (51.16) kann man mit Hilfe einer nichtausgearteten Transformation, die durch die Matrix

$$\left(\frac{\partial x^\alpha}{\partial x^{\beta'}}\right)_0 = \begin{pmatrix} i & 0 & 0 & 0 \\ 0 & i & 0 & 0 \\ 0 & 0 & i & 0 \\ 0 & 0 & 0 & i \end{pmatrix}$$

gegeben ist, ausführen.

Bei dieser Transformation sind aber, wie man leicht sieht, alle Vertreter der Form $n_{\alpha\beta}$ *rein imaginär* und die Vertreter $m_{\alpha\beta}$ reell. Das führt zu einem Widerspruch, wenn man nicht annimmt, daß $m_{\alpha\beta} = 0$ und $m_{\alpha\alpha} = \frac{\varkappa}{3}$ $(\alpha \neq \beta;$ $\alpha, \beta = 1, 2, 3)$ gilt. Daraus folgt, daß einem harmonischen Raum V_4 mit einer Signatur $(- - - +)$ der Metrik ein KLEIN-Raum entspricht, dessen λ-Matrix die Charakteristik $[(1\ 1\ 1,\ 1\ 1\ 1)]$ hat. Da in diesem Fall

$$R_{ab} = \frac{\varkappa}{3} g_{ab} \qquad (a, b = 1, \ldots, 6)$$

gilt, so ist

$$R_{\alpha\beta\gamma\delta} = \frac{\varkappa}{3}(g_{\alpha\gamma}g_{\beta\delta} - g_{\alpha\delta}g_{\beta\gamma}),$$

d. h., ein solcher Raum V_4 ist ein *Raum konstanter Krümmung* S_4. Dieses Ergebnis folgt auch aus dem Satz, daß jeder Raum V_n eine konform-euklidische Mannigfaltigkeit ist, wenn für jedes orthonormierte n-Bein in diesem Raum $\overset{0}{R}_{\alpha\beta\gamma\delta} = 0$ $(\alpha, \beta, \gamma, \delta \neq 0)$ gilt ([77], § 37). *Jeder konform-ebene* EINSTEINsche *Raum ist ein Raum* S_n. *Daher existieren in einem realen Gravitationsfeld der allgemeinen Relativitätstheorie genau dann harmonische Funktionen, die vom Abstand abhängen, wenn dieses Feld die Geometrie eines Raumes konstanter Krümmung definiert.*

Wenn man die Gravitationstheorie oder Elektrostatik auf der Grundlage von Gesetzen vom Typ des NEWTONschen und COULOMBschen Gesetzes entwickeln will, so ist das nach dem letzten Ergebnis sicher nur für einen Raum konstanter Krümmung möglich. Für eine Geometrie, die durch die allgemeine Relativitätstheorie definiert wird, hat man also im allgemeinen andere Gesetze zugrunde zu legen.

Aufgaben

1. Man beweise die Formeln (51.8), (51.9) (P. A. SCHIROKOW [72]).

2. Man zeige für $n = 2, 3$, daß jeder harmonische Raum V_n ein Raum S_n konstanter Krümmung ist.

3. Ein harmonischer konform-ebener Raum V_n ist ein Raum konstanter Krümmung.

4. Ein harmonischer Raum V_n ist ein Raum konstanter Krümmung, wenn der Index der Metrik gleich 1 oder $n - 1$ ist (d. h. $n - p = 1$ oder $n - 1$; dabei ist p die Anzahl der positiven Vorzeichen bei den Quadraten der Differentiale in der kanonischen Form der Metrik im gegebenen Punkt des Raumes: $ds^2 = \sum e_i dx^{i^2}$, $e_i = \pm 1$) [142].

5. Jeder vollständig harmonische Raum V_{n-1} in S_n ist ein Raum S_{n-1} ([127], S. 388).

6. Man zeige, daß ein vollständig harmonischer Raum V_4 mit definiter Metrik ein symmetrischer Raum V_4 ist [142].

7. Man zeige, daß ein Raum V_4 mit der Metrik

$$ds^2 = \psi(x, y)\, dx^2 + 2\varphi(x, y)\, dx\, dy + \theta(x, y)\, dy^2 + 2dx\, dz + 2dy\, dt$$

vollständig harmonisch ist.

§ 52. Zylindrische Gravitationswellen

Wir betrachten in diesem Paragraphen eine Lösung der Feldgleichung, die von EINSTEIN und ROSEN vorgeschlagen wurde. Sie fanden diese Lösung bei der Suche nach gravitativen Zylinderwellen. Diese Aufgabenstellung wurde dadurch hervorgerufen, daß man für *linearisierte* Feldgleichungen, deren Lösungen angenähert genommen werden, von *ebenen* Gravitationswellen sprechen kann, während das für nichtlinearisierte Gleichungen nicht ohne weiteres möglich ist.[1]) Obgleich die Aufgabenstellung nur auf Feldgleichungssysteme von vereinfachtem Typ führt, für welche EINSTEIN und ROSEN keine allgemeine Lösung angeben konnten, ist ihre Darstellung von Interesse, da man auf der Grundlage der in Kapitel IV erhaltenen Ergebnisse eine ganze Klasse spezieller Lösungen für eine derartige Aufgabe finden kann.

---

[1]) Die ebenen Gravitationswellen 1. Näherung von EINSTEIN [366] führen nämlich nicht zu den strengen ebenen Wellen von BRINKMANN [73], BONDI [281] und TAKENO [304] (s. § 14). (Anm. d. Red.)

Dabei ist wichtig, daß diese Räume *invariante* Charakteristiken haben, nämlich einen speziellen Raumtyp und eine spezielle Bewegungsgruppe.

Ausgehend von formalen Überlegungen kamen EINSTEIN und ROSEN zur Betrachtung von Räumen mit dem metrischen Tensor

$$(g_{\alpha\beta}) = \begin{pmatrix} -A & 0 & 0 & 0 \\ 0 & -B & 0 & 0 \\ 0 & 0 & -C & 0 \\ 0 & 0 & 0 & A \end{pmatrix}, \quad g = -A^2BC, \qquad BC > 0, \tag{52.1}$$

wobei A, B, C nur von x^1, x^4 abhängen. Diese Forderung diente in Analogie zur Theorie der elektromagnetischen Wellen als Grundlage für die formale Konstruktion der Metrik. Durch Einführung der neuen Funktionen

$$\alpha = \ln A, \qquad \beta = \frac{1}{2} \ln \left(\frac{B}{C}\right), \qquad \gamma = \frac{1}{2} \ln (BC)$$

kamen EINSTEIN und ROSEN [104] zu fünf unabhängigen Feldgleichungen.

Wir führen die Untersuchung ohne diese neuen Funktionen durch.

Wenn man die Komponenten des Krümmungstensors nach Formel (5.7) für die Metrik (52.1) berechnet, ergibt sich unmittelbar

$$\left.\begin{aligned}
R_{1414} &= \frac{1}{2}\left(A_{44} - A_{11} - \frac{A_4^2}{A} + \frac{A_1^2}{A}\right), \\
R_{2323} &= \frac{1}{4A}(B_1C_1 - B_4C_4), \\
R_{2424} &= \frac{1}{2}\left(B_{44} - \frac{B_4^2}{2B} - \frac{A_1B_1 + A_4B_4}{2A}\right), \\
R_{3131} &= \frac{1}{2}\left(C_{11} - \frac{C_1^2}{2C} - \frac{A_1C_1 - A_4C_4}{2A}\right), \\
R_{3434} &= \frac{1}{2}\left(C_{44} - \frac{C_4^2}{2C} - \frac{A_1C_1 + A_4C_4}{2A}\right), \\
R_{1212} &= \frac{1}{2}\left(B_{11} - \frac{B_1^2}{2B} - \frac{A_1B_1 + A_4B_4}{2A}\right), \\
R_{2412} &= \frac{1}{2}\left(-B_{14} + \frac{B_1B_4}{2B} + \frac{A_1B_4 + A_4B_1}{2A}\right), \\
R_{3431} &= \frac{1}{2}\left(C_{14} - \frac{C_1C_4}{2C} - \frac{A_1C_4 + A_4C_1}{2A}\right),
\end{aligned}\right\} \tag{52.2}$$

und alle übrigen Komponenten sind gleich Null. Die Indizes bei den Funktionen A, B, C bedeuten die partiellen Ableitungen nach den entsprechenden Argumenten:

$$A_i \equiv \partial_i A\,, \qquad A_{ij} \equiv \partial_{ij} A, \ldots .$$

Wir stellen die Feldgleichungen für den freien Raum auf $(R_{\alpha\beta} = 0)$. Dann sehen wir, daß fünf von ihnen identisch erfüllt sind und die übrigen die Form

$$\left.\begin{aligned} \frac{1}{A} R_{1414} - \frac{1}{B} R_{1212} - \frac{1}{C} R_{3131} &= 0, \\ \frac{1}{A} (R_{2424} - R_{1212}) - \frac{1}{C} R_{2323} &= 0, \\ \frac{1}{A} (R_{3434} - R_{3131}) - \frac{1}{B} R_{2323} &= 0, \\ \frac{1}{A} R_{1414} + \frac{1}{B} R_{2424} + \frac{1}{C} R_{3434} &= 0, \\ \frac{1}{B} R_{2412} - \frac{1}{C} R_{3431} &= 0 \end{aligned}\right\} \tag{52.3}$$

haben. Ersetzen wir in (52.3) die Komponenten des Krümmungstensors durch die Formel (52.2), so kommen wir zu fünf Feldgleichungen zur Bestimmung der Potentiale A, B, C. Sie sind äquivalent zu den von EINSTEIN und ROSEN aufgestellten Gleichungen.

Die Bewegungsgruppe, welche die Metrik (52.1) unter den Bedingungen (52.3) gestattet, hat offensichtlich zwei Operatoren $X = \delta_2^\alpha \partial_\alpha$, $Y = \delta_3^\alpha \partial_\alpha$, die eine abelsche Gruppe G_2 erzeugen. Stellt man aber die KILLING-Gleichungen für die Metrik (52.1) auf und fordert, daß sie eine Lösung haben, die von

$$\xi^\alpha = C_1 \delta_2^\alpha + C_2 \delta_3^\alpha, \qquad C_1, C_2 = \text{const}$$

verschieden ist, so kann man leicht zeigen, daß dies nur möglich ist, wenn der metrische Tensor zusätzliche Bedingungen erfüllt, die nicht aus (52.3) folgen. Daher suchten EINSTEIN und ROSEN eine Lösung unter Bedingungen, die den folgenden Forderungen äquivalent sind: 1. Die Metrik des gesuchten Raumes genügt den Gleichungen des Gravitationsfeldes im freien Raum: $R_{\alpha\beta} = 0$. 2. Der gesuchte Raum besitzt ein vierfach orthogonales Koordinatensystem. 3. Der gesuchte Raum gestattet eine abelsche Bewegungsgruppe G_2, die auf nichtisotrope zweidimensionale Transitivitätsflächen mit definiter Metrik wirken. 4. In dem angegebenen Koordinatensystem ist $g_{11} = -g_{44}$. 5. Die Signatur der Metrik hat die Form $(---+)$.

Zur Bestimmung des Raumtyps untersuchen wir die λ-Matrix im KLEIN-Raum.

Die Matrix hat die Form

$$(R_{ab} - \lambda g_{ab})$$

$$= \begin{bmatrix} R_{1414} + \lambda A^2 & 0 & 0 & 0 & 0 & 0 \\ 0 & R_{2424} + \lambda AB & 0 & 0 & 0 & R_{2412} \\ 0 & 0 & R_{3434} + \lambda AC & 0 & R_{3431} & 0 \\ 0 & 0 & 0 & R_{2323} - \lambda BC & 0 & 0 \\ 0 & 0 & R_{3431} & 0 & R_{3131} - \lambda AC & 0 \\ 0 & R_{2412} & 0 & 0 & 0 & R_{1212} - \lambda AB \end{bmatrix}$$

Daraus folgt, daß nach der Vertauschung von Zeilen und Spalten die Matrix folgendermaßen geschrieben werden kann:

$$\begin{pmatrix} M_1 & 0 & 0 & 0 \\ 0 & M_2 & 0 & 0 \\ 0 & 0 & M_3 & 0 \\ 0 & 0 & 0 & M_4 \end{pmatrix}.$$

Dabei definieren M_1 und M_2 eindimensionale Matrixblöcke

$$\left(\lambda + \frac{R_{1414}}{A^2}\right), \quad \left(\lambda = \frac{R_{2323}}{BC}\right),$$

die zwei einfachen Elementarteilern der λ-Matrix entsprechen. Daher kann die Charakteristik der λ-Matrix nur eine der beiden Formen [1 1 1, 1 1 1] oder [1 2, $\overline{1\,2}$] haben. Der untersuchte Raum kann also nur vom Typ T_1 oder T_2 sein. Die folgenden zwei Blöcke haben die Form

$$M_3 = \begin{pmatrix} R_{2424} + \lambda AB & R_{2412} \\ R_{2412} & R_{1212} - \lambda AB \end{pmatrix},$$

$$M_4 = \begin{pmatrix} R_{3434} + \lambda BC & R_{3431} \\ R_{3431} & R_{3131} - \lambda AC \end{pmatrix}.$$

Aus der letzten Gleichung des Systems (52.3) folgt, daß die Komponenten R_{2412} und R_{3431} gleichzeitig verschwinden oder von Null verschieden sind. Ist z. B.

$$R_{2412} = 0,$$

so definieren beide Blöcke gleichzeitig einfache Elementarteiler, wir erhalten dann einen Raum vom Typ T_1. Ist dagegen

$$R_{2412} \neq 0,$$

so ergeben sich gleichzeitig zwei mehrfache Elementarteiler der Form $(\lambda - \underset{0}{\lambda})^2$, $(\lambda - \underset{0}{\lambda})^2$, d. h. es ergibt sich ein Raum T_2. Darüber hinaus gilt im letzteren Fall

$$\frac{R_{1414}}{A_2} = -\frac{R_{2323}}{BC}, \tag{52.4}$$

und die beiden quadratischen Gleichungen

$$\left.\begin{aligned} \lambda^2 + \frac{1}{AB}(R_{2424} - R_{1212})\lambda + \left(\frac{R_{2412}}{AB}\right)^2 = 0, \\ \lambda^2 + \frac{1}{AC}(R_{3434} - R_{3131})\lambda + \left(\frac{R_{3431}}{AC}\right)^2 = 0, \\ R_{2412} \neq 0 \end{aligned}\right\} \tag{52.5}$$

definieren vier Wurzeln, die zu je zweien konjugiert komplex sind. Die Bedingungen (52.4) und (52.5) definieren sämtliche möglichen Räume vom Typ T_2, die den Bedingungen von EINSTEIN-ROSEN genügen. Auf Grund der Ergebnisse der Klassifikation der Räume T_2 nach Bewegungsgruppen (siehe § 27) kann man beliebig viele Integrale des Feldgleichungssystems von EINSTEIN-ROSEN angeben. Speziell ist der Raum maximaler Beweglichkeit T_2 mit einer Bewegungsgruppe G_5, der durch die Metrik

$$ds^2 = -dx^{1^2} - \mathrm{sh}^2\,\nu\, dx^{2^2} - \sin^2 \nu\, dx^{3^2} + dx^{4^2}, \qquad \nu = x^1 - x^4$$

definiert ist, ein solches Integral, ebenso alle Klassen von Räumen mit kleinerer Beweglichkeit, die den Bedingungen (52.4) und (52.5) genügen.

Aufgaben

1. Man zeige, daß die Lösung von ROSEN (§ 14) ein Spezialfall der Lösung von EINSTEIN-ROSEN ist, wobei man

$$A = e^{2(\gamma - \psi)}, \qquad B = x^{1^2} e^{-2\psi}, \qquad C = e^{2\psi}$$

zu setzen hat. ψ, γ sind Funktionen von x^1 und x^4.

2. Man untersuche den Raumtyp in Aufgabe 1.

§ 53. Gravitationsfelder mit Grenzbedingungen

Die Frage nach den Grenzbedingungen bei der Integration der Gravitationsfeldgleichungen spielt in der relativistischen Theorie die gleiche Rolle wie in der klassischen Theorie. Für die NEWTONsche Gravitationstheorie, die sich auf das Fernwirkungsprinzip stützt, ist folgendes Bild charakteristisch. Auf einen Punkt mögen Massen einwirken. Dabei kann der Punkt sich innerhalb oder außerhalb der Massen befinden (*inneres* und *äußeres* Problem). Die Wirkung der Massen auf den Punkt wird dann durch ein Potential φ beschrieben, d. h. durch eine Funktion, deren Ableitungen $\varphi_x, \varphi_y, \varphi_z$ mit umgekehrtem Vorzeichen genommen die Komponenten der Kraft sind, die auf den Punkt wirkt. Da das Ergebnis dieser Wirkung von der Dichte der Materie abhängt, führt man noch die Dichte $\varrho(x, y, z)$ ein. In der NEWTONschen Theorie ist dieses Potential durch die POISSON-Gleichung $\Delta\varphi = 4\pi\varrho$ oder, wenn man das äußere Problem betrachtet, durch die LAPLACE-Gleichung $\Delta\varphi = 0$ gegeben.

Der allgemeine Ausdruck für die eindeutige und einmal stetig differenzierbare Funktion, die der POISSON-Gleichung genügt, hat die Form

$$\varphi = \int \frac{\varrho\, dv}{r} + \overset{0}{\varphi},$$

wobei $\overset{0}{\varphi}$ der LAPLACE-Gleichung im ganzen unendlichen Raum genügt ($\Delta\overset{0}{\varphi} = 0$). Es ist wichtig zu bemerken, daß in der NEWTONschen Theorie die Bedingung für *das Unendliche* bedeutungsvoll ist, die darin besteht, daß φ im Unendlichen als gegebene Funktion angesehen wird. In der klassischen Mechanik erklärt sich das dadurch, daß $\overset{0}{\varphi}$ als Potentialfunktion der Massen, die ganz im Unendlichen liegen, angenommen wird. Z. B. ist $\overset{0}{\varphi} = \text{const}$ die Potentialfunktion einer homogenen Kugelschicht mit unendlich großem Radius.

In der relativistischen Gravitationstheorie liegen im wesentlichen analoge Verhältnisse vor, wenn man die Theorie im weitesten Sinne versteht. Die Rolle des Potentials φ spielen hier die Komponenten des metrischen Tensors, die Potentiale $g_{\alpha\beta}(x)$. Das Analogon zur Massendichte ϱ ist der Energie-Impuls-Tensor $T_{\alpha\beta}(x)$. Dementsprechend hat man statt der POISSON-Gleichung die allgemeinen Feldgleichungen

$$R_{\alpha\beta} = \frac{R}{2}\, g_{\alpha\beta} = \lambda T_{\alpha\beta},$$

und in Gebieten, in denen der Tensor $T_{\alpha\beta}$ verschwindet, erhält man als Analogon zur LAPLACE-Gleichung das System

$$R_{\alpha\beta} = 0.$$

In diesem Sinne kann man sagen, daß die $g_{\alpha\beta}(x)$, die den letzten Gleichungen genügen, eine Verallgemeinerung der harmonischen Funktionen sind.

Es versteht sich, daß diese Analogie etwas formal ist und keine Beweiskraft beansprucht. Trotzdem ist sie zweifellos nützlich für die Aufklärung des Wesens der Frage. Ebenso wie im klassischen Fall müssen die Grenzbedingungen in der relativistischen Gravitationstheorie eine wichtige Rolle spielen. Sie müssen bei der Integration der Feldgleichungen auftreten [225].

Historisch gesehen ist das Problem der Grenzbedingungen vor allem mit den Fragen der Kosmologie verknüpft, und gerade deshalb hat man es als Aufgabe der Grenzbedingungen im Unendlichen formuliert. EINSTEIN hat sich mehrfach mit dieser Frage beschäftigt ([43, 97], S. 315—331). Er sah bei der Formulierung der Grenzbedingungen nur die folgenden drei Möglichkeiten: 1. *In der räumlichen Unendlichkeit strebt bei zugrundegelegter Wahl des Koordinatensystems die Metrik gegen die Metrik des ebenen* MINKOWSKI-*Raumes.* 2. *Es gibt keine Grenzbedingungen, die Anspruch auf Allgemeingültigkeit erheben können.* Jede Aufgabe muß eine individuelle Lösung des Problems haben. 3. *Die allgemeinen Feldgleichungen müssen durch Einführung eines zusätzlichen (kosmologischen) Gliedes so abgeändert werden, daß der Raum in sich geschlossen ist,* wodurch die Frage nach den Grenzbedingungen verschwindet. Das Weltall ist in sich abgeschlossen und überall homogen.

Bezüglich dieser drei Möglichkeiten macht EINSTEIN in der angegebenen Arbeit folgende Bemerkungen:

Die Hypothese 1. befindet sich nicht immer in Übereinstimmung mit dem Begriff der Relativität der Bezugssysteme¹) und ist schlecht mit gewissen statistischen Überlegungen zu vereinbaren. Der Annahme 2. entspricht praktisch keine Lösung des Problems. Sie bedeutet den Verzicht auf eine Lösung. Im Fall 3. ergibt sich eine Verallgemeinerung der Feldgleichungen, die nicht von unserem tatsächlichen Wissen von der Gravitation bestätigt wird.

Im weiteren wurde die Frage zwar diskutiert, aber nicht in bestimmter Weise gelöst. Es scheint uns, daß man durch eine Klassifikation der algebraischen Struktur des Krümmungstensors (siehe Kapitel III) versuchen kann, eine in hinreichender Weise bestimmte und invariante Lösung des Problems zu formulieren.

Zunächst kann man beweisen, daß die Hypothese 1., die eng mit planetarischen Problemen, die man gewöhnlich als statische Aufgaben betrachtet, zusammenhängt, im allgemeinen Fall nicht richtig ist. Wir betrachten z. B. ein Feld vom Typ T_2. Physikalisch kann man es in gewissen Fällen als ein Feld deuten, das von der Materie und von Gravitationswellen erzeugt wird. Nach der Hypothese 1. muß der Raum, der durch dieses Feld definiert wird, im Grenzfall gegen das ebene Raum-Zeit-Kontinuum konvergieren. Dazu ist notwendig und hinreichend, daß die Komponenten des zugehörigen Krümmungstensors für gewisse Werte der Argumente gegen Null konvergieren. Man überzeugt sich jedoch leicht, daß der Krümmungstensor eines beliebigen Raumes T_2, der eine Bewegungsgruppe gestattet, diese Eigenschaft nicht hat, wenn man keine Ausartung der Metrik zuläßt. In dem Raum mit maximaler Beweglichkeit T_2, der die Metrik

$$ds^2 = -dx^{1^2} - \operatorname{sh}^2(x^1 - x^4)\,dx^{2^2} - \sin^2(x^1 - x^4)\,dx^{3^2} + dx^{4^2}$$

¹) Es handelt sich hier um das sog. MACHsche Prinzip (E. MACH, 1883). (Vgl. DEHNEN, HÖNL und WESTPHAL [441], ferner [484, 485, 499]. (Anm. d. Red.)

hat, gibt es Komponenten des Krümmungstensors, die gleich $\operatorname{sh}^2(x^1 - x^4)$ sind. Wenn der Krümmungstensor gegen Null konvergiert, würde auch $g \stackrel{\text{def}}{=} |g_{\alpha\beta}|$ gegen Null streben. Diese Überlegungen lassen sich erst recht auf einen Raum vom Typ T_3 anwenden.

Man könnte versuchen, die Räume vom Typ T_2 oder T_3 aus der Betrachtung auszuschließen. Diese Lösung des Problems dürfte jedoch kaum Anspruch auf Wissenschaftlichkeit erheben, wenn sie nicht von schwerwiegenderen Argumenten unterstützt wird. Die Hypothese 1. kann also offensichtlich nicht universell sein.

Um eine andere Lösung des Problems zu suchen, bemerken wir, daß es bei der Formulierung der Grenzbedingungen wünschenswert ist, daß diese Bedingungen nicht von einem Koordinatensystem abhängen. Derartige Bedingungen müssen invarianten Charakter und einen konkreten physikalischen Inhalt haben. Versteht man unter den Grenzbedingungen für $g_{\alpha\beta}(x)$ die Charakteristik dieser Potentiale in den Gebieten, für die $T_{\alpha\beta}(x)$ gegen Null geht, so hat man unbedingt vorauszusetzen, daß sich das gegebene Feld in den Gebieten, in denen die Grenzbedingungen gelten, beliebig wenig von einem Feld unterscheidet, dessen metrischer Tensor eine Lösung der Feldgleichungen für den freien Raum

$$R_{\alpha\beta} = 0$$

ist. Außerdem *darf sich der Typ des Feldes nicht ändern:* Eine Änderung des Raumtyps läßt sich vom physikalischen Standpunkt aus nur durch die Annahme eines neuen Feldes erklären, das ist aber dem Wesen der Problemstellung nach ausgeschlossen.[1])

Da endlich die Hypothese 1. mit den Experimenten und Beobachtungen für Räume vom ersten Typ gut übereinstimmt (zu diesem Typ gehören alle experimentell verifizierten Lösungen), kann man sie für die Räume T_1 als richtig ansehen. In diesem Sinne kann sie als Vorbild für die Formulierung der Grenzbedingungen für die Räume T_2 und T_3 dienen.

Bei den Räumen T_1 ist die Krümmung, die sich in der Abweichung der Komponenten des Krümmungstensors von Null äußert, z. B. durch gravitierende Massen bedingt. In dem Maße der Entfernung von diesen Massen (z. B. auf einer Hypersphäre von unendlichen großem Radius für die SCHWARZSCHILDsche Metrik in Polarkoordinaten) schwächt sich die Gravitationswirkung ab, die „Krümmung" des Raumes glättet sich. Er wird homogener und ***strebt gegen den Raum T_1 mit maximaler Beweglichkeit,*** der eine zehngliedrige Bewegungsgruppe gestattet, d. h. gegen einen ebenen Raum. Darin besteht auch das Wesen der Hypothese 1. Die LIEsche Bewegungsgruppe läßt sich einfach physikalisch deuten als *Transformationsgruppe, deren Elemente die $g_{\alpha\beta}(x)$ in die gleichen Funktionen der neuen Argumente überführen, d. h. das Gravitationsfeld nicht ändern.* Der Zugang zu den Grenzbedingungen vom Gesichtpunkt der Bewegungsgruppen aus erscheint als der natürlichste.

---

[1]) Eine andere mögliche Auffassung ist, daß alle gravitativen Wellenfelder eine endliche Breite besitzen und mit Wellenfronten an Raumbereiche anderen Typs, insbesondere an den ebenen Raum, angrenzen (vgl. [468] S. 124ff.). (Anm. d. Red.)

Wenn man annimmt, daß die Räume T_2 und T_3 durch sich bewegende und gravitierende Materie und vielleicht durch Gravitationswellen, die sich im leeren Raum mit Lichtgeschwindigkeit ausbreiten, erzeugt werden, so könnte man z. B. denken, daß bei Entfernung von den Massen die Gravitationswirkung dieser Massen abnimmt. Es bleibt jedoch noch eine zweite Ursache für die Krümmung des Raumes, welche es nicht erlaubt, sozusagen den gegebenen Raum durch eine ebene Mannigfaltigkeit „anzunähern". Es muß gesagt werden, daß keine Notwendigkeit besteht, vom Unendlichen zu sprechen, da man sich im Prinzip vorstellen kann, daß zu einem gewissen physikalischen Phänomen eine Geometrie gehört, die durch eine Form von „Gravitation" erzeugt wird, die keine Ähnlichkeit mit der quasi NEWTONschen Gravitation zwischen Planeten hat und nur in Gebieten vorkommt, in denen man alle übrigen Felder, die mit dem gegebenen Phänomen nichts zu tun haben, vernachlässigen kann. Diese Idee wurde schon von LOBATSCHEWSKI in seiner berühmten „Einleitung" zu dem Buch „Neue Anfänge der Geometrie" ausgesprochen.

Es scheint am natürlichsten, für die Räume T_2 und T_3 in Analogie zu den Räumen T_1 anzunehmen, daß in den Gebieten, in denen die Grenzbedingungen gelten, der Raum sich einem Raum maximaler Beweglichkeit des gegebenen Typs annähert. *Man kann also folgende Grenzbedingungen formulieren:* Es sei ein Gravitationsfeld $T_i (i = 1, 2, 3)$ gegeben. Dann unterscheiden sich die Komponenten des metrischen Tensors in den Gebieten, in denen $T_{\alpha\beta}(x)$ gegen Null konvergiert, beliebig wenig von den entsprechenden Komponenten des metrischen Tensors eines Raumes, der durch folgende Bedingungen definiert ist: α) Dieser Raum ist vom gleichen Typ wie der gegebene Raum $T_i (i = 1, 2, 3)$. β) Der Raum gestattet die für den gegebenen Raumtyp maximale mögliche Bewegungsgruppe.

Diese Formulierung ist unabhängig vom Bezugssystem und ist ihrem Wesen nach *gruppeninvariant*. Man kann also nicht sagen, daß wir auf eine Formulierung der Grenzbedingungen von allgemeinem Charakter verzichten wollen, wie das EINSTEIN in seiner Hypothese 2. vorschlägt. Wir postulieren dagegen, daß es drei und nur drei Typen von Gravitationsfeldern gibt, von denen jedes einer besonderen Grenzbedingung genügt. Folglich kann man von drei Typen von Grenzbedingungen sprechen.

Wenn ein Raum T_i gegeben ist, kann man immer seinen Typ bestimmen und dadurch feststellen, welcher Grenzbedingung er zu genügen hat. Unter Benutzung der Ergebnisse des Paragraphen 25 erhalten wir folgendes Schema:

$T_1 \rightarrow$ ebener Raum T_1 mit der Gruppe G_{10},

$T_2 \rightarrow$ ein Raum T_2 der Form (27.1) mit transitiver auflösbarer Bewegungsgruppe G_6,

$T_3 \rightarrow$ ein Raum T_3 der Form (27.72) mit nichtabelscher Gruppe G_2.

Es ist offensichtlich, daß der Versuch, bei der Lösung einer Aufgabe für Räume eines gegebenen Typs die Grenzbedingungen eines anderen Typs anzunehmen, zu Widersprüchen führt, da die Ausartung der Metrik und die Änderung des Raumtyps hier physikalisch nicht motiviert sind.[1])

Man kann annehmen, daß das oben formulierte Grenzbedingungsprinzip eine Rolle bei der Untersuchung der Räume T_2 und T_3 spielt, deren Studium eine Reihe von Arbeiten gewidmet wurde (siehe [258, 299]).

Im Prinzip ist auch ein anderer Zugang zu den Grenzbedingungen für T_2 und T_3 möglich. Man kann das Raum-Zeit-Kontinuum für den Typ $T_i (i = 2, 3)$ als in sich geschlossen annehmen, wodurch die Frage nach den Grenzbedingungen entfällt. Dieses Problem kann nur auf dem Wege physikalischer Deutung von Mannigfaltigkeiten dieser Art und letzten Endes durch das Experiment gelöst werden.

---

[1]) Über eine abweichende Auffassung vgl. SACHS [454]. Ausgehend von einer Näherung für asymptotisch schwache Felder (s. Anhang) wird dort der RIEMANN-Tensor des asymptotischen Feldes nach fallenden Potenzen von r entwickelt. Der Tensor $\sim \frac{1}{r}$ ist dann vom Typ T_3 (Eigenwerte Null), derjenige $\sim \frac{1}{r^2}$ vom Typ T_3 und der $\sim \frac{1}{r^3}$ vom Typ T_2. (Vgl. auch [472, 474, 479].) (Anm. d. Red.)

ANHANG

Zur neuesten Entwicklung der invarianten Darstellung von freien Gravitationsfeldern und der Erforschung der Gravitationsstrahlung

Von H. TREDER

Die in dem vorliegenden Buch zusammengefaßten Ergebnisse der Kasaner Mathematikschule und insbesondere von A. Z. PETROW selbst über invariante Klassifikationen der durch die EINSTEINschen Gravitationsgleichungen $R_{ik} = 0$ bestimmten 4-dimensionalen EINSTEINschen Räume mit LORENTZ-MINKOWSKIschen Signatur (Kap. III, IV und V) finden, wie vom Verf. vermutet, eine breite Anwendung in der Theorie des Gravitationsfeldes. PETROWS Leitidee — durch Angabe von invarianten Charakteristika, nämlich den von ihm entdeckten Typen des RIEMANN-WEYLschen Krümmungstensors (Kap. III) und der dazugehörigen Skalaren, sowie die Verknüpfung dieser Klassifikation mit der Untersuchung der LIEschen Bewegungsgruppen der Gravitationsfelder — erwies sich als ein Schlüssel zu der Angabe von umfassenderen Klassen von Gravitationsfeldern als bis dahin bekannt waren, sowie auch als ein Zugang zur mathematischen Untersuchung von Fragen der Gravitationsstrahlung.[1])

Aus den im Kapitel III angegebenen Untersuchungen des Verfassers folgt, daß die Gleichung ([323, 414])

$$k_{[a}R_{b]lm[n}k_{r]}k^l k^m = 0, \quad k_i k^i = 0 \tag{1}$$

mindestens eine und höchstens 4 nicht-triviale algebraisch unabhängige Lösungen k_i besitzt. Und zwar besitzt die Gleichung genau vier Lösungen, wenn der Raum vom nichtentarteten PETROW-Typ T_1 ist, also alle 4 PETROWschen Skalare aus Kapitel III von Null verschieden sind. Bei allen anderen Räumen — also beim entarteten PETROW-Typ T_1 und bei Räumen von PETROW-Typen T_2 und T_3 — existieren weniger als 4, aber mindestens ein Null-Vektor k_i. Man bezeichnet daher die Räume vom entarteten PETROW-Typ T_1 (oft D symbolisiert) und von den Typen T_2 und T_3 zusammen als *algebraisch spezielle* EINSTEIN-*Räume*.

Diese algebraisch speziellen EINSTEIN-Räume sind dadurch ausgezeichnet, daß die Gleichung

$$k_{[m}R_{n]ila}k^i k^l = 0, \quad k_i k^i = 0 \tag{2}$$

mindestens eine nicht-triviale Lösung besitzt. (Die verschiedenen PETROWschen Typen unterscheiden sich u. a. in der Zahl der unabhängigen Lösungen k_i dieser Gleichung. — Beim allgemeinen Typ T_1 existiert keine Lösung) ([362, 414]).

Unter den EINSTEINschen Räumen gibt es solche, bei denen mindestens ein Vektorfeld k^i aus (1) eine *Kongruenz von Null-geodätischen* bildet. Hierzu gehören

---

[1]) Vgl. auch F. PIRANI in [489] und [491].

alle algebraisch speziellen Räume. Diese sind dadurch ausgezeichnet, daß sie *distorsions* — oder *scherfrei* sind, was bedeutet, daß für die Kongruenz der Null-Geodätischen k^i gilt:

$$k^i{}_{,l} k^l = 0, \qquad k^i k_i = 0, \qquad k_{(i,l)} k^{i,l} = \frac{1}{2} (k^i{}_{,i})^2. \tag{3}$$

Existiert umgekehrt in einem EINSTEINschen V_4 mit $R_{ik} = 0$ und LORENTZ-MINKOWSKIscher Signatur irgendeine Schar von Null-Geodätischen, deren Tangentialvektor k^i der Bedingung (3) genügt, so ist gemäß GOLDBERG und SACHS [502] der Raum algebraisch speziell, und k^i genügt der Bedingung (2).

Es erwies sich nun als ein erfolgreicher Weg zur Bestimmung von algebraisch speziellen Gravitationsfeldern, also von solchen, die zu den PETROWschen Typen D, T_2 und T_3 gehören, nach dem Vorgang von STELLMACHER [377] die Kongruenz der Null-Geodätischen zu einer pseudo-orthonomierten Vierbein-Kongruenz zu ergänzen. Die RICCIschen Rotations-Koeffizienten dieser Vierbein-Kongruenz besitzen dann teilweise eine anschauliche geometrisch physikalische Bedeutung.

Die Lösung der EINSTEINschen Gleichungen erfolgt in einem Koordinatensystem, in dem die Vierbein-Kongruenz und auch die RICCI-Koeffizienten eine besonders einfache Form annehmen. Hierbei findet man in Ergänzung zu der Klassifikation von PETROW eine Klassifikation der algebraisch speziellen Gravitationsfelder nach ausgezeichneten RICCIschen Rotationskoeffizienten, den sogenannten *optischen Parametern* (SACHS [436, 454]):

$$\Omega = \left(\frac{1}{2} k_{[a,b]} k^{a,b}\right)^{\frac{1}{2}} \tag{4a}$$

$$\Theta = \frac{1}{2} k^a{}_{,a} \tag{4b}$$

Twist Ω und *Expansion* Θ der Kongruenz der Null-Geodätischen.

In dem vorliegenden Buch ist angeregt worden, die invariante Klassifikation der EINSTEINschen Räume durch die Hinzunahme weiterer Charakteristika zu ergänzen und zu verfeinern. Neben der Ergänzung der algebraischen Klassifikation durch die nach den LIEschen Bewegungsgruppen, kann eine Klassifikation nach den *Holonomie-Gruppen* treten, wie sie von HLAVATÝ ([325, 326, 327]) vorgeschlagen worden ist:

Der RIEMANN-WEYLsche Krümmungstensor eines EINSTEINschen V_4 läßt sich eindeutig als ein 10 Terme enthaltender bilinearer Ausdruck aus 6 linear unabhängigen Bivektoren schreiben (siehe Kapitel III und D [460, 466]). Diese Bivektoren sind die Generatoren einer infinitesimalen Holonomie-Gruppe. Durch Anwendung der BIANCHI-Identität folgt dann, daß die Räume vom PETROWschen Typ T_1 und vom nichtentarteten Typ T_2 eine perfekte 6-parametrike infinitesimale Holonomie-Gruppe erlauben. Infinitesimale Holonomie-Gruppen mit weniger als 6 Parametern gestatten nur Räume vom Typ T_3 und vom Typ T_1 mit verschwindenden Eigenwerten (mit II, 0 oder N symbolisiert). Aus der BIANCHI-Identität folgen weiter Bedingungen für die RICCIschen Rotationskoeffizienten, die eine weitere Feinunterteilung der Räume gestatten.

Von KERR und GOLDBERG ([461, 462]) wurden alle Räume bestimmt, die eine infinitesimale Holonomie-Gruppe von weniger als 6 Parametern besitzen. Diese sind noch im obigen Spezialfalle der PETROWschen Raumtypen N und T_3. Der allgemeinste EINSTEIN-Raum dieser Art kann auf die Form[1])

$$-ds^2 = dx^2 + dy^2 + 2dn\,dv + 2dx\,du + (\omega - \partial_1 \varrho v)\,du^2 \tag{5}$$

mit

$$\partial_{11}\varrho + \partial_{22}\varrho = 0 \tag{5a}$$

und

$$\partial_{11}\omega + \partial_{22}\omega = 2\,\partial_{41}\varrho - 2\varrho\,\partial_1\varrho + (\partial_2\varrho)^2 - (\partial_1\varrho)^2 \tag{5b}$$

gebracht werden. Die Metrik (5) ist im allgemeinen vom Typ T_3: vom Typ N ist sie genau dann, wenn

$$\partial_{11}\varrho = -\partial_{12}\varrho = \partial_{12}\varrho = 0 \tag{6}$$

gilt. In diesem Fall ist (5) mit den bekannten ebenfrontigen Gravitationswellen von BRINKMANN [73] (vgl. § 37) isometrisch.

Auf diesen Wegen gelang es in einer großen Anzahl von Arbeiten ([353, 447, 450, 430, 460, 422, 423, 501, 466a, 466b, 425, 462, 474], Kapitel 2 in [491]) mit wachsender Allgemeinheit alle Klassen von algebraisch speziellen Gravitationsfeldern — bis auf Quadraturen — zu bestimmen und so das im Kapitel III formulierte Programm weitgehend zu erfüllen. Wegen der invarianten Charakterisierung der Gravitationsfelder war es auch möglich, die eventuellen Isometrien von in verschiedenen Koordinatensystemen gewonnenen Lösungen festzustellen.

Diese mathematischen Erfolge dürfen allerdings nicht darüber hinwegtäuschen, daß die Einsicht in die physikalische Natur der Gravitationswellen, die auf diese Weise gewonnen wurde, nicht sehr weitreichend ist. Denn fast alle algebraisch speziellen Gravitationsfelder besitzen physikalisch schwer zu interpretierende Singularitäten, so daß sie — wenn überhaupt — nur sehr extrem speziellen gravitativen Strahlungsfeldern entsprechen können. Im wesentlichen sind von den algebraisch speziellen Gravitationsfeldern nur 2 von allgemeinerer physikalischer Bedeutung: Das statische SCHWARZSCHILDsche Feld als Prototyp eines Feldes von Typ D und die ebenen Gravitationswellen ([73, 444, 450]) als Prototyp eines Feldes vom Typ N.

Jedoch haben die algebraisch speziellen Felder dennoch eine Bedeutung für die Erforschung der Gravitationsstrahlen. Betrachtet man nämlich ein von einer isolierten Quelle ausgehendes gravitatives Strahlungsfeld, das asymptotisch die galileischen Grenzbedingungen und die SOMMERFELDschen Ausstrahlungsbedingungen erfüllt und entwickelt dieses Feld nach fallenden Potenzen in der Distanz r, so ergibt sich nach SACHS ([454, 480]) für den RIEMANNschen Tensor die Entwicklung

$$R_{iklm} = N_{iklm}r^{-1} + \mathrm{III}_{iklm}r^{-2} + \mathrm{II}_{iklm}r^{-3} + O(r^{-4}). \tag{7}$$

In (7) hat der erste Term die Struktur eines RIEMANNschen Tensors vom Typ N entartet, der zweite die eines solchen vom Typ T_3 und dritte diejenige eines

[1]) Auf anderem Wege durch (5) von DEBEVER [425] gefunden.

Tensors vom allgemeinen Typ T_2. Ein gravitatives Strahlungsfeld geht also asymptotisch in ein algebraisch spezielles Feld über. — Analoge Verhältnisse gelten gemäß TREDER ([468], §§ 9, 10) auch dann, wenn ein gravitatives Wellenfeld mit einer Wellenfront $z = 0$ an einen MINKOWSKI-Raum anschließt. Für den RIEMANNschen Tensor findet man eine Entwicklung der Form

$$R_{iklm} = N_{iklm} z^n + A_{iklm} z^{n+1} + O(z^{n+2}),$$

wobei der erste Term vom PETROW-Typ N und der zweite algebraisch speziell ist.

Ausgehend von der algebraisch speziellen Natur des asymptotischen Strahlungsfeldes wurden — in Analogie zur Methode der HERTZschen Multipole in der Elektrodynamik — Näherungsmethoden entwickelt, die auf der Entwicklung des Gravitationsfeldes in eine Potenzreihe mit dem Parameter r^{-1} beruhen ([473, 490]). Es wurde gezeigt, daß ein solches Strahlungsfeld im wesentlichen durch die Vorgabe von 2 Funktionen dreier Variablen (davon einer Nullkoordinate) bestimmt wird. — Im Spezialfall der gravitativen Stoßwellen entsprechen diese beiden Funktionen der Sprungregung und dem Polarisationswinkel der charakteristischen Unstetigkeiten ([468, § 11).

Bei invarianter Charakterisierung des Gravitationsfeldes wird umfassenderweise der Vierbein-Formalismus verwandt, d. h., es wurden neben dem RIEMANNschen V_4 der dazugehörige Raum der Kongruenzen eingeführt.[1]) Der Raum der Kongruenzen des RIEMANNschen V_4 gestattet die LORENTZ-Gruppe mit ortsabhängigen Koeffizienten. Der Vierbein-Formalismus bedeutet, daß für diese LORENTZ-Gruppe die eindeutige Darstellung gewählt wird. Führt man stattdessen die zweideutige Darstellung, so ersetzt man die Vierbeine durch die metrischen Spinvektoren und kann die invariante Klassifikation der EINSTEINschen Räume in den Spinor-Formalismus umschreiben ([362, 498]). — Die Einführung der Räume der Kongruenzen läßt sich deuten als das Ergebnis nichtholonomer Koordinatentransformationen, wie sie in § 7 behandelt wurde.

Alle Betrachtungen im Buch von PETROW und alle daran anschließenden Untersuchungen sind von typisch *lokaler* Natur, d. h., es wird nicht untersucht, ob bzw. unter welchen Bedingungen die benutzten Koordinatensysteme oder Kongruenzen den gesamten V_4 überdecken können. Im allgemeinen wird das nicht der Fall sein. — Der entgegengesetzte *globale* Gesichtspunkt wird neuerdings ebenfalls bei Behandlung der freien Gravitationsfelder eingeführt. Statt lokale Räume mit bestimmten Symmetrien zu bestimmen, fragt man hier, ob bei einer vorgegebenen globalen Struktur reguläre EINSTEIN-Räume bestimmter Symmetrie möglich sind oder umgekehrt, wie die Globalstruktur des V_4 beschaffen sein muß, damit er ein EINSTEIN-Raum bestimmter (meist notwendig geringer) Symmetrie sein kann. Hierzu tritt die Forderung von Grenzbedingungen (siehe § 53).

Solche globalen Fragestellungen, die zuerst von EINSTEIN, PAULI, ROSEN, LICHNEROWICZ u. a. behandelt wurden, heißen in der neueren Literatur EINSTEINsches *Teilchenproblem* bzw. — nach WHEELER — *Geometrodynamik* ([369, 375, 381, 231, 385, 395, 412, 421, 431, 448, 455, 469, 481, 482, 487, 488, 505, 507]). —

[1]) Siehe G. VRANCEANU, Vorlesungen über Differentialgeometrie, Bd. I. Akademie-Verlag, Berlin 1961.

Bei gravitativen Strahlungsfeldern führen sie auf das Problem der Existenz von freien Gravitationen [507].

Die Untersuchung der lokalen geometrischen Eigenschaften der Einstein-Räume ist aber natürlich eine notwendige Voraussetzung für die Erforschung ihrer Globalstruktur. — Der Vierbein-Formalismus, besonders die Definition eines *Fernparallelismus* für die Riemann-Einsteinschen Räume mit Hilfe der Vierbein-Kongruenzen gemäß Einstein [373][1]), könnte eine Brücke zwischen den lokalen und globalen Problemen sein.

---

[1]) Vgl. hierzu auch die an Einstein anschließenden Untersuchungen von C. Møller in: „Conservation Laws and Absolute Parallelism in General Relativity“ (Mat. Fys. Skr. Dan. Vid. Selsk. **1** (1961) no. 10).

LITERATURVERZEICHNIS[1])

1868

[1] Riemann, B., Über die Hypothesen, welche der Geometrie zugrunde liegen, Nachrichten der k. Gesellschaft der Wissenschaften, Göttingen, **13**, 133–152.

1869

[2] Christoffel, E. B., Über die Transformation der homogenen Differentialausdrücke zweiten Grades, Journ. reine und angew. Math. (Crelle) **70**, 46–70.

1886

[3] Ricci, G., Sui parametri gli invarianti delle forme differenziale, Ann. Math. **14**, 1–11.
[4] Schur, F., Über den Zusammenhang der Räume konstanten Krümmungsmaßes mit den projektiven Räumen, Math. Ann. **27**, 537–567.

1888

[5] Lie, S., und Engel, F., Theorie der Transformationsgruppen, Bd. 1, 2, Teubner, Leipzig (Neudruck 1930).

1892

[6] Killing, W., Über die Grundlagen der Geometrie, Journ. reine und angew. Math. (Crelle) **109**, 121–186.

1893

[7] Lie, S., und Engel, F., Theorie der Transformationsgruppen, Bd. 3, Leipzig.

1895

[8] Kotelnikow, A. P. (Котельников, А. П.), Die Spiralenrechnung und ihre Anwendungen in der Geometrie und Mechanik (Винтовое счисление и некоторые приложения его к геометрии и механике), Kasan.

1899

[9] Muth, P., Theorie und Anwendung der Elementarteiler, Leipzig.
[10] Cotton, E., Sur les variétés a trois dimensions, Ann. Fac. Sci. Toulouse (2) **1**, Thése, Paris.
[11] Kotelnikow, A. P. (Котельников, А. П.), Projektive Vektortheorie (Проективная теория векторов), Kasan.

---

[1]) Überarbeitet vom Herausgeber.

1900

[12] Larmor, Y. J., Aether and Matter, Cambridge.

1901

[13] Ricci, G., et Levi-Civita, T., Méthodes du calcul différential absolu et leurs applications, Math. Ann. 54, 125–204.

1902

[14] Bianchi, L., Lezioni di geometria differenziale, vol. 1, Pisa.

1903

[15] Lorentz, H. A., Übersichtsartikel in der „Enzyklopädie der Mathemat. Wissensch." 14.
[16] Fubini, G., Sulla teoria degli spacii che ammetono un gruppo conformo, Atti Accad. Sci. Torino 38, 404–418.
[17] Hadamard, J., Leçons sur la propagations des ondes, Paris.
[18] Fubini, G., Sugli spacii che ammetono un gruppo continuo di movimenti, Ann. di Math. (3) 8, 39–81.

1904

[19] Lorentz, H. A., Electromagnetic Phenomena in a System Moving with any Velocity Smaller than of Light, Amst. Proc., № 6; № 12.
[20] Fubini, G., Sugli spacii a quattro dimensioni she ammetono un gruppo continuo di movimenti, Ann. di Math. (3) 9, 33–90.

1905

[21] Kowalewski, G., Einführung in die Determinantentheorie, Leipzig.
[22] Dickson, L. E., Definitions of a Group and a Field of Independent Postulates, Trans. Amer. Math. Soc. 6, 198–204.
[23] Poincaré, H., Sur la dynamique de l'électron, Compt. Rend. Acad. Sci. (Paris) 140, 1504–1508.
[24] Einstein, A., Zur Elektrodynamik bewegter Körper, Ann. Phys. 17, 891–921.

1906

[25] Poincaré, H., Sur la dynamique de l'électron, Rend. Circolo mat. Palermo 21, 129–175.

1907

[26] Minkowski, H., Das Relativitätsprinzip, Berichte der mathem. Gesellschaft zu Göttingen.

1909

[27] Dickson, L. E., Equivalence of Paires of Bilinear or Quadratic Formes in the Rational Transformations, Trans. Amer. Math. Soc. 10, 347–360.
[28] Fubini, G., Sulle rappresentazioni che concervano le ipersfere, Ann. Math. 16, 147–160,

1910

[29] IGNATOWSKI, W., Einige allgemeine Bemerkungen zum Relativitätsprinzip, Physik. Zs. **11**, 972–975.

1911

[30] FRANK, PH., und ROTHE, H., Über die Transformation der Raum-Zeit-Koordinaten von ruhenden auf bewegte Systeme, Ann. Physik **34**, 825–855.

[31] IGNATOWSKY, W., Eine Bemerkung zu meiner Arbeit: Einige allgemeine Bemerkungen zum Relativitätsprinzip, Physik. Zs. **12**, 779.

1912

[32] FRANK, PH., und ROTHE, H., Zur Herleitung der Lorentz-Transformation, Physik. Zs. **13**, 750–753.

[33] MIE, G., Grundlagen einer Theorie der Materie I, II, Ann. Physik **37**, 511–534; **39**, 1–40.

1914

[34] EINSTEIN, A., Die formale Grundlage der allgemeinen Relativitätstheorie, Sitzungsberichte d. Preuss. Akad. d. Wiss. (2), 1030–1085.

1915

[35] EINSTEIN, A., Zur allgemeinen Relativitätstheorie, Sitzungsberichte d. Preuss. Akad. d. Wiss. (2), 778–786; 799–801.

1916

[36] EINSTEIN, A., Die Grundlagen der allgemeinen Relativitätstheorie, Ann. Physik **49**, 769–822.

[37] SCHWARZSCHILD, K., Über das Gravitationsfeld eines Massenpunktes nach der Einsteinschen Theorie, Sitzungsberichte d. Preuss. Akad. d. Wiss., 189–196.

[38] DROSTE, Y., Hat Veld van een enkel centrum in Einstein's theory der Zwaartekracht, Amsterdam Versl. **25**, 163–180.

1917

[39] LEVI-CIVITA, T., Nozione di parallelismo in una varieta qualunque e conseguente spezificazione geometrica della curvatura Riemanniana, Rend. di Palermo **42**, 173–205.

[40] KLEIN, F., und HILBERT, D., Zu Hilberts erster Note über die Grundlagen der Physik, Gött. Nachr., 469–482.

[41] HILBERT, D., Grundlagen der Physik, 2. Mitteilung, Gött. Nachr., 53–76.

[42] WEYL, H., Zur Gravitationstheorie, Ann. Physik **54**, 117–195 (siehe auch **59** (1919)).

[43] EINSTEIN, A., Kosmologische Betrachtungen zur allgemeinen Relativitätstheorie, Sitzungsberichte d. Preuss. Akad. d. Wiss., 142–152.

1918

[44] BIANCHI, L., Lezioni sulla teoria dei gruppi continui finiti di transformazioni sperri, Pisa.

[45] KLEIN, F., Über die Differentialgesetze von Impuls und Energie in der Einsteinschen Gravitationstheorie, Gött. Nachr.

[46] Kottler, F., Über die physikalischen Grundlagen der Einsteinschen Gravitationstheorie, Ann. Phys., Ser. 4, 56, 401–462.

[47] Levi-Civita, T., ds^2 Einsteiniani in campi Newtoniani, Atti Accad. Naz. dei Lincei 27, fasc. 7–8, Roma (6 Arbeiten).

[48] Schouten, J. A., Die direkte Analysis zur neueren Relativitätstheorie, Ver. kon. Akad. Amsterdam 12, № 6.

[49] Weyl, H., Reine Infinitesimalgeometrie, Math. Zeitschr. 2, 384–411.

1919

[50] Levi-Civita, T., ds^2 Einsteiniani in campi Newtoniani, Atti Accad. Naz. Lincei 28 (2 Arbeiten).

[51] Weyl, H., Bemerkungen über die axialsymmetrischen Lösungen der Einsteinschen Gravitationsgleichungen, Ann. Physik 59, 185–188.

1921

[52] Eisenhart, L. P., Condition that a Tensor be the Curl of a Vector, Bull. Amer. Soc. 28 (1922) 379; 425–427.

[53] Goursat, E., Leçons sur l'intégration des équatons aux dérivées partielles du I-er ordre, Paris.

[54] De Donder, Th., La gravifique Einsteinnienne, Paris.

[55] Schouten, J. A., and Struik, D. J., On Some Properties of General Manifolds Relating to Einstein's Theory of Gravitation, Amer. Journ. Math. 43, 213–216.

[56] Bach, P., und Weyl, H., Neue Lösungen der Einsteinschen Gravitationsgleichungen, Math. Ann. 13 (1922) 119–133; 134–145.

[57] Kasner, E., Geometrical Theorems on Einstein's Cosmological Equations, Amer. Journ. Math. 43, 217–221.

[58] Schouten, J. A., Über die konforme Abbildung n-dimensionaler Mannigfaltigkeiten mit quadratischer Maßbestimmung auf eine Mannigfaltigkeit mit euklidischer Maßbestimmung, Math. Zeitschr. 11, 58–88.

1922

[59] Cartan, E., Sur une généralisation de la notion de courbure de Riemann et les espaces a torsion, Compt. Rend. Acad. Sci. (Paris) 174, 533–595.

[60] Fermi, E., Sopra i fenomeni che avvengono in vicinanza di una linea oraria, Rend. Accad. Sci. Lincei (Roma) 31, 21–23; 51–52.

[61] Veblen, O., Normal Coordinates for the Geometry of Paths, Proc. Nat. Acad. Sci. USA 8, 233–238.

[62] Bach, P., Neue Lösungen Einsteinscher Gravitationsgleichungen, Math. Zeitschr. 13, 119–134.

[63] Cartan, E., Sur les equations de la gravitation d'Einstein, Paris.

[64] Kagan, W. F. (Каган В. Ф.), Grundlagen der Determinantentheorie (Основания теории определителей), Odessa.

[65] Clifford, W. K., Vorläufiger Abriß der Biquaternionen, Anhang zu seinem Buch „Der vernünftige Sinn der exakten Wissenschaften" (Предварительный очерк бикватернионов, Приложение к его книге „Здрабый смысл точных наук"), Petrograd.

1923

[66] Birkhoff, G. D., Relativity and Modern Physics, Horvard Univ. Press, Cambridge, Mass.

[67] VEBLEN, O., and THOMAS, T. Y., The Geometry of Paths, Trans. Amer. Math. Soc. **25**, 551–608.
[68] LANCZOS, K., Ein vereinfachendes Koordinatensystem für die Einsteinschen Gravitationsgleichungen, Physik. Zs. **23**, 537–539 (1922).
[69] WEYL, H., Raum–Zeit–Materie, Springer, Berlin.
[70] BRINKMANN, H. W., On Riemann Spaces Conformal to Einstein's Spaces, Proc. Nat. Acad. Sci. USA **9**, 172–174.
[71] BRINKMANN, H. W., Riemann Spaces Conformal to Einstein's Spaces, Math. Ann. **91**, 269–278.

1925

[72] SCHIROKOW, P. A. (Широков, П. А.), Über charakteristische Eigenschaften der Sphären in Räumen konstanter Krümmung (Об отлительных свойствах сфер в пространствах постоянной кривизны), Isw. Kasansk. fis.-matem. ob-wa, ser. 2, **25**.
[73] BRINKMANN, H. W., Einstein Spaces which Mapped Conformally on Each Other, Math. Ann. **94**, 119–145.
[74] SCHIROKOW, P. A. (Широков, П. А.), Konstante Vektorfelder und Tensoren zweiter Ordnung in Riemannschen Räumen (Постоянные поля векторов и тензоров 2-го порядка в римановых пространствах), Isw. Kasansk. fis.-matem. ob-wa, ser. 2, **25**.
[75] SCHIROKOW, P. A. (Широков, П. А.), Über Funktionen, die der Laplace-Gleichung in dreidimensionalen Riemannschen Räumen genügen und nur vom Abstand abhängen (О функциях, удовлетворяющих уравнению Лапласа в римановых трехмерных пространствах и зависимых только от расстояния), Utsch. sap. Kasansk. un-ta **85**, kn. 1.
[76] KASNER, E., An Algebraic Solution of the Einstein Equations, Trans. Amer. Math. Soc. **27**, 101–105.

1926

[77] EISENHART, L. P., Riemannian Geometry, Princeton Univ. Press.
[78] HLAVATY, V., Application des paramétres locaux, Ann. Soc. Polon. **5**, 44–62.
[79] KAGAN, W. F. (Каган, В. Ф.), Über einige Zahlsysteme, auf die Lorentz-Transformationen führen, (О некоторых системах чисел, к которым приводят лоренцевы преобразования) Teil 1, 2, herausgegeben vom Institut für Math. und Mechanik bei der Moskauer Staatsuniv., Moskau.

1927

[80] EISENHART, L. P., Non Riemannian Geometry, Amer. Coll. Publ. 8.
[81] CARTAN, E., La théorie des groupes et la géométrie, Vortrag auf der Sitzung der Schweizer math. Gesellschaft in Bern am 7. Mai 1927.
[82] DUBNOW, J. S. (Дубнов, Я. С.), Über doppelsymmetrische orthogonale Matrizen (О симметрично-сдвоенных ортогональных матрицах), herausgegeben vom Institut für Math. und Mech. bei der Moskauer Staatsuniv., Moskau.

1928

[83] CARTAN, E., Géométrie les éspaces riemanniens, Paris.
[84] WAWILOW, S. I. (Вавилов, С. И.), Experimentelle Begründung der Relativitätstheorie (Экспериментальные основания теории относительности) GIS.
[85] LOPSCHIZ, A. M. (Лопшиц, А. М.), Vektorielle Lösung einer Aufgabe über doppelsymmetrische Matrizen (Векторное решение задачи о симметрично-сдвоенных матрицах), Arbeiten der allrussischen Mathematikertagung.

1931

[86] MITTER, O. K., On a Solution of Einstein's Gravitational Equations $G_{\mu\nu} = 0$, Symmetrical about an Axis, Tohoku Math. Journ. **34**, 110–114.

1932

[87] SCHOUTEN, J. A., und VAN DANTZIG, G. F., Generelle Feldtheorie, Zs. Physik **78**, 639–667.

[88] LEWIS, T., Some Special Solutions of the Equations of Axially Symmetric Gravitational Fields. Proc. Royal Soc. series A **36**, 176–192.

1933

[89] VEBLEN, O., Projektive Relativitätstheorie, Berlin.

[90] BOCHER, M. (БОХЕР, М.), Einführung in die höhere Algebra (Введение в высшую алгебру), M.-L., GTTI. Übersetzung von „Einführung in die höhere Algebra", Leipzig 1910.

1934

[91] SCHIROKOW, P. A. (Широков, П. А.), Tensorrechnung, Teil 1 (Тензорное исчисление, ч. 1), M.-L. GTTI.

[92] THOMAS, T. Y., The Differential Invariants of Generalized Spaces, Cambridge.

[93] HLAVATY. V., Les courbes de la variété générale a n dimensions, Mem. Sci. mathém., fasc. **63**, Paris.

[94] DELSARTE, M., Sur les ds^2 d'Einstein a symétrie axiale, Paris.

1935

[95] LAWRENTJEW, M. A., und LJUSTERNIK, L. A. (Лаврентьев, М. А., и Люстерник, Л. А.), Grundlagen der Variationsrechnung. (Основы вариационного исчисления) Band 1, Teil 2, ONTI, Moskau/Leningrad.

[96] SYNGE, J. L., Univ. of Toronto Studies, Appl. Math. Series.

[97] EINSTEIN, A., Fragen der Kosmologie und allgemeinen Relativitätstheorie (Russ. Übersetzung von Originalarbeiten).

1936

[98] CARTAN, E. (КАРТАН, Э.), Die Geometrie Riemannscher Räume (Геометрия римановых пространств), ONTI, Moskau/Leningrad.

[99] RUSE, H. S., Proc. London Math. Soc. **41**, 302–322.

1937

[100] VAN STOCKUM, W. J., The Gravitational Field of a Distribution of Particles Rotating about an Axis of Symmetrie, Proc. Roy. Soc. Edinburgh **57**, 135–154.

[101] STEPANOV, W. W. (Степанов, В. В.), Vorlesungen über Differentialgleichungen (Курс дифференциалных уравнений), ONTI, Moskau/Leningrad.

[102] TICHOW, T. A. (Тихов, Т. А.), Über die Bewegung der Lichtstrahlen im Gravitationsfeld der Sterne (Об отклонении световых лучей в поле тяготения звезд), Doklady **16**, № 4.

[103] CHOU, P. V., Isotropic Static Solutions of the Field Equations in Einstein's Theory of the Gravitation, Amer. Journ. Math. **59**, 754–763.

[104] Einstein, A., and Rosen, N., On Gravitational Waves, Journ. Franklin Inst. **223**, 43–54.
[105] Schirokow, P. A. (Широков, П. А.), Zur Frage der Translationen in Riemannschen Räumen (К вопросу о трансляциях в римановых пространствах), Isw. Kasansk. fis.-matem. ob-wa, ser. 3, **9**.
[106] Petrowski, I. G. (Петровский, И. Г.), Über das Cauchy-Problem für ein Gleichungssystem mit partiellen Ableitungen (О проблеме Коши для системы уравнений с частными производными), Matem. Sbornik 2, **44**, *5*.

1938

[107] Thomas, T. Y., New Theorems on Riemann Einstein Spaces, Matem. Sobornik 3, **45**, 331–340.
[108] Schirokow, P. A. (Широков, П. А.), Symmetrische konformeuklidische Räume (Симметрические конформно-евклидовые пространства), Isw. Kasansk. fis.-matem. ob-wa, ser. 3, **11**.
[109] Fialkow, A., Einstein Spaces on a Space of Constant Curvatura, Proc. Nat. Acad. Sci. USA **24**, 30–34.

1939

[110] Schouten, J. A., und Struik, D. J., Einführung in neue Methoden der Differentialgeometrie, Band 1.
[111] Fock, W. A. (Фок, В. А.). Über die Bewegung endlicher Massen in der allgemeinen Relativitätstheorie (О движении конечных масс в общей теории относительности), J. exp. Techn. Fiz. **9**, № 4.
[112] Klein, F. (Клеин, Ф.), Geometrie (Выстая геометрия), M.-L. Gostechisdat.
[113] Haantjes, Y., und Wrona, W., Über konform-euklidische und Einsteinsche Räume gerader Dimensionen, Proc. kon. Ned. Akad. Amsterdam **42**, 626–636.
[114] Fialkow, A., Totally Geodesic Einstein Spaces, Bull. Amer. Math. Soc. **45**, 423–428.
[115] Cartan, E. (Картан, Э)., Gruppentheorie und Geometrie (Теория групп и геометрия), Kasan, S. 113–141.
[116] Hönl, H., und Papapetrou, A., Über die Selbstenergie und das Gravitationsfeld einer elektrischen Punktladung, Zs. Physik **112**, 65–88.
[117] Hönl, H., und Papapetrou, A., Über die innere Bewegung des Elektrons, I, Zs. Physik **112**, 512–541.
[118] Papapetrou, A., und Hönl, H., Über die innere Bewegung des Elektrons, II, Zs. Physik **114**, 478–495.
[119] Papapetrou, A., Drehimpuls- und Schwerpunktsatz in der relativistischen Mechanik, Praktika de l'Académie d'Athenes **14**, 540–547.

1940

[120] Tschebotarew, H. G. (Чеботарёв, Н. Г.), Theorie der Lieschen Gruppen (Тѐория групп Ли), Gostechisdat, Moskau/Leningrad.
[121] Bogorodski, A. F. (Богородский, А. Ф.), Zur Frage der Natur der Rotverschiebung in den Spektren außergalaktischer Nebel (К вопросу о природе красного смещения в спектрах внегалактических туманностей), Zirkular GAO № 29.
[122] Bogorodski, A. F. (Богородский, А. Ф.), Die Keplersche Aufgabe in der allgemeinen Relativitätstheorie (Задача Кеплера в общей теории относительности), Zirkular GAO № 30, Pulkowo.
[123] Copson, E. T., and Ruse, M. S., Harmonic Riemannian Spaces, Proc. Roy. Soc. Edinburgh **60**, 117–133.

[124] Hönl, H., und Papapetrou, A., Über die innere Bewegung des Elektrons, III, Zs. Physik **116**, 153–184.

[125] Papapetrou, A., Drehimpuls- und Schwerpunktsatz in der Diracschen Theorie des Elektrons, Praktika de l'Académie d'Athenes **15**, 404–417.

1941

[126] Gantmacher, F. R., und Krein, M. G. (Гантмахер, Ф. Р., и Крейн, М. Г.), Oszilationsmatrizen und kleine Schwingungen eines mechanischen Systems (Осцилляционные матрицы и малые колебания механических систем), Gostechisdat, Moskau/Leningrad.

1942

[127] Takeno, H., Equations characterising Various Riemann Spaces treated in Cosmology, Journ. Sci. Hiroshima Univ., series A **12**, 125 (japanisch).

[128] Walker, A. G., Note on a Distance Invariant and the Calculation of Ruse's Invariant, Proc. Edinburgh Math. Soc. (2) **7**, 16–26.

[129] Fialkow, A., Correction to „Totally Geodesic Einstein Spaces", Bull. Amer. Math. Soc. **48**, 167–168.

[130] Sasaki, S., On a Relation between a Riemannian Space which is Conformal with Einstein Spaces and Normal Conformally Connected Spaces whose Groups of Holonomy Fix a Point of a Hypersphere, Tensor **5**, 66–72.

1943

[131] Yano, K., Conformal and Concircular Geometries in Einstein Spaces, Proc. Imp. Acad. Tokyo **19**, 444–453.

[132] Wong, Y. Ch., Some Einstein Spaces with Conformally Separable Fundamental Tensors, Trans. Amer. Math. Soc. **53**, 157–194.

[133] Yang Chow Wong, Family of Totally Umbilical Hypersurfaces in a Einstein Space, Ann. Math. **44**, 271–297.

[134] Papapetrou, A., Les corpuscules a structure multipolaire en relativité restreinte, Praktika de l'Académie d'Athenes **18**, 40–50.

[135] Papapetrou, A., La structure intérieure des corpuscules a constitution mono-bipolaire, Praktika de l'Académie d'Athenes **18**, 50–62.

[136] Papapetrou, A., Ondes gravifiques du corpuscule mono-bipolaire, Praktika de l'Académie d'Athenes **18**, 313–317.

[137] Papapetrou, A., La loi des moments dans un systeme quelconque de coordonnées, Praktika de l'Académie d'Athenes **18**, 317–323.

1944

[138] Kurosch, A. G. (Курош, А. Г.), Gruppentheorie (Теория групп), Gostechisdat, Moskau/Leningrad (deutsche Übersetzung, Akademie-Verlag, Berlin 1953).

[139] Lichnerowicz, A., Sur les éspaces riemanniens completement harmoniques, Bull. Soc. Math. France **72**, 146–168.

[140] Papapetrou, A., La théorie de la gravitation dans la relativité restreinte, Praktika de l'Académie d'Athenes **19**, 224–236.

1945

[141] Walker, A. G., A Particular Harmonic Riemannian Space, Journ. London Math. Soc. **20**, 93–99.

[142] Walker, A. G., On Completely Harmonic Spaces, Journ. London Math. Soc. **20**, 159–163.

1946

[143] Yang Chow Wong, Some Theorems on Einstein 4-Space, Duke Math. Journ. 13, 601–610.
[144] Narlikar, V. V., and Karmarkar, K. K., On a Curious Solution of Relativistic Field Equations, Currient Sci. 15, 69.
[145] Walker, A. G., Symmetric Harmonic Spaces, Journ. London Math. Soc. 40, 47–57.
[146] Petrow, A. S. (Петров, А. З.), Über einen Typ Einsteinscher Räume (Один тип пространств Эйнштейна), Trudy Kasansk. awiazionnogo in-ta 7.

1947

[147] Eisenhart, L. P. (Эйзенхарт, Л. П.), Stetige Transformationsgruppen (Непрерывные группы преобразований), (Verlag für fremdsprachige Literatur, Moskau. (Übersetzung von „Continuous Groups of Transformations", Princeton N. J. 1933).
[148] Weyl, H. (Вейль, Г.), Klassische Gruppen, ihre Invarianten und Darstellungen (Классические группы, их инварианты и представления), Verlag für fremdsprachige Literatur, Moskau. (Übersetzung von „The Classical Groups, their Invariants and Representations", Princeton N. J. 1939).
[149] Pauli, W. (Паули, В.), Relativitätstheorie (Теория относительности), Moskau/ Leningrad. Gostechisdat, Übersetzung des Encyclopädie-Artikels, Leipzig 1921 Leipzig (vgl. auch [407]).
[150] Wrona, W., Sur les conditions nécessaires et suffisantes pour qu'un éspace soit Einsteinien ou conformé-euclidien (siehe „Polskoje matem. obschtschestwo" in UMNZ, Heft 1 (17)).
[151] Raschewski, P. K. (Рашевский, П. К.), Geometrische Theorie der partiellen Differentialgleichungen (Геометрическая теория уравнений с частными производными), Gostechisdat, Moskau/Leningrad.
[152] Bergmann, P. G. (Бергман, П. Г.), Einführung in die Relativitätstheorie (Введение в теорию относительности), Verlag für fremdsprachige Literatur, Moskau (Übersetzung von [380]).
[153] Kagan, W. F. (Каган, В. Ф.), Grundlagen der Flächentheorie (Основы теории поверхностей), Teil 1, Gostechisdat, Moskau/Leningrad.
[154] Papapetrou, A., A Static Solution of the Equations Gravitational Field for an Arbitrary Charge-Distribution, Proc. Royal Irish Academy (A), 51, 191–204.

1948

[155] Norden, A. P. (Норден, А. П.), Differentialgeometrie (Дифференциальная геометрия), Utschpedgis, Moskau.
[156] Landau, L., und Lifschiz, E. (Ландау, Л., и Лифшиц, Е.), Feldtheorie (Теория поля), Gostechisdat, Moskau/Leningrad. (Engl. Übersetzung unter dem Titel: The Classical Theorie of Fields", Cambridge, Mass., 1951; deutsche Übersetzung: Akademie-Verlag, Berlin 1963, nach der 2. russ. Auflage).
[157] Petrow, A. S. (Петров, А. З.), Über die Krümmung Riemannscher Räume (О кривизне римановых пространств), Doklady 61, № 2.
[158] Rosenfeld, B. A. (Розенфелд, Б. А.), Differentialgeometrie der Symmetriebilder (Дифференцаильная геометрия образов симметрии), Doklady 59, № 6.
[159] Fourès, Y., und Lichnerowicz, A., Sur un théoreme global de réduction des ds^2 stationaires d'Einstein, Compt. Rend. Acad. Sci. (Paris) 226, 775.
[160] Finikow, S. P. (Фиников, С. П.), Die Methode der Cartanschen Formen (Метод внешних форм Картана), Gostechisdat, Moskau/Leningrad.
[161] Wrona, W., Conditions nécessaires et suffisantes qui determinent les ésaces Einsteinniens, conformément euclidiens et de courbure constante, Ann. Soc. Polon. Math. 20, 28–80.

[162] Papapetrou. A., Einstein's Theory of Gravitation and Flat Space, Proc. Royal Irish Academy (A) 52, 11–23.
[163] Papapetrou, A., The Question of Non-Singular Solutions in the Generalized Theory of Gravitation, Phys. Rev. 73, 1105–1108.

1949

[164] Petrowa, N. M. (Петрова, Н. М.), Über die Bewegungsgleichung und den Materie-Tensor für Systeme endlicher Massen in der allgemeinen Relativitätstheorie (Об уравнении движения и тензоре материи для системы конечных масс в общей теории относительности), J. exp. Techn. Fiz. 19, Heft 11.
[165] Petrow, A. S. (Петров, А. З.), Zum Hauptachsensatz für Tensoren (К теореме о главных осях тензора), Isw. Kasansk, fis.-matem. ob-wa, ser. 3, 14.
[166] Cartan, E. (Картан, Э.), Geometrie der Lieschen Gruppen und symmetrische Räume (Геометрия групп Ли и симметрические пространства), Verlag für fremdsprachige Literatur, Moskau.
[167] Einstein, A., and Infeld, L., On the Motion of Particles in General Relativity Theory, Canad. Journ. Math. 1, 209–241.
[168] Jegorow, I. P. (Егоров, И. П.), Zur Verschärfung eines Satzes von Fubini über die Ordnung der Bewegungsgruppen Riemannscher Räume (К усилению теоремы Фубини о порядке групп движений римановых пространств), Doklady 66, № 5.
[169] Rosenfeld, B. A., und Abramow, A. A. (Розенфелд, Б. А., и Абрамов, А. А.), Affin-zusammenhängende Räume und symmetrische Räume (Пространства аффинной связности и симметрические пространства), UMN 5, Heft 2 (36).
[170] Norden, A. P. (Норден, А. П.), Affin-zusammenhängende Räume (Пространства аффинной связности), Gostechisdat, Moskau/Leningrad.
[171] Petrow, A. S. (Петров, А. З.), Über die gleichzeitige Transformation eines Tensors und eines Bivektors auf eine kanonische Normalform (Об одновремéнном приведении тензора и бивектора к каноническому виду), Utsch. sap. Kasansk. uni-ta 110, Heft 3.
[172] Gurewitsch, G. B. (Гуревич, Г. Б.), Über einige lineare Transformationen symmetrischer Tensoren und Polyvektoren (О некоторых линейных преобразованиях симметрических тензоров и поливекторов), Matem. Sbornik 26, № 3.
[173] Lichnerowicz, A., Elémentes du calcul tenseuriel, Paris.
[174] Rainich, G. Y., Mathematics of Relativity, New York.
[175] Kniper, N. H., Einstein Spaces and Connections, I, II, Kon. Ned. Acad. Amsterdam Proc. 53.

1951

[176] Petrow, A. S. (Петров, А. З.), Über Räume, die Gravitationsfelder definieren (О пространствах, определяющих поля тяготения), Doklady 81, № 2.
[177] Papapetrou, A., Equations of Motion in General Relativity, Proc. Phys. Sci., Series A, 14, 64.
[178] Petrow, A. S. (Петров, А. З.), Über die Existenz von harmonischen Funktionen, die nur vom Abstand abhängen, in Gravitationsfeldern (О существовании в поле тяготения гармонической функции, зависящей только от расстояния), Utsch. sap. Kasansk. in-ta 111, Heft 8.
[179] Kniper, N. H., Sur les propriétés conformes de éspaces d'Einstein, Coll. Géométrie Différentielle, London.
[180] Taub, A. H., Empty Space-Times Admitting a Three Parameter Group of Motions, Ann. Math. 53, 472–490.

1952

[181] Petrow, A. S. (Петров, А. З.), Reguläre Einsteinsche Räume, die eine transitive Bewegungsgruppe gestatten (Регулярные простраснтва Эйнштейна, допускающие транзутивную группу движений), Utsch. sap. Kasansk. in-ta **112**, Heft 10.

[182] Petrow, A. S. (Петров, А. З.), Gravitationsfelder mit komplexen stationären Krümmungen (Поля тяготения с комплексными стационарными кривизнами), Utsch. sap. Kasansk. in-ta **112**, Heft 10.

[183] Petrow, A. S. (Петров, А. З.), Über Gravitationsfelder (О полях тяготения), Jubiläumsband „125 Jahre nichteuklidische Lobatschewskische Geometrie".

[184] Schirokow, A. P. (Широков, А. П.), Zur Frage der A-Räume (К вопросу об A-пространствах), Jubiläumsband „125 Jahre nichteuklidische Lobatschewskische Geometrie".

[185] Ruse, H. S., Simply Harmonic Affine Spaces of Symmetric Connection, Publ. Math. Debrečen, 169—174.

[186] Patterson, E. M., Simply Harmonic Riemann Extensions, Journ. London Math. Soc. **27**, 102—107.

[187] Sokolow, A. A. (Соколов, А. А.), Bemerkungen zur Quantentheorie der Gravitationsfelder (Замечания к квантовой теории гравитационного поля), Westnik MGU № 9, 9—19.

1953

[188] Raschewski, P. K. (Рашевский, П. К.), Riemannsche Geometrie und Tensoranalysis (Риманова геометрия и тензорный анализ), Gostechisdat, Moskau/Leningrad (deutsche Übersetzung Berlin 1959).

[189] Frankl, F. I. (Франкль, Ф. И.), Einige prinzipielle Bemerkungen zur allgemeinen Relativitätstheorie (Некоторые принципиальные замечания к общей теории относительности), UFN 8, Heft 3.

[190] Alexandrow, A. D. (Александров, А. Д.), Über das Wesen der Relativitätstheorie (О сущности теории относительности), Westnik LGU, ser. matem., fis. i chim., № 8.

[191] Alexandrow, A. D., und Owtschinnikow, W. W. (Александров, А. Д., и Овчинников, В. В.), Bemerkungen zur Grundlage der Relativitätstheorie (Замечания к основам теории относительности), Westnik LGU, ser. matem., fis. i chim., № 11.

[192] Alexandrow, A. D. (Александров, А. Д.), Zu einigen Ansichten über die Relativitätstheorie (По поводу некоторых взглядов на теорию относительности), Woprosy filosofii, № 5.

[193] Landau, L. D., und Lifschitz, E. M. (Ландау, Л. Д., и Лифшиц, Е. М.), Mechanik starrer Körper (Механика сплошных тел).

[194] Petrowski, I. G. (Петровский, И. Г.), Vorlesungen über partielle Differentialgleichungen (Лекции об уравнениях с частными производными), Gostechisdat, Moskau/Leningrad (deutsche Übersetzung Leipzig 1955).

[195] Frankl, F. I. (Франкль, Ф. И.), Über Gravitationswellen und die Bewegung von Gasen in stark veränderlichen Gravitationsfeldern (О гравитационных волнах и о движении газов в сильных переменных гравитационных полях), Trudy fis.-matem. fakulteta Kirgisskogo un-ta, Heft 2.

[196] Lichnerowicz, A., Etude des équations du champ de la théorie unitaire d'Einstein, Rens. Sem. Mat. e fis. Milano (1953—1954), 14—133.

[197] Lichnerowicz, A., Equations de Laplace et éspaces harmoniques, Premier colloque sur les équations aux dérivees partielles, Louvain, 17—19.

[198] Willmore, T. Y., Mean Value Theorems in Harmonic Riemannian Spaces, Journ. London Math. Soc. **25**.

[199] Delone, B. N. (Делоне, Б. Н.), Kurze Darlegung des Widerspruchsfreiheitsbeweises der Lobatschewskischen Geometrie (Краткое изложение доказательства непротиворечивости планиметрии Лобачевского), Isd. AN SSSR.

[200] Vranceanu, G., A supra grupurilal de miscare ale unii spatii Riemann cupartu dimensioni, Studii si cercetarri mat. **4**, Nr. 1—2.

1954

[201] Fock, W. A. (Фок, В. А.), Über die Arbeit von F. I. Frankl „Einige prinzipielle Bemerkungen zur allgemeinen Relativitätstheorie" (О работе Ф. И. Франкля „Некоторые принципальные замечания к общей теории относительности"), UFN **9**, Heft 4.

[202] Infeld, L. (Инфельд, Л.), Einige Bemerkungen zur Relativitätstheorie (Несколько замечаний о теории относительности), Woprosy filosofii, № 5.

[203] Krutschkowitsch, G. I. (Кручкович, Г. И.), Klassifikation der dreidimensionalen Riemannschen Räume nach Bewegungsgruppen (Классификация трехмерных римановых пространств по группам дрижений), UMN **9**, Heft 1 (59).

[204] Schirokow, P. A. (Широков, П. А.), Symmetrische Räume erster Klasse (Симметрические пространства 1-го класса), Utsch. sap. Kasansk. in-ta **114**, Heft 8.

[205] Pontrjagin, L. S. (Понтрягин, Л. С.), Topologische Gruppen (Непрерывные группы), zweite Auflage, Gostechisdat, Moskau.

[206] Rosen, N., Bull. Res. Council. Israel **3**, 328.

[207] Petrow, A. S. (Петров, А. З.), Klassifikation der Räume, die durch Gravitationsfelder definiert sind (Классификация иространств, определяемых полями тяготения), Utsch. sap. Kasansk. in-ta **114**, Heft 8.

[208] Norden, A. P. (Норден, А. П.), Über eine komplexe Darstellung der Tensoren eines biplanaren Raumes (О комплексном представлении тензоров бипланарного пространства), Utsch. sap. Kazansk. in-ta **114**, Heft 8.

[209] Chalatnikow, I. M. (Халатников, И. М.), Einige Fragen der Einsteinschen Relativitätstheorie (Некоторые вопросы релятивистской теории Эйнштейна), J. exp. Techn. Fiz. **27**, Heft 5.

[210] Pounder, Y. R., On Relativically Rigid Surfaces of Revolution, Comm. Dublin Inst. Adv. Stud., series A, Nr. **11**.

[211] Taub, A. H., General Relativistic Variational Principles for Perfect Fluids, Phys. Rev. **94**, 146—470.

[212] Salzman, G., und Taub, A. H., Born-Type Rigid Motion in Relativity, Phys. Rev. **95**, 1659—1669.

[213] Pham Man Quan, Compt. Rend. Acad. Sci. (Paris) **238**, 324—325.

[214] Clauser, E., Sui fronti d'ondi nella teoria unifoia Einsteiniana, Rend. Inst. Lombardo Sci. e Lettere, Cl. Sci. mat. e natur. 87, 473—492.

[215] Buchdahl, H. A., Reciprocal Static Solution of the Equations $G_{\mu\nu} = 0$, Quart. Journ. Math. **5**, 116.

[216] Takasu, T., Equations of Motion a Free Particle in the Author's General Relativity as a Nonholonomic Laguerre Geometry Realizes in the Moving Three Dimensional Cartesian Space, Proc. Japan Acad. **30**, 814.

[217] Schouten, J. A., Ricci-Calculus, Berlin.

[218] Takeno, H., On Solutions of Electromagnetic Equations in Non-Static Spherically Symmetric Space-Times, Tensor **4**, 9.

[219] Sinjukow, H. S. (Синюков, Н. С.), Über die geodätische Abbildung Riemannscher Räume auf symmetrische Riemannsche Räume (О геодезическом отображении римановых пространств на симметрические римановы пространства), Doklady **98**, № 1.

[220] Papapetrou, A., Eine Theorie des Gravitationsfeldes mit einer Feldfunktion, Zs. Physik **139**, 518—532.

[221] Papapetrou, A., Eine neue Theorie des Gravitationsfeldes, I, Math. Nachr. **12**, 129–141.
[222] Papapetrou, A., Eine neue Theorie des Gravitationsfeldes, II, Math. Nachr. **12**, 143–154.
[223] Papapetrou, A., und Urich, W., Zur Kohlerschen Formulierung der Gravitationstheorie, Ann. Physik **14**, 220–232.

1955

[224] Raschewski, P. K. (Рашевский, П. К.), Spinor-Theorie (Теория спиноров), UMN **10**, Heft 2.
[225] Fock, W. A. (Фок, В. А.), Theorie von Raum, Zeit und Gravitation (Теория пространства, времени и тяготения), Gostechisdat, Moskau (deutsche Übersetzung Akademie-Verlag, Berlin 1960).
[226] Frankl, F. I. (Франкль, Ф. И.), Über die Korrektheit der Aufstellung des Cauchy-Problems und die Eigenschaften harmonischer Koordinaten in der allgemeinen Relativitätstheorie (О корректности постановки задачи Коши и о свойствах гармонических координат в общей теории относительности), Trudy fis-matem. fakulteta Kirgiskogo un-ta, Heft 3.
[227] Matsumoto, T., Sur la déduction axiomatique des formules de Transformation de Lorentz, Mem. Coll. Sci. Univ. Kyoto, A **29**, Nr. 1.
[228] Petrow, A. S. (Петров, А. З.), Über Räume maximaler Beweglichkeit, die durch Gravitationsfelder definiert sind (О пространствах максимальной продвижности, определяемых полями тяготения), Doklady **105**, Nr. 5.
[229] Rosenfeld, B. A. (Розенфельд, Б. А.), Nichteuklidische Geometrien (Неевклидовы геометрии), Gostechisdat, Moskau.
[230] Jegorow, I. P. (Егоров, И. П.), Über Bewegungen in affin zusammenhängenden Räumen (О дрижениях с иространствях аффинной связности), Doktor-Dissertation, Moskauer Staatsuniv.
[231] Lichnerowicz, A., Théories relativistes de la gravitation et de l'électromagnetisme, Paris.
[232] Storchi, E., Su una nuova interpretazione del prinzipii dell'acione potenziale, Bull. Unione Mat. Ital. **10** Nr. 2.
[233] Takeno, H., On Conformal Transformations in the Space-Time of Relativistic Cosmology, Tensor **4**, Nr. 3.
[234] Kron, G., A Physical Interpretation of the Riemann-Christoffel Curvature Tensor, Tensor **4**, Nr. 3.
[235] Schirokow, A. P. (Широков, А. П.), Über eine Eigenschaft konvariant konstanter Affinoren (Об одном свойстве коварпантно постоянних аффиноров), Doklady **102**, Nr. 3.
[236] Takeno, H., On Groups of Conformal Transformations in Spherically Symmetric Space-Times, Tensor **5**, 23.
[237] Ikeda, M., On Static Solutions of Einstein's Generalized Theorie of Gravitation, II, Progr. Theor. Phys. **13**, 225–275.
[238] Meister, H. J., und Papapetrou, A. (Мейстер, Г. О., и Папапетру, А.), Über die Rolle der Koordinatenbedingungen bei der Ableitung der Bewegungsgleichungen der allgemeinen Relativitätstheorie (О роли координатного условия в выводе уравнений движения общей теории относительности), Bull. der polnischen Ak. der Wiss., Abt. III, **3**, Nr. 3.
[239] Jegorow, I. P. (Егоров, И. П.), Maximal bewegliche Riemannsche Räume V_4 mit nichtkonstanter Krümmung (Максимальные подвижные римановы иространства V_4 непостоянной кривизны), Doklady **103**, Nr. 1.

[240] Papapetrou, A., und Urich, W., Das Pol-Dipol-Teilchen im Gravitationsfeld und elektromagnetischen Feld, Zeitschr. Naturforschung (A) **10**, 109–117.
[241] Bochner, S., Stationaty Space-Time in General Relativity, Math.Ann. **41**, 485–490.

1956

[242] Takeno, H., On the Theory of Gravitational Waves, Tensor **6**, 15–25.
[243] Petrow, A. S. (Петров, А. З.), Klassifikation der durch Gravitationsfelder definierten Räume nach Bewegungsgruppen (Классификация пространств, определяемых полями тяготения, по группам движений), UMN **11**, Heft 4 (70).
[244] Petrow, A. S. (Петров, А. З.), Bewegungen in Gravitationsfeldern (Движения в полях тяготения), Arbeiten des dritten math. Allunionskongresses, Band II.
[245] Narlikar, V. V., Results of Gravitational Significance in Riemannian Geometry, Nature **177**, Nr. 4520.
[246] Verma, D. N., and Roy, S. R., Special Metric Forms and their Gravitational Significance, Bull. Calcutta Math. Soc. **48**, Nr. 3.
[247] Mme Fourès-Bruhta, Y., Sur l'intégration des équations de la rélativité générale, Journ. Rat. Mech. und Anal. **5**, 951.
[248] Buchdahl, H. A., Reciprocal Static Solutions of the Equations of the Gravitational Field, Austral. Journ. Phys. **9**, 13.
[249] Just, K., Strenge kugelsymmetrische Lösungen der Einsteinschen Feldgleichungen, Zs. Physik **84**, 235–240.
[250] Geheniau, J., und Debever, R., Les invariants de courbure de l'éspace de Riemann a quatre dimensions, Bull. Acad. Roy. Bélgique **42**, 114.
[251] Pirani, F. A. E., On the Physical Significance of the Riemann Tensor, Acta Physica Polonica **25**, 389–405.
[252] Trautman, A. (Траутман, А.), Killing-Gleichungen und Erhaltungssätze (Уравнения Киллинга и законы сохранения), Bull. der polnischen Ak. der Wiss., Abt. III, **4**, 671–674.
[253] Frankl, F. I. (Франкл, Ф. И.), Über die Korrektheit der Aufstellung des Cauchy-Problems und die Eigenschaften harmonischer Koordinaten in der allgemeinen Relativitätstheorie (О корректности постановки задачи Коши и о свойстве гармонических координат в обшей теории относительности), UMN **11**, Heft 3.
[254] Fock, W. A. (Фок, В. А.), Eine Bemerkung zu der Arbeit von F. I. Frankl „Über die Korrektheit der Aufstellung des Cauchy-Problems und die Eigenschaften harmonischer Koordinaten in der allgemeinen Relativitätstheorie" (Замечание к работе Ф. И. Франкля „О корректности постановки задачи Коши и о свойстве гармонических координат в общей теории относительности"), UMN **11**, Heft 3.
[255] Mikhail, F. Y., Solutions of Einstein's Field Equations for Empty Space, A 'in Shams Bull. Nr. **1**, 125–135.
[256] Sinjukow, N. S. (Синюков, Н. С.), Normale geodätische Abbildungen Riemannscher Räume (Нормальные геодезические отображения римановых пространств), Doklady **111**, Nr. 4, 766–767.

1957

[257] Yano, K., und Bochner, S. (Яно, К., и Бохнер, С.), Krümmung und Betti-Zahlen (Кривизна и числа Бетти) Verlag für fremdsprachige Literatur, Moskau.
[258] Pirani, F. A. E., Invariant Formulation of Gravitational Radiation Theory, Phys. Rev. **105**, 1089–1099.
[259] Keres, Ch., (Керес, Х.), Zum Begriff des Inertialsystems in der allgemeinen Relativitätstheorie (О понятии инерциальной системы в общей теории относительности), Sammelband „Untersuchungen zur theoretischen Physik", Tartu.

[260] KRUTSCHKOWITSCH, G. I. (Кручкович, Г. И.), Über Bewegungen in Riemannschen Räumen (О движениях в римановых пространствах), Matem. Sbornik **41** (83) 2.

[261] PETROW, A. S. (Петров, А. З.), Durch Gravitationsfelder definierte Räume (Пространства, определяемые палями тяготения), Doktor-Dissertation, Moskauer Staatsuniv.

[262] GEHENIAU, J., Une classification de éspaces Einsteiniens, Compt. Rend. Acad. Sci. (Paris) **244**, 723.

[263] JOSEPH, V., Physical Properties of some Empty Space-Times, Proc. Cambr. Phys. Soc. **58**, 836.

[264] KERES, CH. (Керес, Х.), Einige Fragen der allgemeinen Relativitätstheorie (Некоторые вопросы общей теории относительности), Sammelband „Untersuchungen zur theoretischen Physik", Tartu.

[265] Conference on the Role of Gravitation in Physics, Carolina.

[266] PHAM MAN QUAN, Inductions électromagnetiques dans un milieu anisotrope relativiste, Compt. Rend. Acad. Sci. (Paris) **245**, Nr. 21.

[267] PHAM MAN QUAN, Inductions électromagnetiques en relativité générale et principe de Fermat, Acch. Art. Mech. and Anal. **1**, 54–86.

[268] AITMURSAEV, T. (Айтмурзаев, Т.), Lösungsmethoden für die Gleichung einer nichtstationären Gasströmung unter Berücksichtigung dissipativer Prozesse in der allgemeinen Relativitätstheorie (Метод решения уравнений неустановившегося течения газа с учетом дисзипативных ироцессов в общей теории относительности), Doklady **113**, Nr. 4.

[269] MARDER, L., On the Existence of Cylindrical Gravitational Waves, London King's College, Thesen der Doktordissertation, pre-print; siehe auch: Proc. London Math. Soc., A **244** (1958).

[270] PETROW, P. I. (Петров, П. И), Invarianten zweiter Ordnung von quarternären quadratischen Differentialformen (Инварианты второго порядка кватернарной дифференциальной квадратичной формы), Doklady **113**, Nr. 6.

[271] PAPAPETROU, A., Über periodische nichtsinguläre Lösungen in der allgemeinen Relativitätstheorie, Ann. Physik (6) **20**, 399–411.

[272] TAKENO, H. On Plane Wave Solutions of Field Equations in General Relativity, Tensor **7**, 97–102.

[273] BONDI, H., Negative Mass in General Relativity, Rev. Modern Phys. **20**, 423–428.

[274] SINJUKOW, N. S. (Синюков, Н. С.), Äquidistante Riemannsche Räume (Эквидистантные римановы ипространства), Nautschn. Jeshegodn. Odessk. un-ta.

[275] PAPAPETROU, A., Eine neue Formulierung in der Relativitätstheorie, Schriften d. Forsch. Inst. f. Mathematik b. d. Deutschen Akademie d. Wissenschaften zu Berlin, Nr. **1**, 210–221.

[276] PAPAPETROU, A., Le probleme du mouvement dans la relativité générale et dans la théorie du champ unifié d'Einstein, Ann. Inst. Henri Poincaré **15**, 173–203.

[277] TREDER, H., Stromladungsdefinition und elektrische Kraft in der einheitlichen Feldtheorie, Ann. Physik **19**, 369–380.

[278] MEISTER, H. J., Die Bewegungsgleichungen in der Theorie des Gravitationsfeldes mit einer Feldfunktion, Zs. Physik **147**.

[279] TAUB, A. H., Singular Hypersurfaces in General Relativity, Illinois Journ. Math. **1**, 370–388.

[280] TAUB, A. H., Approximate Solutions of the Einstein Equations for Isentropic Motions of Plane Symmetric Distributions of Perfect Fluids, Phys. Rev. **107**, 884 bis 900.

[281] BONDI, H., Plane Gravitational Waves in General Relativity, Nature **179**, 1072 bis 1073.

[282] YANO, K., and NAGANO, T., Einstein Spaces Admitting a Oneparameter Group of Conformal Transformations, Ann. Math. **69**, 451–461.

[283] Pirani, F. A. E., Tetrad Formulation of General Relativity Theory, Bull. de l'Acad. Polon. Sci, Cl. III, **5**, 143–146.

[284] Trautman, A., On the Conservation Theorems and Corodinate Systems in General Relativity, Bull. de l'Acad. Polon. Sci., Cl. III, **5**, 721–727.

[285] Trautman, A., Discontinuities of Field Derivatives and Radiation in Convariant Theories, Bull. Acad. Polon. Sci., Cl. III, **5**, 273–274.

1958

[286] Petrow, P. I. (Петров, П. И.), Berichtigung zur Arbeit „Invarianten zweiter Ordnung von quaternären quadratischen Differentialformen" (Поправка к статье „Инварианты второго порядка кватернарной дифференциальной инадратичной формы"), Doklady **119**, Nr. 5.

[287] Petrow, A. S. (Петров, А. З.), Klassifikation von Gravitationsfeldern allgemeiner Art (Классификация полей тяготения общего вида), Isw. wysow. Matem., Nr. 6 (7).

[288] Trautman, A., Sur la propagation des discontinuies du tenseur de Riemann, Compt. Rend. Acad. Sci. (Paris) **246**, 1500–1502.

[289] Trautman, A., Lectures on the General Relativity, preprint, King's College, London.

[290] Cattaneo, C., Sui postulati comuni della cinematica classica e della cinematica relativistica, Atti Accad. Naz. Lincei Rend, Cl. sci. fis., mat. e natur **24**, Nr. 5, 526–532.

[291] Bel, L., Sur la radiation gravitationelle, Compt. Rend. Acad. Sci. (Paris) **247**, 1044–1046.

[292] Eisenhart, L. P., Spaces for which the Ricci Scalar *R* is Equal to Zero, Proc. Nat. Acad. Sci. USA **44**, Nr. 7, 195–648.

[293] Treder, H., Stoßwellen des Gravitationsfelds, Ann. Physik (7) **2**, 225–235.

[294] Papapetrou, A., Über periodische Gravitations- und elektromagnetische Felder in der allgemeinen Relativitätstheorie, Ann. Physik (7) **1**, 186–197.

[295] Papapetrou, A., Über zeitabhängige Lösungen der Feldgleichungen der allgemeinen Relativitätstheorie, Ann. Physik (7) **2**, 87–96.

[296] O'Raifearteigh, L., and Synge, J. L., A Property of the Empty Space-Time, Proc. Royal Soc. A **246**, 299–300.

[297] Israel, W., Discontinuities in the Spherically Symmetric Gravitational Fields and Shells of Radiation, Proc. Royal Soc. A **248**, 404–414.

[298] Synge, J. L., Whittaker's Contributions to the Theory of Relativity, Proc. Math. Soc. **11**, part I, June.

[299] Bel, L., Etude algébrique d'un certain type de transeurs de courbure. Le cas 3 de Petrov, Compt. Rend. Acad. Sci. (Paris) **247**, 2096–2099.

[300] Trautman, A., und Tulszyjew, W., Gravitacja i niezmélnniczosc, Postepy Fizyki **9**, 1.

[301] Trautman, A., Radation and Boundary Conditions in the Theory of Gravitation, Bull. Acad. Polon. Sci. **6**, 403–406.

[302] Trautman, A., Boundary Conditions at Infinity for Physical Theories, Bull. Acad. Polon. Sci. **6**, 407.

[303] Trautman, A., On Gravitational Radiation Damping, Bull. Acad. Polon. Sci. **6**, 627–633.

[304] Takeno, H., On Plane Wave Solutions of the Field Equations in General Relativity, II, Tensor **8**, 59–70.

[305] Joseph, V., On Apparent Luminosity in General Relativity, Month. Nat. Roy. Astr. Soc. **118**, Nr. 6.

[306] Todorow, I. T. (Тодоров, И. Т.), Über einen Eindeutigkeitssatz für Wellengleichungen (zur Diskussion W. A. Fock — F. I. Frankl) (Об одной теореме единетвенности для волнового уравнения [к дискуссии В. А. Фок — Ф. И. Франкль]), UMN **13**, Heft 2.

[307] Gu Tschao-chao (Гу Чао-хао), Über einige Typen homogener Riemannscher Räume (О некоторых типах однородных римановых пространств), Doklady **122**, Nr. 2.
[308] Kundt, W., Methoden zur Charakterisierung von Lösungen der Einsteinschen Gravitationsfeldgleichungen, Dissertation zur Erlangung des Doktorgrades (preprint), Universität Hamburg.
[309] Bel, L., Définition d'une densité d'énérgie et d'un état de radiation totale généralisée, Compt. Rend. Acad. Sci. (Paris) **246**, 3015—3018.
[310] Hlavaty, V., The Structure of our Space, Aeronautical Engineering, Review, April.
[311] Geissler, D., und Treder, H., Über ebene Wellen in der allgemeinen Relativitätstheorie, Tensor 8, 165—168.
[312] Phan Tan Huang, La méthode des singularités pour les équations du mouvement en relativité générale et en théorie du champ unifié, Ann. Schola norm. super. Pisa, Sci. fis. e mat. **12**, 425—477.
[313] Mme Fourés-Bruhat, Y., La relativité générale, Semin. méc. analyt. et méc. céleste, M. Janet. Fac. Sci., Paris 1957—1958, I. Année, Paris.
[314] Brumberg, W. A. (Брумберг, В. А.), Bewegungsgleichungen und Koordinatenbedingungen beim relativistischen *N*-Körperproblem (Уравнения движения и координатные условия в релятивистской задаче *N* тел), Astr. Journ. **35**, 839—903.
[315] Pugatschew, J. I. (Пугачев, Я. И.), Differentialidentitäten und die Lösbarkeit der Euler-Lagrangeschen Gleichungen (Дифференциальные тождества и разрешимости уравнений Эйлера-Лагранжа), Arbeiten des Krasnodarsker Instituts der Ernährungswirtschaft, Heft 20, 55—57.

1959

[316] Norden, A. P. (Норден, А. П.), Über die komplexe Darstellung von Tensoren des Lorentz-Raumes (О комплексном представлении тензоров пространства Лоренца), Isw. Wusow, Matem. Nr. **1** (8).
[317] Alexandrow, A. D. (Александров, А. D.), Philosophischer Inhalt und philosophische Bedeutung der Relativitätstheorie (Философское содержание и значение теории относительности), Woprosy filosofii, Nr. **1**.
[318] Norden, A. P., und Wischnewski, W. W. (Норден, А. П., и Вишневский, В. В.), Über die komplexe Darstellung der Invarianten eines vierdimensionalen Riemannschen Raumes (О комплексном представлении инвариантов четырехмерного риманова пространства), Isw. wusow. Matem., Nr. **2** (9).
[319] Takasu, T., Ein Seitenstück der Relativitätstheorie als eine erweiterte Laguerresche Geometrie, Proc. Japan Acad. **35**, Nr. 2.
[320] Petrow, A. S. (Петров, А. З.), Über symmetrische Gravitationsfelder (О симметрических полях тяготения), Isw. wusow. Matem., Nr. **2** (9).
[321] Wawilow, B. T. (Вавилов, Б. Т.), Über schwache Gravitationsfelder (О слабых полях гравитации), Isw. wusow. Fisika, Nr. **2**.
[322] Sachs, R. K., A Covariant Integral Conservation Law in Vacuum Gravitational Fields of Type III (preprint), Hamburg University.
[323] Bel, L., Introduction d'un tenseur du quatrième ordre, Compt. Rend. Acad. Sci. (Paris) **248**, 1297—1300.
[324] Bel, L., Quelques remarques sur la classification de Petrov. Etude du cas 2, Compt. Rend. Acad. Sci. (Paris) **248**, 2561—2563.
[325] Hlavaty, V., The Holonomy Group, I. The Curvature Tensor, Journ. Math. and Mech. 8, 2—59, 285—308.
[326] Hlavaty, V., The Holonomy Group, II. The Lie Group Induced by a Tensor, Journ. Math. and Mech. 8, 597—622.
[327] Hlavaty, V., The Holonomy Group, III. Covariant Constant Quadratic Tensors, Journ. Math. and Mech. **9**, 89—122 (1960) (preprint 1959).

[328] Hlavaty, V., The Holonomy Group, IV. The General L_n with Symmetric Connection, Journ. Math. and Mech. **9**, 453–499 (1960) (preprint 1959).

[329] Takasu, T., Adjusted Relativity Theory: Applications of Extendet Euclidian Geometry, Extendet Equiform Geometry and Extendet Laguerre Geometry of Physics, Journ. Yokohama University, series D (Math.).

[330] Geissler, D., Papapetrou, A., und Treder, H., Die Gravitationsstrahlung eines zeitweilig nichtstationären Systems, Ann. Physik **2**, 344–350.

[331] Papapetrou, A., und Treder, H., Das Sprungproblem erster Ordnung in der allgemeinen Relativitätstheorie, Math. Nachr. **20**, 53–66.

[332] Taub, A. H., Small Motions of Spherically Symmetric Distribution of Matter, Illinois University (preprint).

[333] Arnowitt, R., Quantum Theory of Gravitation: General Formulation and Linearized Theory, Phys. Rev. **113**, 745–750.

[334] Arnowitt, R., Deser, S., und Misner, C. W., Dynamical Structure and Definition of the Energy in General Relativity (preprint), Depart. of Physics Syracusa University.

[335] Bergman, P. G., Summary of the „Colloque international de Rayaumont" (preprint), Syracusa University.

[336] Newman, D. J., and Kilmister, C. W., A new Expression for Einstein's Law of Gravitation, Proc. Cambr. Philos. Soc. **55**, 139–141.

[337] Petrow, A. S., Kaigorodow, W. R., und Abdullin, W. N. (Петров, А. З., Кайгородов, В. Р., и Абдуллин, В. Н.), Klassifikation der Gravitationsfelder allgemeiner Art nach Bewegungsgruppen (Классификация полей тяготения общего вида по группам движений), I, Isw. wusow. Matem., Nr. **6**, 118–130.

[338] Petrowa, N. M. (Петрова, Н. М.), Über Erhaltungssätze für Systeme rotierender Körper in der allgemeinen Relativitätstheorie (О законах сохранения для системы вращающихся тел в общей теории относительности), Thematischer Sammelband „Untersuchung von Übergangsprozessen. Fragen der Relativitätstheorie", Alma-Ata, Kasachsk. un-ta, 192–208.

[339] Aitikejewa, S. A., und Petrowa, N. M. (Айтикеева, З. А., и Петрова, Н. М.), Über Systeme sphärisch-symmetrischer Körper in der allgemeinen Relativitätstheorie (О системе сферически симметрических тел в общей теории относительности), Thematischer Sammelband „Untersuchung von Übergangsprozessen. Fragen der Relativitätstheorie", Alma-Ata, Kasachsk. un-ta, 209–228.

[340] Mursagalijew, G. (Мурзагалиев, Г.), Die Tensoren des Impulsmomentes (kinetischen Momentes) und des Kraftmomentes in der relativistischen Mechanik (Тензоры момента импульса (кинетического момента) и моменты силы в релятивистской механике), Thematischer Sammelband „Untersuchung von Übergangsprozessen. Fragen der Relativitätstheorie", Alma-Ata, Kasachsk. un-ta, 229–236.

[341] Mizkewitsch, N. W. (Мицкевич, Н. В.), Der nichtlineare Vakuumeffekt in der Gravitationstheorie (Вакуумный нелинейный эффект в теории гравитации), J. exp. Techn. Fiz. **36**, 1207–1214.

[342] Debever, R., Tenseur de super-énergie, tenseur de Riemann: cas singuliers, Compt. Rend. Acad. Sci. (Paris) **249**, 1744–1746.

[343] Debever, R., Sur le tenseur de super-énergie, Compt. Rend. Acad. Sci. (Paris) **249**, 1324–1326.

[344] Takeno, H., A Note on the Theory of the Gravitational Waves, Tensor **9**, 73–75.

[345] Arnowitt, R., Deser, S., and Misner, C. W., Energy and the Criteria for Radiation in General Relativity, Phys. Rev. **118**, 1100–1104 (1960) (reprint 1959).

[346] Synge, T. L., A Theory of Elasticity in General Relativity, Math. Zeitschr. **72**, 82–87.

[347] Miss Durga Roy, Resistance on a Circular Cylindre Due to any Number of Vortices Lying in Two Rows, Journ. Appl. Math. and Phys. **10**, 5, 502–508.

[348] Mast, C. B., and Strathdee, J., On the Relativistic Interpretation of Astronomical Observations, Proc. Roy. Soc., A **252**, 476—487.
[349] Iosifjan, A. G. (Иосифьян, А. Г.), Fragen der einheitlichen Theorie des elektromagnetischen und Gravitationsinertialfeldes (Вопросы единой теории електромагнитного и гравитационно-инерциального полей), Isd. AN Arm. SSR, Jerewan.
[350] Takeno, H., On Geometric Properties of some Plane Wave Solutions in General Relativity, I, Tensor **9**, 79—93.
[351] Takeno, H., On Geometric Properties of some Plane Wave Solutions in General Relytivity, II, Tensor **9**, 168—174.
[352] Ikeda, M., and Miyachi, Y., Coordinate Systems in General Relativity and Geometrical Representation for Physical Quantities, Progr. Theor. Phys., Nr. **9**, 45—68.
[353] Bondi, H., Pirani, F. A. E., and Robinson, I., Gravitational Waves in General Relativity, III. Exact Plane Waves, Proc. Roy. Soc., A **251** 519—553.
[354] Pirani, F. A. E., Gravitational Waves in General Relativity, IV. The Gravitational Field of a Fast-Moving Particle, Proc. Roy. Soc., A **252**, 96—101.
[355] Brill, D. R., On the Positive Definite Mass of the Bondi-Weber-Wheeler Time-Symmetric Gravitational Waves, Ann. Phys. **7**, 466—483.
[356] Araki, H., On Weak Time-Symmetric Gravitational Waves, Ann. Phys. **7**, 456—465.

1960

[357] Petrow, A. S., Kaigorodow, W. R., und Abdullin, W. N. (Петров, А. З., Кайгородов, В. Р., и Абдуллин, В. Н.), Klassifikation der Gravitationsfelder allgemeiner Art nach Bewegungsgruppen II (Классификация полей тяготения общего вида по группам движений II), Isw. wusow. Matem., Nr. **1**.
[358] Petrow, A. S., Kaigorodow, W. R., und Abdullin, W. N. (Петров, А. З., Кайгородов, В. Р., и Абдуллин, В. Н.), Klassifikation der Gravitationsfelder allgemeiner Art nach Bewegungsgruppen III (Классификация полей тяготения общего вида по группам движений III), Isw. wusow. Matem., Nr. **4**.
[359] Takeno, H., On the Theory of Gravitational Waves in General Relativity, Tensor **10**, 34—46.
[360] Arnowitt, R., Deser, S., and Misner, C. W., Interior Schwarzschild Solutions and Interpretation of Source Terms (preprint), Depart. of Physics, Brouders University, Waltham, Massachusetts.
[361] Kerr, R. P., On the Quasi-Static Approximation in General Relativity, Nuovo cimento **10**, 16.
[362] Penrose, R., A Spinor Approach to General Relativity, Ann. Phys. **10**, 171—201.

Ergänzungen des Verfassers zur deutschen Ausgabe

[363] Krutschkowitsch, G. I. (Кручкович, Г. И.), Über Bewegungen in subprojektiven Räumen von W. F. Kagan (О движениях в субпроективных пространствах В. Ф. Кагана), Nautschnye doklady wysschey schkoly, Nr. **1**, 1958.
[364] Chevalley, C., Theorie des groupes de Lie III, Paris 1955.
[365] Petrow, A. S. (Петров, А. З.), Über die geodätische Abbildung von Einsteinschen Räumen (О геодезическом отображении постранств Эйнштейна), Iswestija wusow. Matem., Nr. **2**, 130—136 (1961).

Ergänzungen des Herausgebers zur deutschen Ausgabe

1918

[366] Einstein, A., Gravitationswellen, Sitzungsberichte d. Preuß. Akad. d. Wiss., 1. Teil, 154—167.

1922

[367] WEYL, H., Mathematische Analyse des Raumproblems, Berlin.

1923

[368] EINSTEIN, A., Bietet die Feldtheorie Möglichkeiten zur Lösung des Quantenproblems? Sitzungsber. d. Preuß. Akad. d. Wiss., Phys.-Math. Klasse, 359–364.

1925

[369] RAINICH, G. Y., Electrodynamics in the General Relativity Theory, Amer. Math. Soc. **27**, 106–136.
[370] EINSTEIN, A., Einheitliche Feldtheorie von Gravitation und Elektrizität, Sitzungsber. d. Preuß. Akad. d. Wiss., Phys.-Math. Klasse, 414–419.
[371] EDDINGTON, A. S., Relativitätstheorie in mathematischer Behandlung, Berlin. (Übersetzung aus dem Englischen mit einem Nachtrag von EINSTEIN.)

1927

[372] EINSTEIN, A., Formale Beziehung des Riemannschen Krümmungstensors zu den Feldgleichungen des Gravitationsfeldes, Math. Ann. **97**, 99–103.

1928

[373] EINSTEIN, A., Riemann-Geometrie unter Aufrechterhaltung des Begriffs des Fernparallelismus, Sitzungsber. d. Preuß. Akad. d. Wiss., Phys.-Math. Klasse, 217–221.

1934

[374] TOLMAN, R. C., Relativity, Thermodynamics and Cosmology, Oxford.

1935

[375] EINSTEIN, A., and ROSEN, N., The Particle Problem in the General Theory of Relativity, Phys. Rev. **48**, 73–78.

1936

[376] EINSTEIN, A., and ROSEN, N., Two-Body Problem in General Relativity Theory, Phys. Rev. **49**, 404–405.

1938

[377] STELLMACHER, K., Charakteristische Singularitäten der Gravitationsgleichungen, Math. Ann. **115**, 740–782.
[378] EINSTEIN, A., INFELD, L., and HOFFMANN, B., Gravitational Equations and the Problems of Motion, Ann. Math. (2) **39**, 65–100.

1940

[379] EINSTEIN, A., and INFELD, L., Gravitational Equations and the Problems of Motion II, Ann. Math. (2) **41**, 455–464.

1942

[380] BERGMANN, P. G., The Introduction to the Theory of Relativity, New York (russ. Ausgabe [152]).

1943

[381] EINSTEIN, A., and PAULI, W., Non Existence of Regular Stationary Solutions of Relativistic Field Equations, Ann. Math. (2) **44**, 131–137.

1950

[382] SCHRÖDINGER, E., Space-Time Structure, Cambridge.

1952

[383] MØLLER, C., The Theory of Relativity, Oxford.

1953

[384] EDDINGTON, A. S., Fundamental Theory, Cambridge.

1955

[385] WHEELER, J. A., Geonen, Phys. Rev. **97**, 511–535.
[386] EINSTEIN, A., The Meaning of Relativity (5. Aufl.), Princeton.
[387] JORDAN, P., Schwerkraft und Weltall (2. Aufl.), Braunschweig.
[388] Cinquant' anni di relatività 1905–1955, Florenz.

1956

[389] TAUB, H. A., Isotropic Hydrodymanics in Plane Symmetric Space-Time, Phys. Rev. **103**, 454–467.
[390] Proceedings of the Congress „Jubilee of Theory of Relativity", Bern Juli 1955; Helv. phys. act. Suppl. IV.
[391] v. LAUE, M., Die Relativitätstheorie, Bd. II, Allgemeine Relativitätstheorie (4. Aufl.), Braunschweig.
[392] SCHRÖDINGER, E., Expanding Universes, Cambridge.
[393] MCVITTIE, G. C., General Relativity and Cosmology, London.

1957

[394] WEBER, J., and WHEELER, J. A., Reality of the Cylindrical Gravitational Waves of Einstein and Rosen, Rev. Mod. Phys. **29**, 509–517.
[395] MISNER, C. W., and WHEELER, J. A., Classical Geometrodynamics, Ann. of Phys. **2**, 525–603.
[396] BELINFANTE, F. J., CAPLAN, D. J., and KENNEDY, W. L., Quantisation of the Interacting Fields of Electrons, Electromagnetic and Gravity, Rev. Mod. Phys. **29**, 518–546.
[397] LANCZOS, C., Electricity and General Relativity, Rev. Mod. Phys. **29**, 337–350.
[398] INFELD, L., The Equations of Motion in General Relativity Theory and the Action Principle, Acta Physica Polonica **16**, 177–210.
[399] Proceedings of the Chapel Hill Conference on the Role of Gravitation in Physics, Rev. Mod. Phys. **29**, Nr. 3.
[400] FOCK, W. A., Three Lectures on Relativity Theory, Rev. Mod. Phys. **29**, 323.
[401] HLAVATY, V., Geometry of Einstein's Unified Field Theory, Groningen.

1958

[402] DIRAC, P. A. M., The Theory of Gravitation in Hamiltonian Form, Proc. Roy. Soc. London A **246**, 333–343.
[403] FINKELSTEIN, D., Past-Future Asymmetry of the Gravitational Field of a Particle, Phys. Rev. **110**, 965–967.
[404] ANDERSON, J., Enumeration of True Variables in Gauge-invariant Theories, Phys. Rev. **110**, 1197–1199.
[405] KOMAR, A., Constitution of a Complete Set of Independent Observables in the General Theory of Relativity, Phys. Rev. **111**, 1182–1187.
[406] O'RAIFEARTAIGH, L., and SYNGE, J. L., A Property of Empty Space, Proc. Roy. Soc. London A **246**, 299–300.
[407] PAULI, W., Theory of Relativity, Pergamon Press. Übersetzung aus dem Deutschen mit Zusätzen des Verfassers (vgl. [149]).
[408] TREDER, H., Space-Time-Structure of a Static Spherically Symmetric Scalar Field, Phys. Rev. **112**, 2127.
[409] MØLLER, C., The Concept of Mass and Energy in the General Theory of Relativity, Kongliege Norske Videnskabers Selskabs Forhandlinger **31**, Nr. 13.

1959

[410] MØLLER, C., Über die Energie nichtabgeschlossener Systeme in der allgemeinen Relativitätstheorie, Max-Planck-Festschrift 1958, Berlin 1959.
[411] DIRAC, P. A. M., Fixation of Coordinates in the Hamiltonian Theory of Gravitation, Phys. Rev. **114**, 924–1930.
[412] FRONSDAL, C., Completion and Embedding of the Schwarzschild Solution, Phys. Rev. **116**, 778–781.
[413] BONNOR, W. B., Spherical Gravitational Waves, Phis. Trans. Proc. Roy. Soc. London A **251**, 233-271.
[414] DEBEVER, R., et HUBAUT, X., Tenseur de Weyl et directions isotropes, Acad. Roy. Belg. Bull. Cl. Sci. **46**, 355–362.
[415] DEBEVER, R., Connexions métriques des champs électromagnétiques non singuliers, Acad. Roy. Belg. Cl. Sci. **44**, 549–554.
[416] BUCHDAHL, H. A., Reciprocal Static Metrics and Scalar Fields in the General Theory of Relativity, Phys. Rev. **115**, 1325–1328.
[417] PERES, A., and ROSEN, N., On Cauchy's Problem in General Relativity, Nuovo Cimento **13**, 430–438.
[418] TREDER, H., Über die Fortpflanzung von Störungen in allgemein-relativistischen Feldtheorien, Wissenschaftliche Zs. der Friedrich-Schiller-Univ. Jena **8**, 331–340.
[419] Colloque International sur gravitational et relativité generale, Royaumant-Paris.
[420] HARRISON, B. K., Exact Three-Variable Solutions of the Field Equations of General Relativity, Phys. Rev. **116**, 1285–1296.

1960

[421] PAPAPETROU, A., und TREDER, H., Zur Frage der Existenz von singularitätsfreien Lösungen der allgemein-relativistischen Feldgleichungen, die Teilchenmodelle darstellen könnten, II, Ann. Phys. (7) **6**, 311–327.
[422] NARIAI, H., and UENO, Y., On Concept of Regraduation in General Relativity, Progr. theor. Physics **24**, 593–613.
[423] ROBINSON, I., and TRAUTMAN, A., Spherical Gravitational Waves, Phys. Rev. Letter, **4**, 431–432.
[424] DEBEVER, R., Tenseur de super-énergie et composantes irreducibles de tenseur de Riemann, Compt. Rend. Acad. Sci. (Paris) **250**, 64–66.

[425] DEBEVER, R., Espace-temps du type III de Petrow, Compt. Rend. Acad. Sci. (Paris) **251**, 1352–1355.
[426] SYNGE, J. L,. On Some Special Coordinate Systems in General Space-Time, Bull. Calcutta Math. Soc. Jubil.-Vol. 15–28.
[427] JORDAN, P., EHLERS, J., und KUNDT, W., Strenge Lösungen der Feldgleichungen der allgemeinen Relativitätstheorie, Akad. d. Wiss. und Lit. Mainz, Math.-nat. Klasse, Nr. **2**.
[428] HLAVATÝ, V., Rigid Motion in a Riemannien Space V_n, I. A. Recurrent V_n; II. A Regular V_n, Red. del. circulo mathematico die Palermo **9**.
[429] SYNGE, J. L., Relativity: The General Theory, Amsterdam.
[430] PERES, A., Null Electromagnetic Fields in General Relativity Theorie, Phys. Rev. **118**, 1105–1110.
[431] MISNER, C. W., Whormhole initial Conditions, Phys. Rev. **118**, 1110–1111.
[432] ARNOWITT, R., DESER, S., and MISNER, C. W., Coordinates Invariance and Energy Expression in General Relativity, Phys. Rev. **122**, 997–1006.
[433] ARNOWITT, R., DESER, S., and MISNER, C. W., Consistency of the Canonical Reduction of General Relativity, J. Math. Physics **1**, 434–439.
[434] ARNOWITT, R., DESER, S., and MISNER, C. W., Note on Positive-Definiteness of the Energy of the Gravitational Field, Ann. Phys. **11**, 116–121.
[435) PIRANI, F. A. F., A Note on Fermi Coordinates, Proc. Roy. Irish Soc. A **61**, Nr. 2.
[436] SACHS, R. K., Propagation for Null and Typ III Gravitational Waves, Zs. Phys. **157**, 462–472.
[437] INFELD, L., and PLEBANSKI, J., Motion and Relativity, Pergamon Press and Warschau.
[438] KLEIN, O., On the Treatment of the Gravitational Field in connection with the Relativistic Dirac Equation, Ark. Fys. **17**, 517–520.
[439] TAKENO, H., On Geometric Properties of Some Plane Wave Solutions in General Relativity III, Tensor **10**, 47–60.
[440] IKEDA, M., MIYACHI, Y., and ABE, S., On Coordinate Systems and Pseudo-Quantities in General Relativity, Tensor **10**, 125–130.
[441] DEHNEN, H., HÖNL, H., und WESTPHAHL, K., Ein heuristischer Zugang zur allgemeinen Relativitätstheorie (7) **6**, 370–406.
[442] TREDER, H., Über die allgemeine Form der Fortpflanzungsgesetze der Stoßwellen des Gravitationsfeldes, Ann. Phys. (7) **6**, 307–310.
[443] BONDI, H., Cosmology (2. Aufl.), Cambridge.
[444] BONDI, H., Gravitational Waves in General Relativity, Nature **186**, 535–536.
[445] PERES, A., and ROSEN, N., Gravitational Radiation Damping of Nongravitational Motion, Ann. Phys. **10**, 94–99.
[446] SYNGE, J. L., On Certain Identities Connected with the Einstein Tensor, Proc. Roy. Irish Acad. A **61**, 29–36.
[447] Colloque sur la théorie de la relativité, tenu a Bruxelles des 19 et 20 Juni 1959, Louvain und Paris.
[448] WHEELER, J. A., Gravitation, Geometry, Neutrino, Nuovo Cimento, Suppl. **7**.

1961

[449] TAKENO, H., On Geometric Properties of Some Plane Wave Solution in General Relativity IV, Tensor **11**, 23–34.
[450] TAKENO, H., The Mathematical Theory of Plane Waves on General Relativity, Takehara, Hiroshima-Ken.
[451] HLAVATÝ, V., Einstein-Maxwell Fields, Journ. math., Pures et appl. **40**, 1–41.
[452] WEBER, J., General Relativity and Gravitational Waves, New York.
[453] MARDER, R., Gravitational Waves in General Relativity, V, An Exact Spherical Wave, Proc. Roy. Soc. London (A) **264**, 91–96.

[454] SACHS, R., Gravitational Waves in General Relativity VI. The outgoing radiation condition, Proc. Roy. Soc. London (A) **246**, 309–338.

[455] WHEELER, J. A., Geometrodynamics and the Problem of Motion, Rev. Mod. Phys. **33**, 63–78.

[456] PAPAPETROU, A., Eine einfache Normalform des Gravitationsfeldes erster Näherung, Ann. Phys. (7) **8**, 260–269.

[457] PAPAPETROU, A., und TREDER, H., Das Sprungproblem nullter Ordnung in der allgemeinen Relativitätstheorie, Math. Nachr. **23**, 371–384.

[458] PERES, A., Geometrodynamics and Null Fields, Ann. Phys. **14**, 419–499.

[459] BERGMANN, P. G., Observables in General Relativity, Rev. Mod. Phys. **33**, 510–514.

[460] NEWMAN, E., Some Properties of Empty-Space-Time, Journ. Math. Phys. **2**, 324 bis 327.

[461] GOLDBERG, J. N., and KERR, R. P., Some Applications of the Infinitesimal Holonomy Group to the Petrow Classification, Journ. Math. Phys. **2**, 327–332.

[462] GOLDBERG, J. N., and KERR, R. P., Einstein Spaces with Four-Parameter Holonomy Groups, Journ. Math. Phys. **2**, 332–336.

[463] HLAVATÝ, V., The Holonomy Group V, Weyl Space W_n, first part, Journ. Math. and Mech. **10**, 317–348.

[464] IWANENKO, D. (Иваненко, Д.) (Herausgeber), Neueste Probleme der Gravitationstheorie (Новейшие проблемы гравитации), Moskau (Sammelband).

[465] SCHOEPF, H. G., Über eine Näherungslösung der Einsteinschen Feldgleichungen, welche ein quellfreies Gravitationsfeld darstellt, Ann. Phys. (7) **9**, 65–78.

[466] SCHELL, D. F., Classification of Four-Dimensional Riemann Space, Journ. Math. Phys. **2**, 202–206.

[466a] JORDAN, P., EHLERS, J., und SACHS, R. K., Beiträge zur Theorie der reinen Gravitationsstrahlung. Akad. d. Wiss. und Lit. Mainz, Math.-nat. Klasse, Nr. 1.

[466b] KUNDT, W., The Plane-fronted Gravitational Waves, Z. Physik **163**, 77–86.

1962

[467] HLAVATÝ, V., The Holonomy Group VI, WEYL Space W_n, sec. part, Journ. Math. and Mech. **11**, 35–60.

[468] TREDER, H., Gravitative Stoßwellen. Nichtanalytische Wellenlösungen der Einsteinschen Gravitationsgleichungen, Akademie-Verlag, Berlin.

[469] PAPAPETROU, A., Zur Frage der Existenz von singularitätsfreien Lösungen der allgemein-relativistischen Feldgleichungen, die Teilchenmodelle darstellen könnten III, Ann. Phys. (7) **9**, 97–106.

[470] TREDER, H., Gravitationsfelder mit Nullstellen der Determinante der $g_{\mu\nu}$, Ann. Phys. (7) **9**, 283–294.

[471] DAUTCOURT, G., PAPAPETROU, A., und TREDER, H., Eindimensionale Gravitationsfelder, Ann. Phys. (7) **9**, 330–336.

[472] KLEIN, O., Einige Probleme der Relativitätstheorie, in „Werner Heisenberg und die Entwicklungstendenzen der Neueren Physik", Braunschweig.

[473] BONDI, H., VAN DER BURG, M. G. J., and METZNER, A. W. K., Gravitational Waves in General Relativity VII, Waves form Axi-Symmetric Isolated Systems. Proc. Roy. Soc. London A **269**, 21–52.

[474] NEWMAN, E. T., and TAMBURINO, L. A., Empty Space Metric Containing Hypersurface Orthogonal Geodesic Rays. Journ. Math. Phys. **3**, 902–907.

[475] NEWMAN, E. T., and UNTI, T. W. J., Behavior of Asymptotically Flat Empty Spaces, Journ. Math. Phys. **3**, 891–901.

[476] BELINFANTE, F. J., and GARRISON, J. C., On the Uniqueness of Focks Harmonic Coordinate Systems, Phys. Rev. **125**, 1124–1130.

[477] THOMAS, T. Y., Gravitation and the Origin of Material Particles, Arch. Rat. Mech. and Analysis **10**, 197–204.

[478] Bondi, H., u. a., A Discussion on the Present State of Relativity, Proc. Roy. Soc. London A 270, 297—357.
[479] Collinson, C. D., A Class of Conserved Tensors in an Arbitrary Gravitational Field, Proc. Roy. Soc. London A, 346—362.
[480] Sachs, R. K., Gravitational Waves in General Relativity VIII: Waves in Asymptotically Flat Space-Time, Proc. Roy. Soc. London (A) 270, 103—126.
[481] Papapetrou, A., u. Treder, H., Sur la non-existence de solutions statiques partout regulières en relativité générale, Compt. Rend. Acad. Sci. Paris 254, 4254—4256.
[482] Papapetrou, A., u. Treder, H., Le problème des solutions stationnaires partout régulières en relativité générale, Compt. Rend. Acad. Sci. Paris 254, 4431—4433.
[483] Papapetrou, A., Une formule pour le rayonnement gravitationnel en première approximation, Compt. Rend. Acad. Sci. Paris 255, 1578—1580.
[484] Fuller, R. W., and Wheeler, J. A., Causality and Multiply Connected Space-Time, Phys. Rev. 128, 919—929.
[485] Hönl, H., u. Dehnen, H., Zur Frage der Relativität der Rotationsbewegungen, Zs. Physik 160, 544—558.
[486] Ozsváth, I., und Schücking, E., Finite Rotating Universe, Nature 193, 1168—1169.
[487] Les Théories relativistes de la gravitation (Bericht über die Royaumont-Conference, 1959), Paris (vgl. 419).
[488] Wheeler, J. A., Geometrodynamics, New York.
[489] Recent Developments in General Relativity (Sammelband), Pergamon-Press.
[490] Le Thank Phong, Sur la permanence de la classification de Petrov, Compt. Rend. Acad. Sci. Paris 254, 1926—1928.
[491] Witten, L. (Herausgeber), Gravitation: an Introduction to Current Research, New York.
[492] Abraham, R., Piecewise Differentiable Manifolds an the Space-Time of General Relativity, Journ. Math. and Mech. 11, 553—592.
[493] Bergmann, P. G., The General Relativity, Handbuch der Physik Bd. IV, Berlin-Göttingen-Heidelberg.
[494] Mimura, Y., and Takeno, H., Wave Geometry, Takehara Hiroshima-Ken.
[495] Lipkin, D. M., Note on the Modified Gravitational Equations $g^2R_{\mu\nu} = 0$, Phys. Rev. 125, 972.
[496] Baierlein, R. F., Sharp, D. H., and Wheeler, J. A., Threedimensional Geometry as Carrier of Information about Time, Phys. Rev. 126, 1864—1865.
[497] Peres, A., On Cauchy's Problem in General Relativity II., III., Nuovo Cimento 26, 53—62; 182—185.
[498] Newman, E., and Penrose, R., An Approach to Gravitational Radiation by a Method of Spin Coefficients, Journ. Math. Phys. 3, 566—577.
[499] Cattaneo, C., Sulla validità del principio di Mach in relatività generale, Ac. Naz. de Lincei, Rendiconti d. Cl. d. Sc. 32, 346—352.
[500] Cattaneo, C., Principi di conservazione e teorimi di Gauss in relatività generale, Rend. d. Matematica 21, 373—405.
[501] Robinson, I., and Trautman, A., Some Spherical Gravitional Waves in General Relativity, Proc. Roy. Soc. A 265, 463—473.
[502] Goldberg, J. N., and Sachs, R. K., An Theorem on Petrow Types, Acta Phys. Polonica 22, (Suppl.), 13—23.
[503] Rosen, N., Field of a Particle in a Uniform Motion and Uniform Acceleration, Ann. Phys. 17, 269—275.

1963

[504] Kerr, R. P., Scalar Invariants and the Group of Motions in a Four-dimensional Einstein Space, Journ. Math. and Mech. 12, 33—54.

[505] TREDER, H., Singuläre Einstein-Räume und die Feldgleichungen von Einstein und Rosen, Math. Nachr.
[506] HLAVATÝ, V., Contribution to the theory of general Geometrodynamics, Ann. di matematica pura et applicata **61**, 121–150.
[507] TREDER, H., Gravitonen, Fortschr. Physik **11**, 81–107.
[507] TREDER, H., Die Problematik des globalen Determinismus der allgemeinen Relativitätstheorie, Wiss. Z. d. Humboldt-Universität, Math.-nat. Reihe, **12**, 389–392.
[509] ROBINSON, I, and SCHILD, A., Generalisation of a Theorem by Goldberg and Sachs, Journ. Math. Phys. **4**, 484–489.
[510] DAUTCOURT, G., Matter and Gravitional Shoc Waves in General Relativity, Arch. Rat. Mech. and Analysis **13**, 55–58.

SACHVERZEICHNIS

Kolibri 360 GmbH
Ferdinand-Jühlke-Straße 7
99095 Erfurt, Deutschland
produktsicherheit@kolibri360.de